"十三五"普通高等教育本科系列教材

U0287872

电 路

（第二版）

主编　杨欢红

编写　杨尔滨　刘蓉晖

主审　陈洪亮

中国电力出版社

CHINA ELECTRIC POWER PRESS

内 容 提 要

本书为"十三五"普通高等教育系列规划教材。

全书共分十四章，主要内容包括电路的基本概念和定律、线性电阻电路的分析、电路定理、含运算放大器的电阻电路、正弦稳态电路的分析、含有耦合电感的电路、三相电路、非正弦周期电流电路、电路的时域分析、线性电路的复频域分析、网络函数、电路方程的矩阵形式、二端口网络和非线性电路分析概论。每章中均增加了运用 Multisim 软件进行电路仿真分析。书后附有电路计算机辅助分析简介及电路理论专业词汇汉英对照。本书的特点是充分注意基础性、应用性和启发性，内容精练、概念清晰、叙述流畅、例题典型丰富。

本书可作为普通高等学校电气信息类等相关专业的教材，也可作为高职高专及函授教材和工程技术人员的参考用书。

图书在版编目（CIP）数据

电路 / 杨欢红主编 . —2 版 . —北京：中国电力出版社，2017.10（2022.6 重印）
"十三五"普通高等教育本科规划教材
ISBN 978-7-5198-0979-9

Ⅰ . ①电… Ⅱ . ①杨… Ⅲ . ①电路—高等学校—教材 Ⅳ . ① TM13

中国版本图书馆 CIP 数据核字（2017）第 166935 号

出版发行：中国电力出版社
地　　址：北京市东城区北京站西街 19 号（邮政编码 100005）
网　　址：http://www.cepp.sgcc.com.cn
责任编辑：牛梦洁（010-63412528）
责任校对：朱丽芳
装帧设计：左　铭
责任印制：吴　迪

印　　刷：北京雁林吉兆印刷有限公司
版　　次：2007 年 10 月第一版　2017 年 10 月第二版
印　　次：2022 年 6 月北京第十四次印刷
开　　本：787 毫米 ×1092 毫米　16 开本
印　　张：25.25
字　　数：617 千字
定　　价：56.00 元

前　言

本书第一版从 2007 年 10 月出版至今，被多所高校的电气工程及其自动化等专业选为教材，并被评为"电力行业精品教材"。

电路课程是电气工程与电子信息类专业的一门专业基础课，是所有强电专业和弱电专业的必修课，学习电路课程需要数学、物理学和拓扑学等诸多基础，又是后续课程电子学、电机学、自动控制原理、电力系统分析、信号与系统等的基础，在整个电气信息类专业的人才培养方案和课程体系中起着承前启后的重要作用。当前社会快速发展的重要标志是电气化、自动化、智能化和网络化等科技水平的日新月异，而电路正是它们共同的理论渊源。

本书第二版的教学目标主要有三个：第一，要求学生掌握本课程的专业知识，即帮助学生掌握电路的基本概念、基本规律和基本分析方法。第二，电路是一门实践性很强的课程，要求学生掌握实验技能和方法，培养学生将电路理论与电气电子工程问题相结合的能力，提高分析问题和解决实际问题的能力。第三，提高学生电路计算机辅助设计的能力。当今流行的电路分析软件有 Multisim、EWB、Pspice 等。这些电路仿真软件提供了一个电子操作实验平台，将所用的电子元件、电工仪器仪表按照已给定的电路原理图连接成一个电路模型，通过计算机的仿真处理，使电路中的电压、电流及其他参数在电工虚拟仪器中直接显示出来，它一方面可以帮助学生对电路进行直观定量分析，讨论电路的各种状态和各种参数对电路的影响，培养学生的观察、探讨、分析研究的创新能力；另一方面也锻炼学生对各种仪器仪表的实际操作技能。

本书第二版主要做了以下几个方面的修订与补充：

（1）从第二章开始，增加了应用 Multisim 进行电路仿真，根据每一章的电路特点，通过相关例题进行电路模型的构建，测试电压、电流及其他参数，观察波形。经过本校长期电路课程设计的实践，用电子实验平台进行电路的快速仿真计算和分析，加强了应用计算机辅助设计与电路理论教学有机结合，加深对电路概念和原理的理解，收到良好的效果。

（2）每章在保留原有习题的基础上，增加了应用 Multisim 仿真题目，目的是进一步巩固本章知识点，验证本章学过的电路原理及基本方法。

（3）替换附录一内容，增加了 Multisim 仿真软件的介绍，便于学生快速掌握 Multisim 仿真软件。

（4）对个别图形和符号按照国家标准进行了详细的修改，并对习题解答进行了认真地校对，便于学生学习。

书中打"＊"号的章节均属参考内容，可根据实际需要进行取舍。

参加本书编写的有杨欢红、杨尔滨、刘蓉晖。全书由杨欢红负责统稿。本书由上海交通大学陈洪亮教授主审，并提出非常有益的建议，在此谨致以衷心的感谢。陆文雄教授提供了许多宝贵意见，在此表示诚挚的感谢。李晓华、魏书荣、山霞、向国芬、楚赢、孙改平等也对本书的习题校对与文稿校对做了大量工作，在此一并表示感谢。

在编者教学过程中，许多高校教师提出了宝贵的建议和修改意见，编者在此深表谢意。书中存在的不足和问题，恳请读者批评指正。意见请寄上海电力学院电力系电路电机教研室。

编者

2017 年 2 月

第一版前言

本书是编者在多年讲授电路课程的基础上，汲取了教研室集体教学智慧，并根据高等工业学校《电路课程教学基本要求》编写而成的。

电路课程理论严密、逻辑性强、有广阔的工程背景，是电气工程与自动化等专业必修的一门重要的专业基础课，又是后续技术基础课和专业课程的基础，还是电类专业研究生入学考试课程。学习电路课程，对培养学生的科学思维能力，提高学生分析问题和解决问题的能力，都有重要的作用。

学习电路课程，需要大学物理、高等数学、线性代数、复变函数、积分变换等物理学和数学基础，因此有一定的难度。学习的关键是要牢固掌握基本要求和基本概念，以及电路分析计算的方法和技巧。根据电路基本理论，运用数学方法，对电路进行分析和计算。

本书内容精练、概念清晰、叙述流畅、例题典型丰富。本书的特点是充分注意基础性、应用性、启发性。

本书内容包括电路的基本概念和定律、线性电阻电路的分析、电路定理、含有运算放大器的电阻电路、正弦稳态电路的分析、含有耦合电感的电路、三相电路、非正弦周期电流电路、电路的时域分析、线性电路的复频域分析、网络函数、电路方程的矩阵形式、二端口网络、非线性电路分析概论。本教材可作为普通高等院校电类专业《电路》课程的教材，书中打"＊"的内容可视专业情况选学。为适应电路课程的教学改革需要，根据上海电力学院多年的电路课程设计要求，本书特增加了电路计算机辅助分析，是利用当今先进的电路仿真软件 EWB（Electronics Workbench）或 Multisim 对电路模型进行仿真分析，测试电压、电流，观察波形，从而加深电路原理的理解。

参加本书编写的有杨欢红、杨尔滨和刘蓉晖。全书共分十四章，其中杨欢红编写第一～七章，刘蓉晖编写第八～九章，杨尔滨编写第十～十四章及附录。全书由杨欢红、杨尔滨主编并负责统稿，由上海交通大学陈洪亮教授主审。编写本书时，参考了许多国内外电路教材版本及相关的教学参考书，陆文雄教授提供了许多宝贵意见，在此表示诚挚的谢意。

由于编者水平和时间所限，书中难免有不足之处，恳请读者批评指正。

编者

2007 年 7 月

目　录

第一章　电路的基本概念和定律

本章要求　深刻理解理想电路元件、电路模型、参考方向及关联参考方向等概念；熟练掌握功率的计算，判断功率的吸收与发出；掌握电阻、电容、电感、独立电源和受控源的伏安特性；熟练掌握基尔霍夫定律（KCL 和 KVL），并能灵活地运用于电路的分析计算。

本章重点　功率的计算，并判断功率的吸收与发出；基本元件的伏安特性；基尔霍夫电流、电压定律。

第一节　电路模型

一、电路（circuit）

所谓电路，是由电气器件相互连接所构成的电流通路。复杂的电路又称网络。在日常工作和生活中，到处可以见到实际电路，如通信电路、计算机电路、自动控制电路、电力电路、电气照明电路等，实际电路由实际电路元件构成，实际电路元件包括电阻器、电容器、电感线圈、晶体管、变压器、运算放大器和电源设备等。

随着电流的通过，在电路中进行着将其他形式的能量转换成电能、电能的传递和分配，以及把电能转换成所需的其他形式能量的过程。典型的例子是电力系统，发电厂的发电机把热能、核能或水能等转换成电能，通过变压器、输电线传输给各用电单位，在那里又把电能转换成机械能、光能、热能等，这样构成了一个极为复杂的电路或系统。提供电能的设备称为电源，用电设备称为负载。电压和电流是在电源的作用下产生的，因此，电源又称为激励。由激励而在电路中产生的电压和电流称为响应。根据激励和响应之间的因果关系，有时把激励称为输入，响应称为输出。

除了能传输电能外，电路还具有信号处理、测量、控制、计算等功能。如收音机电路，电路接收无线电信号，经调谐、检波、放大等处理，从扬声器中可收听到电台的声音。

二、电路模型（circuit model）

实际电路种类繁多、功能各异，几何尺寸相差很大，如电力系统、通信系统可以跨越省界国界，而集成电路芯片可以小到不大于指甲，在上面有成千上万个晶体管相互连接成为一个电路，为了便于对电路进行定性分析和定量计算，就需要建立实际电路的模型。

实际电路元件虽然品种很多，但在电磁现象方面却有共同的地方，为此，引入理想电路元件。理想电路元件是具有某种电磁性质的假想元件，把消耗电能的性质用"电阻元件"来表征，如各种电阻器、电灯、电炉等；把储存电场能量的性质用"电容元件"来表征，如各种类型的电容器；把储存磁场能量的性质用"电感元件"来表征，如各种线圈；把供给电能的性质用"电源元件"来表征，如电池和发电机。因此，实际电路中每一个元件都用理想电路元件或它们的组合来代替，得到的就是对应于原实际电路的电路模型。通常所说的电路分析，就是对由理想电路元件组成的电路模型的分析。

　　理想电路元件有电阻、电容、电感、独立电源、受控源以及理想变压器、回转器等，其中电阻、电容、电感、独立电源为主要的二端理想电路元件。电路模型中常用电路元件的图形符号见表 1-1。

表 1-1　　　　　　　　　　　　　电路模型中常用电路元件的图形符号

名　称	符　号	名　称	符　号
理想导线	———————	连接的导线	
电阻		可变电阻	
非线性电阻		理想二极管	
电感		电容	
独立电压源	+ −	独立电流源	
受控电压源	+ −	受控电流源	
回转器		理想变压器和耦合电感	
理想开关		理想运算放大器	− ∞ +
接地点	⊥		

　　图 1-1（a）所示为含有一个电源即干电池，一个负载即小灯泡和两根连接导线的简单电路，其电路模型如图 1-1（b）所示，其中小灯泡用电阻元件 R 来表示，干电池用直流电压源 U_S 和电阻元件 R_S 的串联来表示，连接导线用理想导线（其电阻设为零）来表示。

　　用理想电路元件或它们的组合模拟实际器件，建模时必须考虑实际电路的使用条件和所要求的精确度。例如，在直流情况下，一个线圈的模型可以是一个电阻元件；在较低频率下，就要用电阻元件和电感元件的串联组合模拟；在较高频率下，除了电阻和电感，还需要包含电容元件。可见，在不同的条件下，同一实际器件可能采用不同的模型。本书不讨论电路的建模问题。本书所说电路一般均指由理想电路元件构成的电路模型，而非实际电路，同时将把理想电路元件简称为电路元件。

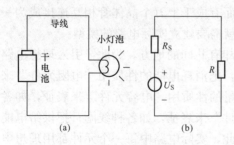

图 1-1　实际电路与电路模型
（a）实际电路；（b）电路模型

　　理想电路元件的电磁过程被认为都是在元件内部进行的，所以在任何时刻，流入二端理想电路元件的一端钮的电流恒等于从另一端钮流出的电流，两端钮之间的电压为单值量。满足上述情况的电路元件又称集总（参数）元件。由集总元件构成的电路称为集总电路。

用集总电路来模拟实际电路是有条件的，这个条件就是实际电路的尺寸要远小于电路工作时电磁波的波长。本书只考虑集总电路，不满足集总电路条件的是分布（参数）电路，由电磁场课程讲授。

第二节　电流和电压的参考方向

一、电流的参考方向（current reference direction）

电路的基本变量有电流、电压、电荷、磁通、功率和能量，最主要的是电流、电压和功率。在电路分析中，事先不一定能断定某一段电路中的电流或电压的实际方向，有时实际方向还随时间变动，因此很难在电路中标明实际方向，需要指定电流或电压的参考方向。

图 1-2 所示为电路的一部分，其中长方框表示一个二端元件，电流的实际方向是正电荷流动的方向，其实际方向或是由 A 指向 B，或是由 B 指向 A。任意指定某一方向作为电流 i 的参考方向，当然，所选的电流方向不一定就是电流的实际方向，根据所指定的参考方向，若电流的参考方向与实际方向一致，则电流为正，即 $i>0$，如图 1-2（a）所示；反之，若电流的参考方向与实际方向相反，则电流为负，即 $i<0$，如图 1-2（b）所示。因此，在指定的参考方向下，电流值的正和负就可反映出电流的实际方向。

电流的参考方向可以任意指定，一般用箭头表示，也可以用双下标表示，例如 i_{AB} 表示参考方向是由 A 指向 B。

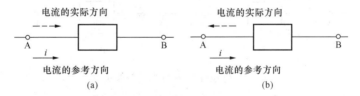

图 1-2　电流的实际方向与参考方向的关系

(a) $i>0$；(b) $i<0$

二、电压的参考方向（voltage reference direction）

同理，对电路中两点之间的电压也可以指定参考方向或参考极性。电压的实际方向是从高电位指向低电位，但电压的实际方向往往事先不知道，因此指定任意一个方向作为某段电路或某一元件上电压的参考方向，若电压的参考方向与实际方向一致，则电压为正，即 $u>0$，如图 1-3（a）所示；反之，若电压的参考方向与实际方向相反，则电压为负，即 $u<0$，如图 1-3（b）所示。因此，在指定的参考方向下，电压值的正和负可反映出电压的实际方向。

电压的参考方向可以任意指定，一般用箭头表示［如图 1-3（a）所示］；也可以用"＋"、"－"极性来表示［如图 1-3（b）所示］，从"＋"极性端指向"－"极性端的方向就是电压的参考方向，因此电压的参考方向又称参考极性；用"＋"、"－"或箭头表示时两者择一即可。电压的参考方向还可以用双下标表示，例如 u_{AB} 表示参考方向是由 A 指向 B。

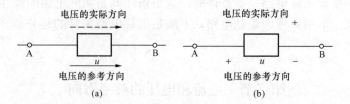

图 1-3　电压的实际方向与参考方向的关系

(a) $u>0$；(b) $u<0$

三、关于电流和电压的参考方向的几点说明

（1）电流和电压的参考方向可任意选定，但一旦选定后，在电路的分析和计算过程中不能改变。

（2）引入电流和电压的参考方向后，当电流和电压为时间的函数时，若某一时刻由函数所确定的电流或电压的值为正，则表示在该时刻的实际方向与参考方向一致，反之，若由函数所确定的值为负，则表示在该时刻的实际方向与参考方向相反。

（3）对一段电路或一个元件上电流的参考方向和电压的参考方向可各自任意选定，如果指定的电流的参考方向从电压的"＋"极性端流入，从"－"极性端流出，或都用箭头表示时，它们的参考方向一致，则把电流和电压的这种参考方向称为关联参考方向，如图 1-4（a）所示；当两者参考方向不一致时，称为非关联参考方向，如图 1-4（b）所示。

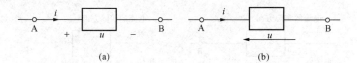

图 1-4　电压和电流的关联与非关联

(a) 关联参考方向；(b) 非关联参考方向

第三节　功率和能量

在电路的分析和计算中，功率和能量（power and energy）的计算是十分重要的。这是因为电路在工作状态下总伴随有电能与其他形式能量的相互转换；另一方面，电器设备、电路元件本身都有功率的限制，在使用时要注意其电流或电压值是否超过额定值，过载会使设备或元件损坏，或是不能正常工作。

功率与电压和电流密切相关。当正电荷从电压的"＋"极性端经该电路或元件移到"－"极性端，这是电场力对正电荷做功的结果，在 $\mathrm{d}t$ 时间内通过的电荷量为

$$\mathrm{d}q = i\mathrm{d}t \tag{1-1}$$

由物理学知道，电压 u 为电场力将单位正电荷从"＋"极性端移到"－"极性端所做的功，因此移动 $\mathrm{d}q$ 电荷电场力所做的功为

$$dW = udq = ui\,dt \tag{1-2}$$

即为正电荷 dq 从"＋"极性端移到"－"极性端时减少的能量，这部分能量为该段电路所吸收，吸收的功率为

$$p(t) = \frac{dW}{dt} = ui \tag{1-3}$$

式（1-3）中，u 和 i 都是时间的函数，而且是代数量。由于电压、电流的方向均为参考方向，它们的量值或正或负，因此功率 p 也有正或负两种可能。

若电流和电压为关联参考方向，如图 1-5（a）所示，当 $p > 0$ 时，表示正电荷确实是从高电位移向低电位，电场力做正功，这段电路或元件吸收（消耗）功率；反之，当 $p < 0$ 时，表示正电荷实际从低电位移向高电位，是外力克服电场力做功，表示这段电路或元件吸收负的功率，实际上是发出（释放）功率。

若电流和电压为非关联参考方向，如图 1-5（b）所示，当 $p > 0$ 时，这段电路或元件发出功率；反之，当 $p < 0$ 时，表示发出负的功率，实际上是吸收功率。

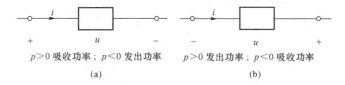

$p > 0$ 吸收功率；$p < 0$ 发出功率　　　　　$p > 0$ 发出功率；$p < 0$ 吸收功率

(a)　　　　　　　　　　　　　　　(b)

图 1-5　元件的功率

(a) 关联参考方向；(b) 非关联参考方向

功率是能量对时间的导数，能量是功率对时间的积分，能量表达式为

$$W = \int_{t_0}^{t} u(\tau)i(\tau)\,d\tau \tag{1-4}$$

电流的单位为 A（安［培］，简称安），电压的单位为 V（伏［特］，简称伏），时间的单位为 s（秒）时，电荷的单位为 C（库［仑］，简称库），功率的单位为 W（瓦［特］，简称瓦），能量的单位为 J（焦［耳］，简称焦）。

第四节　无源二端元件

电路元件是电路中最基本的组成单元。理想电路元件是通过端钮与外部电路相连接的，根据端钮的个数，可分为二端、三端和四端元件等。电路元件还可分为无源元件（passive element）和有源元件（active element），线性元件和非线性元件，时不变元件和时变元件等。主要的理想电路元件中，电阻元件、电容元件和电感元件为无源二端理想元件，独立电压源和独立电流源为有源二端理想元件，受控源为多端元件。

一、电阻元件（resistor element）

电阻器、灯泡、电炉等在一定条件下可以用二端线性电阻元件表示其模型。线性电阻元件满足：当电压和电流取关联参考方向时，如图 1-6（a）所示，在任何时刻它两端的电压和电流关系服从欧姆定律，即有

$$u = Ri \quad 或 \quad i = Gu \tag{1-5}$$

式中：R 为元件的电阻；G 为元件的电导，$G = \dfrac{1}{R}$。

R、G 是正实常数。当电流的单位用 A，电压的单位用 V 表示时，电阻的单位为 Ω（欧［姆］，简称欧），电导的单位为 S（西［门子］，简称西）。

如果电阻元件上电压和电流取非关联参考方向，如图 1-6（b）所示，则欧姆定律应写为

$$u = -Ri \quad 或 \quad i = -Gu \tag{1-6}$$

电阻元件上电压和电流的函数关系称为伏安特性，线性电阻的伏安特性曲线是一条通过原点的直线，如图 1-7（a）所示。非线性电阻的伏安特性曲线不是一条通过原点的直线，如图 1-7（b）所示，是半导体二极管的伏安特性曲线。非线性电阻元件的电压电流关系一般可写成

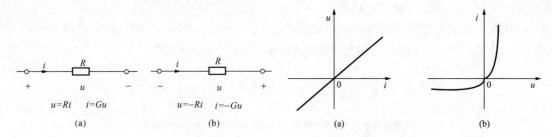

图 1-6　线性电阻元件
（a）关联参考方向；（b）非关联参考方向

图 1-7　电阻元件的伏安特性曲线
（a）线性电阻；（b）非线性电阻

$$u = f(i) \quad 或 \quad i = h(u)$$

元件上的电阻将随电压或电流的改变而改变，它不能只用一个参数 R 或 G 来表示，具体内容将在第十四章中介绍。

当电压 u 和电流 i 取关联参考方向时，电阻元件消耗的功率为

$$p = ui = Ri^2 = \frac{u^2}{R} = Gu^2 = \frac{i^2}{G} \tag{1-7}$$

R 和 G 是正实常数，故功率 p 恒为正值。这说明，任何时刻电阻元件绝不能发出电能，而只能吸收电能，是一种无源元件，而且还是耗能元件。

电阻元件从 t_0 到 t 的时间内吸收的电能为

$$W = \int_{t_0}^{t} Ri^2(\tau) \mathrm{d}\tau$$

电阻元件一般把吸收的电能转换成热能消耗掉。

二、电容元件（capacitor element）

电容器的应用极为广泛，电容器都是由间隔以不同介质（如云母、绝缘纸、电解质等）的两块金属极板组成。当在极板上加以电压后，极板上分别聚集起等量的正、负电荷，这些等量异号的电荷在介质中形成电场并具有电场能量。将电源移去后，电荷可继续聚集在极板上，电场继续存在。所以电容器是一种能储存电场能量的部件。实际电容器因介质不是理想绝缘体，往往会出现一些漏电现象，如果不考虑这种微弱的漏电现象，电容器就可看作是一种理想的二端元件，称为电容元件，电路符号如图 1-8（a）所示。

当将电压 u 加在电容元件上，极板上分别带有正负电荷 $+q$ 和 $-q$，如果电容元件上的电

荷 q 和电压 u 的关系曲线（库伏特性）在 $q-u$ 平面上是一条通过原点的直线，如图 1-8（b）所示，则此电容元件称为线性电容元件。非线性电容元件的库伏特性不是一条通过原点的直线。对于线性电容元件有

$$q = Cu \tag{1-8}$$

式（1-8）中，C 为正实常数，称为电容，它与两端电压 u 的大小无关，如果电荷的单位为 C（库［仑］），电压的单位为 V，则电容的单位为 F（法［拉］，简称法）。实际上电容器的电容往往比 1F 小得多，故常用 μF（微法）或 pF（皮法）为单位，它们的换算关系为：$1\mu F = 10^{-6} F$，$1pF = 10^{-12} F$。

如果电容的电压和电流取关联参考方向，如图 1-8（a）所示，则有

$$i = \frac{dq}{dt} = C\frac{du}{dt} \tag{1-9}$$

表明电流与电压的变化率成正比。如果电压 u 恒定不变，即直流情况下，$\frac{du}{dt} = 0$，电流为零，电容相当于开路。故电容有隔直通交的作用。

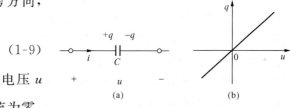

图 1-8 电容元件及其库伏特性
（a）电容元件电路符号；（b）线性电容元件库伏特性

根据 $i = \frac{dq}{dt}$，电容元件的电荷可表示为

$$q(t) = \int_{-\infty}^{t} i(\tau)d\tau = \int_{-\infty}^{t_0} i(\tau)d\tau + \int_{t_0}^{t} i(\tau)d\tau = q(t_0) + \int_{t_0}^{t} i(\tau)d\tau \tag{1-10}$$

对于电压，由于 $u = \frac{q}{C}$，因此有

$$u(t) = u(t_0) + \frac{1}{C}\int_{t_0}^{t} i(\tau)d\tau \tag{1-11}$$

其中，$q(t_0)$ 和 $u(t_0)$ 为 t_0 时刻电容的电荷量和电压。

式（1-10）和式（1-11）表明在任一时刻 t，电容的电荷量和电压并不取决于该时刻的电流值，而与电流的全部过程有关，所以电容对电流具有记忆作用。与之相比，电阻元件的电压仅与该瞬间的电流值有关，是无记忆元件。

在电压和电流关联参考方向的情况下，线性电容元件吸收的功率为

$$p = ui = Cu\frac{du}{dt}$$

电容从初始时刻 t_0 至任一时刻 t 期间吸收的电场能量为

$$\begin{aligned} W_C &= \int_{t_0}^{t} p(\tau)d\tau = \int_{t_0}^{t} Cu(\tau)\frac{du(\tau)}{d\tau}d\tau \\ &= \int_{u(t_0)}^{u(t)} Cu(\tau)du(\tau) = \frac{1}{2}Cu^2(t) - \frac{1}{2}Cu^2(t_0) \\ &= W_C(t) - W_C(t_0) \end{aligned} \tag{1-12}$$

电容吸收的能量以电场能量的形式储存在元件中。电容元件充电时，电压增大，则 $W_C(t) > W_C(t_0)$，故在此期间内元件吸收能量；电容元件放电时，电压减小，则 $W_C(t) < W_C(t_0)$，元件释放能量。电容元件是一种储能元件，它在充电时吸收并储存起来的能量一定

又在放电完毕时全部释放，它不消耗能量。同时，电容也是一种无源元件，它不会释放出多于它吸收或储存的能量。

当 $t_0 = 0$、$u(0) = 0$ 时，电容在任何时刻 t 储存的电场能量将等于它吸收的能量，可写成

$$W_\mathrm{C} = \frac{1}{2} C u^2(t) \tag{1-13}$$

它表明电容所储存的能量只与该时刻的电压瞬时值有关，而与电压建立过程无关。

三、电感元件 （inductor element）

用导线绕制的线圈在工程中广泛应用，如常用的空心或带有铁芯的线圈。当一个线圈通以电流后产生的磁场随时间变化时，在线圈中就产生感应电压。

图 1-9 所示为一个用导线绕成的线圈，当线圈中有电流 i 通过时，线圈周围建立起磁场，磁场的磁通设为 Φ。如果不考虑导线的电阻，这就是理想电感元件，电感元件的电路符号如图 1-10（a）所示。磁场的存在，说明电感是一种能储存磁场能量的元件。

当线圈的各匝绕得很紧凑时，电流所产生的磁通 Φ 和 N 匝线圈交链，则磁链为

$$\Psi = N\Phi \tag{1-14}$$

它表示与整个线圈相交链的磁通的总和。这种由线圈本身的电流所产生的磁通 Φ 和磁链 Ψ 分别称为自感磁通和自感磁链。Φ 和 Ψ 方向与 i 的参考方向成右手螺旋定则，如图 1-9 所示。如果在 Ψ-i 平面上，韦安特性是一条通过原点的直线，如图 1-10（b）所示，则此电感元件称为线性电感元件。非线性电感元件的韦安特性不是一条通过原点的直线。对于线性电感元件有

$$\Psi = Li \tag{1-15}$$

式中，L 为正实常数，与通过它的电流 i 的大小无关，称为自感系数，简称电感。当电流的单位为 A，磁通和磁链的单位为 Wb（韦［伯］，简称韦），则电感的单位为 H（亨［利］，简称亨）。有时也采用 mH（毫亨）或 μH（微亨）。它们的换算关系为：$1\mathrm{mH} = 10^{-3}\,\mathrm{H}$，$1\mu\mathrm{H} = 10^{-6}\,\mathrm{H}$。

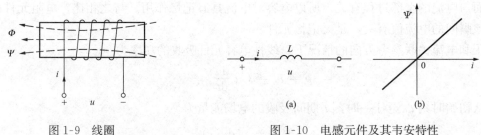

图 1-9　线圈　　　　　　　　　　图 1-10　电感元件及其韦安特性
（a）电感元件电路符号；（b）线性电感元件韦安特性

当磁链随时间变化时，在线圈两端产生感应电压，如果感应电压 u 的参考方向与 Ψ 成右手螺旋定则，即取电压和电流为关联参考方向，如图 1-10（a）所示，根据电磁感应定律，有

$$u = \frac{\mathrm{d}\Psi}{\mathrm{d}t} = \frac{\mathrm{d}(Li)}{\mathrm{d}t} = L\,\frac{\mathrm{d}i}{\mathrm{d}t} \tag{1-16}$$

表明电压与电流的变化率成正比。电流变化快，则感应电压大；电流变化慢，则感应电压

小。如果电流 i 恒定不变，即直流情况下，$\dfrac{\mathrm{d}i}{\mathrm{d}t}=0$，电压为零，电感相当于短路。故电感有隔交通直的作用。

根据式 $u=\dfrac{\mathrm{d}\Psi}{\mathrm{d}t}$，电感元件的磁链和电流可表示为

$$\Psi(t)=\int_{-\infty}^{t}u(\tau)\mathrm{d}\tau=\int_{-\infty}^{t_0}u(\tau)\mathrm{d}\tau+\int_{t_0}^{t}u(\tau)\mathrm{d}\tau=\Psi(t_0)+\int_{t_0}^{t}u(\tau)\mathrm{d}\tau \tag{1-17}$$

$$i(t)=\frac{\Psi}{L}=i(t_0)+\frac{1}{L}\int_{t_0}^{t}u(\tau)\mathrm{d}\tau \tag{1-18}$$

式中：$\Psi(t_0)$ 和 $i(t_0)$ 为 t_0 时刻电感的磁通链和电流。

式（1-17）和式（1-18）表明在任一时刻 t，电感的磁通链和电流并不取决于该时刻的电压值，而与电压的全部过程有关。所以电感对电压具有记忆作用。

在电压和电流的关联参考方向的情况下，线性电感元件吸收的功率为

$$p=ui=Li\frac{\mathrm{d}i}{\mathrm{d}t}$$

电感从初始时刻 t_0 至任一时刻 t 期间吸收的磁场能量为

$$\begin{aligned}
W_{\mathrm{L}}&=\int_{t_0}^{t}p(\tau)\mathrm{d}\tau=\int_{t_0}^{t}Li(\tau)\frac{\mathrm{d}i(\tau)}{\mathrm{d}\tau}\mathrm{d}\tau\\
&=\int_{i(t_0)}^{i(t)}Li(\tau)\mathrm{d}i(\tau)=\frac{1}{2}Li^2(t)-\frac{1}{2}Li^2(t_0)\\
&=W_{\mathrm{L}}(t)-W_{\mathrm{L}}(t_0)
\end{aligned} \tag{1-19}$$

电感吸收的能量以磁场能量的形式储存在元件中。电感元件充电时，电流增大，则 $W_{\mathrm{L}}(t)>W_{\mathrm{L}}(t_0)$，故在此期间内元件吸收能量；电感元件放电时，电流减小，则 $W_{\mathrm{L}}(t)<W_{\mathrm{L}}(t_0)$，元件释放能量。电感元件是一种储能元件，它在充电时吸收并储存起来的能量一定又在放电完毕时全部释放，它不消耗能量。同时，电感也是一种无源元件，它不会释放出多于它吸收或储存的能量。

当 $t_0=0$、$i(0)=0$ 时，电感在任何时刻 t 储存的磁场能量将等于它吸收的能量，可写成

$$W_{\mathrm{L}}=\frac{1}{2}Li^2(t) \tag{1-20}$$

它表明电感所储存的能量只与该时刻的电流瞬时值有关，而与电流建立过程无关。

例 1-1 图 1-11（a）所示电路中，电感上的电压波形如图 1-11（b）所示，已知 $i(0)=0$，画出电流 $i(t)$ 的波形。

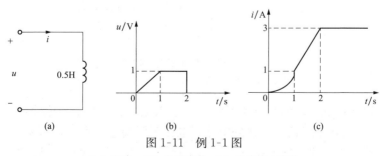

图 1-11 例 1-1 图
（a）电路；（b）电压波形；（c）电流 $i(t)$ 波形

解 $u(t)$ 用分段函数表示为

$$u(t) = \begin{cases} t & 0 \leqslant t \leqslant 1\text{s} \\ 1 & 1\text{s} \leqslant t \leqslant 2\text{s} \\ 0 & t \geqslant 2\text{s} \end{cases}$$

$$i(t) = i(t_0) + \frac{1}{L} \int_{t_0}^{t} u(\tau) \mathrm{d}\tau$$

当 $0 \leqslant t \leqslant 1$s 时

$$i(t) = i(0) + \frac{1}{L} \int_0^t u(\tau) \mathrm{d}\tau = 0 + \frac{1}{0.5} \int_0^t \tau \mathrm{d}\tau = \tau^2 \Big|_0^t = t^2$$

$$i(1) = 1^2 = 1(\text{A})$$

当 1s $\leqslant t \leqslant 2$s 时

$$i(t) = i(1) + \frac{1}{L} \int_1^t u(\tau) \mathrm{d}\tau = 1 + \frac{1}{0.5} \int_1^t 1 \mathrm{d}\tau = 1 + 2\tau \Big|_1^t = 2t - 1$$

$$i(2) = 2 \times 2 - 1 = 3(\text{A})$$

当 $t \geqslant 2$s 时

$$i(t) = i(2) + \frac{1}{L} \int_2^t u(\tau) \mathrm{d}\tau = i(2) = 3(\text{A})$$

$i(t)$ 的波形如图 1-11（c）所示。

第五节　独立源和受控源

一、独立电压源（independent voltage source）

实际电源有电池、稳压电源等。当接上负载后，在一定范围内，其输出电流随负载的变化而变化，但电源两端的电压保持为规定值 $u_\mathrm{S}(t)$，这类电源常称为独立电压源，简称电压源。电压源作为实际电源的理想元件，图形符号如图 1-12（a）所示。"＋"、"－"号为电压的参考极性，或用长线段表示电压源的"＋"极性端，短线段表示的"－"极性端。当 $u_\mathrm{S}(t)$ 为恒定值时，这种电压源称为直流电压源，电压值则用 U_S 表示。图 1-12（b）表示电压源的电压和电流的关系，即伏安特性。

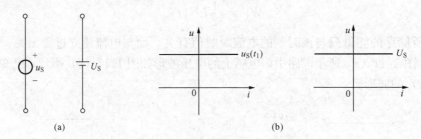

图 1-12　电压源的图形符号与伏安特性
(a) 电压源的图形符号；(b) 伏安特性

电压源的外特性：电压源的端电压不随外电路变化，电压源中的电流随外电路变化。如图 1-13 所示，不论接外电路还是不接外电路，电压源两端电压不变，即 $u = u_\mathrm{S}$；而流过电压源中的电流要随外电路变化，在不接外电路时，$i = 0$，而接不同的外电路时，将有不同的电流 i_1 和 i_2。

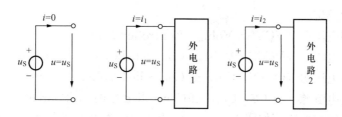

图 1-13　同一电压源接不同外电路

二、独立电流源（independent current source）

另一类实际电源如光电池等，当负载在一定范围内变化时，其两端的电压随之变化，但电源的输出电流保持为规定值 $i_S(t)$，这类电源常称为独立电流源，简称电流源。电流源是实际电源的又一种理想电路元件，其电流源的图形符号如图 1-14（a）所示，箭头所指的方向为 i_S 的参考方向。当 i_S 为恒定值时，称为恒定电流源或直流电流源，用 I_S 来表示，其伏安特性如图 1-14（b）所示。

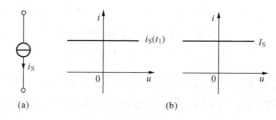

图 1-14　电流源符号及伏安特性
（a）电流源的图形符号；（b）伏安特性

电流源的外特性可用图 1-15 来说明，电流源中的电流不随外电路变化，电流源的端电压随外电路变化。

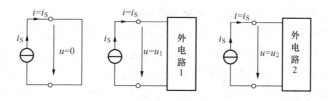

图 1-15　同一电流源接不同外电路

常见的实际电源，如发电机、蓄电池等的工作原理比较接近电压源，其电路模型可用电阻和电压源的串联组合。像光电池一类器件，工作特性比较接近电流源，其电路模型可用电阻和电流源的并联组合。另外，有专门设计的电子电路可作实际电流源用。

三、受控源（dependent source）

受控源是一种电路模型，实际存在的一种器件，如晶体管、运算放大器、变压器等，它们的电特性可用含受控源的电路模型来模拟，晶体管的集电极电流受基极电流控制，运算放大器的输出电压受输入电压控制，这类器件的电路模型中要用到受控源。

受控源的电压、电流受其他支路的电压、电流控制，由于这种电源是在受控状态下工作的，因此称受控源为非独立源。根据受控的是电压源或电流源，控制量是电压或电流，受控源可分为以下 4 种类型：

（1）电压控制电压源（VCVS，Voltage-Controlled Voltage Source）。

（2）电压控制电流源（VCCS，Voltage-Controlled Current Source）。

（3）电流控制电压源（CCVS，Current-Controlled Voltage Source）。

（4）电流控制电流源（CCCS，Current-Controlled Current Source）。

这 4 种受控源的图形符号如图 1-16 所示。为了与独立电源相区别，用菱形符号表示其电源部分。图 1-16 中，u_1 和 i_1 分别表示控制电压和控制电流，μ、g、r 和 β 分别是有关控制系数，其中 μ 和 β 无量纲，r 和 g 具有电阻和电导的量纲。这些系数为常数时，被控制量和控制量成正比，这种受控源为线性受控源。本书只考虑线性受控源。

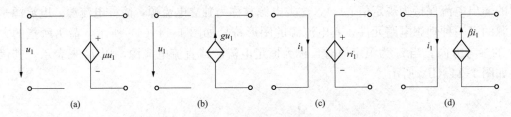

图 1-16　4 种受控电源的图形符号

(a) VCVS；(b) VCCS；(c) CCVS；(d) CCCS

受控源特性与独立源有相似之处，即受控电压源具有电压源的特性，受控电流源具有电流源的特性；但又有根本区别，受控源的电流或电压由控制支路的电流或电压控制，一旦控制量为零，受控量也为零，而且受控源自身不能起激励作用，即当电路中无独立源时就不可能产生响应。

第六节　基尔霍夫定律

一、支路、结点与回路（branch，node and loop）

1847 年，德国物理学家基尔霍夫（G. R. Kirchhoff）对于集总参数电路提出两条定律：基尔霍夫电流定律（Kirchhoff's Current Law）和基尔霍夫电压定律（Kirchhoff's Voltage Law），简称 KCL 和 KVL。它是集总参数假设下的电路基本定律，只与电路的结构有关而与电路特性无关，即不管是电阻、电容、电感还是电源，不管是线性电路还是非线性电路都适用。基尔霍夫定律是电路理论中最基本的定律，为了说明基尔霍夫定律，有必要介绍支路、结点和回路等概念。

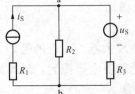

图 1-17　支路、结点与回路

（1）支路（branch）：一般说，可以把电路中每个二端元件作为一条支路；但为了分析和计算的需要，经常把电路中通过同一电流的每个分支叫做支路。这样图 1-17 中有 3 条支路：$(i_S，R_1)$、R_2 及 $(u_S，R_3)$。

（2）结点（node）：支路的连接点称为结点。如果以同一电流的每个分支作为支路，则 3 条或 3 条以上支路的连接点才叫做结点。这样图 1-17 中只有 a 和 b 两个结点。

（3）回路（loop）：由支路构成的闭合路径称为回路。图 1-17 中有 3 个回路：$(i_S，R_1，R_2)$、$(R_2，R_3，u_S)$ 及 $(i_S，R_1，u_S，R_3)$。

（4）网孔（mesh）：电路中的每个自然孔称为网孔。图 1-17 中回路（i_S，R_1，R_2）和（R_2，R_3，u_S）为网孔。

电路中的各支路电流和支路电压受到两类约束。一类是元件本身的约束。例如，在电压和电流为关联参考方向的情况下，线性电阻必须满足 $u=Ri$。另一类是元件的相互连接给支路电流之间和支路电压之间带来的约束关系，有时称结构约束或拓扑约束，这类约束由基尔霍夫定律体现。

二、基尔霍夫电流定律（KCL，Kirchhoff's Current Law）

KCL 反映结点上各支路电流之间相互制约的关系，该定律指出：在集总电路中，任何时刻，对任何结点，所有支路电流的代数和恒等于零，即

$$\sum i = 0 \tag{1-21}$$

我们约定，按支路电流的参考方向，流出结点的支路电流取"＋"号，流入结点的支路电流取"－"号。

以图 1-18 所示电路为例，根据各支路电流的参考方向，对结点 a 应用 KCL，有

$$-i_1 + i_2 + i_5 = 0$$

上式可改写成

$$i_1 = i_2 + i_5$$

此式表明，任何时刻，流入任一结点的支路电流的总和等于流出该结点的支路电流的总和。

KCL 不仅能用于结点，还可以推广到包围几个结点的闭合曲面。对图 1-18 所示电路，用虚线表示的闭合面 S 内有 a 和 b 两个结点，应用 KCL 可列出

$$-i_1 + i_2 + i_5 = 0$$
$$-i_3 + i_4 - i_5 = 0$$

以上两式相加后，得到闭合面 S 的支路电流的代数和为

$$-i_1 + i_2 - i_3 + i_4 = 0$$

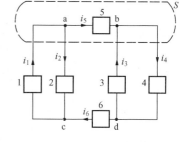

图 1-18　基尔霍夫电流定律

其中，i_2 和 i_4 流出闭合面，i_1 和 i_3 流入闭合面。

可见，通过任一闭合面的支路电流的代数和恒等于零；或者说，流入闭合面的支路电流的总和等于流出该闭合面的支路电流的总和，这叫做电流连续性原理。所以 KCL 是电流连续性（电荷守恒）的体现。

三、基尔霍夫电压定律（KVL，Kirchhoff's Voltage Law）

KVL 反映任一回路内各支路电压之间相互制约的关系，该定律指出：在集总电路中，任何时刻，沿任一回路，所有支路电压的代数和恒等于零，即

$$\sum u = 0 \tag{1-22}$$

在列上述方程时，首先要指定回路的绕行方向，凡支路电压的参考方向与回路绕向一致者，该电压取"＋"号，反之取"－"号。

以图 1-19 所示电路为例，对支路（2，3，5，6）构成的回路，取回路的绕行方向为顺时针方向，根据各支路电压的参考方向，列写 KVL，有

$$-u_2 - u_5 + u_3 + u_6 = 0$$

上式可改写成

$$u_2 + u_5 = u_3 + u_6 = u_{bc}$$

此式表明，电路中两结点间的电压值是确定的，不论沿哪条路径，两结点间的电压是相同的，所以，KVL 实质上是电压与路径无关这一性质的反映。

例 1-2 图 1-20 所示电路中，求：

（1）电压 U_1、U_2 和电流 I；

（2）各元件的功率，并判断是发出还是吸收？

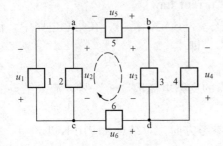

图 1-19 基尔霍夫电压定律

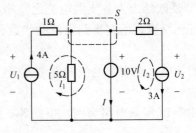

图 1-20 例 1-2 图

解 （1）根据 KVL，列回路 l_1 和 l_2 的方程为

$$\left.\begin{array}{l} -U_1 + 1 \times 4 + 10 = 0 \\ -10 + 2 \times 3 + U_2 = 0 \end{array}\right\}$$

得

$$\left.\begin{array}{l} U_1 = 1 \times 4 + 10 = 14(\text{V}) \\ U_2 = -2 \times 3 + 10 = 4(\text{V}) \end{array}\right\}$$

根据 KCL，列曲面 S 的方程为

$$-4 + \frac{10}{5} + I + 3 = 0$$

得

$$I = -1(\text{A})$$

（2）各元件的功率如下：

4A 电流源上的电压与电流成非关联参考方向，故它发出的功率为

$$P_{4\text{A}} = U_1 \times 4 = 14 \times 4 = 56(\text{W})$$

3A 电流源上的电压与电流成关联参考方向，故它吸收的功率为

$$P_{3\text{A}} = U_2 \times 3 = 4 \times 3 = 12(\text{W})$$

10V 电压源上的电压与电流成关联参考方向，故它吸收的功率为

$$P_{10\text{V}} = 10 \times I = 10 \times (-1) = -10(\text{W})$$

吸收功率为 -10W，实际发出功率为 10W。

各电阻吸收的功率分别为

$$P_{1\Omega} = 4^2 \times 1 = 16(\text{W})$$

$$P_{2\Omega} = 3^2 \times 2 = 18(\text{W})$$

$$P_{5\Omega} = \frac{10^2}{5} = 20(\text{W})$$

可见，整个电路发出总功率为

$$56 + 10 = 66(\text{W})$$

吸收总功率为

$$12+16+18+20=66(\text{W})$$

即整个电路满足功率平衡（守恒）。

例 1-3　求图 1-21 所示电路中各电源的功率。

解　设电流源的端电压和电压源中的电流的参考方向如图 1-21 所示。

根据 KVL，有

$$5\times I-10I=1$$

得　　　　　　　　　$I=-0.2(\text{A})$

$$U=1\times 10-10I=12(\text{V})$$

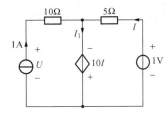

根据 KCL，有　　$I_1=I+1=0.8(\text{A})$

各电源的功率为

图 1-21　例 1-3 图

$P_{1\text{A}}=U\times 1=12\times 1=12(\text{W})$　　　（发出功率）

$P_{1\text{V}}=1\times I=1\times(-0.2)=-0.2(\text{W})$　　（实际吸收功率 0.2W）

$P_{10I}=10I\times I_1=(-2)\times 0.8=-1.6(\text{W})$　　（实际吸收功率 1.6W）

习　题

1-1　按图 1-22 所示的参考方向及给定的值，作出各元件中电压和电流的实际方向。计算各元件的功率，并说明元件是吸收功率还是发出功率。

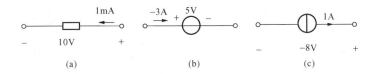

图 1-22　题 1-1 图

1-2　写出图 1-23 所示各电路的伏安关系。

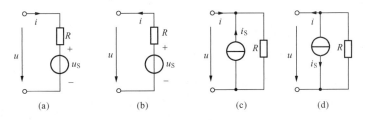

图 1-23　题 1-2 图

1-3　求图 1-24 所示电路各元件的电压、电流和功率，并指出是吸收功率还是发出功率，校验功率平衡。

1-4　求图 1-25 所示电路中的未知电压、电流。

1-5　求图 1-26 所示电路的电压 U_{ab} 和电流 I。

1-6 求图 1-27 所示含受控源电路中的电压 U 和电流 I。

1-7 求图 1-28 所示电路中电压 U_1、U_2。

1-8 求图 1-29 所示电路中受控电压源支路的电流。

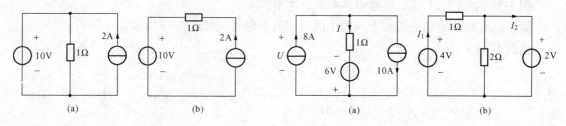

图 1-24 题 1-3 图　　　　　　　　　图 1-25 题 1-4 图

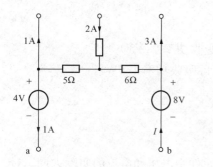

图 1-26 题 1-5 图

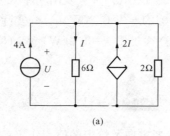

图 1-27 题 1-6 图

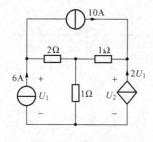

图 1-28 题 1-7 图

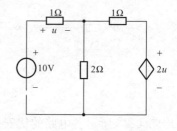

图 1-29 题 1-8 图

1-9 求图 1-30 所示受控电压源的功率。

1-10 求图 1-31 所示电路中独立电源的功率。

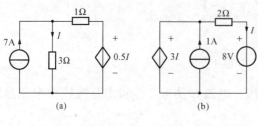

图 1-30 题 1-9 图

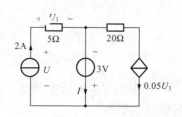

图 1-31 题 1-10 图

1-11 求图 1-32 所示电路中电压 U 和电流 I。

1-12　求图 1-33 所示电路中的电流 I。

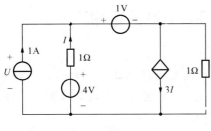 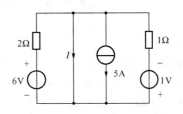

图 1-32　题 1-11 图　　　　　　　　　　图 1-33　题 1-12 图

1-13　图 1-34（a）所示电感上电流波形如图 1-34（b）所示，求电压 $u(t)$，电感吸收的功率 $p(t)$，电感上的储能 $W(t)$，并绘出它们的波形。

1-14　图 1-35（a）所示电容上的电流波形如图 1-35（b）所示，$u(0)=0$，求电压 $u(t)$，并画波形图。

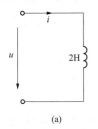 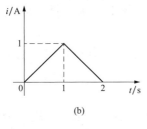 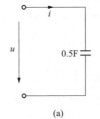 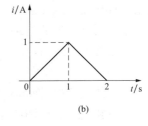

(a)　　　　　　(b)　　　　　　　　　　　(a)　　　　　　(b)

图 1-34　题 1-13 图　　　　　　　　　　图 1-35　题 1-14 图

第二章 线性电阻电路的分析

本章要求 深刻理解等效变换的概念，利用等效变换化简分析电路；理解独立结点、独立回路的概念，熟记 KCL 和 KVL 的独立方程数，掌握独立回路的选取；掌握支路电流法；牢固掌握和熟练应用回路电流法和结点电压法。

本章重点 等效变换，回路电流法和结点电压法。难点是 Y—△ 变换，应用回路电流法及结点电压法时对特殊支路的处理。

第一节 电阻的等效变换

电路中的独立电压源的电压和独立电流源的电流可以是恒定值（直流），也可以随时间按某种规律变化（交流）。本章及下一章讨论的电路为直流线性电阻电路，即由直流电源和线性电阻元件组成的电路。

等效变换是分析电路的方法之一，可以简化电路的分析，包括电阻的串联、并联和串并联，电阻的 Y—△ 变换，电源的等效变换等。

一、等效变换 （equivalent transformation）

对电路进行分析和计算时，有时可以把电路某部分简化，即用一个较为简单的电路替代原电路，这就是电路的"等效"概念，等效后，未被替代部分的电压和电流均应保持不变。用等效电路的方法求解电路时，电压和电流保持不变部分仅限于等效电路以外，这就是对外等效的概念。

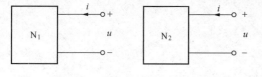

图 2-1 二端网络的等效变换

如图 2-1 所示，若两个二端网络 N_1 和 N_2，当它们与同一个外部电路相接，在相接端点处的电压、电流关系完全相同时，则称 N_1 和 N_2 为相互等效的二端网络。

二、电阻的串并联 （series and parallel resistors）

1. 电阻的串联

图 2-2（a）所示为 n 个电阻的串联。通过各电阻的电流为同一电流 i。应用 KVL 有

$$u = u_1 + u_2 + \cdots + u_n = R_1 i + R_2 i + \cdots + R_n i = (R_1 + R_2 + \cdots + R_n)i = R_{eq} i \quad (2\text{-}1)$$

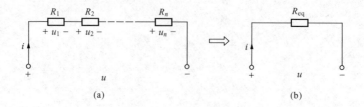

(a)　　　　　　(b)

图 2-2 电阻的串联

(a) n 个电阻的串联；(b) 等效电路

其中
$$R_{\mathrm{eq}} \stackrel{\mathrm{def}}{=} \frac{u}{i} = R_1 + R_2 + \cdots + R_n = \sum_{k=1}^{n} R_k \tag{2-2}$$

电阻 R_{eq} 称为总电阻或等效电阻。所谓等效是因为用电阻 R_{eq} 代替这些串联电阻后，对外电路的效果完全相同，即施加同一电压 u，得到的是同一个电流 i，图 2-2（b）所示为图 2-2（a）的等效电路。

电阻串联时，各电阻上的电压可用分压公式计算，则
$$u_k = R_k i = \frac{R_k}{R_{\mathrm{eq}}} u \tag{2-3}$$

可见，各个串联电阻上的电压与其电阻值成正比。

各电阻上的功率为
$$p_k = R_k i^2 \tag{2-4}$$

2. 电阻的并联

图 2-3（a）所示为 n 个电阻的并联。电阻并联时，各电阻两端的电压为同一电压 u。

应用 KCL 有
$$i = i_1 + i_2 + \cdots + i_n = \frac{u}{R_1} + \frac{u}{R_2} + \cdots + \frac{u}{R_n}$$
$$= \left(\frac{1}{R_1} + \frac{1}{R_2} + \cdots + \frac{1}{R_n}\right) u = \frac{u}{R_{\mathrm{eq}}} \tag{2-5}$$

其中
$$\frac{1}{R_{\mathrm{eq}}} = \frac{1}{R_1} + \frac{1}{R_2} + \cdots + \frac{1}{R_n}$$
$$= \sum_{k=1}^{n} \frac{1}{R_k} \tag{2-6}$$

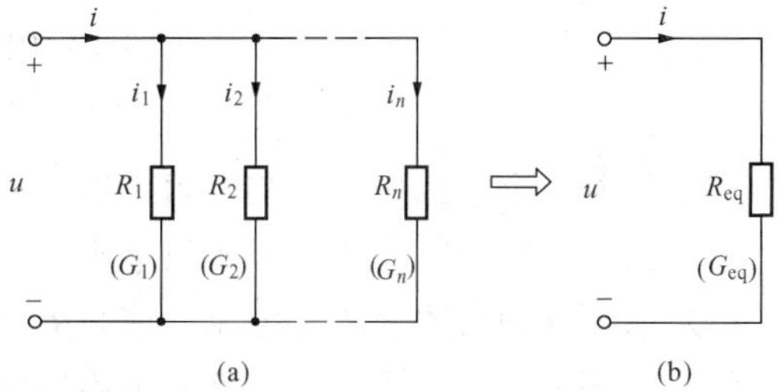

各电阻的电导为 $G_1 = \dfrac{1}{R_1}$，$G_2 = \dfrac{1}{R_2}$，$\cdots$，

图 2-3　电阻的并联
(a) n 个电阻并联；(b) 等效电路

$G_n = \dfrac{1}{R_n}$，则 n 个电阻并联后的等效电导为

$$G_{\mathrm{eq}} \stackrel{\mathrm{def}}{=} \frac{i}{u} = \frac{1}{R_{\mathrm{eq}}} = G_1 + G_2 + \cdots + G_n = \sum_{k=1}^{n} G_k \tag{2-7}$$

式（2-6）和式（2-7）表明，n 个电阻并联后的等效电阻的倒数（等效电导）等于各并联电阻的倒数（各并联电导）之和。不难看出，等效电阻小于任一个并联的电阻。图 2-3（b）所示为图 2-3（a）的等效电路。

电阻并联时，各电阻上电流用分流公式计算，则
$$i_k = G_k u = \frac{G_k}{G_{\mathrm{eq}}} i \tag{2-8}$$

可见，各个并联电阻上的电流与其电导值成正比，与其电阻成反比。

各电阻上的功率为
$$p_k = \frac{u^2}{R_k} = G_k u^2 \tag{2-9}$$

特别指出，当只有两个电阻并联时，等效电阻为
$$R_{\mathrm{eq}} = \frac{1}{\dfrac{1}{R_1} + \dfrac{1}{R_2}} = \frac{R_1 R_2}{R_1 + R_2} \tag{2-10}$$

两并联电阻的电流分别为

$$i_1 = \frac{G_1}{G_1+G_2}i = \frac{R_2}{R_1+R_2}i \left.\vphantom{\frac{G_1}{G_1+G_2}}\right\}$$
$$i_2 = \frac{G_2}{G_1+G_2}i = \frac{R_1}{R_1+R_2}i \left.\vphantom{\frac{G_2}{G_1+G_2}}\right\}$$

(2-11)

3. 电阻的串并联

当电阻的连接既有串联又有并联时，称为电阻的串并联或称混联。图 2-4（a）所示电路为电阻的串并联电路，R_3 与 R_4 串联后与 R_2 并联，再与 R_1 串联。

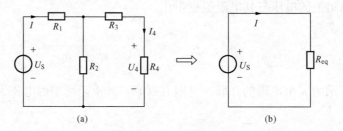

图 2-4 电阻的串并联
(a) 电阻的串并联；(b) 等效电路

对于只有一个电源作用，其电阻可以用串并联等效化简，求解的步骤一般是：

(1) 由电阻串并联公式求出等效电阻。

(2) 应用欧姆定律求出总电流（或总电压）。

(3) 应用分流、分压公式，分别求出各电阻的电流和电压，再计算功率。

例 2-1 求图 2-4 所示电路中的电阻 R_4 上的电压。

解 R_3 与 R_4 串联后与 R_2 并联，再与 R_1 串联的等效电阻为

$$R_{eq} = R_1 + \frac{R_2(R_3+R_4)}{R_2+(R_3+R_4)}$$

图 2-4（b）为对应的等效电路，其总电流为

$$I = \frac{U_S}{R_{eq}}$$

应用分流公式，则

$$I_4 = \frac{R_2}{R_2+(R_3+R_4)}I$$

故电阻 R_4 上的电压为

$$U_4 = R_4 I_4$$

三、电阻的Ｙ—△连接（Wye-Delta resistors）

前面已经讨论了用串并联化简的方法来求等效电阻。有时电阻元件不全是用串联或并联的方式连接的，如图 2-5（a）所示的桥形电路，电阻连接既非串联又非并联，而是星（Ｙ）形连接与三角（△）形连接，因此不能直接用串并联化简来求等效电阻。

在星形连接中，各个电阻的一端都接在一个公共结点上，另一端则分别接在 3 个端钮上。在图 2-5（a）中，电阻（R_1、R_3、R_5）和（R_2、R_4、R_5）为星形连接；在三角形连接中，各个电阻分别接在 3 个端钮中的两个之间，电阻（R_1、R_2、R_5）和（R_3、R_4、R_5）为

三角形连接。

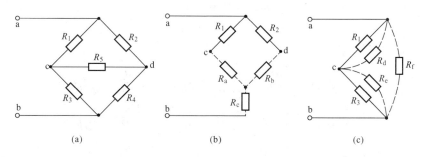

图 2-5　电阻的丫形连接与△形连接
（a）桥形电路；（b）△形连接变丫形连接；（c）丫形连接变△形连接

如果能把其中作三角形连接的电阻（R_3、R_4、R_5）等效变换成星形连接的电阻（R_a、R_b、R_c），如图 2-5（b）所示，则 a、b 间的等效电阻就可用串并联化简的方法来求。同样，如果能把其中作星形连接的电阻（R_2、R_4、R_5）等效变换成三角形连接的电阻（R_d、R_e、R_f），如图 2-5（c）所示，则 a、b 间的等效电阻就可求出。

某电路中的丫形连接和△形连接的 3 个电阻如图 2-6 所示，这两个电阻网络通过 3 个端钮和其他部分相连接。在进行互相等效变换时，当它们对应端钮间的电压 u_{12}、u_{23} 和 u_{31} 分别相同时，3 个端钮上对应的电流 i_1、i_2 和 i_3 也分别相同。

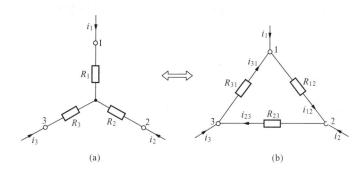

图 2-6　电阻的丫形和△形等效变换
（a）丫形连接；（b）△形连接

在△形连接的网络中，各个电阻中电流分别为

$$i_{12} = \frac{u_{12}}{R_{12}}, \quad i_{23} = \frac{u_{23}}{R_{23}}, \quad i_{31} = \frac{u_{31}}{R_{31}}$$

根据 KCL，△形连接各端钮处的电流分别为

$$
\left.
\begin{aligned}
i_1 &= \frac{u_{12}}{R_{12}} - \frac{u_{31}}{R_{31}} \\
i_2 &= \frac{u_{23}}{R_{23}} - \frac{u_{12}}{R_{12}} \\
i_3 &= \frac{u_{31}}{K_{31}} - \frac{u_{23}}{R_{23}}
\end{aligned}
\right\}
\tag{2-12}
$$

在丫形连接的网络中，有

$$
\left.\begin{aligned}
u_{12} &= R_1 i_1 - R_2 i_2 \\
u_{23} &= R_2 i_2 - R_3 i_3 \\
i_1 + i_2 + i_3 &= 0
\end{aligned}\right\} \tag{2-13}
$$

由式（2-13）可解得

$$
\left.\begin{aligned}
i_1 &= \frac{R_3 u_{12}}{R_1 R_2 + R_2 R_3 + R_3 R_1} - \frac{R_2 u_{31}}{R_1 R_2 + R_2 R_3 + R_3 R_1} \\
i_2 &= \frac{R_1 u_{23}}{R_1 R_2 + R_2 R_3 + R_3 R_1} - \frac{R_3 u_{12}}{R_1 R_2 + R_2 R_3 + R_3 R_1} \\
i_3 &= \frac{R_2 u_{31}}{R_1 R_2 + R_2 R_3 + R_3 R_1} - \frac{R_1 u_{23}}{R_1 R_2 + R_2 R_3 + R_3 R_1}
\end{aligned}\right\} \tag{2-14}
$$

由于两网络对应端钮间电压相同，两网络的对应端钮处的电流也必须相等，即具有相同的外特性。所以式（2-12）和式（2-14）中电压 u_{12}、u_{23} 和 u_{31} 前系数应对应相等，从而得

$$
\left.\begin{aligned}
R_{12} &= \frac{R_1 R_2 + R_2 R_3 + R_3 R_1}{R_3} = R_1 + R_2 + \frac{R_1 R_2}{R_3} \\
R_{23} &= \frac{R_1 R_2 + R_2 R_3 + R_3 R_1}{R_1} = R_2 + R_3 + \frac{R_2 R_3}{R_1} \\
R_{31} &= \frac{R_1 R_2 + R_2 R_3 + R_3 R_1}{R_2} = R_3 + R_1 + \frac{R_3 R_1}{R_2}
\end{aligned}\right\} \tag{2-15}
$$

式（2-15）是将Y形连接等效变换成△形连接的变换公式，若用电导来表示，则可写成

$$
\left.\begin{aligned}
G_{12} &= \frac{G_1 G_2}{G_1 + G_2 + G_3} \\
G_{23} &= \frac{G_2 G_3}{G_1 + G_2 + G_3} \\
G_{31} &= \frac{G_3 G_1}{G_1 + G_2 + G_3}
\end{aligned}\right\} \tag{2-16}
$$

由式（2-15）可以解得

$$
\left.\begin{aligned}
R_1 &= \frac{R_{12} R_{31}}{R_{12} + R_{23} + R_{31}} \\
R_2 &= \frac{R_{23} R_{12}}{R_{12} + R_{23} + R_{31}} \\
R_3 &= \frac{R_{31} R_{23}}{R_{12} + R_{23} + R_{31}}
\end{aligned}\right\} \tag{2-17}
$$

式（2-17）是将△形连接等效变换为Y形连接的变换公式。为了便于记忆变换的公式，式（2-17）和式（2-16）可归纳为

$$
\text{Y形电阻} = \frac{\text{△形相邻电阻的乘积}}{\text{△形电阻之和}}
$$

$$
\text{△形电导} = \frac{\text{Y形相邻电导的乘积}}{\text{Y形电导之和}}
$$

如果Y形连接的 3 个电阻相等，即 $R_1 = R_2 = R_3 = R_Y$，则等效的△形连接的电阻也相等，它们等于

$$R_\triangle = R_{12} = R_{23} = R_{32} = 3R_\curlyvee$$

反之，则

$$R_\curlyvee = \frac{1}{3}R_\triangle$$

这种对称△形连接与对称Y形连接的互换公式，在以后的三相电路中很有用处。

例 2-2　求图 2-7 所示桥形电路的等效电阻 R_{eq}。

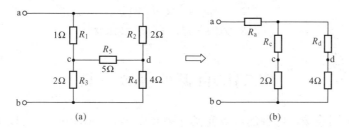

图 2-7　例 2-2 图

解　方法 1：Y-△等效互换。

若把 R_1、R_2、R_5 组成的△形连接变成Y形连接，如图 2-7（b）所示。其等效电阻为

$$R_a = \frac{1 \times 2}{1 + 2 + 5} = \frac{1}{4}(\Omega)$$

$$R_c = \frac{1 \times 5}{1 + 2 + 5} = \frac{5}{8}(\Omega)$$

$$R_d = \frac{2 \times 5}{1 + 2 + 5} = \frac{5}{4}(\Omega)$$

故 a、b 间的等效电阻为

$$R_{eq} = R_a + \frac{(2 + R_c) \times (4 + R_d)}{(2 + R_c) + (4 + R_d)}$$

$$= \frac{1}{4} + \frac{\left(2 + \frac{5}{8}\right) \times \left(4 + \frac{5}{4}\right)}{\left(2 + \frac{5}{8}\right) + \left(4 + \frac{5}{4}\right)} = \frac{1}{4} + \frac{7}{4} = 2(\Omega)$$

方法 2：利用电桥平衡原理。

这是一个桥形电路，因 $R_1 R_4 = R_2 R_3$，电路达到电桥平衡，故当端口 a、b 上有一定电压或电流时，R_5 支路中电流、电压均为零。计算等效电阻时，可将 R_5 支路断开（电流为零），或将 R_5 支路短接（电压为零）。

R_5 支路断开时，如图 2-8（a）所示，其等效电阻为

$$R_{eq} = \frac{(R_1 + R_3)(R_2 + R_4)}{(R_1 + R_3) + (R_2 + R_4)} = \frac{3 \times 6}{3 + 6} = 2(\Omega)$$

R_5 支路短接时，如图 2-8（b）所示，其等效电阻为

$$R_{eq} = \frac{R_1 R_2}{R_1 + R_2} + \frac{R_3 R_4}{R_3 + R_4} = \frac{2}{3} + \frac{8}{6} = 2(\Omega)$$

不论短接还是断开，计算得到的等效电阻是一样的。可见，当桥形电路达到电桥平衡时，就无需进行Y-△等效互换。

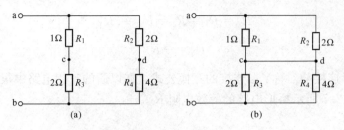

图 2-8　例 2-2 图

(a) R_5 支路断开时；(b) R_5 支路短接时

第二节　电源的等效变换

根据电源的不同连接，电源的等效变换（source transformation）有以下几种情况。

一、电源的串并联（series and parallel sources）

当 n 个电压源串联时，对外可等效成一个电压源 u_S，如图 2-9 所示。

$$u_S = u_{S1} - u_{S2} + \cdots + u_{Sn} = \sum_{k=1}^{n} u_{Sk} \tag{2-18}$$

如果 u_{Sk} 与 u_S 的方向相同时取正，相反时取负。

当 n 个电流源并联时，可等效成一个电流源 i_S，如图 2-10 所示。

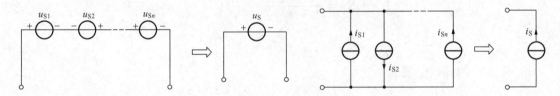

图 2-9　电压源串联　　　　　　图 2-10　电流源的并联

$$i_S = i_{S1} - i_{S2} + \cdots + i_{Sn} = \sum_{k=1}^{n} i_{Sk} \tag{2-19}$$

如果 i_{Sk} 与 i_S 的方向相同时取正，相反时取负。

只有电压相等极性一致的电压源才允许并联，否则违反 KVL，其等效电路为其中任一电压源；只有电流相等极性一致的电流源才允许串联，否则违反 KCL，其等效电路为其中任一电流源。

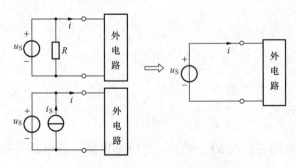

图 2-11　电压源与其他支路并联

电压源与电阻或电流源相并联，从外部性能来看，就相当于接一个电压源，可用一等效电压源来替代，如图 2-11 所示，其电压即为原电压源电压。不过，等效电压源中流过的电流与原电压源中的电流不等，它等于与之相连的外电路的电流。

电流源与电阻或电压源相串联，从外部性能来看，就相当于接了一个电流源，可用一等效电流源来替代，如图 2-12 所示，其电流即为原电流源电流；不过，等效电流源两端的电压与原电流源两端电压不等，它等于与之相连的外电路两端的电压。

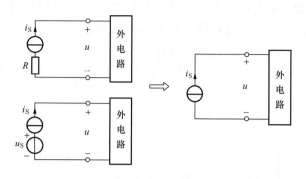

图 2-12　电流源与其他元件串联

二、实际电源的电路模型（real source model）

实际电源一般都有内阻。实际电源的端电压随着流过它的电流的变化而变化。其电路模型可以用两种形式表示：一是用电压源串联内阻形式的电压型电源，二是用电流源并联内阻形式的电流型电源。从电路分析的角度，两种形式的电源可以等效互换。

对图 2-13（a），端口电压可表示为

$$u = u_S - Ri \tag{2-20}$$

将式（2-20）改写成

$$i = \frac{u_S}{R} - \frac{u}{R} \tag{2-21}$$

对图 2-13（b），由 KCL 有

$$i = i_S - \frac{u}{R} \tag{2-22}$$

将式（2-22）改写成

$$u = Ri_S - Ri \tag{2-23}$$

两种模型要互相等效，必须具有相同的外特性，即端口上的电压和电流分别相等。将式（2-20）改写成式（2-21）后，可把电压型电源等效成电流型电源。将式（2-22）改写成式（2-23）后，可把电流型电源等效成电压型电源。这两种电源的等效互换关系如图 2-14 所示。

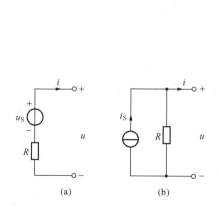

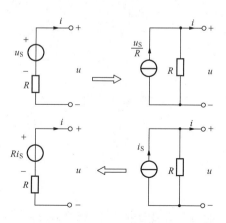

图 2-13　实际电源的两种模型　　　　图 2-14　实际电源的互相等效
（a）电压型电源；（b）电流型电源

所谓的等效变换是对外部电路等效，实际电源的等效变换的原则是保持其端口的 VCR 不变，等效变换时，要特别注意等效电压源与等效电流源的大小和方向。

顺便指出，受控电压源与电阻串联的模型和受控电流源与电阻并联的模型也可以用上述方法等效变换。但要注意在变换过程中，控制量必须保持不变。

例 2-3　用等效变换求图 2-15（a）所示电路中的电流 I。

解　通过等效变换把图 2-15（a）逐步变成图 2-15（e）所示的简单电路，然后求电流 I。

$$I = \frac{10-4}{1+2} = 2(\text{A})$$

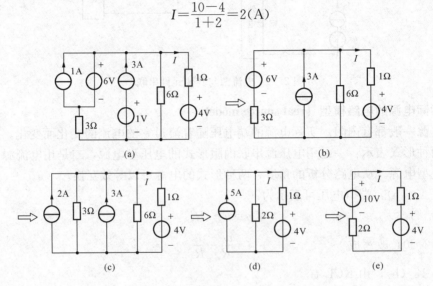

图 2-15　例 2-3 图

例 2-4　用等效变换求图 2-16（a）所示电路中的电流 I。

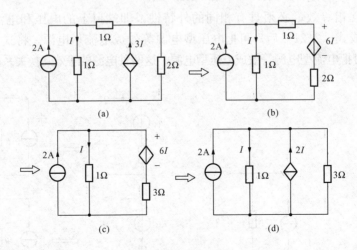

图 2-16　例 2-4 图

解　通过等效变换把图 2-16（a）逐步变成图 2-16（d）。注意：等效变换中控制支路不能变动，即应保留控制量。

根据 KCL，对图 2-16（d）列方程得

$$2+2I=I+\frac{1\times I}{3}$$

得
$$I=-3(\mathrm{A})$$

第三节　支路电流法

本章前几节中的分析方法是利用等效变换，逐步化简电路来求出待求的电压和电流，这种方法适用于不太复杂的电路。电路的另一种分析方法，不要求改变电路的结构，而是选择电路变量（电流或电压），根据基尔霍夫定律，列出电路方程联立求解。由于这种方法的计算步骤有规律，且对任何线性电路都适用，故称为系统化的普遍方法。它包括支路电流法（branch current analysis）、回路电流法（loop current analysis）和结点电压法（nodal voltage analysis），其中最基本的方法是支路电流法，以支路电流为未知量，应用 KCL 和 KVL 列出必要的方程，然后求出各支路电流。

一、独立结点方程（independent node equations）

图 2-17 所示电路，有 3 条支路，2 个结点。现设支路电流为 i_1、i_2 和 i_3 为未知量，它们的参考方向如图 2-17 所示。根据 KCL 可得

结点 a $\qquad\qquad -i_1+i_2+i_3=0$ (2-24)

结点 b $\qquad\qquad i_1-i_2-i_3=0$ (2-25)

式（2-24）和式（2-25）称为结点电流方程。可以看出，若将式（2-24）两边同乘以 −1，得到式（2-25），这表明式（2-24）与式（2-25）互相不独立，具有两个结点的电路，其独立的结点电流方程只有一个。这个结论可推广到一般情况，即具有 n 个结点的电路，其独立的结点电流方程数为（$n-1$）个，也就是说电路的独立结点数为（$n-1$）。现取结点 a 的 KCL 方程为独立的结点电流方程，相应地 a 也就称为独立结点。

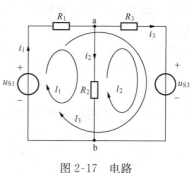

图 2-17　电路

二、独立回路方程（independent loop equations）

图 2-17 所示的电路有 l_1、l_2 和 l_3 3 个回路，选取回路的绕行方向如图 2-17 所示。根据 KVL 可得

回路 l_1 $\qquad\qquad -u_{\mathrm{S1}}+R_1i_1+R_2i_2=0$ (2-26)

或 $\qquad\qquad R_1i_1+R_2i_2=u_{\mathrm{S1}}$

回路 l_2 $\qquad\qquad -R_2i_2+R_3i_3+u_{\mathrm{S3}}=0$ (2-27)

或 $\qquad\qquad -R_2i_2+R_3i_3=-u_{\mathrm{S3}}$

回路 l_3 $\qquad\qquad -u_{\mathrm{S1}}+R_1i_1+R_3i_3+u_{\mathrm{S3}}=0$ (2-28)

或 $\qquad\qquad R_1i_1+R_3i_3=u_{\mathrm{S1}}-u_{\mathrm{S3}}$

上述方程称为回路电压方程。

可以看出，若将式（2-26）和式（2-27）相加，得到式（2-28），这说明 3 个方程不是独立的，任何一个方程都可以由其他两个方程求得。

式（2-26）和式（2-27）是取电路的两个单孔回路，称为网孔。网孔是平面网络中不含

有其他回路的回路。图 2-17 所示电路中回路 l_3 不是网孔，它含有两个回路在内。取网孔作为列方程的回路，能保证所列的回路电压方程是独立的，因为其余回路必将是网孔的合成，在这种回路上列出的回路电压方程就等于网孔回路电压方程的代数和，因而是不独立的，如回路 l_3 就是如此。但是每一个网孔却不能由别的网孔来合成，所以网孔上的回路电压方程都是独立的。可见，一个平面网络中独立回路电压方程数目等于此网络的网孔数。现选取回路 l_1 和 l_2 为独立回路，即以网孔作为独立回路，式（2-26）和式（2-27）就是所列的独立回路电压方程。

然而，取网孔作为回路是获得独立回路电压方程的充分条件，但并非必要条件，只要使所取的回路不能由其他已取的回路来合成即可，或者说，使所选的回路至少要含有一条在已经选取过的回路中所没有的新支路。相应独立电压方程的回路称为独立回路。本例中，电路的网孔数为2，独立回路除了取回路 l_1 和 l_2 外，还可取回路 l_1 和 l_3 或回路 l_2 和 l_3。

在后面关于网络图论和网络方程的章节中将证明：一个电路的独立回路数为 $l = b - (n-1)$，其中 n 为电路的结点数，b 为支路数。

三、支路电流法（branch current analysis）

前面讨论了一个电路的独立结点电流方程有 $(n-1)$ 个；独立的回路电压方程有 $l = b - (n-1)$ 个，即等于网孔数。故根据基尔霍夫定律可列出的独立方程数为 $(n-1) + b - (n-1) = b$，正好等于支路电流数，这一组独立的方程就是电路的支路电流方程。由于独立的方程数与未知量数相等，因此方程有唯一解。用支路电流法列出图 2-17 的独立方程为

结点 a　　　　　　　　　　　$-i_1 + i_2 + i_3 = 0$

回路 l_1　　　　　　　　　　$R_1 i_1 + R_2 i_2 = u_{S1}$

回路 l_2　　　　　　　　　　$-R_2 i_2 + R_3 i_3 = -u_{S3}$

综上所述，支路电流法的求解步骤包括以下 4 步。

（1）选定各支路电流的参考方向。

（2）选定 $(n-1)$ 个独立结点，列出 KCL 方程：$\sum i = 0$。

（3）选定 $l = b - (n-1)$ 个独立回路，列出 KVL 方程：$\sum R_k i_k = \sum u_{Sk}$，式中左侧表示某回路所有电阻电压降的代数和，当 i_k 参考方向与回路方向一致时，$R_k i_k$ 前面取正号，反之取负号；右侧表示回路中所有电压源电压升的代数和，当电压源电压与回路方向一致时，u_{Sk} 前面取负号，反之取正号。对于含有电流源的支路，必须进行处理后才能写成 KVL，这一问题在回路电流法中介绍。

（4）解方程，求解支路电流，再用支路特性求出支路电压。

支路电流法是以支路电流为变量，列出独立的 KCL 和 KVL 方程，解方程求支路电流，然后求支路电压，它是分析电路最基本的方法之一。支路电流法简称支路法。

例 2-5　用支路电流法列出图 2-18 所示电路的支路电流方程。

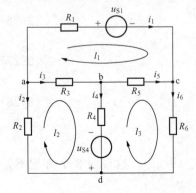

图 2-18　例 2-5 图

解　电路中的支路数 $b=6$，结点数 $n=4$，故独立回路数 $l=b-(n-1)=3$，即等于网孔数。独立回路的绕行方向以及支路电流的参考方向如图 2-18 所示。根据 KCL、KVL 得到下列 6 个独立方程，即

结点 a	$i_1+i_2+i_3=0$
结点 b	$-i_3+i_4+i_5=0$
结点 c	$-i_1-i_5+i_6=0$
回路 l_1	$R_1i_1-R_3i_3-R_5i_5=-u_{S1}$
回路 l_2	$-R_2i_2+R_3i_3+R_4i_4=u_{S4}$
回路 l_3	$-R_4i_4+R_5i_5+R_6i_6=-u_{S4}$

第四节　回 路 电 流 法

用第三节所述的支路电流法求解电路，需要列出与支路数相等的方程数。方程数目越多，计算过程就越麻烦，若能找到少于支路数的方程就能求解电路的方法，那么计算工作量就可减少。回路电流法（loop current analysis）就是这种方法之一。回路电流法是以回路电流为变量，列出独立回路的 KVL 方程分析电路。网孔电流法是回路电流法的一个特例，即独立回路取网孔。回路电流法简称回路法。

一、回路电流（loop current）

回路电流是在回路中连续流动的假想电流，通常用 i_{l1}、i_{l2}、i_{l3} 来表示，支路电流等于与其相关联的回路电流的代数和：$i_k=\sum i_{lp}$，当回路电流 i_{lp} 与支路电流 i_k 方向相同时，i_{lp} 前取正号，反之取负号。

图 2-19 所示电路中，i_1、i_2 和 i_3 为 3 个支路电流，根据 KCL 可得 $i_2=i_1-i_3$，根据关系式，可把支路 2 中的电流 i_2 看成由两个分量组成，其中一个分量 i_1 是从支路 1 流过来的（由结点 a 经支路 2 到结点 b），另一分量 i_3 是从支路 3 流过来的（由结点 b 经支路 2 到结点 a），支路 2 成了支路电流 i_1 和 i_3 的返回途径。因此假想在回路 l_1 和回路 l_2 中分别有电流 $i_{l1}=i_1$ 和 $i_{l2}=i_3$ 沿着回路流动。由于支路 1 中只有电流 i_{l1} 流过，支路电流仍为 i_1；支路 3 中只有电流 i_{l2} 流过，支路电流仍为 i_3；而支路电流 i_2 则有两个电流 i_{l1} 和 i_{l2} 同时流过，支路电流 $i_2=i_{l1}-i_{l2}=i_1-i_3$，可见各支路电流并没有改变。把沿着回路流动的假想电流称为回路电流，则 i_{l1} 和 i_{l2} 即为沿着回路 l_1 和回路 l_2 流动的回路电流，其方向如图 2-19 所示。

由于回路电流是沿着回路流动的电流，因此对任一结

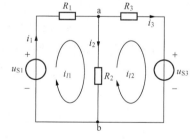

图 2-19　回路电流

点来说，回路电流既流进该结点，又从该结点流出，所以回路电流在所有结点处都自动满足KCL。

二、回路电流方程（equations with loop currents）

回路电流法是以回路电流作为未知量，根据 KVL 列出必要的回路电压方程，联立求解回路电流。因为回路电流在所有结点处都自动满足 KCL，所以不必再列结点电流方程。为了保证所列的回路方程独立，应选独立回路作为回路电流的环流路径，这样列出的一组以回路

电流为未知量的回路方程，称为回路电流方程。求出回路电流后，支路电流则为有关回路电流的代数和。

下面对图 2-19 所示电路列写回路电流方程。i_{l1} 和 i_{l2} 为所取两独立回路的回路电流，其参考方向如图 2-19 所示。以回路电流的参考方向作为回路的绕行方向，以 i_{l1} 和 i_{l2} 作为未知量，根据 KVL 列写回路 l_1 和回路 l_2 的方程。

回路 l_1 中，由于回路的绕行方向与 i_{l1} 的参考方向一致，因此 i_{l1} 流过电阻 R_1 和 R_2 所产生的电压 $(R_1+R_2)i_{l1}$，从回路 l_1 的绕行方向来看应取正值，电阻 R_2 中还有回路电流 i_{l2} 流过，其方向与回路 l_1 的绕行方向相反，它所产生的电压为 R_2i_{l2}，从回路 l_1 的绕行方向来看应取负值。因此根据 KVL 得回路 l_1 的方程为

$$(R_1+R_2)i_{l1}-R_2i_{l2}-u_{S1}=0$$

或

$$(R_1+R_2)i_{l1}-R_2i_{l2}=u_{S1}$$

同理，对于回路 l_2 有

$$-R_2i_{l1}+(R_2+R_3)i_{l2}+u_{S3}=0$$

或

$$-R_2i_{l1}+(R_2+R_3)i_{l2}=-u_{S3}$$

以上式子即为以回路电流作为未知量的回路方程。

三、回路电流方程的一般形式（general equations with loop currents）

一个回路中所有电阻之和称为该回路的自阻，如回路 l_1 的自阻为 R_1+R_2，可用 R_{11} 表示，即 $R_{11}=R_1+R_2$，回路 l_2 的自阻为 R_2+R_3，可用 R_{22} 表示，即 $R_{22}=R_2+R_3$。由于回路绕行方向与回路电流参考方向取成一致，所以回路电流在自阻上产生的电压总是取正值。若把取正值包含在自阻中，则自阻总是取正值。两个回路的公共电阻称为互阻，如回路 l_1 和回路 l_2 的互阻为 R_2，可用 R_{12} 和 R_{21} 表示。由于回路电流流过互阻时产生的电压对于另一回路来说可作为正值，也可为负值，当回路电流流经互阻时参考方向一致，则取正值，反之，则取负值。如果把这种正负号包含在互阻中，当两个回路电流经过互阻时参考方向一致，互阻取正值；相反时取负值，如 $R_{12}=R_{21}=-R_2$。回路 l_1 和回路 l_2 中的电压源的代数和分别用 u_{S11} 和 u_{S22} 来表示，这样，双独立回路的回路电流方程的一般形式可写成

$$\left.\begin{array}{l} R_{11}i_{l1}+R_{12}i_{l2}=u_{S11} \\ R_{21}i_{l1}+R_{22}i_{l2}=u_{S22} \end{array}\right\} \tag{2-29}$$

方程左边是回路中电阻上电压的代数和，右边是回路中电压源电压的代数和。u_{S11} 和 u_{S22} 中，当电压源电压参考方向与回路绕行方向一致时取负值，反之取正值，如 $u_{S11}=u_{S1}$ 和 $u_{S22}=-u_{S3}$。

方程还推广到具有 l 个独立回路的电路，其回路电流方程的一般形式为

$$\left.\begin{array}{l} R_{11}i_{l1}+R_{12}i_{l2}+\cdots+R_{1l}i_{ll}=u_{S11} \\ R_{21}i_{l1}+R_{22}i_{l2}+\cdots+R_{2l}i_{ll}=u_{S22} \\ \vdots \\ R_{l1}i_{l1}+R_{l2}i_{l2}+\cdots+R_{ll}i_{ll}=u_{Sll} \end{array}\right\} \tag{2-30}$$

式中：R_{kk} 为自阻，即回路 $k(k=1,2,\cdots,l)$ 的电阻之和，自阻总是取正值；R_{kj} 为互阻，$k\neq j$，即回路 $k(k=1,2,\cdots,l)$ 与回路 $j(j=1,2,\cdots,l)$ 的公共电阻之和，互阻取正还是负，则由两个相关回路间共有支路上两回路电流的方向决定，当回路电流经过公共电阻方向相同时互阻取正，相反时取负，若两回路间无公共电阻，则相应互阻为零；u_{Skk} 为回路 k

中所有电压源电压的代数和，按回路电流方向，电压升为正，电压降为负。

回路电流法中，由于回路电流对各结点来说满足 KCL，故与支路电流法相比较，省略了结点方程，联立方程数等于独立回路数，即为 $l=b-(n-1)$ 个，较支路法少了 $(n-1)$ 个方程。

四、含电流源支路的回路分析法（loop analysis with current sources）

在上面所介绍的电路中，电源都是电压源。如果电路中含有电流源时，若电流源有并联电阻，则可根据电源的等效变换，将它们等效成电压源与电阻串联的形式，然后求解。有时电流源无并联电阻，那就无法把它变换成电压源。常采用下列两种方法：

方法一是把电流源的端电压作为变量。这样在列写含有电流源回路的 KVL 时，必须把电流源的端电压考虑进去，由于电流源的端电压是未知量，还需要增加回路电流与电流源支路电流的约束关系，使方程数与变量数相同。图 2-20 所示电路中，若以网孔作为独立回路，设电流源的电压为 u，参考方向如图 2-20 所示，在所选定回路电流方向下，列出独立回路方程为

$$(R_1+R_2)i_{l1}-R_2 i_{l2}+u=u_{S1}$$
$$-R_2 i_{l1}+(R_2+R_3+R_4)i_{l2}-R_4 i_{l3}-u=0$$
$$-R_4 i_{l2}+(R_4+R_5)i_{l3}=-u_{S5}$$

再增加一个辅助方程为

$$-i_{l1}+i_{l2}=i_S$$

由上面 4 式，便可解出回路电流及电流源的电压。

方法二是在选取独立回路时，让电流源支路仅属于一个回路，这样，电流源电流就等于这个回路电流，未知的回路电流数少了一个，因此可省去该回路的 KVL 方程，相应求解的方程数也就减少一个。独立回路如图 2-21 所示，电流源支路只有一个回路电流 i_{l1} 流过，则 $i_{l1}=-i_S$ 是已知量，还有两个回路电流 i_{l2}、i_{l3} 是未知的，列出回路 l_2、l_3 方程为

$$R_1 i_{l1}+(R_1+R_3+R_4)i_{l2}-R_4 i_{l3}=u_{S1}$$
$$-R_4 i_{l2}+(R_4+R_5)i_{l3}=-u_{S5}$$

将 $i_{l1}=-i_S$ 代入上面方程，即可求出回路电流 i_{l2}、i_{l3}。

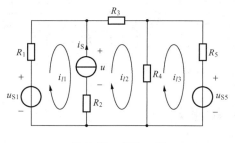

图 2-20　方法一图

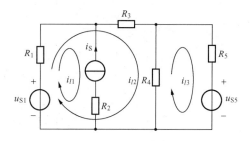

图 2-21　方法二图

例 2-6　用回路电流法求图 2-22 所示电路中的电压源的功率。

解　本电路独立回路数 $l=b-(n-1)=5-(3-1)=3$，用回路电流法求解时，一般需列 3 个方程。按图示所选的 3 个独立回路，使电流源支路中只有一个回路通过，根据回路电流与支路电流的关系，此回路电流等于电流源电流，即 $i_{l1}=1\text{A}$，$i_{l2}=2\text{A}$。这样 3 个回路电流剩下一个未知量，只需列一个回路方程就可以了。对回路 l_3 列方程为

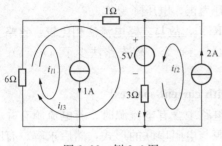

图 2-22 例 2-6 图

$$(6+1+3)i_{l3} + 6i_{l1} + 3i_{l2} = -5$$

将 $i_{l1} = 1\text{A}$，$i_{l2} = 2\text{A}$ 代入上式得

$$i_{l3} = -1.7(\text{A})$$

电压源中的电流为

$$i = i_{l2} + i_{l3} = 2 - 1.7 = 0.3(\text{A})$$

电压源的功率为

$$p = 5 \times i = 1.5(\text{W})$$

综上所述，回路电流法的求解步骤及注意事项可归纳如下：

（1）取 $l = b - (n-1)$ 个独立回路，回路电流的方向可任意设定。平面电路中的网孔为一组独立回路，网孔数等于独立回路数。

（2）列出 l 个回路电流方程，方程的左边是回路中各电阻上的电压，右边是电压源电压。其中自阻总是正的，互阻的正负由相关的两个回路电流流经互阻时的参考方向是否一致而定，一致时取正，相反时取负。

（3）联立求解回路电流方程，求出回路电流；选定各支路电流的参考方向，支路电流等于相关回路电流的代数和。

（4）如果电路中含有电流源支路，按本节介绍的两种方法求解。

（5）如果电路中含有受控源，设法把控制量用回路电流表示，暂时将受控源视为独立源，按上述方法列出回路电流方程，然后求解。

例 2-7 如图 2-23 所示电路，利用回路电流法求电压 u。

解 本题含有受控源，先将受控源看成独立源，这样该电路就有两个电流源，取网孔作为独立回路，对回路 l_3 列方程为

$$(20+2+4)i_{l3} - 2i_{l1} - 20i_{l2} = 12$$

其中

$$i_{l1} = 0.1u$$
$$i_{l2} = 4$$
$$u = 20(i_{l2} - i_{l3})$$

解得
$$i_{l3} = 3.6(\text{A})，u = 8(\text{V})$$

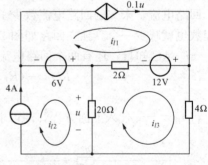

图 2-23 例 2-7 图

第五节　结点电压法

结点电压法（nodal analysis）以结点电压作为未知量，应用 KCL 列出与结点电压数相等的独立方程数，联立求解得结点电压，然后计算支路电流等。结点电压法简称结点法。

一、结点电压（nodal voltage）

任意选择电路中某一结点作为参考结点，其余结点与此参考结点间的电压分别称为对应的结点电压，结点电压的参考极性均以所对应结点为正极性端，以参考结点为负极性

端。如图 2-24 所示的电路，选结点 0 为参考结点，结点①、②的结点电压（即柏对于参考点的电位）分别记为 u_{n1} 和 u_{n2}。取各支路电压与支路电流的参考方向相同，则各支路 R_1、R_2、R_3 上的电压与结点电压的关系为

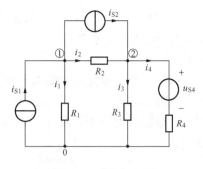

图 2-24 结点电压

$$u_1 = u_{n1} , u_3 = u_{n2} , u_2 = u_1 - u_3 = u_{n1} - u_{n2}$$

上面式子实际上就是 KVL 的体现。使用结点电压后，电路中所有的回路均自动地满足 KVL。所以结点电压法中不必再列 KVL 方程。

二、结点电压方程（nodal equations with nodal voltages）

现以结点①和结点②应用 KCL，得

$$\left.\begin{array}{r} i_1 + i_2 - i_{S1} + i_{S2} = 0 \\ -i_2 + i_3 + i_4 - i_{S2} = 0 \end{array}\right\} \tag{2-31}$$

由欧姆定律，各支路电流可表示为

$$i_1 = \frac{1}{R_1} u_{n1} , i_2 = \frac{1}{R_2}(u_{n1} - u_{n2}) , i_3 = \frac{1}{R_3} u_{n2} , i_4 = \frac{1}{R_4}(u_{n2} - u_{S4})$$

代入式（2-31），合并整理后得

$$\left.\begin{array}{r} \left(\dfrac{1}{R_1}+\dfrac{1}{R_2}\right)u_{n1} - \dfrac{1}{R_2} u_{n2} = i_{S1} - i_{S2} \\ -\dfrac{1}{R_2} u_{n1} + \left(\dfrac{1}{R_2}+\dfrac{1}{R_3}+\dfrac{1}{R_4}\right)u_{n2} = i_{S2} + \dfrac{u_{S4}}{R_4} \end{array}\right\} \tag{2-32}$$

式（2-32）可写成

$$\left.\begin{array}{r} (G_1+G_2)u_{n1} - G_2 u_{n2} = i_{S1} - i_{S2} \\ -G_2 u_{n1} + (G_2+G_3+G_4)u_{n2} = i_{S2} + G_4 u_{S4} \end{array}\right\} \tag{2-33}$$

式（2-33）可以进一步写成

$$\left.\begin{array}{r} G_{11} u_{n1} + G_{12} u_{n2} = i_{S11} \\ G_{21} u_{n1} + G_{22} u_{n2} = i_{S22} \end{array}\right\} \tag{2-34}$$

这就是具有 2 个独立结点的电路的结点电压方程的一般形式。

其中，$G_{11} = G_1 + G_2$ 是与结点①相连的各支路电导之和，称为结点①的自导，$G_{22} = G_2 + G_3 + G_4$ 是与结点②相连的各支路电导之和，称为结点②的自导，$G_{12} = G_{21} = -G_2$ 是结点①和结点②之间的公共电导。自导总是取正值，互导总是取负值，若两结点间无公共电导，则相应互导为零。对于方程右边 i_{S11} 和 i_{S22} 分别为流入结点①和结点②的电流源的代数和，流入取正，流出取负。电流源还应包括电压源和电阻串联组合等效变换成的电流源。对于图 2-24 的结点②除了 i_{S2} 流入外，还有电压源 u_{S4} 和电阻 R_4 串联组合形成的等效电流源 $G_4 u_{S4}$。

由此推广到具有 $(n-1)$ 个独立结点的电路，其结点电压方程的一般形式为

$$\left.\begin{array}{l} G_{11} u_{n1} + G_{12} u_{n2} + \cdots + G_{1(n-1)} u_{n(n-1)} = i_{S11} \\ G_{21} u_{n1} + G_{22} u_{n2} + \cdots + G_{2(n-1)} u_{n(n-1)} = i_{S22} \\ \quad\quad\quad\quad\quad \vdots \\ G_{(n-1)1} u_{n1} + G_{(n-1)2} u_{n2} + \cdots + G_{(n-1)(n-1)} u_{n(n-1)} = i_{S(n-1)(n-1)} \end{array}\right\} \tag{2-35}$$

求得结点电压后，可以根据 VCR 求出各支路电流。列结点方程时，不需要事先指定支路电流的参考方向，可以直接列写标准形式的方程，不必再从原始的 KCL 方程推导。

三、含电压源支路的结点分析法（nodal analysis with voltage sources）

由前面讨论可知，当电压源与电阻串联时，可等效成电流源与电阻的并联形式。但无电阻与之串联的电压源，称无伴电压源或纯电压源，就无法等效成电流源，有两种方法可以处理。

1. 含一条纯电压源支路

如图 2-25 所示，分析步骤包括以下 3 步：

（1）取纯电压源负极性端 0 点为参考点：则 $u_{n1} = u_S$，结点①的 KCL 方程可省略。

（2）对不含纯电压源支路的结点②列方程，得

$$-G_2 u_{n1} + (G_2 + G_3 + G_4) u_{n2} = i_{S2} + G_4 u_{S4}$$

（3）求解。

2. 含多条不具有公共端点的纯电压源支路

如图 2-26 所示，分析步骤包括以下 4 步：

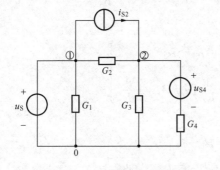
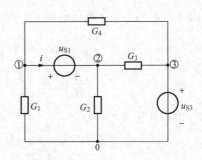

图 2-25　含一条纯电压源支路　　　　　　图 2-26　含多条纯电压源支路

（1）取某一纯电压源负极性端为参考点。如取结点 0 为参考点，则 $u_{n3} = u_{S3}$。那么结点③的 KCL 方程可省略。

（2）设另一纯电压源支路的电流为 i，列出结点①和②的方程为

$$(G_1 + G_4) u_{n1} - G_4 u_{n3} + i = 0$$
$$(G_2 + G_3) u_{n2} - G_3 u_{n3} - i = 0$$

（3）添加约束方程

$$u_{n1} - u_{n2} = u_{S1}$$

（4）求解。

四、含电流源与电阻串联支路的结点分析法（nodal analysis with series current source and resistor）

如图 2-27 所示，结点①的方程为

$$\left(\frac{1}{R_1} + \frac{1}{R_2} \right) u_{n1} = -\frac{u_S}{R_1} + i_S$$

结论：与电流源串联的电阻不出现在自导或互导中，这条支路等效成电流源。

五、含受控源支路的结点分析法（nodal analysis with dependent source）

如图 2-28 所示，分析步骤包括以下 4 步：

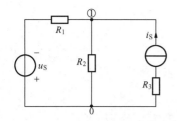

图 2-27 含电流源串联电阻支路

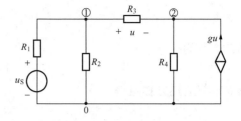

图 2-28 含受控源支路

（1）选取 0 点为参考结点。

（2）先将受控源作独立电源处理，列结点①、②的方程，得

$$\left(\frac{1}{R_1}+\frac{1}{R_2}+\frac{1}{R_3}\right)u_{n1}-\frac{1}{R_3}u_{n2}=\frac{u_S}{R_1}$$

$$-\frac{1}{R_3}u_{n1}+\left(\frac{1}{R_3}+\frac{1}{R_4}\right)u_{n2}=gu$$

（3）再将控制量用结点电压表示，即

$$u=u_{n1}-u_{n2}$$

（4）整理求解，则

$$\left(\frac{1}{R_1}+\frac{1}{R_2}+\frac{1}{R_3}\right)u_{n1}-\frac{1}{R_3}u_{n2}=\frac{u_S}{R_1}$$

$$-\left(\frac{1}{R_3}+g\right)u_{n1}+\left(\frac{1}{R_3}+\frac{1}{R_4}+g\right)u_{n2}=0$$

（注意：$G_{12}\neq G_{21}$）

综上所述，结点电压法的解题步骤归纳如下：

（1）指定参考结点，其余结点与参考结点间的电压就是结点电压，结点电压均以参考结点为负极性端。

（2）列出结点电压方程。自导总是正的，互导总是负的。

（3）连到本结点的电流源，当其电流指向结点时，前面取正号，反之取负号；连到本结点的电压源与电导串联的支路，其流入结点的等效电流源的电流为电压源与串联电导的乘积，当电压源的"＋"极性端朝着本结点时，取正号；反之，取负号。

（4）当电路中有纯电压源、电流源与电阻串联支路、受控源等，需按前面介绍的方法来处理。

（5）从结点电压方程解出各结点电压，然后可求得各支路电流。

例 2-8 用结点电压法求图 2-29 所示的结点电压 U_{n1}、U_{n2}、U_{n3}。

解 以结点④为参考结点，结点②的结点电压成为已知量，即 $U_{n2}=10V$，这样可少列一个方程。而结点①、③之间有一理想电压源支路，在列 KCL 方程时必须考虑其电流的大小，设 5V 理想电压源支路的电流为 I，由于 I 为未知量，因此在列写方程时需增补一个辅助方程。结点①、③的 KCL 方程为

$$\left(\frac{1}{1}+\frac{1}{0.5}\right)U_{n1}-\frac{1}{0.5}U_{n2}+I=0$$

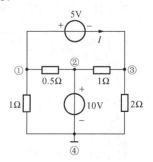

图 2-29 例 2-8 图

$$\left(\frac{1}{1}+\frac{1}{2}\right)U_{n3}-\frac{1}{1}U_{n2}-I=0$$

辅助方程为

$$U_{n1}-U_{n3}=5$$

联立求解上述方程组得

$$U_{n1}=\frac{25}{3}(\text{V}), \quad U_{n2}=10(\text{V}), \quad U_{n3}=\frac{10}{3}(\text{V})$$

第六节　基于 Multisim 软件进行电路分析

　　Multisim 是在阅读本书过程中要学习的电路分析软件。关于此软件的应用详见附录一。本节将举例说明如何利用 Windows 操作系统下的 Multisim 软件来分析学过的直流电路问题。

　　注意，只有在所有电路元件值都已知的条件下，Multisim 才能确定各支路电压、电流和功率的值。

　　例 2-9　利用 Multisim 求图 2-30 所示电路中的电流 i_1、i_2、i_3、i_4 及电压 u_a、u_b。

　　解　首先，利用 file/new/design 画出给定电路。对电路作直流分析，应采用直流电压源 DC-POWER 和直流电流源 DC-CURRENT。并联电压表 VOLTMETER 测电压，串联电流表 AMMETER 测电流，注意直流电路电压表和电流表的模式（mode）调为 DC。用 Multisim 软件画出图 2-30 的电路图及仿真结果如图 2-31 所示。

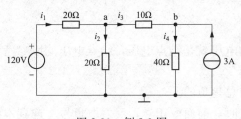

图 2-30　例 2-9 图

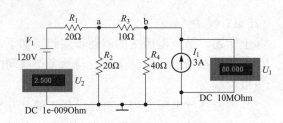

图 2-31　例 2-9 仿真电路图及仿真结果

　　另外，也可以利用 Simulate/Analyses/DC Operating Point 选择要输出的电压、电流、功率，将电路画好后保存为文件 exam2-9.ms，计算机对电路仿真后的结果就会显示在 Grapher View 上，并存入输出文件 exam2-9.gra，输出文件结果如图 2-32 所示。

　　得到仿真结果：$i_1=2.5\text{A}$，$i_2=3.5\text{A}$，$i_3=-1\text{A}$，$i_4=2\text{A}$，$u_a=70\text{V}$，$u_b=80\text{V}$

　　例 2-10　利用 Multisim 求图 2-33 所示的电流 i_1、i_2、i_3。

	DC Operating Point	
1	I(R1)	2.50000
2	I(R2)	3.50000
3	I(R3)	-1000.00000 m
4	I(R4)	2.00000
5	V(a)	70.00000
6	V(b)	80.00000

图 2-32　选择输出的电流、电压及仿真结果

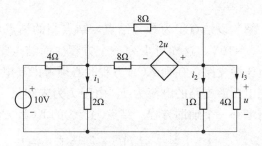

图 2-33　例 2-10 图

解　利用 file/new/design 画出图 2-33 电路图，图中有一个电压控制的电压源，当控制量为电压时，控制电压应并联取出。要注意控制量、受控量所在支路以及控制系数的大小。为显示所求电流，在相应的支路上串联电流表 AMMETER，仿真结果如图 2-34 所示。

得到仿真结果：$i_1 = 1.25\text{A}$，$i_2 = 0.5\text{A}$，$i_3 = 0.125\text{A}$

例 2-11　利用 Multisim 求图 2-35 所示电路中结点电压 u_a、u_b。

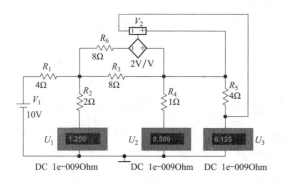 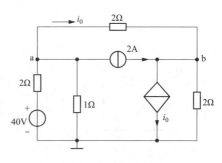

图 2-34　例 2-10 仿真电路图及仿真结果　　　　　图 2-35　例 2-11 图

解　利用 file/new/design 画出图 2-35 电路图，图中有一个电流控制的电流源，当控制量为电流时，控制电流应串联取出。要注意控制量、受控量所在支路以及控制系数的大小。并联电压表 VOLTMETER 测所求电压，仿真结果如图 2-36 所示。

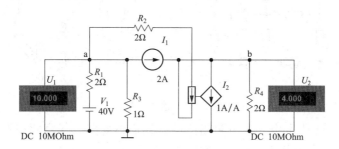

图 2-36　例 2-11 仿真电路图及仿真结果

得到仿真结果：$u_a = 10\text{V}$，$u_b = 4\text{V}$

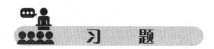

2-1　图 2-37 所示电路中，求：

（1）开关打开时，电压 U_{ab}；

（2）开关闭合时，电流 I_{ab}。

2-2　求图 2-38 所示电路中的电压 U_{ab}。

2-3　求图 2-39 所示电路中的电压 U。

2-4　求图 2-40 所示电路中的电流 I。

2-5　求图 2-41 所示电路中的电流 I。

2-6　求图 2-42 所示电路的等效电阻 R_{ab}。

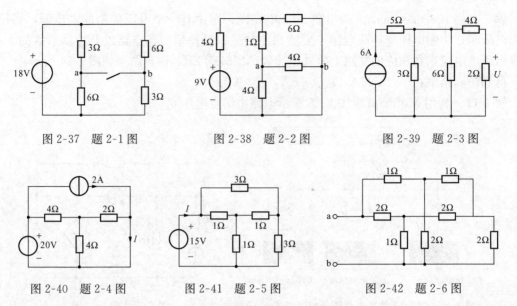

图 2-37　题 2-1 图　　　　图 2-38　题 2-2 图　　　　图 2-39　题 2-3 图

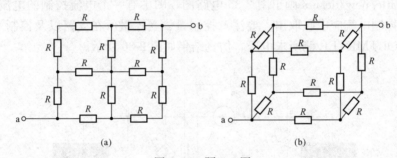

图 2-40　题 2-4 图　　　　图 2-41　题 2-5 图　　　　图 2-42　题 2-6 图

2-7　图 2-43 所示为由 12 个 1Ω 电阻组成的田字形和正六面体电路，求等效电阻 R_{ab}。

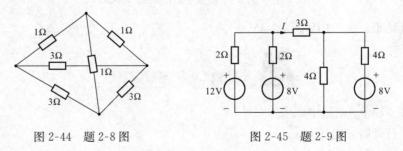

(a)　　　　　　　　　　(b)

图 2-43　题 2-7 图

2-8　求如图 2-44 所示由 6 个电阻组成的正四面体电路，任意两顶点间的等效电阻。

2-9　用等效变换求图 2-45 所示电路中的电流 I。

图 2-44　题 2-8 图　　　　图 2-45　题 2-9 图

2-10　用等效变换求图 2-46 所示电路中的电压 U。

2-11　用等效变换求图 2-47 所示电路中的电流 i。

2-12　求图 2-48 所示电路中的支路电流 I_1、I_2。

2-13　求图 2-49 所示电路中的电压 U_{ab}。

2-14　求图 2-50 所示电路中的电压 U。

2-15　求图 2-51 所示电路中的电流源的功率。

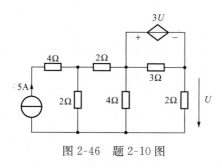
图 2-46 题 2-10 图

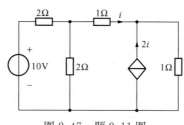
图 2-47 题 2-11 图

2-16 求图 2-52 所示电路中两电压源的功率。

2-17 求图 2-53 所示电路中两电源的功率。

2-18 求图 2-54 所示电路中电流源的端电压及电压源支路的电流。

2-19 求图 2-55 所示电路中的电流 i。

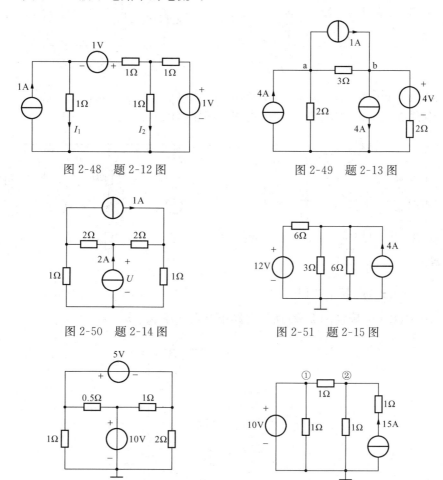

图 2-48 题 2-12 图

图 2-49 题 2-13 图

图 2-50 题 2-14 图

图 2-51 题 2-15 图

图 2-52 题 2-16 图

图 2-53 题 2-17 图

2-20 求图 2-56 所示电路中受控电流源的电流。

2-21 求图 2-57 所示电路中的受控电流源的功率。

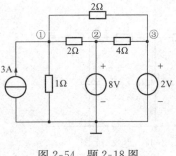

图 2-54　题 2-18 图

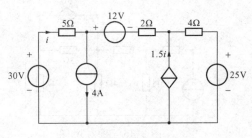

图 2-55　题 2-19 图

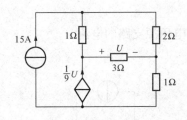

图 2-56　题 2-20 图

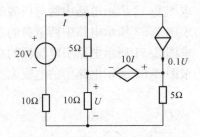

图 2-57　题 2-21 图

2-22　利用 Multisim 求图 2-58 所示电路中结点电压 u_a、u_b、u_c。

2-23　利用 Multisim 求图 2-59 所示电路中回路电流 i_1、i_2、i_3。

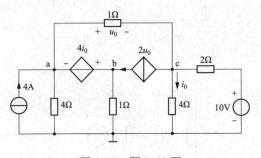

图 2-58　题 2-22 图

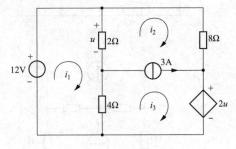

图 2-59　题 2-23 图

2-24　用 Multisim 确定图 2-60 所示电路中结点电压 u_a、u_b、u_c。

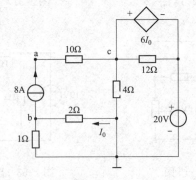

图 2-60　题 2-24 图

2-25　用 Multisim 解题 2-20 受控电流源的电流。

2-26　用 Multisim 解题 2-21 受控电流源的功率。

第三章　电　路　定　理

本章要求　掌握叠加定理及其应用方法；了解替代定理及其等效概念；熟练掌握戴维南定理和诺顿定理的本质及其分析步骤，掌握最大功率传输的概念；掌握特勒根定理和互易定理的应用。

本章重点　叠加定理，戴维南定理，互易定理。难点是含受控源一端口的等效电阻（输入电阻）求法。

第一节　叠　加　定　理

由线性无源元件、线性受控源和独立电源组成的电路，称为线性电路。叠加定理是线性电路重要定理之一，是分析线性电路的基础。

一、叠加定理（superposition theorem）

图 3-1（a）所示电路有两个独立电源（激励），现要求解电阻 R_2 上的电压 u（响应），用结点电压法列方程为

$$\left(\frac{1}{R_1}+\frac{1}{R_2}\right)u=\frac{u_S}{R_1}+i_S$$

求得
$$u=\frac{R_2}{R_1+R_2}u_S+\frac{R_1R_2}{R_1+R_2}i_S=k_1u_S+k_2i_S=u^{(1)}+u^{(2)} \tag{3-1}$$

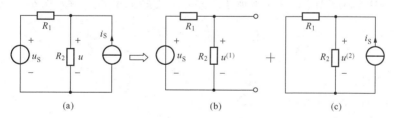

图 3-1　叠加定理

（a）有两个独立电源的电路；（b）u_S 单独作用的响应；（c）i_S 单独作用的响应

式（3-1）表明，响应 u 与激励源 u_S 和 i_S 为线性关系。其比例系数 k_1 和 k_2 取决于电路结构及元件参数。电压 u 的分量 $u^{(1)}$ 为电压源 u_S 单独作用，而电流源 $i_S=0$（开路）时产生的响应，由图 3-1（b）求得；分量 $u^{(2)}$ 为电流源 i_S 单独作用，而电压源 $u_S=0$（短路）时产生的响应，由图 3-1（c）求得。

综上所述，就可得到叠加定理：在由几个独立电源作用的线性电路中，任一支路的电压（或电流）等于各独立电源单独作用而其他独立电源为零（即其他独立电压源短路，独立电流源开路）时，在该支路产生的电压（或电流）的代数和。

应用叠加定理时应注意以下几点：

（1）叠加定理仅适用于线性电路求电压和电流，不适用于非线性电路。

（2）叠加时，要注意电压（或电流）的参考方向，若电压（或电流）各分量的参考方向与原电路电压（或电流）的参考方向一致取正号，相反时取负号。

（3）由于功率不是电压和电流的一次函数，故不能直接用叠加定理计算功率。如图 3-1（a）所示电路中，R_2 的功率 $P = G_2 u^2 = G_2 (u^{(1)} + u^{(2)})^2 \neq G_2 (u^{(1)})^2 + G_2 (u^{(2)})^2$。

（4）也可将独立源分成几组，按组计算电压（或电流）分量后再叠加。

（5）某个（组）独立源作用，同时意味着其他独立源不作用，不作用的电压源短路，不作用的电流源开路。受控源应始终保留在各分电路中。

例 3-1 应用叠加定理求图 3-2（a）所示电路中的电压 u 和电流 i。

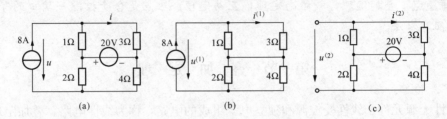

图 3-2 例 3-1 图
(a) 电路；(b)、(c) 分电路

解 （1）8A 电流源单独作用，20V 电压源短路，分电路如图 3-2（b）所示，则

$$i^{(1)} = \frac{1}{1+3} \times 8 = 2(\text{A})$$

$$u^{(1)} = \left(\frac{1 \times 3}{1+3} + \frac{2 \times 4}{2+4} \right) \times 8 = \frac{50}{3}(\text{V})$$

（2）20V 电压源单独作用，8A 电流源开路，分电路如图 3-2（c）所示，则

$$i^{(2)} = \frac{20}{1+3} = 5(\text{A})$$

$$u^{(2)} = -\frac{1}{1+3} \times 20 + \frac{2}{2+4} \times 20 = \frac{5}{3}(\text{V})$$

故原电路的电压 u 和电流 i 为

$$i = i^{(1)} + i^{(2)} = 2 + 5 = 7(\text{A})$$

$$u = u^{(1)} + u^{(2)} = \frac{50}{3} + \frac{5}{3} = \frac{55}{3}(\text{V})$$

例 3-2 应用叠加定理求图 3-3（a）所示含受控源电路中的电压 u 和电流 i。

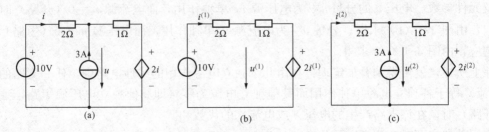

图 3-3 例 3-2 图
(a) 含受控源电路；(b)、(c) 分电路

解 特别强调，受控源应始终保留在分电路中。

(1) 10V 电压源单独作用，3A 电流源开路，分电路如图 3-3（b）所示，则

$$(2+1) \times i^{(1)} + 2i^{(1)} = 10$$

得

$$i^{(1)} = 2(\text{A})$$

$$u^{(1)} = 1 \times i^{(1)} + 2i^{(1)} = 6(\text{V})$$

(2) 3A 电流源单独作用，10V 电压源短路，分电路如图 3-3（c）所示，则

$$2 \times i^{(2)} + 1 \times (3 + i^{(2)}) + 2i^{(2)} = 0$$

得

$$i^{(2)} = -0.6(\text{A})$$

$$u^{(2)} = -2 \times i^{(2)} = 1.2(\text{V})$$

故原电路的电流 i 和电压 u 为

$$i = i^{(1)} + i^{(2)} = 2 - 0.6 = 1.4(\text{A})$$

$$u = u^{(1)} + u^{(2)} = 6 + 1.2 = 7.2(\text{V})$$

例 3-3 图 3-4 所示电路中，N_S 为含独立源的电阻网络，当 $u_S = 1\text{V}$，$i_S = 1\text{A}$ 时，$u = 6\text{V}$；当 $u_S = 2\text{V}$，$i_S = 1\text{A}$ 时，$u = 7\text{V}$；当 $u_S = 1\text{V}$，$i_S = 2\text{A}$ 时，$u = 8\text{V}$。问：当 $u_S = 3\text{V}$，$i_S = 2\text{A}$ 时，u 为多少?

解 由叠加定理，应有

$$u = au_S + bi_S + c$$

代入已知条件，得

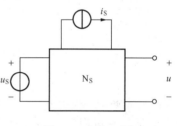

图 3-4 例 3-3 图

$$\left.\begin{array}{r} a+b+c=6 \\ 2a+b+c=7 \\ a+2b+c=8 \end{array}\right\}$$

解得

$$a=1,\ b=2,\ c=3$$

故当 $u_S = 3\text{V}$，$i_S = 2\text{A}$ 时

$$u = au_S + bi_S + c = 1 \times 3 + 2 \times 2 + 3 = 10(\text{V})$$

二、齐性定理

在线性电路中，当所有激励（独立电源）都增大或缩小至 K 倍（K 为实常数）时，响应（电压和电流）也将同样增大或缩小至 K 倍。这就是线性电路的齐性定理，它不难从叠加定理推得。

例如，电路中某一支路电流为 $i' = Au_S + Bi_S$，当电路中的独立电源都增大至 K 倍，此时 $i = A(Ku_S) + B(Ki_S) = Ki'$，即该支路电流也将同样增大至 K 倍。

显然，当电路中只有一个激励时，响应必与激励成正比。用齐次定理分析梯形电路特别有效。用倒退法，先从梯形电路最远离电源的一条支路开始，设其电压或电流为一便于计算的值，如例 3-4 中设 $i'_4 = 1\text{A}$，最后按齐性定理予以修正。

例 3-4 求图 3-5 所示电路各支路电流及电流源两端的电压。

解 设 $i'_4 = 1\text{A}$，则

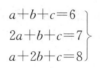

$$i'_3 = \frac{u'_{bc}}{4} = \frac{8 \times i'_4}{4} = \frac{8 \times 1}{4} = 2(\text{A})$$

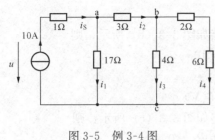

图 3-5　例 3-4 图

$$i_2' = i_3' + i_4' = 3(\text{A})$$

$$i_1' = \frac{u_{ac}'}{17} = \frac{3 \times i_2' + 8 \times i_4'}{17} = \frac{17}{17} = 1(\text{A})$$

$$i_S' = i_1' + i_2' = 4(\text{A})$$

$$u' = 1 \times i_S' + u_{ac}' = 1 \times 4 + 17 = 21(\text{V})$$

现给定 $i_S = 10\text{A}$，相当于将以上激励增至 $K = \dfrac{i_S}{i_S'} = \dfrac{10}{4} = 2.5$ 倍，则各响应同时增至 K 倍，即

$$i_1 = Ki_1' = 2.5(\text{A})$$
$$i_2 = Ki_2' = 7.5(\text{A})$$
$$i_3 = Ki_3' = 5(\text{A})$$
$$i_4 = Ki_4' = 2.5(\text{A})$$
$$u = Ku' = 52.5(\text{V})$$

第二节　替　代　定　理

替代定理（substitution theorem）具有广泛的应用，对于线性或非线性电路的分析十分重要，它可以简化电路的分析，在分析大规模电路或故障诊断中常用替代定理来进行。

替代定理指出：给定任何一个线性电阻电路，若某支路的电压 u 或电流 i 为已知，则该支路就可用一个大小和方向与 u 相同的电压源替代或可用一个大小和方向与 i 相同的电流源替代而不影响外部电路的解答。

图 3-6 所示为替代定理示意图，其中网络 N_2 可以认为是一个广义支路。被替代的支路可以是有源的，可以是无源的，但一般不应当含有受控源或该支路中的电压或电流不含 N_1 中受控源的控制量。由替代定理可知，电流为零的支路可以用开路替代，电压为零的支路可以用短路替代。

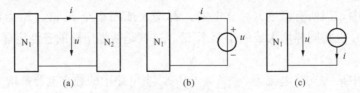

图 3-6　替代定理示意图

(a) 原电路；(b) N_2 用电压源替代；(c) N_2 用电流源替代

替代定理的一般性证明较繁琐，这里仅给出直观性说明。因为一般电路的电压变量或电流变量总处于电路方程（KCL 或 KVL 等）中，将某支路已知的电压或电流用电压源或电流源替代后，相当于将电路方程的某未知量用已知量代替，这样做当然不会影响其他支路的解答。

下面通过例题来验证替代定理的正确性。

例 3-5　求图 3-7 所示电路各支路电流及电压。

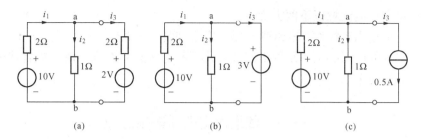

图 3-7　例 3-5 图

（a）原电路；（b）、（c）替代电路

解　对于图 3-7（a），先用结点电压法求出各支路电流及电压

$$u_{ab} = \frac{\dfrac{10}{2} + \dfrac{2}{2}}{\dfrac{1}{2} + \dfrac{1}{1} + \dfrac{1}{2}} = 3(\text{V})$$

$$i_1 = \frac{10 - u_{ab}}{2} = 3.5(\text{A})$$

$$i_2 = \frac{u_{ab}}{1} = 3(\text{A})$$

$$i_3 = \frac{u_{ab} - 2}{2} = 0.5(\text{A})$$

若用一个 3V 的独立电压源来代替原电路 a、b 端以右的部分，如图 3-7（b）所示，有

$$u_{ab} = 3(\text{V})$$

$$i_1 = \frac{10 - u_{ab}}{2} = 3.5(\text{A})$$

$$i_2 = \frac{u_{ab}}{1} = 3(\text{A})$$

$$i_3 = i_1 - i_2 = 0.5(\text{A})$$

类似地，若用 0.5A 的独立电流源代替原电路 a、b 端以右的部分，如图 3-7（c）所示，有

$$i_3 = 0.5(\text{A})$$

$$u_{ab} = \frac{\dfrac{10}{2} - 0.5}{\dfrac{1}{2} + \dfrac{1}{1}} = 3(\text{V})$$

$$i_1 = \frac{10 - u_{ab}}{2} = 3.5(\text{A})$$

$$i_2 = \frac{u_{ab}}{1} = 3(\text{A})$$

上述分析说明，若某二端网络（一端口）或一支路的端电压已知，可以用电压源替代；若其电流已知，可以用电流源替代。替代后不会影响被替代的原二端网络的端口及外电路的电压与电流。

应用替代定理时应注意以下两方面：

（1）替代定理适用于线性、非线性电路，定常和时变电路。

（2）替代定理的应用必须满足原电路和替代后的电路必须有唯一解，被替代的支路和电路其他部分应无耦合关系。

第三节　戴维南定理和诺顿定理

前面曾讨论过用等效变换方法化简电路求解某些变量的问题。对一般电路通常要经过多次变换才能得到最简的电路。为了简化分析过程，这里介绍两个重要定理，即戴维南和诺顿定理（Thevenin-Norton theorem），它们合称为等效电源定理。

一、戴维南定理（Thevenin's theorem）

关于如何简化含有独立源、受控源线性电阻一端口网络，戴维南定理指出：一个线性含源一端口电阻网络，对外电路来说，可以用一个电压源和电阻的串联组合来代替。此电压源的电压等于含源一端口的开路电压 u_{oc}，如图 3-8（c）所示；串联电阻等于一端口内部的全部独立电源置零后的等效电阻 R_{eq}（或称输入电阻 R_{in}），如图 3-8（d）所示。此电压源和电阻的串联组合称为戴维南等效电路，如图 3-8（b）所示。当 u 和 i 为非关联参考方向时，有

$$u = u_{oc} - R_{eq}i \tag{3-2}$$

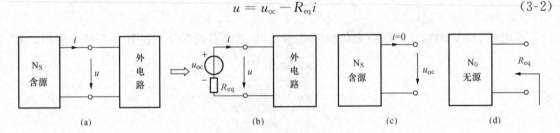

图 3-8　戴维南定理等效示意图

（a）原电路；（b）戴维南等效电路；（c）开路电压 u_{oc}；（d）等效电阻 R_{eq}

当含源一端口网络用戴维南等效电路置换后，端口以外的电路（称外电路）中的电压和电流均不变。这种等效变换称为对外等效。如果外电路是非线性的，但只要端口内是线性电路，戴维南定理仍适用，这是非线性电路分析的常用方法。

二、戴维南定理的推导（derivation of Thevenin's theorem）

对于图 3-8（a）所示的电路，首先应用替代定理，用 $i_S = i$ 的电流源等效替代外电路如图 3-9（a）所示。应用叠加定理，电压 u 可以看成 N_S 中独立源和电流源 $i_S = i$ 分别作用产生的结果来叠加，分电路如图 3-9（b）、（c）所示。

由于　　　　　　　　　　　$u^{(1)} = u_{oc}, \quad u^{(2)} = -R_{eq}i$

故　　　　　　　　　　$u = u^{(1)} + u^{(2)} = u_{oc} - R_{eq}i$

上式即为式（3-2），从而戴维南定理得证。

三、等效电阻的求法（finding equivalent resistance）

关于等效电阻的求法有必要作重点说明。一般可用以下几种方法来求解。

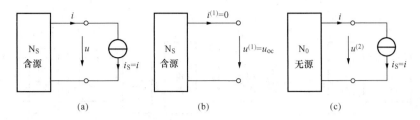

图 3-9　戴维南定理的证明过程

（a）用电流源等效替代图 3-8（a）的外电路；（b）、（c）求 u 的分电路

1. 串并联方法

若含源一端口网络内部无受控源，将内部独立电压源短路，独立电流源开路后，所得的无源一端口网络中的电阻出现简单的串并联结构，应用串并联公式直接求等效电阻，如图 3-10（a）所示。

2. 外加电源法

若一端口网络内部有受控源，则按等效电阻的定义，将含源一端口网络内所有独立电源变为零，即将独立电压源短路、独立电流源开路，在端口处加一电压 u，产生电流为 i，在图3-10（b）所示的电压、电流参考方向情况下，则等效电阻为

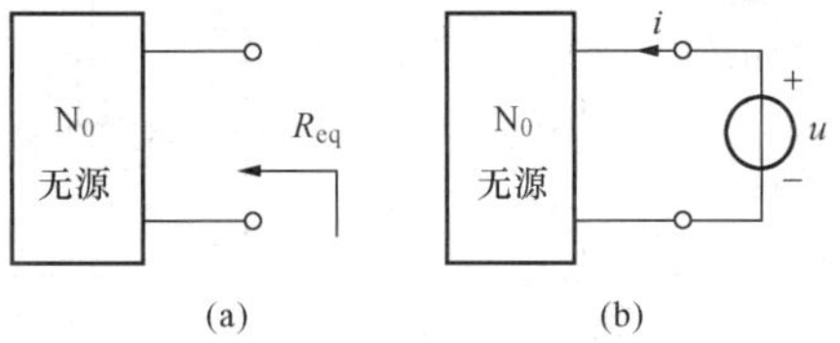

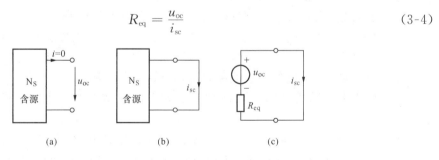

图 3-10　用串并联法、外加电源法求等效电阻

（a）串并联法；（b）外加电源法

$$R_{eq} = \frac{u}{i} \tag{3-3}$$

式中，u 并不一定给出确定的值，只要找出 u 与 i 的关系即可。

3. 开路短路法（实验测量法）

如图 3-11 所示，求出开路电压 u_{oc}、短路电流 i_{sc}，在图示电压、电流方向情况下，则等效电阻为

$$R_{eq} = \frac{u_{oc}}{i_{sc}} \tag{3-4}$$

图 3-11　用开路短路法求等效电阻

（a）开路电压 u_{oc}；（b）短路电流 i_{sc}；（c）等效电阻 R_{eq}

四、诺顿定理（Norton's theorem）

应用电压源和电阻的串联组合与电流源和电导的并联组合之间的等效变换，就可从戴维南定理推得诺顿定理。诺顿定理指出：一个线性含源一端口网络，对外电路来说，可以用一个电流源和电阻的并联组合来等效替代，电流源的电流等于该一端口的短路电流 i_{sc}，如图3-12（c）所示，电阻等于把该一端口全部独立电源置零后的等效电阻 R_{eq}，如图 3-12（d）所示，此电流源和并联电阻组合的电路称为诺顿等效电路，如图 3-12

（b）所示。

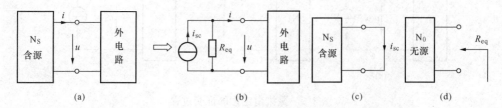

图 3-12　诺顿定理等效示意图

（a）原电路；（b）诺顿等效电路；（c）短路电流 i_{sc}；（d）等效电阻 R_{eq}

诺顿等效电路和戴维南等效电路这两种等效电路共有 u_{oc}、R_{eq}、i_{sc} 3 个参数，其关系为 $u_{oc}=R_{eq}i_{sc}$，故求出其中任意两个就可求得第三个。通常情况下，两种等效电路是同时存在的，如图 3-13 所示。

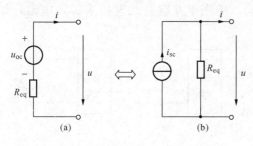

图 3-13　两种等效电路的互换

（a）戴维南等效电路；（b）诺顿等效电路

当 $R_{eq}=0$ 时，戴维南等效电路成为一个电压源，在这种情况下，对应的诺顿等效电路就不存在。同理，如果 $R_{eq}=\infty$，诺顿等效电路成为一个电流源，在这种情况下，对应的戴维南等效电路就不存在。当有受控源时，R_{eq} 也有可能是一个线性负电阻。

戴维南定理和诺顿定理在电路分析中应用广泛。有时只对电路中的部分电路感兴趣，而这部分电路以外的其余电路又构成一个含源一端口网络，这时就可应用这两个定理把其余部分电路仅用两个电路元件的简单组合来替代，而不影响电路的求解。特别是当仅对电路的某一元件感兴趣，例如，分析电路中某一支路的电压、电流，分析电路中某一电阻获得最大功率等问题时，这两个定理尤为适用。

应用戴维南定理和诺顿定理分析问题时，要分以下几步进行：

（1）断开所要求解的支路或局部网络，求出所余一端口含源网络的开路电压 u_{oc} 或短路电流 i_{sc}。

（2）令一端口网络内的独立电源为零，求等效电阻 R_{eq}。

（3）将待求支路或网络接入戴维南等效电路或诺顿等效电路，求有关电压、电流或功率。

例 3-6　如图 3-14（a）所示电路，试用戴维南定理求 5Ω 电阻的电流 i。

解　把 5Ω 电阻作为外电路，先求出 a、b 左边一端口的戴维南等效电路。

（1）求开路电压 u_{oc}。如图 3-14（b）所示，由回路电流法列方程

$$(4+2+3)i_1-2\times 1=-20$$

得

$$i_1=-2(\text{A})$$

$$u_{oc}=1\times 1+3\times i_1+20=15(\text{V})$$

（2）求等效电阻 R_{eq}。将电压源短接，电流源断开，得图 3-14（c）所示电路，应用电阻串并联求得

$$R_{eq}=1+\frac{(2+4)\times 3}{2+4+3}=3(\Omega)$$

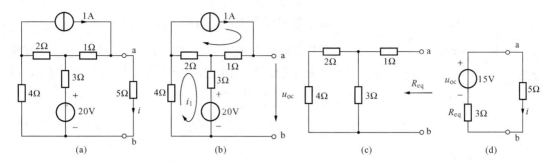

图 3-14 例 3-6 图

（a）电路；（b）开路电压 u_{oc}；（c）等效电阻 R_{eq}；（d）戴维南等效电路

（3）求外电路响应。戴维南等效电路如图 3-14（d）所示，得 5Ω 电阻的电流为

$$i = \frac{15}{3+5} = \frac{15}{8}(A)$$

例 3-7 如图 3-15 所示的含源一端口外接可调电阻 R，当 R 等于多大时，它可从电路中获得最大功率？最大功率为多少？

解 一端口的戴维南等效电路可用前述方法求得

$$u_{oc} = 12(V), \quad R_{eq} = 4(\Omega)$$

戴维南等效电路如图 3-15（b）所示。电阻 R 的改变不会影响原一端口的戴维南等效电路，由图 3-15（b）可求得 R 吸收的功率为

$$p = i^2 R = \frac{u_{oc}^2 R}{(R_{eq}+R)^2}$$

最大功率发生在 $\dfrac{\mathrm{d}p}{\mathrm{d}R}=0$ 的条件下，即

$$\frac{\mathrm{d}p}{\mathrm{d}R} = \frac{(R_{eq}+R)^2 - 2R(R_{eq}+R)}{(R_{eq}+R)^4} u_{oc}^2$$

$$= \frac{R_{eq}-R}{(R_{eq}+R)^3} u_{oc}^2 = 0$$

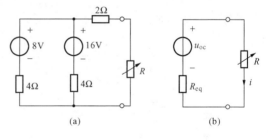

图 3-15 例 3-7 图

（a）原电路；（b）戴维南等效电路

由上式解得 $R=R_{eq}$，即满足 $R=R_{eq}$ 时，负载可获最大功率 $p_{max}=\dfrac{u_{oc}^2}{4R_{eq}}$。

本例中，$R=4\Omega$ 时可获最大功率，其值为

$$p_{max} = \frac{u_{oc}^2}{4R_{eq}} = \frac{12^2}{4\times 4} = 9(W)$$

本例中最大功率传输的结论可以推广到一般情况。即如果一个含源一端口外接电阻 R 的大小可以变动，当满足 $R=R_{eq}$（R_{eq} 为一端口的输入电阻）的条件时，电阻 R 将获得最大功率。此时称外接电阻与一端口的输入电阻匹配。

例 3-8 求图 3-16 所示含受控源一端口的戴维南等效电路和诺顿等效电路。

解 （1）求开路电压 u_{oc}。如图 3-17（a）所示，端口断开，以 b 点为参考结点，由结点电压法列结点 c 和 a 的 KCL，得

$$(4+4)u_1 - 4u_{oc} = 6 + 2u_1 \Big\}$$
$$-4u_1 + (2+4)u_{oc} = -2u_1 \Big\}$$

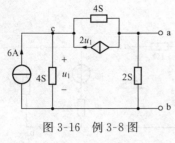

图 3-16　例 3-8 图

联立求解以上方程，可得 $u_{oc} = \dfrac{3}{7}(\text{V})$。

（2）求短路电流 i_{sc}。如图 3-17（b）所示，端口短路，以 b 点为参考结点，由结点电压法列结点 c 和 a 的 KCL，得

$$\left.\begin{array}{c} (4+4)u_1 = 6 + 2u_1 \\ i_{sc} = 4u_1 - 2u_1 \end{array}\right\}$$

联立求解以上方程，可得 $i_{sc} = 2(\text{A})$。

（3）求等效电阻 R_{eq}。

方法 1：开路短路法。由开路电压 u_{oc} 和短路电流 i_{sc} 可得等效电阻为

$$R_{eq} = \frac{u_{oc}}{i_{sc}} = \frac{3/7}{2} = \frac{3}{14}(\Omega)$$

方法 2：外加电源法。如图 3-17（c）所示，把端口内部的独立电源置零，即把 6A 电流源断开，然后端口加电压源 u，设端口上的电流为 i。

以 b 点为参考结点，由结点电压法列结点 c 和 a 的 KCL，得

$$\left.\begin{array}{c} (4+4)u_1 - 4u = 2u_1 \\ -4u_1 + (2+4)u = i - 2u_1 \end{array}\right\}$$

可得
$$u = \frac{3}{14}i$$

故等效电阻为
$$R_{eq} = \frac{u}{i} = \frac{3}{14}(\Omega)$$

图 3-17（d）所示就是所求的戴维南等效电路和诺顿等效电路。

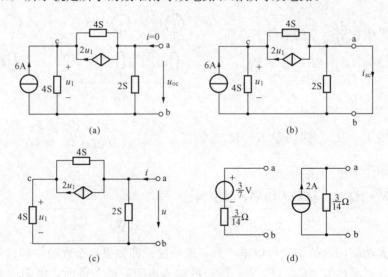

图 3-17　例 3-8 图

（a）开路电压 u_{oc}；（b）短路电流 i_{sc}；（c）外加电源 u；（d）戴维南和诺顿等效电路

第四节　特 勒 根 定 理

特勒根定理（Tellegen's theorem）是 Tellegen 于 1952 年首先提出来的。该定理反映了

集总参数电路中的功率守恒定理。和基尔霍夫定律一样，它与电路元件的性质无关，对任何具有线性、非线性，时不变、时变元件的集总电路都适用。

一、特勒根定理 1

一个具有 n 个结点和 b 条支路的网络，如果各支路电流为 $(i_1, i_2, \cdots, i_b)$，支路电压为 $(u_1, u_2, \cdots, u_b)$，且支路电压和支路电流取关联参考方向，则

$$\sum_{k=1}^{b} u_k i_k = u_1 i_1 + u_2 i_2 + \cdots + u_b i_b = 0 \tag{3-5}$$

证明：如图 3-18（a）所示电路，令 u_{n1}、u_{n2}、u_{n3} 分别表示结点 1、2、3 的结点电压，按 KVL 可得出各支路电压与结点电压之间的关系为

$$\left.\begin{aligned}
u_1 &= -u_{n1} \\
u_2 &= u_{n1} - u_{n2} \\
u_3 &= u_{n2} \\
u_4 &= u_{n2} - u_{n3} \\
u_5 &= u_{n3} \\
u_6 &= u_{n1} - u_{n3}
\end{aligned}\right\} \tag{3-6}$$

对结点 1、2、3 应用 KCL，得

$$\left.\begin{aligned}
-i_1 + i_2 + i_6 &= 0 \\
-i_2 + i_3 + i_4 &= 0 \\
-i_4 + i_5 - i_6 &= 0
\end{aligned}\right\} \tag{3-7}$$

而 $\displaystyle\sum_{k=1}^{6} u_k i_k = u_1 i_1 + u_2 i_2 + u_3 i_3 + u_4 i_4 + u_5 i_5 + u_6 i_6$

把支路电压用结点电压表示后，代入上式并整理得

$$\sum_{k=1}^{6} u_k i_k = u_{n1}(-i_1 + i_2 + i_6) + u_{n2}(-i_2 + i_3 + i_4) + u_{n3}(-i_4 + i_5 - i_6)$$

式中，括号内的电流分别为结点 1、2、3 处电流的代数和，故引用式（3-7），即有

$$\sum_{k=1}^{6} u_k i_k = 0$$

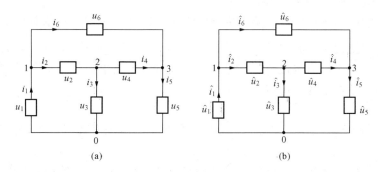

图 3-18 特勒根定理的证明

（a）电路一；（b）电路二

上述证明可推广至任何具有 n 个结点和 b 条支路的电路，即有

$$\sum_{k=1}^{b} u_k i_k = 0 \qquad\qquad (3\text{-}8)$$

特勒根定理 1 实质上是功率守恒的具体表现，即网络中某些有源元件产生的功率必然被其他无源元件所完全吸收。

二、特勒根定理 2

两个相同拓扑结构的网络 N 和 N̂，具有 n 个结点和 b 条支路。设各支路电流和电压都取关联参考方向，并分别用 $(i_1, i_2, \cdots, i_b)$、$(u_1, u_2, \cdots, u_b)$ 和 $(\hat{i}_1, \hat{i}_2, \cdots, \hat{i}_b)$、$(\hat{u}_1, \hat{u}_2, \cdots, \hat{u}_b)$ 来表示，则在任何时刻，有

$$\sum_{k=1}^{b} u_k \hat{i}_k = 0 \qquad\qquad (3\text{-}9)$$

$$\sum_{k=1}^{b} \hat{u}_k i_k = 0 \qquad\qquad (3\text{-}10)$$

证明：设结构相同的两个电路如图 3-18 所示，对图 3-18（b）应用 KCL，有

$$\left.\begin{array}{l} -\hat{i}_1 + \hat{i}_2 + \hat{i}_6 = 0 \\ -\hat{i}_2 + \hat{i}_3 + \hat{i}_4 = 0 \\ -\hat{i}_4 + \hat{i}_5 - \hat{i}_6 = 0 \end{array}\right\} \qquad (3\text{-}11)$$

对图 3-18（a），利用式（3-6）支路电压用结点电压表示后，可得

$$\sum_{k=1}^{6} u_k \hat{i}_3 = u_{n1}(-\hat{i}_1 + \hat{i}_2 + \hat{i}_6) + u_{n2}(-\hat{i}_2 + \hat{i}_3 + \hat{i}_4) + u_{n3}(-\hat{i}_4 + \hat{i}_5 - \hat{i}_6) = 0$$

上述证明可推广至任何具有 n 个结点和 b 条支路的电路，即有

$$\sum_{k=1}^{b} u_k \hat{i}_k = 0$$

同理可证

$$\sum_{k=1}^{b} \hat{u}_k i_k = 0$$

定理 2 不能用功率守恒解释，它仅仅是对两个具有相同结构的网络，一个网络的支路电压和另一个网络的支路电流，或者可以是同一个网络在不同时刻的相应支路电压和支路电流必须遵循的数学关系。

三、互易定理（reciprocity theorem）

特勒根定理的应用比较广泛，除了进行网络分析以外，还用来证明其他定理，例如互易定理的证明。为方便起见，先讨论一般情况，如图 3-19 所示网络 N 和 N̂ 具有 b 条支路，其中方框内部为无源网络，由线性电阻支路构成，且对应支路电阻完全相同，方框两边为任意两条支路，利用特勒根定理 2 可得

$$\sum_{k=1}^{b} u_k \hat{i}_k = u_1 \hat{i}_1 + u_2 \hat{i}_2 + \sum_{k=3}^{b} u_k \hat{i}_k = u_1 \hat{i}_1 + u_2 \hat{i}_2 + \sum_{k=3}^{b} R_k i_k \hat{i}_k = 0$$

$$\sum_{k=1}^{b} \hat{u}_k i_k = \hat{u}_1 i_1 + \hat{u}_2 i_2 + \sum_{k=3}^{b} \hat{u}_k i_k = \hat{u}_1 i_1 + \hat{u}_2 i_2 + \sum_{k=3}^{b} R_k \hat{i}_k i_k = 0$$

故有

$$u_1 \hat{i}_1 + u_2 \hat{i}_2 = \hat{u}_1 i_1 + \hat{u}_2 i_2 \qquad\qquad (3\text{-}12)$$

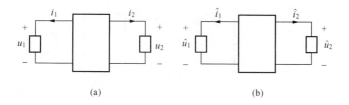

图 3-19　互易定理的证明

(a) N；(b) $\hat{N}$

现介绍互易定理，变化方框两边的支路，分别得出互易定理的 3 种形式。

（1）互易定理的第一种形式。如图 3-20（a）所示，$u_1 = u_S$，$u_2 = 0$；如图 3-20（b）所示，$\hat{u}_1 = 0$，$u_2 = \hat{u}_S$，代入式（3-12）得

$$u_S\hat{i}_1 = \hat{u}_S i_2$$

即
$$\frac{i_2}{u_S} = \frac{\hat{i}_1}{\hat{u}_S}（当 u_S = \hat{u}_S 时，i_2 = \hat{i}_1）$$

（2）互易定理的第二种形式。如图 3-21（a）所示，$i_1 = -i_S$，$i_2 = 0$；如图 3-21（b）所示，$\hat{i}_1 = 0$，$\hat{i}_2 = -\hat{i}_S$，代入式（3-12）得

$$u_2\hat{i}_S = \hat{u}_1 i_S$$

即
$$\frac{u_2}{i_S} = \frac{\hat{u}_1}{\hat{i}_S}（当 i_S = \hat{i}_S 时，u_2 = \hat{u}_1）$$

（3）互易定理的第三种形式。如图 3-22（a）所示，$i_1 = -i_S$，$u_2 = 0$；如图 3-22（b）所示，$\hat{i}_1 = 0$，$\hat{u}_2 = \hat{u}_S$，代入式（3-12）得

$$-\hat{u}_1 i_S + \hat{u}_S i_2 = 0$$

即
$$\frac{i_2}{i_S} = \frac{\hat{u}_1}{\hat{u}_S}（当 i_S = \hat{u}_S 时，i_2 = \hat{u}_1）$$

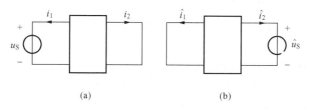

图 3-20　互易定理的第一种形式

(a) N；(b) $\hat{N}$

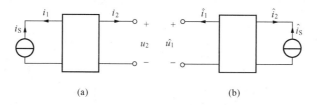

图 3-21　互易定理的第二种形式

(a) N；(b) $\hat{N}$

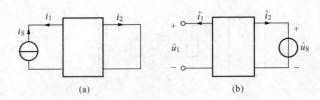

图 3-22　互易定理的第三种形式

(a) N；(b) N̂

通过上述 3 种形式的分析，互易定理可以归纳如下：对于一个仅含线性电阻的电路，在单一激励下产生的响应，当激励和响应互换位置时，其比值保持不变。

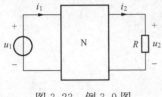

图 3-23　例 3-9 图

例 3-9　如图 3-23 所示，N 为线性无源电阻网络，当 $R=1\Omega$ 时，若 $u_1=4$V，测得 $i_1=1$A，$u_2=1$V；当 $R=2\Omega$ 时，若 $u_1=5$V，且测得 $i_1=1.2$A，求此时 u_2 为多少？

解　用特勒根定理求解。

第一次测量得

$$u_1=4\text{V}, i_1=-1\text{A}, u_2=1\text{V}, i_2=\frac{u_2}{R}=\frac{1}{1}=1(\text{A})$$

第二次测量得

$$\hat{u}_1=5\text{V}, \hat{i}_1=-1.2\text{A}, \hat{i}_2=\frac{\hat{u}_2}{R}=\frac{\hat{u}_2}{2}$$

由特勒根定理 2，有　　　　　$u_1\hat{i}_1+u_2\hat{i}_2=\hat{u}_1 i_1+\hat{u}_2 i_2$

代入数值　　　　$4\times(-1.2)+1\times\frac{\hat{u}_2}{2}=5\times(-1)+\hat{u}_2\times 1$

解得　　　　　　　　　　　　　　　$\hat{u}_2=0.4(\text{V})$

即　　　　　　　　　　　　　　　　$u_2=0.4(\text{V})$

第五节　用 Multisim 软件验证电路定理

本节学习如何应用 Multisim 软件验证本章学到的一些电路定理。比如戴维南定理、诺顿定理、叠加定理、特勒根定理等。

例 3-10　用 Multisim 求图 3-24 的戴维南和诺顿等效电路。

解　(1) 开路电压 U_{OC}。首先，利用 file/new/design 画出给定电路。对电路作直流分析，应采用直流电压源 DC-POWER 和直流电流源 DC-CURRENT。在 a、b 端口上并联电压表 VOLTMETER 测开路电压 U_{OC}，电路图及仿真结果如图 3-25 所示。

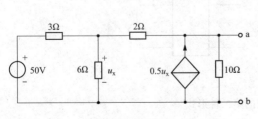

图 3-24　例 3-10 图

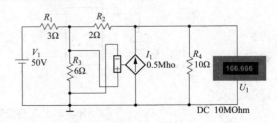

图 3-25　a、b 端口的开路电压

（2）短路电流 I_{SC}。在 a、b 端口上串联电流表 AMMETER 测短路电流 I_{SC}，仿真结果如图 3-26 所示。

（3）等效电阻为 R_{eq}。

方法一：开路短路法。

如图 3-25 及图 3-26 仿真结果：a、b 端口的开路电压 $U_{OC}=166.666\text{V}$，短路电流 $I_{SC}=16.667\text{A}$，则 a、b 端口的等效电阻为 $R_{eq}=\dfrac{U_{OC}}{I_{SC}}=\dfrac{166.667}{16.666}=10\Omega$。

方法二：外加激励法。

首先，一端口内部独立源置零：理想电压源短路，理想电流源开路。然后，端口上外加理想电压源 U_{S} 或理想电流源 I_{S}，在端口上产生电流 I 或电压 U，其等效电阻为 $R_{eq}=\dfrac{U_{S}}{I}$ 或 $R_{eq}=\dfrac{U}{I_{S}}$。由图 3-27 所示的仿真结果，可得到等效电阻为 $R_{eq}=\dfrac{U_{S}}{I}=\dfrac{10}{1}=10\Omega$。

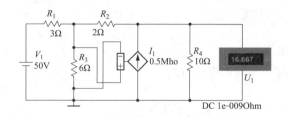

图 3-26　a、b 端口的短路电流

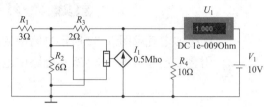

图 3-27　用外加激励法测 a、b 端口的等效电阻

（4）等效电路。由上述测量分析结果，图 3-24 的戴维南等效电路和诺顿等效电路如图 3-28 所示。

例 3-11　用 Multisim 求图 3-29 所示戴维南等效电路。

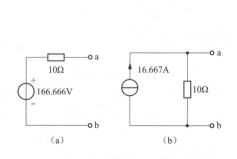

图 3-28　图 3-24 的对外等效电路

（a）戴维南等效电路；（b）诺顿等效电路

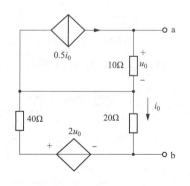

图 3-29　例 3-11 图

解　因为一端口内部没有独立源，此一端口对外为一等效电阻，只能用外加激励法求等效电阻。

图 3-30 所示，在端口上外加理想电流源 I_{S}，测端口两端的电压 U，其等效电阻为 $R_{eq}=\dfrac{U}{I_{S}}=\dfrac{40}{1}=40\Omega$。图 3-29 的戴维南等效电路如图 3-31 所示。

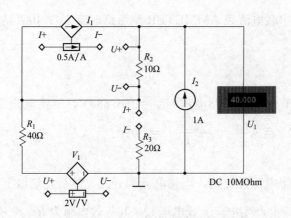

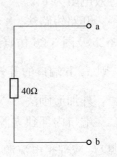

图 3-30　外加电流源求等效电阻　　　　　　　图 3-31　戴维南等效电路

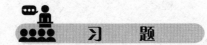

3-1　用叠加定理求图 3-32 所示电路中的电压 u。

3-2　用叠加定理求图 3-33 所示电路中电流源两端的电压 u。

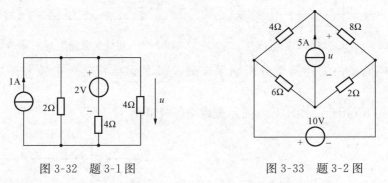

图 3-32　题 3-1 图　　　　　　　　　　图 3-33　题 3-2 图

3-3　用叠加定理求图 3-34 所示受控源电路中的电流 i。

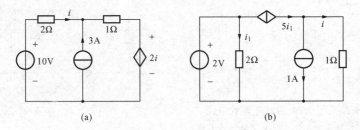

(a)　　　　　　　　　　　　　　(b)

图 3-34　题 3-3 图

3-4　图 3-35 所示电路中，N 为无源线性电阻网络。已知当 $u_S = 4V$，$i_S = 1A$ 时，$u = 0$；当 $u_S = 2V$，$i_S = 0$ 时，$u = 1V$。试求当 $u_S = 10V$，$i_S = 1.5A$ 时，u 为多少？

3-5　图 3-36 所示电路中，N_S 为含源网络，当开关 S 接到 a 时，$i = 6A$；当开关 S 接到 b 时，$i = 2A$；求当开关 S 接到 c 时，i 为多少？

3-6　求图 3-37 所示一端口网络的戴维南等效电路和诺顿等效电路。

3-7　求图 3-38 所示电路的戴维南等效电路。

3-8　用戴维南定理求图 3-39 所示电路中的电流 I。

3-9　用戴维南定理求图 3-40 所示电路中的电压 u。

3-10　图 3-41 所示电路中，求当 R 为多大时，R 获得最大功率？此最大功率是多少？

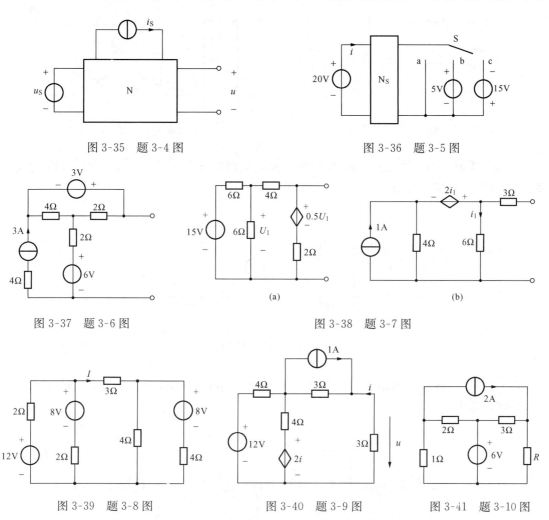

图 3-35　题 3-4 图　　　　　　　　　　　图 3-36　题 3-5 图

图 3-37　题 3-6 图　　　　　　　图 3-38　题 3-7 图

图 3-39　题 3-8 图　　　　图 3-40　题 3-9 图　　　　图 3-41　题 3-10 图

3-11　图 3-42 所示含有受控源的电路，求当 R 为多大时，R 获得最大功率？此最大功率是多少？

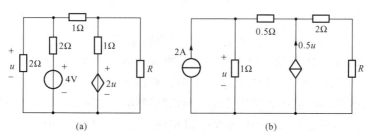

图 3-42　题 3-11 图

3-12 图 3-43 所示电路，N_S 为含源网络，当开关 S 断开时，$U_{ab}=12V$；当开关 S 闭合时，$I_{ab}=6A$。求网络 N_S 的戴维南等效电路。

3-13 图 3-44 所示电路中，N_S 为含源网络，当开关 S 接到 1 时，$U=25V$；当开关 S 接到 2 时，$U=15V$；求当开关 S 接到 3 时，U 为多大？

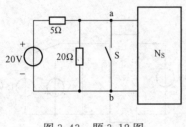
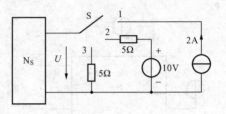

图 3-43 题 3-12 图　　　　　　　图 3-44 题 3-13 图

3-14 无源二端线性电阻网络 N 的两次接线分别如图 3-45 所示，图 3-45（b）中，欲使 $I_1=4A$ 时，R 应为何值？

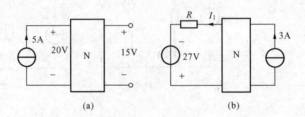

图 3-45 题 3-14 图

3-15 图 3-46 所示电路中 N 由线性电阻组成，图 3-46（a）中，$I_2=1.5A$，求图 3-46（b）中的电压 U_1。

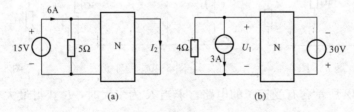

图 3-46 题 3-15 图

3-16 图 3-47 所示电路方框内为无源线性电阻网络 N，对不同的输入直流电压 U_S 及不同的 R_1、R_2 值进行了两次测量，得下列数据：当 $R_1=R_2=2\Omega$，$U_S=8V$ 时，测得 $I_1=2A$，$U_2=2V$；当 $R_1=1.4\Omega$，$R_2=0.8\Omega$，$U_S=9V$ 时，测得 $I_1=3A$。求 U_2 的值。

3-17 图 3-48 所示电路中，N 为无源线性电阻网络，求图 3-48（b）中的电压 U。

3-18 图 3-49 所示电路中 N 由线性电阻组成，图 3-49（b）中，$I_b=3A$，求图 3-49（a）中的电流 I_a。

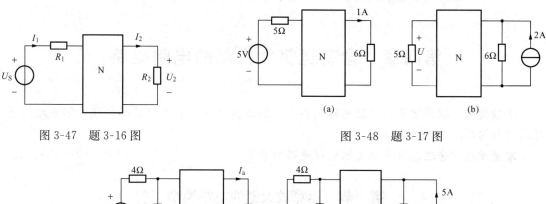

图 3-47　题 3-16 图　　　　　　　　　图 3-48　题 3-17 图

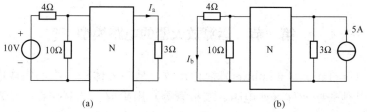

图 3-49　题 3-18 图

3-19　利用 Multisim 求图 3-50 所示电路的戴维南和诺顿等效电路。

3-20　利用 Multisim 求图 3-51 所示电路的戴维南和诺顿等效电路。

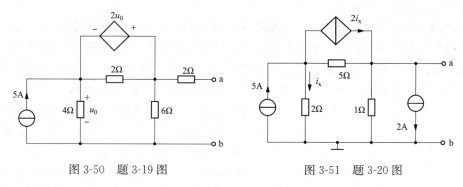

图 3-50　题 3-19 图　　　　　　　　　图 3-51　题 3-20 图

3-21　利用 Multisim 求图 3-52 所示电路中 R 的最大功率。

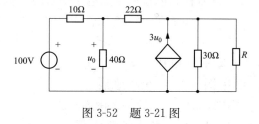

图 3-52　题 3-21 图

3-22　用 Multisim 解题 3-7 的戴维南等效电路。

3-23　用 Multisim 解题 3-9 电路中的电压 u。

第四章　含有运算放大器的电阻电路

本章要求　理解运算放大器电路模型，了解典型运算放大器电路的功能，掌握理想运算放大器的特点及分析方法。

本章重点　含理想运算放大器电阻电路的分析。

第一节　运算放大器的电路模型

运算放大器（operational amplifier）简称运放，是一种体积很小的集成电路器件，它是把许多晶体管和其他一些元件（如电阻、二极管等）用集成工艺制作在一个薄硅片上，并经封装而成。对外一般有 8～14 个引出端，其中有两个输入端和一个输出端。它是目前获得广泛应用的一种多端器件。一般放大器的作用是把输入电压放大一定倍数后再输送出去，其输出电压与输入电压的比值称为电压放大倍数或电压增益。运放是一种高增益、高输入电阻、低输出电阻的放大器。由于它能完成加减、积分、微分等数学运算而被称为运算放大器，然而它的应用远远超出上述范围。

虽然运放有多种型号，其内部结构也各不相同，但从电路分析的角度出发，这里仅讨论运放的外部特性及其电路模型，而不讨论运算放大器本身的内部结构和工作原理。运放的电路图形符号如图 4-1 所示。它的外部端钮主要有 3 个，两个输入端 a、b 和一个输出端 c。其中 a 端称为反相输入端，标记"－"号，若在反相端加输入电压 u_a，则有 $u_o=-Au_a$，即输出电压 u_o 与输入电压 u_a 的实际方向相对公共端是反向的。b 端称为同相输入端，标记"＋"号，若在同相端加输入电压 u_b，则有 $u_o=Au_b$，即输出电压 u_o 与输入电压 u_b 的实际方向相对公共端是相同的。A 为运放的电压放大倍数或电压增益，而"▷"图形符号则表示运放是一种单方向工作的器件，即只有在它的输入端加电压信号时，输出端的电压才能放大。

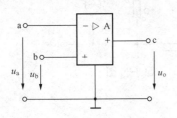

图 4-1　运放的电路符号

如果在 a 端和 b 端分别加输入电压 u_a 和 u_b，则有

$$u_o = A(u_b - u_a) = Au_d \tag{4-1}$$

其中 $u_d=u_b-u_a$，称为差动输入电压。运放的输入与输出电特性是非线性的，可用图 4-2 来近似地描述。在 $-\varepsilon\leqslant u_d\leqslant\varepsilon$（$\varepsilon$ 是很小的）范围内，u_o 与 u_d 的关系用通过原点的一段直线描述，其斜率等于 A。由于放大倍数 A 很大，所以这段直线很陡。当 $|u_d|>\varepsilon$ 时，输出电压 u_o 趋于饱和，饱和电压用 U_{sat} 表示。这个关系曲线称为运放的外特性。

运放的电路模型如图 4-3 所示，其中 $A(u_b-u_a)$ 为电压控制电压源，R_{in} 为运放的输入电阻，R_o 为输出电阻。本章中把运放的工作范围限制在线性段，即设 $-U_{sat}<u_o<$

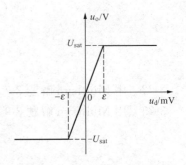

图 4-2　运放的外特性

$+U_{sat}$。由于放大倍数 A 很大，而 U_{sat} 一般为正负十几伏或几伏，这样输入电压就必须很小。运放的这种工作状态称为"开环运行"，A 称为开环放大倍数。在运放的实际应用中，通常通过一定的方式将输出的一部分反馈到输入中去，这种工作状态称为"闭环运行"。

实际运放的输入电阻 R_{in} 很大，输出电阻 R_o 很小，开环增益 A 很高，见表 4-1。

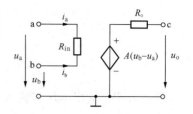

图 4-3　运放的电路模型

表 4-1　　　　　　　　　　**实际运放与理想运放的比较**

参数	F007 型运算放大器	理想运算放大器
A	2×10^5	∞
R_{in}	$2M\Omega$	∞
R_o	75Ω	0

工程上常把实际运算放大器看作理想运算放大器，理想运算放大器只是对实际运算放大器的一种近似，在工程上认为这种近似是足够精确的，在理想化情况下，$R_{in} \approx \infty$，$R_o = 0$，$A \approx \infty$。理想运放的图形符号中把"A"改为"∞"。

第二节　含有运算放大器电路的分析

一、理想运放的特点（characteristic of an ideal op amp）

根据理想运放的特点 $R_{in} \to \infty$，$R_o \to 0$，$A \to \infty$，可以得到以下两条规则。

（1）"虚断"：由于理想运放 $R_{in} \to \infty$，则 $i_a \approx 0$，$i_b \approx 0$，故输入端口的电流约为零，可近似视为断路，称为"虚断"。

（2）"虚短"：由于理想运放 $A \to \infty$，u_o 为有限量，则 $u_b - u_a = \dfrac{u_o}{A} \approx 0$，即两输入端间电压约等于零，可近似视为短路，称为"虚短"。

在分析含理想运算放大器的电阻电路时，若理想运算放大器工作在线性状态，"虚断"和"虚短"这两条规则是同时满足的。利用以上两条规则，可使问题得到极大的简化。分析含理想运算放大器电阻电路，一般采用结点法或根据 KCL 列写方程。运算放大器输出端直接连接的结点，一般不列写 KCL 方程。

二、含有理想运算放大器的常用电路（some useful ideal op amp circuits）

把运算放大器与 R、C 等元件组合起来，可以得到一些具有数学运算功能的电路。

1. 反相比例放大器（inverting amplifier）

图 4-4 所示电路称为反相比例器电路，R_f 为反馈电阻，将输出信号反馈过来又作用到输入端，加负反馈后的电压增益称闭环电压增益，也称闭环放大倍数。

根据"虚断"概念，$i_a = 0$，则在结点 a 有 $i_1 = i_2$，即

$$\frac{u_i - u_a}{R} = \frac{u_a - u_o}{R_f}$$

根据"虚短"概念，$u_a = 0$，上式变换为

$$\frac{u_i}{R} = \frac{-u_o}{R_f}$$

即

$$u_o = -\frac{R_f}{R}u_i$$

计算表明，输出电压与输入电压成正比关系，其比值$\frac{R_f}{R}$即为闭环电压增益，与开环增益 A 无关。选择不同的 R 和 R_f 值，可得不同的比例，R 和 R_f 一般采用精密电阻，此比值是相当精确的。当 $R=R_f$ 时，$u_o=-u_i$，负号表明，此时比例器变成反相器，即可以得到与输入反相的输出电压。

2. 加法器（summing amplifier）

图 4-5 所示为加法器电路，3 个输入端电压为 u_1、u_2、u_3，输入端电阻为 R_1、R_2、R_3。根据"虚断"概念，$i_a=0$，得 $i_1+i_2+i_3=i_4$，即

$$\frac{u_1-u_a}{R_1} + \frac{u_2-u_a}{R_2} + \frac{u_3-u_a}{R_3} = \frac{u_a-u_o}{R_f}$$

根据"虚短"概念，$u_a=0$，上式变换为

$$\frac{u_1}{R_1} + \frac{u_2}{R_2} + \frac{u_3}{R_3} = \frac{-u_o}{R_f}$$

即

$$u_o = -R_f\left(\frac{u_1}{R_1} + \frac{u_2}{R_2} + \frac{u_3}{R_3}\right)$$

当取 $R_1=R_2=R_3=100\Omega$，$R_f=10\text{k}\Omega$，则 $u_o=-100(u_1+u_2+u_3)$。

上式说明运算放大器可实现多个信号的相加并放大，负号表明输出电压与输入电压反相。还可以看出，比例器只是加法器的一种特例。

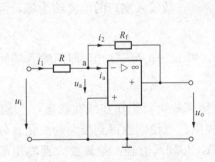

图 4-4 反相比例器电路

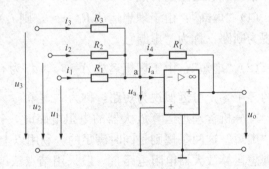

图 4-5 加法器电路

3. 积分器（integrating amplifier）

将运算放大器与 R、C 元件组合起来，除了能进行比例运算、加法运算外，还能进行积分、微分运算。图 4-6 所示电路称为积分器电路。

根据"虚断"概念，$i_a=0$，则在结点 a 有 $i_1=i_2$，即

$$\frac{u_i-u_a}{R} = C\frac{\mathrm{d}}{\mathrm{d}t}(u_a-u_o)$$

根据"虚短"概念，$u_a=0$，上式变为

$$u_o = -\frac{1}{RC}\int_{-\infty}^{t} u_i \mathrm{d}t$$

上式表明，积分器能使输出电压正比于输入电压的积分。

4. 微分器（differentiating amplifier）

积分和微分互为逆运算，将图 4-6 中的 R 和 C 元件互换位置，可得如图 4-7 所示的微分器，它具有使输出电压正比于输入电压的微分的功能。

由于 $i_1 = i_2$，即

$$C \frac{\mathrm{d}}{\mathrm{d}t}(u_{\mathrm{i}} - u_{\mathrm{a}}) = \frac{u_{\mathrm{a}} - u_{\mathrm{o}}}{R}$$

根据"虚短"概念，$u_{\mathrm{a}} = 0$，上式变为

$$u_{\mathrm{o}} = -RC \frac{\mathrm{d}u_{\mathrm{i}}}{\mathrm{d}t}$$

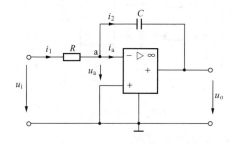 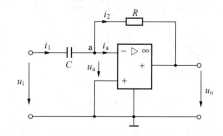

图 4-6　积分器电路　　　　　　　　　图 4-7　微分器电路

5. 电压跟随器（voltage follower）

在图 4-8 中，根据"虚断"和"虚短"概念，不难得出 $u_{\mathrm{o}} = u_{\mathrm{i}}$，由于输出电压完全"重复"输入电压，故称为电压跟随器。

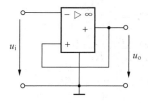 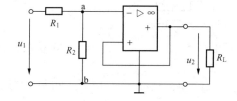

图 4-8　电压跟随器　　　　　　　　图 4-9　电压跟随器的隔离作用

由于 $R_{\mathrm{in}} \approx \infty$，$i_{\mathrm{in}} \approx 0$，所以它又起"隔离作用"。如图 4-9 所示，如果把负载 R_{L} 直接并联在 R_2 两端，将会影响 R_2 两端的电压，但通过电压跟随器把负载 R_{L} 接入，则 $u_2 = u_{\mathrm{a}} = u_{\mathrm{b}} = \dfrac{R_2}{R_1 + R_2} u_1$，所以，负载电阻的作用被"隔离"了。

6. 电源变换器（source convertor）

图 4-10 所示为电源变换器电路。根据"虚断"和"虚短"概念，有 $i_{\mathrm{a}} = 0$，$u_{\mathrm{a}} = 0$，则流过负载的电流为

$$i_{\mathrm{L}} = i_{\mathrm{S}} = \frac{u_{\mathrm{S}}}{R_{\mathrm{S}}}$$

即 i_{L} 与负载电阻 R_{L} 的大小无关。

7. 减法器（difference amplifier）

图 4-11 所示为减法器电路。用结点电压法，列结点 a 和 b 的 KCL 方程，由"虚断"规

则，$i_a = i_b = 0$，得

$$\left(\frac{1}{R_1} + \frac{1}{R_2}\right)u_a - \frac{1}{R_2}u_o = \frac{1}{R_1}u_1$$

$$\left(\frac{1}{R_1} + \frac{1}{R_2}\right)u_b = \frac{1}{R_1}u_2$$

由"虚短"规则得　　　　　　　　　　$u_a = u_b$

联立求解上述方程组得　　　　　$u_o = \frac{R_2}{R_1}(u_2 - u_1)$

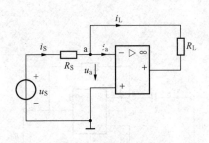

图 4-10　电源变换器

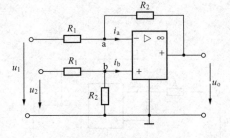

图 4-11　减法器电路

例 4-1　图 4-12 所示电路中，求输出电压 u_o 与输入电压 u_i 之比。

解　因 $i_a = i_b = 0$，对结点 a 和 b 列 KCL 方程为

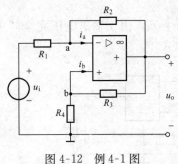

图 4-12　例 4-1 图

$$\left.\begin{array}{l}\left(\dfrac{1}{R_1} + \dfrac{1}{R_2}\right)u_a - \dfrac{1}{R_2}u_o = \dfrac{1}{R_1}u_i \\[2mm] \left(\dfrac{1}{R_3} + \dfrac{1}{R_4}\right)u_b - \dfrac{1}{R_3}u_o = 0\end{array}\right\}$$

又　　　　　　　　　　　$u_a = u_b$

联立求解得　　　$\dfrac{u_o}{u_i} = \dfrac{R_2(R_3 + R_4)}{R_2 R_4 - R_1 R_3}$

可见，当 $R_2 R_4 = R_1 R_3$ 时，$\dfrac{u_o}{u_i} \rightarrow \infty$。

例 4-2　图 4-13 所示电路中，求：

（1）输出电压 u_o；

（2）端口输入电阻 R_{in}。

解　（1）$i_1 = i_4$，即　$\dfrac{u_i}{R_1} = -\dfrac{u_o}{R_4}$

故　　　　　　　　　　$u_o = -\dfrac{R_4 u_i}{R_1}$

（2）端口输入电阻为

$$R_{in} = \frac{u_i}{i_1} = \frac{R_1 i_1}{i_1} = R_1$$

例 4-3　图 4-14 所示电路中，求输出电压 u_o。

解　该电路用结点法对结点 1、2 列出 KCL 方程，即

$$(G_1 + G_2 + G_4 + G_5)u_{n1} - G_4 u_{n2} - G_5 u_o = G_1 u_i$$

$$-G_4 u_{n1} + (G_3 + G_4) u_{n2} - G_3 u_o = 0$$

由"虚短"规则得，$u_{n2}=0$，代入上述方程，可解得

$$u_o = -\frac{G_1 G_4}{(G_1 + G_2 + G_4 + G_5) G_3 + G_4 G_5} u_i$$

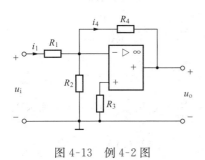

图 4-13　例 4-2 图

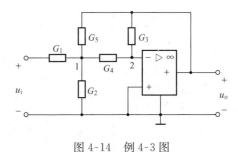

图 4-14　例 4-3 图

第三节　用 Multisim 分析运算放大器电路

运算放大器是一个有源电路元件，用于执行诸如加减乘除、微分、积分等数学运算。理想运算放大器是开环增益为无穷大，输入电阻为无穷大，输出电阻为零的运算放大器，下面用 Multisim 来进行含有理想运算放大器电路的仿真分析。

例 4-4　图 4-15 所示为理想运算放大器电路，已知：$u_1 = 1.2\text{V}$，$u_2 = 2\text{V}$，$u_3 = 1.5\text{V}$，$R_1 = 6\text{k}\Omega$，$R_2 = 10\text{k}\Omega$，$R_3 = 20\text{k}\Omega$，$R_4 = 4\text{k}\Omega$，$R_5 = 8\text{k}\Omega$，用 Multisim 求电路中的电压 u_o 和电流 i。

解　理想运算放大器选 OPAMP＿3T＿VIRTUAL，注意，每个运算放大器都要有直流电源供电，没有供电的运放是不工作的，其参数设置如图 4-16 所示。

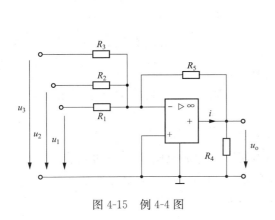

图 4-15　例 4-4 图

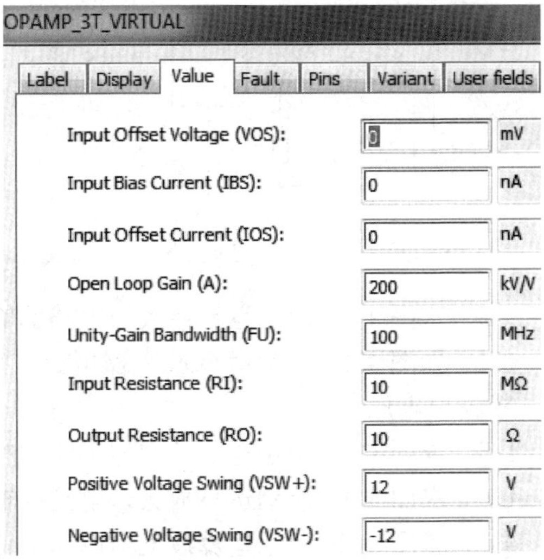

图 4-16　OPAMP＿3T＿VIRTUAL 参数设置

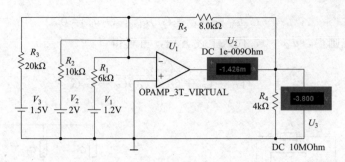

图 4-17　例 4-4 的仿真电路图及仿真结果

$$u_{o}=-\left(\frac{R_{5}}{R_{1}}u_{1}+\frac{R_{5}}{R_{2}}u_{2}+\frac{R_{5}}{R_{3}}u_{3}\right)=-\left(\frac{8}{20}\times1.5+\frac{8}{10}\times2+\frac{8}{6}\times1.2\right)=-3.8(\mathrm{V})$$

$$i=\frac{u_{o}}{R_{4}}+\frac{u_{o}}{R_{5}}=\frac{-3.8}{8}+\frac{-3.8}{4}=-1.425(\mathrm{mA})$$

仿真结果：$u_{o}=-3.8\mathrm{V}$ 与计算一致，$i=-1.426\mathrm{mA}$ 与计算基本一致。

注意：运算放大器在线性工作区运行时，起到线性放大作用；如果到饱和区，就不再放大。例如：当图 4-17 的所有输入电源增加到原来的 10 倍时，输出电压就不是原来的 10 倍，已经到了饱和区，电压不再增大。

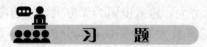

习　　题

4-1　图 4-18 所示理想运算放大器电路，求输出电压 u_{o} 与输入电压 u_{1}、u_{2} 的关系，并说明此电路的作用。

4-2　求图 4-19 所示运算放大器电路的输出电压 u_{o}。

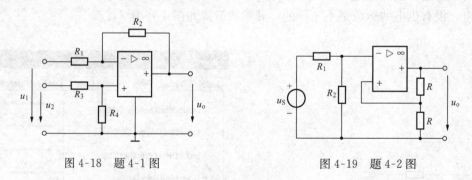

图 4-18　题 4-1 图　　　　　　　　　　图 4-19　题 4-2 图

4-3　求图 4-20 所示运算放大器电路的输出电压 u_{o}。

4-4　如图 4-21 所示运算放大器电路，已知 $R_{1}=R_{3}=R_{4}=1\mathrm{k}\Omega$，$R_{2}=R_{5}=2\mathrm{k}\Omega$，$u_{i}=1\mathrm{V}$，求输出电压 u_{o}。

4-5　求图 4-22 所示运算放大器电路的输出电压 u_{o}。

4-6　求图 4-23 所示运算放大器电路的输出电压 u_{o} 与电源电压 u_{1}、u_{2} 的关系。

4-7　求图 4-24 所示运算放大器电路的输出电压 u_{o} 与输入电压 u_{i} 之比。

4-8　求图 4-25 所示运算放大器电路的输出电压 u_{o}。

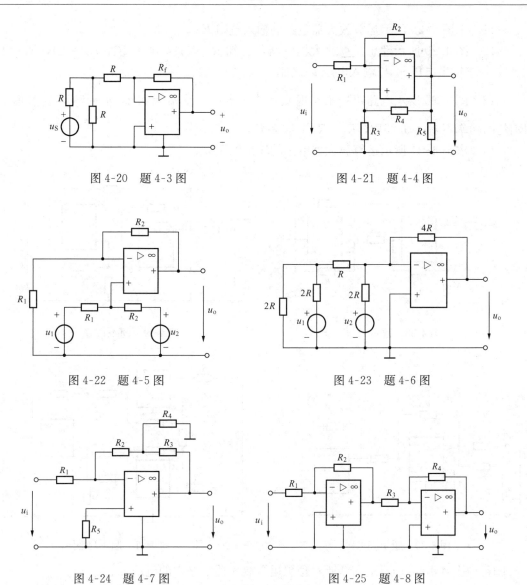

图 4-20 题 4-3 图

图 4-21 题 4-4 图

图 4-22 题 4-5 图

图 4-23 题 4-6 图

图 4-24 题 4-7 图

图 4-25 题 4-8 图

4-9 求图 4-26 所示运算放大器电路的输出电压 u_o。

4-10 求图 4-27 所示运算放大器电路的输入电阻 R_{ab}。

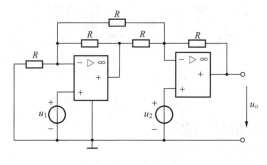

图 4-26 题 4-9 图

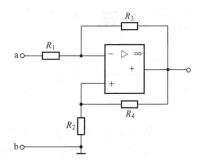

图 4-27 题 4-10 图

4-11　求图 4-28 所示运算放大器电路的输入电阻 R_{ab}。

4-12　图 4-29 所示理想运算放大器电路，已知 $R_1 = 9\Omega$，$R_2 = 2\Omega$，$R_3 = 3\Omega$，$R_4 = 4\Omega$，$R_5 = 5\Omega$，求输出电压 u_o 与输入电压 u_i 之比。

4-13　图 4-30 所示电路可用来实现 $u_o = \dfrac{1}{2}u_1 + u_2$，设 $u_1 = 10\mathrm{V}$，$u_2 = 5\mathrm{V}$，要求每个电阻消耗的功率不超过 $0.25\mathrm{W}$，R_1、R_2 应取多大？

4-14　求图 4-31 所示运算放大器电路的输出电压 u_o。

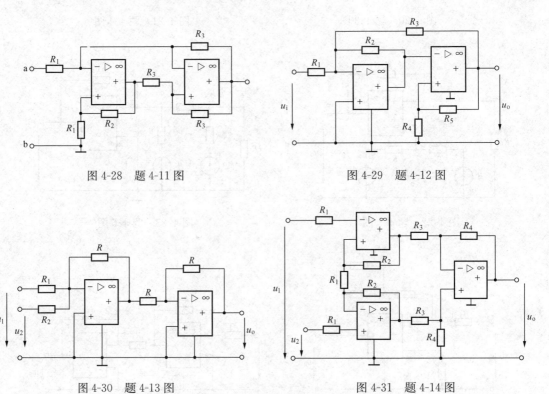

图 4-28　题 4-11 图　　　　　　　　　图 4-29　题 4-12 图

图 4-30　题 4-13 图　　　　　　　　　图 4-31　题 4-14 图

4-15　用 Multisim 求图 4-32 所示理想运算放大器电路中的电压 u_o。

4-16　用 Multisim 求图 4-33 所示理想运算放大器电路中的电压 i_o

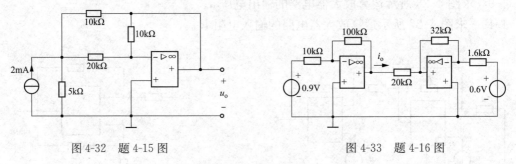

图 4-32　题 4-15 图　　　　　　　　　图 4-33　题 4-16 图

4-17　用 Multisim 求题 4-4 理想运算放大器电路中的电压 u_o。

4-18　用 Multisim 求题 4-12 理想运算放大器电路中的 u_o/u_i。

第五章　正弦稳态电路的分析

　　本章要求　深刻理解正弦量、相量、相量模型、相量图等概念；运用电路基本定理的相量形式，熟练分析复阻抗和复导纳串联、并联电路；掌握正弦电流电路的有功功率、无功功率、视在功率、功率因数和复功率的计算，了解提高功率因数的意义和方法；掌握电路发生谐振的条件。

　　本章重点　相量分析法。难点是与相量有关的概念及复数运算。

第一节　正弦量的基本概念

一、正弦量的三要素（three factors of a sinusoid）

　　前四章是直流电路的稳态分析，电路中的电流和电压是恒定不变的。实际上在很多情况下电流和电压的大小和方向都在改变，这类随时间变动的电流和电压称为交变电流和电压，在电力工程中最常遇到的是随时间按正弦或余弦规律变化的交变电流和交变电压，统称正弦量。本书采用余弦函数。

　　如图 5-1 所示，以 ωt 为横坐标的正弦电流 i，其函数表达式为

$$i = I_{\mathrm{m}}\cos(\omega t + \psi_i) \tag{5-1}$$

式中，I_{m}、ω 和 ψ_i 称为正弦量的三要素。由这 3 个要素就能唯一确定一个正弦量。

　　I_{m} 称为正弦量的振幅，它是正弦电流在整个变化过程中所能达到的最大值。

　　ω 称为角频率，反映正弦量变化的快慢，单位是 rad/s（弧度/秒）。由于正弦量重复一次所需的时间为 T（秒），对应变化的角度为 2π（弧度），所以角频率 ω、频率 f 和周期 T 之间的关系为

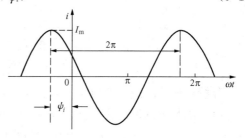

图 5-1　正弦电流波形（$\psi_i > 0$）

$$\omega = \frac{2\pi}{T} = 2\pi f \tag{5-2}$$

　　频率 f 的单位为 1/s，称为 Hz（赫［兹］），简称赫，我国工业用电的频率为 50Hz，简称工频。无线电技术使用的频率则比较高，其单位常用 kHz（千赫）和 MHz（兆赫）表示。

　　（$\omega t + \psi_i$）称为相位，反映正弦量变动的进程。$t = 0$ 时的相位 ψ_i 称为初相，单位用弧度或度表示，通常在主值范围内取值，即 $|\psi_i| \leqslant 180°$。初相与计时零点的确定有关。对任一正弦量，初相是允许任意指定的，但对于一个电路中的许多相关的正弦量，它们只能相对于一个共同的计时零点确定各自的相位关系。

二、相位差（phase difference）

　　设 $u = U_{\mathrm{m}}\cos(\omega t + \psi_u)$，$i = I_{\mathrm{m}}\cos(\omega t + \psi_i)$，则 u 与 i 的相位差 $\varphi = (\omega t + \psi_u) - (\omega t + \psi_i) =$

$\psi_u - \psi_i$。

可见，对两个同频率的正弦量来说，相位差在任何时刻都是一个常数，即等于它们的初相之差，而与时间无关。φ的主值范围为$|\varphi| \leqslant 180°$。电路中常采用超（越）前和落（滞）后来比较两个同频率正弦量的相位。

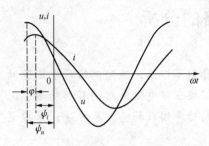

图 5-2　同频率正弦量的相位差
（u 超前 i）

当$\varphi = \psi_u - \psi_i > 0$，如图 5-2 所示，则称电压$u$超前电流$i$一个角度$\varphi$，反过来也可以说电流$i$滞后电压$u$一个角度$\varphi$。相位差可以通过观察波形确定，在同一周期内两个波形的极大（小）值之间的角度值（$\leqslant 180°$），即为两者的相位差，先达到极值点的为超前波。

当$\varphi = \psi_u - \psi_i < 0$，则结论刚好与上述情况相反，即电压$u$滞后电流$i$一个角度$|\varphi|$，或电流$i$超前电压$u$一个角度$|\varphi|$。

当$\varphi = \psi_u - \psi_i = 0$，称电压$u$与电流$i$同相；当$\varphi = \psi_u - \psi_i = \pm\pi$，称电压$u$与电流$i$反相；当$\varphi = \psi_u - \psi_i = \pm\dfrac{\pi}{2}$，称电压$u$与电流$i$正交，这几种特殊情况如图 5-3 所示。

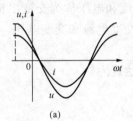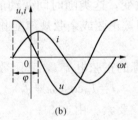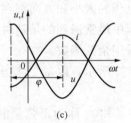

|　　　　（a）　　　　　　　　　　（b）　　　　　　　　　　（c）|

图 5-3　几种特殊的相位差
（a）同相；（b）正交；（c）反相

分析相位差时应注意以下 3 点：

（1）函数表达形式应相同，均采用 cos 或 sin 形式表示。如

$$u = 100\cos(\omega t + 15°)\text{V}$$
$$i = 10\sin(\omega t + 30°) = 10\cos(\omega t - 60°)\text{A}$$

则电压u与电流i的相位差为　$\varphi = 15° - (-60°) = 75°$

（2）函数表达式前的正、负号要一致。

（3）当两个同频率正弦量的计时起点（即波形图中的坐标原点）改变时，它们的初相也随着改变，但它们的相位差却保持不变。所以两个同频率正弦量的相位差与计时起点的选择无关。

三、有效值（effective or rms value）

交流电与直流电不同，它是随着时间变化的。为了便于衡量交流电对负载的做功效果，需要定义一个重要的特征量，即有效值：当一周期交流电和直流电分别通过两个相等的电阻时，如果在相同的时间t内（t可以取交流电的周期T），两个电阻消耗的电能相等，则称该直流电的数值为周期交流电的有效值。

由 $I^2RT = \displaystyle\int_0^T i^2R\mathrm{d}t$ 得

$$I = \sqrt{\frac{1}{T}\int_0^T i^2\,\mathrm{d}t} \qquad\qquad (5\text{-}3)$$

I 称为周期交流电流 $i(t)$ 的有效值。式（5-3）的定义是周期量有效值普遍适用的公式。周期量的有效值等于它的瞬时值的平方在一个周期内积分的平均值取平方根。因此，有效值又称为方均根值（root-mean-square value）。

对于正弦电流 $i(t)=I_\mathrm{m}\cos(\omega t+\psi_i)$ 的有效值为

$$I = \sqrt{\frac{1}{T}\int_0^T i^2\,\mathrm{d}t} = \sqrt{\frac{1}{T}\int_0^T I_\mathrm{m}^2\cos^2(\omega t+\psi_i)\,\mathrm{d}t}$$

$$= \sqrt{\frac{I_\mathrm{m}^2}{2T}\int_0^T [1+\cos2(\omega t+\psi_i)]\,\mathrm{d}t} = \frac{I_\mathrm{m}}{\sqrt{2}}$$

故正弦电流的最大值与有效值的关系为

$$I_\mathrm{m} = \sqrt{2}I \qquad\qquad (5\text{-}4)$$

同理，正弦电压 $u=U_\mathrm{m}\cos(\omega t+\psi_u)$ 的最大值与有效值的关系为

$$U_\mathrm{m} = \sqrt{2}U \qquad\qquad (5\text{-}5)$$

正弦量的有效值与其最大值之间有 $\sqrt{2}$ 关系，这一关系很重要，要熟记。例如，我国所使用的单相正弦电源的电压 $U=220\mathrm{V}$，就是正弦电压的有效值，它的最大值 $U_\mathrm{m}=\sqrt{2}U=1.414\times220=311(\mathrm{V})$。

由于有效值与角频率和初相无关，正弦量的瞬时值可改写成

$$i = \sqrt{2}I\cos(\omega t+\psi_i)$$

$$u = \sqrt{2}U\cos(\omega t+\psi_u)$$

工程上一般都使用有效值，电气设备铭牌上的电流和电压指的是有效值，交流电流表、电压表也是按有效值刻度。但是电器的耐压是指它的绝缘可以承受的最大电压，所以当这些电器应用于正弦电流电路时，要考虑正弦电压的最大值。

第二节 相量法的基本概念

在分析正弦稳态电路时，如果采用三角函数方法将会非常困难。为了解决这个问题，工程上采用数学中的复数来表示正弦电压和电流，使三角函数的运算变换为复数的运算，从而简化了交流电路的分析计算。这里先复习复数的有关知识。

一、复数的表示形式（representation of a complex number）

一个复数 A 有多种表示形式。用代数形式表示为

$$A = a_1 + \mathrm{j}a_2 \qquad\qquad (5\text{-}6)$$

式中：a_1 为复数的实部；a_2 为复数的虚部；j 为虚单位（数学上常用 i 表示，在电路中已用 i 表示电流，故改用 j 以示区别）。$\mathrm{j}=\sqrt{-1}$。

取一直角坐标，其横轴称为实轴，纵轴称为虚轴，这两个坐标轴所在平面称为复平面。复平面上的每一个点都对应唯一的一个复数。复数 A 在复平面上可以用一条从原点 0 指向 A 对应坐标点的相量表示，如图 5-4 所示。相量的长度 $|A|$ 称为复数的模，相量与正实轴的夹角 θ 称为复数的幅角，它们分别为

$$|A| = \sqrt{a_1{}^2 + a_2{}^2} \tag{5-7}$$

$$\theta = \arctan\left(\frac{a_2}{a_1}\right) \tag{5-8}$$

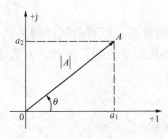

图 5-4 复数在复平面的表示

由此可得到复数的三角形式

$$A = |A|\cos\theta + \mathrm{j}|A|\sin\theta \tag{5-9}$$

根据欧拉公式

$$\mathrm{e}^{\mathrm{j}\theta} = \cos\theta + \mathrm{j}\sin\theta$$

可把复数 A 的三角形式转化成指数形式，即

$$A = |A|\mathrm{e}^{\mathrm{j}\theta} \tag{5-10}$$

在工程上常把上述指数形式写成极坐标形式，即

$$A = |A|\underline{/\theta} \tag{5-11}$$

以上复数的几种表示形式在正弦电流电路分析时，常要进行相互转换。

二、复数的运算 （operation of complex numbers）

1. 复数等于零

若 $A = a_1 + \mathrm{j}a_2 = 0$，则其实部和虚部均应等于 0，即 $a_1 = 0$，$a_2 = 0$。

2. 复数相等

若复数 $A = a_1 + \mathrm{j}a_2$ 与 $B = b_1 + \mathrm{j}b_2$ 相等，则它们的实部及虚部对应相等，即 $a_1 = b_1$，$a_2 = b_2$。

3. 共轭复数

$A = a_1 + \mathrm{j}a_2 = |A|\underline{/\theta}$ 的共轭复数为 $A^* = a_1 - \mathrm{j}a_2 = |A|\underline{/-\theta}$。则

$$AA^* = a_1{}^2 + a_2{}^2 = |A|^2$$

4. 复数加减

复数的加减用代数形式进行，其结果等于把它们的实部和虚部分别相加减。同时也可以在复平面上应用平行四边形求和法则进行，当求复数相减 $A-B$ 时，处理成 $A + (-B)$ 即可，如图 5-5 所示。

$$A \pm B = (a_1 + \mathrm{j}a_2) \pm (b_1 + \mathrm{j}b_2) = (a_1 \pm b_1) + \mathrm{j}(a_2 \pm b_2)$$

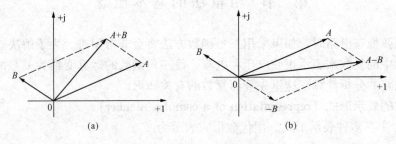

图 5-5 复数在复平面上的加减

(a) 相加；(b) 相减

5. 复数乘除

复数乘除用指数形式或极坐标形式来进行运算较为方便，相乘时，模相乘，幅角相加；相除时，模相除，幅角相减。

$$A \cdot B = |A|\underline{/\theta_1} \cdot |B|\underline{/\theta_2} = |A| \cdot |B|\underline{/(\theta_1 + \theta_2)}$$

$$\frac{A}{B} = \frac{|A|\ \underline{/\theta_1}}{|B|\ \underline{/\theta_2}} = \frac{|A|}{|B|}\ \underline{/(\theta_1-\theta_2)}$$

6. 旋转因子

复数 $e^{j\theta}=1\ \underline{/\theta}$ 是一个模等于 1，幅角为 θ 的复数。任意复数乘以 $e^{j\theta}$，等于把该复数在复平面上逆时针方向旋转一个角度 θ 而模保持不变，所以 $e^{j\theta}$ 称为旋转因子。

根据欧拉公式 $e^{j\theta}=\cos\theta+j\sin\theta$ 可知，$e^{j\frac{\pi}{2}}=j$，$e^{-j\frac{\pi}{2}}=-j$，$e^{j\pi}=-1$。因此 $\pm j$ 和 -1 都可以看成旋转因子。例如，一个复数乘以 $+j$ 或 $-j$ 等于把该复数逆时针或顺时针旋转 $\pi/2$，乘以 -1 则等于把该复数旋转 π，即反向。

例 5-1　已知两复数 $A=20\ \underline{/53.13°}$，$B=-5+j8.66$，求：

(1) $A+B$；

(2) $A-B$；

(3) $A\cdot B$；

(4) $\dfrac{A}{B}$。

解　复数的加减用代数形式进行，复数乘除用指数形式或极坐标形式来进行较为方便，因 $A=20\ \underline{/53.13°}=12+j16$，$B=-5+j8.66=10\ \underline{/120°}$，故

(1) $A+B = 12+j16+(-5+j8.66) = 7+j24.66 = 25.63\ \underline{/74.15°}$

(2) $A-B = 12+j16-(-5+j8.66) = 17+j7.34 = 18.52\ \underline{/23.35°}$

(3) $A\cdot B = 20\ \underline{/53.13°}\cdot 10\ \underline{/120°} = 200\ \underline{/173.13°}$

(4) $\dfrac{A}{B} = \dfrac{20\ \underline{/53.13°}}{10\ \underline{/120°}} = 2\ \underline{/-66.87°}$

三、相量（phasor）

在线性电路中，若激励是同频率的正弦量，则电路中各支路电压和支路电流的稳态响应将是与激励同频率的正弦量。这时如果要确定一个正弦量，只需确定它的最大值（或有效值）和初相这两个量，而频率认为是已知的。相量法就是用复数来表示正弦量的最大值（或有效值）和初相，使描述正弦稳态电路的方程转化为复数形式的代数方程。

在电路中，通常把正弦量的最大值（或有效值）与初相构成的一个复数称为相量。模取最大值的相量称为最大值相量；模取有效值的相量称为有效值相量。例如，与正弦电流 $i=I_m\cos(\omega t+\psi_i)$ 所对应的最大值相量表示为 $\dot{I}_m=I_m\ \underline{/\psi_i}$，有效值相量 $\dot{I}=I\ \underline{/\psi_i}$。显然，最大值相量与有效值相量之间的关系为 $\dot{I}_m=\sqrt{2}\dot{I}$，实际应用中往往采用有效值相量。

相量既然是复数，它也可以在复平面上用一条有向线段表示。如图 5-6 所示为正弦电流 $i=\sqrt{2}I\cos(\omega t+\psi_i)$ 的有效值相量，其中 $\psi_i>0$。相量 $\dot{I}$ 的长度是正弦电流的有效值 I，相量 $\dot{I}$ 与正实轴的夹角是正弦电流的初相。相量在复平面上的图示称为相量图。

根据上述的表示方法，每个正弦量都可以找到它的对应相量，反之，知道了相量，也可立即写出它所代表的正弦量，这种对应关系非常简单，使用起来很方便。

特别指出，相量不等于正弦量，而是一种对应关系，如 $i=\sqrt{2}I\cos(\omega t+\psi_i)\Leftrightarrow \dot{I}=I\ \underline{/\psi_i}$。但这两者确实存在着某种数学关系，下面讨论这种关系。

根据欧拉公式

$$\sqrt{2}Ie^{j(\omega t+\psi_i)}=\sqrt{2}I\cos(\omega t+\psi_i)+j\sqrt{2}I\sin(\omega t+\psi_i)$$

可见，i 是复指数函数 $\sqrt{2}Ie^{j(\omega t+\psi_i)}$ 的实部，表示为

$$i=\sqrt{2}I\cos(\omega t+\psi_i)=\mathrm{Re}[\sqrt{2}Ie^{j(\omega t+\psi_i)}]$$

复指数函数 $\sqrt{2}Ie^{j(\omega t+\psi_i)}=\sqrt{2}Ie^{j\psi_i}\cdot e^{j\omega t}=\sqrt{2}\dot{I}e^{j\omega t}$ 实际上是复常数向量 $\sqrt{2}\dot{I}$ 以角速度 ω 逆时针方向旋转的相量，此相量任一时刻在实轴上的投影，即为正弦量在该时刻的大小，如图 5-7 所示。如果把旋转相量在实轴上的投影逐点描绘出来，便可得到一条正弦量的曲线，旋转相量旋转一周，正弦量也变化一个周期。

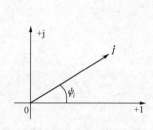

图 5-6　正弦量的相量图

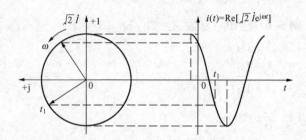

图 5-7　旋转相量与正弦波

例 5-2　已知两正弦电流 $i_1=10\sqrt{2}\cos(\omega t+30°)\mathrm{A}$，$i_2=10\sqrt{2}\sin(\omega t-30°)\mathrm{A}$，求 $i=i_1+i_2$，并画相量图。

解　同频率正弦量的加减运算可以变换为相应的相量的加减运算，但正弦量必须均采用 cos 或 sin 形式表示，把 i_2 转化成 cos 形式，即

$$i_2=10\sqrt{2}\sin(\omega t-30°)=10\sqrt{2}\cos(\omega t-30°-90°)=10\sqrt{2}\cos(\omega t-120°)(\mathrm{A})$$

i_1 和 i_2 对应的有效值相量分别为

$$\dot{I}_1=10\underline{/30°}(\mathrm{A}),\dot{I}_2=10\underline{/-120°}(\mathrm{A})$$

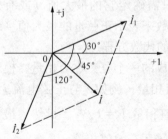

图 5-8　例 5-2 相量图

其和为

$$\begin{aligned}
\dot{I}&=\dot{I}_1+\dot{I}_2=10\underline{/30°}+10\underline{/-120°}\\
&=10\cos30°+j10\sin30°+10\cos(-120°)+j10\sin(-120°)\\
&=(8.66+j5)+(-5-j8.66)\\
&=3.66-j3.66=5.18\underline{/-45°}(\mathrm{A})
\end{aligned}$$

与上式相量对应的正弦量为

$$i=i_1+i_2=5.18\sqrt{2}\cos(\omega t-45°)(\mathrm{A})$$

相量图如图 5-8 所示，运算符合相量相加的平行四边形法则。

第三节　电路的相量模型

一、KCL、KVL 的相量形式 (phasor relationships for KCL and KVL)

正弦电流电路中各支路电流和支路电压都是同频率正弦量，可以用相量法将 KCL 和 KVL 转化为相量形式。

对电路中的任一结点，根据 KCL，有

$$\sum i=0$$

由于所有支路电流都是同频率的正弦量，正弦量为旋转相量的实部，上式可表示成

$$\sum \mathrm{Re}[\sqrt{2}\dot{I}\,\mathrm{e}^{\mathrm{j}\omega t}]=\mathrm{Re}[\sum\sqrt{2}\dot{I}\,\mathrm{e}^{\mathrm{j}\omega t}]=0$$

上式对于任何时刻都成立，故有

$$\sum \dot{I}=0 \tag{5-12}$$

式（5-12）称为 KCL 的相量形式。用类似的方法也可以得到 KVL 的相量形式为

$$\sum \dot{U}=0 \tag{5-13}$$

二、基本元件的相量形式（phasor relationships for circuit elements）

电阻、电感和电容元件的 VCR 也可以用相量形式表示。

1. 电阻元件

如图 5-9（a）所示电阻元件，当电压与电流为关联参考方向时，由欧姆定律得

$$u_{\mathrm{R}}=Ri_{\mathrm{R}}$$

当电阻中有正弦电流 $i_{\mathrm{R}}=\sqrt{2}I\cos(\omega t+\psi_i)$ 通过时，其有效值相量为 $\dot{I}_{\mathrm{R}}=I\underline{/\psi_i}$，电阻两端的电压为

$$u_{\mathrm{R}}=Ri_{\mathrm{R}}=\sqrt{2}RI\cos(\omega t+\psi_i)=\sqrt{2}U\cos(\omega t+\psi_u)$$

对应的有效值相量为

$$\dot{U}_{\mathrm{R}}=U\underline{/\psi_u}=RI\underline{/\psi_i}=R\dot{I}_{\mathrm{R}} \tag{5-14}$$

式（5-14）是电阻中电压、电流关系的相量形式，可以用图 5-9（b）表示，称为 R 的相量模型。图 5-9（c）所示为相量 $\dot{U}_{\mathrm{R}}$ 和 $\dot{I}_{\mathrm{R}}$ 在复平面的相量图。式（5-14）包含两方面的内容，即电压、电流的大小关系和相位关系为

$$U_{\mathrm{R}}=RI_{\mathrm{R}},\ \psi_u=\psi_i \tag{5-15}$$

在正弦稳态电路中，电阻上的电压和电流同相，其相位差为零。

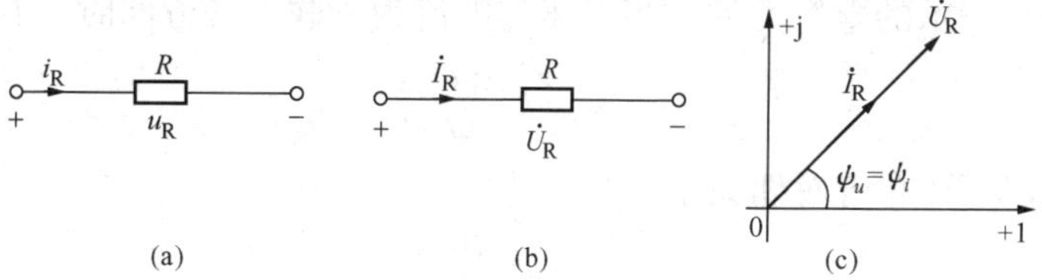

图 5-9　电阻中的正弦电流

（a）电阻元件；（b）电压、电流关系的相量形式；（c）相量图

2. 电感元件

如图 5-10（a）所示的电感元件，当电压与电流为关联参考方向时，有

$$u_{\mathrm{L}}=L\frac{\mathrm{d}i_{\mathrm{L}}}{\mathrm{d}t}$$

当电感中有正弦电流 $i_{\mathrm{L}}=\sqrt{2}I\cos(\omega t+\psi_i)$ 通过时，其有效值相量为 $\dot{I}_{\mathrm{L}}=I\underline{/\psi_i}$，电感两端的电压为

$$u_L = L\frac{\mathrm{d}i_L}{\mathrm{d}t} = L\frac{\mathrm{d}}{\mathrm{d}t}[\sqrt{2}I\cos(\omega t+\psi_i)] = -\sqrt{2}\omega LI\sin(\omega t+\psi_i)$$

$$= \sqrt{2}\omega LI\cos\left(\omega t+\psi_i+\frac{\pi}{2}\right) = \sqrt{2}U\cos(\omega t+\psi_u)$$

对应的相量形式为

$$\dot{U}_L = U\underline{/\psi_u} = \omega LI\underline{\left|\left(\psi_i+\frac{\pi}{2}\right)\right.} = \mathrm{j}\omega L\dot{I}_L \tag{5-16}$$

式（5-16）是电感中电压、电流关系的相量形式，可以用图 5-10（b）表示，称为 L 的相量模型。图 5-10（c）所示为相量 $\dot{U}_L$ 和 $\dot{I}_L$ 在复平面的相量图。式（5-16）包含两方面的内容，即电压、电流的大小关系和相位关系为

$$U_L = \omega LI_L, \quad \psi_u = \psi_i+\frac{\pi}{2} \tag{5-17}$$

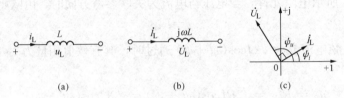

图 5-10　电感中的正弦电流
(a) 电感元件；(b) 电压、电流关系的相量形式；(c) 相量图

可见，在正弦稳态电路中，电感上的电压超前电流 $\dfrac{\pi}{2}$。

令 $X_L = \omega L = 2\pi fL$ 称为电感的电抗，简称感抗，具有与电阻相同的单位 Ω（欧［姆］），反映电感阻止正弦电流通过的能力。当 $\omega=0$，即直流时，$X_L=0$，此时电感相当于短路。感抗 X_L 的倒数 $B_L = \dfrac{1}{X_L} = \dfrac{1}{\omega L}$，称为电感的电纳，简称感纳，其单位为 S（西［门子］）。

3. 电容元件

如图 5-11（a）所示的电容元件，当电压与电流为关联参考方向时，有

$$i_C = C\frac{\mathrm{d}u_C}{\mathrm{d}t}$$

它与电感上的 VCR 有着对偶关系

$$u_L = L\frac{\mathrm{d}i_L}{\mathrm{d}t}$$

因此电容元件的相量关系可从电感元件的相量关系对偶地写出

$$\dot{I}_C = \mathrm{j}\omega C\dot{U}_C$$

或写成

$$\dot{U}_C = \frac{1}{\mathrm{j}\omega C}\dot{I}_C = -\mathrm{j}\frac{1}{\omega C}\dot{I}_C \tag{5-18}$$

式（5-18）是电容中电压、电流关系的相量形式，可以用图 5-11（b）表示，称为 C 的相量模型。如图 5-11（c）所示为相量 $\dot{U}_C$ 和 $\dot{I}_C$ 在复平面的相量图。式（5-18）包含两方面的内容，即电压、电流的大小关系和相位关系为

$$U_C = \frac{1}{\omega C}I_C, \quad \psi_u = \psi_i-\frac{\pi}{2} \tag{5-19}$$

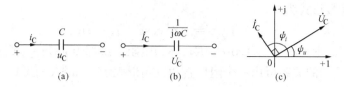

图 5-11　电容中的正弦电流

(a) 电容元件；(b) 电压、电流关系的相量形式；(c) 相量图

可见，在正弦稳态电路中，电容上的电压落后电流 $\dfrac{\pi}{2}$。

令 $X_C = \dfrac{1}{\omega C}$ 称为电容的电抗，简称容抗，单位也为 Ω（欧〔姆〕），反映电容阻止正弦电流通过的能力。当 $\omega = 0$，即直流时，$X_C \to \infty$，此时电容相当于开路。容抗 X_C 的倒数 $B_C = \dfrac{1}{X_C} = \omega C$，称为电容的电纳，简称容纳，其单位为 S（西〔门子〕）。

第四节　复阻抗与复导纳

引入复阻抗与复导纳的概念，可使线性电阻电路的分析方法用于交流电路，下面就来介绍复阻抗和复导纳的概念。

一、复阻抗（impedance）

1. 定义

如图 5-12（a）所示为不含独立电源的一端口网络 N_0，在正弦稳态情况下，其端口上的电压和电流为同频率的正弦量，分别用相量 $\dot{U}$ 和 $\dot{I}$ 表示，并设参考方向为关联，则该一端口网络的复阻抗 Z 定义为

$$Z = \frac{\dot{U}}{\dot{I}} = \frac{U\ \underline{/\psi_u}}{I\ \underline{/\psi_i}} = \frac{U}{I}\ \underline{/\psi_u - \psi_i} = |Z|\ \underline{/\varphi} \tag{5-20}$$

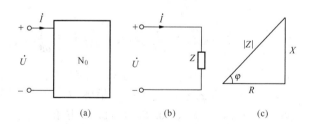

图 5-12　一端口的复阻抗

(a) 不含独立电源的一端口网络；(b) 复阻抗的图形符号；(c) 阻抗直角三角形

复阻抗的图形符号如图 5-12（b）所示。$|Z|$ 称为复阻抗的模，φ 称为阻抗角。由式（5-20）可以得到

$$|Z| = \frac{U}{I}, \quad \varphi = \psi_u - \psi_i \tag{5-21}$$

即复阻抗的模等于电压与电流有效值之比，阻抗角等于电压与电流的相位差。

复阻抗 Z 的代数形式为

$$Z = R + \mathrm{j}X = |Z|\cos\varphi + \mathrm{j}|Z|\sin\varphi$$

复阻抗 Z 的实部 $\mathrm{Re}[Z] = |Z|\cos\varphi = R$，称为电阻，虚部 $\mathrm{Im}[Z] = |Z|\sin\varphi = X$，称为电抗。$R$、$X$ 和 $|Z|$ 之间的关系可用一个阻抗直角三角形表示，如图 5-12（c）所示。

根据定义，R、L、C 单一元件的复阻抗为

$$Z_\mathrm{R} = \frac{\dot{U}_\mathrm{R}}{\dot{I}_\mathrm{R}} = R$$

$$Z_\mathrm{L} = \frac{\dot{U}_\mathrm{L}}{\dot{I}_\mathrm{L}} = \mathrm{j}\omega L = \mathrm{j}X_\mathrm{L}$$

$$Z_\mathrm{C} = \frac{\dot{U}_\mathrm{C}}{\dot{I}_\mathrm{C}} = \frac{1}{\mathrm{j}\omega C} = -\mathrm{j}\frac{1}{\omega C} = -\mathrm{j}X_\mathrm{C}$$

2. RLC 串联电路

图 5-13（a）所示为 RLC 串联电路，在正弦电压源 u 的作用下，各元件均可用相量模型表示，从而得到图 5-13（b），由 KVL 得

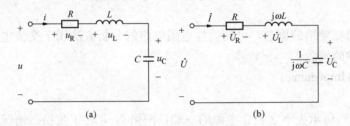

图 5-13 RLC 串联电路

$$\dot{U}_\mathrm{R} + \dot{U}_\mathrm{L} + \dot{U}_\mathrm{C} = \dot{U}$$

即

$$R\dot{I} + \mathrm{j}\omega L\,\dot{I} + \frac{1}{\mathrm{j}\omega C}\dot{I} = \dot{U}$$

其复阻抗 Z 为

$$Z = \frac{\dot{U}}{\dot{I}} = R + \mathrm{j}\omega L + \frac{1}{\mathrm{j}\omega C} = R + \mathrm{j}\left(\omega L - \frac{1}{\omega C}\right)$$

$$= R + \mathrm{j}(X_\mathrm{L} - X_\mathrm{C}) = R + \mathrm{j}X = |Z|\underline{/\varphi}$$

当 $X_\mathrm{L} > X_\mathrm{C}$，即 $X > 0$ 时，阻抗角 $\varphi > 0$，复阻抗 Z 呈感性；当 $X_\mathrm{L} < X_\mathrm{C}$，即 $X < 0$ 时，阻抗角 $\varphi < 0$，复阻抗 Z 呈容性；当 $X_\mathrm{L} = X_\mathrm{C}$，即 $X = 0$ 时，阻抗角 $\varphi = 0$，复阻抗 Z 呈电阻性。

如图 5-14 所示为 RLC 串联电路的相量图。由于各相量间的相位差与计时起点选择无关，为方便起见，可选择某一相量作为参考相量，即该相量的初相为零，把它画在水平方向上，其他相量根据与它的相位关系画出。在串联电路中，经常取电流为参考相量，而在并联电路中，经常取电压为参考相量。

从相量图中可清楚地看出各相量间的相位关系及大小关系，$\dot{U}_\mathrm{R}$ 与 $\dot{I}$ 同相，$\dot{U}_\mathrm{L}$ 超前 $\dot{I}\,90°$，$\dot{U}_\mathrm{C}$ 落后 $\dot{I}\,90°$。RLC 串联电路中各电压有效值之间的关系为

$$U_\mathrm{R}^2 + (U_\mathrm{L} - U_\mathrm{C})^2 = U^2$$

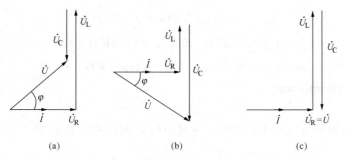

图 5-14　RLC 串联电路的相量图

(a) $X_L > X_C$；(b) $X_L < X_C$；(c) $X_L = X_C$

例 5-3　RLC 串联电路如图 5-15（a）所示，其中 $R=15\Omega$，$L=12\text{mH}$，$C=5\mu\text{F}$，电源电压 $u=10\sqrt{2}\cos(5000t)\text{V}$，求电路电流及各元件上的电压。

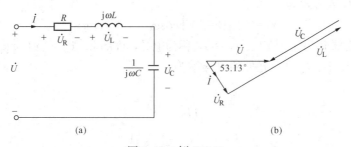

图 5-15　例 5-3 图

（a）RLC 串联电路；（b）各电压及电流的相量图

解　用相量法分析。电源的电压相量 $\dot{U}=10\underline{/0^\circ}$ V，各部分的复阻抗为

$$Z_R = R = 15(\Omega)$$

$$Z_L = \text{j}\omega L = \text{j}5000 \times 12 \times 10^{-3} = \text{j}60(\Omega)$$

$$Z_C = \frac{1}{\text{j}\omega C} = \frac{1}{\text{j}5000 \times 5 \times 10^{-6}} = -\text{j}40(\Omega)$$

RLC 串联电路的复阻抗为

$$Z = R + \text{j}\omega L + \frac{1}{\text{j}\omega C} = 15 + \text{j}60 - \text{j}40 = 15 + \text{j}20 = 25\underline{/53.13^\circ}\ (\Omega)$$

电流相量及各元件上的电压相量为

$$\dot{I} = \frac{\dot{U}}{Z} = \frac{10\underline{/0^\circ}}{25\underline{/53.13^\circ}} = 0.4\underline{/-53.13^\circ}\ (\text{A})$$

$$\dot{U}_R = R\dot{I} = 15 \times 0.4\underline{/-53.13^\circ} = 6\underline{/-53.13^\circ}\ (\text{V})$$

$$\dot{U}_L = \text{j}\omega L\dot{I} = \text{j}60 \times 0.4\underline{/-53.13^\circ} = 24\underline{/36.87^\circ}\ (\text{V})$$

$$\dot{U}_C = \frac{1}{\text{j}\omega C}\dot{I} = -\text{j}40 \times 0.4\underline{/-53.13^\circ} = 16\underline{/-143.13^\circ}\ (\text{V})$$

各电压及电流的相量图如图 5-15（b）所示。显然 $U \neq U_R + U_L + U_C$。

上述各相量所代表的正弦量为

$$i = 0.4\sqrt{2}\cos(5000t - 53.13^\circ)(\text{A})$$

$$u_R = 6\sqrt{2}\cos(5000t - 53.13°)(V)$$
$$u_L = 24\sqrt{2}\cos(5000t + 36.87°)(V)$$
$$u_C = 16\sqrt{2}\cos(5000t - 143.13°)(V)$$

二、复导纳（admittance）

1. 定义

复导纳是电流相量与电压相量之比，是复阻抗 Z 的倒数，表示成

$$Y = \frac{1}{Z} = \frac{\dot{I}}{\dot{U}} = \frac{I}{U}\underline{/\psi_i - \psi_u} = |Y|\underline{/\varphi_Y} \qquad (5-22)$$

$|Y|$ 称为复导纳的模，φ_Y 称为导纳角。由式（5-22）可以得到

$$|Y| = \frac{I}{U}, \quad \varphi_Y = \psi_i - \psi_u \qquad (5-23)$$

复导纳 Y 的代数形式为

$$Y = G + jB = |Y|\cos\varphi_Y + j|Y|\sin\varphi_Y$$

复导纳 Y 的实部 $\mathrm{Re}[Y] = |Y|\cos\varphi_Y = G$，称为电导，虚部 $\mathrm{Im}[Y] = |Y|\sin\varphi_Y = B$，称为电纳。根据定义，$R$、$L$、$C$ 单一元件的复导纳为

$$Y_R = \frac{\dot{I}_R}{\dot{U}_R} = \frac{1}{R} = G$$

$$Y_L = \frac{\dot{I}_L}{\dot{U}_L} = \frac{1}{j\omega L} = -j\frac{1}{\omega L} = -jB_L$$

$$Y_C = \frac{\dot{I}_C}{\dot{U}_C} = j\omega C = jB_C$$

2. RLC 并联电路

如图 5-16（a）所示为 RLC 并联电路，在正弦电压源 u 的作用下，各元件均可用相量模型表示，从而得到图 5-16（b），由 KCL 得

$$\dot{I}_R + \dot{I}_L + \dot{I}_C = \dot{I}$$

即

$$\frac{\dot{U}}{R} + \frac{\dot{U}}{j\omega L} + j\omega C\dot{U} = \dot{I}$$

其复导纳 Y 为

$$Y = \frac{\dot{I}}{\dot{U}} = \frac{1}{R} + \frac{1}{j\omega L} + j\omega C = \frac{1}{R} + j\left(\omega C - \frac{1}{\omega L}\right)$$

$$= G + j(B_C - B_L) = G + jB = |Y|\underline{/\varphi_Y}$$

取电压为参考相量，画出 RLC 并联电路的相量图，如图 5-17 所示。RLC 并联电路中各电流有效值之间的关系为

$$I_R^2 + (I_L - I_C)^2 = I^2$$

例 5-4 RL 并联电路如图 5-18（a）所示，已知 $U = 100V$，$I = 5A$，且 $\dot{U}$ 超前 $\dot{I}$ 36.87°，求：

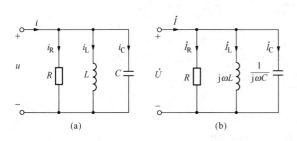

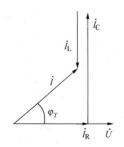

图 5-16　RLC 并联电路

(a) RLC 并联电路；(b) 相量形式

图 5-17　RLC 并联电路的相量图

(1) R、X_L 的大小；

(2) 画相量图。

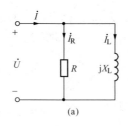

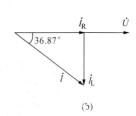

解　令 $\dot{U}=100\underline{/0°}$(V)

则 $\dot{I}=5\underline{/-36.87°}=4-j3=\dot{I}_R+\dot{I}_L$

$$R=\frac{\dot{U}}{\dot{I}_R}=\frac{100\underline{/0°}}{4}=25(\Omega)$$

$$Z_L=\frac{\dot{U}}{\dot{I}_L}=\frac{100\underline{/0°}}{-j3}=j\frac{100}{3}(\Omega)$$

图 5-18　例 5-4 图

(a) RL 并联电路；(b) 相量图

故　　　　　　　　$R=25(\Omega)，X_L=\frac{100}{3}(\Omega)$

各电流及电压的相量图如图 5-18（b）所示。显然 $I\neq I_R+I_L$。

三、复阻抗（复导纳）的串并联（impedance combinations）

复阻抗的串联和并联电路的计算，与电阻的串联和并联电路相似。

有 n 个复阻抗相串联，其等效复阻抗为这 n 个串联复阻抗之和，即

$$Z_{eq}=Z_1+Z_2+\cdots+Z_n \tag{5-24}$$

n 个串联复阻抗中任一复阻抗 Z_k 上的电压 $\dot{U}_k$ 可由分压公式求得

$$\dot{U}_k=\frac{Z_k}{Z_{eq}}\dot{U} \tag{5-25}$$

式中：$\dot{U}$ 为总电压。

有 n 个复导纳并联，其等效复导纳为这 n 个并联复导纳之和，即

$$Y_{eq}=Y_1+Y_2+\cdots+Y_n \tag{5-26}$$

n 个并联复导纳中任一复导纳 Y_k 中的电流 $\dot{I}_k$ 可由分流公式求得

$$\dot{I}_k=\frac{Y_k}{Y_{eq}}\dot{I} \tag{5-27}$$

式中：$\dot{I}$ 为总电流。

例 5-5　电路如图 5-19（a）所示，已知 $u_S=40\sqrt{2}\cos(3000t)$ V，$R_1=1.5$kΩ，$R_2=$ 1kΩ，$L=\frac{1}{3}$H，$C=\frac{1}{6}\mu$F，求各支路电流。

解　将电路转化为相量模型，如图 5-19（b）所示

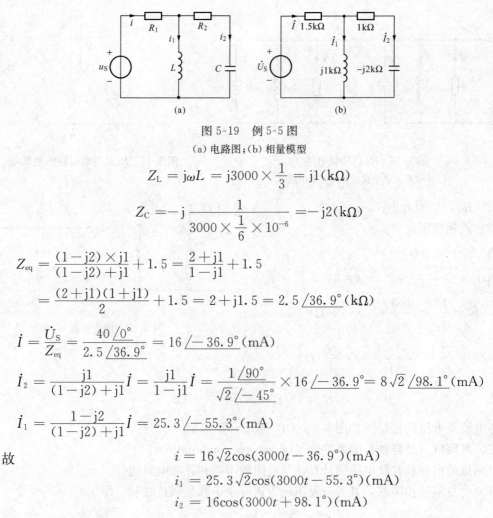

图 5-19　例 5-5 图

(a) 电路图；(b) 相量模型

$$Z_L = j\omega L = j3000 \times \frac{1}{3} = j1(k\Omega)$$

$$Z_C = -j\frac{1}{3000 \times \frac{1}{6} \times 10^{-6}} = -j2(k\Omega)$$

$$Z_{eq} = \frac{(1-j2) \times j1}{(1-j2)+j1} + 1.5 = \frac{2+j1}{1-j1} + 1.5$$

$$= \frac{(2+j1)(1+j1)}{2} + 1.5 = 2+j1.5 = 2.5\underline{/36.9°}(k\Omega)$$

$$\dot{I} = \frac{\dot{U}_S}{Z_{eq}} = \frac{40\underline{/0°}}{2.5\underline{/36.9°}} = 16\underline{/-36.9°}(mA)$$

$$\dot{I}_2 = \frac{j1}{(1-j2)+j1}\dot{I} = \frac{j1}{1-j1}\dot{I} = \frac{1\underline{/90°}}{\sqrt{2}\underline{/-45°}} \times 16\underline{/-36.9°} = 8\sqrt{2}\underline{/98.1°}(mA)$$

$$\dot{I}_1 = \frac{1-j2}{(1-j2)+j1}\dot{I} = 25.3\underline{/-55.3°}(mA)$$

故

$$i = 16\sqrt{2}\cos(3000t - 36.9°)(mA)$$

$$i_1 = 25.3\sqrt{2}\cos(3000t - 55.3°)(mA)$$

$$i_2 = 16\cos(3000t + 98.1°)(mA)$$

例 5-6　正弦稳态电路如图 5-20（a）所示，已知 $R = \frac{1}{\omega C}$，求 u_1 与 u_2 的相位差。

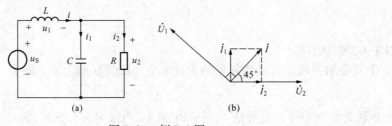

图 5-20　例 5-6 图

(a) 正弦稳态电路图；(b) 相量图

解　利用相量图分析。串联、并联电路宜先画并联部分的电压相量，本例即 $\dot{U}_2$。

如图 5-20（b）所示，以 $\dot{U}_2$ 为参考相量，电阻电流 $\dot{I}_2$ 与 $\dot{U}_2$ 同相，电容电流 $\dot{I}_1$ 超前 $\dot{U}_2$ 角 90°，两电流相量和 $\dot{I}$ 即为电感电流，电感电压相量 $\dot{U}_1$ 超前 $\dot{I}$ 角 90°。

因 $R = \frac{1}{\omega C}$，则 $I_1 = I_2$，得 $\dot{I}$ 超前 $\dot{U}_2$ 角 45°。又 $\dot{U}_1$ 超前 $\dot{I}$ 角 90°，故 $\dot{U}_1$ 超前 $\dot{U}_2$ 角

135°。

例 5-7　正弦稳态电路如图 5-21（a）所示，其中 $u(t)=10\sqrt{2}\cos\omega t\,V$，$u$ 相位超前 u_2 角 30°，u_1 与 u_2 的有效值关系为 $U_1=2U_2$，试求 $u_2(t)$。

解　利用相量图求解。以 $\dot{U}_2$ 为参考相量，作相量图如图 5-21（b）所示。

由余弦定理可得

$$U_1^2 = U^2 + U_2^2 - 2U_2U\cos30°$$

即

$$(2U_2)^2 = 10^2 + U_2^2 - 2\times10\times U_2\times\frac{\sqrt{3}}{2}$$

$$3U_2^2 + 17.32U_2 - 100 = 0$$

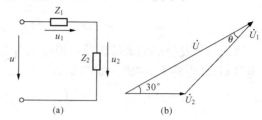

图 5-21　例 5-7 图
(a) 正弦稳态电路图；(b) 相量图

解得 $U_2 = 3.57(V)$，$U_2 = -28.03(V)$（舍去）

因已知 u 的初相为零，而 u_2 落后 u 角 30°，故得

$$u_2(t) = 3.57\sqrt{2}\cos(\omega t - 30°)(V)$$

本题也可用正弦定理求解。对图 5-21（b）列方程

$$\frac{U_2}{\sin\theta} = \frac{2U_2}{\sin30°}$$

解得

$$\sin\theta = 0.25, \theta = 14.5°$$

又

$$\frac{U_2}{\sin\theta} = \frac{10}{\sin(180° - 30° - \theta)}$$

解得

$$U_2 = 3.57(V)$$

故得

$$u_2(t) = 3.57\sqrt{2}\cos(\omega t - 30°)(V)$$

$$u_1(t) = 2\times3.57\sqrt{2}\cos(\omega t + \theta) = 7.14\sqrt{2}\cos(\omega t + 14.5°)(V)$$

四、复阻抗和复导纳的等效变换（equivalent transformation between impedance and admittance）

一个负载可以用串联等效电路来表示，又可以用并联等效电路来表示。由于复阻抗和复导纳定义为

$$Z = \frac{\dot{U}}{\dot{I}} = R + jX$$

$$Y = \frac{\dot{I}}{\dot{U}} = G + jB$$

则复阻抗和复导纳间有关系式

$$Z = \frac{1}{Y} \text{ 或 } Y = \frac{1}{Z}$$

因此 $Z = R + jX$ 的等效复导纳为

$$Y_{eq} = \frac{1}{R+jX} = \frac{R}{R^2+X^2} - j\frac{X}{R^2+X^2} = G_{eq} + jB_{eq} \tag{5-28}$$

而 $Y = G + jB$ 的等效复阻抗为

$$Z_{eq} = \frac{1}{G+jB} = \frac{G}{G^2+B^2} - j\frac{B}{G^2+B^2} = R_{eq} + jX_{eq} \tag{5-29}$$

若 $Z=R+\mathrm{j}X$ 中，电抗 $X>0$，即 Z 为感性复阻抗，则其串联组合电路由电阻 R 和电感 $L=\dfrac{X}{\omega}$ 构成，如图 5-22（a）所示。由于其等效复导纳 $Y=G_{eq}+\mathrm{j}B_{eq}$ 中的 G_{eq}、B_{eq} 分别为

$$G_{eq}=\frac{R}{R^2+X^2}$$

$$B_{eq}=-\frac{X}{R^2+X^2}<0$$

可见等效复导纳的虚部为负，即电纳为负，说明等效复导纳也为感性，其并联组合电路由电导 G_{eq} 和电感 L_{eq} 构成，如图 5-22（b）所示，其中等效电感 L_{eq} 为

$$L_{eq}=-\frac{1}{\omega B_{eq}}=\frac{R^2+X^2}{\omega X}$$

若 $Z=R+\mathrm{j}X$ 中，电抗 $X<0$，即 Z 为容性复阻抗，则其串联组合电路由 R 和电容 $C=-\dfrac{1}{\omega X}$ 构成，如图 5-23（a）所示。又其等效复导纳 $Y=G_{eq}+\mathrm{j}B_{eq}$ 中的 G_{eq}、B_{eq} 分别为

$$G_{eq}=\frac{R}{R^2+X^2}$$

$$B_{eq}=-\frac{X}{R^2+X^2}>0$$

可见等效复导纳的虚部为正，即电纳为正，说明等效导纳也为容性，其并联组合电路由电导 G_{eq} 和电容 C_{eq} 并联构成，如图 5-23（b）所示，其中等效电容 C_{eq} 为

$$C_{eq}=-\frac{B_{eq}}{\omega}=-\frac{X}{\omega(R^2+X^2)}$$

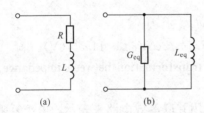
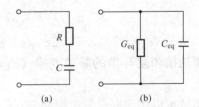

图 5-22　感性阻抗的等效变换　　　　　　　图 5-23　容性阻抗的等效变换
（a）串联组合电路；（b）并联组合电路　　　（a）串联组合电路；（b）并联组合电路

第五节　正弦稳态电路的分析

在正弦稳态电路中引入电压、电流相量及复阻抗、复导纳的概念后，得出了相量形式的基尔霍夫定律及欧姆定律，即 $\sum \dot{I}=0$，$\sum \dot{U}=0$ 和 $\dot{U}=Z\dot{I}$，又导出了复阻抗的串并联、分流及分压公式。这些公式在形式上与直流电路中相应的公式相似。由此可以推知，分析直流电阻电路所使用的各种方法和定理同样适合于正弦稳态电路，只要将电路中的电流和电压用相量来表示，元件参数用复阻抗或复导纳来表示，得到电路的相量模型，然后根据 KCL、KVL 和欧姆定律的相量形式列出求解电路的相量形式的代数方程，方程的运算则为复数运算。下面结合实例说明几种方法的应用。

一、回路电流法（loop analysis）
回路电流方程的一般形式为

$$Z_{11}\dot{I}_{l1} + Z_{12}\dot{I}_{l2} + \cdots + Z_{1l}\dot{I}_{ll} = \dot{U}_{S11}$$
$$Z_{21}\dot{I}_{l1} + Z_{22}\dot{I}_{l2} + \cdots + Z_{2l}\dot{I}_{ll} = \dot{U}_{S22}$$
$$\cdots\cdots$$
$$Z_{l1}\dot{I}_{l1} + Z_{l2}\dot{I}_{l2} + \cdots + Z_{ll}\dot{I}_{ll} = \dot{U}_{Sll}$$

(5-30)

式中：$\dot{I}_{l1}$，$\dot{I}_{l2}$，…为回路电流；Z_{11}，Z_{22}，…为双下标相同的复阻抗是回路的自复阻抗，即某回路中的复阻抗之和；Z_{12}，Z_{21}，…为双下标不同的复阻抗是互复阻抗，即两个回路的共有复阻抗；$\dot{U}_{S11}$，$\dot{U}_{S22}$，…为某回路中电压源的代数和。

方程中各项如何取正和取负与直流电阻电路中相同。

例 5-8　图 5-24 所示正弦稳态电路，已知 $R_1 = X_C = 1\Omega$，$R_2 = R_3 = X_L = 2\Omega$，$\dot{U}_S = 20\underline{/-90°}$ V，$\dot{I}_S = 10\underline{/0°}$ A，用回路电流法求电容支路上的电流 $\dot{I}$。

解　设回路电流为 $\dot{I}_{l1}$、$\dot{I}_{l2}$、$\dot{I}_{l3}$，参考方向如图 5-24 所示，因 $\dot{I}_{l1} = \dot{I}_S$，故只需列两个回路方程

$$(R_1 + R_2 - \mathrm{j}X_C)\dot{I}_{l2} - R_2\dot{I}_{l3} - R_1\dot{I}_{l1} = 0$$
$$-R_2\dot{I}_{l2} + (R_2 + R_3)\dot{I}_{l3} = -\dot{U}_S$$

即 $(1 + 2 - \mathrm{j}1)\dot{I}_{l2} - 2\dot{I}_{l3} - 1 \times 10\underline{/0°} = 0$
$$-2\dot{I}_{l2} + (2 + 2)\dot{I}_{l3} = -20\underline{/-90°}$$

解得电容支路上的电流为

$$\dot{I} = \dot{I}_{l2} = 6.32\underline{/71.57°}\,(\mathrm{A})$$

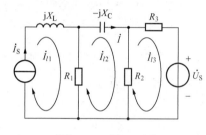

图 5-24　例 5-8 图

二、结点电压法（nodal analysis）

结点电压方程的一般形式为

$$Y_{11}\dot{U}_{n1} + Y_{12}\dot{U}_{n2} + \cdots + Y_{1(n-1)}\dot{U}_{n(n-1)} = \dot{I}_{S11}$$
$$Y_{21}\dot{U}_{n1} + Y_{22}\dot{U}_{n2} + \cdots + Y_{2(n-1)}\dot{U}_{n(n-1)} = \dot{I}_{S22}$$
$$\cdots\cdots$$
$$Y_{(n-1)1}\dot{U}_{n1} + Y_{(n-1)2}\dot{U}_{n2} + \cdots + Y_{(n-1)(n-1)}\dot{U}_{n(n-1)} = \dot{I}_{S(n-1)(n-1)}$$

(5-31)

式中：$\dot{U}_{n1}$，$\dot{U}_{n2}$，…为结点电压；Y_{11}，Y_{22}，…为双下标相同的复导纳是结点的自复导纳，即某结点所连复导纳之和；Y_{12}，Y_{21}，…为双下标不同的复导纳是互复导纳，即两个结点之间所连支路的复导纳；$\dot{I}_{S11}$，$\dot{I}_{S22}$，…为各独立结点上所连电流源的代数和。

方程中各项如何取正和取负与直流电阻电路中相同。

例 5-9　图 5-25 所示正弦稳态电路中，独立电源 $u_S = \sqrt{2}U_S\cos\omega t$ V，以结点 3 为参考结点，列出结点电压方程。

解　将电路中的电压用相量来表示，元件参数用复导纳来表示。因 $\dot{U}_S = U_S\underline{/0°}$，$\dot{U} = \dot{U}_{n1}$，对结点 1、2 列出下列方程

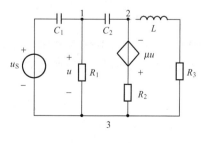

图 5-25　例 5-9 图

$$\left.\begin{array}{l}\left(\dfrac{1}{R_1}+\mathrm{j}\omega C_1+\mathrm{j}\omega C_2\right)\dot{U}_{\mathrm{n1}}-\mathrm{j}\omega C_2\dot{U}_{\mathrm{n2}}=\mathrm{j}\omega C_1\dot{U}_{\mathrm{S}}\\[4mm]-\mathrm{j}\omega C_2\dot{U}_{\mathrm{n1}}+\left(\mathrm{j}\omega C_2+\dfrac{1}{R_2}+\dfrac{1}{R_3+\mathrm{j}\omega L}\right)\dot{U}_{\mathrm{n2}}=-\dfrac{\mu\dot{U}_{\mathrm{n1}}}{R_2}\end{array}\right\}$$

三、戴维南定理 (Thevenin's theorem)

在正弦稳态情况下，网络的各种定理都可以应用，如叠加定理、替代定理、戴维南定理等，这里重点介绍戴维南定理，戴维南定理的等效电路如图 5-26 所示。

$\dot{U}_{\mathrm{oc}}$ 为含源一端口 N_S 的开路电压，Z_{eq} 为一端口内部独立电源置零后的等效复阻抗。

例 5-10 求图 5-27（a）所示一端口的戴维南等效电路。

解 戴维南等效电路的开路电压 $\dot{U}_{\mathrm{oc}}$ 和等效复阻抗 Z_{eq} 的求解方法与电阻电路相似。

由图5-27（a）求开路电压 $\dot{U}_{\mathrm{oc}}$

$$\dot{U}_{\mathrm{oc}}=-r\dot{I}_2+Z_2\dot{I}_2=(Z_2-r)\dot{I}_2=\frac{Z_2-r}{Z_1+Z_2}\dot{U}_{\mathrm{S}}$$

由图 5-27（b）求等效阻抗 Z_{eq}。把一端口内部的独立源置零，端口加电压 $\dot{U}$，设端口上的电流为 $\dot{I}$，则

$$\dot{U}=-r\dot{I}_2+Z_2\dot{I}_2=(Z_2-r)\dot{I}_2=(Z_2-r)\frac{Z_1}{Z_1+Z_2}\dot{I}$$

故等效阻抗为

$$Z_{\mathrm{eq}}=\frac{\dot{U}}{\dot{I}}=\frac{Z_1(Z_2-r)}{Z_1+Z_2}$$

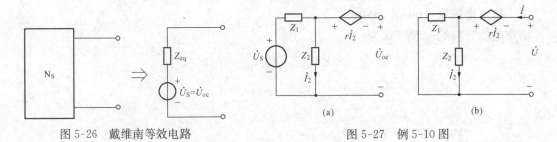

图 5-26　戴维南等效电路

图 5-27　例 5-10 图

（a）一端口网络；（b）等效阻抗 Z_{eq}

第六节　正弦稳态电路的功率

一、瞬时功率 (instantaneous power)

任一不含独立电源，仅含 R、L、C 等无源元件的一端口，当其端口电流和电压为关联参考方向，如图 5-28（a）所示，它吸收的瞬时功率 p 等于其端电压瞬时值 u 和端电流瞬时值 i 的乘积，即

$$p=ui$$

设

$$u=\sqrt{2}U\cos(\omega t+\psi_u)$$

$$i=\sqrt{2}I\cos(\omega t+\psi_i)$$

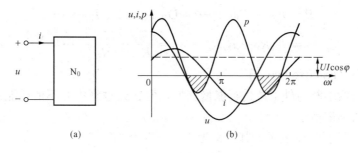

图 5-28　一端口电路的功率

（a）无源一端口网络；（b）瞬时功率的波形

则

$$p = \sqrt{2}U\cos(\omega t + \psi_u) \times \sqrt{2}I\cos(\omega t + \psi_i)$$
$$= UI\cos(\psi_u - \psi_i) + UI\cos(2\omega t + \psi_u + \psi_i)$$
$$= UI\cos\varphi + UI\cos(2\omega t + \psi_u + \psi_i)$$

上式中第一项为恒定分量，其中 $\varphi = \psi_u - \psi_i$ 即电压和电流之间的相位差，第二项为频率是电压或电流两倍的正弦量，瞬时功率的波形如图 5-28（b）所示，可见它的变化频率是电压或电流的两倍，并且正负交替。按图 5-28（a）所示的关联参考方向，当 $p > 0$ 时，一端口实际消耗功率；当 $p < 0$ 时，一端口实际发出功率，说明能量在外部电源和一端口之间来回交换。

二、有功功率（average power）

瞬时功率的实用意义不大，且不便于测量。通常引用平均功率的概念，平均功率又称有功功率，是瞬时功率在一个周期内的平均值，用大写字母 P 表示，即

$$P = \frac{1}{T}\int_0^T p\,\mathrm{d}t = \frac{1}{T}\int_0^T UI[\cos\varphi + \cos(2\omega t + \psi_u + \psi_i)]\mathrm{d}t = UI\cos\varphi \qquad (5\text{-}32)$$

可见有功功率就是瞬时功率中的恒定分量，它表示一端口实际消耗的功率。上式中的 $\cos\varphi = \lambda$ 称为功率因数。工程中通常所说的功率均指平均功率，并常常把"平均"两字省去。如电灯泡的功率为 60W，指的是平均功率。

对于 R 元件，$\varphi = 0$，代入有功功率计算式可得

$$P_R = U_R I_R = I_R^2 R = \frac{U_R^2}{R} \geqslant 0$$

它表示电阻元件所消耗的功率。

对于 L 元件，$\varphi = \dfrac{\pi}{2}$；对于 C 元件，$\varphi = -\dfrac{\pi}{2}$，分别代入有功功率计算式可得

$$P_L = 0, \quad P_C = 0$$

可见电感和电容尽管与外电源进行着能量交换，时而吸收功率，时而发出功率，但是吸收和发出的功率相等，所以并不消耗功率，故称电感和电容为储能元件。电感元件将电能以磁场能量形式储存起来，而电容元件将电能以电场能量形式储存起来。

由于电感和电容是不消耗有功功率的，所以电路吸收的有功功率就是电阻所消耗的功率。计算无源一端口吸收的功率，除了用 $P = UI\cos\varphi$ 来计算外，在已知各电阻的电流或电压的情况下，也可以用各电阻消耗的有功功率之和来计算，即

$$P = P_{R1} + P_{R2} + \cdots = U_{R1}I_{R1} + U_{R2}I_{R2} + \cdots$$

$$= I_{R1}^2 R_1 + I_{R2}^2 R_2 + \cdots = \frac{U_{R1}^2}{R_1} + \frac{U_{R2}^2}{R_2} + \cdots \tag{5-33}$$

三、无功功率（reactive power）

电感和电容虽然不断与外电源进行能量交换，但在此过程中并不消耗能量，这种能量交换的程度用无功功率来衡量。

无功功率用大写字母 Q 表示，其定义为

$$Q = UI\sin\varphi \tag{5-34}$$

对于 R 元件，因为 $\varphi = 0$，代入无功功率计算式可得

$$Q_R = 0$$

它表示电阻元件没有无功功率，电阻元件是耗能元件，其中消耗的能量是不可逆的。

对于 L 元件，因为 $\varphi = \dfrac{\pi}{2}$，代入有功功率计算式可得

$$Q_L = U_L I_L = I_L^2 X_L = \frac{U_L^2}{X_L}$$

对于 C 元件，因为 $\varphi = -\dfrac{\pi}{2}$，代入无功功率计算式可得

$$Q_C = -U_C I_C = -I_C^2 X_C = -\frac{U_C^2}{X_C}$$

以上讨论瞬时功率、有功功率和无功功率，都是在电压与电流取关联参考方向的情况下进行的。因此，计算值大于零，表示吸收或消耗功率；计算值小于零，表示发出功率。电感的无功功率为正值，表示电感是消耗无功的；电容的无功功率为负值，表示电容是发出无功的。

由于电阻是没有无功功率的，所以电路中的无功功率就是电感和电容产生的，电感消耗无功，电容发出无功。计算无源一端口的无功功率，除了用 $Q = UI\sin\varphi$ 来计算外，在已知各电感、电容的电流或电压的情况下，也可以用各电感、电容的无功功率之和来计算，即

$$Q = Q_{L1} + Q_{L2} + \cdots + Q_{C1} + Q_{C2} + \cdots$$

$$= U_{L1}I_{L1} + U_{L2}I_{L2} + \cdots - (U_{C1}I_{C1} + U_{C2}I_{C2} + \cdots)$$

$$= I_{L1}^2 X_{L1} + I_{L2}^2 X_{L2} + \cdots - (I_{C1}^2 X_{C1} + I_{C2}^2 X_{C2} + \cdots)$$

$$= \frac{U_{L1}^2}{X_{L1}} + \frac{U_{L2}^2}{X_{L2}} + \cdots - \left(\frac{U_{C1}^2}{X_{C1}} + \frac{U_{C2}^2}{X_{C2}} + \cdots\right) \tag{5-35}$$

四、视在功率（apparent power）

许多电力设备的容量是由额定电流 I 和额定电压 U 的乘积决定的。为此引入视在功率的概念，用大写字母 S 表示，即

$$S = UI \tag{5-36}$$

有功功率、无功功率和视在功率都具有功率的量纲，为便于区别，有功功率的单位用 W（瓦），无功功率用 var（乏），视在功率用 VA（伏安）。

因此有功功率和无功功率可表示成

$$P = UI\cos\varphi = S\cos\varphi$$

$$Q = UI\sin\varphi = S\sin\varphi$$

由式 $P=S\cos\varphi$ 可见，视在功率即为设备能提供的最大功率。

P、Q、S 三者之间的关系为

$$\left.\begin{array}{r} S^2 = P^2 + Q^2 \\[2mm] \tan\varphi = \dfrac{Q}{P} \end{array}\right\} \tag{5-37}$$

即是直角三角形关系，该三角形称为功率三角形，如图 5-29 所示。

例 5-11　图 5-30 所示电路是测量电感线圈参数 R 和 L 的实验电路，电源的频率 $f=$ 50Hz，测得电压表、电流表、功率表的读数分别为：$U=50\text{V}$，$I=2\text{A}$，$P=60\text{W}$，求 R 和 L 的值。

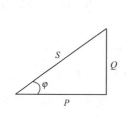

图 5-29　功率三角形

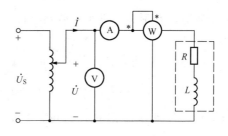

图 5-30　例 5-11 图

解　因功率表的读数表示电阻吸收的有功功率，则电阻值为

$$R = \frac{P}{I^2} = \frac{60}{2^2} = 15(\Omega)$$

又

$$Z = \frac{\dot{U}}{\dot{I}} = R + j\omega L$$

故

$$|Z| = \frac{U}{I} = \frac{50}{2} = 25(\Omega)$$

$$X_{\text{L}} = \omega L = \sqrt{|Z|^2 - R^2} = \sqrt{25^2 - 15^2} = 20(\Omega)$$

$$L = \frac{X_{\text{L}}}{\omega} = \frac{20}{314} = 0.0637(\text{H}) = 63.7(\text{mH})$$

例 5-12　正弦稳态电路如图 5-31（a）所示，已知 $R=100\Omega$，$U=U_{\text{R}}=100\text{V}$，$\dot{U}$ 超前 $\dot{U}_{\text{R}}$ 角 $60°$，求网络 N 的平均功率。

解　以电流 $\dot{I}$ 为参考相量，作相量图如图 5-31（b），显示 $\dot{U}=\dot{U}_{\text{R}}+\dot{U}_1$ 的关系。

$$I = \frac{U_{\text{R}}}{R} = \frac{100}{100} = 1(\text{A})$$

由于 $U=U_{\text{R}}$，且 $\dot{U}$ 超前 $\dot{U}_{\text{R}}$ 角 $60°$，则电压三角形为等边三角形，得出 $\dot{I}$ 落后 $\dot{U}_1$ 角 $120°$。

故网络 N 的平均功率为

$$P = U_1 I\cos 120° = 100 \times 1 \times \left(-\frac{1}{2}\right) = -50(\text{W})$$

负号表示网络 N 产生功率，其值为 50W，表明 N 内部有电源。

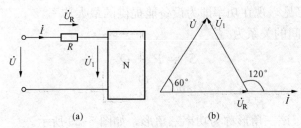

图 5-31　例 5-12 图
（a）正弦稳态电路图；（b）相量图

五、复功率（complex power）

复功率是为了用电压相量和电流相量来计算正弦稳态电路的功率而引入的概念，它只是计算用的一个复数，并不表示某个正弦量。设某一端口的电压相量为 $\dot{U}$，电流相量为 $\dot{I}$，其复功率 $\bar{S}$ 为

$$\bar{S} = \dot{U}\dot{I}^* = U\,\underline{/\psi_u} \cdot I\,\underline{/-\psi_i} = UI\,\underline{/\psi_u - \psi_i}$$
$$= UI\,\underline{/\varphi} = UI\cos\varphi + \mathrm{j}UI\sin\varphi = P + \mathrm{j}Q \tag{5-38}$$

可见电压相量 $\dot{U}$ 和电流相量 $\dot{I}$ 的共轭复数 $\dot{I}^*$ 的乘积，其实部即为有功功率，虚部即为无功功率。

对于复阻抗 $Z = R + \mathrm{j}X$ 的复功率 $\bar{S}$ 可以写为

$$\bar{S} = \dot{U}\dot{I}^* = Z\dot{I}\dot{I}^* = I^2Z \tag{5-39}$$

复功率的吸收和发出同样可根据端口电压和电流的参考方向来判断，对于任意一端口、支路或元件，若电压和电流取关联参考方向，计算所得的复功率，其实部为吸收的有功功率，虚部为吸收的无功功率；若参考方向为非关联，则分别为发出的有功功率和无功功率。如果吸收或发出的有功功率或无功功率为负值，实际上是发出或吸收了一个正的有功功率或无功功率。复功率的单位用 VA（伏安）。

可以证明，正弦电流电路中有功功率和无功功率分别守恒，复功率也守恒，但视在功率不守恒。

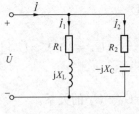

图 5-32　例 5-13 图

例 5-13　图 5-32 所示电路中，已知 $R_1 = 40\Omega$，$R_2 = 60\Omega$，$X_L = 30\Omega$，$X_C = 80\Omega$，电源电压 $U = 220\mathrm{V}$，求各支路及总电路复功率。

解　取电源电压为参考相量，即 $\dot{U} = 220\,\underline{/0°}$ V，则各支路电流及总电流为

$$\dot{I}_1 = \frac{\dot{U}}{R_1 + \mathrm{j}X_L} = \frac{220\,\underline{/0°}}{40 + \mathrm{j}30} = \frac{220\,\underline{/0°}}{50\,\underline{/36.87°}} = 4.4\,\underline{/-36.87°}\,(\mathrm{A})$$

$$\dot{I}_2 = \frac{\dot{U}}{R_2 - \mathrm{j}X_C} = \frac{220\,\underline{/0°}}{60 - \mathrm{j}80} = \frac{220\,\underline{/0°}}{100\,\underline{/-53.13°}} = 2.2\,\underline{/53.13°}\,(\mathrm{A})$$

$$\dot{I} = \dot{I}_1 + \dot{I}_2 = 4.4\,\underline{/-36.87°} + 2.2\,\underline{/53.13°}$$
$$= 3.52 - \mathrm{j}2.64 + 1.32 + \mathrm{j}1.76 = (4.84 - \mathrm{j}0.88)\,(\mathrm{A})$$

各支路及总电路的复功率为

$$\bar{S}_1 = I_1^2Z_1 = 4.4^2 \times (40 + \mathrm{j}30) = (774.4 + \mathrm{j}580.8)\,(\mathrm{VA})$$

其中 $\qquad P_1 = 774.4\mathrm{W}, \quad Q_1 = 580.8\mathrm{var}$

$$\overline{S}_2 = I_2^2 Z_2 = 2.2^2 \times (60 - \mathrm{j}80) = (290.4 - \mathrm{j}387.2)(\mathrm{VA})$$

其中 $\qquad P_2 = 290.4\mathrm{W}, \quad Q_2 = -387.2\mathrm{var}$

$$\overline{S} = \dot{U}\dot{I}^* = 220\underline{/0°} \times (4.84 + \mathrm{j}0.88) = (1064.8 + \mathrm{j}193.6)(\mathrm{VA})$$

其中 $\qquad P = 1064.8\mathrm{W}, \quad Q = 193.6\mathrm{var}$

可见 $P = P_1 + P_2$，$Q = Q_1 + Q_2$，$\overline{S} = \overline{S}_1 + \overline{S}_2$。这说明正弦电流电路中有功功率、无功功率和复功率分别守恒，但视在功率不守恒，即 $S \neq S_1 + S_2$。

六、功率因数的提高（power factor correction）

$\lambda = \cos\varphi$ 称为功率因数，φ 是电压和电流的相位差，也是阻抗角，功率因数的大小为 $0 \leqslant \cos\varphi \leqslant 1$。

提高功率因数可以提高电源的利用率。由于 $P = S\cos\varphi$，S 为电力设备的额定容量，P 为设备的输出功率，即输送给负载的有功功率，功率因数 $\cos\varphi$ 越高，电源容量的利用率就越高。另外，提高功率因数可以减少输电线上的电能损耗。因此设法提高电力设备的功率因数是电力系统中一个很重要的问题，具有重大的经济意义。

那么怎样才能提高负载的功率因数呢？对于感性负载，可以通过并联电容的方法来解决。

设图 5-33（a）中感性负载的功率因数 $\lambda_1 = \cos\varphi_1$，未并电容 C 时，$\dot{I} = \dot{I}_1$；并联电容 C 后，功率因数为 $\lambda = \cos\varphi$，电流 $\dot{I} = \dot{I}_1 + \dot{I}_2$，相量图如图 5-33（b）所示。从相量图中可以看出，并联电容后，使电路的总电流从 I_1 减小到 I，阻抗角从 φ_1 减少到 φ，功率因数从 $\cos\varphi_1$ 提高到 $\cos\varphi$。下面进一步分析为提高电路的功率因数，所需并联电容 C 的大小。

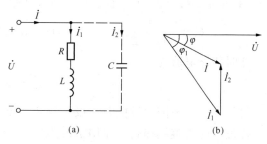

图 5-33　功率因数的提高
（a）感性负载；（b）相量图

并联电容后并未改变原感性负载的电压 $\dot{U}$ 和电流 $\dot{I}_1$，因电容 C 不消耗有功，所以电路的有功功率并没有改变，只改变了电路的无功功率。电容 C 产生的无功功率部分地补偿了电感所消耗的无功功率，从而减少了电源提供的无功功率，使功率因数提高了。

因 $\qquad\qquad I_1 = \dfrac{P}{U\cos\varphi_1}, \quad I = \dfrac{P}{U\cos\varphi}$

$$I_2 = \omega CU = I_1 \sin\varphi_1 - I\sin\varphi$$

$$= \frac{P}{U\cos\varphi_1}\sin\varphi_1 - \frac{P}{U\cos\varphi}\sin\varphi$$

$$= \frac{P}{U}(\tan\varphi_1 - \tan\varphi)$$

故 $\qquad\qquad C = \dfrac{P}{\omega U^2}(\tan\varphi_1 - \tan\varphi) \qquad\qquad\qquad (5\text{-}40)$

式（5-40）就是将功率因数从 $\cos\varphi_1$ 提高到 $\cos\varphi$ 所应当并联的电容值的计算公式。

例 5-14　有一感性负载接在 50Hz、220V 的电源上，吸收的有功功率为 10kW，功率因数为 0.6，求：

（1）若将功率因数提高为 0.9，需并联多大的电容？

（2）计算并联电容前后线路中的电流。

（3）若将功率因数从 0.9 再提高到 1，并联电容还需增加多少？

解　参见图 5-33。

（1）已知 $\cos\varphi_1 = 0.6$，即 $\varphi_1 = 53.13°$；$\cos\varphi = 0.9$，即 $\varphi = 25.84°$，则

$$P = 10^4(\text{W}),\ U = 220(\text{V}),\ \omega = 2\pi f = 314(\text{rad/s})$$

由式（5-40）可得

$$C = \frac{P}{\omega U^2}(\tan\varphi_1 - \tan\varphi) = \frac{10^4}{314 \times 220^2}(\tan 53.13° - \tan 25.84°)$$

$$= 5.582 \times 10^{-4}(\text{F}) = 558.2(\mu\text{F})$$

（2）并联电容前的线路电流为

$$I_1 = \frac{P}{U\cos\varphi_1} = \frac{10^4}{220 \times 0.6} = 75.76(\text{A})$$

并联电容后的线路电流为

$$I = \frac{P}{U\cos\varphi} = \frac{10^4}{220 \times 0.9} = 50.51(\text{A})$$

（3）$\cos\varphi = 1$，$\varphi = 0°$；而 $\varphi_1 = 25.84°$，则需要增加的电容值为

$$C = \frac{10^4}{314 \times 220^2}(\tan 25.84° - \tan 0°) = 318.5 \times 10^{-6}\text{F} = 318.5(\mu\text{F})$$

此时线路电流为

$$I = \frac{10^4}{220 \times 1} = 45.45(\text{A})$$

可见，当功率因数较低时，投入 $558.2\mu\text{F}$ 电容将功率因数从 0.6 提高到 0.9，在功率因数已接近 1 时再继续提高，需增加的电容值较大，而线路电流减少较小，显然是不经济的。因此，在实际中一般不要求把功率因数提高到 1，通常将功率因数提高到 $0.9 \sim 0.95$。

七、最大功率传输（maximum power transfer）

在电阻电路中曾讨论了负载获最大功率的条件。在正弦稳态电路中研究负载在什么条件下能获得最大平均功率。这类问题可以归结为一个含源一端口正弦稳态电路向负载传送平均功率的问题。

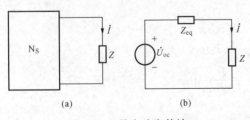

图 5-34　最大功率传输

（a）含源一端口网络；（b）戴维南等效电路

图 5-34（a）所示电路为含源一端口 N_S 向负载 Z 传输功率，由戴维南定理，等效电路如图 5-34（b）所示，设 $Z_{\text{eq}} = R_{\text{eq}} + jX_{\text{eq}}$，$Z = R + jX$，则有

$$\dot{I} = \frac{\dot{U}_{\text{oc}}}{(R_{\text{eq}} + jX_{\text{eq}}) + (R + jX)}$$

其有效值　$I = \dfrac{U_{\text{oc}}}{\sqrt{(R_{\text{eq}} + R)^2 + (X_{\text{eq}} + X)^2}}$

负载吸收的功率为

$$P = I^2 R = \frac{U_{\text{oc}}^2 R}{(R_{\text{eq}} + R)^2 + (X_{\text{eq}} + X)^2}$$

欲使 P 为最大值，必须使分母为最小。首先令

$$X_{eq} + X = 0$$

则

$$P = \frac{U_{oc}^2 R}{(R_{eq} + R)^2}$$

当 R 可变时，上式使 P 为最大的条件恰与电阻电路的情况相同，即应使

$$R = R_{eq}$$

综合起来，要使负载 Z 获得最大功率，必须满足

$$R = R_{eq} \text{ 且 } X = -X_{eq}$$

即 Z 与 Z_{eq} 必须共轭

$$Z = Z_{eq}^* = R_{eq} - jX_{eq} \tag{5-41}$$

这种获得最大功率的条件称为共轭匹配。在共轭匹配下，负载获得的最大功率为

$$P_{max} = \frac{U_{oc}^2}{4R_{eq}} \tag{5-42}$$

例 5-15 图 5-35 所示电路中，若负载 Z 可变，问 Z 为何值时获得最大功率？最大功率是多少？

解 断开 Z 后，开路电压为

$$\dot{U}_{oc} = -10\underline{/0°} + 5 \times 2\underline{/90°} = 10\sqrt{2}\underline{/135°} \text{ (V)}$$

令独立源为零，可得戴维南等效复阻抗为

$$Z_{eq} = R_{eq} + jX_{eq} = (5 + j6)(\Omega)$$

故当 $Z = Z_{eq}^* = (5 - j6)\Omega$ 时，负载获最大功率，该最大功率为

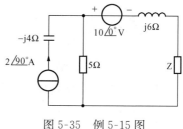

图 5-35 例 5-15 图

$$P_{max} = \frac{U_{oc}^2}{4R_{eq}} = \frac{(10\sqrt{2})^2}{4 \times 5} = 10(\text{W})$$

第七节 谐 振 电 路

谐振是人们在机械、建筑、电子等领域中经常遇到的一种物理现象。例如，在收音机和电视机中，利用谐振电路的特性来选择所需的电台信号，抑制某些干扰信号。但在电力系统中由于发生谐振时有可能损坏设备，又必须设法避免这一现象的发生。所以研究谐振现象有着十分重要的实际意义。

一般情况下，含有电感和电容的电路，对于正弦信号所呈现的复阻抗为复数，若调整参数后使得电路的复阻抗为纯电阻，就称该电路发生谐振（或共振）。

串联电路发生谐振的条件是复阻抗 $Z = R + jX$ 的虚部为零，即 $X = 0$。当实部 $R \neq 0$ 时，$\dot{U}$ 与 $\dot{I}$ 同相。并联电路发生谐振的条件是复导纳 $Y = G + jB$ 的虚部为零，即 $B = 0$。当实部 $G \neq 0$ 时，$\dot{U}$ 与 $\dot{I}$ 同相。

一、串联谐振电路 （series resonance）

如图 5-36 所示的 RLC 串联电路，发生谐振时，具有以下特点。

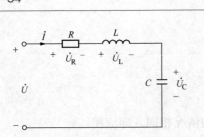

图 5-36 *RLC* 串联谐振电路

1. 谐振频率

发生谐振时满足 $\omega_0 L = \dfrac{1}{\omega_0 C}$，则 *RLC* 谐振角频率 ω_0 和谐振频率 f_0 分别是

$$\omega_0 = \frac{1}{\sqrt{LC}}, \quad f_0 = \frac{1}{2\pi \sqrt{LC}} \tag{5-43}$$

由式（5-43）可看到，调节 f_0、*L*、*C* 的任一参数，只要满足上述关系，就会发生谐振。例如，在无线电接收机中，就用调节电容的大小使电路达到谐振的办法来选择所要接收的信号。

可见，谐振频率仅与 *L*、*C* 有关。

2. 复阻抗

$$Z = R + j\omega_0 L + \frac{1}{j\omega_0 C} = R + j\left(\omega_0 L - \frac{1}{\omega_0 C}\right)$$

可见，谐振时复阻抗的模最小，即 $|Z| = R$。

3. 特性阻抗 ρ 和品质因数 Q

$$\rho = \omega_0 L = \frac{1}{\omega_0 C} = \sqrt{\frac{L}{C}}$$

ρ 仅与电路参数有关。

$$Q = \frac{\omega_0 L}{R} = \frac{1}{R\omega_0 C} = \frac{1}{R}\sqrt{\frac{L}{C}}$$

Q 反映电路选择性能好坏的指标，也仅与电路参数有关。

4. 谐振电流

$$\dot{I}_0 = \frac{\dot{U}}{R}$$

大小为 $I_0 = \dfrac{U}{R}$，可见，谐振时电流值最大。

5. 各元件的电压

$$\dot{U}_R = R\dot{I}_0 = \dot{U}, \quad U_R = U$$

$$\dot{U}_L = j\omega_0 L\dot{I}_0 = j\frac{\omega_0 L}{R}\dot{U} = jQ\dot{U}, \quad U_L = QU$$

$$\dot{U}_C = \frac{1}{j\omega_0 C}\dot{I}_0 = -j\frac{1}{\omega_0 CR}\dot{U} = -jQ\dot{U}, \quad U_C = QU$$

谐振时，Q 值通常达到几十倍以上，当 $Q \gg 1$ 时，$U_L = U_C \gg U$，电感和电容上的电压远大于外施电压，这种现象称为谐振过电压，因而串联谐振又称电压谐振。在无线电技术中，当输入信号微弱时，可利用电压谐振来获得一个较高的输出电压；而在电力工程中，过高的电压会使电容器和电感线圈的绝缘被击穿而造成电力设备损坏，因而常常要避免谐振情况发生。

可见，谐振时电阻上的电压等于外施电压，电感电压和电容电压大小相等，方向相反。

例 5-16 图 5-36 所示的谐振电路，电源电压 $U = 10\text{V}$，角频率 $\omega_0 = 3000\text{rad/s}$，回路电流 $I_0 = 100\text{mA}$，电容电压 $U_C = 200\text{V}$，试求 *R*、*L*、*C* 之值及回路的品质因数 Q。

解 谐振时，$U_R = U$，$U_L = U_C = QU$，故各参数为

$$R = \frac{U}{I_0} = \frac{10}{0.1} = 100(\Omega)$$

$$L = \frac{U_{\mathrm{L}}}{\omega_0 I_0} = \frac{200}{3000 \times 0.1} = \frac{2}{3}(\mathrm{H})$$

$$C = \frac{I_0}{\omega_0 U_{\mathrm{C}}} = \frac{0.1}{3000 \times 200} = \frac{1}{6} \times 10^{-6}\mathrm{F} = \frac{1}{6}(\mu\mathrm{F})$$

$$Q = \frac{U_{\mathrm{C}}}{U} = \frac{200}{10} = 20$$

二、串联谐振电路的谐振曲线 （series resonance characteristic）

当外施电压的频率变动时，电路中的电流、电压、阻抗等各量随频率变化的关系，称为频率特性，它们随频率变化的曲线称为谐振曲线。为了作出电路的频率特性，常分析输出量与输入量之比的频率特性，如电路的复阻抗可变换为

$$Z = R + \mathrm{j}\left(\omega L - \frac{1}{\omega C}\right) = R\left[1 + \mathrm{j}\frac{\omega_0 L}{R}\left(\frac{\omega L}{\omega_0 L} - \frac{\omega_0 C}{\omega C}\right)\right] = R\left[1 + \mathrm{j}Q\left(\eta - \frac{1}{\eta}\right)\right]$$

其中，$\eta = \omega / \omega_0$。$I(\eta)$ 与 $U_{\mathrm{R}}(\eta)$ 为

$$I(\eta) = \frac{U}{|Z|} = \frac{U}{R\sqrt{1 + Q^2\left(\eta - \frac{1}{\eta}\right)^2}} = \frac{I_0}{\sqrt{1 + Q^2\left(\eta - \frac{1}{\eta}\right)^2}}$$

$$U_{\mathrm{R}}(\eta) = RI(\eta) = \frac{U}{\sqrt{1 + Q^2\left(\eta - \frac{1}{\eta}\right)^2}}$$

故

$$\frac{U_{\mathrm{R}}(\eta)}{U} = \frac{I(\eta)}{I_0} = \frac{1}{\sqrt{1 + Q^2\left(\eta - \frac{1}{\eta}\right)^2}}$$

根据上式可作出取不同 Q 值时的谐振曲线，如图 5-37 所示。因为对于 Q 值相同的任何 RLC 串联谐振电路只有一条这样的曲线与之对应，所以这种曲线称为串联谐振电路的通用曲线。由图 5-37 可见，谐振（$\eta=1$）时，曲线达峰值，即输出达到最大值，一旦偏离谐振点（$\eta<1$ 和 $\eta>1$）时，输出就下降。Q 值越大，其对应的曲线就越尖锐，意味着电路对非谐振频率的信号具有较强的抑制能力，回路的选择性就越好。相反，Q 值越小，则其对应的曲线就越平坦，选择性就越差。在电子电路中，常用谐振电路从许多不同频率的各种信号中选出所需的频率信号。

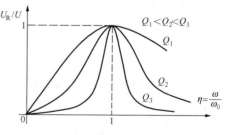

图 5-37　串联谐振电路的通用曲线

三、并联谐振电路 （parallel resonance）

串联谐振电路适合于信号源内阻比较小的情况，如果信号源内阻很大，串联回路的品质因数将很低，使谐振特性显著变坏，在这种情况下应采用并联谐振电路。

1. RLC 并联谐振电路

如图 5-38 所示是简单的 RLC 并联电路，其复导纳为

$$Y = \frac{1}{R} + \mathrm{j}\omega C + \frac{1}{\mathrm{j}\omega L} = \frac{1}{R} + \mathrm{j}\left(\omega C - \frac{1}{\omega L}\right)$$

发生谐振时满足 $\omega_0 C = \dfrac{1}{\omega_0 L}$，则 RLC 并联谐振角频率 ω_0 和谐振频率 f_0 分别是

$$\omega_0 = \frac{1}{\sqrt{LC}}, \quad f_0 = \frac{1}{2\pi\sqrt{LC}}$$

RLC 并联谐振电路的特点如下：

（1）谐振时 $Y = G$，电路呈电阻性，导纳的模最小 $|Y| = \sqrt{G^2 + B^2} = G$。

（2）若外施电流 I_S 一定，谐振时，电压为最大，$U_0 = \dfrac{I_S}{G}$，且与外施电流同相。

（3）电阻中的电流也达到最大，且与外施电流相等，$I_R = I_S$。

（4）谐振时 $\dot{I}_L + \dot{I}_C = 0$，即电感电流和电容电流大小相等，方向相反。故

$$\dot{I}_L = -j\frac{1}{\omega_0 L}\dot{U} = -j\frac{1}{\omega_0 LG}\dot{I}_S = -jQ\dot{I}_S$$

$$\dot{I}_C = j\omega_0 C\dot{U} = j\omega_0 C\frac{\dot{I}_S}{G} = j\frac{\omega_0 C}{G}\dot{I}_S = jQ\dot{I}_S$$

其中，$Q = \dfrac{1}{\omega_0 LG} = \dfrac{\omega_0 C}{G}$，称为并联谐振电路的品质因数。

当 $Q \gg 1$ 时，$I_L = I_C \gg I_S$，电感和电容中的电流远大于外施电流，这种现象在电力电路中称为谐振过电流，因而并联谐振又称电流谐振。

2. 实际并联谐振电路

工程上常采用的电感线圈和电容并联的谐振电路，如图 5-39 所示，其输入复导纳为

$$Y = \frac{1}{R + j\omega L} + j\omega C = \frac{R}{R^2 + (\omega L)^2} - j\frac{\omega L}{R^2 + (\omega L)^2} + j\omega C$$

根据谐振条件 $\mathrm{Im}[Y] = 0$，有

$$\omega_0 C - \frac{\omega_0 L}{R^2 + (\omega_0 L)^2} = 0$$

得谐振角频率为

$$\omega_0 = \frac{1}{\sqrt{LC}}\sqrt{1 - \frac{CR^2}{L}}$$

虽然，只有当 $1 - \dfrac{CR^2}{L} > 0$，即 $R < \sqrt{\dfrac{L}{C}}$ 时，ω_0 才是实数，所以，当 $R > \sqrt{\dfrac{L}{C}}$ 时，电路不会发生谐振。

将 ω_0 代入电导表达式中，可得

$$Y(j\omega_0) = \frac{R}{R^2 + (\omega_0 L)^2} = \frac{CR}{L}$$

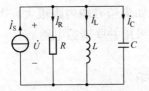

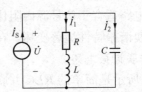

图 5-38　RLC 并联谐振电路　　　　　　　图 5-39　实际并联谐振电路

第八节　用 Multisim 进行交流电路分析

Multisim 软件在交流电路分析中为繁杂的复数运算提供了很大的方便，交流电路用 Multisim 进行分析的过程基本上与直流分析情况下相同。在使用软件前，要求先复习附录一的相关内容。Multisim 对交流电路的分析是在相量域中完成的。

注意，只有在所有电路元件值都已知的条件下，Multisim 才能确定各支路电压、电流和功率的值。

例 5-17　$u_S = 80\sqrt{2}\sin 1000t\,V$，利用 Multisim 求图 5-40 所示电路电压 u_o 以及电源提供的功率。

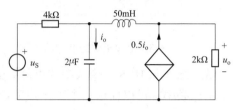

图 5-40　例 5-17 图

解　首先，利用 file/new/design 画出给定电路。对电路作交流分析，应采用交流电压源 AC-POWER 和交流电流源 AC-CURRENT。并联电压表 VOLTMETER 测电压有效值，串联电流表 AMMETER 测电流有效值，注意交流电压表和电流表的模式（mode）调为 AC。本题中，交流电压源电压有效值 voltage（RMS）为 80V，频率 frequency 为 $f = \dfrac{\omega}{2\pi} = \dfrac{1000}{2\pi} = 159.155$（Hz），初相 phase 为 $\phi = 0°$。用 Multisim 软件画出的电路图及仿真结果如图 5-41～图 5-43 所示。

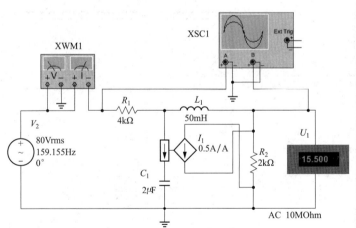

图 5-41　例 5-17 的仿真电路图及电压有效值

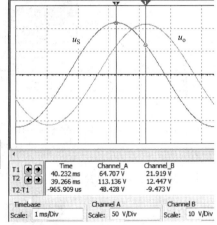

图 5-42　输出电压与输入电压的波形

仿真结果：根据交流电压表的读数，电压有效值 $U_o = 15.5$V。

根据示波器仿真得到的相关数据：输出电压最大值为 21.919V，有效值为 $U_o = 21.919/\sqrt{2} = 15.499$V 与图 5-41 交流电流表的读数 15.5V 基本一致。

输出电压 u_o 与输入电压 u_S 的相位差为

$$\Delta\varphi = \omega \times \Delta T = 1000 \times (-965.909 \times 10^{-6}) \times \frac{180°}{\pi} = -55.34°$$

故 $u_o = 21.919\sin(1000t - 55.34°)$V，$P = 1.407$W

例 5-18   图 5-44 所示电路，已知电压源最大值相量 $\dot{U}_{Sm}=20\underline{/0°}$ V，电流源最大值相量 $\dot{I}_{Sm}=4\underline{/0°}$ A，利用 Multisim 求电流 i_o。

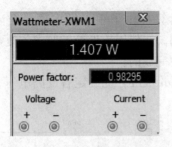

图 5-43   电源提供的有功功率

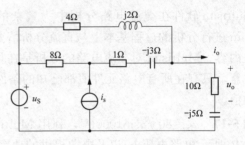

图 5-44   例 5-18 图

解   图 5-44 所示为频域中的电路，且没有给出工作频率。为了应用 Multisim，需要有一个工作频率，可以任选一个工作频率，然后按图给定的电抗量算出元件的值。如果选工作频率 $f=50$Hz，则角频率 $\omega=2\pi f=314$rad/s，则电容量由 $C=\dfrac{1}{\omega X_C}$ 和电感量由 $L=\dfrac{X_L}{\omega}$ 求得。对图 5-44 作上述计算后，得到如图 5-45 所示数据。注意此电路选择了幅值为最大值（Peak）的交流电压源及交流电流源。20V、4A 均是最大值；另外示波器测试的是电压波形，在 B 通道测试的是 10Ω 电阻上的电压，因电阻上电流与电压同相，只是幅值不同。

仿真结果：根据交流电流表的读数，电流有效值为 $I_o=1.528$A

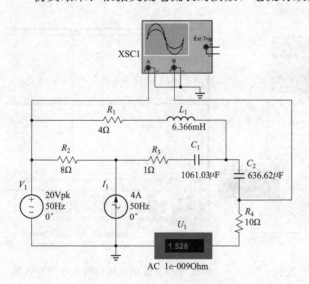

图 5-45   例 5-18 仿真电路图及电流有效值

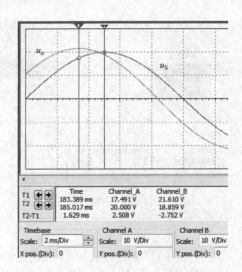

图 5-46   输出电压与输入电压的波形

根据示波器仿真得到的相关数据：输出电压最大值为 21.61V，输出电流最大值为 $I_{om}=21.61/10=2.161$A，有效值为 $I_o=2.161/\sqrt{2}=1.528$A，与图 5-45 交流电流表的读数 1.528A 一致。

输出电压 u_o 与输入电压 u_s 的相位差为

$$\Delta\varphi=\omega\times\Delta T=2\pi\times50\times1.629\times10^{-3}\times\frac{180°}{\pi}=29.32°$$

则 $\dot{U}_{om}=21.61\angle 29.32°V,\quad \dot{I}_{om}=2.161\angle 29.32°A$

故 $i_o=2.161\cos(314t+29.32°)A$

习 题

5-1 求正弦电压 $u=220\sqrt{2}\cos(314t+30°)V$ 的有效值、最大值、频率、周期和初相。

5-2 （1）将下列复数化为代数形式：

①$92e^{-j78°}$；　　②$26\angle 120°$；　　③$80\angle -150°$；　　④$100\angle 15°$。

（2）将下列复数化为极坐标形式：

①$8+j10$；　　②$-6+j15$；　　③$-62-j84$；　　④$36-j42$。

5-3 求下列相量所表示的正弦量（设角频率为 ω）。

(1) $\dot{U}_{1m}=20\angle 60°\ V$；

(2) $\dot{I}_{1m}=(-6-j8)A$；

(3) $\dot{U}_2=(-8+j6)V$；

(4) $\dot{I}_2=-j10A$。

5-4 某电路的电压、电流为 $u=10\sin(1000t-20°)V,i=2\cos(1000t-50°)A$。求：

(1) 电压与电流的相位差；

(2) $\dot{U}/\dot{I}$ 的大小；

(3) 画相量图。

5-5 图 5-47 所示电路电压表 (V_1)、　(V_2)、　(V_3) 的读数分别为 6、12、4V，求：

(1) 总电压表 (V) 读数；

(2) 画相量图；

(3) 分析电路是感性、容性还是电阻性的。

5-6 一个电感线圈接到 $U=120V$ 的直流电源上时，电流为 20A；接到频率 $f=50Hz$，电压 $U=220V$ 的交流电源上时，电流为 25A，试求线圈的 R 及 L。

5-7 图 5-48 所示电路中，已知 $R=16k\Omega$，$C=0.01\mu F$，要使输出电压 $\dot{U}_2$ 超前输入电压 $\dot{U}_1 45°$，问输入电压的频率应为多少？若 $U_2=1V$，则 U_1 的值为多少？

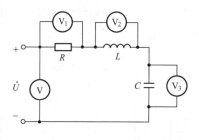

图 5-47 题 5-5 图

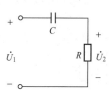

图 5-48 题 5-7 图

5-8 图 5-49 所示 RC 并联电路中，完成：

(1) 当 $i_S=5\cos 10t$ A 时，$u=\cos(10t-53.13°)$V，求 R 及 C；

(2) 不改变 R 及 C，当 $i_S=5\cos 5t$ A，求电流源两端的电压 u 为多少？

5-9　图 5-50 所示电路中，已知总电流表为 10A，第一只电流表为 6A，第三只电流表为 3A，求第二只电流表的读数。

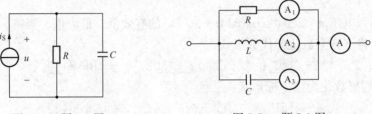

图 5-49　题 5-8 图　　　　　　　　图 5-50　题 5-9 图

5-10　图 5-51 所示电路中，已知 $U=380$V，$f=50$Hz，开关 S 打开与合上时电流表 Ⓐ 的读数 0.5A 保持不变，求 L 的大小。

5-11　图 5-52 所示电路中，已知 $u_S=200\sqrt{2}\cos(314t+60°)$V，电流表 Ⓐ 的读数为 2A，电压表 Ⓥ₁、Ⓥ₂ 的读数为 200V，求参数 R、L、C，并作出该电路的相量图。

5-12　图 5-53 所示电路中，已知 $R=1\Omega$，$\omega L=2\Omega$，若 $\dot{U}_2$ 与 $\dot{U}_1$ 同相，求 U_2/U_1 为多少？

5-13　图 5-54 所示电路中，已知 $R_1=200\Omega$，$R_2=500\Omega$，$C_1=2\mu$F，$\omega=1000$rad/s，C_2 为可变电容，求输出 $\dot{U}_2$ 和输入 $\dot{U}_1$ 同相时的 C_2 值。

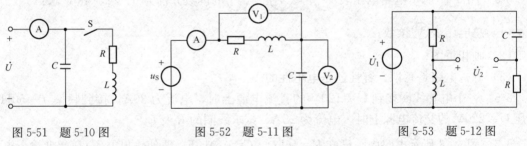

图 5-51　题 5-10 图　　　图 5-52　题 5-11 图　　　图 5-53　题 5-12 图

5-14　图 5-55 所示电路中，已知 $u=100\cos 2t$V，$i=10\cos(2t+60°)$A，$R=4\Omega$，$C_1=0.01$F，试确定方框内无源网络 N_0 最简单的串联等效电路的元件参数。

5-15　图 5-56 所示电路中，已知 $u=100\sin(10t+45°)$V，$i=20\cos(10t+30°)$A，试确定方框内无源网络 N_0 最简单的并联等效电路的元件参数。

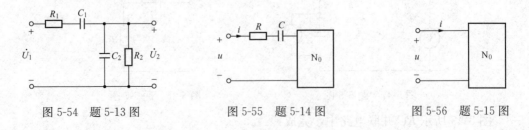

图 5-54　题 5-13 图　　　图 5-55　题 5-14 图　　　图 5-56　题 5-15 图

5-16　图 5-57 所示正弦稳态电路中，已知 $i_S = 0.01\sqrt{2}\cos 1000t\,\text{A}$，电容上电压、电流的有效值分别为 2V 和 0.1A，且 $i = 0$。求 R、L、C 的值。

5-17　图 5-58 所示电路中，确定电感线圈的参数 R 和 L，用一只 1000Ω 的电阻 R_1 与线圈并联，已知 $f = 50$Hz，$I = 0.04$A，$I_1 = 0.01$A，$I_2 = 0.035$A，求 R、L 的大小。

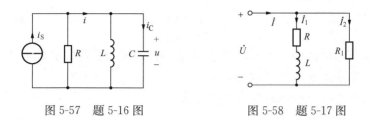

图 5-57　题 5-16 图　　　　　　图 5-58　题 5-17 图

5-18　图 5-59 所示电路中，已知 $I_C = 2$A，$I_R = \sqrt{2}$A，$X_L = 100$Ω，且 $\dot{U}$ 与 $\dot{I}_C$ 同相，画相量图，并求 R、X_C 和 U 的大小。

5-19　图 5-60 所示电路中，已知 $U_1 = 60$V，$U_2 = 180$V，$U = 195$V，$R_1 = 20$Ω，$f = 50$Hz，画相量图，并求 R_2 和 C 的大小。

5-20　图 5-61 所示电路中，已知 $U = 100$V，$R = 20$Ω，$R_2 = 6.5$Ω，调节触点 c 使 $R_{ac} = 4$Ω 时，电压表的读数最小，其值为 30V。求复阻抗 Z。

5-21　两个负载并联接到电压为 220V 的交流电源上，一个负载是电阻性，消耗功率为 9kW；另一个是电容性，消耗功率为 6.6kW，电流为 60A。试求电源供给的总电流及总功率因数。

5-22　图 5-62 所示电路中，在 $f = 50$Hz，$U = 380$V 的交流电源上，接有一感性负载，其消耗的平均功率 $P_1 = 20$kW，其功率因数 $\cos\varphi_1 = 0.6$。求：

（1）线路电流 I_1；

（2）若在感性负载两端并联 374μF 的电容，求线路电流 I 及总功率因数 $\cos\varphi$。

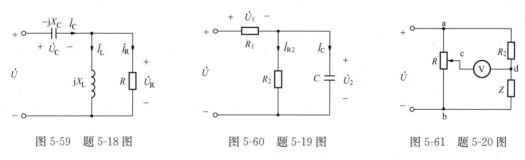

图 5-59　题 5-18 图　　　　图 5-60　题 5-19 图　　　　图 5-61　题 5-20 图

5-23　图 5-63 所示电路中，已知 $Z = (2 + \text{j}2)\,\Omega$，$I_R = 5$A，$I_L = 3$A，$I_C = 8$A，$\dot{U}$ 与 $\dot{I}$ 同相，画相量图，并求 U 为多少。

5-24　图 5-64 所示电路中，已知 $\dfrac{1}{\omega C_2} = 1.5\omega L$，$R = 1\,\Omega$，$\omega = 10^4\,\text{rad/s}$，$U = 10$V，$I_1 = 30$A，求电路的输入阻抗 Z_{in} 及负载消耗的有功功率 P。

5-25　图 5-65 所示电路中 $i_S = \sqrt{2}\cos(10^4 t)\,\text{A}$，$Z_1 = (10 + \text{j}50)\,\Omega$，$Z_2 = -\text{j}50\,\Omega$。求 Z_1、Z_2 吸收的复功率，并验证整个电路复功率守恒，即 $\sum\overline{S} = 0$。

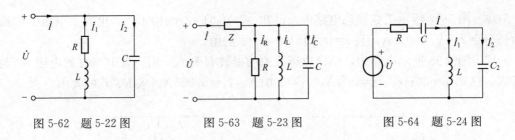

图 5-62 题 5-22 图   图 5-63 题 5-23 图   图 5-64 题 5-24 图

5-26 图 5-66 所示电路中 $I_S = 2A$，求负载 Z 最佳匹配时获得的最大功率。

5-27 求图 5-67 所示电路的等效复阻抗。

5-28 求图 5-68 所示电路的戴维南等效电路。

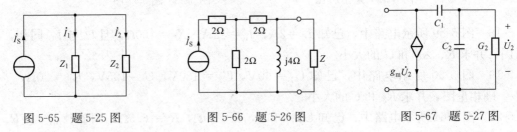

图 5-65 题 5-25 图   图 5-66 题 5-26 图   图 5-67 题 5-27 图

5-29 已知图 5-69 所示电路中的电压源为正弦量，$L = 1\text{mH}$，$R = 1\text{k}\Omega$，$Z = (3+j5)\Omega$，试求当 $\dot{I} = 0$ 时，C 值为多大。

5-30 图 5-70 所示电路中 $\dot{U}_1 = 100 \underline{/0°}\ \text{V}$，$\dot{U}_2 = 100 \underline{/53.13°}\ \text{V}$，$Z_1 = (6+j5)\Omega$，$Z_2 = (5-j5)\Omega$，$X_C = 5\Omega$。试分别用回路电流法、结点电压法、戴维南定理求电流 $\dot{I}$。

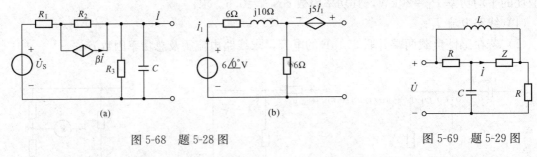

(a)   (b)

图 5-68 题 5-28 图   图 5-69 题 5-29 图

5-31 列出图 5-71 所示电路的回路电流方程和结点电压方程。已知 $u_S = 10\sqrt{2}\cos 2t\,\text{V}$，$i_S = \sqrt{2}\cos(2t+30°)\text{A}$。

5-32 RLC 串联电路的端电压 $u = 10\sqrt{2}\cos(2500t+10°)\text{V}$，当 $C = 8\mu\text{F}$ 时，电路中吸收的功率为最大，$P_{\max} = 100\text{W}$。

（1）求 R、L 和 Q（品质因数）的值；

（2）作出电路的相量图。

5-33 图 5-72 所示正弦稳态电路，求谐振角频率。

5-34 图 5-73 所示电路中已知 $U_1 = 10\text{V}$，判断电路是否发生谐振，并求电流 I 及电压 U_2。

5-35 图 5-74 所示电路中，$I_S = 1\text{A}$，当 $\omega = 1000\text{rad/s}$ 时电路发生谐振，$R_1 = R_2 = 100\Omega$，$L = 0.2\text{H}$。求 C 值和电流源端电压。

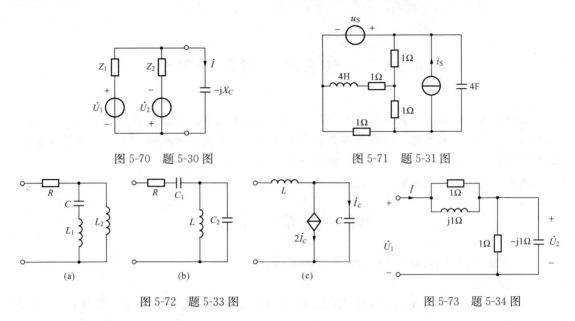

图 5-70　题 5-30 图　　　　　　　　　图 5-71　题 5-31 图

图 5-72　题 5-33 图　　　　　　　　　图 5-73　题 5-34 图

5-36　图 5-75 所示电路中，已知 $u_S(t)=220\sqrt{2}\cos 314t$ V。

(1) 若改变 Z 但电流 $\dot{I}$ 的有效值始终保持为 10A，试确定 L 和 C 的值。

(2) 当 $Z=(11.7-j30.9)\Omega$ 时，试求 $\dot{U}$。

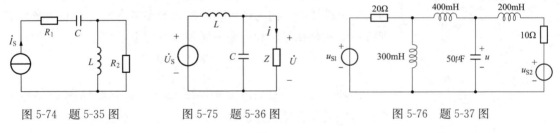

图 5-74　题 5-35 图　　　　图 5-75　题 5-36 图　　　　图 5-76　题 5-37 图

5-37　正弦稳态电路，已知 $u_{S1}=120\sqrt{2}\cos(100t+90°)$ V，$u_{S2}=80\sqrt{2}\cos(100t)$ V，利用 Multisim 求图 5-76 所示电路中的电压 u。

5-38　图 5-77 所示正弦稳态电路中，$u_S=20\sqrt{2}\cos(3000t)$ V，利用 Multisim 求电流 i_o。

5-39　图 5-78 所示正弦稳态电路，已知电压源最大值相量 $\dot{U}_{Sm}=18\underline{/30°}$ V，电流源最大值相量 $\dot{I}_{Sm}=3\underline{/0°}$ A，利用 Multisim 求结点电压的最大值相量 $\dot{U}_{am}$、$\dot{U}_{bm}$。

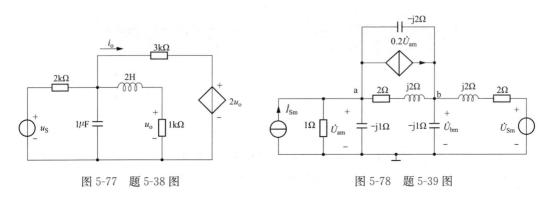

图 5-77　题 5-38 图　　　　　　　　　图 5-78　题 5-39 图

第六章 含有耦合电感的电路

本章要求 深刻理解互感现象及同名端的概念；牢固掌握互感电压的计算，耦合电感的连接及去耦后等效电路；理解变压器具有变换电压、电流、阻抗的性能，理解引入阻抗的概念，熟练分析空心变压器电路、理想变压器电路。

本章重点 互感消去法，变压器电路的分析。

第一节 互 感

一、耦合电感（magnetically coupled inductors）

1. 自感电压

如图 6-1 所示，对于线性非时变电感元件，当电流 i 的参考方向与磁通 Φ 的参考方向符合右手螺旋定则时，电流所产生的磁通 Φ 和 N 匝线圈相交链，则磁通链 Ψ 与电流 i 成正比，即

$$\Psi = N\Phi = Li$$

式中：L 为与时间无关的正实常数。

根据电磁感应定律和线圈的绕向，如果电压的参考正极性指向参考负极性的方向与产生它的磁通的参考方向符合右手螺旋定则时，也就是在电压和电流关联参考方向下，则

$$u = \frac{\mathrm{d}\Psi}{\mathrm{d}t} = L\frac{\mathrm{d}i}{\mathrm{d}t}$$

图 6-1 自感磁通链与
自感电压

这种由线圈本身的电流所产生的磁通 Φ 和磁通链 Ψ 分别称为自感磁通和自感磁通链，感应电压 u 称为自感电压。

2. 互感电压

如图 6-2（a）所示为两个匝数为 N_1 和 N_2 有磁耦合的绕组（简称耦合电感），电流 i_1 在线圈 1 和 2 中产生的磁通分别为 Φ_{11} 和 Φ_{21}，则 $\Phi_{21} \leqslant \Phi_{11}$。这种一个线圈的磁通交链于另一线圈的现象，称为磁耦合或互感。电流 i_1 称为施感电流。Φ_{11} 称为线圈 1 的自感磁通，Φ_{21} 称为耦合磁通或互感磁通。电流 i_1 在线圈 1 中产生自感电压 u_{11}，在线圈 2 中产生互感电压 u_{21}。

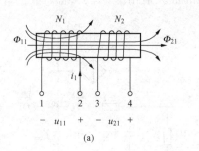
(a)
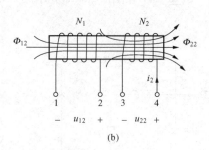
(b)

图 6-2 施感电流产生自感电压和互感电压

（a）自感电压 u_{11} 和互感电压 u_{21}；（b）自感电压 u_{22} 和互感电压 u_{12}

如果按右手螺旋定则规定 u_{21} 与 Φ_{21} 的参考方向，即 u_{21} 的正极性端通入一电流，产生的磁通与 Φ_{21} 同方向，根据电磁感应定律，由施感电流 i_1 产生的互感磁链 Ψ_{21} 和互感电压 u_{21} 分别为

$$\Psi_{21} = N_2\Phi_{21} = M_{21}i_1$$

$$u_{21} = \frac{\mathrm{d}\Psi_{21}}{\mathrm{d}t} = M_{21}\frac{\mathrm{d}i_1}{\mathrm{d}t} \tag{6-1}$$

同理，如图 6-2（b）所示电流 i_2 在线圈 2 和 1 中产生的自感磁通 Φ_{22} 和互感磁通 Φ_{12}，且 $\Phi_{12} \leqslant \Phi_{22}$。电流 i_2 在线圈 2 和 1 中产生自感电压 u_{22} 和互感电压 u_{12}。如果按右手螺旋定则规定 u_{12} 与 Φ_{12} 的参考方向，即 u_{12} 的正极性端通入一电流，产生的磁通与 Φ_{12} 同方向，则由施感电流 i_2 产生的互感磁链 Ψ_{12} 和互感电压 u_{12} 分别为

$$\Psi_{12} = N_1\Phi_{12} = M_{12}i_2$$

$$u_{12} = \frac{\mathrm{d}\Psi_{12}}{\mathrm{d}t} = M_{12}\frac{\mathrm{d}i_2}{\mathrm{d}t} \tag{6-2}$$

式（6-1）、式（6-2）中的 M_{21} 和 M_{12} 称为互感系数，简称互感，其大小与两线圈的形状、相对位置和周围磁介质的磁导率有关，并且可以证明在周围没有铁磁物质的线性磁介质的情况下，$M_{12} = M_{21} = M$。互感系数的单位与自感系数相同，为 H（亨［利］）。

二、同名端与互感电压 (dotted terminals and mutual voltage)

从上面的分析中可见，要正确应用式（6-1）和式（6-2），应首先确定互感电压的参考方向，为此，必须知道互感磁通的参考方向及线圈的绕向，然后才能根据右手螺旋定则确定互感电压的参考方向。

但实际线圈往往是密封的，难以根据磁通方向来确定互感电压的参考方向，在电路图中也不画出电感的绕向，故无法辨别磁通的方向。因此，在电路研究中采用在线圈端钮处标记符号"·"，"＊"，"△"等的方法来表示两绕组的绕向关系，这一方法称为同名端方法。

确定同名端的方法，当两个互感线圈的电流分别从同名端流入（或流出）时，如果所产生的磁通方向一致，则电流的流入端（或流出端）就构成了一对同名端。

同名端不仅与绕向有关，而且还与互感线圈的相对位置有关。

图 6-3 所示的两个具有互感的电感线圈，当电流分别自端钮 2、4 流入时，它们产生的磁通方向一致，因此端钮 2 和 4 构成一对同名端（端钮 1 和 3 也是一对同名端，一般选择其中的一对）。端钮 1 和 4 构成一对异名端（端钮 2 和 3 也是一对异名端）。

图 6-4 所示为耦合电感的电路图，用同名端来表示两电感的绕向关系。根据同名端及电流参考方向，可确定互感电压的参考方向。

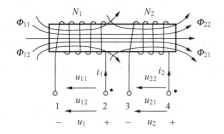

图 6-3 同名端与互感电压

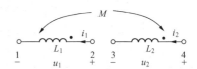

图 6-4 互感线圈的电路符号

当电流 i_1 自线圈 1 的同名端（端钮 2）流入，线圈 2 上互感电压 u_{21} 的参考方向取成为同名端（端钮 4）指向另一端时，则互感电压可表示为

$$u_{21} = +M\frac{\mathrm{d}i_1}{\mathrm{d}t}$$

同理当电流 i_2 自线圈 2 的同名端（端钮 4）流入，线圈 1 上互感电压 u_{12} 的参考方向取成为同名端（端钮 2）指向另一端时，则互感电压可表示为

$$u_{12} = +M\frac{\mathrm{d}i_2}{\mathrm{d}t}$$

可见，施感电流与互感电压的参考方向相对于同名端一致时，即施感电流自同名端流入，另一端流出，而互感电压的参考方向也是自同名端指向另一端，必有

$$u_{12} = +M\frac{\mathrm{d}i_2}{\mathrm{d}t}, \quad u_{21} = +M\frac{\mathrm{d}i_1}{\mathrm{d}t}$$

若施感电流与互感电压参考方向相对于同名端不一致时，则有

$$u_{12} = -M\frac{\mathrm{d}i_2}{\mathrm{d}t}, \quad u_{21} = -M\frac{\mathrm{d}i_1}{\mathrm{d}t}$$

按图 6-3 所示自感电压和互感电压的参考方向，线圈 1、2 上的总电压分别为

$$u_1 = u_{11} + u_{12} = L_1\frac{\mathrm{d}i_1}{\mathrm{d}t} + M\frac{\mathrm{d}i_2}{\mathrm{d}t}$$

$$u_2 = u_{22} + u_{21} = L_2\frac{\mathrm{d}i_2}{\mathrm{d}t} + M\frac{\mathrm{d}i_1}{\mathrm{d}t}$$

在正弦稳态电路中，自感电压和互感电压的相量形式表示为

$$\dot{U}_{11} = \mathrm{j}\omega L_1\dot{I}_1, \quad \dot{U}_{12} = \mathrm{j}\omega M\dot{I}_2$$

$$\dot{U}_{22} = \mathrm{j}\omega L_2\dot{I}_2, \quad \dot{U}_{21} = \mathrm{j}\omega M\dot{I}_1$$

令 $Z_M = \mathrm{j}\omega M = \mathrm{j}X_M$ 称互感复阻抗，$\omega M = X_M$ 称为互感电抗，单位为 Ω（欧［姆］）。

三、同名端的测定（dotted terminals measurement）

根据同名端和电流的方向，可确定互感电压的方向，反过来，知道了互感电压和电流的方向，当然也就知道互感线圈的绕向关系。确定互感线圈同名端的方法，在实际工作中很有用处，例如，变压器绕组的串联，必须先弄清绕向，才能进行正确的连接，否则被串联绕组的电压将相互抵消。还有电机的三相绕组，必须在弄清同名端后，方能作正确的 Y 形和 △ 形连接。

图 6-5 所示为测定同名端的实验电路图。在闭合开关 S 的极短时间内，线圈 1 中的电流 i_1 从原来的 0 变到 $\dfrac{U_S}{R}$，即 $\dfrac{\mathrm{d}i_1}{\mathrm{d}t}>0$，故在线圈 2 中引起互感电压。如果电压表 Ⓥ 的指针正偏，表明端钮 3 的电位高于端钮 4 电位，由前面的分析可知，则电流流入端钮 1 与电压表"＋"相连的端钮 3 为同名端；如果电压表 Ⓥ 的指针反偏，则端钮 1、4 为同名端。

将合上的开关再打开，S 断开后的很短时间内，若电压表 Ⓥ 的指针正偏，则端钮 1、4 为同名端；若电压

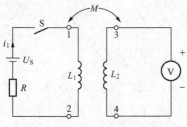

图 6-5　测定同名端的实验电路图

表 Ⓥ 的指针反偏，则端钮 1、3 为同名端。

四、耦合系数（coupling coefficient）

工程上为了定量地描述两个耦合线圈的疏紧程度，把两线圈的互感磁通链与自感磁通链的比值的几何平均值定义为耦合系数 k，即

$$k=\sqrt{\frac{\Psi_{21}}{\Psi_{11}}\frac{\Psi_{12}}{\Psi_{22}}}$$

因 $\Psi_{11}=L_1i_1$，$\Psi_{21}=Mi_1$，$\Psi_{22}=L_2i_2$，$\Psi_{12}=Mi_2$，代入上式后有

$$k=\frac{M}{\sqrt{L_1L_2}} \tag{6-3}$$

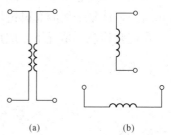

k 的大小与两个绕组的结构、相对位置以及周围的磁介质有关。因 $\Psi_{21}\leqslant\Psi_{11}$，$\Psi_{12}\leqslant\Psi_{22}$，则 $0\leqslant k\leqslant 1$。当 $k=1$ 时称为全耦合，当 $k=0$ 时称为无耦合。改变或调整它们的相对位置就能改变耦合系数的大小，如果两绕组靠得很紧密，k 就接近 1，如图 6-6（a）所示；如果两绕组相隔很远，或它们的轴线互相垂直，k 就接近 0，如图 6-6（b）所示。

在电力变压器和无线电技术中，为了更有效地传输功率或信号，需要采用极紧密的耦合；在通信领域中，为了避免信号之间的相互干扰，除了采用屏蔽手段外，一个比较有效的方法就是合理布置这些线圈的相对位置。

图 6-6　耦合系数与互感线圈
相互位置的关系
（a）k 接近 1；（b）k 接近 0

第二节　含有互感电路的计算

互感电路的正弦稳态分析可采用相量法。KCL 形式仍然不变，但在 KVL 的表达式中应计入由于互感的作用而产生的互感电压。当某些支路具有互感时，这时支路的电压将不仅与本支路电流有关，还与那些与之有互感关系的支路电流有关。

一、互感线圈的串联（series mutually coupled coils）

1. 顺接

互感线圈的异名端相接或电流从两线圈的同名端流入（流出）的串联，称为顺接。图 6-7（a）所示互感线圈的串联为顺接。其中 R_1、L_1 和 R_2、L_2 分别代表两个线圈的等效电阻和等效电感，M 为两线圈的互感。

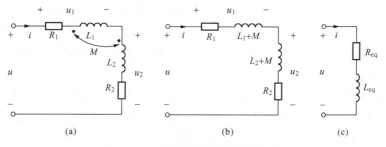

图 6-7　互感线圈的顺接及等效电路
（a）顺接；（b）等效电路 1；（c）等效电路 2

按图 6-7 所示参考方向，KVL 方程为

$$u_1 = R_1 i + L_1 \frac{\mathrm{d}i}{\mathrm{d}t} + M \frac{\mathrm{d}i}{\mathrm{d}t} = R_1 i + (L_1 + M) \frac{\mathrm{d}i}{\mathrm{d}t}$$

$$u_2 = R_2 i + L_2 \frac{\mathrm{d}i}{\mathrm{d}t} + M \frac{\mathrm{d}i}{\mathrm{d}t} = R_2 i + (L_2 + M) \frac{\mathrm{d}i}{\mathrm{d}t}$$

$$u = u_1 + u_2 = (R_1 + R_2)i + (L_1 + L_2 + 2M) \frac{\mathrm{d}i}{\mathrm{d}t}$$

互感消去后的等效电路如图 6-7（b）、(c) 所示，其中等效电阻为 $R_{eq} = R_1 + R_2$，等效电感为 $L_{eq} = L_1 + L_2 + 2M$。

可见，两互感线圈串联顺接后，等效电感大于两线圈自感之和，这是因为顺接时两磁通互相增强，使整个线圈总磁链增大，所以顺接有增磁作用。

在正弦稳态的情况下，应用相量法可得

$$\dot{U}_1 = R_1 \dot{I} + \mathrm{j}\omega(L_1 + M)\dot{I} \tag{6-4}$$

$$\dot{U}_2 = R_2 \dot{I} + \mathrm{j}\omega(L_2 + M)\dot{I} \tag{6-5}$$

$$\dot{U} = (R_1 + R_2)\dot{I} + \mathrm{j}\omega(L_1 + L_2 + 2M)\dot{I} \tag{6-6}$$

2. 反接

互感线圈的同名端相接或电流从一线圈的同名端流入，从另一线圈的同名端流出，称为反接。图 6-8（a）所示互感线圈的串联为反接。

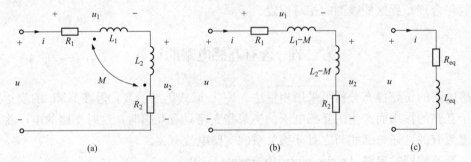

图 6-8　互感线圈的反接及等效电路

(a) 互感线圈反接；(b) 等效电路 1；(c) 等效电路 2

在正弦稳态的情况下，应用相量法可得

$$\dot{U}_1 = R_1 \dot{I} + \mathrm{j}\omega(L_1 - M)\dot{I} \tag{6-7}$$

$$\dot{U}_2 = R_2 \dot{I} + \mathrm{j}\omega(L_2 - M)\dot{I} \tag{6-8}$$

$$\dot{U} = (R_1 + R_2)\dot{I} + \mathrm{j}\omega(L_1 + L_2 - 2M)\dot{I} \tag{6-9}$$

图 6-8（b）和图 6-8（c）所示为互感消去后的等效电路，其中等效电阻为 $R_{eq} = R_1 + R_2$，等效电感为 $L_{eq} = L_1 + L_2 - 2M$。

可见，两互感绕组串联反接后，等效电感小于两绕组自感之和，这是因为反接时两磁通互相削弱，即反接时互感起了去磁作用，称为互感的"容性"效应。在一定条件下，可能一个线圈的自感小于互感，则线圈呈容性反应，但 $L_{eq} = L_1 + L_2 - 2M > 0$，因等效电感储存的磁场能量 $W = \frac{1}{2}L_{eq}i^2$ 只能是正值。图 6-9 所示为两互感线圈串联电路的相量图。

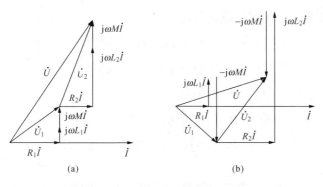

图 6-9　互感线圈串联电路的相量图

(a) 顺接；(b) 反接 $(L_1 < M)$

例 6-1　图 6-10 所示电路是两个有耦合的实际线圈的串联电路。R_1、L_1 和 R_2、L_2 分别代表两个线圈的等效电阻和等效电感，M 为互感。已知 $R_1 = 4\Omega$，$R_2 = 8\Omega$，$\omega L_1 = 10\Omega$，$\omega L_2 = 12\Omega$，$\omega M = 3\Omega$，$U = 100\mathrm{V}$，求电压 $\dot{U}_1$、$\dot{U}_2$。

解　图 6-10 所示电路中耦合线圈是串联反接情况。其等效复阻抗的大小为

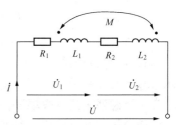

$$Z = (R_1 + R_2) + \mathrm{j}\omega(L_1 + L_2 - 2M)$$
$$= (4 + 8) + \mathrm{j}(10 + 12 - 2 \times 3)$$
$$= 12 + \mathrm{j}16 = 20 \underline{/53.13^\circ}(\Omega)$$

令 $\dot{U} = 100 \underline{/0^\circ}\ \mathrm{V}$，则电路中的电流为

$$\dot{I} = \frac{\dot{U}}{Z} = \frac{100 \underline{/0^\circ}}{20 \underline{/53.13^\circ}} = 5 \underline{/-53.13^\circ}(\mathrm{A})$$

图 6-10　例 6-1 图

两线圈的电压为

$$\dot{U}_1 = [R_1 + \mathrm{j}\omega(L_1 - M)]\dot{I} = [4 + \mathrm{j}(10 - 3)] \times 5 \underline{/-53.13^\circ} = 40.31 \underline{/7.13^\circ}(\mathrm{V})$$

$$\dot{U}_2 = [R_2 + \mathrm{j}\omega(L_2 - M)]\dot{I} = [8 + \mathrm{j}(12 - 3)] \times 5 \underline{/-53.13^\circ} = 60.21 \underline{/-4.76^\circ}(\mathrm{V})$$

二、互感线圈的并联（parallel mutually coupled coils）

1. 同侧并联

互感线圈的同名端在同一侧的并联，称为同侧并联。如图 6-11（a）所示互感线圈的并联为同侧并联。

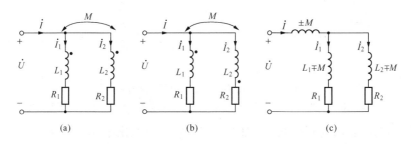

图 6-11　互感线圈的并联及等效电路

(a) 同侧；(b) 异侧；(c) 等效电路

在正弦稳态的情况下，应用相量法可得

$$\dot{U} = R_1 \dot{I}_1 + j\omega L_1 \dot{I}_1 + j\omega M \dot{I}_2$$

$$\dot{U} = R_2 \dot{I}_2 + j\omega L_2 \dot{I}_2 + j\omega M \dot{I}_1$$

将 $\dot{I} = \dot{I}_1 + \dot{I}_2$ 的关系式代入上式，得

$$\dot{U} = R_1 \dot{I}_1 + j\omega(L_1 - M)\dot{I}_1 + j\omega M \dot{I} \tag{6-10}$$

$$\dot{U} = R_2 \dot{I}_2 + j\omega(L_2 - M)\dot{I}_2 + j\omega M \dot{I} \tag{6-11}$$

2. 异侧并联

互感线圈的同名端不在同一侧的并联称为异侧并联。如图 6-11（b）所示互感线圈的并联为异侧并联。其电压与电流的关系为

$$\dot{U} = R_1 \dot{I}_1 + j\omega L_1 \dot{I}_1 - j\omega M \dot{I}_2$$

$$\dot{U} = R_2 \dot{I}_2 + j\omega L_2 \dot{I}_2 - j\omega M \dot{I}_1$$

将 $\dot{I} = \dot{I}_1 + \dot{I}_2$ 的关系式代入上式，得

$$\dot{U} = R_1 \dot{I}_1 + j\omega(L_1 + M)\dot{I}_1 - j\omega M \dot{I} \tag{6-12}$$

$$\dot{U} = R_2 \dot{I}_2 + j\omega(L_2 + M)\dot{I}_2 - j\omega M \dot{I} \tag{6-13}$$

由式（6-10）～式（6-13）的电压与电流的关系，互感消去后的等效电路如图 6-11（c）所示。M 前面的符号，上面的对应于同侧，下面的对应于异侧。

三、互感消去法（去耦法，cancelling mutual inductance）

前面分析了互感线圈串联、并联去耦后的等效电路，这种方法称为去耦法或互感消去法。当互感线圈既非串联，又非并联，但两线圈有公共端时，去耦后可用一个 T 形等效电路来代替，如图 6-12 所示。

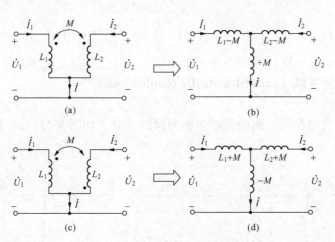

图 6-12　互感线圈的 T 形等效电路

（a）同侧端耦合电路；（b）T 形等效电路；（c）异侧端耦合电路；（d）T 形等效电路

当互感线圈的同名端连到公共点，由图 6-12（a）可列出电压方程为

$$\dot{U}_1 = j\omega L_1 \dot{I}_1 + j\omega M \dot{I}_2$$

$$\dot{U}_2 = j\omega L_2 \dot{I}_2 + j\omega M \dot{I}_1$$

将 $\dot{I} = \dot{I}_1 + \dot{I}_2$ 的关系式代入上式，得

$$\dot{U}_1 = j\omega(L_1 - M)\dot{I}_1 + j\omega M\dot{I} \tag{6-14}$$

$$\dot{U}_2 = j\omega(L_2 - M)\dot{I}_2 + j\omega M\dot{I} \tag{6-15}$$

由式（6-14）、式（6-15）画出去耦等效电路如图 6-12（b）所示，此电路相当于互感线圈同侧并联的情况。

当互感线圈的异名端连到公共点，由图 6-12（c）可列出电压方程为

$$\dot{U}_1 = j\omega L_1\dot{I}_1 - j\omega M\dot{I}_2$$

$$\dot{U}_2 = j\omega L_2\dot{I}_2 - j\omega M\dot{I}_1$$

将 $\dot{I} = \dot{I}_1 + \dot{I}_2$ 的关系式代入上式，同理可得

$$\dot{U}_1 = j\omega(L_1 + M)\dot{I}_1 - j\omega M\dot{I} \tag{6-16}$$

$$\dot{U}_2 = j\omega(L_2 + M)\dot{I}_2 - j\omega M\dot{I} \tag{6-17}$$

由式（6-16）、式（6-17）画出去耦等效电路如图 6-12（d）所示，此电路相当于互感线圈异侧并联的情况。

特别说明：去耦等效电路，只与互感线圈的连接有关，而与电流、电压参考方向无关。

例 6-2 图 6-13（a）所示电路中，已知 L_1 和 L_2 两线圈之间的耦合系数 $k = 1$，电源电压 $\dot{U}_S = 100\,\underline{/0°}$ V，求 Z_{ab}、$\dot{U}_2$ 及电源提供的复功率。

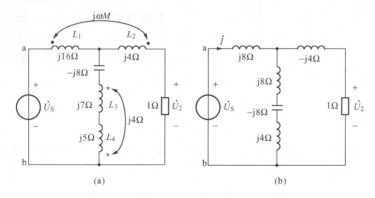

图 6-13 例 6-2 图

（a）耦合电路；（b）去耦等效电路

解 L_1 和 L_2 两线圈相当于并联同侧连接的情况，L_3 和 L_4 两线圈相当于串联反接的情况。

$$\omega M = k\sqrt{\omega L_1 \times \omega L_2} = 1 \times \sqrt{16 \times 4} = 8(\Omega)$$

去耦后的等效电路如图 6-13（b）所示，则

$$Z_{ab} = j8 + \frac{(1 - j4) \times j4}{1 - j4 + j4} = 16 + j12 = 20\,\underline{/36.87°}\,(\Omega)$$

$$\dot{I} = \frac{\dot{U}_S}{Z_{ab}} = \frac{100}{20\,\underline{/36.87°}} = 5\,\underline{/-36.87°}\,(A)$$

$$\dot{U}_2 = 5\,\underline{/-36.87°} \times \frac{j4}{1 - j4 + j4} \times 1 = 20\,\underline{/53.13°}\,(V)$$

电源提供的复功率等于负载消耗的复功率，即

$$\bar{S} = \dot{U}_S \dot{I}^* = 100 \times 5 \underline{/36.87°} = (400 + j300)(VA)$$

$$\bar{S} = I^2 Z_{ab} = 5^2 \times (16 + j12) = (400 + j300)(VA)$$

第三节 空芯变压器

变压器作为能量传输或信号转换器件，在电工技术中得到了广泛的应用。它由两个耦合线圈绕在一个共同的芯子上制成，与电源相连的一边称为一次侧（或初级），其绕组称为一次绕组，与负载相连的一边称为二次侧（或次级），其绕组称为二次绕组。变压器就是通过耦合作用，实现从一次回路向二次回路传递能量和信号。

变压器分为铁芯变压器和空芯变压器。以高磁导率的铁磁物质作为芯子的变压器称为铁芯变压器，它的耦合系数可接近1，常用来作电力变压器；而以空气或任何非铁磁物质作为芯子的变压器称为空芯变压器，它的耦合系数一般很小，但因无铁芯等的各种功率损耗，所以空芯变压器在高频电路和测量仪器中获得广泛的应用。

一、空芯变压器电路模型 (transformer circuit model)

如图 6-14 所示为空芯变压器的电路模型。其中 R_1、L_1 分别为一次绕组的电阻和电感，

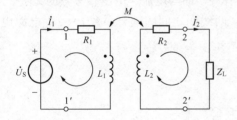

图 6-14 空芯变压器电路模型

R_2、L_2 分别为二次绕组的电阻和电感，M 为两绕组之间的互感，这些均为变压器的参数；$\dot{U}_S$ 为正弦电源的电压相量，Z_L 为负载复阻抗。

二、分析方法 (analysis method)

（1）方程法分析。在正弦稳态情况下，按图 6-14 所示电压、电流参考方向和绕组的同名端，列出一次、二次回路方程为

$$Z_{11}\dot{I}_1 - Z_M\dot{I}_2 = \dot{U}_S \qquad (6-18)$$

$$-Z_M\dot{I}_1 + Z_{22}\dot{I}_2 = 0 \qquad (6-19)$$

其中，$Z_{11} = R_1 + j\omega L$ 为一次回路复阻抗，$Z_{22} = R_2 + j\omega L_2 + Z_L$ 为二次回路复阻抗，$Z_M = j\omega M$ 为互感复阻抗。由上列方程可求得

$$\dot{I}_1 = \frac{\dot{U}_S}{Z_{11} - \dfrac{Z_M^2}{Z_{22}}} = \frac{\dot{U}_S}{Z_{11} + \dfrac{(\omega M)^2}{Z_{22}}} \qquad (6-20)$$

$$\dot{I}_2 = \frac{Z_M\dot{I}_1}{Z_{22}} = \frac{j\omega M\dot{U}_S}{Z_{11}} \cdot \frac{1}{Z_{22} + \dfrac{(\omega M)^2}{Z_{11}}} \qquad (6-21)$$

从而得到变压器一次侧的输入阻抗为

$$Z_{in} = \frac{\dot{U}_S}{\dot{I}_1} = Z_{11} + \frac{(\omega M)^2}{Z_{22}} \qquad (6-22)$$

（2）等效电路法分析。根据式（6-20）及式（6-21）画出空芯变压器一、二次侧的等效电路，如图 6-15 所示。

其中，$\dfrac{(\omega M)^2}{Z_{22}}$ 称为二次回路复阻抗通过互感反映到一次侧的引入复阻抗或反映复阻抗，一

次侧引入复阻抗吸收的复功率就是二次回路吸收的复功率。$\dfrac{(\omega M)^2}{Z_{11}}$是一次侧对二次侧的引入复

阻抗，$\dot{U}_{oc} = j\omega M \dot{I}_1 = \dfrac{j\omega M \dot{U}_S}{Z_{11}}$是二次侧开路时一次电流在二次侧产生的互感电压，实际上利用戴

维南定理求得空芯变压器二次侧的等效电路。

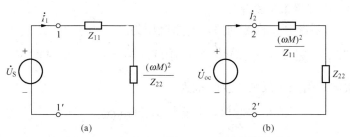

图 6-15　空芯变压器一、二次侧等效电路

（a）一次侧等效电路；（b）二次侧等效电路

例 6-3　图 6-16（a）所示电路中，已知 $\dot{U}_S = 40\underline{/0°}$ V，$\omega = 100\text{rad/s}$，$R_1 = 50\Omega$，$L_1 = L_2 =$
2H，$M = 1$H，$C_1 = C_2 = 50\mu$F，问负载 R 为何值时，可获最大功率？最大功率为多少？

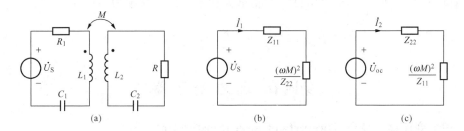

图 6-16　例 6-3 图

（a）原电路；（b）一次侧等效电路；（c）二次侧等效电路

解　因 $\omega L_1 = \omega L_2 = 100 \times 2 = 200(\Omega)$

$$\frac{1}{\omega C_1} = \frac{1}{\omega C_2} = \frac{1}{100 \times 50 \times 10^{-6}} = 200(\Omega)$$

一次回路复阻抗为

$$Z_{11} = R_1 + j\omega L_1 + \frac{1}{j\omega C_1} = 50 + j200 - j200 = 50(\Omega)$$

二次回路复阻抗为

$$Z_{22} = R + j\omega L_2 + \frac{1}{j\omega C_2} = R + j200 - j200 = R$$

互感复阻抗为

$$Z_M = j\omega M = j100 \times 1 = j100(\Omega)$$

方法 1：应用一次侧等效电路来求。

如图 6-16（b）所示，要使负载功率最大，必须使 Z_{11} 与 $\dfrac{(\omega M)^2}{Z_{22}}$ 为共轭复数，因两者均为

实数，相等即可。则

$$Z_{11} = \frac{(\omega M)^2}{Z_{22}}$$

即　$50 = \dfrac{100^2}{R}$，得 $R = 200\Omega$。

故当 $R = 200\Omega$ 时，获得最大功率，最大功率为

$$P_{\max} = \frac{U_S^2}{4R} = \frac{40^2}{4 \times 50} = 8(\text{W})$$

方法 2：应用二次侧等效电路来求。

如图 6-16（c）所示断开二次侧回路，开路电压为

$$\dot{U}_{oc} = j\omega M \dot{I}_1 = j\omega M \frac{\dot{U}_S}{Z_{11}} = j100 \times \frac{40\underline{/0^\circ}}{50} = 80\underline{/90^\circ}(\text{V})$$

一次侧对二次侧的引入（反映）复阻抗为

$$\frac{(\omega M)^2}{Z_{11}} = \frac{100^2}{50} = 200(\Omega)$$

要使负载功率最大，必须使 Z_{22} 与 $\dfrac{(\omega M)^2}{Z_{11}}$ 为共轭复数，因两者均为实数，相等即可。则

$$Z_{22} = \frac{(\omega M)^2}{Z_{11}}$$

故当负载 $R = \dfrac{(\omega M)^2}{Z_{11}} = 200(\Omega)$，获得最大功率，最大功率为

$$P_{\max} = \frac{U_{oc}^2}{4R} = \frac{80^2}{4 \times 200} = 8(\text{W})$$

第四节　理想变压器

一、理想变压器的特点（property of ideal transformer）

理想变压器是实际变压器的理想化模型，是一种无损耗、全耦合的变压器，它满足下列 3 个条件。

（1）本身无损耗。即 $R_1 = R_2 = 0$，变压器没有铜损耗。

（2）全耦合。即耦合因数 $k = 1$，变压器无漏磁。

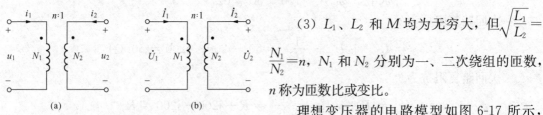

（3）L_1、L_2 和 M 均为无穷大，但 $\sqrt{\dfrac{L_1}{L_2}} = \dfrac{N_1}{N_2} = n$，$N_1$ 和 N_2 分别为一、二次绕组的匝数，n 称为匝数比或变比。

理想变压器的电路模型如图 6-17 所示，它只有变比 $n = \dfrac{N_1}{N_2}$ 这唯一的参数。

图 6-17　理想变压器电路模型

（a）瞬时值模型；（b）相量模型

二、理想变压器的伏安关系（volt-ampere relationship of ideal transformer）

下面根据理想变压器的 3 个条件，推导其伏安关系。

由条件（2），$k = 1$，得 $\Phi_{12} = \Phi_{22}$，$\Phi_{21} = \Phi_{11}$，则绕组的总磁链为

$$\Psi_1 = \Psi_{11} + \Psi_{12} = N_1(\Phi_{11} + \Phi_{12}) = N_1(\Phi_{11} + \Phi_{22}) = N_1\Phi$$
$$\Psi_2 = \Psi_{21} + \Psi_{22} = N_2(\Phi_{21} + \Phi_{22}) = N_2(\Phi_{11} + \Phi_{22}) = N_2\Phi$$

由条件（1），$R_1 = R_2 = 0$，则感应电压 u_1 和 u_2 为

$$u_1 = \frac{\mathrm{d}\Psi_1}{\mathrm{d}t} = N_1 \frac{\mathrm{d}\Phi}{\mathrm{d}t}$$

$$u_2 = \frac{\mathrm{d}\Psi_2}{\mathrm{d}t} = N_2 \frac{\mathrm{d}\Phi}{\mathrm{d}t}$$

得

$$\frac{u_1}{u_2} = \frac{N_1}{N_2} = n$$

或

$$\frac{\dot{U}_1}{\dot{U}_2} = \frac{N_1}{N_2} = n$$

又由条件（1），$R_1 = 0$，有

$$\dot{U}_1 = \mathrm{j}\omega L_1 \dot{I}_1 + \mathrm{j}\omega M \dot{I}_2$$

由条件（2）和（3），$M = \sqrt{L_1 L_2}$，$L_1 \to \infty$，$\sqrt{\dfrac{L_1}{L_2}} = n$，上式变为

$$\dot{I}_1 = \frac{\dot{U}_1}{\mathrm{j}\omega L_1} - \frac{M}{L_1}\dot{I}_2 = -\frac{\sqrt{L_1 L_2}}{L_1}\dot{I}_2 = -\sqrt{\frac{L_2}{L_1}}\dot{I}_2 = -\frac{1}{n}\dot{I}_2$$

或

$$i_1 = -\frac{1}{n}i_2$$

故理想变压器的伏安关系的时域形式和相量形式分别为

$$\left. \begin{array}{l} u_1 = nu_2 \\ i_1 = -\dfrac{1}{n}i_2 \end{array} \right\} \tag{6-23}$$

$$\left. \begin{array}{l} \dot{U}_1 = n\dot{U}_2 \\ \dot{I}_1 = -\dfrac{1}{n}\dot{I}_2 \end{array} \right\} \tag{6-24}$$

其受控源等效电路如图 6-18 所示。

值得注意的是，式（6-23）和式（6-24）表示的是图 6-17 所示的理想变压器的伏安关系，若同名端或电压、电流参考方向改变后，其对应的定义式也要改变，其变化原则包括两个方面。

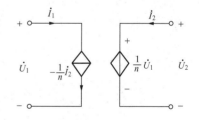

图 6-18　理想变压器等效电路

（1）确定电压关系式中正、负号的原则：当两边电压的参考极性与同名端的位置一致时，取正号，否则，取负号。

（2）确定电流关系式中正、负号的原则：当两个电流均流入（或流出）同名端时，取负号，否则，取正号。

根据上述原则可推知图 6-19 中各理想变压器的伏安关系分别为

$$(a)\ \left\{ \begin{array}{l} \dot{U}_1 = n\dot{U}_2 \\ \dot{I}_1 = \dfrac{1}{n}\dot{I}_2 \end{array} \right. ; \qquad (b)\ \left\{ \begin{array}{l} \dot{U}_1 = -n\dot{U}_2 \\ \dot{I}_1 = \dfrac{1}{n}\dot{I}_2 \end{array} \right. ; \qquad (c)\ \left\{ \begin{array}{l} \dot{U}_1 = -n\dot{U}_2 \\ \dot{I}_1 = -\dfrac{1}{n}\dot{I}_2 \end{array} \right.$$

由式（6-23）可知，理想变压器吸收的功率为

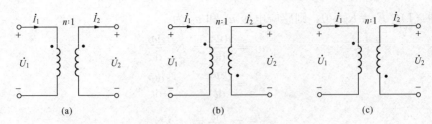

图 6-19 另外几种理想变压器

$$p = u_1 i_1 + u_2 i_2 = n u_2 \left(-\frac{1}{n} i_2 \right) + u_2 i_2 = 0$$

即理想变压器的瞬时功率为零，所以它既不耗能也不储能，它将能量由一次侧全部传输到二次侧输出，在传输过程中，仅仅将电压、电流按变比作数值变换。在工程上为了使实际变压器的性能接近理想变压器，通常采用具有高磁导率的铁磁材料作芯子，并在保持变比不变的前提下，尽量增加一、二次绕组的匝数，并尽量紧密耦合，使 k 接近 1。

三、理想变压器的阻抗变换性质（impedance transformation of ideal transformer）

理想变压器除了变换电压和电流以外，还有变换复阻抗的作用。

若在理想变压器的二次侧接负载阻抗 Z，如图 6-20（a）所示，则一次侧的输入复阻抗为

$$Z_{\text{in}} = \frac{\dot{U}_1}{\dot{I}_1} = \frac{n\dot{U}_2}{-\frac{1}{n}\dot{I}_2} = n^2 Z \tag{6-25}$$

等效电路如图 6-20（b）所示。图中，$n^2 Z$ 称为二次侧折合至一次侧的折合阻抗，折合阻抗的大小与同名端及电压、电流的参考方向无关。从理想变压器的一次侧来看，二次侧阻抗是原来的 n^2 倍，调节变比可获得所需的输入阻抗，常用作阻抗匹配，使信号源获得最大的功率输出。

例 6-4 图 6-21 所示电路用一理想变压器使负载阻抗与电源内阻匹配，已知电源电压 $U_{\text{S}} = 6\text{V}$，求匝数比 n，并求此时负载所消耗的功率。

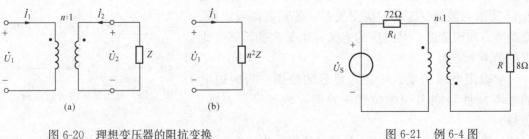

图 6-20 理想变压器的阻抗变换
（a）理想变压器；（b）等效电路

图 6-21 例 6-4 图

解 由于折合阻抗 $n^2 R$ 的大小与同名端及电压、电流的参考方向无关。要使负载获得最大功率，必须使负载阻抗与电源内阻匹配，即

$$R_i = n^2 R$$
$$72 = n^2 \times 8$$

得 $n = 3$

此时负载所消耗的最大功率为

$$P_{\max} = \frac{U_S^2}{4R_i} = \frac{6^2}{4 \times 72} = 0.125(\text{W})$$

例 6-5　图 6-22 所示含理想变压器电路，已知电源电压 $\dot{U}_S = 20\underline{/0^\circ}$ V，求 $\dot{U}_2$。

解　此题的变比为　$n = \dfrac{N_1}{N_2} = \dfrac{1}{10}$

方法 1：列方程组的方法。

根据电压、电流的参考方向，列出下列方程

$$\left.\begin{aligned}
\dot{U}_1 &= n\dot{U}_2 = \frac{1}{10}\dot{U}_2 \\[4pt]
\dot{I}_1 &= \frac{1}{n}\dot{I}_2 = 10\dot{I}_2 \\[4pt]
\dot{U}_1 &= -(1+\text{j}1)\dot{I}_1 + 20\underline{/0^\circ} \\[4pt]
\dot{U}_2 &= (100 - \text{j}100)\dot{I}_2
\end{aligned}\right\}$$

解得　$\dot{U}_2 = 100\sqrt{2}\,\underline{/-45^\circ}\,(\text{V})$

方法 2：变换阻抗的方法。

图 6-23 所示为一次侧等效电路。其中，n^2Z 为二次侧折合至一次侧的折合阻抗。即

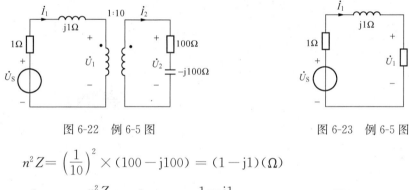

图 6-22　例 6-5 图　　　　　　　　图 6-23　例 6-5 图

$$n^2Z = \left(\frac{1}{10}\right)^2 \times (100 - \text{j}100) = (1 - \text{j}1)(\Omega)$$

$$\dot{U}_1 = \frac{n^2Z}{1+\text{j}1+n^2Z}\dot{U}_S = \frac{1-\text{j}1}{1+\text{j}1+1-\text{j}1} \times 20 = 10\sqrt{2}\,\underline{/-45^\circ}\,(\text{V})$$

$$\dot{U}_2 = \frac{1}{n}\dot{U}_1 = 10\dot{U}_1 = 100\sqrt{2}\,\underline{/-45^\circ}\,(\text{V})$$

第五节　用 Multisim 分析互感电路

用 Multisim 软件分析互感电路时，要遵循同名端规则。在画电路图时，电感元件 L 置于水平位置时，则同名端是在电感的左端（短边）。所以若电感元件顺时针转 90° 时，则短边将在上方。耦合电感在电路中的位置，要与耦合线圈的同名端相符，并设定各自的电感量，单位为 H（亨[利]）。

图 6-24 所示，若 $L_1 = 1\text{H}$，$L_2 = 4\text{H}$，$M = 1\text{H}$，a、d 为同名端。

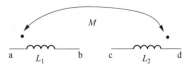

图 6-24　耦合电感（a、d 均为短边）

图 6-24 这一对耦合电感用以下步骤定义耦合：

（1）选 INDUCTOR，并设置参数 $L_1 = 1H$，$L_2 = 4H$，此时电感元件置于水平位置，同名端在各自电感的短边，如图 6-25（a）所示。

（2）对 L_2 旋转 $180°$（Flip horizontally），则 a、d 为同名端，如图 6-25（c）所示。

（3）选 TRANSFORMER 中 INDUCTOR _ COUPLING，L_1 与 L_2 之间的耦合系数 $k = M/\sqrt{L_1 L_2} = 1/\sqrt{1 \times 4} = 0.5$，耦合系数的设置如图 6-25（b）所示。图 6-25（c）是图 6-24 的 Multisim 电路图。

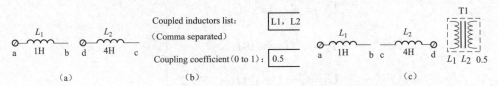

图 6-25　同名端及耦合系数的设置

(a) 左端短边为同名端；(b) 耦合系数的设置；(c) Multisim 电路图

例 6-6　如图 6-26 所示电路，已知 $U = 100V$，$\omega = 2236 rad/s$，$R_1 = 5\Omega$，$R_2 = 10\Omega$，$C = 20\mu F$，$L_1 = M = 10mH$，$L_2 = 20mH$，用 Multisim 求电压 U_1 和 U_2。

解　首先，利用 file/new/design 画出给定电路。注意耦合线圈同名端的位置，自感系数 L_1、L_2 和耦合系数 k 的设置。交流电压源电压有效值（RMS）为 $100V$，频率 $f = \omega/2\pi = 2236/2\pi = 355.88Hz$，耦合系数 $k = M/\sqrt{L_1 L_2} = 10/\sqrt{10 \times 20} = 0.7071$。用 Multisim 软件画出的电路图及仿真结果如图 6-27 所示。

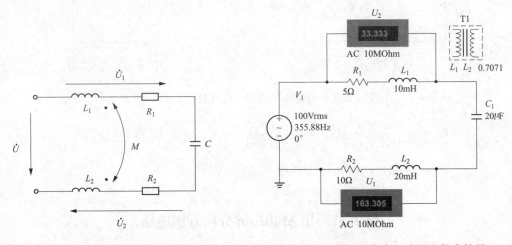

图 6-26　例 6-6 图　　　　　　　　图 6-27　例 6-6 仿真电路图及仿真结果

仿真结果：根据交流电压表的读数，电压有效值 $U_1 = 33.333V$，$U_2 = 163.305V$。

例 6-7　如图 6-28 所示电路，理想变压器一、二次侧的匝数比为 $3：1$，$U_S = 200V$，$R_1 = R_2 = 10\Omega$，$\dfrac{1}{\omega C} = 50\Omega$。利用 Multisim 求电流有效值 I。

解　若选工作频率 $f = 50Hz$，则角频率 $\omega = 2\pi f = 314 rad/s$，电容量 $C = \dfrac{1}{\omega X_C} = \dfrac{1}{314 \times 50} = 63.694\mu F$。选 TRANSFORMER 中 1P1S，由于一、二次绕组的匝数比为 $3：1$，如取一次绕

组（primary coil）为 300，则二次绕组（secondary coil）为 100，a、c 为同名端。

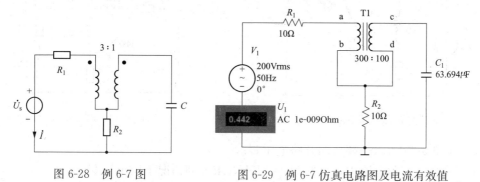

图 6-28 例 6-7 图

图 6-29 例 6-7 仿真电路图及电流有效值

仿真结果：根据交流电流表的读数，电流有效值为 $I=0.442$A。

习 题

6-1 两耦合绕组在顺串、反串两种情况下的等效电感分别为 1.4H 和 0.2H，第二个绕组的自感为 0.64H。求绕组的互感 M 和耦合系数 k。

6-2 图 6-30 所示电路为测量两绕组互感的原理电路。电流表的读数为 1A，电压表的读数为 31.4V，电源频率 $f=500$Hz，求互感 M 的值。

6-3 图 6-31 所示电路中，已知 $U=6$V，$R_1=5\Omega$，$R_2=10\Omega$，$C=20\mu$F，$L_1=M=0.01$H，$L_2=0.02$H。当两绕组顺接和反接时，分别求电路的谐振角频率及电压 U_1 和 U_2。

6-4 图 6-32 所示电路中，已知 $U_S=120$V，求各支路电流及负载的平均功率。

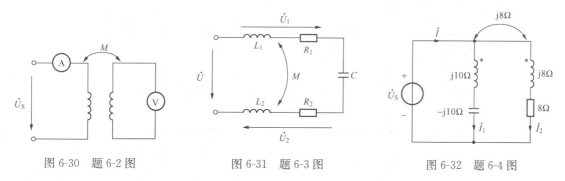

图 6-30 题 6-2 图

图 6-31 题 6-3 图

图 6-32 题 6-4 图

6-5 图 6-33 所示具有互感的电路中，已知 $R=3\Omega$，$X_L=4\Omega$，$\dot{U}_1=100\underline{/0^\circ}$ V。求下列 3 种情况下的 $\dot{U}_2$。

(1) $X_M=0$；

(2) $X_M=3\Omega$，同名端如"$*$"所示；

(3) $X_M=3\Omega$，同名端如"•"所示。

6-6 图 6-34 所示具有互感的电路中，已知 $\dot{U}=30\underline{/0^\circ}$ V。求：

(1) 电流 $\dot{I}$；

(2) 电压 $\dot{U}_{AB}$。

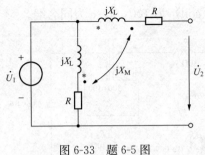

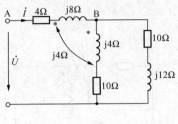

图 6-33　题 6-5 图　　　　　　　　　　图 6-34　题 6-6 图

6-7　求图 6-35 所示一端口的开路电压 $\dot{U}_{oc}$。

6-8　图 6-36 所示电路中，已知 $U_S=120V$，求下列情况下的电压 U_{cb}：

（1）a、b 开路；

（2）a、b 短路。

6-9　图 6-37 所示电路中，已知 $U_1=100V$，$R_1=50\Omega$，$R_2=20\Omega$，$\omega L_1=160\Omega$，$\omega L_2=40\Omega$，$\dfrac{1}{\omega C}=80\Omega$，两绕组间的耦合系数 $k=0.5$。求：

（1）通过两绕组的电流和电路所消耗的功率；

（2）电路的等效输入阻抗。

6-10　图 6-38 所示电路中，已知 $\dot{U}_S=100 \underline{/0^\circ}$ V，$R=10\Omega$，$\omega L_1=30\Omega$，$\omega L_2=20\Omega$，$\omega M=10\Omega$，求：

（1）二次侧开路时的开路电压和电路消耗的功率；

（2）二次侧短路时的短路电流和电路消耗的功率。

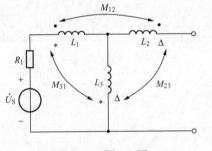

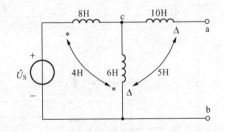

图 6-35　题 6-7 图　　　　　　　　　　图 6-36　题 6-8 图

6-11　图 6-39 所示电路中，已知 $C=0.1\mu F$，$L_1=L_2=2mH$，$M=1mH$，求电路的谐振角频率。

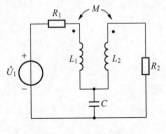

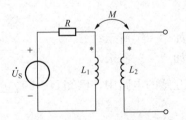

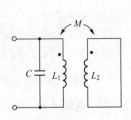

图 6-37　题 6-9 图　　　　　图 6-38　题 6-10 图　　　　　图 6-39　题 6-11 图

6-12　图 6-40 所示电路中，已知 $u_S(t)=10\sqrt{2}\cos 10t\,\text{V}$，$R_1=1\,\Omega$，$R_2=0.4\,\Omega$，$L_1=0.3\,\text{H}$，$L_2=0.2\,\text{H}$，$M=0.2\,\text{H}$，$Z_L=1.6\,\Omega$。试求：

(1) $i_1(t)$ 和 $i_2(t)$；

(2) 负载 Z_L 吸收的功率；

(3) 改变 Z_L 的大小，当 Z_L 为多少时获得最大功率？最大功率为多少？

6-13　某晶体管收音机输出变压器的一次绕组匝数 $N_1=240$ 匝，二次绕组匝数 $N_2=60$ 匝。原来配有音圈阻抗为 $9\,\Omega$ 的电动扬声器，现要改接 $1\,\Omega$ 的扬声器，问在一次绕组匝数不变的情况下，输出变压器二次绕组的匝数应如何变动？

6-14　图 6-41 所示电路中，理想变压器一、二次侧的匝数比为 $1:2$，$U_S=50\,\text{V}$，$R_1=R_2=10\,\Omega$，$\dfrac{1}{\omega C}=50\,\Omega$。求 R_2 中的电流 $\dot{I}$。

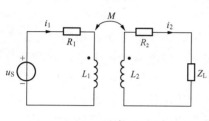

图 6-40　题 6-12 图

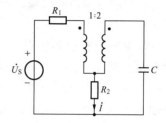

图 6-41　题 6-14 图

6-15　图 6-42 所示一端口的等效阻抗 $Z_{ab}=0.25\,\Omega$，求理想变压器的变比 n。

6-16　图 6-43 所示为含理想变压器的正弦交流电路，求 a、b 端的等效电阻。

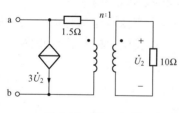

图 6-42　题 6-15 图

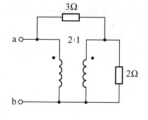

图 6-43　题 6-16 图

6-17　利用 Multisim 求解题 6-6 所示电路。

6-18　利用 Multisim 求解题 6-9 所示电路。

6-19　利用 Multisim 求解题 6-12 所示电路。

6-20　利用 Multisim 求解题 6-14 所示电路。

第七章　三　相　电　路

本章要求　牢固掌握对称三相电路的概念及计算方法，对称Y形或△形连接时线电压、相电压、线电流、相电流的关系；了解不对称三相电路的计算方法及中性线的作用；掌握三相功率的计算与测量。

本章重点　对称三相电路分析计算方法，三相功率的计算与测量。

由三相电源供电的电路，称为三相电路。三相电源由发电机产生，经变压器升高电压后传送到各地，然后按客户的需要，由各地变电站用变压器把高压降到适当数量，例如 380V 或 220V 等。

三相供电系统具有很多优点，为各国广泛采用。在发电方面，相同尺寸的三相发电机比单相发电机的功率大，在三相负载相同的情况下，发电机转矩恒定，有利于发电机的工作；在传输方面，三相系统比单相系统节省传输线；在配电方面，三相变压器比单项变压器经济且便于接入负载；在用电方面，三相电动机比单相电动机运行平稳、可靠、维护方便。所以三相电路在动力方面得到广泛应用，是目前电力系统采用的主要供电方式。

第一节　三相电路的基本概念

一、对称三相电源（symmetrical three-phase voltage sources）

频率相同、有效值相同、相位彼此相差 120° 的 3 个正弦电压源称为对称三相电源。对称三相电源由三相发电机产生，如图 7-1（a）所示为三相发电机的结构示意图，它由定子和转子两大部分组成。

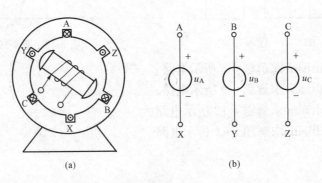

图 7-1　三相发电机的结构示意图

（a）结构示意图；（b）电压的端子

定子铁芯的内圆周的槽中对称地安放着 3 个绕组 AX、BY 和 CZ，分别称为 A 相、B 相和 C 相绕组，它们的匝数、尺寸完全相同，在空间位置上彼此间隔 120°。转子是旋转的电磁铁，它的铁芯上绕有励磁绕组并通以直流而产生磁场。当转子以均匀角速度 ω 旋转时，AX、

BY、CZ 3 个绕组的两端将分别感应出振幅相等、频率相同、相位彼此相差 120° 的 3 个正弦电压。把电压的正极性端记为 A、B、C，称为始端；负极性端记为 X、Y、Z，称为末端，如图 7-1（b）所示。在实际工程中，常用不同颜色区别这三相电源，如黄色代表 A 相，绿色代表 B 相，红色代表 C 相。

以 u_A 为参考正弦量，对称三相电源的瞬时值表达式为

$$u_A = \sqrt{2}U\cos\omega t$$
$$u_B = \sqrt{2}U\cos(\omega t - 120°)$$
$$u_C = \sqrt{2}U\cos(\omega t - 240°) = \sqrt{2}U\cos(\omega t + 120°)$$

相量形式为

$$\left.\begin{array}{l} \dot{U}_A = U \ \underline{/0°} \\ \dot{U}_B = U \ \underline{/-120°} \\ \dot{U}_C = U \ \underline{/120°} \end{array}\right\} \tag{7-1}$$

对称三相电压瞬时值或相量的代数和恒为零，即

$$u_A + u_B + u_C = 0$$
$$\dot{U}_A + \dot{U}_B + \dot{U}_C = 0$$

对称三相电压的波形图和相量图分别如图 7-2（a）、图 7-2（b）所示。

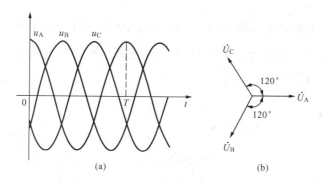

图 7-2 对称三相电源波形图及相量图
(a) 波形图；(b) 相量图

三相电源中各相电源经过同一值（如最大值）的先后顺序称为相序。图 7-2（a）中，先是 A 相电压 u_A 达到最大值，其次是 B 相电压 u_B，再其次是 C 相电压 u_C，三相电源经过同一值的顺序为 A→B→C→A，这样的相序称为正序。如果相序是 A→C→B→A，称为负序。无特殊说明，三相电源的相序均是正序。

二、三相电源的连接（three-phase sources connection）

1. 电源的丫形连接

三相电源有两种基本连接方式：星形（又称丫形）连接和三角形（又称△形）连接。星形连接是将三相电源的负极性端 X、Y、Z 连接在一起，形成一个结点，用 N 表示，称为电源的中性点，而从 3 个电源的正极性端 A、B、C 引出 3 条输出线，称为端线，俗称火线。图 7-3 所示就是三相电源的星形连接。

　　每相电源的电压称为电源的相电压，分别记为 $\dot{U}_{\mathrm{AN}}$、$\dot{U}_{\mathrm{BN}}$、$\dot{U}_{\mathrm{CN}}$，即 $\dot{U}_{\mathrm{A}}$、$\dot{U}_{\mathrm{B}}$、$\dot{U}_{\mathrm{C}}$。两端线之间的电压称为线电压，电源的线电压分别记为 $\dot{U}_{\mathrm{AB}}$、$\dot{U}_{\mathrm{BC}}$、$\dot{U}_{\mathrm{CA}}$。设三相电源的相序是正序，即 $\dot{U}_{\mathrm{A}}=U\angle 0°$，$\dot{U}_{\mathrm{B}}=U\angle-120°$，$\dot{U}_{\mathrm{C}}=U\angle 120°$，则星形电源的线电压与相电压之间的关系为

$$\left.\begin{aligned}
\dot{U}_{\mathrm{AB}}&=\dot{U}_{\mathrm{A}}-\dot{U}_{\mathrm{B}}=U\angle 0°-U\angle-120°\\
&=U\angle 0°(1-1\angle-120°)=\sqrt{3}\dot{U}_{\mathrm{A}}\angle 30°\\
\dot{U}_{\mathrm{BC}}&=\dot{U}_{\mathrm{B}}-\dot{U}_{\mathrm{C}}=U\angle-120°(1-1\angle-120°)=\sqrt{3}\dot{U}_{\mathrm{B}}\angle 30°\\
\dot{U}_{\mathrm{CA}}&=\dot{U}_{\mathrm{C}}-\dot{U}_{\mathrm{A}}=U\angle 120°(1-1\angle-120°)=\sqrt{3}\dot{U}_{\mathrm{C}}\angle 30°
\end{aligned}\right\}\tag{7-2}$$

　　显然，线电压 $\dot{U}_{\mathrm{AB}}$、$\dot{U}_{\mathrm{BC}}$、$\dot{U}_{\mathrm{CA}}$ 的大小为相电压 $\dot{U}_{\mathrm{A}}$、$\dot{U}_{\mathrm{B}}$、$\dot{U}_{\mathrm{C}}$ 的 $\sqrt{3}$ 倍，线电压的相位超前相应的相电压 30°，$\dot{U}_{\mathrm{AB}}$ 超前 $\dot{U}_{\mathrm{A}}$30°，$\dot{U}_{\mathrm{BC}}$ 超前 $\dot{U}_{\mathrm{B}}$30°，$\dot{U}_{\mathrm{CA}}$ 超前 $\dot{U}_{\mathrm{C}}$30°，即第一下标相同。星形电源的线电压与相电压的关系如图 7-4 所示。

　　用 U_{ph}、U_l 分别表示相（phase）电压、线（line）电压的大小。可见，星形连接时，若相电压对称，线电压也对称。其大小关系为

$$U_l=\sqrt{3}U_{\mathrm{ph}}\tag{7-3}$$

日常生活用电是 220V 相电压，相应的线电压则是 380V。

2. 电源的△形连接

　　对称三相电源的始端和末端依次相接，即 X 接 B，Y 接 C，Z 接 A，再从各连接点引出端线来，如图 7-5 所示，就成为三相电源的△形连接。此时线电压等于相电压，即 $\dot{U}_{\mathrm{AB}}=\dot{U}_{\mathrm{A}}$，$\dot{U}_{\mathrm{BC}}=\dot{U}_{\mathrm{B}}$，$\dot{U}_{\mathrm{CA}}=\dot{U}_{\mathrm{C}}$，其大小为

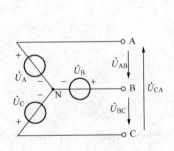

图 7-3　三相电源的星形
　　　　　连接

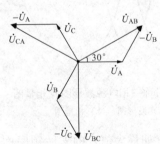

图 7-4　星形电源的线电压与
　　　　　相电压的关系

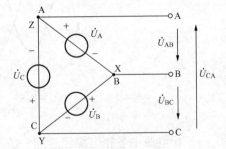

图 7-5　三相电源的△形连接

$$U_l=U_{\mathrm{ph}}\tag{7-4}$$

　　在上述正确连接的情况下，因 $\dot{U}_{\mathrm{A}}+\dot{U}_{\mathrm{B}}+\dot{U}_{\mathrm{C}}=0$，其相量图如图 7-6（a）所示，所以在没有负载的情况下，电源内部没有环形电流。如果接错，将可能形成很大的环形电流，例如把 C 相接反，则回路电压 $\dot{U}_{\mathrm{A}}+\dot{U}_{\mathrm{B}}+(-\dot{U}_{\mathrm{C}})=-2\dot{U}_{\mathrm{C}}$，有等于相电压两倍的电压作用在△形环路内，将在电源内部回路中引起极大的电流。这在实际的电动机、发电机和变压器中将造成设备的损坏。

三、三相负载的连接（three-phase loads connection）

三相电路的负载由 3 部分组成，其中每一部分叫做一相负载，三相负载也有星形和三角形两种连接方式，如图 7-7 所示。Y形负载中，三相负载的公共连接点称负载的中性点，用 N′ 表示。△形负载没有中性点。当三相复阻抗相等，即 $Z_A = Z_B = Z_C$，$Z_{AB} = Z_{BC} = Z_{CA}$，称对称三相负载。

各负载上的电压、电流称为负载的相电压和相电流。端钮 A′、B′、C′ 向外引出端线，流过端线的电流称为线电流。负载端线间的电压称为负载的线电压。

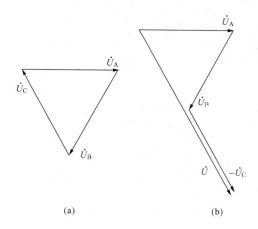

图 7-6 △形电源的相量图及一相接错时的情况

（a）△形电源的相量图；（b）一相接错时的情况

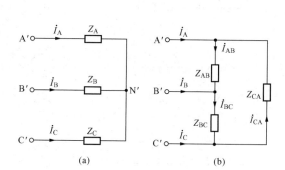

图 7-7 三相负载的Y形和△形连接

（a）Y形连接；（b）△形连接

显然，对称Y形负载的线电流等于相电流。同对称Y形电源一样，对称Y形负载线电压的大小为相电压的 $\sqrt{3}$ 倍，线电压的相位超前相应的相电压 30°，即

$$\left.\begin{aligned}
\dot{U}_{A'B'} &= \sqrt{3}\dot{U}_{A'N'}\underline{/30^\circ} \\
\dot{U}_{B'C'} &= \sqrt{3}\dot{U}_{B'N'}\underline{/30^\circ} \\
\dot{U}_{C'A'} &= \sqrt{3}\dot{U}_{C'N'}\underline{/30^\circ}
\end{aligned}\right\} \tag{7-5}$$

对称△形负载线电压就等于负载相电压。下面推导对称△形负载线电流与相电流的关系。设负载的相电流 $\dot{I}_{AB}$、$\dot{I}_{BC}$、$\dot{I}_{CA}$ 的相序为正序，即 $\dot{I}_{BC}$ 滞后于 $\dot{I}_{AB}$ 120°，$\dot{I}_{CA}$ 滞后于 $\dot{I}_{BC}$ 120°，则

$$\left.\begin{aligned}
\dot{I}_A &= \dot{I}_{AB} - \dot{I}_{CA} = \dot{I}_{AB} - \dot{I}_{AB}\underline{/120^\circ} = (1 - 1\underline{/120^\circ})\dot{I}_{AB} = \sqrt{3}\dot{I}_{AB}\underline{/-30^\circ} \\
\dot{I}_B &= \dot{I}_{BC} - \dot{I}_{AB} = \dot{I}_{BC} - \dot{I}_{BC}\underline{/120^\circ} = \sqrt{3}\dot{I}_{BC}\underline{/-30^\circ} \\
\dot{I}_C &= \dot{I}_{CA} - \dot{I}_{BC} = \dot{I}_{CA} - \dot{I}_{CA}\underline{/120^\circ} = \sqrt{3}\dot{I}_{CA}\underline{/-30^\circ}
\end{aligned}\right\} \tag{7-6}$$

可见，当对称△形负载相电流对称时，线电流也对称，用 I_{ph} 表示相电流的大小，用 I_l 表示线电流的大小，线电流的大小为相电流的 $\sqrt{3}$ 倍，即 $I_l = \sqrt{3}I_{ph}$，线电流的相位滞后于相应的相电流 30°，即 $\dot{I}_A$ 滞后于 $\dot{I}_{AB}$ 30°，$\dot{I}_B$ 滞后于 $\dot{I}_{BC}$ 30°，$\dot{I}_C$ 滞后于 $\dot{I}_{CA}$ 30°。上述线电流与相电流的关系也适合于△形电源。

四、三相系统（three-phase system）

三相电源和三相负载均可以连成Y形或△形，电源和负载之间通过端线相连，在工程上

根据实际需要可以连接成Ｙ—Ｙ、Ｙ—△、△—Ｙ和△—△4种形式。如图7-8（a）、（b）、（c）、（d）所示分别称为Ｙ—Ｙ系统、Ｙ—△系统、△—Ｙ系统、△—△系统。图7-8（e）称为三相四线制系统，其中NN′称为中性线，有时以大地作为中性线，所以又称地线。图7-8（f）是较复杂的三相系统。

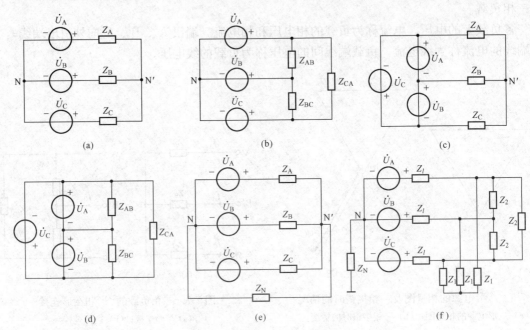

图7-8　三相电路

（a）Ｙ—Ｙ；（b）Ｙ—△；（c）△—Ｙ；（d）△—△；（e）三相四线制系统；（f）复杂三相系统

第二节　对称三相电路的计算

三相电源、三相负载、线路阻抗均对称的三相电路称为对称三相电路。三相电路实际上是正弦电流电路的一种特殊类型，因此正弦电流电路的分析方法对三相电路完全适用。由于对称三相电路的一些特点，通过分析可以找出简便的计算方法。

一、Ｙ—Ｙ系统（Wye-Wye system）

首先分析对称三相四线的Ｙ—Ｙ系统，如图7-9所示，其中 Z 为负载复阻抗，Z_l 为线路复阻抗，Z_N 为中性线复阻抗。$\dot{U}_{N'N}$ 为中性线电压，电源的相电压为 $\dot{U}_A$、$\dot{U}_B$、$\dot{U}_C$，负载的相电压为 $\dot{U}_{A'N'}$、$\dot{U}_{B'N'}$、$\dot{U}_{C'N'}$，电源的线电压为 $\dot{U}_{AB}$、$\dot{U}_{BC}$、$\dot{U}_{CA}$，负载的线电压为 $\dot{U}_{A'B'}$、$\dot{U}_{B'C'}$、$\dot{U}_{C'A'}$。端线中的电流即线电流为 $\dot{I}_A$、$\dot{I}_B$、$\dot{I}_C$，因电源与负载均为Ｙ形连接，线电流也是流过每相电源和负载的相电流，$\dot{I}_N$ 为中性线电流。

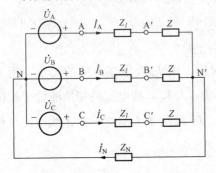

图7-9　三相四线制系统

以N为参考结点，用结点法列出结点N′的方程为

$$\left(\frac{1}{Z_N}+\frac{3}{Z+Z_l}\right)\dot{U}_{N'N}=\frac{\dot{U}_A}{Z+Z_l}+\frac{\dot{U}_B}{Z+Z_l}+\frac{\dot{U}_C}{Z+Z_l}$$

由于对称三相电源 $\dot{U}_A+\dot{U}_B+\dot{U}_C=0$，所以 $\dot{U}_{N'N}=0$，则各相负载和电源中的相电流（即线电流）分别为

$$\dot{I}_A=\frac{\dot{U}_A-\dot{U}_{N'N}}{Z+Z_l}=\frac{\dot{U}_A}{Z+Z_l}$$

$$\dot{I}_B=\frac{\dot{U}_B}{Z+Z_l}=\dot{I}_A\angle-120°$$

$$\dot{I}_C=\frac{\dot{U}_C}{Z+Z_l}=\dot{I}_A\angle 120°$$

中性线电流为

$$\dot{I}_N=\dot{I}_A+\dot{I}_B+\dot{I}_C=0 \text{ 或 } \dot{I}_N=\frac{\dot{U}_{N'N}}{Z_N}=0$$

负载的相电压为

$$\dot{U}_{A'N'}=Z\dot{I}_A$$

$$\dot{U}_{B'N'}=Z\dot{I}_B=\dot{U}_{A'N'}\angle-120°$$

$$\dot{U}_{C'N'}=Z\dot{I}_C=\dot{U}_{A'N'}\angle 120°$$

可见各相电流对称。负载的相电压对称，负载的线电压也对称。

由于 $\dot{U}_{N'N}=0$，对称丫—丫三相系统的每相电流、电压仅由该相的电源和复阻抗来决定，形成各相的独立性，但各相电流、电压又构成对称组。因此，只要分析计算三相中的任一相，而其他两相的电压、电流就能按对称顺序写出，这就是对称三相电路归结为一相的计算方法。图7-10 所示为一相（A 相）计算电路，其中连接 N、N′点的是短路线（N 和 N′点为等电位），与中性线阻抗 Z_N 无关。不难推导，即使无中性线阻抗的对称丫—丫三相三线系统，N 和 N′点仍是等电位，即 $\dot{U}_{N'N}=0$。

例 7-1 图 7-11 所示对称三相电路，已知电源相电压 $u_A=220\sqrt{2}\cos\omega t$ V，负载复阻抗 $Z=(10+j10)\Omega$，求负载的相电流。

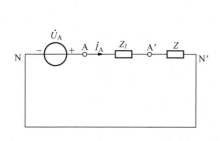

图 7-10 一相计算电路（A 相）

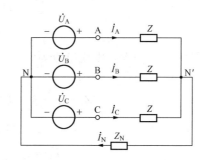

图 7-11 例 7-1 图

解 由于 $\dot{U}_{N'N}=0$，相当于中性线短路，可以按一相（A 相）电路计算出三相电流。则

$$\dot{I}_A = \frac{\dot{U}_A}{Z} = \frac{220 \angle 0°}{10+j10} = 15.56 \angle -45° \text{(A)}$$

$$\dot{I}_B = \dot{I}_A \angle -120° = 15.56 \angle -165° \text{(A)}$$

$$\dot{I}_C = \dot{I}_A \angle 120° = 15.56 \angle 75° \text{(A)}$$

以上分析计算可以看出，在Y—Y形连接的对称三相电路中，由于 $\dot{U}_{N'N}=0$，中性线电流为零，中性线可以不用，可以只用 3 根传输线，即三相三线制，适合于高压远距离传输电之用。

二、Y—△系统（Wye-Delta system）

电源为Y形连接，负载为△形连接就构成Y—△三相系统。通常将△形负载等效成Y形连接，这样电路又成了Y—Y系统，然后利用一相计算方法。下面通过具体的例子来说明。

例 7-2 图 7-12（a）所示对称三相电路，已知电源线电压为 380V，负载阻抗为 $Z=(19.2+j14.4)\Omega$，线路阻抗为 $Z_l=(3+j4)\Omega$。求负载的线电压和线电流。

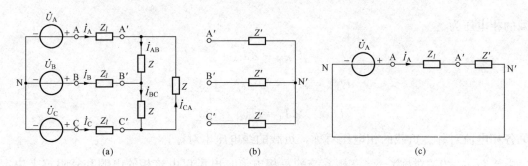

图 7-12　例 7-2 图
（a）对称三相电路；（b）等效Y形连接；（c）A 相计算电路

解　该电路可化为对称三相Y—Y系统来分析。将△形负载等效成Y形连接，如图 7-12（b）所示，一相计算电路（A 相）如图 7-12（c）所示。其中 Z' 为

$$Z' = \frac{Z}{3} = \frac{19.2+j14.4}{3} = (6.4+j4.8)(\Omega)$$

电源相电压为

$$U_A = \frac{U_{AB}}{\sqrt{3}} = \frac{380}{\sqrt{3}} = 220 \text{(V)}$$

令 $\dot{U}_A = 220\angle 0° \text{V}$，则线电流为

$$\dot{I}_A = \frac{\dot{U}_A}{Z_l+Z'} = \frac{220\angle 0°}{3+j4+6.4+j4.8} = 17.1\angle -43.2° \text{(A)}$$

$$\dot{I}_B = \dot{I}_A \angle -120° = 17.1\angle -163.2° \text{(A)}$$

$$\dot{I}_C = \dot{I}_A \angle 120° = 17.1\angle 76.8° \text{(A)}$$

等效Y形负载的相电压为

$$\dot{U}_{A'N'} = Z'\dot{I}_A = (6.4+j4.8)\times 17.1\angle -43.2° = 136\angle -6.3° \text{(V)}$$

等效丫形负载的线电压，也是△形负载的线电压、相电压为

$$\dot{U}_{A'B'} = \sqrt{3}\dot{U}_{A'N'} \underline{/30°} = 236.9 \underline{/23.7°}(V)$$

$$\dot{U}_{B'C'} = \dot{U}_{A'B'} \underline{/-120°} = 236.9 \underline{/-96.3°}(V)$$

$$\dot{U}_{C'A'} = \dot{U}_{A'B'} \underline{/120°} = 236.9 \underline{/143.7°}(V)$$

△形负载的相电流为

$$\dot{I}_{A'B'} = \frac{\dot{U}_{A'B'}}{Z} = 9.9 \underline{/-13.2°} \ (A)$$

或

$$\dot{I}_{A'B'} = \frac{\dot{I}_A}{\sqrt{3}} \underline{/30°} = 9.9 \underline{/-13.2°}(A)$$

$$\dot{I}_{B'C'} = \dot{I}_{A'B'} \underline{/-120°} = 9.9 \underline{/-133.2°}(A)$$

$$\dot{I}_{C'A'} = \dot{I}_{A'B'} \underline{/120°} = 9.9 \underline{/106.8°}(A)$$

三、△—丫系统 (Delta-Wye system)

若对称三相系统为△—丫连接，可将△形电源等效成丫形电源，然后用一相（A相）计算方法来分析。

例 7-3 图 7-13（a）所示对称三相电路中，已知电源相电压 $u_A = 380\sqrt{2}\cos(\omega t + 30°)$ V，负载复阻抗为 $Z = (5+j6)\Omega$，线路复阻抗为 $Z_l = (1+j2)\Omega$。求负载相电流相量。

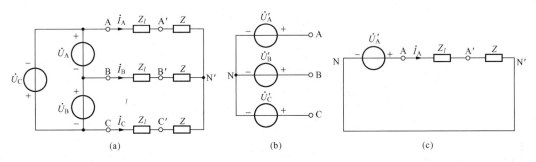

图 7-13 例 7-3 图
(a) 对称三相电路；(b) 等效丫形连接；(c) A相计算电路

解 将电路化为对称三相丫—丫系统来分析。△形电源等效成丫形连接，如图 7-13（b）所示。等效丫形电源的线电压为

$$\dot{U}_{AB} = \dot{U}_A = 380 \underline{/30°}(V)$$

因线电压对称，等效丫形电源的相电压也对称，各相电压为

$$\dot{U}'_A = \frac{\dot{U}_{AB}}{\sqrt{3}} \underline{/-30°} = 220 \underline{/0°}(V)$$

$$\dot{U}'_B = 220 \underline{/-120°}(V)$$

$$\dot{U}'_C = 220 \underline{/120°}(V)$$

一相（A相）计算电路如图 7-13（c）所示。各负载的相电流，即线电流为

$$\dot{I}_A = \frac{\dot{U}'_A}{Z_l + Z} = \frac{220 \underline{/0°}}{1+j2+5+j6} = 22 \underline{/-53.13°}(A)$$

$$\dot{I}_{B} = \dot{I}_{A} \; \underline{/-120^\circ} = 22 \; \underline{/-173.13^\circ}(A)$$

$$\dot{I}_{C} = \dot{I}_{A} \; \underline{/120^\circ} = 22 \; \underline{/66.87^\circ}(A)$$

四、△—△系统（Delta-Delta system）

对称三相△—△电路如图 7-14（a）所示。分析该电路时，可将△形电源和△形负载分别等效成丫形连接，整个电路就成了丫—丫系统，如图 7-14（b）所示，其中 $\dot{U}'_{A} = \dfrac{\dot{U}_{AB}}{\sqrt{3}} \underline{/-30^\circ}$，$Z' = \dfrac{Z}{3}$，这样就可归结为一相电路来计算。则 A 相有关的电压、电流为

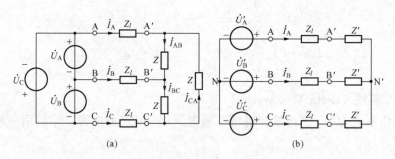

图 7-14 三相△—△电路
(a) 三相△—△电路；(b) 丫—丫电路

$$\dot{I}_{A} = \frac{\dot{U}'_{A}}{Z_{l} + Z'}$$

$$\dot{U}_{A'N'} = Z' \dot{I}_{A}$$

$$\dot{U}_{A'B'} = \sqrt{3} \dot{U}_{A'N'} \; \underline{/30^\circ}$$

$$\dot{I}_{AB} = \frac{\dot{U}_{A'B'}}{Z} \quad \text{或} \quad \dot{I}_{AB} = \frac{\dot{I}_{A}}{\sqrt{3}} \; \underline{/30^\circ}$$

若图 7-14（a）中性线路复阻抗为零，即 $Z_{l} = 0$，则此对称△—△电路不必等效成丫—丫系统，可直接求出负载的相电流，然后求线电流。则

$$\dot{I}_{AB} = \frac{\dot{U}_{AB}}{Z}$$

$$\dot{I}_{A} = \sqrt{3} \dot{I}_{AB} \; \underline{/-30^\circ}$$

五、对称三相电路的计算（symmetrical three-phase system analysis）

通过以上分析可知，对称丫—丫连接可归结为一相电路来计算。由于△形电源和负载均可化成等效的丫形电源和负载，所以对称三相电路都可归结为一相的计算方法来计算，其步骤包括以下 5 步：

（1）将△形电源和负载化为等效的丫形连接，使电路成丫—丫连接。

（2）用一根无阻抗的导线连接各负载和电源中性点，中性线上若有阻抗可不计。

（3）画出一相（取 A 相）计算电路，求出一相的电压、电流。

（4）根据丫形、△形连接的线值和相值之间的关系，求出原电路的电压、电流。

（5）根据对称性，直接写出其他两相的电压、电流。

例 7-4　图 7-15（a）所示对称三相电路，已知电源相电压为 220V，线路复阻抗 $Z_1 = (1 + \text{j}2)\Omega$，丫形负载复阻抗 $Z_2 = (16 + \text{j}12)\Omega$，△形负载复阻抗 $Z_3 = (36 + \text{j}48)\Omega$。求负载的相电压及相电流。

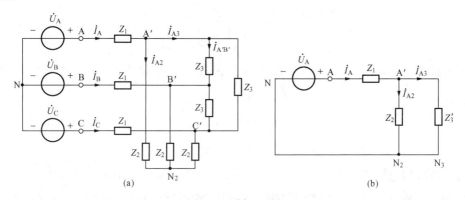

图 7-15　例 7-4 图

（a）对称三相电路；（b）A 相计算电路

解　将△形负载等效成丫形连接，产生一中性点 N_3，连接中性点 N、N_2、N_3，画出 A 相计算电路，如图 7-15（b）所示。其中 $\dot{U}_A = 220\underline{/0^\circ}$ V，$Z_3' = \dfrac{Z_3}{3} = (12 + \text{j}16)\Omega$，用结点电压法可直接求出丫形负载的相电压为

$$\dot{U}_{A'N_2} = \frac{\dfrac{\dot{U}_A}{Z_1}}{\dfrac{1}{Z_1} + \dfrac{1}{Z_2} + \dfrac{1}{Z_3'}} = \frac{\dfrac{220\underline{/0^\circ}}{1+\text{j}2}}{\dfrac{1}{1+\text{j}2} + \dfrac{1}{16+\text{j}12} + \dfrac{1}{12+\text{j}16}} = 182\underline{/-3.3^\circ} \text{ (V)}$$

而△形负载的相电压即线电压为

$$\dot{U}_{A'B'} = \sqrt{3}\dot{U}_{A'N_2}\underline{/30^\circ} = 315.2\underline{/26.7^\circ} \text{ (V)}$$

丫形负载的相电流即线电流为

$$\dot{I}_{A2} = \frac{\dot{U}_{A'N_2}}{Z_2} = \frac{182\underline{/-3.3^\circ}}{16+\text{j}12} = 9.1\underline{/-40.17^\circ} \text{ (A)}$$

△形负载的线电流和相电流分别为

$$\dot{I}_{A3} = \frac{\dot{U}_{A'N_2}}{Z_3'} = \frac{182\underline{/-3.3^\circ}}{12+\text{j}16} = 9.1\underline{/-56.43^\circ} \text{(A)}$$

$$\dot{I}_{A'B'} = \frac{\dot{I}_{A3}}{\sqrt{3}}\underline{/30^\circ} = 5.25\underline{/-26.43^\circ} \text{(A)}$$

第三节　不对称三相电路

在低压电力网中，有许多小功率的单相负载，用户用电情况也不同，很难把它们凑成完全对称的三相负载。在三相电路中，电源、线路复阻抗和负载只要有一部分不对称，即成为不对称三相电路。这种电路不能再用对称三相电路中的一相的计算方法。本节只初步分析由于负载的不对称而引起的一些特点。

如图 7-16（a）所示的 Y—Y 连接是三相电源对称、三相负载不对称的情况。根据结点电压法，求出中性点电压为

$$\dot{U}_{N'N} = \frac{\dfrac{\dot{U}_A}{Z_A} + \dfrac{\dot{U}_B}{Z_B} + \dfrac{\dot{U}_C}{Z_C}}{\dfrac{1}{Z_N} + \dfrac{1}{Z_A} + \dfrac{1}{Z_B} + \dfrac{1}{Z_C}}$$

由于负载不对称，所以 $\dot{U}_{N'N} \neq 0$。即中性点 N 和 N′ 的电位不等。此时负载的相电压为

$$\dot{U}_{AN'} = \dot{U}_A - \dot{U}_{N'N}$$

$$\dot{U}_{BN'} = \dot{U}_B - \dot{U}_{N'N}$$

$$\dot{U}_{CN'} = \dot{U}_C - \dot{U}_{N'N}$$

显然，负载相电压不对称，其相量图如图 7-16（b）所示。由于 $\dot{U}_{N'N} \neq 0$，中性点 N 和 N′ 在相量图上不重合，这一现象称为中性点位移。在电源对称的情况下，负载相电压 $\dot{U}_{AN'}$、$\dot{U}_{BN'}$ 和 $\dot{U}_{CN'}$ 不对称的程度与中性点位移程度有关。当中性点位移较大时，会造成负载相电压严重的不对称，有的相电压过高，造成负载因过热而烧毁，有的相电压过低而不能正常工作。

要减少或消除中性点位移，应尽量减少中性线复阻抗，假如中性线复阻抗为零，即 $Z_N = 0$，则 $\dot{U}_{N'N} = 0$，这样每相负载的相电压就是每相电源的相电压，尽管负载阻抗不对称，也能保证负载正常工作，这就是低压电网广泛采用三相四线制的原因之一。实际上，中性线复阻抗不可能为零，因此除了尽可能减少中性线复阻抗外，还要适当调整各相负载，使之尽量对称。

在没有中性线时，因负载不对称而引起的中性点位移最为严重，实际工程中为避免中性线断开而造成负载各相电压严重不对称，要求中性线应采用强度较高的钢绞线，安装牢固，而且在中性线上不允许安置开关和熔丝。

由于负载相电流的不对称，则中性线电流一般不为零，即

$$\dot{I}_N = \dot{I}_A + \dot{I}_B + \dot{I}_C \neq 0$$

例 7-5 图 7-17 所示电路是一种测定相序的仪器，称为相序指示器。负载是由一个电容和两个相同的白炽灯组成的 Y 形连接，且 $R = \dfrac{1}{\omega C}$，试说明在电源相电压对称的情况下，如何根据两个灯泡的亮度确定电源的相序。

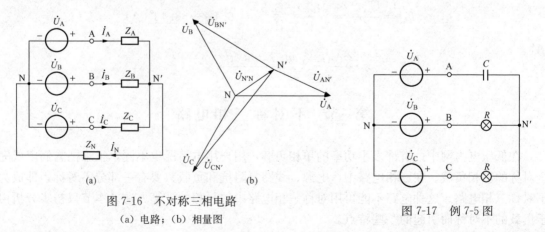

图 7-16 不对称三相电路

（a）电路；（b）相量图

图 7-17 例 7-5 图

解 设电容所在的一相为 A 相，并令 $\dot{U}_A = U\angle 0°$，$\dot{U}_B = U\angle -120°$，$\dot{U}_C = U\angle 120°$，则中性点的电压为

$$\dot{U}_{N'N} = \frac{\mathrm{j}\omega C\dot{U}_A + \dfrac{\dot{U}_B}{R} + \dfrac{\dot{U}_C}{R}}{\mathrm{j}\omega C + \dfrac{1}{R} + \dfrac{1}{R}}$$

$$= \frac{\mathrm{j}U\angle 0° + U\angle -120° + U\angle 120°}{2 + \mathrm{j}1}$$

$$= (-0.2 + \mathrm{j}0.6)U$$

B 相灯泡所承受的电压为

$$\dot{U}_{BN'} = \dot{U}_B - \dot{U}_{N'N} = U\angle -120° - (-0.2 + \mathrm{j}0.6)U$$

$$= (-0.3 - \mathrm{j}1.47)U = 1.5U\angle -101.5°$$

C 相灯泡所承受的电压为

$$\dot{U}_{CN'} = \dot{U}_C - \dot{U}_{N'N} = U\angle 120° - (-0.2 + \mathrm{j}0.6)U$$

$$= (-0.3 + \mathrm{j}0.266)U = 0.4U\angle 138.4°$$

可见，$U_{BN'} = 1.5U$，$U_{CN'} = 0.4U$。所以，如果电容所在的那一相为 A 相，则较亮的白炽灯所接的那一相为 B 相，较暗的白炽灯所接的那一相为 C 相。

第四节 三相电路的功率及测量

一、三相功率（three-phase power）

1. 平均功率

平均功率即有功功率。三相电源发出的平均功率或负载吸收的平均功率，等于各相平均功率之和，即

$$P = P_A + P_B + P_C = U_A I_A \cos\varphi_A + U_B I_B \cos\varphi_B + U_C I_C \cos\varphi_C$$

在对称三相电路中，由于

$$U_A = U_B = U_C = U_{ph}$$

$$I_A = I_B = I_C = I_{ph}$$

$$\varphi_A = \varphi_B = \varphi_C = \varphi$$

所以对称三相平均功率等于一相平均功率的 3 倍，即

$$P = 3U_{ph} I_{ph} \cos\varphi$$

U_{ph} 和 I_{ph} 为相电压和相电流，U_l 和 I_l 为线电压和线电流。对称三相制中，当电源或负载接成 Y 形时，$U_l = \sqrt{3}U_{ph}$，$I_l = I_{ph}$；接成 △ 形时，$U_l = U_{ph}$，$I_l = \sqrt{3}I_{ph}$，两种接法均有 $U_l I_l = \sqrt{3}U_{ph} I_{ph}$，故对称三相平均功率为

$$P = 3U_{ph} I_{ph} \cos\varphi = \sqrt{3}U_l I_l \cos\varphi \tag{7-7}$$

φ 为相电压、相电流的相位差，也是负载的阻抗角。$\cos\varphi$ 为每相负载的功率因数，对称时也是对称三相负载的功率因数。

2. 无功功率

三相电路的无功功率，可类似地得到

$$Q = Q_A + Q_B + Q_C = U_A I_A \sin\varphi_A + U_B I_B \sin\varphi_B + U_C I_C \sin\varphi_C$$

在对称三相电路中，不论Y形或者△形连接，无功功率为

$$Q = 3U_{ph} I_{ph} \sin\varphi = \sqrt{3} U_l I_l \sin\varphi \tag{7-8}$$

3. 视在功率

三相电路的视在功率为

$$S = \sqrt{P^2 + Q^2} \tag{7-9}$$

在对称三相电路中

$$S = 3U_{ph} I_{ph} = \sqrt{3} U_l I_l \tag{7-10}$$

4. 瞬时功率

三相电路的瞬时功率等于各相瞬时功率的代数和。对称三相电路各相的电压与电流在关联参考方向下，且以 A 相为参考正弦量，则有

$$u_A = \sqrt{2} U_{ph} \cos\omega t \ , \ i_A = \sqrt{2} I_{ph} \cos(\omega t - \varphi)$$

各相的瞬时功率及总的瞬时功率为

$$p_A = u_A i_A = \sqrt{2} U_{ph} \cos\omega t \times \sqrt{2} I_{ph} \cos(\omega t - \varphi)$$
$$= U_{ph} I_{ph} [\cos\varphi + \cos(2\omega t - \varphi)]$$
$$p_B = u_B i_B = \sqrt{2} U_{ph} \cos(\omega t - 120°) \times \sqrt{2} I_{ph} \cos(\omega t - \varphi - 120°)$$
$$= U_{ph} I_{ph} [\cos\varphi + \cos(2\omega t - \varphi - 240°)]$$
$$p_C = u_C i_C = \sqrt{2} U_{ph} \cos(\omega t + 120°) \times \sqrt{2} I_{ph} \cos(\omega t - \varphi + 120°)$$
$$= U_{ph} I_{ph} [\cos\varphi + \cos(2\omega t - \varphi + 240°)]$$
$$p = p_A + p_B + p_C = 3U_{ph} I_{ph} \cos\varphi$$

可见，对称三相电路的瞬时功率是一个常量，其值等于平均功率。这是三相制的一个优点，通常把这一性质称为瞬时功率平衡。对电动机而言，由于瞬时功率平衡，它所产生的转矩也是恒定的，这可免除电动机运转时的振动。

二、三相功率的测量（three-phase power measurement）

实际电路中，不论负载对称与否，常用几个功率表（又称瓦特计）来测量三相电路的有功功率。

1. 三瓦特计法

在三相四线制电路中，用 3 个功率表测量三相有功功率，称为三瓦特计法。

不对称的三相四线制电路，用 3 个功率表测量各相负载的功率，然后相加得负载的总功率，其电路如图 7-18 所示。

$$p = u_{AN} i_A + u_{BN} i_B + u_{CN} i_C$$
$$P = P_A + P_B + P_C$$

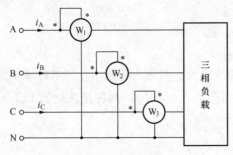

图 7-18　三瓦特计法测三相功率

若负载对称，只需一个功率表，读数乘以 3 即为三相总有功功率。

2. 二瓦特计法

三相三线制电路，不论负载对称与否，可用两个功率表测量三相功率，称二瓦特计法。

两个功率表的一种连接方式如图 7-19 所示。两个功率表的电流线圈分别串入两端线中（图示为 A、B 两端线），它们的电压线圈的非电源端（即无 * 端）共同接到非电流线圈所在的第三条端线上（图示为 C 端线）。由于这种测量方法中功率表的接线只涉及线电压与线电流，故与负载和电源的连接方式无关，并且不管负载对称与否二瓦特计法都适用。

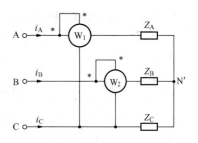

图 7-19 二瓦特计法测三相功率

可以证明，图 7-19 中两个功率表读数的代数和为三相三线制中右侧电路吸收的平均功率。三相负载的瞬时功率为

$$p = p_A + p_B + p_C = u_{AN'} i_A + u_{BN'} i_B + u_{CN'} i_C$$

由于三相三线制中，$i_A + i_B + i_C = 0$，即有 $i_C = -(i_A + i_B)$，代入上式并整理得

$$p = (u_{AN'} - u_{CN'}) i_A + (u_{BN'} - u_{CN'}) i_B = u_{AC} i_A + u_{BC} i_B$$

根据正弦电路中平均功率的定义可求得三相平均功率为

$$P = \frac{1}{T} \int_0^T p \mathrm{d}t = U_{AC} I_A \cos\varphi_1 + U_{BC} I_B \cos\varphi_2 = P_1 + P_2 \tag{7-11}$$

式中：φ_1 为 $\dot{U}_{AC}$ 与 $\dot{I}_A$ 的相位差；φ_2 为 $\dot{U}_{BC}$ 与 $\dot{I}_B$ 的相位差。

根据功率表的工作原理，P_1 和 P_2 分别为两个功率表的读数。所以两个功率表的读数和就是三相总功率。由于△形连接负载可以变为Y形连接，故结论仍成立。

在实际测量时，当某个瓦特表所接线电压与线电流的相位差大于 90°时，该表的读数就为负值，在求代数和时该读数应取负值。一般来讲，单独一个功率表的读数是没有意义的。

若为对称三相电路，图 7-19 中两个功率表的读数的计算式为

$$\begin{aligned} P_1 &= U_{AC} I_A \cos\varphi_1 = U_l I_l \cos[(30° + 120° - 180°) - (-\varphi)] = U_l I_l \cos(\varphi - 30°) \\ P_2 &= U_{BC} I_B \cos\varphi_2 = U_l I_l \cos[(30° - 120°) - (-\varphi - 120°)] = U_l I_l \cos(\varphi + 30°) \end{aligned} \left.\right\}$$

$$\tag{7-12}$$

其中，φ 为负载相电压与相电流的相位差，即负载阻抗角。两个功率表的读数和为

$$\begin{aligned} P_1 + P_2 &= U_l I_l \cos(\varphi - 30°) + U_l I_l \cos(\varphi + 30°) \\ &= 2 U_l I_l \cos\varphi \cos 30° = \sqrt{3} U_l I_l \cos\varphi \end{aligned} \tag{7-13}$$

式（7-13）结果即为对称三相电路求平均功率的表达式。

利用两瓦特计的读数，还可计算对称三相负载的无功功率。将式（7-12）中两瓦特计读数相减得

$$\begin{aligned} P_1 - P_2 &= U_l I_l \cos(\varphi - 30°) - U_l I_l \cos(\varphi + 30°) \\ &= U_l I_l [-2\sin\varphi \sin(-30°)] = U_l I_l \sin\varphi = \frac{Q}{\sqrt{3}} \end{aligned}$$

将两瓦特计读数之差乘以 $\sqrt{3}$，即得对称三相负载的总无功功率

$$Q = \sqrt{3}(P_1 - P_2) \tag{7-14}$$

二瓦特计法的另外两种接法如图 7-20 所示，对于对称三相电路，不难推出图 7-20（a）中两个功率表的读数分别为

$$\begin{aligned} P_1 &= U_{AB} I_A \cos\varphi_1 = U_l I_l \cos(\varphi + 30°) \\ P_2 &= U_{CB} I_C \cos\varphi_2 = U_l I_l \cos(\varphi - 30°) \end{aligned} \left.\right\}$$

图 7-20（b）中两个功率表的读数分别为

$$P_1 = U_{BA}I_B\cos\varphi_1 = U_lI_l\cos(\varphi - 30°) \atop P_2 = U_{CA}I_C\cos\varphi_2 = U_lI_l\cos(\varphi + 30°) \Bigr\}$$

可见，如图 7-20 所示的两种接法中，两功率表 ⓦ₁ 和 ⓦ₂ 的读数刚好相反，因此，读数要根据实际的接法来确定，不能硬套公式。当然，最可靠的是根据功率表读数的计算公式来计算。不论何种连接，对称三相电路的两个功率表的读数之和即为三相有功功率，即

$$P = P_1 + P_2 = \sqrt{3}U_lI_l\cos\varphi$$

二瓦特计法中，要注意功率表的正确接法，两个功率表的电流线圈分别串入任意两条端线中，有"＊"号端接电源端，此时电流线圈中性线电流参考方向是从"＊"号端流入；电压线圈的"＊"号端接在电流线圈所在的端线上，另一端接到没有串联电流线圈的端线上即可，此时功率表所取用的线电压是以"＊"号端为参考"＋"极性端。

例 7-6　图 7-21 所示对称三相电路，电源的线电压为 380V，$Z = (100 + j100)\Omega$。试计算三相负载的有功功率及两个功率表的读数。

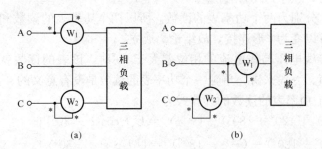

图 7-20　二瓦特计法另外两种接法

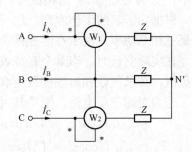

图 7-21　例 7-6 图

解　设 $\dot{U}_{AB} = 380\underline{/30°}$ V，则 $\dot{U}_{AN'} = \dot{U}_A = \dfrac{\dot{U}_{AB}}{\sqrt{3}}\underline{/-30°} = 220\underline{/0°}$ （V）

$$\dot{I}_A = \frac{\dot{U}_{AN'}}{Z} = \frac{220}{100 + j100} = 1.1\sqrt{2}\underline{/-45°} \text{ （A）}$$

三相负载的平均功率为

$$P = \sqrt{3}U_lI_l\cos\varphi = \sqrt{3} \times 380 \times 1.1\sqrt{2} \times \cos45° = 724(\text{W})$$

两个功率表的读数分别为

$$P_1 = U_{AB}I_A\cos\varphi_1 = 380 \times 1.1\sqrt{2} \times \cos[(30° - (-45°)]$$
$$= 380 \times 1.1\sqrt{2} \times \cos75° = 153(\text{W})$$
$$P_2 = U_{CB}I_C\cos\varphi_2 = 380 \times 1.1\sqrt{2} \times \cos[(30° - 120° + 180°) - (-45° + 120°)]$$
$$= 380 \times 1.1\sqrt{2} \times \cos15° = 571(\text{W})$$
$$P_1 + P_2 = 153 + 571 = 724(\text{W})$$

即两功率表的读数和等于三相负载总的有功功率。

第五节　用 Multisim 分析三相电路

用 Multisim 软件分析三相电路，其方法与分析单相交流电路一致。但当电源为△连接时，Multisim 不接受这种形式，为了避免这个问题，在△连接电源的每一相中插入一只串联电阻（小到可以忽略不计，不影响原来电路的电压和电流，例如，$1\mu\Omega$）。

例 7-7　图 7-22 所示对称三相电路，电源线电压 380V，负载阻抗为 $Z=(100+\mathrm{j}20\pi)\Omega$，线路阻抗为 $Z_l=1\Omega$。用 Multisim 求负载的线电压、线电流和相电流的有效值。

解　首先，利用 file/new/design 画出给定电路。取三相正序电压源，即 $\dot U_A=220\,\underline{/0^\circ}$ V，$\dot U_B=220\,\underline{/-120^\circ}$ V，$\dot U_C=220\,\underline{/120^\circ}$ V。当 $f=50$Hz，感性负载有一只电阻 $R=100\Omega$ 和一只电感 $L=20\pi/2\pi f=0.2$H 串联而成，并联电压表 VOLTMETER 测电压有效值，串联电流表 AMMETER 测电流有效值。仿真结果如图 7-23 所示。

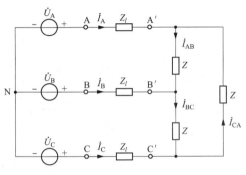

图 7-22　例 7-7 图

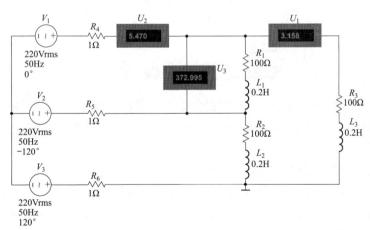

图 7-23　例 7-7 仿真电路图及仿真结果

仿真结果：负载的线电压有效值为 372.995V，线电流有效值为 5.47A，相电流有效值为 3.158A。

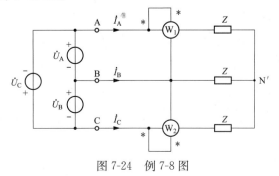

图 7-24　例 7-8 图

例 7-8　图 7-24 所示对称三相电路，电源线电压为 380V，$Z=(100+\mathrm{j}100)\Omega$。试用 Multisim 求三相负载的有功功率及两个功率表的读数。

解　当电源为△连接时，需要在△连接电源的每一相中插入一只串联电阻（小到可以忽略不计，不影响原来电路的电压和电流，例如，$1\mu\Omega$），Multisim 才能正常工作。

取正序电压源，当 $f = 50\text{Hz}$，感性负载由一只电阻 $R = 100\Omega$ 和一只电感 $L = 100/2\pi f = 318.31\text{mH}$ 串联而成。

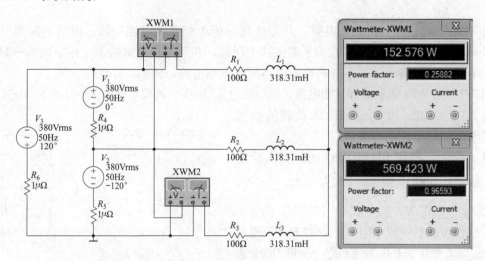

图 7-25　例 7-8 仿真电路图及功率表的读数

仿真结果：两个功率表读数分别为 $P_1 = 152.576\text{W}$，$P_2 = 569.423\text{W}$。三相负载总的有功功率 $P = P_1 + P_2 = 721.999\text{W}$。

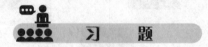

习　　题

7-1　已知对称三相电路的星形负载复阻抗 $Z = (165+\text{j}84)\Omega$，端线复阻抗 $Z_l = (2+\text{j}1)\Omega$，中性线复阻抗 $Z_N = (5+\text{j}6)\Omega$，电源线电压为 $U_l = 380\text{V}$。求负载端的电流和线电压，并作电路的相量图。

7-2　已知对称三相电路电源线电压为 $U_l = 380\text{V}$，三角形负载 $Z = (4.5+\text{j}14)\Omega$，端线复阻抗 $Z_l = (1.5+\text{j}2)\Omega$。求线电流和负载的相电流，并作电路的相量图。

7-3　某一对称三角形负载与一对称星形电源相连接，已知负载复阻抗 $Z = (8-\text{j}6)\Omega$，端线复阻抗 $Z_l = \text{j}2\Omega$，电源相电压为 220V。求电源和负载的相电流。

7-4　图 7-26 所示对称三相电路，电源线电压为 380V，$|Z_1| = 10\Omega$，$\cos\varphi_1 = 0.6$（感性），$Z_2 = -\text{j}50\Omega$，$Z_N = (1+\text{j}2)\Omega$。求线电流和各负载的相电流。

7-5　图 7-27 所示对称三相电路，电源线电压为 380V，$|Z_1| = 50\Omega$，$\cos\varphi_1 = 0.6$（感性），$Z_2 = (90+\text{j}120)\Omega$，$Z_l = \text{j}1\Omega$。求线电流和各负载的相电压。

7-6　有一星形负载接在线电压为 380V 的对称三相电源上（无中性线），负载复阻抗 $Z = (8+\text{j}6)\Omega$。求下面情况下负载的相电压和相电流。

（1）C 相负载开路；

（2）C 相负载短路。

7-7　有一三角形负载接在线电压为 380V 的对称三相电源上，负载复阻抗 $Z = (16+\text{j}24)\Omega$。求下面情况下线电流和负载的相电流。

（1）负载中一相开路；

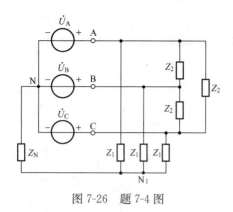

图 7-26 题 7-4 图

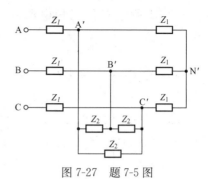

图 7-27 题 7-5 图

（2）一条端线开路。

7-8 图 7-28 所示 380/220V 三相四线制供电系统中，接有两个对称三相负载和一个单相负载，已知 $Z=(40+j30)\Omega$，$R=100\Omega$。求：

（1）线电流；

（2）中性线电流。

7-9 图 7-29 所示电路接到线电压为 380V 的对称三相交流电源上，已知 $R_N=220\Omega$，$R_1=\omega L=\dfrac{1}{\omega C}=100\Omega$，$R_2=300\Omega$，求电阻 R_N 两端的电压。

7-10 某星形负载与线电压为 380V 的对称三相电源相连接，各相负载的电阻分别为 10、12、15Ω，设中性线断开，试求各相电压。

7-11 功率为 2.4kW，功率因数为 0.6 的对称三相感性负载，与线电压为 380V 的供电系统相连，求：

（1）线电流；

（2）若负载是星形连接，每相复阻抗 Z_Y 为多少？

（3）若负载是三角形连接，每相复阻抗 $Z_\triangle$ 为多少？

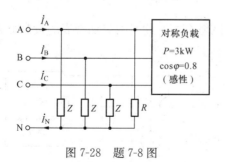

图 7-28 题 7-8 图

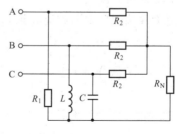

图 7-29 题 7-9 图

7-12 对称三相电路，电源线电压为 380V，负载复阻抗 $Z=(6+j8)\Omega$。分别计算并比较当负载接成星形和三角形时所吸收的平均功率。

7-13 已知对称三相电路星形负载的线电压为 380V，线电流为 2A，负载功率因数 $\cos\varphi=0.8$（感性），线路复阻抗 $Z_l=(2+j4)\Omega$。求电源线电压。

7-14 图 7-30 所示对称三相电路，三角形负载功率为 10kW，功率因数为 0.8（感性），星形负载功率也是 10kW，功率因数为 0.885（感性），线路复阻抗 $Z_l=(0.1+j0.2)\Omega$。要求负载端线电压有效值保持 380V，问电源线电压应为多少？

7-15 图 7-31 所示对称三相电源的线电压为 380V，$Z=(50+j50)\Omega$，$Z_1=(100+j100)\Omega$。求：

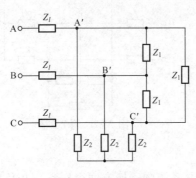

图 7-30 题 7-14 图   图 7-31 题 7-15 图

（1）线电流；

（2）功率表的读数。

7-16 图 7-32 所示对称三相电路，已知线电压 $U_l=220V$，功率表 $\textcircled{W}_1$ 的读数为 0，$\textcircled{W}_2$ 的读数为 2420W。求负载复阻抗 Z。

7-17 图 7-33 所示对称三相电路中有两组对称三相负载，已知电源线电压 $U_l=380V$，容抗 $X_C=1k\Omega$，求两个功率表 $\textcircled{W}_1$ 和 $\textcircled{W}_2$ 的读数。

7-18 图 7-34 所示对称三相电路，已知线电压为 100V，负载复阻抗 $Z=10\underline{/10°}\ \Omega$。求线电流、功率表的读数及三相无功功率。

7-19 如图 7-35 所示，已知对称三相电路的负载吸收的功率为 2.4kW，功率因数为 0.4（感性）。试求：

（1）两个功率表的读数；

（2）要使负载端的功率因数提高到 0.8，该怎么办？此时两只功率表的读数分别为多少？

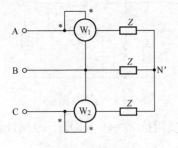

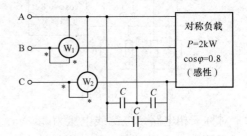

图 7-32 题 7-16 图   图 7-33 题 7-17 图

7-20 利用 Multisim 求题 7-4 的线电流和各负载的相电流。

7-21 利用 Multisim 求题 7-5 的负载的线电压和各负载的相电流。

7-22 对题 7-15，利用 Multisim 求：

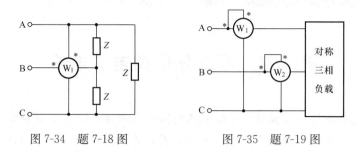

图 7-34　题 7-18 图　　　　图 7-35　题 7-19 图

（1）线电流；

（2）功率表的读数。

7-23　对题 7-17，先求出对称感性负载的复阻抗，利用 Multisim 求两个功率表的读数。

7-24　利用 Multisim 求题 7-18 的线电流、功率表的读数及三相无功功率。

第八章　非正弦周期电流电路

本章要求　充分理解非正弦周期电流电路的谐波分析法，了解非正弦周期函数的傅里叶级数，掌握有效值、平均值和平均功率，熟练掌握非正弦周期电流电路的计算及对称三相电路中的高次谐波。

本章重点　非正弦周期电流电路的计算。难点是含有高次谐波的对称三相电路的分析。

第一节　非正弦周期量

从正弦电流电路的分析讨论中可以知道，线性电路在稳定状态下，如果电路中所有电源都是同频率正弦量，那么电路中各部分电压和电流也是按同一频率变化的正弦量，就是说要使电路中电压和电流都是正弦函数，必须满足下面两个条件。

第一，电路中所有电源均是同频率的正弦电源。

第二，电路中所有电路元件都必须是线性元件，而不包含非线性元件。

但是在有些实际问题中，不一定都能满足以上两个条件，由于以下一些原因，电路中将会产生非正弦量，即电路中的电压和电流随时间作非正弦规律变化。

（1）电路中有两个以上不同频率的正弦电源同时作用。如图 8-1（a）所示，图中角频率为 ω 的正弦电压源 u_1 和角频率为 3ω 的正弦电压源 u_3 串联，将 1、2 两端接到示波器上，可以观察到电压 $u = u_1 + u_3$ 是一个非正弦波，其波形如图 8-1（b）所示。如果将此非正弦电压 u 作用于线性电路中，例如，作用于线性电阻 R，将会出现非正弦电流 i。

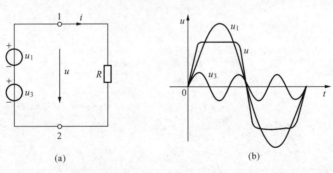

图 8-1　两个不同频率正弦波的叠加
(a) 电路；(b) 波形

（2）电源是同频率的正弦量，而电路中含有非线性元件时，电路中电压、电流也将出现非正弦量，如图 8-2（a）所示的半波整流电路中，由于二极管是非线性元件，具有单方向导电特性，电路中的电流为非正弦量，其波形如图 8-2（b）所示。当铁芯线圈接通正弦电压时，线圈中的电流也是非正弦的。

（3）在电子技术及自动控制系统中，所传输的信号常常不是按正弦规律变化的，从而电路中电压、电流也都是非正弦量，它们的波形如图 8-3 所示。

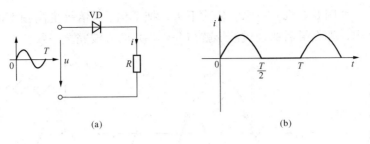

图 8-2　具有二极管的非正弦电流电路及波形
(a) 电路；(b) 波形

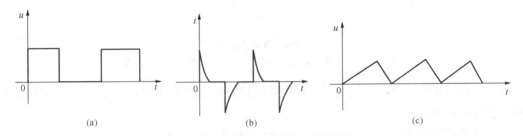

图 8-3　非正弦波举例
(a) 方波电压；(b) 脉冲电流；(c) 锯齿波电压

在电力工程中，采用正弦制，并力图得到正弦交流电流，这是因为非正弦量的出现会增大电路功率损耗，容易引起谐振而使电路出现过电压或过电流等不良结果。在电子技术中，电路常常工作在非正弦状态中。所有这些都需要掌握非正弦交流电路的特点和分析计算方法。

非正弦量可分为周期的与非周期的两种，本章只限于讨论线性电路在非正弦周期电源作用时的情况，并介绍适用于这种情况的非正弦交流电路的计算方法——谐波分析法。谐波分析法的数学工具是傅里叶级数展开法，所依据的是线性电路的叠加定理。其过程是应用傅里叶级数将周期性非正弦量分解为一系列不同频率的正弦量之和，然后应用叠加定理，分别计算各种频率正弦量单独作用下所产生的电压和电流，然后将它们的瞬时值相加，求得所要求的结果。

第二节　非正弦周期信号的谐波分析

一、非正弦波的合成（nonsinusoidal period signal combination）

前面讲过，几个同频率的正弦量之和还是一个同频率的正弦量。但是几个不同频率的正弦量相加就不再是正弦量。

如图 8-4 (a) 所示的方波是一种常见的非正弦周期信号，图中虚线表示一个同频率的正弦波 u_1，显然两者波形差别很大。如果在这个正弦波上叠加一个 3 倍频率的正弦波 u_3（u_3 的幅值为 u_1 幅值的 $\frac{1}{3}$），则它们的合成波形就比较接近于方波，如图 8-4 (b) 所示。如果再叠加一个 5 倍频率的正弦波 u_5（u_5 的幅值为 u_1 幅值的 $\frac{1}{5}$），则它们的合成波形就与方波波形相差无几了，如图 8-4（c）所示。依次下去，把 7 倍、9 倍等更高频率的正弦波再叠加上，直至无限多个，那么最后的合成波形就与 8-4（a）的方波完全一致。

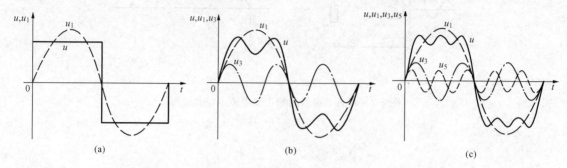

图 8-4　方波的合成

（a）方波；（b）正弦波 u_1 和 u_3 叠加；（c）正弦波 u_1、u_3、u_5 叠加

反之，利用数学手段，电气电子工程中常遇到的非正弦周期信号也可以分解为无限多个不同频率的正弦波。

二、非正弦波的分解（nonsinusoidal period signal division）

周期电流、电压或信号都可以用一个周期函数来表示，即

$$f(t) = f(t + kT)$$

式中：T 为周期函数的周期，$k = 0, 1, 2, 3, \cdots$。

由数学分析可知，满足狄利赫里条件的周期函数可以分解为傅里叶级数，即一个以 T 为周期的函数 $f(t)$ 在周期 T 内连续，或至多存在有限个第一类间断点，则 $f(t)$ 可展开为一个傅里叶级数。在电气电子工程中常见的非正弦周期波，大都满足狄利赫里条件。

设 $f(t)$ 为一满足狄利赫里条件的非正弦周期函数，其周期为 T，角频率 $\omega = \dfrac{2\pi}{T}$，则 $f(t)$ 的傅里叶级数展开式的一般形式为

$$f(t) = a_0 + \sum_{k=1}^{\infty}(a_k \cos k\omega t + b_k \sin k\omega t) \tag{8-1}$$

式中：a_0 为 $f(t)$ 的直流分量；$a_k \cos k\omega t$ 为余弦项；$b_k \sin k\omega t$ 为正弦项。

傅里叶级数还可合并成另一种形式，即

$$f(t) = A_0 + \sum_{k=1}^{\infty} A_{km} \cos(k\omega t + \varphi_k) \tag{8-2}$$

式中：$f(t)$ 为非正弦周期波；A_0 为 $f(t)$ 的直流分量或恒定分量，也称零次谐波；$A_{1m} \cos(\omega t + \varphi_1)$ 为频率与 $f(t)$ 的频率相同，称为基波或一次谐波；$A_{2m} \cos(2\omega t + \varphi_2)$ 为频率为基波频率的两倍，称为二次谐波；$A_{km} \cos(k\omega t + \varphi_k)$ 为频率为基波频率的 k 倍，称为 k 次谐波。

$k \geqslant 2$ 的各次谐波统称为高次谐波。其中一、三、五次等谐波称为奇次谐波，二、四、六次等谐波称为偶次谐波。非正弦周期波的傅里叶级数展开式中应包含无穷多项，但由于傅里叶级数的收敛性，通常频率越高的谐波，其幅值越小。在实际工程计算中，一般取到五次或七次谐波就能保证足够的精确度。更高次的谐波常可忽略不计。

可以得出式（8-1）和式（8-2）的系数之间的关系为

$$\left.\begin{aligned}A_0 &= a_0 \\ A_{km} &= \sqrt{a_k^2 + b_k^2} \\ \varphi_k &= \arctan\left(-\frac{b_k}{a_k}\right)\end{aligned}\right\} \tag{8-3}$$

$$\left.\begin{aligned}a_0 &= A_0 \\ a_k &= A_{km}\cos\varphi_k \\ b_k &= -A_{km}\sin\varphi_k\end{aligned}\right\} \tag{8-4}$$

而系数 a_0、a_k、b_k 的计算式为

$$\left.\begin{aligned}a_0 &= \frac{1}{T}\int_0^T f(t)\,\mathrm{d}t = \frac{1}{2\pi}\int_0^{2\pi} f(t)\,\mathrm{d}(\omega t) \\ a_k &= \frac{2}{T}\int_0^T f(t)\cos k\omega t\,\mathrm{d}t \\ &= \frac{1}{\pi}\int_0^{2\pi} f(t)\cos k\omega t\,\mathrm{d}(\omega t) \\ b_k &= \frac{2}{T}\int_0^T f(t)\sin k\omega t\,\mathrm{d}t \\ &= \frac{1}{\pi}\int_0^{2\pi} f(t)\sin k\omega t\,\mathrm{d}(\omega t)\end{aligned}\right\} \tag{8-5}$$

在推导式（8-5）的过程中，应用了三角函数的正交性，则

$$\int_0^T \sin m\omega t\,\mathrm{d}t = 0$$

$$\int_0^T \cos n\omega t\,\mathrm{d}t = 0$$

$$\int_0^T \sin m\omega t\cos n\omega t\,\mathrm{d}t = 0$$

$$\int_0^T \sin m\omega t\sin n\omega t\,\mathrm{d}t = \begin{cases} 0 & m \neq n \\ \dfrac{T}{2} & m = n \end{cases}$$

$$\int_0^T \cos m\omega t\cos n\omega t\,\mathrm{d}t = \begin{cases} 0 & m \neq n \\ \dfrac{T}{2} & m = n \end{cases}$$

其中，m、n 为任意正整数。

将一个非正弦函数周期分解为直流分量和无穷多个频率不同的谐波分量之和，称为谐波分析。谐波分析可以利用式（8-1）和式（8-2）来进行，表 8-1 列出了电气电子工程中常见信号的傅里叶级数展开式，在实际工程中可直接对照其波形查出展开式。

应用傅里叶级数可将外施非正弦周期电压源展开为

$$u_S(t) = U_0 + u_1 + u_2 + \cdots$$

其等效电路相当于各次谐波电压源的串联组合。而非正弦周期电流源可展开为

$$i_S(t) = I_0 + i_1 + i_2 + \cdots$$

其等效电路相当于各次谐波电流源的并联组合。

表 8-1   **常见信号的傅里叶级数展开式**

波形	傅里叶级数展开式	有效值	平均值
方波	$f(t)=\dfrac{4A_m}{\pi}\left[\sin\omega t+\dfrac{1}{3}\sin(3\omega t)+\dfrac{1}{5}\sin(5\omega t)\right.$ $\left.+\cdots+\dfrac{1}{k}\sin(k\omega t)+\cdots\right]$ $\hspace{3cm} k=1,3,5,\cdots$	A_m	A_m
锯齿波	$f(t)=\dfrac{A_m}{2}-\dfrac{A_m}{\pi}\left[\sin\omega t+\dfrac{1}{2}\sin(2\omega t)+\dfrac{1}{3}\sin(3\omega t)\right.$ $\left.+\cdots+\dfrac{1}{k}\sin(k\omega t)+\cdots\right]$ $\hspace{3cm} k=1,2,3,4,\cdots$	$\dfrac{A_m}{\sqrt{3}}$	$\dfrac{A_m}{2}$
半波整流	$f(t)=\dfrac{2A_m}{\pi}\left[\dfrac{1}{2}+\dfrac{\pi}{4}\cos\omega t+\dfrac{1}{3}\cos(2\omega t)\right.$ $\left.-\dfrac{1}{15}\cos(4\omega t)+\cdots-\dfrac{\cos\left(\dfrac{k\pi}{2}\right)}{k^2-1}\cos(k\omega t)+\cdots\right]$ $\hspace{3cm} k=2,4,6,\cdots$	$\dfrac{A_m}{\sqrt{2}}$	$\dfrac{A_m}{\pi}$
全波整流	$f(t)=\dfrac{4A_m}{\pi}\left[\dfrac{1}{2}+\dfrac{1}{3}\cos(2\omega t)-\dfrac{1}{15}\cos(4\omega t)\right.$ $\left.+\cdots-\dfrac{\cos\left(\dfrac{k\pi}{2}\right)}{k^2-1}\cos(k\omega t)+\cdots\right]$ $\hspace{3cm} k=2,4,6,\cdots$	$\dfrac{A_m}{\sqrt{2}}$	$\dfrac{2A_m}{\pi}$
三角波	$f(t)=\dfrac{8A_m}{\pi^2}\left[\sin\omega t-\dfrac{1}{9}\sin(3\omega t)+\dfrac{1}{25}\sin(5\omega t)\right.$ $\left.+\cdots+\dfrac{(-1)^{\frac{k-1}{2}}}{k^2}\cos(k\omega t)+\cdots\right]$ $\hspace{3cm} k=1,3,5,\cdots$	$\dfrac{A_m}{\sqrt{3}}$	$\dfrac{A_m}{2}$
梯形波	$f(t)=\dfrac{4A_m}{\omega t_0\pi}\left[\sin\omega t_0\sin\omega t+\dfrac{1}{9}\sin(3\omega t_0)\sin(3\omega t)\right.$ $+\dfrac{1}{25}\sin(5\omega t_0)\sin(5\omega t)+\cdots$ $\left.+\dfrac{1}{k^2}\sin(k\omega t_0)\sin(k\omega t)+\cdots\right]$ $\hspace{3cm} k=1,3,5,\cdots$	$A_m\sqrt{1-\dfrac{4\omega t_0}{3\pi}}$	$A_m\left(1-\dfrac{\omega t_0}{\pi}\right)$
脉冲波	$f(t)=\dfrac{\tau A_m}{T}+\dfrac{2A_m}{\pi}\left[\sin\left(\omega\dfrac{\tau}{2}\right)\cos\omega t+\dfrac{\sin\left(2\omega\dfrac{\tau}{2}\right)}{2}\right.$ $\left.\times\cos(2\omega t)+\cdots+\dfrac{\sin\left(k\omega\dfrac{\tau}{2}\right)}{k}\cos(k\omega t)+\cdots\right]$ $\hspace{3cm} k=1,2,3,\cdots$	$A_m\sqrt{\dfrac{\tau}{T}}$	$A_m\dfrac{\tau}{T}$

三、非正弦波的对称性（symmetrical nonsinusoidal period signal）

在工程上所遇到的非正弦周期函数波形常具有某种对称性，掌握这种对称性可以定性地判断非正弦周期函数的谐波成分，减少定量计算时的工作量。下面介绍图 8-5 所示的 3 种对称波形并分析其谐波成分。

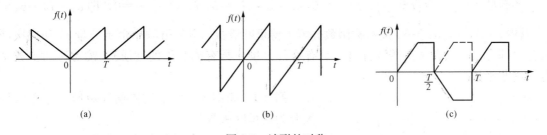

图 8-5　波形的对称
（a）对称于纵轴；（b）对称于原点；（c）镜对称

（1）凡满足条件 $f(t)=f(-t)$ 的函数在数学上称为偶函数，其波形对称于纵轴，如图 8-5（a）所示。

由于
$$f(t) = a_0 + \sum_{k=1}^{\infty} (a_k \cos k\omega t + b_k \sin k\omega t)$$

而
$$f(-t) = a_0 + \sum_{k=1}^{\infty} (a_k \cos k\omega t - b_k \sin k\omega t)$$

要满足 $f(t)=f(-t)$，必须 $b_k=0$，即把偶函数分解为傅里叶级数时，其展开项只含恒定分量 a_0 和 $\cos k\omega t$ 型的分量，不含奇函数性质的 $\sin k\omega t$ 型的分量。由于 $f(t)$ 和 $\cos k\omega t$ 均为偶函数，故乘积 $f(t)\cos k\omega t$ 也是偶函数，故系数 a_k 的计算只需计算半个周期积分，即

$$a_k = \frac{2}{\pi} \int_0^\pi f(t) \cos k\omega t \, \mathrm{d}(\omega t)$$

（2）凡满足条件 $f(t)=-f(-t)$ 的函数在数学上称为奇函数，其波形对称于坐标原点，如图 8-5（b）所示。

由于
$$f(t) = a_0 + \sum_{k=1}^{\infty} (a_k \cos k\omega t + b_k \sin k\omega t)$$

而
$$-f(-t) = -a_0 - \sum_{k=1}^{\infty} (a_k \cos k\omega t - b_k \sin k\omega t)$$

要满足 $f(t)=-f(-t)$，必须 $a_0=a_k=0$，即把奇函数分解为傅里叶级数时，其展开项中只含奇函数 $\sin k\omega t$ 型的分量，不含具有偶函数性质的 $\cos k\omega t$ 型的分量，而且恒定分量 a_0 也等于零。由于 $f(t)$ 和 $\sin k\omega t$ 均为奇函数，故乘积 $f(t)\sin k\omega t$ 应为偶函数，故系数 b_k 的计算公式只需计算半个周期积分，即

$$b_k = \frac{2}{\pi} \int_0^\pi f(t) \sin k\omega t \, \mathrm{d}(\omega t)$$

（3）凡满足条件 $f(t)=-f\left(t+\dfrac{T}{2}\right)$ 的函数称为半波对称函数，其波形特点是将波形移动半个周期后与原波形对称于横轴，如图 8-5（c）所示，故又称为镜对称函数。

由于
$$f(t) = a_0 + \sum_{k=1}^{\infty} (a_k \cos k\omega t + b_k \sin k\omega t)$$

而 $\qquad -f\left(t+\dfrac{T}{2}\right)=-a_0-\displaystyle\sum_{k=1}^{\infty}\left[a_k\cos k\omega\left(t+\dfrac{T}{2}\right)+b_k\sin k\omega\left(t+\dfrac{T}{2}\right)\right]$

$$=-a_0-\sum_{k=1}^{\infty}\left[a_k\cos(k\omega t+k\pi)+b_k\sin(k\omega t+k\pi)\right]$$

要满足 $f(t)=-f\left(t+\dfrac{T}{2}\right)$，故 $a_0=0$，$a_2=a_4=\cdots=0$，$b_2=b_4=\cdots=0$，即 $a_0=a_{2k}=b_{2k}=0$，其中 $k=1$，2，3，$\cdots$。镜对称函数分解为傅里叶级数，其展开项中恒定分量 a_0 和偶次谐波分量都为零，只含奇次谐波分量（只有这种分量才具有镜对称的性质）。镜对称的函数又称奇谐波函数。

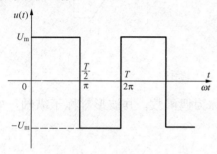

图 8-6　例 8-1 图

例 8-1　将图 8-6 所示的周期性矩形波电压信号展开为傅里叶级数。

解　$u(t)$ 在一个周期内的表达式为

$$u(t)=\begin{cases}U_m & 0\leqslant t\leqslant T/2 \\ -U_m & T/2\leqslant t\leqslant T\end{cases}$$

$$a_0=\frac{1}{T}\int_0^T f(t)\,\mathrm{d}t=\frac{1}{T}\int_0^{T/2}U_m\,\mathrm{d}t+\frac{1}{T}\int_{T/2}^T(-U_m)\,\mathrm{d}t=0$$

恒定分量 $a_0=0$，表明该电压中不含直流成分，此结果实际上可通过观察波形得出。则

$$a_k=\frac{1}{\pi}\int_0^{2\pi}f(t)\cos k\omega t\,\mathrm{d}(\omega t)$$

$$=\frac{1}{\pi}\left[\int_0^{\pi}U_m\cos k\omega t\,\mathrm{d}(\omega t)-\int_{\pi}^{2\pi}U_m\cos k\omega t\,\mathrm{d}(\omega t)\right]$$

$$=\frac{2U_m}{\pi}\int_0^{\pi}\cos k\omega t\,\mathrm{d}(\omega t)=0$$

$$b_k=\frac{1}{\pi}\int_0^{2\pi}f(t)\sin k\omega t\,\mathrm{d}(\omega t)$$

$$=\frac{1}{\pi}\left[\int_0^{\pi}U_m\sin k\omega t\,\mathrm{d}(\omega t)-\int_{\pi}^{2\pi}U_m\sin k\omega t\,\mathrm{d}(\omega t)\right]$$

$$=\frac{2U_m}{\pi}\left[-\frac{1}{k}\cos k\omega t\right]_0^{\pi}=\frac{2U_m}{k\pi}(1-\cos k\pi)$$

其中，$k=2$，4，6$\cdots$时，$\cos k\pi=1$，所以 $b_k=0$；而 $k=1$，3，5$\cdots$时，$\cos k\pi=-1$，所以 $b_k=\dfrac{4U_m}{k\pi}$。

由此可得

$$u(t)=\frac{4U_m}{\pi}\left(\sin\omega t+\frac{1}{3}\sin3\omega t+\frac{1}{5}\sin5\omega t+\cdots\right)$$

由于 $u(t)$ 是镜对称函数，所以其傅里叶展开式中只含奇谐波分量。从上式可看出，高次谐波的振幅是越来越小的，根据对精确度的要求，取展开式有限项，一般取到五次谐波即可。

应当指出，坐标原点的选择对函数 $f(t)$ 的傅里叶展开式是有影响的，例如，本例中的矩形波于坐标原点，因此是奇函数，其傅里叶展开式中只有正弦项而无余弦项。若将坐标原点选择在正半波的中间，则波形对称于纵轴，成为偶函数，其傅里叶展开式中没有正弦项而只有余弦项，此时展开式为

$$u(t)=\frac{4U_\mathrm{m}}{\pi}\left(\cos\omega t-\frac{1}{3}\cos3\omega t+\frac{1}{5}\cos5\omega t+\cdots\right)$$

因此可得，a_k 和 b_k 与坐标原点的选择有关；坐标起点选择不同，奇函数可能变为偶函数，偶函数也可能变为奇函数。但是函数是否为奇谐波函数与坐标原点的选择无关，只决定于函数的波形是否为半波对称。

第三节　有效值、平均值和平均功率

非正弦周期电流、电压的瞬时值记为 i 和 u，最大值记为 I_m 和 U_m，有效值记为 I 和 U，以及平均值记为 I_av 和 U_av，这些量从不同的物理意义上表示了非正弦周期电流和电压的大小。

一、有效值（root mean square）

在实际工作中，往往需要对一个非正弦周期量有一个总体的度量。正弦量的有效值可以计算和测量；非正弦量的有效值也可以计算和测量。交流电的有效值是指在热效应方面与交流电相等效的直流电，任何周期电流 i 的有效值 I 即是它的方均根值，即

$$I=\sqrt{\frac{1}{T}\int_0^T i^2\mathrm{d}t}\qquad(8\text{-}6)$$

对正弦交流电流 $i=I_\mathrm{m}\cos(\omega t+\varphi_i)$，其有效值与最大值间有 $\sqrt{2}$ 倍关系，即 $I=\dfrac{I_\mathrm{m}}{\sqrt{2}}$。

下面介绍非正弦周期电流 i 的有效值计算。由于非正弦周期电流 i 的谐波展开式为

$$i=I_0+\sum_{k=1}^{\infty}I_{km}\cos(k\omega t+\varphi_k)$$

将电流代入式（8-6），得

$$I=\sqrt{\frac{1}{T}\int_0^T\left[I_0+\sum_{k=1}^{\infty}I_{km}\cos(k\omega t+\varphi_k)\right]^2\mathrm{d}t}$$

上式根号内的积分展开，可得出以下 4 项：

(1) $\dfrac{1}{T}\displaystyle\int_0^T I_0^2\mathrm{d}t=I_0^2$；

(2) $\dfrac{1}{T}\displaystyle\int_0^T\sum_{k=1}^{\infty}I_{km}^2\cos^2(k\omega t+\varphi_k)\mathrm{d}t=\frac{1}{2}\sum_{k=1}^{\infty}I_{km}^2=\sum_{k=1}^{\infty}I_k^2$；

(3) $\dfrac{1}{T}\displaystyle\int_0^T 2I_0\sum_{k=1}^{\infty}I_{km}\cos(k\omega t+\varphi_k)\mathrm{d}t=0$；

(4) $\dfrac{1}{T}\displaystyle\int_0^T 2\sum_{k=1}^{\infty}\sum_{q=1}^{\infty}I_{km}I_{qm}\cos(k\omega t+\varphi_k)\cos(q\omega t+\varphi_q)\mathrm{d}t=0\qquad(k\neq q)$。

(1)、(2) 两项为谐波自乘项在周期 T 内的平均值，是该谐波有效值的平方。(3)、(4) 两项是一谐波与另一谐波交叉乘积的 2 倍。根据三角函数的正交性，在周期 T 内的平均值是 0。

这样可以求得非正弦周期电流 i 的有效值为

$$I=\sqrt{I_0^2+I_1^2+I_2^2+\cdots+I_k^2}\qquad(8\text{-}7)$$

同理，非正弦周期电压 u 的有效值为

$$U=\sqrt{U_0^2+U_1^2+U_2^2+\cdots+U_k^2}\qquad(8\text{-}8)$$

非正弦周期电流或电压的有效值等于它的恒定分量的平方与它的各次谐波有效值的平方之和的平方根，它与各次谐波的初相角无关。非正弦周期量的有效值与最大值之间一般不存在$\sqrt{2}$倍的关系，这一点应注意。

例 8-2　计算下列两个非正弦周期电压的有效值。

(1)　$u_A = 10\sqrt{2}\cos(\omega t - 90°) + 3\sqrt{2}\cos(3\omega t - 90°)\text{V}$；

(2)　$u_B = 10\sqrt{2}\cos(\omega t - 90°) - 3\sqrt{2}\cos(3\omega t - 90°)\text{V}$。

解　根据式 (8-5) 计算得

$$U_A = \sqrt{10^2 + 3^2} = 10.44(\text{V})$$

$$U_B = \sqrt{10^2 + 3^2} = 10.44(\text{V})$$

为了进行分析比较，作 u_A、u_B 的波形图，如图 8-7 所示，两者的波形相差很大，最大值也不一样，但由于基波及三次谐波的振幅相等，因此这两个非正弦周期电压的有效值相等，即从做功效果上讲，这两个非正弦周期量是等效的。

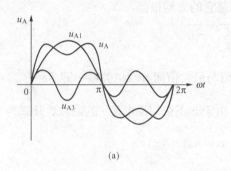
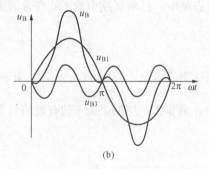

图 8-7　例 8-2 图

(a) u_A 波形；(b) u_B 波形

二、平均值（average value）

非正弦周期量的平均值等于该非正弦周期量绝对值的平均值，以电流为例，有

$$I_{av} = \frac{1}{T}\int_0^T |i|\,dt \tag{8-9}$$

如果取电流的代数和的平均值，它表示的是电流的恒定分量，即

$$I_0 = \frac{1}{T}\int_0^T i\,dt \tag{8-10}$$

当 i 的波形在横轴上下面积相等时，其恒定分量 $I_0 = 0$，例如一正弦电流 $i = I_m\cos\omega t$，则

$$I_0 = \frac{1}{T}\int_0^T I_m\cos\omega t\,dt = 0$$

但 $I_{av} \neq 0$，则

$$I_{av} = \frac{1}{T}\int_0^T |I_m\cos\omega t|\,dt = \frac{2I_m}{T}\int_0^{\frac{T}{2}}\sin\omega t\,dt$$

$$= \frac{2I_m}{\pi} = 0.637I_m = 0.898I$$

如图 8-8 所示，正弦电流的平均值等于正弦电流经全波整流后波形的平均值。这是因为正弦电流取绝对值后相当于把各个负半周波形变为对应的正半周波形。对于同一非正弦周期电

流，用不同类型的仪表进行测量时会得出不同的结果。用磁电系仪表（直流仪表）测量，其读数是电流的恒定分量，这是因为磁电系仪表的偏转角 $\alpha \propto \dfrac{1}{T}\displaystyle\int_0^T i\,dt$；用电磁系或电动系仪表测量，其读数是电流的有效值，因为这种仪表的偏转角 $\alpha \propto \dfrac{1}{T}\displaystyle\int_0^T i^2\,dt$；用全波整流磁电系仪表测量，其读数是电流的平均值，因为这种仪表的偏转角 $\alpha \propto \dfrac{1}{T}\displaystyle\int_0^T |i|\,dt$。

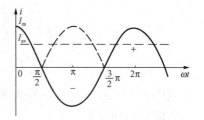

图 8-8　正弦电流的平均值

由此可见，在测量非正弦周期电流或电压时，要注意选择合适的仪表，并注意各种不同类型仪表读数的含义。

三、平均功率（average power）

设作用在如图 8-9 所示无源一端口网络上的非正弦周期电压为

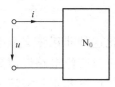

图 8-9　非正弦周期电流的无源一端口网络

$$u = U_0 + \sum_{k=1}^{\infty} U_{km}\cos(k\omega t + \varphi_{ku})$$

由非正弦周期电压产生的非正弦周期电流设为

$$i = I_0 + \sum_{k=1}^{\infty} I_{km}\cos(k\omega t + \varphi_{ki})$$

非正弦电路瞬时功率与正弦电路定义方法相同，在关联参考方向下，有

$$p = ui$$

一个周期内的平均功率（有功功率）为

$$P = \frac{1}{T}\int_0^T p\,dt = \frac{1}{T}\int_0^T ui\,dt \tag{8-11}$$

将 u 和 i 代入式（8-11）并展开，可得到下列 5 项：

(1) $\dfrac{1}{T}\displaystyle\int_0^T U_0 I_0\,dt = U_0 I_0$；

(2) $\dfrac{1}{T}\displaystyle\int_0^T \sum_{k=1}^{\infty} U_{km} I_{km}\cos(k\omega t + \varphi_{ku})\cos(k\omega t + \varphi_{ki})\,dt = \dfrac{1}{2}\sum_{k=1}^{\infty} U_{km} I_{km}\cos\varphi_k = \sum_{k=1}^{\infty} U_k I_k\cos\varphi_k$；

(3) $\dfrac{1}{T}\displaystyle\int_0^T U_0 \sum_{k=1}^{\infty} I_{km}\cos(k\omega t + \varphi_{ki})\,dt = 0$；

(4) $\dfrac{1}{T}\displaystyle\int_0^T I_0 \sum_{k=1}^{\infty} U_{km}\cos(k\omega t + \varphi_{ku})\,dt = 0$；

(5) $\dfrac{1}{T}\displaystyle\int_0^T \sum_{k=1}^{\infty}\sum_{q=1}^{\infty} U_{km} I_{qm}\cos(k\omega t + \varphi_{ku})\cos(q\omega t + \varphi_{qi})\,dt = 0 \qquad (k \neq q)$。

（3）、（4）、（5）3 项是不同频率的电压和电流谐波的乘积的积分。根据三角函数的正交性，在周期 T 内的积分是 0。（1）、（2）两项为同频率电压与电流谐波的乘积的积分，其中（2）推导如下

$$\frac{1}{T}\int_0^T \sum_{k=1}^{\infty} U_{km} I_{km}\cos(k\omega t + \varphi_{ku})\cos(k\omega t + \varphi_{ki})\,dt$$

$$= \frac{1}{T}\int_0^T \frac{1}{2}\sum_{k=1}^{\infty} U_{km}I_{km}[\cos(\varphi_{ku}-\varphi_{ki}) + \cos(2k\omega t + \varphi_{ku} + \varphi_{ki})]\mathrm{d}t$$

$$= \frac{1}{2}\sum_{k=1}^{\infty} U_{km}I_{km}\cos\varphi_k = \sum_{k=1}^{\infty} U_k I_k \cos\varphi_k$$

其中，$\varphi_k = \varphi_{ku} - \varphi_{ki}$，即同次谐波电压和电流的相位差，也是 k 次谐波的阻抗角。

所以平均功率为

$$P = U_0 I_0 + \sum_{k=1}^{\infty} U_k I_k \cos\varphi_k$$

$$= U_0 I_0 + U_1 I_1 \cos\varphi_1 + U_2 I_2 \cos\varphi_2 + \cdots$$

$$= P_0 + P_1 + P_2 + \cdots \tag{8-12}$$

式（8-12）是非正弦周期电流电路有功功率的计算公式，它表明，非正弦周期电流电路的有功功率等于各次谐波的有功功率之和；只有同次谐波电压和电流才产生有功功率，不同次的谐波电压和电流虽然可产生瞬时功率，但不产生有功功率。

四、等效正弦量（equivalent sinusoid）

对某些高次谐波最大值与基波最大值相比为很小的电路，有时为简化这种非正弦交流电路的分析计算，常把电路中的非正弦量用正弦量近似替代。这样，把非正弦交流电路近似简化为正弦交流电路来处理，从而可应用相量法和相量图等数学工具来分析计算非正弦交流电路。用来代替非正弦量的正弦量，称为非正弦量的等效正弦量。等效正弦量应满足以下 3 个条件：

（1）等效正弦量的周期或频率应与原非正弦量的周期或频率相同。

（2）等效正弦量的有效值等于非正弦量的有效值。

（3）用等效正弦量代替非正弦量后，电路的功率不变。如等效正弦电压和电流的有效值各为 U 和 I，则等效正弦量的有功功率 $UI\cos\varphi$ 应等于非正弦量的有功功率 P，即 $UI\cos\varphi = P$。这样，等效正弦电压和电流的相位差 φ 应满足 $\cos\varphi = \dfrac{P}{UI}$，由此可决定假想的 φ 角，至于等效正弦电压是超前还是滞后于等效正弦电流，则应根据非正弦电压的基波是超前还是滞后于非正弦电流的基波而定。

等效正弦波的分析方法是在一定误差允许条件下的一种近似计算方法，在分析铁芯线圈电路中得到应用。

例 8-3　一非正弦电路，已知 $u = 50 + 60\sqrt{2}\cos(\omega t + 30°) + 40\sqrt{2}\cos(2\omega t + 10°)\mathrm{V}$，$i = 1 + 0.5\sqrt{2}\cos(\omega t - 20°) + 0.3\sqrt{2}\cos(2\omega t + 50°)\mathrm{A}$，试求此非正弦电路的电压有效值 U、电流有效值 I 及有功功率 P。

解
$$I = \sqrt{I_0^2 + I_1^2 + I_2^2} = \sqrt{1^2 + 0.5^2 + 0.3^2} = 1.16(\mathrm{A})$$

$$U = \sqrt{U_0^2 + U_1^2 + U_2^2} = \sqrt{50^2 + 60^2 + 40^2} = 88(\mathrm{V})$$

$$P = U_0 I_0 + U_1 I_1 \cos\varphi_1 + U_2 I_2 \cos\varphi_2$$

$$= 50 \times 1 + 60 \times 0.5 \times \cos50° + 40 \times 0.3 \times \cos(-40°)$$

$$= 50 + 19.3 + 9.2 = 78.5(\mathrm{W})$$

例 8-4　一铁芯线圈接在 $u = 311\cos314t\,\mathrm{V}$ 正弦电压上，由于铁芯线圈是一种非线性元件，因此其中的电流是非正弦电流，若已知此电流为 $i = 0.7\cos(314t - 85°) + 0.2\cos(942t -$

105°)A，试计算此电流的等效正弦量。

解　等效非正弦电流的有效值为

$$I = \sqrt{\left(\frac{0.7}{\sqrt{2}}\right)^2 + \left(\frac{0.2}{\sqrt{2}}\right)^2} = 0.515(\text{A})$$

电路的有功功率为

$$P = P_1 = U_1 I_1 \cos\varphi_1 = \frac{311}{\sqrt{2}} \times \frac{0.7}{\sqrt{2}} \times \cos 85° = 9.49(\text{W})$$

等效正弦电流与电压之间的相位差为

$$\varphi = \arccos\left(\frac{P}{UI}\right) = \arccos\left[\frac{9.49}{\frac{311}{\sqrt{2}} \times 0.515}\right] = 85.19°$$

由于非正弦电流的基波分量滞后于外施电压，故等效正弦电流也应滞后于外施电压。等效正弦电流为

$$i = 0.515\sqrt{2}\cos(314t - 85.19°)(\text{A})$$

其电流相量为

$$\dot{I} = 0.515 \underline{/-85.19°} \ (\text{A})$$

第四节　非正弦周期电流电路的计算

非正弦周期电流电路中的电压、电流和功率可以应用谐波分析计算，一般的计算步骤分3步。

一、非正弦周期激励的谐波分解（express the excitation as a Fourier series）

把非正弦周期电压源或电流源应用傅里叶级数进行谐波分解，且只取有限项，外施非正弦周期电压源展开为

$$u_S(t) = U_0 + u_1 + u_2 + \cdots + u_k$$

其等效电路相当于各次谐波电压源的串联组合。而非正弦周期电流源可展开为

$$i_S(t) = I_0 + i_1 + i_2 + \cdots + i_k$$

其等效电路相当于各次谐波电流源的并联组合。

上述过程称谐波分解，原则上讲是属于数学分析的计算任务，在工程上往往用已知条件的形式给出。

根据叠加定理，非正弦周期电源在线性电路中产生的响应，应该等于非正弦周期电源的各次谐波分量单独作用时产生的响应（瞬时值）的叠加。

二、分别计算直流和各次谐波激励下的响应（find the response of each term in the Fourier series）

（1）在恒定分量（直流分量）作用下，电感可等效为短路，电容可等效为开路，电路相当于直流电阻电路。

（2）各次谐波作用下的电路均为正弦电流电路，可应用相量法进行计算。

应该注意的是，L、C 元件对不同频率的各次谐波所呈现出的感抗和容抗是不一样的，设基波的感抗和容抗为

$$X_{L1} = \omega L$$

$$X_{C1} = \frac{1}{\omega C}$$

则对 k 次谐波，其感抗和容抗为

$$X_{Lk} = k\omega L = kX_{L1}$$

$$X_{Ck} = \frac{1}{k\omega C} = \frac{X_{C1}}{k}$$

以 RLC 串联电路为例，第 k 次谐波的阻抗和阻抗角为

$$Z_k = R + j\left(kX_{L1} - \frac{X_{C1}}{k}\right)$$

$$|Z_k| = \sqrt{R^2 + \left(kX_{L1} - \frac{X_{C1}}{k}\right)^2}$$

$$\varphi_k = \arctan\left(\frac{kX_{L1} - \dfrac{X_{C1}}{k}}{R}\right)$$

三、响应的谐波合成（add the individual responses）

根据叠加定理，将非正弦电源的各次谐波分量单独作用时所产生的响应的瞬时值相加起来，其结果就是电路在非正弦电源激励下的稳态响应。各次谐波作用于电路，可应用相量法进行计算，但相量只表示了正弦量的有效值和初相，故各次谐波作用下的响应变换为瞬时值后才能叠加。下面结合例题对上述计算步骤作具体说明。

例 8-5　在图 8-10 所示电路中，已知 $u = 100 + 150\cos\omega t + 100\cos(2\omega t - 90°)\mathrm{V}$，$R = 10\Omega$，$X_{L1} = \omega L = 10\Omega$，$X_{C1} = \dfrac{1}{\omega C} = 90\Omega$，试计算：

（1）电路中的电流 i 及 L、C 元件两端电压的有效值。

（2）RLC 串联电路吸收的功率。

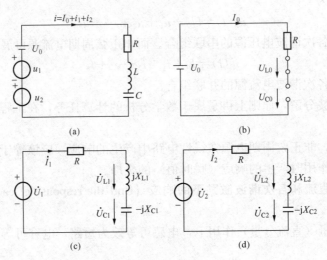

图 8-10　例 8-5 图

(a) 电路；(b) U_0 单独作用时的电路；(c) u_1 单独作用时的电路；(d) u_2 单独作用时的电路

解　（1）直流分量 $U_0 = 100\mathrm{V}$ 单独作用于电路时，电感相当于短路，电容相当于开路，

其等效电路如图 8-10 (b) 所示，可计算得

$$I_0=0,\ U_{L0}=0,\ U_{C0}=U_0=100\text{V}$$

（2）一次谐波 $u_1=150\cos\omega t$ V 单独作用于电路时，$\dot U_1=\dfrac{150}{\sqrt2}\underline{/\ 0^\circ}$ V，等效电路如图 8-10

(c) 所示，电路的基波阻抗为

$$Z_1=R+\text{j}(X_{L1}-X_{C1})=10+\text{j}(10-90)=80.6\ \underline{/-82.9^\circ}\ (\Omega)$$

$\varphi_1=-82.9^\circ<0$，说明电路对基波分量呈现容性。

基波电流为

$$\dot I_1=\frac{\dot U_1}{Z_1}=\frac{\dfrac{150}{\sqrt2}\ \underline{/82.9^\circ}}{80.6\ \underline{/-82.9^\circ}}=1.32\ \underline{/82.9^\circ}\ (\text{A})$$

$$i_1=1.32\sqrt2\cos(\omega t+82.9^\circ)(\text{A})$$

L、C 元件上基波电压有效值为

$$U_{L1}=X_{L1}I_1=10\times1.32=13.2(\text{V})$$

$$U_{C1}=X_{C1}I_1=90\times1.32=118.8(\text{V})$$

（3）二次谐波 $u_2=100\cos(2\omega t-90^\circ)$V 单独作用于电路时，$\dot U_2=\dfrac{100}{\sqrt2}\underline{/-90^\circ}$ V，等效电

路如图 8-10 (d) 所示，电路的二波谐波阻抗为

$$Z_2=R+\text{j}(X_{L2}-X_{C2})=R+\text{j}\left(2X_{L1}-\frac{X_{C1}}{2}\right)$$

$$=10+\text{j}(20-45)=26.9\ \underline{/-68.2^\circ}(\Omega)$$

$$\varphi_2=-68.2^\circ$$

二次谐波电流为

$$\dot I_2=\frac{\dot U_2}{Z_2}=\frac{\dfrac{100}{\sqrt2}\ \underline{/-90^\circ}}{26.9\ \underline{/-68.2^\circ}}=2.63\ \underline{/-21.8^\circ}\ (\text{A})$$

$$i_2=2.63\sqrt2\cos(2\omega t-21.8^\circ)(\text{A})$$

L、C 元件上二次谐波电压的有效值为

$$U_{L2}=X_{L2}I_2=20\times2.63=52.6(\text{V})$$

$$U_{C2}=X_{C2}I_2=45\times2.63=118.4(\text{V})$$

将各次谐波电流的瞬时值叠加起来即为非正弦电流，则

$$i=I_0+i_1+i_2$$

$$=1.32\sqrt2\cos(\omega t+82.9^\circ)+2.63\sqrt2\cos(2\omega t-21.8^\circ)(\text{A})$$

非正弦电流的有效值为

$$I=\sqrt{I_0^2+I_1^2+I_2^2}=\sqrt{0^2+1.32^2+2.63^2}=2.94(\text{A})$$

L、C 元件上电压的有效值为

$$U_L=\sqrt{U_{L0}^2+U_{L1}^2+U_{L2}^2}=\sqrt{0^2+13.2^2+52.6^2}=54.23(\text{V})$$

$$U_C=\sqrt{U_{C0}^2+U_{C1}^2+U_{C2}^2}=\sqrt{100^2+118.8^2+118.4^2}=195.27(\text{V})$$

非正弦电流电路的有功功率为

$$P = U_0 I_0 + U_1 I_1 \cos\varphi_1 + U_2 I_2 \cos\varphi_2$$

$$= 0 + \frac{150}{\sqrt{2}} \times 1.32\cos(-82.9°) + \frac{100}{\sqrt{2}} \times 2.63\cos(-68.2°)$$

$$= 86.4(\text{W})$$

P 的计算式也可表示为

$$P = I_0^2 R + I_1^2 R + I_2^2 R = I^2 R = 2.94^2 \times 10 = 86.4(\text{W})$$

电路中的电感和电容吸收的平均功率肯定等于零。

第五节 非正弦周期电流电路中的谐振现象

同正弦交流电路一样，非正弦周期电流电路中也会发生谐振现象，含有 L、C 的电路，可能对非正弦周期激励中的某次谐波频率发生串联或并联谐振，也就是该次谐波的电压与电流同相位。

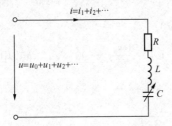

图 8-11 非正弦 RLC 串联电路

下面讨论 RLC 串联电路在非正弦周期电压作用下的谐振现象，电路如图 8-11 所示。

电路中各次谐波的电流为

$$I_k = \frac{U_k}{\sqrt{R^2 + \left(k\omega_1 L - \dfrac{1}{k\omega_1 C}\right)^2}}$$

式中：I_k、U_k 为各次谐波电流和电压的有效值；ω_1 为基波角频率。

根据定义，该电路对 k 次谐波发生谐振的条件为

$$k\omega_1 L = \frac{1}{k\omega_1 C}$$

调节电容 C（或电感 L）可使电路对某次谐波发生谐振，并由此可得对基波、二次谐波及三次谐波的谐振条件，即

$$\omega_1 = \frac{1}{\sqrt{LC_1}}$$

$$\omega_2 = 2\omega_1 = \frac{2}{\sqrt{LC_1}} = \frac{1}{\sqrt{LC_2}}$$

$$\omega_3 = 3\omega_1 = \frac{3}{\sqrt{LC_1}} = \frac{1}{\sqrt{LC_3}}$$

由以上可知，当电容分别为 C_1、$C_2 = \dfrac{C_1}{4}$、$C_3 = \dfrac{C_1}{9}$ 时，电路发生谐振，谐振时电路的阻抗分别出现 3 个最小值，而电路中电流分别出现 3 个明显的极大值。

在电力系统中，谐振现象应当尽量避免发生，因为它可能引起局部过电压而使某些电气设备遭受损坏。但在某些场合下，例如，在滤波器或半导体继电保护装置中，常用谐振现象将某次谐波滤掉。

例 8-6 在图 8-12 所示的电路中，已知输入电压 $u_i = U_{1m}\cos\omega t + U_{3m}\cos 3\omega t$ V，$L = 1\text{H}$，$\omega = 100\text{rad/s}$。若要使输出电压 $u_o = U_{1m}\cos\omega t$，则 C_1、C_2 应取何值？

解　输出电压 u_o 中无三次谐波，说明 L 和 C_1 对三次谐波发生并联谐振，即

$$3\omega L = \frac{1}{3\omega C_1} = 300(\Omega)$$

$$\frac{1}{\omega C_1} = 900(\Omega)$$

计算可得

$$C_1 = 11.1(\mu F)$$

输出电压 u_o 为输入电压的一次谐波分量，则 L、C_1 和 C_2 的串并联电路对于一次谐波发生串联谐振，其电抗等于零，即

$$\frac{j\omega L\left(-j\dfrac{1}{\omega C_1}\right)}{j\left(\omega L - \dfrac{1}{\omega C_1}\right)} - j\frac{1}{\omega C_2} = 0$$

$$\frac{1}{\omega C_2} = \frac{100 \times 900}{900 - 100} = \frac{900}{8}(\Omega)$$

计算可得

$$C_2 = 88.9(\mu F)$$

感抗和容抗对高次谐波的反应是不同的，这种特性在工程上得到了广泛的应用。例如，利用电感和电容的电抗随频率变化的特点，可以组合成含有电感和电容的各种电路，将这些电路连接在输入和输出之间，可以让某些所需要的频率分量通过，而抑制某些不需要的分量，这种电路称为滤波器。滤波器在电子技术中得到广泛应用，滤波器按照不同功能可分为低通滤波器、高通滤波器、带通滤波器、带阻滤波器及全通滤波器。

图 8-13（a）所示为一个简单的低通滤波器电路，其中电感 L 对高频电流有抑制作用，电容 C 则对高频电流起分流作用。所以，输出端信号中的高频电流分量被大大削弱，而低频电流分量则能顺利通过。图 8-13（b）所示是最简单的高通滤波器电路，其作用可做类似分析。不过，实际滤波器电路的结构要复杂得多，并且需要根据不同的滤波要求来确定相应的电路及其元件值。

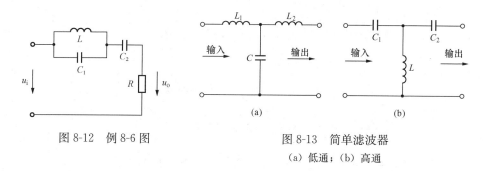

图 8-12　例 8-6 图　　　　　图 8-13　简单滤波器
（a）低通；（b）高通

第六节　对称三相电路中的高次谐波

在前面所讨论的对称三相电路中，三相电源是对称的正弦量，但在工程实际中，三相发电机发出的三相电压的波形或多或少地与正弦波有些偏离，因此就含有一定的谐波成分。另

外，由于三相电路中的非线性元件如三相铁芯变压器等的作用，也会使三相电路中的电压、电流含有高次谐波。所以有必要在分析对称三相正弦电流电路和非正弦周期电流电路的基础上，讨论对称三相非正弦周期电流电路。

　　所谓对称三相非正弦周期电压，就是频率相同、变化规律相似，即波形相同，但在时间上依次相差 $\frac{1}{3}$ 周期的 3 个非正弦波，如图 8-14 所示即为一例。

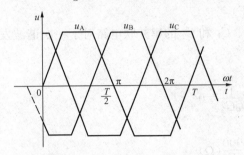

设 A 相电压为　　　　$u_A = u(t)$

则 B 相电压为　　　　$u_B = u\left(t - \dfrac{T}{3}\right)$

C 相电压为

$$u_C = u\left(t - \frac{2T}{3}\right) = u\left(t + \frac{T}{3}\right)$$

其中，T 为周期，角频率 $\omega = \dfrac{2\pi}{T}$。

图 8-14　对称三相非正弦电压波

由于三相电源波形具有镜对称的特点，即为奇谐波函数，因此在其傅里叶级数展开式中没有直流分量和偶次谐波分量，其一般展开式可表示为

$$u_A = u_{A1} + u_{A3} + u_{A5} + \cdots$$
$$= \sqrt{2}U_1\cos(\omega t + \varphi_1) + \sqrt{2}U_3\cos(3\omega t + \varphi_3)$$
$$+ \sqrt{2}U_5\cos(5\omega t + \varphi_5) + \cdots$$

而 u_A 和 u_B 的展开式分别为（下面应用了关系式 $k\omega T = 2k\pi$）

$$u_B = u_{B1} + u_{B3} + u_{B5} + \cdots$$
$$= \sqrt{2}U_1\cos\left[\omega\left(t - \frac{T}{3}\right) + \varphi_1\right] + \sqrt{2}U_3\cos\left[3\omega\left(t - \frac{T}{3}\right) + \varphi_3\right]$$
$$+ \sqrt{2}U_5\cos\left[5\omega\left(t - \frac{T}{3}\right) + \varphi_5\right] + \cdots$$
$$= \sqrt{2}U_1\cos\left(\omega t - \frac{2}{3}\pi + \varphi_1\right) + \sqrt{2}U_3\cos(3\omega t + \varphi_3)$$
$$+ \sqrt{2}U_5\cos\left(5\omega t + \frac{2}{3}\pi + \varphi_5\right) + \cdots$$

$$u_C = u_{C1} + u_{C3} + u_{C5} + \cdots$$
$$= \sqrt{2}U_1\cos\left[\omega\left(t + \frac{T}{3}\right) + \varphi_1\right] + \sqrt{2}U_3\cos\left[3\omega\left(t + \frac{T}{3}\right) + \varphi_3\right]$$
$$+ \sqrt{2}U_5\cos\left[5\omega\left(t + \frac{T}{3}\right) + \varphi_5\right] + \cdots$$
$$= \sqrt{2}U_1\cos\left(\omega t + \frac{2}{3}\pi + \varphi_1\right) + \sqrt{2}U_3\cos(3\omega t + \varphi_3)$$
$$+ \sqrt{2}U_5\cos\left(5\omega t - \frac{2}{3}\pi + \varphi_5\right) + \cdots$$

一、谐波分量的相序对称组

　　比较对称三相非正弦电压谐波展开式中同次谐波分量之间的相位关系，发现三相对称非正弦电压可分解为 3 类对称组，即正序、负序和零序对称组。

（1）正序组：三相基波电压 u_{A1}、u_{B1}、u_{C1}，三者大小相等，相位依次相差 120°，其相序为 A—B—C，故称为正序对称组，其相量图如图 8-15（a）所示。进一步分析可知，凡是 $3k+1$ 奇数次的谐波均属正序组，除基波外还有七次、十三次等谐波。

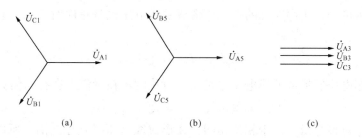

图 8-15　对称三相制中各次谐波相量图

（a）正序组；（b）负序组；（c）零序组

（2）负序组：五次谐波电压 u_{A5}、u_{B5}、u_{C5}，大小相等，相位按 A、C、B 依次相差 120°，其相序为 A—C—B，故称为负序对称组，其相量图如图 8-15（b）所示。凡是 $3k-1$ 奇数次的谐波均属负序组，除五次谐波外还有十一次、十七次等谐波。

（3）零序组：三次谐波电压 u_{A3}、u_{B3}、u_{C3}，大小相等，相位相同，无相序可言，故称为零序对称组，其相量图如图 8-15（c）所示。凡是 $3k$ 奇数次的谐波均属零序组，除三次谐波外还有九次、十五次等谐波。

在分析对称三相非正弦电路时，首先应将对称三相非正弦电源分解为正序、负序和零序 3 种相序的对称组，然后应用叠加定理分别考虑各次谐波的单独作用。

对于正序和负序对称组来讲，可以应用对称三相电路中归结为一相的计算方法进行计算，而零序对称组不可以归结为一相来计算，这是应注意的。对称三相非正弦电路的一些特点，可以说主要是由零序谐波分量产生的。

二、对称三相非正弦电流电路的特点

下面讨论在对称三相非正弦情况下，丫形连接和△形连接的一些特点。

1. 丫—丫系统

丫—丫系统如图 8-16 所示。设对称三相非正弦周期电压的谐波展开式为

$$u_A = u_{A1} + u_{A3} + u_{A5} + \cdots$$
$$u_B = u_{B1} + u_{B3} + u_{B5} + \cdots$$
$$u_C = u_{C1} + u_{C3} + u_{C5} + \cdots$$

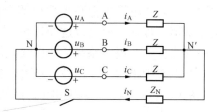

图 8-16　含有高次谐波的
对称丫—丫电路

（1）丫形电源的线电压和相电压的关系。对称星形电源的线电压为

$$u_{AB} = u_A - u_B$$
$$= (u_{A1} - u_{B1}) + (u_{A3} - u_{B3}) + (u_{A5} - u_{B5}) + \cdots$$
$$= u_{AB1} + 0 + u_{AB5}$$

$$u_{BC} = u_B - u_C$$
$$= (u_{B1} - u_{C1}) + (u_{B3} - u_{C3}) + (u_{B5} - u_{C5}) + \cdots$$
$$= u_{BC1} + 0 + u_{BC5}$$

$$u_{CA} = u_C - u_A$$
$$= (u_{C1} - u_{A1}) + (u_{C3} - u_{A3}) + (u_{C5} - u_{A5}) + \cdots$$
$$= u_{CA1} + 0 + u_{CA5}$$

由上面的分析可知，正序对称的相电压形成的线电压也是正序对称的，且在量值上有$\sqrt{3}$倍关系，即

$$U_{l1} = \sqrt{3} U_{ph1}, \quad U_{l7} = \sqrt{3} U_{ph7}, \quad \cdots$$

负序对称的相电压所形成的线电压也是负序对称的，在量值上也有$\sqrt{3}$倍关系，即

$$U_{l5} = \sqrt{3} U_{ph5}, \quad U_{l11} = \sqrt{3} U_{ph11}, \quad \cdots$$

相电压中零序对称分量，由于相位相同，在形成线电压时互相抵消，所以在线电压中没有零序分量，即无三次、九次、十五次等谐波分量。

故线电压的有效值为

$$U_l = \sqrt{U_{l1}{}^2 + U_{l5}{}^2 + U_{l7}{}^2 + \cdots}$$
$$= \sqrt{3}\sqrt{U_{ph1}^2 + U_{ph5}^2 + U_{ph7}^2 + \cdots}$$

而相电压有效值为

$$U_{ph} = \sqrt{U_{ph1}^2 + U_{ph3}^2 + U_{ph5}^2 + U_{ph7}^2 + \cdots}$$

所以

$$U_l < \sqrt{3} U_{ph}$$

上述结论说明，在对称三相电路中，若含有高次谐波时，线电压有效值一般应小于相电压有效值的$\sqrt{3}$倍。

(2) Y—Y系统（无中性线）。在图 8-16 所示电路中，将开关 S 打开，电路即成三相三线制系统。电源相电压中含一、三、五等次谐波。对于基波、五次谐波等正序组和负序组来说，可用相量法按对称三相电路归结为一相计算的方法来分别处理。这时中性点间电压应为零，而负载相电流和线电流中都将有基波、五次谐波等分量。对于三次、九次等零序组来说，则不能归结为一相的方法来计算，可以分别按结点法求出中性点之间的电压。

由 KCL 可知，$i_A + i_B + i_C = 0$，这说明线电流中不可能含有零序分量。可用反证法加以说明，假若线电流中存在零序电流分量，由于它们在相加时不能抵消，因此无法满足 KCL 电流平衡方程式。还可以这样理解，在无中性线的三相三线制系统中，由于零序电流分量没有中性线作公共返回路径，所以线电流中不存在零序分量。

线电流中不含零序谐波，还可由如下分析得出。电源中正序和负序电压分量在中性点间引起的电压均为零，而零序电压分量在中性点间产生的电压，用结点法可求得

$$\dot{U}_{N'N3} = \frac{\dfrac{1}{Z_3}\dot{U}_{A3} + \dfrac{1}{Z_3}\dot{U}_{B3} + \dfrac{1}{Z_3}\dot{U}_{C3}}{\dfrac{1}{Z_3} + \dfrac{1}{Z_3} + \dfrac{1}{Z_3}} = \dot{U}_{ph3}$$

$$\dot{I}_{A3} = \dot{I}_{B3} = \dot{I}_{C3} = \frac{\dot{U}_{ph3} - \dot{U}_{N'N3}}{Z_3} = 0$$

即线电流中不含零序谐波，故中性点电压有效值为

$$U_{N'N} = \sqrt{U_{ph3}^2 + U_{ph9}^2 + U_{ph15}^2 + \cdots} \tag{8-13}$$

即中性点间电压中只含零序分量。

　　由于负载相电流中无零序谐波，所以负载相电压中，以及负载线电压都不含零序谐波，因此负载线电压的有效值仍为相电压的$\sqrt{3}$倍。

　　（3）Y—Y系统（有中性线）。在图 8-16 所示电路中，如果有中性线，即将开关 S 闭合，电路为三相四线制系统。设线电流为

$$i_A = i_{A1} + i_{A3} + i_{A5} + i_{A7} + \cdots$$
$$i_B = i_{B1} + i_{B3} + i_{B5} + i_{B7} + \cdots$$
$$i_C = i_{C1} + i_{C3} + i_{C5} + i_{C7} + \cdots$$

　　电源相电压中含一、三、五等次谐波。对于正序和负序谐波，其中性点之间的电压为零，因此可分别归结为一相的计算方法来计算，如

$$\dot{I}_{A1} = \frac{\dot{U}_{A1}}{Z_1}$$

$$\dot{I}_{A5} = \frac{\dot{U}_{A5}}{Z_5}$$

$$\vdots$$

其中，Z_1，$Z_5 \cdots$为每相负载对一、五等次正序和负序谐波的复阻抗。

　　对于三、九等次零序谐波，以三次谐波为例，由于

$$\dot{U}_{N'N3} = \frac{\dfrac{1}{Z_3}\dot{U}_{A3} + \dfrac{1}{Z_3}\dot{U}_{B3} + \dfrac{1}{Z_3}\dot{U}_{C3}}{\dfrac{1}{Z_3} + \dfrac{1}{Z_3} + \dfrac{1}{Z_3} + \dfrac{1}{Z_{N3}}} = \frac{3Z_{N3}\dot{U}_{ph3}}{Z_3 + 3Z_{N3}}$$

$$\dot{I}_{A3} = \dot{I}_{B3} = \dot{I}_{C3} = \frac{\dot{U}_{ph3} - \dot{U}_{N'N3}}{Z_3} = \frac{\dot{U}_{ph3}}{Z_3 + 3Z_{N3}}$$

　　因此，线电流含一、三、五等次谐波，其有效值为

$$I_l = \sqrt{I_{l1}^2 + I_{l3}^2 + I_{l5}^2 + \cdots} \tag{8-14}$$

　　至于中性线电流，根据 KCL 可知，$i_N = i_A + i_B + i_C$，由于三相电流的正序分量和负序分量对称组相加为零，故中性线电流为

$$i_N = i_A + i_B + i_C = 3i_{A3} + 3i_{A9} + \cdots$$

中性线电流有效值为

$$I_N = 3\sqrt{I_3^2 + I_9^2 + I_{15}^2 + \cdots} \tag{8-15}$$

其中，I_3、I_9、I_{15}等分别为三、九、十五等次零序谐波线电流的有效值。

　　式（8-15）表明，由零序电压分量所产生的零序电流均以中性线为返回路径。因此中性线电流只有零序电流分量。

　　2. 对称三相电源作三角形连接

　　在考虑对称三相电源含有高次谐波时，如图 8-17 所示的三角形回路总电压为

$$u_L = u_A + u_B + u_C$$
$$= 3u_{A3} + 3u_{A9} + \cdots$$

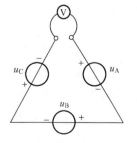

图 8-17　开口三角形的零序电压

因为正序和负序电压分量相加为零，回路电压只含零序分量，其有效值为

$$U_{\mathrm{L}}=3\sqrt{U_{\mathrm{ph3}}^2+U_{\mathrm{ph9}}^2+\cdots}$$

数值上它等于三角形开口处的电压表读数。

u_{L} 将在闭合的三角形回路中产生三次、九次等零序环流，环流将产生功率损失和热量，所以三相发电机绕组很少作三角形连接。

设各相电源内阻抗（例如发电机每相绕组的阻抗）为 $|Z_3|$，$|Z_9|$，…，则此环流的有效值为

$$I=\sqrt{I_{\mathrm{L3}}^2+I_{\mathrm{L9}}^2+\cdots}$$

其中　　$I_{\mathrm{L3}}=\dfrac{3U_3}{3\,|\,Z_3\,|}=\dfrac{U_3}{|\,Z_3\,|}$，$I_{\mathrm{L9}}=\dfrac{3U_9}{3\,|\,Z_9\,|}=\dfrac{U_9}{|\,Z_9\,|}$，…

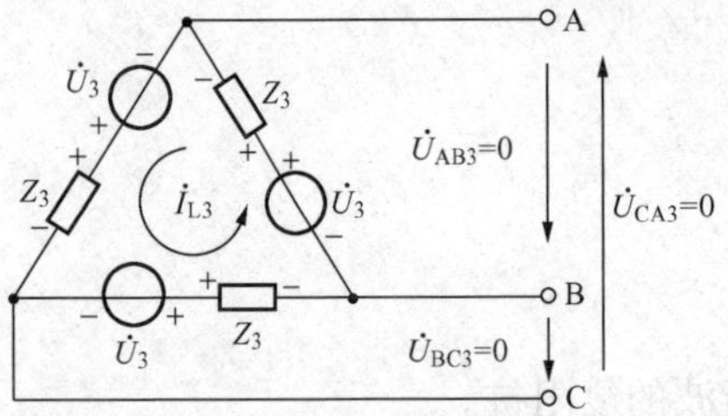

环流在电源内阻抗上的压降为

$$|\,Z_3\,|\,I_{\mathrm{L3}}=|\,Z_3\,|\,\frac{U_3}{|\,Z_3\,|}=U_3$$

$$|\,Z_9\,|\,I_{\mathrm{L9}}=|\,Z_9\,|\,\frac{U_9}{|\,Z_9\,|}=U_9$$

$$\vdots$$

图 8-18　△形电源

可见环流在内阻抗上的压降与零序电压相等，但方向相反，故在图 8-18 所示电路的线电压中不含零序分量（以三次谐波为例）。

△形电源相电压中含有一、三、五等次正序、负序和零序谐波，而线电压中不含三、九等次零序谐波。△形电源接有负载后，只能是三线制的，根据 KCL 可知 3 个线电流之和恒为零，而三、九等次零序电流的 3 个电流之和为零，所以线电流中不含零序谐波，而电源相电流中除含正序和负序谐波外，还有零序谐波环流，因此线电流的有效值比相电流的有效值的 $\sqrt{3}$ 倍要小，即

$$I_l<\sqrt{3}\,I_{\mathrm{ph}}$$

由上面的分析结果可知，在负载的线电压、相电压、线电流、相电流中也均无零序分量。

三、对称三相非正弦电路的计算

结合单相非正弦周期电流电路和对称三相正弦电路的计算方法，步骤如下：

（1）把对称三相非正弦电源分解成 3 类对称组，以 A 相为例，即

$$u_{\mathrm{A}}=u_{\mathrm{A1}}+u_{\mathrm{A3}}+u_{\mathrm{A5}}+\cdots$$

（2）应用叠加定理，分别计算各类对称组单独激励下产生的响应，对于正序和负序对称组来讲，可以应用三相电路归结为一相的计算方法，值得注意的是零序组，应按一般正弦电流电路来处理，不能归结为一相进行计算。

例 8-7　在图 8-19（a）所示的电路中，对称三相非正弦电压 A 相电压为 $u_{\mathrm{A}}=218\sqrt{2}\cos\omega t-70.7\sqrt{2}\cos3\omega t\,\mathrm{V}$，对基波频率的负载复阻抗 $Z_1=20+\mathrm{j}8\,\Omega$，中性线复阻抗 $Z_{\mathrm{N1}}=\mathrm{j}2\,\Omega$，试计算：

（1）负载相电流及中性线电流的有效值；

（2）如果中性线断开，试求负载相电流和中性点间的电压。

解　（1）对于具有正序对称性质的基波分量来说，可归结为一相计算，等效电路如图 8-19（b）所示。

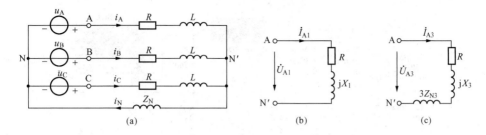

图 8-19 例 8-7 图

(a) 电路；(b) 一相计算等效电路；(c) 计算 I_{A3} 的等效电路

$$I_{A1}=\frac{U_{A1}}{|Z_1|}=\frac{218}{|20+j8|}=\frac{218}{21.5}=10.1(A)$$

在三次谐波作用下，由 KVL 可得

$$\dot{U}_{A3}-Z_3\dot{I}_{A3}=Z_{N3}\dot{I}_{N3}=Z_{N3}(\dot{I}_{A3}+\dot{I}_{B3}+\dot{I}_{C3})=3Z_{N3}\dot{I}_{A3}$$

故

$$\dot{I}_{A3}=\frac{\dot{U}_{A3}}{Z_3+3Z_{N3}}$$

由上式可作出计算 $\dot{I}_{A3}$ 的等效电路如图 8-19 (c) 所示，其中

$$X_3=3X_1=3\times8=24(\Omega)$$

$$3X_{N3}=3\times(3X_{N1})=3\times(3\times2)=18(\Omega)$$

$$|Z_3+3Z_{N3}|=\sqrt{R^2+(X_3+3X_{N3})^2}=\sqrt{20^2+42^2}=46.52(\Omega)$$

$$I_{A3}=\frac{U_{A3}}{|Z_3+3Z_{N3}|}=\frac{70.7}{46.52}=1.52(A)$$

因此负载相电流的有效值为

$$I_{ph}=\sqrt{I_{A1}^2+I_{A3}^2}=\sqrt{10.1^2+1.52^2}=10.21(A)$$

中性线电流为

$$I_N=3I_{A3}=3\times1.52=4.56(A)$$

(2) 如果中性线断开，负载相电流中无三次谐波电流，故

$$I_{ph}=I_{A1}=10.1(A)$$

中性点间的电压为

$$U_{N'N}=U_{A3}=70.7(V)$$

第七节 用 Multisim 分析非正弦周期电流电路

非正弦周期电流电路可以用 Multisim 软件进行仿真分析。下面举例说明。

例 8-8 图 8-20 所示，已知 $u_S=120\sqrt{2}\cos\omega t+40\sqrt{2}\cos3\omega t+24\sqrt{2}\cos5\omega t+17\sqrt{2}\cos7\omega t$ V，$\omega=314$rad/s，$R=100\Omega$，$L=1$mH。

求：(1) 电流有效值；

(2) 用示波器观察电源电压和电感电压的波形。

解 用 Multisim 画出仿真图如图 8-21 所示，电流有效值为 1.298A。

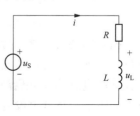

图 8-20 例 8-8 图

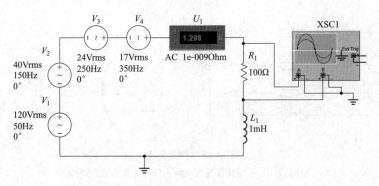

图 8-21　例 8-8 仿真电路图及电流有效值

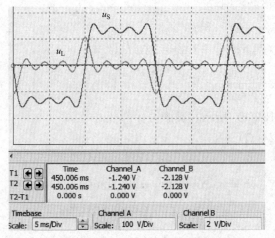

图 8-22　电源电压和电感电压的波形

由图 8-22 可知：电压源含有一、三、五、七次谐波分量，电源电压波形为四个谐波分量叠加而成的近似矩形波，电感电压波形为非正弦波形。

例 8-9　已知 $u_S = 120\sqrt{2}\cos\omega t + 40\sqrt{2}\cos3\omega t\,\mathrm{V}$，$\omega = 314\mathrm{rad/s}$，$R = 100\Omega$、$L_1 = 101.3\mathrm{mH}$，$C_1 = 100\mu\mathrm{F}$，$C_2 = 121.1\mu\mathrm{F}$，用 Multisim 观察电源电压和负载电阻上的电压波形。

解　用 Multisim 画出仿真图及波形如图 8-23、图 8-24 所示。

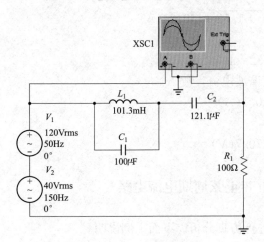

图 8-23　例 8-9 仿真电路图

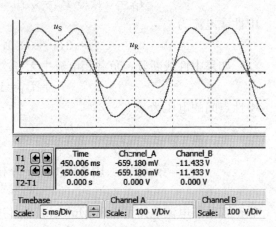

图 8-24　输入与输出电压波形

　　图 8-24 为示波器显示的电源电压和负载电阻上的电压，电源电压中含有基波和三次谐波分量，叠加近似为矩形波，负载电压的波形为电源的三次谐波分量。这是一个滤波器电路，滤波器由电感 L_1 和电容 C_1，C_2 组成，其中 L_1C_1 并联部分对基波频率发生并联谐振，基波分量被阻隔，负载上没有基波分量；整个滤波器对三次谐波发生串联谐振，三次谐波分量全部到达负载；因此负载电阻电压中只有三次谐波分量。

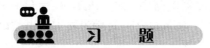

习　题

8-1　求图 8-25 所示波形的傅里叶级数的系数。

8-2　已知某信号半个周期的波形如图 8-26 所示。在下列各种条件下画出整个周期的波形：

(1) $a_0 = 0$；

(2) 对所有的 k，$b_k = 0$；

(3) 对所有的 k，$a_k = 0$；

(4) a_k 和 b_k 为零，当 k 为偶数时。

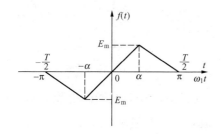 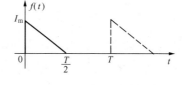

图 8-25　题 8-1 图　　　　　　图 8-26　题 8-2 图

8-3　某非正弦电压源的电压及其输出的电流分别为

$$u(t) = 30 + 15\sqrt{2}\cos\omega t + 20\sqrt{2}\cos3\omega t\text{V}$$

$$i(t) = 20 + 7.65\sqrt{2}\cos(\omega t - 33.6°) + 1.04\sqrt{2}\cos(3\omega t + 8.9°)\text{A}$$

求该电源输出的功率。

8-4　已知二端网络端口电压、电流分别为 $u(t) = 5 + 14.14\cos\omega t + 7.07\cos3\omega t\text{V}$，$i(t) = 10\cos(\omega t - 60°) + 2\cos(3\omega t - 135°)\text{A}$，电压电流方向相同。求：

(1) 端口电压的有效值；

(2) 端口电流的有效值；

(3) 该二端网络吸收的平均功率。

8-5　如图 8-27 所示 R、C 并联电路中，已知电流 $i = (1.5 + \cos6280t)\text{mA}$，$R = 1\text{k}\Omega$，$C = 50\mu\text{F}$，求各支路电流 i_R，i_C 和电路的端电压 u，并说明电容 C 的作用。

8-6　有效值为 100V 的正弦电压加在电感 L 两端时，得电流 $I = 10\text{A}$，当电压中有三次谐波分量，而有效值仍为 100V，得电流 $I = 8\text{A}$。试求这一电压的基波和三次谐波电压的有效值。

8-7　电路如图 8-28 所示，电源电压为 $u_S(t) = 50 + 100\sin314t - 40\cos628t + 10\sin(942t + 20°)\text{V}$，试求电流 $i(t)$ 和电源发出的功率及电源电压和电流的有效值。

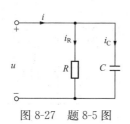 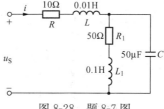

图 8-27　题 8-5 图　　　　　　图 8-28　题 8-7 图

8-8　如图 8-29 所示的滤波器电路中，$R=1\mathrm{k}\Omega$，$L_1=L_2=10\mathrm{mH}$，$\omega=10^5\,\mathrm{rad/s}$，$u_\mathrm{i}(t)=$ $120\cos\omega t+60\cos3\omega t+30\cos5\omega t\,\mathrm{V}$，如负载电阻 R 中没有五次谐波电流，而电路对三次谐波的电抗为零，求 R 上的电压 u_o。

8-9　如图 8-30 所示的电路中，$u_\mathrm{S1}(t)=1.5+5\sqrt{2}\sin(2t+90°)\,\mathrm{V}$，电流源电流 $i_\mathrm{S2}(t)=2$ $\sin(1.5t)\,\mathrm{A}$，求 u_R 及 u_S1 发出的功率。

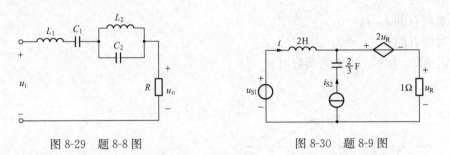

图 8-29　题 8-8 图　　　　　　　　　　　图 8-30　题 8-9 图

8-10　在电压 $u=220\sqrt{2}\cos314t\,\mathrm{V}$ 作用下，若通过交流铁芯线圈的电流 $i=\sqrt{2}\cos(314t-75°)+\sqrt{2}\cos(942t+60°)\,\mathrm{A}$，试求电流的等效正弦波，并作相量图。

8-11　三相发电机作星形连接，向一个三相星形负载供电，其线电流为 24A，若连以中性线，则负载线电流增加到 25A，试求此时的中性线电流。

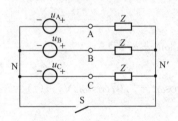

图 8-31　题 8-12 图

8-12　已知如图 8-31 所示的对称三相电路中，电源电压 $u_\mathrm{A}(t)=180\sqrt{2}\cos\omega t+40\sqrt{2}\cos3\omega t\,\mathrm{V}$，负载复阻抗 $Z_1=R+\mathrm{j}\omega L=6+\mathrm{j}8\Omega$，求：

（1）四线制时，负载相电压、线电压、相电流及中性线电流的有效值；

（2）三线制时，负载相电压、线电压、相电流及两中性点间电压的有效值。

8-13　三相发电机的三相绕组的相电压为对称三相非正弦电压，已知 $u_\mathrm{A}(t)=300\cos\omega t+160\cos\left(3\omega t-\dfrac{\pi}{6}\right)-100\cos\left(5\omega t+\dfrac{\pi}{4}\right)+60\cos\left(7\omega t+\dfrac{\pi}{3}\right)+40\cos\left(9\omega t+\dfrac{\pi}{8}\right)\,\mathrm{V}$，如果三相绕组接成星形，求线电压和相电压的比值。

8-14　图 8-32 所示非正弦稳态电路，已知 $u_\mathrm{S}=100+150\cos\omega t+100\cos(2\omega t-90°)\,\mathrm{V}$，$R=10\Omega$，$\dfrac{1}{\omega C}=90\Omega$，$\omega L=10\Omega$，用 Multisim 求各表读数，并且用示波器观察电压和电流的波形。

8-15　图 8-33 所示为非正弦稳态电路，已知 $i_\mathrm{S}(t)=5\cos10t\,\mathrm{A}$，$u_\mathrm{S}(t)=10\cos(5t-90°)\,\mathrm{V}$，用 Multisim 计算各电源发出的功率。

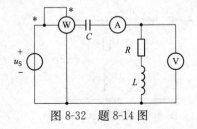

图 8-32　题 8-14 图

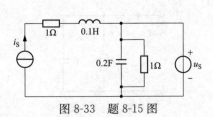

图 8-33　题 8-15 图

8-16　图 8-34 所示非正弦稳态电路，设 $u_S = U_{1m}\cos200t + U_{2m}\cos400t + U_{3m}\cos600t\,V$，$C_1 = 25\mu F$，$L_2 = \dfrac{1}{36}H$。若使二次谐波和三次谐波的电流不通过负载 R，设计滤波电路，并且用 Multisim 示波器观察输入电压和输出电压的波形。

8-17　图 8-35 所示为非正弦稳态电路，$R_1 = 1\Omega$，$R_2 = 2\Omega$，$L = 1H$，$C = 0.25F$，$u_S = 50 + 120\cos\omega t + 40\cos3\omega t\,V$，用 Multisim 求各表计读数，并用示波器观察电压和电流的波形。

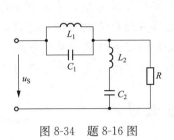

图 8-34　题 8-16 图

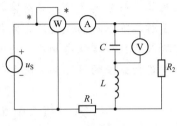

图 8-35　题 8-17 图

第九章　电路的时域分析

本章要求　熟练掌握换路定律和电路初始值的计算，掌握一阶电路的零输入响应、零状态响应和全响应及其两种分解方法，熟练掌握一阶电路的三要素法，充分理解阶跃响应和冲激响应的概念；了解二阶电路的经典法，掌握二阶电路在过渡期的 3 种状态及物理过程，理解二阶电路的零输入响应、零状态响应、全响应、阶跃响应和冲激响应的概念。

本章重点　电路初始值的计算和一阶电路的三要素法。难点是一阶电路的三要素法。

第一节　电路的过渡过程

在前面几章中，在电路已经处于稳定状态的情况下，讨论激励和响应的关系，称为稳态分析。这时，电路在直流或交流电源作用下，其电压和电流都不随时间变化或按电源的频率作正弦规律变化。分析时没有涉及开关的动作，或认为开关动作已完成很久，电路已经处于直流稳态或交流稳态。

当电路中含有储能元件，即含有电感和电容元件，这类元件的电压和电流关系是微分、积分关系而不是代数关系，因此根据基尔霍夫定律和元件特性方程所列写的电路方程，是以电流或电压为变量的微分方程。故称这类元件为动态元件，含有动态元件的电路称为动态电路。如果电路中只含有一个动态元件，描述电路的特性方程是一阶微分方程，这种电路称为一阶电路。对于用二阶微分方程描述的电路称为二阶电路，如 RLC 串联电路就是典型的二阶电路。

本章将讨论一些含有 L、C 元件的基本电路，在开关动作后电路中发生的过渡过程，这种分析称为电路的过渡过程分析或暂态分析。

一、动态电路的过渡过程（transition process of dynamic circuit）

在动态电路中，当电路的结构或元件的参数发生改变时（例如，电路中电源或无源元件的断开或接入，信号的突然注入等），可能使电路改变原来的工作状态，而转变到另一个工作状态，这种转变往往需要经历一个过程，工程上称为过渡过程。过渡过程又称过渡状态或暂态。

1. 含有动态元件的电路中存在过渡过程

图 9-1（a）所示电路中，设开关 S 闭合前电容没有充电，即 $u_C(0_-)=0$。在 $t=0$ 时将开关 S 闭合，电容充电过程是一个过渡过程。如果开关一闭合，u_C 发生突变，在此瞬间 du_C/dt 就要趋向 ∞，从而 $i=Cdu_C/dt$ 就要趋向 $+\infty$，由于受到电路中电阻 R 的限制，这是不可能的，否则在这一瞬间将违背基尔霍夫电压定律。从物理意义方面看，电容电压正比于电容电荷，而电荷是由电流充电积累起来的。在存在电阻的情况，电流总是有限的，充电需要一个过程，不能瞬时完成。于是 u_C 只能从原值 0 逐渐增大到 U_S，如图 9-1（b）所示。相应地，根据基尔霍夫电压定律，电阻电压应从原值 0 突变为 U_S，然后逐渐减少又回到 0。由欧姆定律，电流也将从 0 突变为 U_S/R，然后逐步减少到 0，如图 9-1（c）所示。

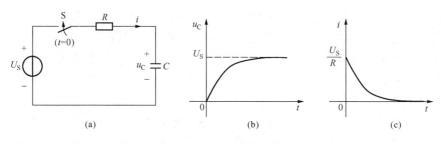

图 9-1　电容的充电电路
（a）电路；（b）u_C 波形；（c）i 波形

电路的状态是指它的能量状态，也即是电路中储能元件的能量状态。从能量的方面看，开关 S 闭合前，电路中既没有电流也没有电压，$i=0$，$u_C=0$，电容储存的能量 $W_C=0$，即电路处于零状态；当电容充足电后，其电压 $u_C=U_S$，电容储存的能量 $W_C=\frac{1}{2}CU_S^2$，此时电路为非零状态。电路能量从零状态变化到非零状态，需要一段时间或一个过程，即过渡过程。

2. 纯电阻电路中不发生过渡过程

由于纯电阻电路中无储能元件，在这种电路中就没有能量的储存和释放，因此，电路所反映的能量状态也就总是为零，所以电路中不发生过渡过程。图 9-2 所示为纯电阻电路，在 $t=0$ 时开关 S 闭合，由欧姆定律可知，$t\geqslant0$ 时，电流 $i=U_S/R$，电压 $u_1=U_S$。纯电阻电路中不发生过渡过程，开关闭合瞬间，电流从 0 突变为 U_S/R，电压由 0 突变为 U_S，i 和 u_1 的变化曲线如图 9-2（b）和（c）所示。

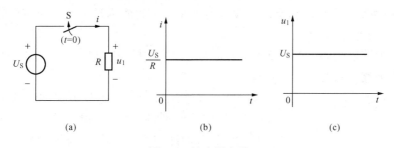

图 9-2　纯电阻电路

二、产生过渡过程的原因（reason arousing transition process）

动态电路发生过渡过程的直接原因是电路中开关的动作，将电源或无源元件断开或接入，使电路的连接和结构发生改变，使电路改变原来的工作状态，转变到另一种工作状态，从而产生过渡过程。上述电路结构或参数变化引起的电路变化统称为"换路"。

然而电路中产生过渡过程的根本原因，是由于电路中储能元件的电磁能量不能突变。由于换路，电路从一种工作状态转变到另一种工作状态，使储能元件的能量发生变化，从物理学知道能量的变化率就是功率，$p=\mathrm{d}W/\mathrm{d}t$，如果在一瞬间电路中的能量有 $\mathrm{d}W$ 的变化，也就是说 $\mathrm{d}W$ 的能量变化不需要时间，那么从能量和功率的关系式可以看出，由于 $\mathrm{d}t=0$，所以功率 $p=+\infty$，但是物理上能够实现的任何装置都不可能有无穷大的功率，因此能量的变化不可能在一瞬间完成，即能量不能突变，它的变化需要一段时间或一个过程。换路只是产生过渡过程的外因，而电路中电磁能量不能突变才是内因，即根本的原因。

电路中过渡过程经历的时间，长的可历时数十分钟，短的仅几个毫秒，甚至几个微秒。在过渡过程中，原来的状态被破坏，新的状态在建立，电路处在急剧的变化之中。在过渡过程中会产生许多稳态电路所没有的各种电磁现象，它带来了许多利弊供人们认识和利用。在电子技术中利用电容器充放电可以实现脉冲的产生和变换，可以说，许多电子设备、自动控制技术、电子计算机等就是工作在过渡过程之中。在电力工程中，过渡过程也是极其重要的电磁现象，由过渡过程所产生的过电流或过电压有可能损坏开关和其他电气设备，在设计电气设备时必须给予考虑，以确保其安全运行。因此，研究动态电路的过渡过程具有十分重要的意义。

第二节 初始值的计算

在电路分析中，常把元件的支路电压以 $u(t)$ 和电流 $i(t)$ 的变化规律称为响应，感兴趣的响应是电路分析的求解对象。响应是由独立源的激励及储能元件的初始储能共同作用而产生的。

分析电路的过渡过程有多种方法。常用的数学方法是通过解描述电路的微分方程，来求得电路过渡过程的变化规律及特征，这种分析方法称为经典法，它是一种在时域中进行的分析方法。用经典法分析动态电路时，除了要列出电路的微分方程外，还需要知道待求电压或电流的初始值，这样才能由初始值确定积分常数。

一、0，0₋，0₊ 的概念

为了定量分析电路的过渡过程，引入了如下 3 个零的概念。

$t=0$——换路瞬间即计时起点。过渡过程是在一段时间内进行的，令该段时间的开始时刻作为过渡过程的计时起点。

$t=0_-$——换路前瞬间，$0_-=0-\varepsilon$，ε 为高阶无穷小量。

$t=0_+$——换路后瞬间，$0_+=0+\varepsilon$。

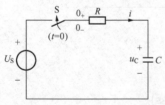

图 9-3 0，0₋，0₊ 的说明

如图 9-3 所示动态电路，假定开关动作是在 $t=0$ 时刻瞬时完成的。$t=0_-$ 时刻的电路开关没有闭合，$t=0_+$ 时刻的电路开关闭合，但在时间的数值上可认为相等，即 $0_-=0=0_+$。

二、换路定律（switching laws）

设描述电路过渡过程的微分方程为 n 阶，电路中任何电压和电流及其 $n-1$ 阶导数在 $t=0_+$ 时的值称为初始值，可表示为 $u_C(0_+)$，$i_L(0_+)$，$\left.\dfrac{\mathrm{d}i}{\mathrm{d}t}\right|_{t=0_+}$ 等，其中电感电流和电容电压的初始值，即 $i_L(0_+)$ 和 $u_C(0_+)$ 称为独立的初始值，其余的称为非独立的初始值。独立的初始值决定了电路的初始能量。

在 $t=0_-$ 时的各电压、电流值一般认为是给定的，由换路前的稳态电路所确定。问题是如何根据电路在 $t=0_-$ 时的电压、电流值来求 $t=0_+$ 时电压、电流的初始值。

对于线性电容，在任意时刻 t 时，它的电荷、电压与电流的关系为

$$q_C(t)=q_C(t_0)+\int_{t_0}^{t}i_C(\xi)\mathrm{d}\xi$$

$$u_C(t) = u_C(t_0) + \frac{1}{C}\int_{t_0}^{t} i_C(\xi)\,\mathrm{d}\xi$$

其中，q、u_C 和 i_C 分别为电容的电荷、电压和电流。令 $t_0 = 0_-$，$t = 0_+$，则得

$$q_C(0_+) = q_C(0_-) + \int_{0_-}^{0_+} i_C\,\mathrm{d}t$$

$$u_C(0_+) = u_C(0_-) + \frac{1}{C}\int_{0_-}^{0_+} i_C\,\mathrm{d}t \tag{9-1}$$

从式（9-1）可以看出，如果在换路前后，即 0_- 与 0_+ 的瞬间，电流 i_C 为有限值，则式（9-1）中右方的积分项将为零，此时电容上的电荷和电压就不发生跃变，即

$$q_C(0_+) = q_C(0_-)$$

$$u_C(0_+) = u_C(0_-) \tag{9-2}$$

线性电感的磁通链与电流的关系为

$$\Psi_L(t) = \Psi_L(t_0) + \int_{t_0}^{t} u_L(\xi)\,\mathrm{d}\xi$$

$$i_L(t) = i_L(t_0) + \frac{1}{L}\int_{t_0}^{t} u_L(\xi)\,\mathrm{d}\xi$$

令 $t_0 = 0_-$，$t = 0_+$ 则有

$$\Psi_L(0_+) = \Psi_L(0_-) + \int_{0_-}^{0_+} u_L\,\mathrm{d}t$$

$$i_L(0_+) = i_L(0_-) + \frac{1}{L}\int_{0_-}^{0_+} u_L\,\mathrm{d}t \tag{9-3}$$

如果从 0_- 到 0_+ 瞬间，电压 u_L 为有限值，则式中右方的积分项将为零，此时电感中的磁通链和电流不发生跃变，即

$$\Psi_L(0_+) = \Psi_L(0_-)$$

$$i_L(0_+) = i_L(0_-) \tag{9-4}$$

式（9-2）和式（9-4）分别说明在换路前后电容电流和电感电压为有限值的条件下，换路前后瞬间电容电压 u_C 和电感电流 i_L 不能跃变。式（9-2）和式（9-4）称为换路定律。

几点说明：

（1）对于非储能元件电阻 R，没有类似约束，即 $i_R(0_+) \neq i_R(0_-)$，$u_R(0_+) \neq u_R(0_-)$。对于电感电压和电容电流，一般地讲，$u_L(0_+) \neq u_L(0_-)$，$i_C(0_+) \neq i_C(0_-)$。

（2）0_+ 时刻，L、C 的等效电路。对电感元件 L 来讲，若换路前电流为 0，则由式（9-4）可知，换路后瞬间的电流也为 0，即 $i_L(0_+) = i_L(0_-) = 0$。说明在 $t = 0_+$ 时，L 可用开路来等效表示。若换路前电感电流不为 0，设 $i_L(0_-) = I_0$，则 $i_L(0_+) = i_L(0_-) = I_0$，说明 $t = 0_+$ 时刻，L 可用数值为 I_0 的电流源等效替代。

对电容元件 C 来讲，若换路前没带电，即 $u_C(0_-) = 0$，则 $u_C(0_+) = u_C(0_-) = 0$，说明在 $t = 0_+$ 时 C 可用电阻为 0 的短路导线等效表示。若换路前电容器已充电，设 $u_C(0_-) = U_0$，则 $u_C(0_+) = u_C(0_-) = U_0$，说明在 $t = 0_+$ 时刻，C 可用数值为 U_0 的电压源等效替代。

以上叙述可归纳为如表 9-1 所示。

表 9-1 $t=0_+$ 时刻 L、C 的等效电路

元件 \ 条件	直流稳态	初始值为零	初始值非零
L	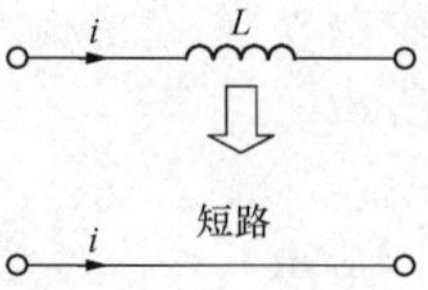	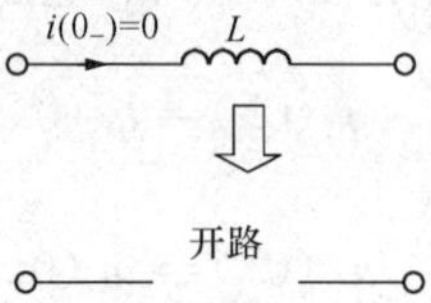	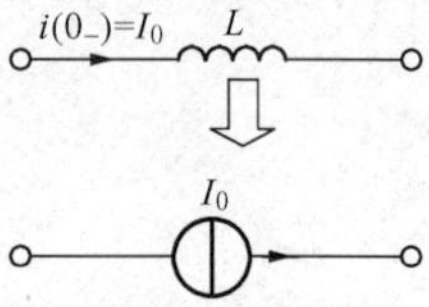
C	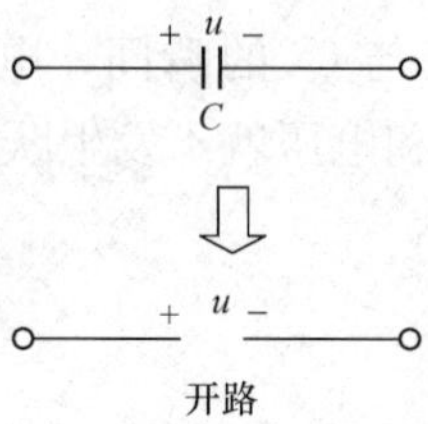	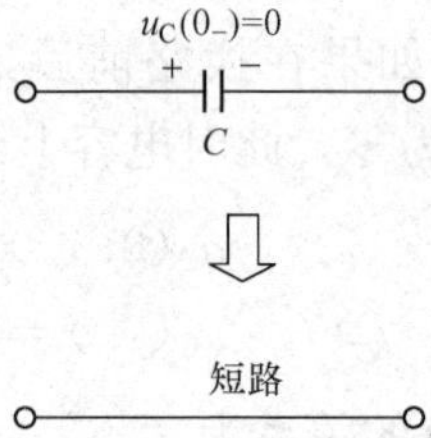	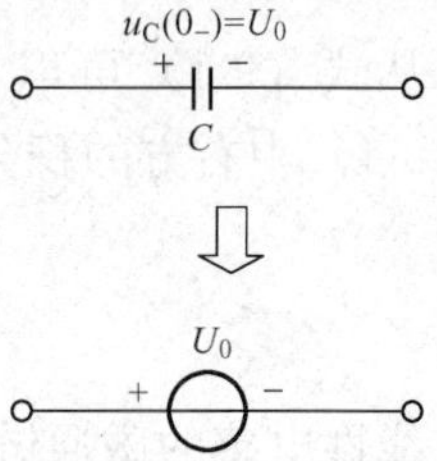

（3）若在换路前后电容电流和电感电压不为有限值，换路定律不成立。比如说存在冲激激励时，换路定律不适用。

三、初始值的计算（finding initial value）

电路中的初始值可以分为两类。

第一类是独立的初始值，即电感电流 $i_L(0_+)$ 和电容电压 $u_C(0_+)$。在 $t=0_+$ 时刻，电路中各电感电流和电容电压的初始值构成了电路的初始状态，它们表示了初始时刻电路中储存有电磁能量。这是因为在换路前，输入曾经作用过，电路的初始状态记忆了换路前输入作用的全部过程，并将影响换路后电路的演变过程。根据换路前的稳态电路计算出 $i_L(0_-)$ 和 $u_C(0_-)$，然后由换路定律求得 $i_L(0_+)$ 和 $u_C(0_+)$。

另一类是非独立的初始值，是除了独立的初始值以外的初始值。如 $u_L(0_+)$、$i_C(0_+)$、$u_R(0_+)$、$i_R(0_+)$、$\left.\dfrac{\mathrm{d}i}{\mathrm{d}t}\right|_{t=0_+}$ 等，这类初始值不受换路定律的约束，因而不能直接用换路定律求得，可以通过求解 0_+ 时刻的等效电路来求得。所谓 0_+ 时刻的等效电路是这样得到的：将换路后电路中的所有电感 L 用电流为 $i_L(0_+)$ 的电流源替代，电容 C 用电压为 $u_C(0_+)$ 的电压源替代，如表 9-1 所示，其余元件如独立源、受控源及电阻等保持不变，很显然，0_+ 等效电路是纯电阻电路，仅用来确定电路各部分电压、电流的初始值，不能把它当作新的稳态电路。0_+ 等效电路是瞬间电路，只适用于 0_+ 时刻。

根据 0_+ 等效电路，应用 KCL、KVL 和前面介绍的各种分析电路的方法可求出非独立初始值。

由于初始值是动态电路暂态过程中电量变化的起始值，因此是非常重要的概念。

例 9-1 在图 9-4（a）所示的电路中，在开关 S 闭合前电路已处于稳态，$t=0$ 时闭合开关 S，求初始值 $i_C(0_+)$、$u_L(0_+)$ 和 $i(0_+)$。

解 （1）首先求 $u_C(0_-)$ 和 $i_L(0_-)$。由于图 9-4（a）的电路在开关 S 闭合前已处于稳态，根据换路前瞬间 0_- 的等效电路，如图 9-4（b）所示，于是可得

$$i_L(0_-)=\frac{12}{4+8}=1(\mathrm{A})$$

$$u_C(0_-)=8\times1=8(\mathrm{V})$$

（2）根据换路定律有

$$i_L(0_+)=i_L(0_-)=1(A)$$

$$u_C(0_+)=u_C(0_-)=8(V)$$

（3）根据图 9-4（c）所示的 0+ 等效电路，于是可得

$$i_C(0_+)=\frac{12-8}{10}=0.4(A)$$

$$u_L(0_+)=12-8\times1=4(V)$$

$$i(0_+)=i_C(0_+)+1=0.4+1=1.4(A)$$

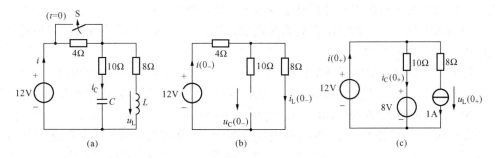

图 9-4　例 9-1 图

(a) 电路；(b) 0- 等效电路；(c) 0+ 等效电路

例 9-2　如图 9-5（a）所示的电路中，在开关 S 闭合前电路已处于稳态，$t=0$ 时闭合开关 S，求初始值 $i_L(0_+)$、$u_L(0_+)$、$i(0_+)$ 和 $i_1(0_+)$。

解　（1）首先求 $i_L(0_-)$。由于图 9-5（a）的电路在开关 S 闭合前已处于稳态，根据换路前瞬间 0- 的等效电路，如图 9-5（b）所示，于是可得

$$i_L(0_-)=\frac{10}{6+4}=1(A)$$

（2）根据换路定律有

$$i_L(0_+)=i_L(0_-)=1(A)$$

（3）根据图 9-5（c）所示的 0+ 等效电路，对右边一个回路应用 KVL，得

$$4\times1+u_L(0_+)=0$$

故　　　　　　　$$u_L(0_+)=-4\times1=-4(V)$$

$$i(0_+)=\frac{10}{6}=1.67(A)$$

$$i_1(0_+)=i(0_+)-1=1.67-1=0.67(A)$$

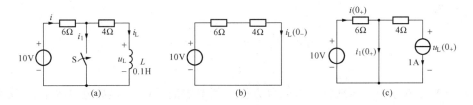

图 9-5　例 9-2 图

(a) 电路；(b) 0- 等效电路；(c) 0+ 等效电路

第三节　一阶电路的零输入响应

电路中储能元件的数目仅有一个，而电阻的数目可以不论，由于描述这种电路性状的是一阶微分方程，故称为一阶电路。一阶电路可分为 RC 电路和 RL 电路两种类型。

从产生电路响应的原因来讲，响应可以是由独立电源的激励，即输入所引起的；或者是由储能元件的初始状态引起的；也可以是由独立电源和动态元件的初始状态共同作用下产生的。

因此，按激励和响应的因果关系可划分为如下 3 种类型的响应：

（1）零输入响应——电路中没有电源的激励，即输入为 0，响应是由初始时刻储能元件中储存的电磁能量所产生的。

（2）零状态响应——储能元件的初始状态为 0，仅由电源激励所引起的响应。

（3）全响应——由电源的输入激励与储能元件的初始能量共同作用下所产生的响应。

一、RC 电路的零输入响应（RC zero-input response）

在图 9-6 所示的电路中，换路前的电路是由电压源和电容 C 连接而成，电容电压 $u_C(0_-)=U_0$；在 $t=0$ 时，将开关从位置 1 改接到位置 2，于是电容将通过电阻放电，如图 9-6（b）所示，电容电压由它的初始值开始，随着时间的增长而逐渐减少，最后趋近于零。在放电过程中电容初始储存的电场能量，通过电阻全部转换为热能发散出去。此时电路中的响应仅由电容的初始状态引起，故为零输入响应。

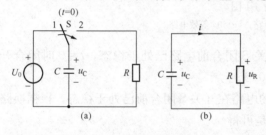

图 9-6　RC 电路的零输入响应
(a) 电路；(b) 开关接 2 时电路

为定量分析 u_C 和 i 的变化规律需要确立微分方程。根据图 9-6（b）中的电流和电压的参考方向，应用 KVL 列出电压方程

$$u_R - u_C = 0$$

R、C 元件的电压电流关系式为

$$u_R = Ri$$

$$i = -C\frac{du_C}{dt},\ u_C(0_-)=U_0$$

在 u_C 和 i 两个电路变量中，选取 u_C 作为求解对象，应用上述一组关系式，建立关于 u_C 的微分方程为

$$\begin{cases} RC\dfrac{du_C}{dt}+u_C=0 & t\geqslant 0 \\[2mm] u_C(0_+)=U_0 \end{cases} \tag{9-5}$$

式（9-5）是常系数一阶线性齐次微分方程，其本质是 KVL，是放电过程中 u_C 必须遵循的约束。根据所给定的初始条件可唯一地确定 u_C 的变化规律。

将式（9-5）改写为如下形式

$$\frac{\mathrm{d}u_C}{u_C} = -\frac{1}{RC}\mathrm{d}t$$

对上式等号两边进行积分可得

$$\ln u_C = -\frac{1}{RC}t + A'$$

因此可得

$$u_C(t) = \mathrm{e}^{-\frac{1}{RC}t + A'} = A\mathrm{e}^{-\frac{t}{RC}}$$

结果表明适合式（9-5）微分方程的解具有指数形式，其中 t 为时间变量，A 为积分常数，由所给出的初始条件来确定。

令 $t = 0_+$，则

$$u_C(0_+) = A\mathrm{e}^{-\frac{0_+}{RC}} = U_0$$

所以

$$A = U_0$$

这样得出了满足微分方程及其初始条件的解为

$$u_C(t) = U_0\mathrm{e}^{-\frac{t}{RC}} \tag{9-6}$$

求出 $u_C(t)$ 后，电路中其他的零输入响应可通过计算求得。

放电电流 　　　　　　　$$i(t) = -C\frac{\mathrm{d}u_C}{\mathrm{d}t} = \frac{U_0}{R}\mathrm{e}^{-\frac{t}{RC}} \tag{9-7}$$

电阻电压 　　　　　　　$$u_R(t) = Ri = U_0\mathrm{e}^{-\frac{t}{RC}} \tag{9-8}$$

式（9-6）~式（9-8）是 RC 一阶电路零输入响应的表示式，揭示了电容的放电规律及零输入响应的特征——初始状态决定了响应进行的规模；不论初始状态大小如何，响应总按指数规律衰减直至为零，乘积 RC 决定了指数衰减的快慢。

在图 9-7 中绘出 u_C 和 i 的变化曲线。由函数式或曲线都可看出，电容电压 u_C 和放电电流 i 都是按照同样的指数规律从它们的初始值逐渐衰减到零的。在 $t = 0$ 时，电容电压 u_C 是连续变化的，没有突变，即 $u_C(0_+) = u_C(0_-) = U_0$；而放电电流 i 在换路瞬间有一突变，$i(0_-) = 0$，而 $i(0_+) = U_0/R$。如果 R 很小，则开始放电的瞬间，将形成冲击性的电流，电阻 R 起了限制电流的作用。放电电流在电阻 R 上产生电压信号 $u_R = Ri$，其波形与 i 相同，是一个尖脉冲波形。

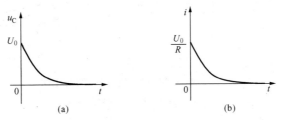

图 9-7　电容电压和放电电流随时间而变化的曲线

(a) 电容电压随时间变化的曲线；(b) 放电电流随时间变化的曲线

当电压初始值 U_0 一定时，电容 C 越大，意味着初始时刻储存的电场能量越多，放电的时间就越长；而电阻 R 越大，放电电流越小，放电的时间也越长。因此，电容电压和放电电流衰减的快慢，决定于电阻 R 和电容 C 的乘积。

令 $$\tau = RC \tag{9-9}$$

从量纲上看

$$[\tau] = [RC] = [欧姆 \cdot 法拉] = \left[欧姆 \cdot \frac{库仑}{伏特}\right] = \left[欧姆 \cdot \frac{安培 \cdot 秒}{伏特}\right] = [秒]$$

τ 的单位是 s，τ 具有时间的量纲，因而把 τ 叫做时间常数。

引入 τ 后，式（9-6）和式（9-7）可表示为

$$u_C = U_0 e^{-\frac{t}{\tau}}$$

$$i = \frac{U_0}{R} e^{-\frac{t}{\tau}}$$

当 $t = \tau$ 时，电容电压 u_C 的值为

$$u_C(\tau) = U_0 e^{-1} = 0.368 U_0$$

也就是说，时间常数是电容电压衰减到初始值 36.8% 所需的时间。如图 9-9（a）所示，对于不同的时刻，$t = 2\tau$，$t = 3\tau$，$t = 4\tau$，…时刻的电容电压值列于表 9-2 中。

表 9-2　　　　　　　　　　　　　不同时刻的电容电压值

t	0	τ	2τ	3τ	4τ	5τ	…	$+\infty$
u_C	U_0	$0.368U_0$	$0.135U_0$	$0.05U_0$	$0.018U_0$	$0.0067U_0$	…	0

从理论上讲，需要经过无限长的时间，电压才衰减到零，电路才能到达稳定状态。但实际上，电压开始时衰减得较快，以后越来越慢，经过 $4\tau \sim 5\tau$ 时间后，u_C 已衰减到初始值的 1% 左右，在工程上用实验来测量记录一个暂态波形的测量精确度通常为 1%～2%，因此可认为经过 5τ 后暂态过程已基本结束。由于 τ 决定和控制着暂态进行的快慢和延续的时间，因此是分析电路暂态过程中的一个关键性物理量。图 9-8（b）绘出了 3 种不同时间常数时，电容电压 u_C 的变化曲线。设电压的初始值相同，调节 R 或 C，使之满足 $\tau_2 = 2\tau_1$，$\tau_3 = 3\tau_1$，即 $\tau_1 < \tau_2 < \tau_3$，显然，相应于 τ_1 的放电过程进行得最快，相应于 τ_3 的进行得最慢，暂态延续的时间最长。

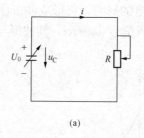
(a)

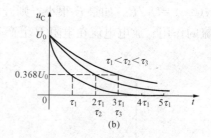
(b)

图 9-8　3 种不同时间常数时 u_C 的变化曲线

(a) 电路；(b) u_C 变化曲线

也可以用图解的方法求出时间常数。将式（9-5）改写成如下形式

$$\frac{du_C}{dt} = -\frac{u_C}{RC} = -\frac{u_C}{\tau}$$

由此可见，τ 等于 u_C 曲线上任一点的次切距，如图 9-9（b）所示，假如 $u_C(t_1)$ 以 t_1 时刻的变化速度衰减下去，只需经过时间 τ 即达零。

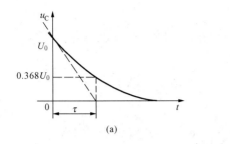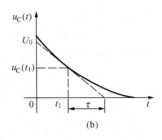

图 9-9 用图解法求时间常数

（a）方法一；（b）方法二

电容通过电阻放电的能量变化过程：在放电过程中电容初始储存的电场能量，通过电阻全部转换为热能发散出去，即电阻所消耗的能量应等于电容初始储存的能量。可证明如下。

放电电流流经电阻时，R 消耗的功率为

$$p_R = Ri^2$$

整个放电过程中电阻消耗的能量为

$$W_R = \int_0^\infty p_R \mathrm{d}t = \frac{U_0^2}{R} \int_0^\infty \mathrm{e}^{-\frac{2t}{RC}} \mathrm{d}t = \frac{U_0^2}{R}\left(-\frac{RC}{2}\right)\mathrm{e}^{-\frac{2t}{RC}}\bigg|_0^\infty = \frac{1}{2}CU_0^2$$

在零输入情况下，放电过程是在电容中初始储能的作用下产生的，计算表明，电阻把电容所储存的初始电场能量消耗尽后暂态结束，符合能量转换和守恒定律。

例 9-3 在图 9-10（a）所示的电路中，已知 $R_1 = 2\mathrm{k}\Omega$，$R_2 = 3\mathrm{k}\Omega$，$R_3 = 6\mathrm{k}\Omega$，$C = 5\mu\mathrm{F}$，开关 S 打开时电路已充电到 24V，极性如图 9-10（a）所示。在 $t = 0$ 时将开关 S 闭合，试求开关闭合后 u_C、i_1、i_2 和 i_3 随时间而变化的规律。

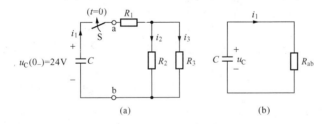

图 9-10 例 9-3 图

（a）电路；（b）等效电路

解 电路虽然包含 3 个电阻，但只有一个储能元件 C，所以仍然是一阶电路。这是把 ab 右边部分用一个等效电阻 R_{ab} 代替，得到图 9-10（b）所示的等效电路，这个电路的微分方程是

$$R_{ab}C\frac{\mathrm{d}u_C}{\mathrm{d}t} + u_C = 0, \ t \geqslant 0$$

上式和式（9-5）完全一样，因此，上面所讲的结论完全适合。

等效电阻为

$$R_{ab} = R_1 + \frac{R_2R_3}{R_2 + R_3} = 2 + \frac{3 \times 6}{3 + 6} = 4(\mathrm{k}\Omega)$$

时间常数为

$$\tau = R_{ab}C = 4 \times 10^3 \times 5 \times 10^{-6} = 0.02(\text{s})$$

故根据式（9-6）和式（9-7），电容电压为

$$u_C(t) = U_0 \mathrm{e}^{-\frac{t}{\tau}} = 24\mathrm{e}^{-50t}(\text{V})$$

电流为

$$i_1(t) = \frac{U_0}{R_{ab}}\mathrm{e}^{-\frac{t}{\tau}} = \frac{24}{4 \times 10^3}\mathrm{e}^{-50t} = 6 \times 10^{-3}\mathrm{e}^{-50t}(\text{A})$$

根据分流公式，求出

$$i_2(t) = \frac{R_3}{R_2 + R_3}i_1(t) = \frac{6}{3+6} \times 6 \times \mathrm{e}^{-50t} = 4 \times 10^{-3}\mathrm{e}^{-50t}(\text{A})$$

$$i_3(t) = \frac{R_2}{R_2 + R_3}i_1(t) = \frac{3}{3+6} \times 6 \times \mathrm{e}^{-50t} = 2 \times 10^{-3}\mathrm{e}^{-50t}(\text{A})$$

二、*RL* 电路的零输入响应（*RL* zero-input response）

RL 电路是另一种类型的一阶电路。

图 9-11（a）中换路前的电路已达直流稳态，它是由电压源、电阻和电感连接而成，这时虽有电阻 R 与电感 L 并联，由于 L 相当于短路，全部电流流过电感，因此电感 L 中流过的电流为 $I_0 = U_S/R_1$，所储存的磁场能量为 $\frac{1}{2}LI_0^2$。设在 $t=0$ 时将开关 S 打开，具有初始电流 $i_L(0_+) = i_L(0_-) = I_0$ 的电感与电阻 R 构成零输入的 *RL* 回路，如图 9-11（b）所示电路，该回路中的电流 i_L 将沿图示的参考方向流动。显然，电流将从初始值 I_0 逐渐减少为 0，储存在电感中的磁场能量将逐渐被电阻转换成热量而释放出来。

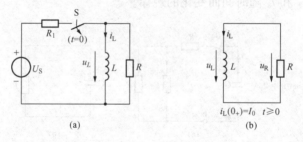

图 9-11 RL 电路的零输入响应

（a）电路；（b）*RL* 电路

下面用经典法求解图 9-11（b）所示电路的零输入响应 i_L 和 u_L。经典法是求解线性常系数微分方程的一般方法，以后将用经典法求解一阶、二阶电路中的各种响应。

根据 KVL 有

$$u_L - u_R = 0$$

R、L 元件的电压、电流关系式为

$$u_R = -Ri_L$$

$$u_L = L\frac{\mathrm{d}i_L}{\mathrm{d}t}, \quad i_L(0_+) = I_0$$

取 i_L 作为先求取的零输入响应是合适的，由上述 3 式可导出关于 i_L 的一阶微分方程为

$$L \frac{di_L}{dt} + Ri_L = 0 \left.\vphantom{\frac{di_L}{dt}}\right\}$$
$$i_L(0_+) = I_0 \quad\quad\quad\quad \text{(9-10)}$$

适合上面方程的解应具有如下指数形式

$$i_L = Ae^{st}$$

将上式代入式（9-10）可得特征方程为

$$sL + R = 0$$

解得特征根为

$$s = -\frac{R}{L}$$

则

$$i_L = Ae^{-\frac{R}{L}t}$$

由初始条件 $i_L(0_+) = I_0$，确定 A 为

$$A = I_0$$

从而得

$$i_L = I_0 e^{-\frac{R}{L}t} = I_0 e^{-\frac{t}{L/R}} = I_0 e^{-\frac{t}{\tau}} \quad\quad\quad \text{(9-11)}$$

式中：τ 为 RL 电路的时间常数，$\tau = L/R$。

电路中其他的零输入响应为

$$u_L = L\frac{di_L}{dt} = -RI_0 e^{-\frac{t}{\tau}} \quad\quad\quad \text{(9-12)}$$

$$u_R = u_L = -RI_0 e^{-\frac{t}{\tau}}$$

由式（9-11）和式（9-12）可知，RL 一阶电路的零输入响应均按同样的指数规律变化，具有相同的时间常数，它们的变化曲线如图 9-12 所示。可以看出，τ 越大，则电流衰减得越慢，反之则越快。这是因为对一定的初始电流 $i_L(0_+)$，L 越大表明电感中储存的磁场能量越多，而 R 越小则表示电阻消耗磁场能量越少，因此释放磁场能量的时间越长，过渡过程延续的时间也长。

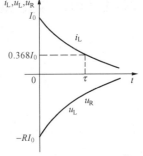

图 9-12 i_L、u_L、u_R 的
变化曲线

在整个暂态过程中，电感不断释放能量，电阻则不断消耗能量。电流 i_L 流过电阻 R 时电阻消耗的功率为

$$p_R = Ri_L^2$$

暂态过程中，消耗于电阻 R 的能量为

$$W_R = \int_0^\infty p_R dt = \int_0^\infty Ri_L^2 dt = \int_0^\infty RI_0^2 e^{-\frac{2R}{L}t} dt = \frac{1}{2}LI_0^2$$

计算表明，电感中储存的磁场能量在暂态过程中全部消耗在电阻上，这过程是单方向不可逆的。

电感是储能元件，又是一个能产生电磁感应的元件，由式（9-11）可知 i_L 是按指数规律衰减的，其变化规律 $\frac{di}{dt} < 0$，由此衰减电流所产生的感应电压在图 9-11（a）所示参考方向时它的值为负，表示式即是式（9-12），说明自感电压 u_L 的实际极性应是上负下正，即自感电动势的方向与电流方向一致，其作用趋势是要维持电流继续沿原有的方向流动。在 $t = 0_+$ 时刻，把电感看作数值等于初始电流值 I_0 的电流源，在 $t > 0$ 后电感电流从 I_0 开始按指数规律衰减直至为 0。

在换路瞬间，电感电流 i_L 是连续变化的，$i_L(0_+)=i_L(0_-)$，而电感电压 $u_L(0_-)=0$，在 $t=0_+$ 时由式（9-12）可知，跃变为

$$u_L(0_+)=-RI_0$$

上式表明，若图 9-11（b）中泄放磁场能量的电阻 R 数值很大，则在换路后瞬间，在线圈两端将感应出数值很高的电压，在工程上称为过电压。这种过电压现象会损坏线圈的绝缘性能，必须认识并加以防范。特别是在断开没有并联泄放能量的 R 的电感器时，即 $R\to\infty$，换路瞬间的电感电压将会极大。此过电压也将同时作用在开关的两个触点间，致使空气隙击穿，产生电弧。

例 9-4 图 9-13 所示电路中，换路前电路已处于稳态，$t=0$ 时打开开关 S，求开关打开后 i 和 u_L 的变化规律。

解 换路前电路已处于稳态，电感相当于短路，所以电感中的电流为

$$i(0_-)=\frac{100}{50+\dfrac{100}{2}}\times\frac{100}{100+100}=0.5(\text{A})$$

由换路定律，则有

$$i(0_+)=i(0_-)=0.5(\text{A})$$

换路后的电路如图 9-13（b）所示，可得电路的等效电阻为

$$R=\frac{(100+100)\times200}{(100+100)+200}=100(\Omega)$$

电路的时间常数为

$$\tau=\frac{L}{R}=\frac{1}{100}=0.01(\text{s})$$

由式（9-11）和式（9-12）可得

$$i=i(0_+)\text{e}^{-\frac{t}{\tau}}=0.5\text{e}^{-100t}(\text{A})$$

$$u_L=-Ri(0_+)\text{e}^{-\frac{t}{\tau}}=-100\times0.5\text{e}^{-100t}=-50\text{e}^{-100t}(\text{V})$$

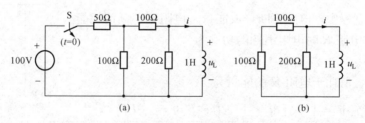

图 9-13 例 9-4 图

(a) 电路；(b) 换路后电路

例 9-5 图 9-14 所示电路中，电阻 R_0 和一线圈并联，已知线圈电阻 $R=1\Omega$，电感 $L=1\text{H}$，外加直流电压 $U=10\text{V}$。开关 S 原先闭合，且电路已处于稳态。在 $t=0$ 时打开开关 S，求在以下两种情况下，线圈电流 i 的变化规律，并计算电阻 R_0 所承受的最大电压值。

（1）$R_0=1\Omega$；

（2）$R_0=5\times10^6\Omega$。

解 （1）$R_0=1\Omega$ 的情况。换路前电路已处于稳态，电感相当于短路，所以电感中的电

流的初始值为

$$i(0_+) = i(0_-) = \frac{U}{R} = \frac{10}{1} = 10(A)$$

开关 S 打开后，形成了 $R + R_0$ 与 L 串联的回路，电路的时间常数为

$$\tau = \frac{L}{R + R_0} = \frac{1}{1+1} = 0.5(s)$$

由式（9-11）可得电流为

$$i = i(0_+)e^{-\frac{t}{\tau}} = 10e^{-2t}(A)$$

电阻 R_0 上的电压为

$$u_{R0} = -R_0 i = -10e^{-2t}(V)$$

当 $t = 0$ 时，R_0 承受的最大电压为

$$u_{max} = -10(V)$$

（2）$R_0 = 5 \times 10^6 \Omega$ 的情况。电感中的电流的初始值不变，则 $i(0_+) = 10(A)$

电路的时间常数为

$$\tau = \frac{L}{R + R_0} = \frac{1}{1 + 5 \times 10^6} = 0.2 \times 10^{-6}(s)$$

电流为

$$i = i(0_+)e^{-\frac{t}{\tau}} = 10e^{-5 \times 10^6 t}(A)$$

电阻 R_0 上的电压为

$$u_{R0} = -R_0 i = -50 \times 10^6 e^{-5 \times 10^6 t}(V)$$

当 $t = 0$ 时，R_0 承受的最大电压为

$$u_{max} = -50 \times 10^6(V)$$

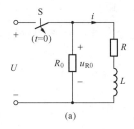 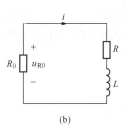

图 9-14　例 9-5 图
（a）电路；（b）换路后的电路

当用直流电压表（例如万用电表的直流电压挡）去测量绕组的电压时，就出现上面第二种情况。这时，电压表要承受很高的电压，可能被损坏。因此，必须预先把电压表拆除，再打开开关。

综上所述，可知：

（1）一阶电路的零输入响应电压和电流以同一时间常数随时间按指数规律变化，仅初始值不同而已。零输入响应是由初始值和时间常数两个要素决定的。而时间常数 τ 决定于元件参数和电路结构。τ 表示式中的 R 是从 L 或 C 元件两端看进去的入端电阻，它与电路结构有关。

（2）一阶电路的零输入响应是电路初始条件的线性函数。这样，可归纳出一阶电路零输

入响应的普遍表示式为

$$f(t) = f(0_+)\mathrm{e}^{-\frac{t}{\tau}} \tag{9-13}$$

式中：$f(0_+)$ 为响应的初始值；τ 为换路后电路的时间常数，或为 RC 或为 $\dfrac{L}{R}$。

　　显然，零输入响应与初始条件成正比例关系，零输入响应与初始条件的这种依赖关系称为零输入线性。

　　根据式（9-13）所示结论，对于一阶电路的零输入响应可直接应用式（9-13）求得，而不必去列写并求解电路的微分方程。对于含有一个动态元件和若干个电阻的一阶电路，可将电路中的所有电阻用一个动态元件两端等效的等效电阻代替，然后应用上述公式求解零输入响应。

第四节　一阶电路的零状态响应

　　零状态响应是电路在零初始状态下，仅由电路的输入作用所引起的响应，即在初始时刻储能元件中没有储存电磁能量，响应只是在电源的输入激励下产生的。

一、RC 电路的零状态响应 （RC zero-state response）

下面讨论具有恒定电压输入的 RC 电路的零状态响应。

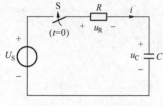

图 9-15　RC 充电电路

　　图 9-15 所示电路中，开关合闸前，电容器未经充电，即 $u_C(0_-)=0$，电路处于零状态。

　　设在 $t=0$ 时开关闭合。在直流电压源 U_S 的激励下，通过电阻 R 对电容进行充电，显然，电容电压 u_C 将从 0 值开始被充电到电源电压值终止。这期间零状态响应 u_C 的变化规律，可以用经典法求解。

　　根据电路基本定律和元件的伏安关系式确立微分方程，开关闭合后，RC 回路的 KVL 方程式为

$$u_R + u_C = U_S, \ t \geqslant 0$$

R、C 元件的伏安关系式为

$$u_R = Ri$$

$$i = C\frac{\mathrm{d}u_C}{\mathrm{d}t}, \ u_C(0_+) = 0$$

将上式联立，可确立以 u_C 为未知函数的微分方程

$$\left.\begin{aligned} RC\frac{\mathrm{d}u_C}{\mathrm{d}t} + u_C &= U_S \\ u_C(0_+) &= 0 \end{aligned}\right\} \tag{9-14}$$

　　这是一阶常系数线性非齐次微分方程，其解即零状态响应，u_C 反映了充电过程中电容电压的变化规律。

　　应用经典法求解的特点是将解看作两个分量的叠加，即 u_C 可分解为如下两项

$$u_C = u_C' + u_C''$$

式中：u_C' 为非齐次方程的特解；u_C'' 为对应的齐次方程的通解。

将数学工具与电路的物理内容结合起来，由于这两个分量在电路中均具有特定的物理含义，从而可以比较方便地求解出来。

u_C' 应满足式（9-14）所示的方程，即

$$RC\frac{\mathrm{d}u_C'}{\mathrm{d}t} + u_C' = U_S$$

上式方程等号右边的函数是电路中的输入激励，又称强制函数，显然 u_C' 是在输入的强制作用下建立起来的，故特解 u_C' 可称为强制分量，它与强制函数或输入波形有关。如果等号右边的强制函数是恒定直流电源或正弦周期电源，或者说是在直流激励或正弦激励情况下，为满足上述方程，u_C' 也应该是直流量或同频率的正弦量。由于 u_C' 是在直流或正弦交流激励下最终建立起来（即处稳态时）的量，因此，u_C' 又称为稳态分量或稳态响应。

由上述分析表明，u_C' 应是 u_C 的稳态值 $u_C(\infty)$，即

$$u_C' = u_C(\infty) = U_S$$

电容在恒定电压 U_S 作用下，u_C 最终必充电至电源电压 U_S，$u_C' = U_S$ 代入式（9-14），显然也是适合的。

数学分析表明，u_C'' 是原微分方程的齐次方程的解，即应满足

$$RC\frac{\mathrm{d}u_C''}{\mathrm{d}t} + u_C'' = 0$$

上式等号右边为 0，表明特解 u_C'' 描写的是电路中外施激励为零时 u_C 的变化规律。在电路理论中，由于 u_C'' 反映的是外施激励为零、电路处自由状态时 u_C 的变化规律，故 u_C'' 又称为 u_C 的自由分量。

显然 u_C'' 应具有如下指数形式

$$u_C'' = Ae^{st}$$

其中 s 为特征方程 $RCs + 1 = 0$ 的特征根，即

$$s = -\frac{1}{RC}$$

A 为特定的积分常数，因此，解 u_C 的表示式为

$$u_C = u_C' + u_C'' = U_S + Ae^{-\frac{t}{RC}} \tag{9-15}$$

由初始条件可以确定常数 A。

令 $t = 0_+$，则式（9-15）为

$$u_C(0_+) = U_S + Ae^0 = 0$$

所以　　　　　　　　　　　　　　　$A = -U_S$

这样可得出既适合式（9-14）方程又满足其初始条件的解 u_C 为

$$u_C = U_S(1 - e^{-\frac{t}{\tau}}) \tag{9-16}$$

式中：τ 为电路的时间常数，$\tau = RC$。

求得 u_C 后，电路中其他的零状态响应，充电电流 i 及电阻上的电压降 u_R，可计算如下

$$i(t) = C\frac{\mathrm{d}u_C}{\mathrm{d}t} = \frac{U_S}{R}e^{-\frac{t}{\tau}} \tag{9-17}$$

$$u_R = Ri = U_S e^{-\frac{t}{\tau}} \tag{9-18}$$

根据式（9-16）、式（9-17）绘出 u_C 和 i 的变化曲线如图 9-16 所示。

由图 9-16 所示的充电曲线可以看出，在充电过程中，电容电压 u_C 由初始状态的零值按指数规律上升到 U_S，而充电电流在充电开始瞬间一跃成为 U_S/R，然后以此为起始值按指数规律下降至零。这是因为在开关闭合后瞬间，$u_C(0_+)=u_C(0_-)=0$，电容相当于短路，电源电压 U_S 全部作用在电阻 R 两端，这是充电电流在开始时刻发生跃变的物理实质。以后，由于电容电荷的不断增加，u_C 按指数规律上升，从 KVL 方程 $u_R+u_C=U_S$ 可知，u_R 逐步下降，因而充电电流按指数规律逐渐下降。

从式（9-16）可以看出，零状态响应 u_C 是两个分量的叠加，其中自由分量 $u_C''=\mathrm{Ae}^{-\frac{t}{\tau}}$ 是负指数函数，随着时间的推移，约经 $4\sim5\tau$ 后自由分量消失，只留下稳态分量 u_C'，从此意义上讲，u_C'' 又可称为暂态分量。暂态分量不管输入为何种函数它总是指数衰减形式，暂态分量在约 5τ 后消失，电路又进入了新的稳态。显然，稳态分量是输入作用的结果，因而它的波形与输入的波形密切相关，对一阶电路来讲，如果输入是直流量，则稳态分量也是直流量，如果输入是正弦量，则稳态分量将是同频率的正弦量。暂态分量与输入无关，它决定于电路的固有性质，对一阶电路来讲总是指数衰减的形式，过渡过程的基本性质和延续时间的长短是由暂态分量描述和决定的。

将 u_C 变化曲线分解为 u_C' 和 u_C'' 两变化曲线的叠加，如图 9-17 所示，这是描绘过渡过程中变化曲线的一种很有意义的方法。

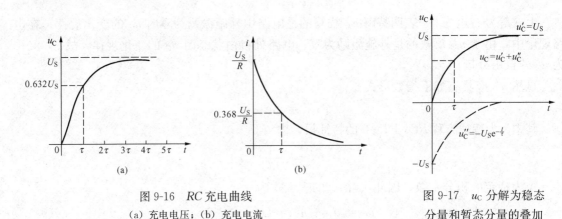

图 9-16　RC 充电曲线

（a）充电电压；（b）充电电流

图 9-17　u_C 分解为稳态

分量和暂态分量的叠加

由式（9-16）～式（9-18）可知，若外施激励增大 K 倍，则其零状态响应也增大 K 倍，零状态响应与输入成正比关系，或者说，零状态响应是输入的一个线性函数。这种响应和输入的依赖关系常称为零状态线性。

RC 电路接通直流电压源的过程就是电源通过电阻对电容充电的过程。在充电的过程中，电源供给的能量一部分转换成电场能量储存于电容中，一部分被电阻转变为热能消耗，电阻消耗的电能为

$$W_R=\int_0^\infty i^2R\mathrm{d}t=\int_0^\infty\left(\frac{U_S}{R}\mathrm{e}^{-\frac{t}{\tau}}\right)^2R\mathrm{d}t=\frac{U_S^2}{R}\left(-\frac{RC}{2}\right)\mathrm{e}^{\frac{2t}{RC}}\Big|_0^\infty=\frac{1}{2}CU_S^2=W_C$$

从上式可见，不论电路中电容 C 和电阻 R 的数值为多少，在充电过程中，电源提供的能量只有一半转变成电场能量储存于电容中，另一半则为电阻所消耗，充电的效率只有 50%。

例 9-6　在图 9-18（a）所示电路中，在 $t=0$ 时开关 S 闭合，求开关闭合后电路中的电容

电压 u_C。

解　(1) 求换路后电路 ab 端的戴维南等效电路，如图 9-18（b）所示。其中

$$U_{oc} = \frac{4}{4+4} \times 12 = 6(V)$$

$$R_{eq} = \frac{4 \times 4}{4+4} = 2(k\Omega)$$

(2) $u_C(0_+) = u_C(0_-) = 0$，所求 u_C 为 RC 电路的零状态响应，则

$$\tau = R_{eq}C = 2 \times 10^3 \times 50 \times 10^{-6} = 0.1(s)$$

$$u_C = U_{oc}(1 - e^{-\frac{t}{\tau}}) = 6(1 - e^{-10t})(V)$$

二、RL 电路的零状态响应（RL zero-state response）

本节将讨论 RL 电路在恒定输入下的零状态响应和正弦电压激励下的零状态响应。

1. 直流电源激励下的零状态响应

如图 9-19 所示电路，$t=0$ 时闭合开关，将直流电压 U_S 接入 RL 电路，开关闭合前，设电感 L 中电流为零，即 $i(0_-) = 0$，电路处于零状态。选取电感电流 i 作为求解对象，对 i 感兴趣的原因是它反映电路的能量状态。在求得 i 后，电路中其他的零状态响应可以很容易地求得。

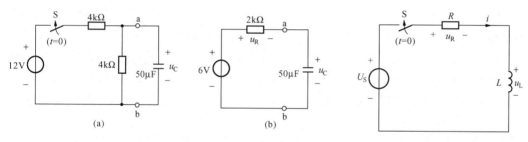

图 9-18　例 9-6 图
(a) 电路；(b) 戴维南等效电路

图 9-19　RL 电路的零状态响应

根据 KVL，列出开关闭合后电路的 KVL 方程

$$u_L + u_R = U_S$$

将 $u_R = Ri$ 及 $u_L = L\frac{di_L}{dt}$ 代入上式，并附上初始条件 $i(0_+) = i(0_-) = 0$，得如下微分方程

$$\left. \begin{array}{c} L\dfrac{di}{dt} + Ri = U_S \\ i(0_+) = 0 \end{array} \right\} \tag{9-19}$$

由经典法可知，此方程的解由稳态分量 i' 和暂态分量 i'' 组成，即

$$i = i' + i''$$

显然

$$i' = i(\infty) = \frac{U_S}{R}$$

而

$$i'' = Ae^{st}$$

由特征方程

$$sL + R = 0$$

可得

$$s = -\frac{R}{L} = -\frac{1}{\tau}$$

τ 为电路的时间常数

$$\tau = \frac{L}{R}$$

因此解可表示为

$$i = \frac{U_S}{R} + Ae^{-\frac{t}{\tau}}$$

常数 A 可根据所给定的初始条件来确定，在 $t=0_+$ 时下式成立

$$i(0_+) = \frac{U_S}{R} + Ae^0 = 0$$

所以 $$A = -\frac{U_S}{R}$$

因此 $$i(t) = \frac{U_S}{R}(1 - e^{-\frac{t}{\tau}}) \tag{9-20}$$

电路中其他的零状态响应，可由 $i(t)$ 求得

$$u_L = L\frac{di}{dt} = U_S e^{-\frac{t}{\tau}} \tag{9-21}$$

$$u_R = Ri = U_S(1 - e^{-\frac{t}{\tau}}) \tag{9-22}$$

i 和 u_L 的变化曲线如图 9-20 所示，可以看出，电流 i 从零值起始，按指数规律逐渐上升到稳态值 U_S/R，电感电压 u_L 在 $t=0$ 瞬间由零值跃变为 U_S，然后以 U_S 为起始值，按指数规律下降为零。这是因为在换路后瞬间，由于电感电流不能跃变，其值为零，因而电阻上的电压降为零，电感在 $t=0_+$ 时刻相当于开路，电源电压全部作用在电感线圈两端，这就是电感电压在初始时刻发生跃变的物理本质。此后随着电流的增长，电阻电压不断增长，从而使电感电压不断下降。当电路进入稳态时，电流值为 U_S/R，电阻电压为 U_S，电流变化率为零，电感两端不再存在电压。

RL 电路中暂态过程的长短，决定于暂态分量 i'' 中的时间常数 τ，由图 9-20（a）可以看出，经过 5τ 后，i'' 已衰减到初始值的 0.7%，而 i 已达到稳态值的 99.3%，这时可以认为，暂态过程已基本结束。电路的结构和元件的参数值决定了 τ 的大小。可以用调节 R 或 L 参数的方法改变 τ，从而控制暂态进行的快慢，由图 9-21 所示的变化曲线簇可以看出时间常数 τ 的大小是如何影响暂态演变进程的。

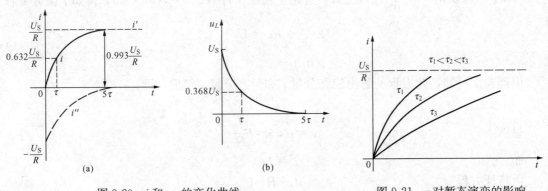

图 9-20 i 和 u_L 的变化曲线   图 9-21 τ 对暂态演变的影响
（a）充电电流；（b）放电电压

例 9-7　在图 9-22（a）所示电路中，在 $t=0$ 时开关 S 打开，求开关打开后电路中的 i_L 和 u_L 随时间而变化的规律。

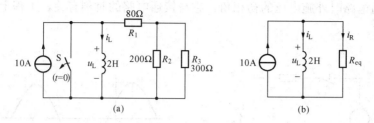

图 9-22　例 9-7 图
(a) 电路；(b) 等效电路

解　把电路中电感右端部分用一个等效电阻 R_{eq} 代替，得到如图 9-22（b）所示的等效电路，则

$$R_{eq} = R_1 + \frac{R_2 R_3}{R_2 + R_3} = 80 + \frac{200 \times 300}{200 + 300} = 200(\Omega)$$

$i_L(0_+) = i_L(0_-) = 0$，题目所求为 RL 电路的零状态响应。

列出图 9-22（b）电路的方程为

$$i_L + i_R = 10$$

将 $i_R = \dfrac{u_L}{R_{eq}}$ 及 $u_L = L\dfrac{di_L}{dt}$ 代入上式，可得

$$i_L + \frac{L}{R_{eq}}\frac{di_L}{dt} = 10$$

即

$$0.01\frac{di_L}{dt} + i_L = 10$$

此方程的解由稳态分量 i'_L 和暂态分量 i''_L 组成，即

$$i_L = i'_L + i''_L$$

显然

$$i'_L = i_L(\infty) = 10$$

而

$$i''_L = Ae^{-\frac{t}{\tau}}$$

其中

$$\tau = \frac{L}{R_{eq}} = \frac{2}{200} = 0.01s$$

于是

$$i_L = 10 + Ae^{-100t}$$

常数 A 可根据所给定的初始条件 $i_L(0_+) = 0$ 来确定，在 $t=0_+$ 时下式成立

$$i_L(0_+) = 10 + Ae^0 = 0$$

所以

$$A = -10$$

因此

$$i_L = 10(1 - e^{-100t})(A)$$

$$u_L = L\frac{di_L}{dt} = 2 \times 10 \times 100e^{-100t} = 2000e^{-100t}(V)$$

2. 正弦电源激励下的零状态响应

讨论 RL 串联电路在正弦电压激励下的零状态响应。如图 9-23（a）所示电路，在 $t=0$

时开关闭合，接入正弦电压源

$$u_S = U_m\cos(\omega t + \psi_u)$$

式中：ψ_u 为接通电路时外施电压的初相角，它与接通电路的时刻有关，工程上称为接入相位角或合闸初相角。

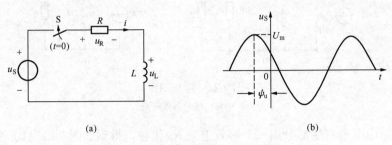

图 9-23　正弦电源激励下的 RL 电路

(a) 电路；(b) u_S 波形

接通电源后，电路微分方程的形式类同于式（9-19），所不同的是方程等号右边的外施激励（强制函数）由常量 U_S 换作正弦电压 u_S 激励，即

$$\left.\begin{array}{l} L\dfrac{\mathrm{d}i}{\mathrm{d}t} + Ri = U_m\cos(\omega t + \psi_u) \\[2mm] i(0_+) = 0 \end{array}\right\} \tag{9-23}$$

由经典法可知，其解 i 由两个分量组成

$$i = i' + i''$$

i' 为稳态分量，此时不是一个常数，而是一个与正弦输入具有相同频率的正弦量，数学计算表明，i' 就是进入正弦稳态时的响应，因此，可由相量法求得

$$i' = I_m\cos(\omega t + \psi_u - \varphi)$$

$$I_m = \frac{U_m}{|Z|}$$

式中：$|Z|$ 为 RL 电路的阻抗，$|Z| = \sqrt{R^2 + (\omega L)^2}$；$\varphi$ 为 RL 电路的阻抗角，$\varphi = \arctan\dfrac{\omega L}{R}$。

i'' 为暂态分量，是对应齐次微分方程的解，与输入无关，因此，仍为指数形式

$$i'' = \mathrm{A}e^{st}$$

其中，s 为特征根

$$s = -\frac{R}{L} = -\frac{1}{\tau}$$

因此，方程式（9-23）的解为

$$i = I_m\cos(\omega t + \psi_u - \varphi) + \mathrm{A}e^{-\frac{t}{\tau}}$$

A 为积分常数，由零状态初始条件确定

$$i(0_+) = I_m\cos(\psi_u - \varphi) + \mathrm{A}e^0 = 0$$

所以　　　　　　　　　　　$\mathrm{A} = -I_m\cos(\psi_u - \varphi)$

代入 A 值可得零状态响应 i 的表示式

$$i(t) = I_\mathrm{m}\cos(\omega t + \psi_\mathrm{u} - \varphi) - I_\mathrm{m}\cos(\psi_\mathrm{u} - \varphi)\mathrm{e}^{-\frac{t}{\tau}} \tag{9-24}$$

在正弦输入情况下，RL 电路中其他的零状态响应表示式为

$$u_\mathrm{L} = L\frac{\mathrm{d}i}{\mathrm{d}t} = I_\mathrm{m}\omega L\cos\left(\omega t + \psi_\mathrm{u} - \varphi + \frac{\pi}{2}\right) + I_\mathrm{m}R\cos(\psi_\mathrm{u} - \varphi)\mathrm{e}^{-\frac{t}{\tau}} \tag{9-25}$$

$$u_\mathrm{R} = Ri = I_\mathrm{m}R\cos(\omega t + \psi_\mathrm{u} - \varphi) - I_\mathrm{m}R\cos(\psi_\mathrm{u} - \varphi)\mathrm{e}^{-\frac{t}{\tau}} \tag{9-26}$$

以上计算表明，零状态响应 i、u_L 和 u_R 均由两个分量组成。以电流 i 为例，i 由 i' 与 i'' 叠加而成，i'' 在数学分析中为通解，由于它是齐次微分方程（微分方程等号右边的激励置零）的解，故电路理论中称它为自由分量，表明它是与激励无关的，反映了电路的固有属性；i'' 按指数形式变化，随着时间的推移最终将消失，从此意义上讲，i'' 又称暂态分量，它决定过渡过程进行的方式和延续的时间。另一项是 i'，在数学中称特解，在电路理论中，由于 i' 是在外施激励作用迫使电路建立起来的响应，故称为强制分量，在直流和正弦电源激励时，i' 又可称为稳态分量或稳态响应，可用直流电路计算和相量法求得。

由式（9-24）可知，暂态分量指数函数前面的系数与正弦电压的接入相位角有关，也就是说，与开关合闸的时间有关，现讨论如下两种特殊情况。

（1）在合闸时，若 $\psi_\mathrm{u} - \varphi = -\dfrac{\pi}{2}$，则有

$$\mathrm{A} = -I_\mathrm{m}\cos(\psi_\mathrm{u} - \varphi) = 0$$

因此
$$i'' = 0$$

则
$$i = i' = I_\mathrm{m}\cos\left(\omega t - \frac{\pi}{2}\right)$$

在此特殊情况下，电流 i 中只有稳态分量 i'，而无暂态分量 i''，表明在换路后立即进入了稳态，而没有暂态过程。

在合闸时，若 $\psi_\mathrm{u} - \varphi = \dfrac{\pi}{2}$，电路也立刻进入稳态。$i$ 的波形如图 9-24（a）所示。

（2）如果合闸时，$\psi_\mathrm{u} - \varphi = 0$，则有

$$\mathrm{A} = -I_\mathrm{m}\cos(\psi_\mathrm{u} - \varphi) = -I_\mathrm{m}$$

即
$$i'' = -I_\mathrm{m}\mathrm{e}^{-\frac{t}{\tau}}$$

$$i = I_\mathrm{m}\cos\omega t - I_\mathrm{m}\mathrm{e}^{-\frac{t}{\tau}}$$

上述电流 i 的波形如图 9-24（b）所示。从上式和波形图中可以看出，当电路的时间常数很大，则 i'' 的衰减极其缓慢。这种情况下接通电路后，大约经过半个周期的时间，电流的最大瞬时值的绝对值将接近稳态电流振幅的两倍。

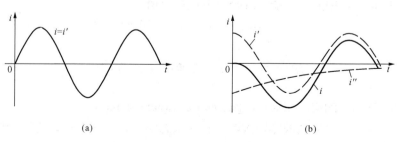

图 9-24　不同接入相位角情况下的电流波形

（a）正弦波形；（b）衰减波形

以上讨论的是一种特例，如在其他时间合上开关，积分常数 A 会小于 I_m，暂态分量就较小，而在一般情况则介于以上两种极端情况之间。

由以上分析可见，在正弦激励下的过渡过程，不仅与电路结构、元件参数有关，而且还与换路时刻有关，不同的合闸时刻即使同一电路也会出现不同的暂态过程。

例 9-8 如图 9-23 （a）所示电路，其中 $R=50\Omega$，$L=0.2\mathrm{H}$，在 $t=0$ 时接到 $u=220\sqrt{2}\cos(314t+30°)\mathrm{V}$ 的正弦电压源上，求接通后电路中的电流 i。

解
$$\tau=\frac{L}{R}=\frac{0.2}{50}=0.004(\mathrm{s})$$
$$\omega L=314\times0.2=62.8(\Omega)$$
$$|Z|=\sqrt{R^2+(\omega L)^2}=\sqrt{50^2+62.8^2}=80.4(\Omega)$$
$$\varphi=\arctan\frac{\omega L}{R}=\arctan\frac{62.8}{50}=51.5°$$
$$I_m=\frac{U_m}{|Z|}=\frac{\sqrt{2}\times220}{80.4}=2.7\sqrt{2}(\mathrm{A})$$

由式（9-24）可知
$$i(t)=I_m\cos(\omega t+\psi_u-\varphi)-I_m\cos(\psi_u-\varphi)\mathrm{e}^{-\frac{t}{\tau}}$$
$$=2.7\sqrt{2}\cos(314t+30°-51.5°)-2.7\sqrt{2}\cos(30°-51.5°)\mathrm{e}^{-250t}$$
$$=2.7\sqrt{2}\cos(314t-21.5°)-3.55\mathrm{e}^{-250t}(\mathrm{A})$$

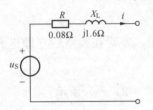

图 9-25 例 9-9 图

例 9-9 如图 9-25 所示输电线路的等效电路中，R 和 X_L 分别代表发电机和输电线路的总电阻和总电抗，已知 $R=0.08\Omega$，$X_L=1.6\Omega$，$U_S=6.3\mathrm{kV}$，试计算此线路在发生负载侧短路时，线路中可能出现的最大瞬时电流。

解 设输电线是在未带负载时发生短路的，线路中电流为零，电路处于零状态。

短路故障是换路的一种情况，输电线路发生短路相当于在 $t=0$ 时刻将零状态的 RL 电路接通于正弦交流电源。

短路电流 i 中稳态分量的幅值为
$$I_m=\frac{U_m}{|Z|}=\frac{\sqrt{2}U_S}{\sqrt{R^2+X_L^2}}=\frac{\sqrt{2}\times6.3\times10^3}{\sqrt{0.08^2+1.6^2}}=5500(\mathrm{A})$$

可见短路电流是数值很大的电流，由于 R 很小且 $R\ll X_L$，故该电路的时间常数 τ 很大，暂态持续的时间很长，因此，可能出现瞬时电流最大值
$$i_{\max}=2I_m=2\times5500=11000(\mathrm{A})$$

第五节 一阶电路的全响应

一、一阶电路的全响应 (first-order circuit complete response)

前面分别讨论了一阶电路的零输入响应和零状态响应，在本节中，将讨论电路在既考虑初始状态又考虑输入状态时的响应。由于这种响应是输入激励和初始状态共同作用于电路所产生的，故称为全响应。

　　求解电路全响应的问题仍然是如何求解非齐次微分方程的问题，其步骤与求解电路的零状态响应没什么不同，只不过在确定积分常数时，初始条件不同而已。下面，以恒定电压输入的 RC 电路的全响应为例说明电路全响应的计算方法。

　　图 9-26 所示电路中，设 $u_C(0_-)=U_0$，在 $t=0$ 时闭合开关 S。在换路后瞬间，电容电压 $u_C(0_+)=u_C(0_-)=U_0$，它将与电路中的输入 U_S 共同激励产生全响应。

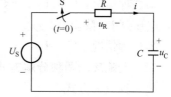

图 9-26 RC 电路的全响应

　　应用经典法求解 u_C 和 i 的变化规律。换路后电路的一阶微分方程为

$$\left.\begin{array}{l} RC\dfrac{\mathrm{d}u_C}{\mathrm{d}t}+u_C=U_S \\[2mm] u_C(0_+)=U_0 \end{array}\right\} \tag{9-27}$$

　　其解为

$$u_C = u_C' + u_C''$$

　　稳态分量

$$u_C' = U_S$$

　　暂态分量

$$u_C'' = \mathrm{A}e^{-\frac{t}{RC}}$$

　　于是得

$$u_C = U_S + \mathrm{A}e^{-\frac{t}{RC}} \tag{9-28}$$

　　常数 A 由给出的初始条件求得

$$u_C(0_+) = U_S + \mathrm{A}e^0 = U_0$$

　　所以　　　　　　　　　　　　　　$\mathrm{A}=U_0-U_S$

　　又　　　　　　　　　　　　　　　$\tau=RC$

　　这样，式（9-28）可表示为

$$u_C = U_S + (U_0 - U_S)e^{-\frac{t}{RC}} \tag{9-29}$$

　　式（9-29）即为全响应电压的表示式。

　　全响应电流为

$$i = C\frac{\mathrm{d}u_C}{\mathrm{d}t} = \frac{U_S - U_0}{R}e^{-\frac{t}{\tau}} \tag{9-30}$$

　　由于 U_S 可能大于、小于或等于 U_0，根据式（9-29）和式（9-30）绘出这 3 种情况时 u_C 和 i 的变化曲线，如图 9-27 所示，对应于 3 种情况分别用曲线①、②和③表示。

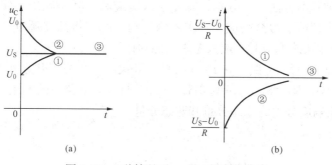

(a)　　　　　　　　　　　　　　　　(b)

图 9-27 3 种情况下 u_C 和 i 的变化曲线

第一种情况：$U_S > U_0$。$i > 0$，说明电流的实际方向与参考方向一致，电容处于充电状态，电容电压从 U_0 开始，充到 U_S 为止。

第二种情况：$U_S < U_0$。$i < 0$，说明电流的实际方向与参考方向相反，电容处于放电状态，电压从 U_0 降至 U_S 为止。

第三种情况：$U_S = U_0$。$i = 0$，$u_c = U_S$，说明换路后无充放电现象，电路直接进入稳态。

二、全响应的两种分解方式

第一种分解方式

$$全响应＝稳态分量＋暂态分量$$

即

$$u_C = u_C' + u_C''$$

由式（9-29）所示的全响应表示式是由两项，或者说两个分量组成，其中，u_C'' 是按指数规律衰减的，当 $t \to \infty$ 时，将趋近于 0，故称为暂态分量。从物理原因上讲暂态分量是由初始状态和电源的突然输入电路所产生的，这种扰动在经历约 5τ 后就平寂下来了，电路进入稳态。另一个分量是 u_C'，它只与输入有关，受输入的变化规律所制约，故称为强制分量。在输入是直流和正弦交流时强制分量也是直流和正弦交流，故又可分别称为直流稳态分量和正弦稳态分量。

将全响应分解为稳态分量和暂态分量，这是符合经典法求解电路微分方程的实际过程的。这种分解方式揭示了全响应随时间演变的进程和过渡过程的特点，能明显地反映电路工作状态。

第二种分解方式

$$全响应＝零输入响应＋零状态响应$$

即

$$u_C = u_C^{(1)} + u_C^{(2)}$$

将全响应表示式（9-29）进行整理，把产生全响应的两个原因——初始状态 U_0 和外施激励 U_S 相关的部分分开后归并为两项，可得

$$u_C = U_0 e^{-\frac{t}{\tau}} + U_S(1 - e^{-\frac{t}{\tau}}) = u_C^{(1)} + u_C^{(2)} \tag{9-31}$$

很显然，上式第一项 $u_C^{(1)}$ 即为零输入响应，它是由初始状态产生的；第二项 $u_C^{(2)}$ 即为零状态响应，它是由电源激励产生的。而电路的全响应则是两者的叠加。

从式（9-31）可以看出，零输入响应 $u_C^{(1)}$ 及零状态响应 $u_C^{(2)}$ 分别与初始条件 U_0 及输入 U_S 成正比关系，这种比例关系，分别称为零输入线性及零状态线性。但是全响应 u_C 与初始状态 U_0 及输入 U_S 之间都不存在正比关系。

全响应分解为零输入响应和零状态响应的叠加，这是近代网络理论的一个基本观点，这种分解方式的优点是充分反映了激励和响应之间（即原因与结果之间）的线性关系，并为计算全响应提供了一种基本方法——分别计算零输入响应和零状态响应，使复杂问题简单化，然后将它们叠加起来即可求得全响应。在求零输入响应时应将独立源置零（即电压源短路，电流源开路）；在求零状态响应时，应只考虑电源的作用。

例 9-10　如图 9-28 所示电路，在 $t = 0$ 时打开开关 S，开关打开之前电路已达稳态。已知 $U_S = 24V$，$R_1 = 4\Omega$，$R_2 = 8\Omega$，$L = 0.6H$。求开关打开后电路中的电流 i 和电感电压 u_L。

解　方法 1：全响应分解为稳态分量和暂态分量。

换路前

$$i(0_-) = \frac{U_S}{R_1} = \frac{24}{4} = 6(A)$$

根据换路定律，有
$$i(0_+) = i(0_-) = 6(\text{A})$$
换路后，电流 i 的稳态分量为
$$i' = \frac{U_\text{S}}{R_1 + R_2} = \frac{24}{4+8} = 2(\text{A})$$
电流 i 的暂态分量为
$$i'' = A\text{e}^{-\frac{t}{\tau}}$$
电路的时间常数为
$$\tau = \frac{L}{R_1 + R_2} = \frac{0.6}{4+8} = 0.05(\text{s})$$
故
$$i = i' + i'' = 2 + A\text{e}^{-\frac{t}{0.05}} = 2 + A\text{e}^{-20t}$$
根据初始值有
$$i(0_+) = 2 + A\text{e}^0 = 6$$
则
$$A = 4$$
于是
$$i = 2 + 4\text{e}^{-20t}(\text{A})$$
电感电压为
$$u_\text{L} = L\frac{\text{d}i}{\text{d}t} = 0.6 \times 4 \times (-20)\text{e}^{-20t} = -48\text{e}^{-20t}(\text{V})$$
方法 2：全响应分解为零输入响应和零状态响应。
电流的零输入响应为
$$i^{(1)} = i(0_+)\text{e}^{-\frac{t}{\tau}} = 6\text{e}^{-20t}(\text{A})$$
电流的零状态响应为
$$i^{(2)} = \frac{U_\text{S}}{R_1 + R_2}(1 - \text{e}^{-\frac{t}{\tau}}) = 2(1 - \text{e}^{-20t})(\text{A})$$
故电路的全响应为
$$i = i^{(1)} + i^{(2)} = 6\text{e}^{-20t} + 2(1 - \text{e}^{-20t}) = 2 + 4\text{e}^{-20t}(\text{A})$$

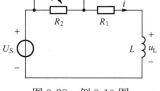

图 9-28　例 9-10 图

例 9-11　如图 9-29（a）所示电路，在 $t<0$ 时开关 S 是打开的，$u_\text{C}(0_-) = U_0 = 1\text{V}$。在 $t=0$ 时将开关 S 闭合，求开关闭合后的 u_C、i_C、i 和电流源两端的电压 u。

解　方法 1：全响应分解为零输入响应和零状态响应。先求 u_C 的零输入响应。当外加电源为零时，电压源相当于短路，电流源相当于开路，得到如图 9-29（b）所示的电路。于是
$$u_\text{C}^{(1)} = U_0\text{e}^{-\frac{t}{\tau}}$$
其中
$$\tau = (1+1) \times 1 = 2(\text{s})$$
故
$$u_\text{C}^{(1)} = \text{e}^{-0.5t}(\text{V})$$
再求 u_C 的零状态响应。应用叠加定理，在零状态下每一个电源单独作用时的电路如图 9-29（c）和（d）所示。电压源单独作用时，得到图 9-29（c），这时 u_C 的稳态值为 10V，时间常数为 2s。
$$u_\text{C1}^{(2)} = 10(1 - \text{e}^{-0.5t})(\text{V})$$
电流源单独作用时，得到图 9-29（d），这时 u_C 的稳态值为 $1 \times 1 = 1(\text{V})$。从电容 C 两端

看进去的戴维南等效电阻的内阻仍然为 2Ω，时间常数为 2s。

$$u_{C2}^{(2)} = 1 - e^{-0.5t}\,(\text{V})$$

于是

$$u_C^{(2)} = u_{C1}^{(2)} + u_{C2}^{(2)} = 10(1 - e^{-0.5t}) + 1 - e^{-0.5t} = 11(1 - e^{-0.5t})\,(\text{V})$$

所以

$$u_C = u_C^{(1)} + u_C^{(2)} = e^{-0.5t} + 11(1 - e^{-0.5t}) = 11 - 10e^{-0.5t}\,(\text{V})$$

$$i_C = C\frac{\mathrm{d}u_C}{\mathrm{d}t} = 1 \times (-10) \times (-0.5)e^{-0.5t} = 5e^{-0.5t}\,(\text{A})$$

$$i = 1 - i_C = 1 - 5e^{-0.5t}\,(\text{A})$$

$$u = 1 \times 1 + 1 \times i_C + u_C = 1 + 5e^{-0.5t} + 11 - 10e^{-0.5t} = 12 - 5e^{-0.5t}\,(\text{V})$$

方法 2：全响应分解为稳态分量和暂态分量。

u_C 的稳态分量为

$$u_C' = 10 + 1 \times 1 = 11\,(\text{V})$$

u_C 的暂态分量为

$$u_C'' = Ae^{-\frac{t}{\tau}}$$

其中，时间常数 τ 与零输入响应时相同，仍为 2s。

$$u_C = u_C' + u_C'' = 11 + Ae^{-0.5t}$$

以初始条件代入

$$u_C(0_+) = 11 + Ae^0 = 1$$

得

$$A = -10$$

故

$$u_C = u_C' + u_C'' = 11 - 10e^{-0.5t}\,(\text{V})$$

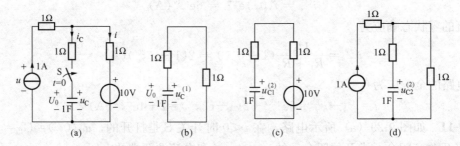

图 9-29　例 9-11 图

（a）电路；（b）外加电源为零时的电路；（c）电压源单独作用时电路；（d）电流源单独作用时电源

第六节　一阶电路等效化简和三要素法

三要素法是从直流或正弦激励下的一阶电路全响应求解法中归纳总结出来的一种通用法则，采用该法能快速地求得直流或正弦激励下一阶电路的全响应。

同一个一阶电路中各个响应（电压或电流）的时间常数 τ 是相同的，对只含有一个电容元件的电路，$\tau = R_{eq}C$；对只含有一个电感元件的电路，$\tau = \dfrac{L}{R_{eq}}$。R_{eq} 是换路后电容元件或电感元件所接的电阻性的有源一端口网络的戴维南等效电阻。

应用经典法求得的一阶电路全响应表示式（9-29）在直流输入条件下，具有代表性和典型意义，对其进行分析，从中归纳出具有普遍意义和带规律性的结论来。然后从一般到特殊，求解其他的具体问题。

$$u_C = u'_C + u''_C = U_S + (U_0 - U_S)e^{-\frac{t}{\tau}}$$
$$= u_C(\infty) + [u_C(0_+) - u_C(\infty)]e^{-\frac{t}{\tau}}$$

由上式表示的全响应表示式，从结构上看，一是由稳态分量和暂态分量两项叠加而成，二是该全响应由 3 个特征量所决定，它们包括：

（1）$u_C(\infty)$——稳态值，又称终值。

（2）$u_C(0_+)$——初始值，又称初值。

（3）τ——电路的时间常数。

以上 3 个量称为全响应 u_C 的三要素。

上述分析所得出的结论具有普遍意义，可以推广到一般。

设有时间函数 $f(t)$ 表示一阶电路在直流激励下的全响应（可以是电路中任一元件上的电压和电流），根据经典法，$f(t)$ 的一般表示式为

$$f(t) = f' + f'' = f(\infty) + Ae^{-\frac{t}{\tau}}$$

若已知初始值 $f(0_+)$，将 $0 = 0_+$ 代入上式得

$$f(0_+) = f(\infty) + Ae^0$$

所以　　　　　　　　　　$A = f(0_+) - f(\infty)$

结果

$$f(t) = f' + f'' = f(\infty) + [f(0_+) - f(\infty)]e^{-\frac{t}{\tau}} \tag{9-32}$$

式（9-32）是计算一阶电路全响应的一般公式，它是由两个分量组成，即稳态分量和暂态分量。并由 3 个要素决定，即响应的初始值 $f(0_+)$，响应的稳态值 $f(\infty)$，电路的时间常数 τ。只要能正确地计算出这 3 个要素，将之代入式（9-32），就可求得一阶电路的全响应。应用式（9-32）计算全响应的方法称为三要素法。

三要素法由于不需要列出电路的微分方程，而且三个要素中的每一个要素都有明确的意义，可以分别计算。因此三要素法是一种能快速确定一阶电路全响应的实用方法。由于零输入响应和零状态响应只是全响应的特殊情况，因此，利用三要素法计算式（9-32）也可计算这两种响应。

应用三要素解题的步骤和方法包括以下 4 步。

（1）计算电压或电流的初始值 $f(0_+)$。初始值是换路后电量变化的起点，可以用本章第二节介绍的方法进行计算。在经典法中，总是选择电容电压 u_C 或电感电流 i_L 作为未知变量，列出关于它们的微分方程并求解，这样微分方程的初始条件就是电路的初始状态，而这种状态是不能跃变的，根据换路前瞬间的状态，即可求出换路后瞬间的初始状态，这就是换路定律，即

$$u_C(0_+) = u_C(0_-)$$
$$i_L(0_+) = i_L(0_-)$$

除此以外的初始值，可根据 0_+ 等效电路求得。

（2）计算电压或电流的稳态值 $f(\infty)$。把换路后电路中的所有电容看成开路，所有电感

当作短路处理，电路就变成了电阻性电路，运用直流稳态电路的计算方法即可求得。

（3）计算电路的时间常数 τ。同一个一阶电路中的所有元件上的电压或电流具有相同的时间常数 τ。τ 中的电阻应理解为是从 L 或 C 元件两端向电路的其余部分看进去的入端电阻。

（4）将以上求得的三要素代入式（9-32）即得所求响应的全响应表示式。三要素法只适用于在直流或正弦信号激励时的一阶电路，对于在任意波形激励下的一阶电路及二阶以上电路是不适用的。

在正弦信号激励时，三要素的基本公式为

$$f(t) = f_S(t) + [f(0_+) - f_S(0_+)]e^{-\frac{t}{\tau}} \tag{9-33}$$

式中：$f_S(t)$ 为响应的正弦稳态值，可用相量法对换路后的正弦稳态电路进行计算而求得；$f_S(0_+)$ 为稳态初始值，即令 $t=0_+$ 时的正弦稳态值；$f(0_+)$ 为响应的初始值。

当激励为非正弦周期函数时，式（9-33）仍然适用，只不过 $f_S(t)$ 要按第八章的方法计算。

例 9-12　如图 9-30 所示电路，换路前电路已达稳态，在 $t=0$ 时将开关 S 闭合，求开关闭合后的 u_C。

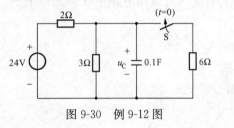

图 9-30　例 9-12 图

解　换路前电路已达稳态，则有

$$u_C(0_-) = \frac{24}{2+3} \times 3 = 14.4(V)$$

由换路定律得

$$u_C(0_+) = u_C(0_-) = 14.4(V)$$

换路后 u_C 的稳态值为

$$u_C(\infty) = \frac{24}{2+\frac{3 \times 6}{3+6}} \times \frac{3 \times 6}{3+6} = 12(V)$$

电路的时间常数 τ 为

$$\tau = R_{eq}C = \frac{2 \times \frac{3 \times 6}{3+6}}{2+\frac{3 \times 6}{3+6}} \times 0.1 = 0.1(s)$$

代入式（9-32）得

$$\begin{aligned}
u_C &= u_C(\infty) + [u_C(0_+) - u_C(\infty)]e^{-\frac{t}{\tau}} \\
&= 12 + (14.4 - 12)e^{-\frac{t}{0.1}} \\
&= 12 + 2.4e^{-10t}(V)
\end{aligned}$$

例 9-13　如图 9-31（a）所示电路，换路前电路已达稳态，在 $t=0$ 时将开关 S 由位置 1 打向位置 2，求开关动作后的 i 和 i_L。

解　求电流的 i 和 i_L 初始值。

换路前电路已达稳态，对于电感短路，则有

$$i_L(0_-) = \frac{15}{6+\frac{3}{2}} \times \frac{1}{2} = 1(A)$$

由换路定律，$i_L(0_+) = i_L(0_-) = 1A$。0_+ 等效电路如图 9-31（b）所示，根据回路电流法，有

$$(6+3)i(0_+)-3\times1=-15$$

可得

$$i(0_+)=-\frac{4}{3}=-1.33(\text{A})$$

求换路后电流的 i 和 i_L 稳态值。

换路后的直流稳态电路如图 9-31（c）所示，电感短路，则电流 i 和 i_L 稳态值为

$$i(\infty)=-\frac{15}{6+\frac{3}{2}}=-2(\text{A})$$

$$i_\text{L}(\infty)=\frac{1}{2}i(\infty)=\frac{1}{2}\times(-2)=-1(\text{A})$$

换路后电感元件所接的电阻性的有源一端口网络的戴维南等效电阻 R_eq 为

$$R_\text{eq}=3+\frac{3\times6}{3+6}=5(\Omega)$$

换路后电路的时间常数为

$$\tau=\frac{L}{R_\text{eq}}=\frac{0.5}{5}=0.1(\text{s})$$

代入式（9-32）得

$$\begin{aligned}i&=i(\infty)+[i(0_+)-i(\infty)]\text{e}^{-\frac{t}{\tau}}\\&=-2+[-1.33-(-2)]\text{e}^{-\frac{t}{0.1}}\\&=-2+0.67\text{e}^{-10t}(\text{A})\\i_\text{L}&=i_\text{L}(\infty)+[i_\text{L}(0_+)-i_\text{L}(\infty)]\text{e}^{-\frac{t}{\tau}}\\&=-1+[1-(-1)]\text{e}^{-\frac{t}{0.1}}\\&=-1+2\text{e}^{-10t}(\text{A})\end{aligned}$$

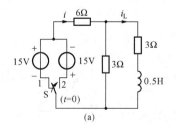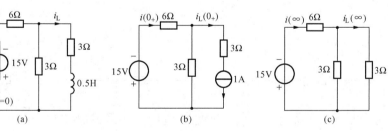

图 9-31 例 9-13 图

（a）电路；（b）0_+ 等效电路；（c）换路后的直流稳态电路

例 9-14 如图 9-32（a）所示电路，$u_\text{C}(0_-)=2\text{V}$，在 $t=0$ 时将开关 S 闭合，求开关动作后的 u_C、i_C 和 i_1。

解 根据换路定律，有

$$u_\text{C}(0_+)=u_\text{C}(0_-)=2(\text{V})$$

换路后的直流稳态电路如图 9-32（b）所示，电容开路，求 u_C 稳态值。

根据 KCL 得

$$\frac{u_1(\infty)}{1}+0.25u_1(\infty)=10$$

得
$$u_1(\infty) = 8(\mathrm{V})$$
$$u_\mathrm{C}(\infty) = u_1(\infty) - 0.25u_1(\infty) \times 2 = 8 - 0.25 \times 8 \times 2 = 4(\mathrm{V})$$

换路后电容元件所接的电阻性的无源一端口网络如图 9-32（c）所示，则

$$u_1 = \frac{1}{1+2}u = \frac{1}{3}u$$

根据 KCL 得

$$i = \frac{u}{1+2} + 0.25u_1 = \frac{5u}{12}$$

戴维南等效电阻 R_eq 为

$$R_\mathrm{eq} = \frac{u}{i} = 2.4(\Omega)$$

电路的时间常数为

$$\tau = R_\mathrm{eq}C = 2.4 \times 10^{-6}(\mathrm{s})$$

代入式（9-32）

$$
\begin{aligned}
u_\mathrm{C} &= u_\mathrm{C}(\infty) + [u_\mathrm{C}(0_+) - u_\mathrm{C}(\infty)]\mathrm{e}^{-\frac{t}{\tau}} \\
&= 4 + (2-4)\mathrm{e}^{-\frac{10^6}{2.4}t} \\
&= 4 - 2\mathrm{e}^{-\frac{10^6}{2.4}t}(\mathrm{V})
\end{aligned}
$$

$$i_\mathrm{C} = C\frac{\mathrm{d}u_\mathrm{C}}{\mathrm{d}t} = 10^{-6} \times (-2) \times \left(-\frac{10^6}{2.4}\right)\mathrm{e}^{-\frac{10^6}{2.4}t} = \frac{5}{6}\mathrm{e}^{-\frac{10^6}{2.4}t}(\mathrm{A})$$

如图 9-32（a）所示，列写 KCL 方程可得

$$i_1 + 0.25u_1 + i_\mathrm{C} = 10$$

其中

$$u_1 = i_1 \times 1$$

所以

$$i_1 = 8 - \frac{2}{3}\mathrm{e}^{-\frac{10^6}{2.4}t}(\mathrm{A})$$

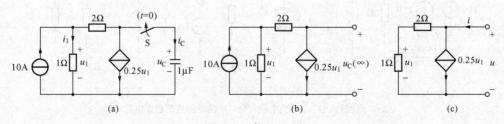

图 9-32　例 9-14 图

（a）电路；（b）换路后的直流稳态电路；（c）无源一端口网络

第七节　阶跃函数与阶跃响应

　　电压和电流是电路的基本物理量，都是时间的函数，用以描述电路中的激励和响应。它们的变化曲线称为电压波形或电流波形。

　　不论是激励还是响应，基本的波形除前面介绍过的正弦波形和指数波形外，在现代网络分析中阶跃波形及冲激波形也是广泛应用的两种函数波形。

　　任意波形可以利用这几种基本波形进行分解，由于线性电路具有叠加性等特点，所以电路在任意波形激励下的响应，可以看作是被分解的一系列基本波形单独激励时产生响应的叠加。因此，对一些基本波形激励及其响应的介绍是电路分析的基础知识。

一、阶跃函数的定义（definition of step function）

　　如图 9-33（a）所示为单位阶跃波形，其相应函数为单位阶跃函数。

　　单位阶跃函数的数学定义为

$$\varepsilon(t) = \begin{cases} 0, & t \leqslant 0_- \\ 1, & t \geqslant 0_+ \end{cases} \tag{9-34}$$

　　$\varepsilon(t)$ 的波形如图 9-33（a）所示。单位阶跃函数是无量纲的，是一种起始的信号，它仅在 $t > 0$ 时才有值。在 $t = 0$ 时，函数值由零跃变为 1，这就是阶跃两字的含义，说明函数在 $t = 0$ 处是不连续的，有台阶一样的跳跃，因此数学中称它为奇异函数。

　　将单位阶跃函数 $\varepsilon(t)$ 乘以 K，则得一般的阶跃函数 $f(t) = K\varepsilon(t)$，如图 9-33（b）所示。它在 $t = 0$ 点处跃变幅度为 K。

$$f(t) = K\varepsilon(t) = \begin{cases} 0, & t \leqslant 0_- \\ K, & t \geqslant 0_+ \end{cases} \tag{9-35}$$

　　若阶跃不是出现在计时起点（$t = 0$），而是延迟了一段时间 t_0 后出现，则称为延迟的阶跃函数，延迟的单位阶跃函数和延迟的阶跃函数分别为

$$\varepsilon(t - t_0) = \begin{cases} 0, & t \leqslant t_{0-} \\ 1, & t \geqslant t_{0+} \end{cases} \tag{9-36}$$

和

$$K\varepsilon(t - t_0) = \begin{cases} 0, & t \leqslant t_{0-} \\ K, & t \geqslant t_{0+} \end{cases}$$

其波形如图 9-34 所示。

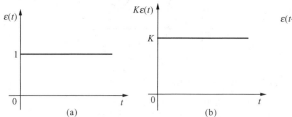

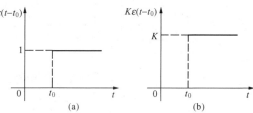

図 9-33　单位阶跃函数和阶跃函数　　　　図 9-34　延迟的单位阶跃函数和延迟的阶跃函数
（a）单位阶跃函数；（b）阶跃函数　　　　（a）单位阶跃函数；（b）阶跃函数

二、阶跃函数的用途

1. 单位阶跃函数可描述开关的动作

　　如图 9-35（a）和图 9-35（c）所示电路，在 $t = 0$ 和 $t = t_0$ 时开关动作，将直流电压源 U_S 和电流源 I_S 分别接入电路，显然，输入电压和输入电流应用阶跃函数可分别表示为 $u_S(t) = U_S\varepsilon(t)$ 和 $i_S(t) = I_S\varepsilon(t - t_0)$。开关动作用 $\varepsilon(t)$ 和 $\varepsilon(t - t_0)$ 表示后，由图 9-35（a）和图 9-35（c）所示

的电路可分别用图 9-35（b）和图 9-35（d）所示的电路等效替代。

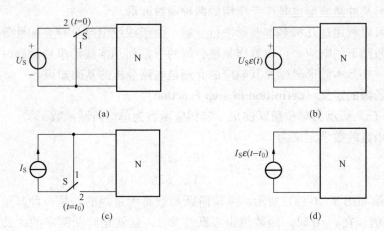

图 9-35　用阶跃函数表示开关动作

(a) 接入电压源的电路；(b) 阶跃函数表示的等效电路；(c) 接入电流源的电路；(d) 阶跃函数表示的等效电路

2. 阶跃函数的解析作用

单位阶跃函数的一个解析作用是可以描述任一函数的定义域，设函数 $f(t)$ 对所有 $t(-\infty<t<+\infty)$ 都有定义，其波形如图 9-36（a）所示。将单位阶跃函数乘以 $f(t)$ 后可以限定函数的定义范围，如

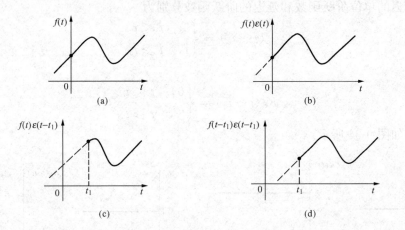

图 9-36　单位阶跃函数的"起始"作用

(a) $f(t)$ 波形；(b) $f(t)\varepsilon(t)$ 波形；(c) $f(t)\varepsilon(t-t_1)$ 波形；(d) $f(t-t_1)\varepsilon(t-t)$ 波形

$$f(t)\varepsilon(t)=\begin{cases}0, & t\leqslant 0_-\\ f(t), & t\geqslant 0_+\end{cases}$$

$$f(t)\varepsilon(t-t_1)=\begin{cases}0, & t\leqslant t_{1-}\\ f(t), & t\geqslant t_{1+}\end{cases}$$

$$f(t-t_1)\varepsilon(t-t_1)=\begin{cases}0, & t\leqslant t_{1-}\\ f(t-t_1), & t\geqslant t_{1+}\end{cases}$$

它们的波形分别如图 9-36（b）、（c）、（d）所示，可见，可以用单位阶跃函数来"起始"

任意一个时间函数。

单位阶跃波形是一种基本波形，其他波形可以用它解析表示出来。这是单位阶跃函数的又一个解析作用。

如图 9-37（a）所示的单个幅值为 A 的矩形脉冲（又称门函数），可以看作是如图 9-37（b）所示的两个延迟的阶跃函数的叠加，即

$$f(t) = A\varepsilon(t - t_1) - A\varepsilon(t - t_2)$$

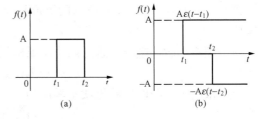

图 9-37　矩形脉冲波的分解

（a）矩形脉冲；（b）两个延迟的阶跃函数的叠加

三、阶跃响应（step response）

电路在单位阶跃输入信号激励下的零状态响应称为阶跃响应，常用 $S(t)$ 表示。因此，阶跃响应要满足：

（1）单位阶跃作用之前，电路处于零状态。

（2）电路的输入是单位阶跃函数。

如图 9-38（a）所示 RC 电路，电压源为 $\varepsilon(t)\mathrm{V}$，$u_C(0_-) = 0$，则 $u_C(t)$ 和 $i(t)$ 在 $t \geq 0$ 时的响应就是单位阶跃响应。

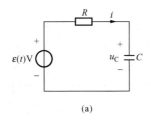 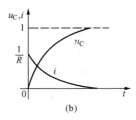

图 9-38　RC 电路的阶跃响应

（a）RC 电路；（b）波形

该电路的微分方程为

$$\left. \begin{aligned} RC\frac{\mathrm{d}u_C}{\mathrm{d}t} + u_C &= \varepsilon(t), \qquad t \geq 0 \\ u_C(0_+) &= 0 \end{aligned} \right\}$$

单位阶跃电压作用在电路中，相当于在 $t = 0$ 时接入电路 1V 的直流电压，因此，上式可表示为

$$\left. \begin{aligned} RC\frac{\mathrm{d}u_C}{\mathrm{d}t} + u_C &= 1, \quad t \geq 0 \\ u_C(0_+) &= 0 \end{aligned} \right\}$$

由于 $\tau = RC$，$u_C(\infty) = 1\mathrm{V}$，根据三要素公式可得

$$\left. \begin{aligned} u_C(t) &= (1 - \mathrm{e}^{-\frac{t}{\tau}})\varepsilon(t) \\ i(t) &= C\frac{\mathrm{d}u_C}{\mathrm{d}t} = \frac{1}{R}\mathrm{e}^{-\frac{t}{\tau}}\varepsilon(t) \end{aligned} \right\} \tag{9-37}$$

其中，$\varepsilon(t)$ 表示上述表示式只对 $t \geq 0$ 时成立。其波形如图 9-38（b）所示。若输入是一般阶跃函数时，根据零状态线性，其阶跃响应等于同一电路的单位阶跃响应乘以相应的倍数即可。

例 9-15 如图 9-39（a）所示的矩形脉冲电压在 $t=0$ 时作用于 RL 串联电路，求其零状态响应 i。

解 把矩形脉冲电压分解为两个阶跃电压，如图 9-39（c）所示，即

$$u(t) = U_\mathrm{S}\varepsilon(t) - U_\mathrm{S}\varepsilon(t-t_0)$$

分别求两个阶跃电压的零状态响应为

$$i_1 = \frac{U_\mathrm{S}}{R}(1-\mathrm{e}^{-\frac{t}{\tau}})\varepsilon(t)$$

$$i_2 = -\frac{U_\mathrm{S}}{R}(1-\mathrm{e}^{-\frac{t-t_0}{\tau}})\varepsilon(t-t_0)$$

其中，$\tau = \dfrac{L}{R}$。

电路的零状态响应为两个阶跃响应的叠加，则

$$\begin{aligned} i &= i_1 + i_2 \\ &= \frac{U_\mathrm{S}}{R}(1-\mathrm{e}^{-\frac{t}{\tau}})\varepsilon(t) - \frac{U_\mathrm{S}}{R}(1-\mathrm{e}^{-\frac{t-t_0}{\tau}})\varepsilon(t-t_0) \end{aligned}$$

响应的波形如图 9-39（d）所示。

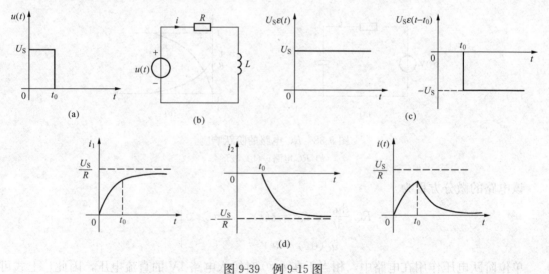

图 9-39 例 9-15 图
（a）矩形脉冲电压；（b）RL 串联电路；（c）阶跃电压；（d）响应波形

第八节 冲激函数与冲激响应

一、冲激函数的定义 （definition of pulse function）

为便于理解，在介绍单位脉冲函数的基础上引入单位冲激函数。

如图 9-40（a）所示为单位脉冲函数 p_Δ 的波形，该脉冲的幅值为 $\dfrac{1}{\Delta}$，脉冲的宽度，即脉冲的维持时间为 Δ，脉冲的累计作用强度可用脉冲波形包围的面积来计量，由于该矩形脉冲面积 $S = \dfrac{1}{\Delta}\Delta = 1$ 个单位，故称为单位脉冲函数，其解析式为

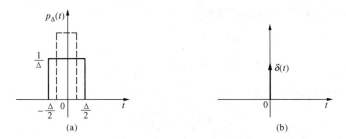

图 9-40 脉冲函数的极限是冲激函数

(a) 单位脉冲函数波形；（b）单位冲激函数波形

$$p_\Delta = \begin{cases} 0, & t < -\dfrac{1}{2}\Delta \\ \dfrac{1}{\Delta}, & -\dfrac{1}{2}\Delta < t < \dfrac{1}{2}\Delta \\ 0, & t > \dfrac{1}{2}\Delta \end{cases} \tag{9-38}$$

脉冲的持续作用时间越短，而作用强度仍维持一个单位时，则其幅度将越高。在作用时间趋近于零的极限情况时，由于作用强度仍保持不变，脉冲幅度将趋向无穷大，这样产生了一个新的函数，把单位脉冲函数的极限定义为单位冲激函数，用符号 $\delta(t)$ 表示，又称为 $\delta(t)$ 函数。

单位冲激函数的波形称为冲激波形，用一带箭头的粗线段来表示，如图 9-40（b）所示。由上述分析可知单位冲激函数的定义式可表示为

$$\left. \begin{aligned} & \delta(t) = 0, t \neq 0 \\ & \int_{-\infty}^{+\infty} \delta(t)\mathrm{d}t = \int_{0_-}^{0_+} \delta(t)\mathrm{d}t = 1 \end{aligned} \right\} \tag{9-39}$$

$\delta(t)$ 在 $t=0$ 时，其值无穷大，有奇异性，在数学中 $\delta(t)$ 和 $\varepsilon(t)$ 均属奇异函数系列。由式（9-39）所示定义式表明，单位冲激函数 $\delta(t)$ 只存在于 $t=0$ 处，说明在 0_- 至 0_+ 无穷小期间有一个幅度为无穷大的冲激作用，积分值表示其累计作用强度，常称为冲激强度，积分值为 1，说明冲激强度为一个单位，故称为单位冲激函数。一般冲激函数可表示为 $A\delta(t)$，其积分值为 A，A 为冲激强度，是任意常数，其波形如图 9-41 所示。

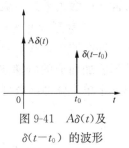

图 9-41　$A\delta(t)$ 及 $\delta(t-t_0)$ 的波形

如果冲激作用不是发生在 $t=0$，而延迟在 $t=t_0$ 时发生，用符号以 $\delta(t-t_0)$ 表示，称为延迟单位冲激函数，定义为

$$\left. \begin{aligned} & \delta(t-t_0) = 0, \ t \neq t_0 \\ & \int_{t_{0_-}}^{t_{0_+}} \delta(t-t_0)\mathrm{d}t = 1 \end{aligned} \right\} \tag{9-40}$$

其波形如图 9-41 所示。

冲激函数是描述幅度值极大而作用时间极短的物理量的理想数学模型，常把宽度极小、幅度极大、曲线下面积为 1 个单位的波形近似地看作是冲激函数。冲激函数可以描述一些冲激性的物理过程，如力学中的碰撞，电路中冲激性电流和电压。

二、冲激函数的解析性质

1. 单位阶跃函数 $\varepsilon(t)$ 是 $\delta(t)$ 函数的积分

即

$$\varepsilon(t) = \int_{-\infty}^{t} \delta(\xi)\mathrm{d}\xi = \begin{cases} 0, & t < 0 \\ 1, & t > 0 \end{cases} \tag{9-41}$$

反之，$\delta(t)$ 是 $\varepsilon(t)$ 的微分，即

$$\delta(t) = \frac{\mathrm{d}\varepsilon(t)}{\mathrm{d}t} \tag{9-42}$$

这说明阶跃函数和冲激函数具有数学联系，可以相互导出。

2. 冲激函数的采样性质

在 $t=0$ 处连续的任一函数 $f(t)$ 乘以单位冲激函数 $\delta(t)$ 后，所得乘积为

$$f(t)\delta(t) = f(0)\delta(t)$$

这是因为该乘积在 $t \neq 0$ 处均为零，在 $t=0$ 处，$f(t) = f(0)$，故上式成立。类似地

$$f(t)\delta(t - t_0) = f(t_0)\delta(t - t_0)$$

利用上述分析，可证明如下积分成立

$$\int_{-\infty}^{+\infty} f(t)\delta(t)\mathrm{d}t = \int_{-\infty}^{+\infty} f(0)\delta(t)\mathrm{d}t = f(0)\int_{-\infty}^{+\infty} \delta(t)\mathrm{d}t = f(0)$$

所以

$$\int_{-\infty}^{+\infty} f(t)\delta(t)\mathrm{d}t = f(0) \tag{9-43}$$

类似地，还可得到

$$\int_{-\infty}^{+\infty} f(t)\delta(t - t_0)\mathrm{d}t = f(t_0) \tag{9-44}$$

式（9-43）和式（9-44）所示结论称为冲激函数的采样性质，或称筛分性质。说明用单位冲激函数去乘某一函数并进行积分，其结果等于被乘函数在单位冲激函数所在处的数值。

3. 任意形状的波形可以用冲激函数的积分表示

冲激波形是基本的信号波形，如图 9-42 所表示的函数 $f(t)$ 的波形，它可以用许多脉冲波形叠加而成的阶梯波形来近似表示，设在 $0 \sim t$ 之间被均分成 n 段，每一段 $\Delta\tau = t/n = \Delta$，第 k 个单位脉冲函数可表示为

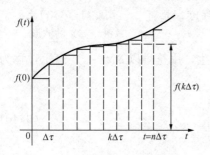

图 9-42　一个任意波形分解成
一系列脉冲波形的叠加

$$p_\Delta(t - k\Delta) = \begin{cases} 0 & t < k\Delta \\ \dfrac{1}{\Delta} & k\Delta < t < (k+1)\Delta \\ 0 & t > (k+1)\Delta \end{cases}$$

所以 $f(t)$ 可近似地表示为

$$f(t) \approx \sum_{k=1}^{n} f(k\Delta)p_\Delta(t - k\Delta)\Delta$$

可以用无穷多个脉冲波形来逼近函数 $f(t)$ 的波形，取 $n \to \infty$，有 $\Delta \to \mathrm{d}\tau, k\Delta \to \tau, p_\Delta(t - k\Delta) \to \delta(t - \tau)$，于是上述求和式变成了积分，有

$$f(t) = \int_0^t f(\tau)\delta(t - \tau)\mathrm{d}\tau \tag{9-45}$$

式（9-45）表明，一个任意形状的函数波形，可以表示为无穷多个面积不同，延时时间不同的冲激波形的叠加。

三、冲激响应（pulse response）

电路在单位冲激输入信号激励下的零状态响应称为冲激响应，常用 $h(t)$ 表示。冲激响应要满足：

（1）单位冲激作用之前，电路处于零状态。

（2）电路的输入是单位冲激函数。

网络的冲激响应是很重要的概念，它揭示和提供了认识网络基本特性的信息。下面讨论一阶电路的冲激响应。

求单位冲激响应，可分为两个阶段进行：①在 $t=0_-$ 到 $t=0_+$ 的区间内，电路在冲激激励 $\delta(t)$ 的作用下引起初始状态，电容电压或电感电流发生跃变，储能元件获得能量；②$t \geqslant 0_+$ 时，$\delta(t)=0$，电路中的响应是由非零初始状态引起的零输入响应。求得 $\delta(t)$ 在 $t=0_-$ 到 $t=0_+$ 时间内所引起的非零初始状态，即 $u_C(0_+)$ 或 $i_L(0_+)$，是求解冲激响应的关键。

1. RC 电路的冲激响应

如图 9-43（a）所示电路为冲激电流源激励下的 RC 并联电路。$t=0$ 时，由 KCL 得

$$C \frac{\mathrm{d}u_C}{\mathrm{d}t} + \frac{u_C}{R} = \delta(t)$$

冲激函数 $\delta(t)$ 只在 $t=0_-$ 到 $t=0_+$ 无穷小时间内起作用，在 $t>0_+$ 后 $\delta(t)$ 的冲激激励消失，电路演变为如图 9-43（b）所示的电路，这是零输入的 RC 放电电路。为了求解图 9-43（b）电路，首先应该求出 $u_C(0_+)$，因此，对上述 KCL 方程式在 $t=0_-$ 到 $t=0_+$ 的时间间隔内积分，得

$$\int_{0_-}^{0_+} C \frac{\mathrm{d}u_C}{\mathrm{d}t} \mathrm{d}t + \int_{0_-}^{0_+} \frac{u_C}{R} \mathrm{d}t = \int_{0_-}^{0_+} \delta(t) \mathrm{d}t$$

由于 u_C 是一个有限值函数，在无穷小区间内的积分应等于 0，故等号左边第二项积分结果为 0，上式变为

$$\int_{0_-}^{0_+} C \mathrm{d}u_C = \int_{0_-}^{0_+} \delta(t) \mathrm{d}t = 1$$

$$C[u_C(0_+) - u_C(0_-)] = 1$$

所以　　　　　　　　　　$$u_C(0_+) = \frac{1}{C} + u_C(0_-) = \frac{1}{C}$$

由上式可知，存在冲激激励时，换路定律不适用，即 $u_C(0_+) \neq u_C(0_-)$。这是因为在这种情况下能量可以发生跃变，电容器在冲激电流源作用下，电容电压 u_C 立即由 $u_C(0_-)=0$ 跃变到 $u_C(0_+)=\frac{1}{C}$，然后在图 9-43（b）所示的零输入电路中进行放电。由此可见，冲激作用是供给能量的一种方式，通过冲激激励给电路中的储能元件注入一定的电磁能量，在冲激作用即刻消失后，电路在瞬间获得的能量的激励下，按照电路自己固有的特性发生变化，这种变化完全是非强制的，因此，冲激响应可以充分反映出电路的固有特性。

由图 9-43（b）可知冲激响应 u_C 为

$$u_C = \frac{1}{C} \mathrm{e}^{-\frac{t}{RC}} \varepsilon(t)$$

充电电流 i 为

$$i = C\frac{\mathrm{d}u_C}{\mathrm{d}t} = C\frac{\mathrm{d}}{\mathrm{d}t}\Big[\frac{1}{C}\mathrm{e}^{-\frac{t}{RC}}\varepsilon(t)\Big]$$

$$= \mathrm{e}^{-\frac{t}{RC}}\frac{\mathrm{d}\varepsilon(t)}{\mathrm{d}t} - \frac{1}{RC}\mathrm{e}^{-\frac{t}{RC}}\varepsilon(t)$$

$$= \mathrm{e}^{-\frac{t}{RC}}\delta(t) - \frac{1}{RC}\mathrm{e}^{-\frac{t}{RC}}\varepsilon(t)$$

$$= \delta(t) - \frac{1}{RC}\mathrm{e}^{-\frac{t}{RC}}\varepsilon(t)$$

u_C 和 i 变化曲线如图 9-43（c）、（d）所示。

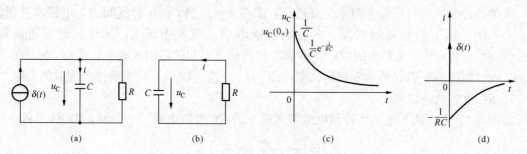

图 9-43　RC 电路的冲激响应

（a）RC 电路；（b）$t \geqslant 0_+$ 后的等效电路；（c）冲激响应 u_C 变化曲线；（d）冲激响应 i 变化曲线

2. RL 电路的冲激响应

如图 9-44（a）所示 RL 串联电路，在单位冲激电压源作用下的电流 i 和电压 u_L 均为冲激响应。

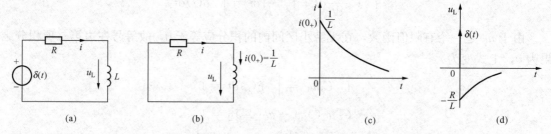

图 9-44　RL 电路的冲激响应

（a）电路图；（b）$t \geqslant 0_+$ 后的等值电路；（c）冲激响应 i 变化曲线；（d）冲激响应 u_L 变化曲线

在 $t < 0$ 时，$\delta(t) = 0$ 电路中无输入，且 $i(0_-) = 0$，电路处零状态。

在 $t = 0_-$ 到 $t = 0_+$ 期间是冲激电压 $\delta(t)$ 作用时期，由于有限值电流 i 在 R 上压降较小，此冲激电压几乎全部作用在电感上，立即建立起电流 $i(0_+)$，计算如下。

$t = 0$ 时的电路微分方程为

$$L\frac{\mathrm{d}i}{\mathrm{d}t} + Ri = \delta(t)$$

两边取 $t = 0_-$ 到 $t = 0_+$ 的积分得

$$\int_{0_-}^{0_+} L\frac{\mathrm{d}i}{\mathrm{d}t}\mathrm{d}t + \int_{0_-}^{0_+} Ri\,\mathrm{d}t = \int_{0_-}^{0_+}\delta(t)\mathrm{d}t = 1$$

由于 i 为有限值，第二项积分为 0，可得

$$L[i(0_+) - i(0_-)] = 1$$

$$i(0_+) = \frac{1}{L}$$

在 $t>0$ 时，$\delta(t)=0$，冲激电压作用消失，但在电感中已产生了电流 $i(0_+)=\frac{1}{L}$，电路转化为如图 9-44（b）所示零输入电路，因此，冲激响应 i 为

$$i = \frac{1}{L}e^{-\frac{t}{L/R}}\varepsilon(t)$$

另一个冲激响应 u_L 为

$$u_L = L\frac{\mathrm{d}i}{\mathrm{d}t} = L\frac{\mathrm{d}}{\mathrm{d}t}\left[\frac{1}{L}e^{-\frac{t}{L/R}}\varepsilon(t)\right] = \delta(t) - \frac{R}{L}e^{-\frac{t}{L/R}}\varepsilon(t)$$

i 和 u_L 的变化曲线如图 9-44（c）、（d）所示。

四、阶跃响应和冲激响应的关系 （relationship between step response and pulse response）

由式（9-42）和式（9-43）可知，单位冲激函数和单位阶跃函数具有如下关系

$$\varepsilon(t) = \int_{-\infty}^{t} \delta(\xi)\mathrm{d}\xi$$

或

$$\delta(t) = \frac{\mathrm{d}\varepsilon(t)}{\mathrm{d}t}$$

在线性电路中，零状态响应是输入的线性函数，即所谓的零状态线性。既然单位阶跃函数 $\varepsilon(t)$ 等于单位冲激函数 $\delta(t)$ 的积分（积分可理解为被积函数的求和），那么阶跃响应 $S(t)$（属零状态响应）也应当等于同一电路的冲激响应 $h(t)$ 的积分，或者说，冲激响应 $h(t)$ 等于其阶跃响应 $S(t)$ 对时间 t 的导数，即

$$\left.\begin{array}{l} S(t) = \int_{-\infty}^{t} h(\xi)\mathrm{d}\xi \\ h(t) = \frac{\mathrm{d}S(t)}{\mathrm{d}t} \end{array}\right\} \tag{9-46}$$

同一电路的阶跃响应与冲激响应的关系，提供了计算电路冲激响应的另一种方法，即先求同一电路的阶跃响应，通过对阶跃响应求导则得到该电路的冲激响应。

例 9-16　求如图 9-45 所示电路的冲激响应 u_C。

解　对结点列 KCL 方程得到

$$i = \frac{u_C}{6} + 0.1\frac{\mathrm{d}u_C}{\mathrm{d}t}$$

对回路列 KVL 方程可得

$$3i + u_C = 3\delta(t)$$

联立两方程，两边取 $t=0_-$ 到 $t=0_+$ 的积分，则

$$\int_{0_-}^{0_+} 3\left(0.1\frac{\mathrm{d}u_C}{\mathrm{d}t} + \frac{u_C}{6}\right)\mathrm{d}t + \int_{0_-}^{0_+} u_C\mathrm{d}t = \int_{0_-}^{0_+} 3\delta(t)\mathrm{d}t$$

则有

$$u_C(0_+) = \frac{3}{0.3} = 10(\mathrm{V})$$

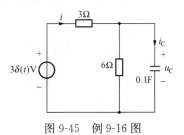

图 9-45　例 9-16 图

当 $t>0$ 时，电容通过两并联电阻放电，故

$$\tau = R_{eq}C = \frac{3 \times 6}{3+6} \times 0.1 = 0.2(s)$$

$$u_C = u_C(0_+)e^{-\frac{t}{\tau}}\varepsilon(t) = 10e^{-5t}\varepsilon(t)(V)$$

例 9-17 如图 9-46 所示电路中，在下面情况下求 u_C 和 i_C。

(1) $i_S = 25\varepsilon(t)A$；

(2) $i_S = \delta(t)A$。

解 用戴维南定理化简图 9-46（a）中电容所接的电阻性有源一端口网络，则得图9-46（b）所示电路，其中

$$u_{oc} = \frac{8}{20+12+8}i_S \times 20 = 4i_S(V)$$

$$R_{eq} = \frac{20 \times (12+8)}{20+12+8} = 10(\Omega)$$

(1) 当 $i_S = 25\varepsilon(t)A$ 时

$$u_{oc} = 4 \times 25\varepsilon(t) = 100\varepsilon(t)(V)$$

则

$$\tau = R_{eq}C = 10 \times 5 \times 10^{-3} = 0.05(s)$$

$$u_C = 100(1-e^{-20t})\varepsilon(t)(V)$$

$$i_C = C\frac{du_C}{dt} = -5 \times 10^{-3} \times 100 \times (-20)e^{-20t}\varepsilon(t) = 10e^{-20t}\varepsilon(t)(A)$$

(2) 当 $i_S = \delta(t)V$ 时

$$u_{oc} = 4\delta(t)$$

于是

$$S(t) = 4(1-e^{-20t})\varepsilon(t)(V)$$

则

$$u_C = h(t) = \frac{dS(t)}{dt} = 80e^{-20t}\varepsilon(t)(V)$$

$$i_C = C\frac{du_C}{dt}$$

$$= 5 \times 10^{-3}[(80 \times e^{-20t})\delta(t) + 80 \times (-20)e^{-20t}\varepsilon(t)]$$

$$= 0.4\delta(t) - 8e^{-20t}\varepsilon(t)(A)$$

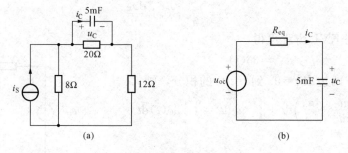

图 9-46 例 9-17 图

（a）电路；（b）化简后的电路

第九节 二阶电路的零输入响应

二阶电路是含有两个独立储能元件的电路，描述电路行为的方程是二阶线性常系数微分方程，本节讨论二阶电路的零输入响应。

RLC 串联电路是典型的二阶电路，如图 9-47 所示。设开关闭合前，电容器已充了电，电感线圈中没有电流，即电路的初始状态为 $u_C(0_-)=U_0$，$i(0_-)=0$。

在开关闭合后发生的电磁过程中，将会有储能元件 L 和 C 之间的电磁能量转换，但由于耗能元件电阻 R 的存在，致使能量不断消耗，最终，电路中的储能越来越少，直至为零，电磁过程结束。通过实验观察和理论分析可以发现电磁过程的基本形式有两种类型，一种是在电阻数值较大时，u_C、i 等电路变量会发生类似于一阶电路零输入响应那样的单调下降的变化，另一种类型是当电阻值小于某一数值时，u_C、i 等会发生周期性振荡变化，这是由 L 和 C 元件之间的电磁能量交换所引起的，也是一阶电路的暂态过程所没有的。

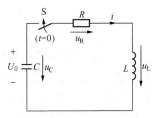

图 9-47 RLC 零输入电路

下面应用经典法定量分析开关闭合后 u_C、i 等零输入响应的变化规律。

按图 9-47 所示的参考方向，可列出回路 KVL 方程式为

$$-u_C + u_R + u_L = 0$$

将如下 R、L、C 元件的电压电流表示式

$$u_R = Ri$$

$$i = -C\frac{\mathrm{d}u_C}{\mathrm{d}t}, \; u_C(0_+) = U_0$$

$$u_L = L\frac{\mathrm{d}i}{\mathrm{d}t}, \; i(0_+) = 0$$

代入 KVL 方程，可得如下二阶常系数微分方程及初始条件为

$$\left. \begin{array}{l} LC\dfrac{\mathrm{d}^2 u_C}{\mathrm{d}t^2} + RC\dfrac{\mathrm{d}u_C}{\mathrm{d}t} + u_C = 0 \\[2mm] u_C(0_+) = U_0 \\[2mm] \dfrac{\mathrm{d}u_C}{\mathrm{d}t}\bigg|_{t=0_+} = 0 \end{array} \right\} \tag{9-47}$$

由数学分析可知，要确定二阶微分方程的解，除应知道函数的初始值外，还应知道函数的一阶导数初始值，它可根据下列关系求得

由于

$$\frac{\mathrm{d}u_C}{\mathrm{d}t} = -\frac{i}{C}$$

所以

$$\frac{\mathrm{d}u_C}{\mathrm{d}t}\bigg|_{t=0_+} = -\frac{i(0_+)}{C} = 0$$

从经典法可知，二阶微分方程的解为

$$u_C = u_C' + u_C''$$

$$u_C' = 0$$

式（9-47）所示二阶齐次微分方程的解可设为

$$u_C = u''_C = Ae^{st}$$

代入方程得特征方程为

$$LCs^2 + RCs + 1 = 0$$

特征根为

$$s_{1,2} = -\frac{R}{2L} \pm \sqrt{\left(\frac{R}{2L}\right)^2 - \frac{1}{LC}} \tag{9-48}$$

因此

$$u_C = A_1 e^{s_1 t} + A_2 e^{s_2 t} \tag{9-49}$$

s_1，s_2 决定于电路结构和元件参数，而与初始状态无关。过渡过程的特点，即过渡过程质的方面取决于特征根 s_1 和 s_2 是实数还是复数，而进行的规模，即量的方面则决定于积分常数 A_1 和 A_2，而 A_1 和 A_2 可根据所给定的初始条件来确定。

由初始条件 $u_C(0_+) = U_0$，可得

$$A_1 + A_2 = U_0 \tag{9-50}$$

又

$$\frac{du_C}{dt} = A_1 s_1 e^{s_1 t} + A_2 s_2 e^{s_2 t}$$

应用一阶导数的初始值可得

$$A_1 s_1 + A_2 s_2 = 0 \tag{9-51}$$

将式（9-50）与式（9-51）联立求解得

$$\left.\begin{array}{l} A_1 = \dfrac{s_2 U_0}{s_2 - s_1} \\[3mm] A_2 = -\dfrac{s_1 U_0}{s_2 - s_1} \end{array}\right\} \tag{9-52}$$

式（9-52）表明，A_1 和 A_2 与初状态 U_0 成正比。

二阶电路会发生哪种类型的过渡过程，取决于 s_1 和 s_2 是实数还是复数，即依赖于式（9-48）中根号内 $\left(\dfrac{R}{2L}\right)^2$ 与 $\dfrac{1}{LC}$ 两项的相对大小，或者说依赖于参数 R 与 L 和 C 的相互关系，这样可分为以下 4 种情况，相应的零输入响应 u_C 等也可分为如下 4 种类型：

（1）$R > 2\sqrt{\dfrac{L}{C}}$，s_1 和 s_2 为两不等的负实数，暂态属非振荡类型，称电路是过阻尼的。

（2）$R = 2\sqrt{\dfrac{L}{C}}$，s_1 和 s_2 为两相等的负实数，电路处在临界阻尼，暂态是非振荡的。

（3）$R < 2\sqrt{\dfrac{L}{C}}$，s_1 和 s_2 为一对共轭复数，暂态属振荡类型，称电路是欠阻尼的。

（4）$R = 0$，这是一种理想情况，s_1 和 s_2 为一对共扼虚数，电路处在无阻尼振荡类型的理想状态，会发生 L 与 C 之间的电磁能振荡。

从物理意义上讲，电阻 R 具有阻止电路发生振荡的作用，俗称 R 为阻尼电阻，为便于判别暂态类型，定义 $2\sqrt{\dfrac{L}{C}}$ 为临界电阻，将阻尼电阻 R 与临界电阻 $2\sqrt{\dfrac{L}{C}}$ 相比较，可得以上几种暂态类型，其中过阻尼和欠阻尼是两种基本类型，下面逐一进行讨论。

一、$R>2\sqrt{\dfrac{L}{C}}$，过阻尼非振荡放电过程 （over damped case）

将式（9-52）代入式（9-49）可得

$$u_{\mathrm{C}}(t)=\frac{U_0}{s_2-s_1}(s_2\mathrm{e}^{s_1t}-s_1\mathrm{e}^{s_2t}) \tag{9-53}$$

下面计算放电电流 i 和电感电压 u_{L} 的变化规律，在计算过程中用到关系式 $s_1s_2=\dfrac{1}{LC}$。则

$$i(t)=-C\frac{\mathrm{d}u_{\mathrm{C}}}{\mathrm{d}t}=-C\frac{U_0s_1s_2}{s_2-s_1}(\mathrm{e}^{s_1t}-\mathrm{e}^{s_2t})=\frac{-U_0}{L(s_2-s_1)}(\mathrm{e}^{s_1t}-\mathrm{e}^{s_2t}) \tag{9-54}$$

$$u_{\mathrm{L}}(t)=L\frac{\mathrm{d}i}{\mathrm{d}t}=\frac{-U_0}{s_2-s_1}(s_1\mathrm{e}^{s_1t}-s_2\mathrm{e}^{s_2t}) \tag{9-55}$$

应当指出，上述 3 个零输入响应的表示式是在由式（9-47）所给出的特定的初始条件下求得的，如果所给定的初始条件发生变化，这些表示式将会发生改变。

u_{C}、i 和 u_{L} 的变化曲线如图 9-48（a）和（b）所示。

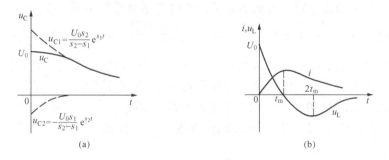

图 9-48　过阻尼变化曲线

（a）u_{C} 变化曲线；（b）i、u_{L} 变化曲线

由式（9-53）可知，u_{C} 是两个指数衰减项的叠加，设一项为 $u_{\mathrm{C}1}$，另一项为 $u_{\mathrm{C}2}$，相应的 u_{C} 变化曲线也是 $u_{\mathrm{C}1}$ 和 $u_{\mathrm{C}2}$ 两指数曲线的叠加，作曲线时应注意到：$s_2-s_1<0$，$|s_1|<|s_2|$，所以 $u_{\mathrm{C}2}$ 比 $u_{\mathrm{C}1}$ 衰减得较快，在 $u_{\mathrm{C}2}$ 消失后，衰减过程取决于 $u_{\mathrm{C}1}$。由图 9-48（a）所示的变化曲线可以看出，u_{C} 从初始值 U_0 开始单调地衰减到 0，整个衰减过程的快慢主要决定于 $u_{\mathrm{C}1}$，电容一直处于放电状态，放电过程是非振荡的。

用类似的作图方法，根据式（9-54）和式（9-55）可作出 i 和 u_{L} 的变化曲线，如图 9-48（b）所示。

从图 9-48（b）所示的电流 i 变化曲线可以看出，在 $t=0_+$ 时电流为 0，这是因为电路中串联有电感的缘故，电流由 0 开始逐渐增大，在 $t=t_{\mathrm{m}}$ 时出现最大值，然后衰减到 0。在整个衰减过程中电流恒为正值，说明它是单一方向的放电电流。关于电感电压 u_{L}，在 $t=0_+$ 时，u_{L} 由 0 跃变到 U_0，这是因为 $i(0_+)=0$，$u_{\mathrm{R}}(0_+)=Ri(0_+)=0$，所以 $u_{\mathrm{L}}(0_+)=u_{\mathrm{C}}(0_+)=U_0$。在 $t<t_{\mathrm{m}}$ 时，电流 i 是增大的，根据 $u_{\mathrm{L}}=L\dfrac{\mathrm{d}i}{\mathrm{d}t}$，$u_{\mathrm{L}}$ 为正值，在 $t=t_{\mathrm{m}}$ 时，由于 $\dfrac{\mathrm{d}i}{\mathrm{d}t}=0$，故 u_{L} 曲线出现过零点。在 $t>t_{\mathrm{m}}$ 时，$\dfrac{\mathrm{d}i}{\mathrm{d}t}<0$，故 u_{L} 为负值，改变了极性，在 $t=2t_{\mathrm{m}}$ 时，u_{L} 出现极小值，最后衰减到零。

电流 i 出现极值点的时间 t_m 决定电路的参数，在 $t=t_m$ 时，$u_L(t_m)=0$，由式（9-55）可得

$$s_1 e^{s_1 t_m} - s_2 e^{s_2 t_m} = 0$$

$$\ln \frac{s_2}{s_1} = t_m(s_1 - s_2)$$

所以

$$t_m = \frac{1}{s_1 - s_2} \ln \frac{s_2}{s_1}$$

对 u_L 表示式（9-55）求一次导数，然后令 $\frac{du_L}{dt}=0$，即可确定 u_L 出现极小值的时间为

$$t = \frac{2}{s_1 - s_2} \ln \frac{s_2}{s_1} = 2t_m$$

任何物质运动，必伴随着各种形式能量的相互转换。在过阻尼的非振荡放电过程中，电容电压 u_C 是单调下降变化的，这说明电容一直在供出电场能量，一是供给电阻消耗，二是供给电感 L 储存磁场能量。电感 L 的能量以时间 t_m 为转折点。在 $t<t_m$ 时，随着电流的增长，电感将电容的电场能量转变为磁场能量，此时电感可看作负载，在 $t=t_m$ 时，电流达最大值，电感储藏的磁场能量也为最大值。在 $t>t_m$ 时，由于电流的下降，$\frac{di}{dt}<0$，$u_L<0$，u_L 极性改变，电感的自感电动势方向与电流方向一致，说明电感的作用由负载转变为电源，随着电流的下降，表明电感在供出能量，分析表明 u_C 是单调下降的，所以不可能发生电感给电容充电的现象。此时 C 和 L 共同向电阻供出能量，最终，u_C 和 i 均衰减为 0，表明电磁能量泄放完毕，放电过程结束。以上分析的能量转换过程可用图 9-49 所示说明，箭头表示能量转换的方向。

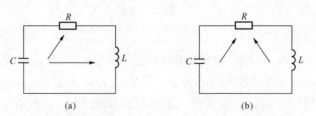

图 9-49　非振荡放电过程中的能量转换方向
(a) $0<t<t_m$；(b) $t>t_m$

从能量转换的方向来讲，在过阻尼时，储能元件 L 和 C 之间没有发生电场能量和磁场能量的相互交换过程，所以放电过程是非振荡的，当电路参数满足一定条件，即阻尼电阻 R 小于临界电阻 $2\sqrt{\dfrac{L}{C}}$ 时，C 和 L 之间将发生电磁场能量的相互交换，放电过程具有振荡性质。

二、$R<2\sqrt{\dfrac{L}{C}}$，欠阻尼振荡放电过程（under damped case）

在这种情况下，特征根 s_1 和 s_2 为一对实部为负的共轭复根，设

$$\delta = \frac{R}{2L}, \quad \omega = \sqrt{\frac{1}{LC} - \left(\frac{R}{2L}\right)^2}$$

则式（9-48）为

$$s_{1,2} = -\delta \pm j\omega$$

将上式代入式（9-53）中，得到

$$u_C(t) = \frac{U_0}{s_2 - s_1}(s_2 e^{s_1 t} - s_1 e^{s_2 t})$$

$$= \frac{U_0 e^{-\delta t}}{-j 2\omega}[-\delta(e^{j\omega t} - e^{-j\omega t}) - j\omega(e^{j\omega t} + e^{-j\omega t})]$$

$$= \frac{\omega_0 U_0}{\omega} e^{-\delta t} \sin(\omega t + \beta) \tag{9-56}$$

在上述推导过程中引入了 ω_0 这个量，由三角函数知识可见，ω_0、ω 和 δ 三者是直角关系，如图 9-50 所示。

式（9-56）表明，u_C 随时间作周期性振荡，其振荡角频率为 ω，由元件参数和电路结构所决定，常称为电路的自由振荡角频率。由图 9-50 可知

$$\omega_0^2 = \omega^2 + \delta^2 = \omega = \left[\frac{1}{LC} - \left(\frac{R}{2L}\right)^2\right] + \left(\frac{R}{2L}\right)^2 = \frac{1}{LC}$$

所以

$$\omega_0 = \sqrt{\frac{1}{LC}}$$

可见 ω_0 为电路的谐振角频率，显然 ω_0 大于 ω。

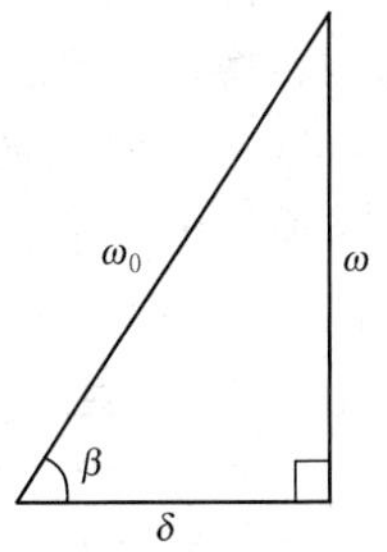

特征根 s_1 和 s_2 具有频率的量纲，称为固有频率，由于它是复数，又可称为复频率，表示为

$$s_{1,2} = -\delta \pm j\omega = -\delta \pm j\sqrt{\omega_0^2 - \delta^2}$$

图 9-50　ω_0，ω，δ
三者的关系

s_1 和 s_2 的实部 δ 称为衰减系数，这是因为 δ 决定了 u_C 的振幅 $\frac{\omega_0 U_0}{\omega}$ $e^{-\delta t}$ 衰减的快慢，δ 越大，说明衰减得越快，δ 与电阻成正比关系，由此可理解电阻的阻尼作用。

由式（9-56）可知，在欠阻尼条件下，电容电压 u_C 是指数衰减的正弦波，其振幅随时间按指数规律衰减，u_C 的振荡范围由包络线 $\pm\frac{\omega_0 U_0}{\omega} e^{-\delta t}$ 所限定，其振荡放电曲线如图 9-51 所示。作 u_C 变化曲线时，先作包络线。令 $\frac{du_C}{dt} = 0$，求出正负极大值点，再令 $u_C = 0$，确定过零点，这样可描绘出 u_C 振荡放电曲线。

电流 i 和电感电压 u_L 的变化规律为

$$i(t) = -C\frac{du_C}{dt} = \frac{U_0}{L\omega} e^{-\delta t} \sin\omega t \tag{9-57}$$

$$u_L = L\frac{di}{dt} = -\frac{\omega_0 U_0}{\omega} e^{-\delta t} \sin(\omega t - \beta) \tag{9-58}$$

如图 9-52 所示为 i 和 u_L 的变化波形。由式（8-58）可知，$t = \frac{\beta}{\omega}$ 时，$u_L(t) = 0$，即

$$\left.\frac{di}{dt}\right|_{t=\frac{\beta}{\omega}} = 0$$

此时电流出现最大值，可见放电电流的最大值出现在 $t = \frac{\beta}{\omega}$ 时刻。

从 u_C、i 和 u_L 的表示式及其波形图可见，在欠阻尼情况下，电路中的电压和电流均是按指数规律 $e^{-\delta t}$ 衰减的同频率的正弦波，暂态过程是指数衰减的振荡过程。

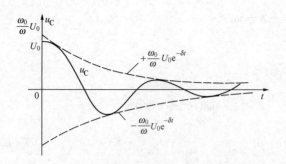

图 9-51 u_C 的振荡放电曲线

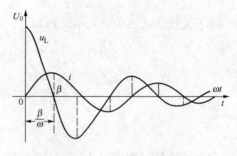

图 9-52 i、u_C 的指数衰减正弦波

现在从能量交换的过程作一些说明，在振荡放电过程中，u_C 的极性、大小在周期性变化，说明电容在周期性地进行放电和充电。流过电感的电流 i 也是周期性变化的，说明电感在周期性地吸收和放出能量。由此可见，两个储能元件 L 和 C 之间在进行磁场能量和电场能量的转换，表现在形式上是 u_C 和 i 的周期性的变化，而实质上是电磁能量往返于 L 和 C 之间，这是一种电磁振荡。在一段时间内电场能量转换为磁场能量，在另一段时间内磁场能量又转换为电场能量，即电容在反复地充放电。电磁能量的交换是通过电流 i 来进行的，当振荡性电流通过电阻 R 时，电磁能量不断地消耗，由于电路是零输入，随着振荡过程的进行，初始时刻储藏在电容中的电场能量逐渐被电阻消耗掉，这是振荡之所以衰减的原因。电阻越大，消耗能量的速率也越大，因而振荡也衰减得越快，当电阻 R 大到一定数值时，L 和 C 之间无法进行能量交换，就振荡不起来，电路处于过阻尼状态，由于电阻具有抑制振荡的阻尼作用，故称为阻尼电阻。

如果电路中的电阻很小，则振幅衰减得很慢，理想情况是 $R=0$，电路处于无阻尼状态，这时 $\delta=0$，$\omega=\omega_0$，$\beta=\dfrac{\pi}{2}$，于是式（9-56）、式（9-57）、式（9-58）可改写成为

$$\left.\begin{array}{l} u_C = U_0 \sin\left(\omega_0 t + \dfrac{\pi}{2}\right) \\[2mm] i = \dfrac{U_0}{L\omega_0}\sin\omega_0 t \\[2mm] u_L = U_0 \sin\left(\omega_0 t + \dfrac{\pi}{2}\right) \end{array}\right\} \tag{9-59}$$

这时振幅将不衰减，振荡会无限制地持续下去，形成等幅自由振荡，在等幅自由振荡过程中，只有电磁能量的反复交换，任一时刻电场能量和磁场能量之和为恒值。

三、$R=2\sqrt{\dfrac{L}{C}}$，临界阻尼放电过程 （critically damped case）

这时 s_1 和 s_2 为两相等的负实数，即 $s_1=s_2=-\delta$

特征方程出现二重根，解 u_C 应表示为如下形式

$$u_C = A_1 e^{s_1 t} + A_2 t e^{s_2 t} = (A_1 + A_2 t)e^{-\delta t} \tag{9-60}$$

其中，A_1 与 A_2 均为待定的积分常数，由式（9-47）所给定的初始条件所确定。则

$$i(t) = -C\frac{\mathrm{d}u_C}{\mathrm{d}t} = -C(-A_1\delta e^{-\delta t} + A_2 e^{-\delta t} - A_2\delta t e^{-\delta t})$$

由 $u_C(0_+)=U_0$，$\left.\dfrac{\mathrm{d}u_C}{\mathrm{d}t}\right|_{t=0_+}=0$ 可得

$$U_0 = A_1 \left.\begin{array}{l} \\ - A_1\delta + A_2 = 0 \end{array}\right\}$$

故
$$A_2 = \delta U_0$$

$$u_C = U_0(1 + \delta t)e^{-\delta t} \left.\begin{array}{l} \\ \\ \\ \end{array}\right.$$
$$i = -C\frac{du_C}{dt} = \frac{U_0}{L}te^{-\delta t} \left.\begin{array}{l} \\ \\ \end{array}\right\} \tag{9-61}$$
$$u_L = L\frac{di}{dt} = U_0(1 - \delta t)e^{-\delta t} \left.\begin{array}{l} \\ \\ \end{array}\right.$$

以上各式表明，它们均单调地衰减，最后趋于零，所以仍属非振荡类型。但是，这正好是过阻尼和欠阻尼，非振荡和振荡的分界线，故称为临界阻尼，或临界非振荡。

在临界阻尼情况下，电阻 $R = 2\sqrt{\dfrac{L}{C}}$，称为临界电阻。

四、解的表示形式与初始条件的关系

应当指出，以上 3 种情况下求得的解，即 u_C、i 和 u_L 的表示式，均是在 $u_C(0_+) = U_0$，$i(0_+) = 0$ 这一特定的初始条件下求得的，若 $u_C(0_+) = 0$，$i(0_+) = I_0$，或 $u_C(0_+) = U_0$，$i(0_+) = I_0$ 时，则上述解的表示式就不适用，必须由给定的初始条件，应用相同的方法确定积分常数 A_1 和 A_2，从而得到适合所给初始条件的解。

为了计算方便，下面介绍在一般初始条件下，欠阻尼时 u_C 变化规律的一般表示式

$$u_C = Ae^{-\delta t}\sin(\omega t + \beta) \tag{9-62}$$

式（9-62）可看作是式（9-56）的一个推广，式中 δ 和 ω 是特征方程的特征根 $s_{1,2}$ 的实部和虚部，取决于电路结构和元件参数。A 和 β 是两个待定常数由所给出的初始条件来确定

$$u_C(0_+) = A\sin\beta \left.\begin{array}{l} \\ \\ \end{array}\right\} \tag{9-63}$$
$$\frac{du_C}{dt}\bigg|_{t=0_+} = -\frac{i(0_+)}{C} = A(-\delta\sin\beta + \omega\cos\beta) \left.\begin{array}{l} \\ \\ \end{array}\right.$$

两式联立，即可求出 A 和 β。

以讨论过的 $u_C(0_+) = U_0$，$i(0_+) = 0$ 为例，式（9-63）为

$$U_0 = A\sin\beta \left.\begin{array}{l} \\ \\ \end{array}\right\}$$
$$0 = A(-\delta\sin\beta + \omega\cos\beta) \left.\begin{array}{l} \\ \\ \end{array}\right.$$

显然，适合上面三角方程的解为

$$\left\{\begin{array}{l} \beta = \arctan\dfrac{\omega}{\delta} \\ \\ A = \dfrac{\omega_0}{\omega}U_0 \end{array}\right.$$

将以上结果代入式（9-62），即可得式（9-56）。

例 9-18　如图 9-47 所示电路中，$R = 500\Omega$，$L = 0.5H$，$C = 12.5\mu F$，$u_C(0_-) = 6V$，$i(0_-) = 0$，$t = 0$ 时闭合开关，求开关闭合后的 u_C、i、u_L 和 i_{max}。

解　已知 $R = 500\Omega$，而 $2\sqrt{\dfrac{L}{C}} = 2\sqrt{\dfrac{0.5}{12.5\times 10^{-6}}} = 400\Omega$，$R > 2\sqrt{\dfrac{L}{C}}$，电路为非振荡放电过程。

特征根
$$s_1 = -\frac{R}{2L} + \sqrt{\left(\frac{R}{2L}\right)^2 - \frac{1}{LC}} = -200$$

$$s_2 = -\frac{R}{2L} - \sqrt{\left(\frac{R}{2L}\right)^2 - \frac{1}{LC}} = -800$$

代入公式可得

$$u_C = 8e^{-200t} - 2e^{-800t}\,(\text{V})$$

$$i = 0.02(e^{-200t} - e^{-800t})\,(\text{A})$$

$$u_L = -2e^{-200t} + 8e^{-800t}\,(\text{V})$$

电流最大值发生的时间 t_m 为

$$t_m = \frac{1}{s_1 - s_2}\ln\frac{s_2}{s_1} = \frac{1}{-200+800}\ln\left(\frac{-800}{-200}\right) = 2.31\times10^{-3}\,(\text{s})$$

$$i_{max} = 0.02\,(e^{-200\times2.31\times10^{-3}} - e^{-800\times2.31\times10^{-3}}) = 9.45\times10^{-3}\,(\text{A})$$

例 9-19　如图 9-47 所示电路中，$R=10\Omega$，$L=0.1\text{mH}$，$C=200\text{pF}$，$u_C(0_-)=10\text{V}$，$i(0_-)=0$，$t=0$ 时闭合开关，求开关闭合后的 u_C 和 i。

解　已知 $R=10\Omega$，而 $2\sqrt{\dfrac{L}{C}} = 2\sqrt{\dfrac{0.1\times10^{-3}}{200\times10^{-12}}} = 707\Omega$，$R<2\sqrt{\dfrac{L}{C}}$，电路为振荡放电过程。

特征根　　　$$s_{1,2} = -\frac{R}{2L} \pm j\sqrt{\left(\frac{R}{2L}\right)^2 - \frac{1}{LC}} = -5\times10^4 \pm j7.07\times10^6$$

其中　　　$$\delta = 5\times10^4,\quad \omega = \omega_0 = 7.07\times10^6,\quad \beta = \frac{\pi}{2}$$

所以　　　$$u_C = 10e^{-5\times10^4 t}\sin\left(7.07\times10^6 t + \frac{\pi}{2}\right)\,(\text{V})$$

$$i = 1.414\times10^{-2}\sin(7.07\times10^6 t)\,(\text{A})$$

例 9-20　如图 9-53 所示电路中，$t=0$ 时打开开关，求开关打开后的 u_C。

解　由换路前后的电路可得

$$i_L(0_-) = \frac{20}{10+10} = 1\,(\text{A})$$

$$u_C(0_-) = \frac{20}{10+10}\times10 = 10\,(\text{V})$$

换路后电路的初始条件为

$$u_C(0_+) = u_C(0_-) = 10\,(\text{V})$$

$$i_L(0_+) = i_L(0_-) = 1\,(\text{A})$$

打开开关后，RLC 组成放电电路，其临界电阻为

$$2\sqrt{\frac{L}{C}} = 2\sqrt{\frac{10^{-3}}{10\times10^{-6}}} = 20\,(\Omega)$$

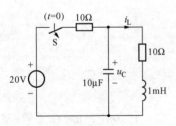

图 9-53　例 9-20 图

$R<2\sqrt{\dfrac{L}{C}}$，电路为振荡放电过程。

由于 $i_L(0_+)=1\text{A}\neq0$，不能直接套公式，应根据欠阻尼时零输入响应的一般公式

$$u_C(t) = Ae^{-\delta t}\sin(\omega t + \beta)$$

其中　　　$$\delta = \frac{R}{2L} = \frac{10}{2\times10^{-3}} = 5\times10^3$$

$$\omega_0 = \sqrt{\frac{1}{LC}} = \sqrt{\frac{1}{10^{-3} \times 10 \times 10^{-6}}} = 10^4 (\text{rad/s})$$

$$\omega = \sqrt{\omega_0^2 - \delta^2} = 8.66 \times 10^3 (\text{rad/s})$$

A 和 β 由式（9-63）来确定

$$\left. \begin{array}{l} u_C(0_+) = A\sin\beta = 10 \\ i(0_+) = -CA(-\delta\sin\beta + \omega\cos\beta) = 1 \end{array} \right\}$$

联立求解可得

$$A = 11.5, \quad \beta = 120°$$

$$u_C(t) = A e^{-\delta t} \sin(\omega t + \beta) = 11.5 e^{-5000t} \sin(8660t + 120°)(\text{V})$$

第十节　二阶电路的零状态响应和阶跃响应

二阶电路的初始储能为零（即电容两端的电压和电感中的电流都为零），仅由外施激励引起的响应称为二阶电路的零状态响应。

如图 9-54 所示为 RLC 并联电路，$u_C(0_-) = 0$，$i_L(0_-) = 0$，$t = 0$ 时，开关 S 打开。根据 KVL 有

$$i_R + i_C + i_L = i_S$$

以 i_L 为待求变量，可得

$$LC \frac{d^2 i_L}{dt^2} + \frac{L}{R} \frac{di_L}{dt} + i_L = i_S$$

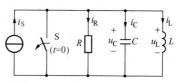

图 9-54　二阶电路的零状态响应

这是二阶线性非齐次方程，它的解答由特解和对应的齐次方程的通解组成，即

$$i_L = i_L' + i_L''$$

取稳态解 i_L' 为特解，而通解 i_L'' 与零输入响应的形式相同，再根据初始条件确定积分常数，从而得到全解。

二阶电路在阶跃激励下的零状态响应称为二阶电路的阶跃响应，其求解方法与零状态响应的求解方法相同。

如果二阶电路具有初始储能，又接入外施激励，则电路的响应称为全响应。全响应是零输入响应和零状态响应的叠加，可以通过求解二阶非齐次方程的方法求得全响应。

例 9-21　如图 9-54 所示电路中，$u_C(0_-) = 0$，$i_L(0_-) = 0$，$R = 500\Omega$，$C = 1\mu F$，$L = 1H$，$i_S = 1A$，当 $t = 0$ 时打开开关 S。试求阶跃响应 i_L、u_C 和 i_C。

解　开关 S 的动作使外施激励 i_S 相当于单位阶跃电流，即 $i_S = \varepsilon(t)$ A。为了求出电路的零状态响应，列出电路的微分方程

$$LC \frac{d^2 i_L}{dt^2} + \frac{L}{R} \frac{di_L}{dt} + i_L = i_S$$

特征方程为

$$s^2 + \frac{1}{RC}s + \frac{1}{LC} = 0$$

代入数据后可得特征根为

$$s_1 = s_2 = s = -10^3$$

由于 s_1、s_2 是重根，为临界阻尼情况，其解答为

$$i_L = i_L' + i_L''$$

其中 i_L' 特解为

$$i_L'=1(\text{A})$$

i_L'' 对应的齐次方程的解为

$$i_L''=(\text{A}_1+\text{A}_2t)\text{e}^{st}(\text{A})$$

所以

$$i_L=i_L'+i_L''=1+(\text{A}_1+\text{A}_2t)\text{e}^{-10^3t}(\text{A})$$

代入初始条件

$$i_L(0_+)=i_L(0_-)=0=1+\text{A}_1$$

$$\left.\frac{\text{d}i_L}{\text{d}t}\right|_{t=0_+}=\frac{1}{L}u_L(0_+)=\frac{1}{L}u_C(0_+)=\frac{1}{L}u_C(0_-)=0=-10^3\text{A}_1+\text{A}_2$$

可得

$$\text{A}_1=-1$$

$$\text{A}_2=-10^3$$

所以求得的阶跃响应为

$$i_L=[1-(1+10^3t)\text{e}^{-10^3t}]\varepsilon(t)(\text{A})$$

$$u_C=L\frac{\text{d}i_L}{\text{d}t}=10^6t\text{e}^{-10^3t}\varepsilon(t)(\text{V})$$

$$i_C=C\frac{\text{d}u_C}{\text{d}t}=(1-10^3t)\text{e}^{-10^3t}\varepsilon(t)(\text{A})$$

过渡过程是临界阻尼情况，属非振荡性质，i_L、i_C、u_C 随时间变化的波形如图 9-55 所示。

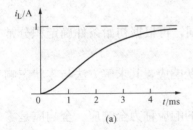 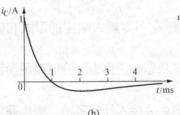 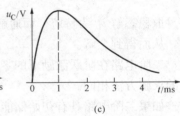

(a)   (b)   (c)

图 9-55　i_L、i_C、u_C 的波形

(a) i_L；(b) i_C；(c) u_C

第十一节　二阶电路的冲激响应

零状态的二阶电路在冲激函数激励下的响应称为二阶电路的冲激响应。

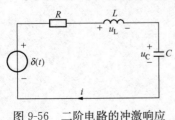

如图 9-56 所示是一个零状态的 RLC 串联电路，在 $t=0$ 时与冲激电压 $\delta(t)$ 接通。若以 u_C 为变量，在 $t\geqslant0$ 时根据 KVL 可得电路方程

$$\left.\begin{array}{l}LC\dfrac{\text{d}^2u_C}{\text{d}t^2}+RC\dfrac{\text{d}u_C}{\text{d}t}+u_C=\delta(t)\\[2mm]u_C(0_-)=0,\ i_L(0_-)=0\end{array}\right\}\tag{9-64}$$

图 9-56　二阶电路的冲激响应

由于 $\delta(t)$ 在 $t \neq 0$ 时电路受冲激电压冲激而获得了一定的能量，在 $t > 0_+$ 时放电，即在 $t > 0_+$ 时有

$$LC\frac{\mathrm{d}^2 u_C}{\mathrm{d}t^2} + RC\frac{\mathrm{d}u_C}{\mathrm{d}t} + u_C = 0 \tag{9-65}$$

下面要求出与初始能量对应的初始条件 $u_C(0_+)$ 和 $i(0_+)$。把式（9-64）从 $t = 0_-$ 至 $t = 0_+$ 积分，得

$$LC\left[\frac{\mathrm{d}u_C}{\mathrm{d}t}\bigg|_{t=0_+} - \frac{\mathrm{d}u_C}{\mathrm{d}t}\bigg|_{t=0_-}\right] + RC[u_C(0_+) - u_C(0_-)] + \int_0^{0_+} u_C \mathrm{d}t = 1$$

根据零状态条件，有 $u_C(0_-) = 0$，$i(0_-) = 0$，故 $\dfrac{\mathrm{d}u_C}{\mathrm{d}t}\bigg|_{t=0_-} = 0$。由于 u_C 不可能是阶跃函数或冲激函数，否则式（9-65）不成立，就是说 u_C 不可能跃变；仅 $\dfrac{\mathrm{d}u_C}{\mathrm{d}t}$ 才可能发生跃变。这样就有

$$LC\frac{\mathrm{d}u_C}{\mathrm{d}t}\bigg|_{t=0_+} = 1$$

即

$$\frac{\mathrm{d}u_C}{\mathrm{d}t}\bigg|_{t=0_+} = \frac{1}{LC}$$

该式的意义是冲激电压源在 $t = 0_-$ 至 $t = 0_+$ 间隔内使电感电流跃变，跃变后 $i(0_+) = C\dfrac{\mathrm{d}u_C}{\mathrm{d}t}\bigg|_{t=0_+} = \dfrac{1}{L}$，电感中储存一定的磁场能量，而冲激响应就是由此磁场能量引起的变化过程。

$t \geq 0$ 时为零输入解，其过渡过程的分析和解答与第九节相同，即

$$u_C = A_1 e^{s_1 t} + A_2 e^{s_2 t}$$

初始条件为

$$u_C(0_+) = A_1 + A_2 = 0$$

$$\frac{\mathrm{d}u_C}{\mathrm{d}t}\bigg|_{t=0_+} = A_1 s_1 + A_2 s_2 = \frac{1}{LC}$$

得

$$A_1 = -A_2 = \frac{\dfrac{1}{LC}}{s_2 - s_1}$$

$$u_C = -\frac{1}{LC(s_2 - s_1)}(e^{s_1 t} - e^{s_2 t})$$

如果 $R < 2\sqrt{\dfrac{L}{C}}$，即振荡放电情况，冲激响应为

$$u_C = \frac{1}{\omega LC}e^{-\delta t}\sin \omega t$$

以上是从冲激函数的定义出发，直接求出冲激响应。还可以首先求出电路的单位阶跃响应，再对时间取导数就得到单位冲激响应，最后乘以冲激强度就可得到冲激强度为 A 的冲激函数引起的冲激响应。

第十二节　暂态电路的 Multisim 仿真分析

暂态电路可以用 Multisim 软件进行仿真分析，下面举例说明。

例 9-22 RC 充放电电路，$R=30\text{k}\Omega$，$C=2000\text{pF}$，函数发生器中的方波作为电源，取 $U_\text{m}=10\text{V}$，$f=1\text{kHz}$，占空比为 50%，用示波器观察电源电压和电容电压的波形。

解 图 9-57 所示，图 9-57（a）为 RC 充放电电路的仿真电路图；图 9-57（b）为示波器显示的电源电压波形和电容充放电的电压波形。从示波器的波形上可以观察到，随着方波电压方向的改变，电容不断进行着充电和放电。当改变电容或电阻的大小，可以改变电容充放电的时间。

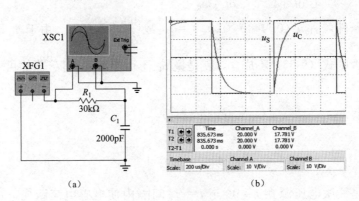

（a）　　　　　　　　　　　　（b）

图 9-57　例 9-22 图

（a）Multisim 仿真电路图；（b）电源电压和电容电压的波形

例 9-23 RLC 充放电电路，$L=1\text{mH}$，$C=1\mu\text{F}$，调整 R 的大小，用示波器观察电容电压的波形。

解 图 9-58（a）所示为 RLC 充放电电路的仿真电路图；图 9-58（b）所示为 $R=100\Omega$，满足 $R>2\sqrt{\dfrac{L}{C}}$，属于过阻尼状态，电容充放电的电压波形为非振荡；图 9-58（c）所示为 $R=20\Omega$，满足 $R<2\sqrt{\dfrac{L}{C}}$，属于欠阻尼状态，电容充放电的电压波形为振荡。从示波器的波形上可以观察到，随着方波电压方向的改变，电容不断进行着充电和放电。改变电阻的大小，可以改变电容充放电振荡与非振荡性质。

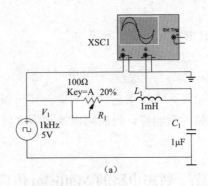

（a）

图 9-58　例 9-23 图（一）

（a）Multisim 仿真电路图

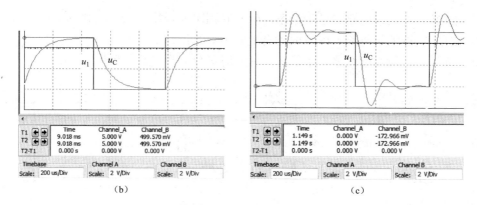

图 9-58　例 9-23 图（二）

（b）$R=100\Omega$，非振荡充放电；（c）$R=20\Omega$，振荡充放电

习　　题

9-1　如图 9-59 所示电路换路前已处于稳态，试求换路后各电流的初始值。

9-2　如图 9-60 所示电路，开关断开前已处于稳态。$t=0$ 断开开关 S，求初始值 $i(0_+)$、$i_C(0_+)$、$u(0_+)$ 和 $u_C(0_+)$。

9-3　如图 9-61 所示电路，试计算 $t=0_+$ 时刻的电压和电流值。

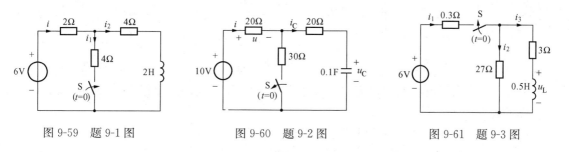

图 9-59　题 9-1 图　　　　　　图 9-60　题 9-2 图　　　　　　图 9-61　题 9-3 图

9-4　如图 9-62 所示电路原处于稳态，试计算开关闭合后电感电流和电容电压一阶导数的初始值。

9-5　如图 9-63 所示电路原处于稳态，$t=0$ 时刻闭合开关 S，求 $u_C(t)$。

9-6　如图 9-64 所示电路，开关 S 原在位置 1 已久，$t=0$ 时刻合向位置 2，求 u_C 和 i。

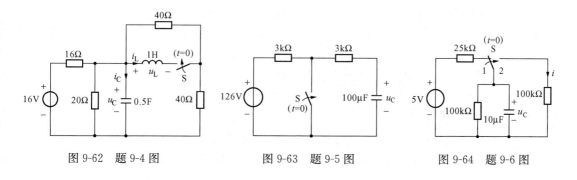

图 9-62　题 9-4 图　　　　　　图 9-63　题 9-5 图　　　　　　图 9-64　题 9-6 图

9-7　如图 9-65 所示电路原处于稳态，$t=0$ 时刻闭合开关 S，求 i_L 和 u_L。

9-8　如图 9-66 所示电路，$t=0$ 时刻合上开关 S，求 i 和 i_S。

9-9　如图 9-67 所示电路原处于稳态，$t=0$ 时刻合上开关 S，求 i_1、i_2 和 i_S。

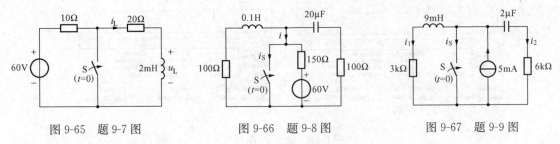

图 9-65　题 9-7 图　　　　图 9-66　题 9-8 图　　　　图 9-67　题 9-9 图

9-10　如图 9-68 所示电路原处于稳态，$t=0$ 时刻开关由位置 1 合向位置 2，试计算换路后各元件中的电流 i_1、i_2 和 i_L。

9-11　如图 9-69 所示电路，试求 S 闭合后在 $t=100$ms 时，两支路中电容的电压，并画出 u_C 的变化曲线。

9-12　如图 9-70 所示电路原处稳态，$t=0$ 时打开开关 S，求 $t \geqslant 0$ 时，电压 u_C，电阻值为 3Ω 的电阻中的最大电流及放电过程中其吸收的能量。

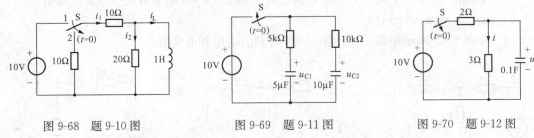

图 9-68　题 9-10 图　　　　图 9-69　题 9-11 图　　　　图 9-70　题 9-12 图

9-13　一个高压电容器原已充电，其电压为 10kV，从电路中断开后，经过 15min 它的电压降低为 3.2kV，问：

（1）再经过 15min 电压降为多少？

（2）如果电容 $C=15\mu$F，那么它的绝缘电阻是多少？

（3）需经过多少时间，可使电压降为 30V 以下？

（4）如果以一根电阻为 0.2Ω 的导线将电容接地放电，最大的放电电流是多少？若认为在 5τ 时间内放电完毕，那么放电的平均功率是多少？

（5）如果以 100kΩ 的电阻将其放电，应放电多长时间？并重新回答（4）。

9-14　如图 9-71 所示电路，$t=0$ 时打开开关 S，求 $i(t)$。

9-15　如图 9-72 所示电路原处稳态，$t=0$ 时打开开关 S，求 $u_L(t)$ 和电压源发出的功率。

9-16　如图 9-73 所示电路原处于稳态，求换路后 u_C 达到 U_0 所需的时间 t。

9-17　RC 串联电路接在 24V 直流电源上充电，已知 $C=20\mu$F，若要在 1s 内使电容充电到 20V，试求 R 的数值。

9-18　一电感线圈被短接后，经过 0.1s，线圈内的电流减小到初始值的 35%，如果线圈接 5Ω 的电阻，经过 0.05s，电流减少到初始值的 35%，试求此线圈的电阻 R。

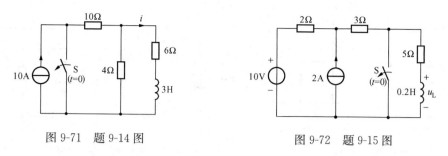

图 9-71 题 9-14 图　　　　　　图 9-72 题 9-15 图

9-19　如图 9-74 所示电路，$t=0$ 时闭合开关 S，已知 $i_L(0_-)=0$，求 $i_L(t)$。

9-20　把 $R=20\Omega$，$C=400\mu F$ 的串联电路，在 $t=0$ 时刻接到 $u=220\sqrt{2}\cos314t$ V 的电压上，求接通后，电路中的电流和电容上的电压。

9-21　把 $R=50\Omega$，$L=0.2H$ 的串联电路，在 $t=0$ 时刻接到 $u=220\sqrt{2}\cos(314t+30°)$ V 的电压上，求接通后电路中的电流。

9-22　如图 9-75 所示电路原处于稳态，在 $t=0$ 时刻闭合开关 S，求 i 并画出其波形。

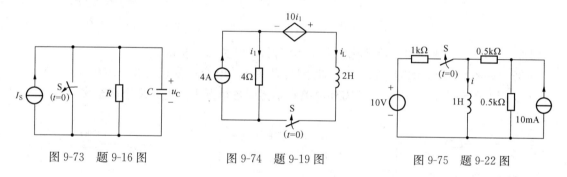

图 9-73 题 9-16 图　　　　图 9-74 题 9-19 图　　　　图 9-75 题 9-22 图

9-23　如图 9-76 所示电路原处于稳态，在 $t=0$ 时刻闭合开关 S，求换路后 u_C，以及 u_C 过 0 的时间 t_0，并画出其波形。

9-24　求如图 9-77 所示电路中的 u_C。

9-25　如图 9-78 所示电路中，已知 $i_L(0_-)=0$，求 $i_L(t)$。

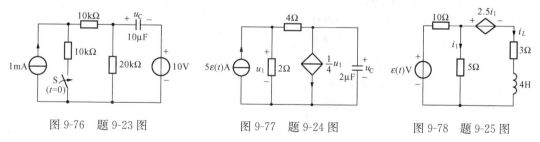

图 9-76 题 9-23 图　　　　图 9-77 题 9-24 图　　　　图 9-78 题 9-25 图

9-26　如图 9-79（a）所示电路中，电压 $u_S(t)$ 的波形如图 9-79（b）所示，求电流 i。

9-27　求如图 9-80 所示电路的阶跃响应。

9-28　求如图 9-81 所示电路中的冲激响应。

9-29　求如图 9-82 所示电路中的 u_C。

9-30　求如图 9-83 所示电路中的 u_L，并画出曲线。

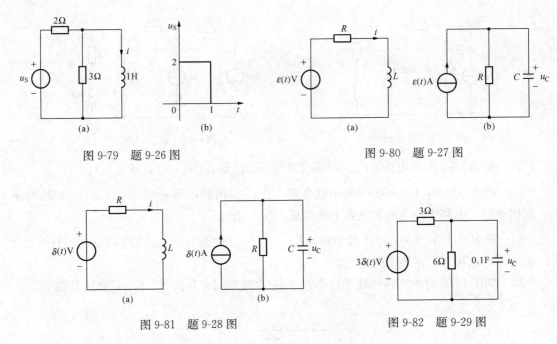

图 9-79　题 9-26 图　　　　　　　　　图 9-80　题 9-27 图

图 9-81　题 9-28 图　　　　　　　　图 9-82　题 9-29 图

9-31　如图 9-84 所示电路原处稳态，$t=0$ 时打开开关 S，求 u_C。

9-32　如图 9-85 所示电路中，$t=0$ 时闭合开关 S，电容原先已充电 $u_C(0_-)=10V$，求 u_C、u_L、i 以及 S 闭合后的 i_{max}；若需要电路在临界阻尼情况下放电，R 应调至多少？

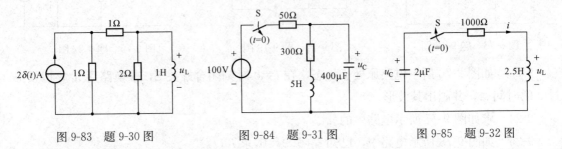

图 9-83　题 9-30 图　　　　图 9-84　题 9-31 图　　　　图 9-85　题 9-32 图

9-33　如图 9-86 所示电路，求：

(1)　$i_S(t)=\varepsilon(t)A$ 时，电路的阶跃响应 i_L；

(2)　$i_S(t)=\delta(t)A$ 时，电路的冲激响应 u_C。

9-34　如图 9-87 所示电路，求：

(1)　$u_S(t)=10\varepsilon(t)V$ 时，电路的响应 u_C；

(2)　$u_S(t)=10\delta(t)V$ 时，电路的响应 u_C。

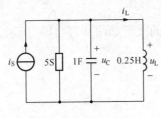

图 9-86　题 9-33 图

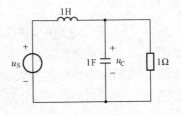

图 9-87　题 9-34 图

9-35　如图 9-88 所示电路，开关闭合前电路已处于稳态，求开关闭合后的电压 u_C，并用 Multisim 示波器观察其波形。

9-36　图 9-89 所示电路，$i_L(0_-)=0,t=0$ 时开关闭合，求 $t\geqslant0$ 时的 $i_L(t)$，并用 Multisim 示波器观察其波形。

9-37　图 9-90 所示电路原处于稳态，$t=0$ 时开关由位置 1 换到位置 2，求开关动作后的 $i_L(t)$ 和 $u_C(t)$，并用 Multisim 示波器观察其波形。

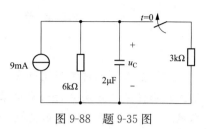

图 9-88　题 9-35 图

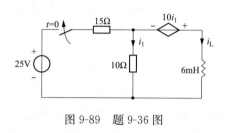

图 9-89　题 9-36 图

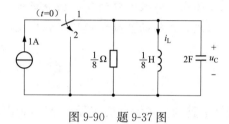

图 9-90　题 9-37 图

第十章 线性电路的复频域分析

本章要求 熟练掌握用部分分式法进行拉氏反变换，电路元件电压电流关系的复频域形式，用复频域方法分析动态电路；掌握基尔霍夫定律复频域形式，拉普拉斯变换及其基本性质；熟悉拉氏反变换的定义；了解拉氏变换基本性质的证明过程。

本章重点 线性电路的复频域分析方法，部分分式法进行拉氏反变换，电路的复频域模型。难点是电路的复频域模型，拉氏反变换。

第一节 概　　述

线性电路的复频域分析实际上是一种用线性代数方程求解常微分方程的变换域方法。该理论是由法国数学家拉普拉斯（1749—1825）首先提出的，但将其应用于电气方程的计算来解决一些实际电气工程问题的却是英国工程师赫维赛德（1850—1925），并将之称为"算子法"。他所做的工作为拉普拉斯变换方法奠定基础，很快被广泛采用。后来人们从拉普拉斯的著作中为赫维赛德的算子法找到了可靠的数学依据，并正式称之为拉普拉斯变换（以下均简称拉氏变换）。从此，拉氏变换在数学、电学、力学、自动控制等许多科学与工程技术领域得到广泛应用。

在第九章中曾指出用经典法求解高阶电路的主要困难，其中又以确定积分常数的困难更为突出。用拉氏变换解高阶电路则可避免确定积分常数的复杂计算。拉氏变换可以把线性时不变系统的时域模型变换到复数频率域的频域模型进行分析计算，再经反变换还原为时域函数。从数学的角度看，拉氏变换是求解常微分方程的有效工具，其优点在于：

（1）求解的步骤简单，同时可以得到微分方程的特解和齐次解（补函数），并且由初始条件确定的积分常数自动地隐含在变换式中。

（2）拉氏变换分别将"微分"、"积分"转换为"乘法"和"除法"的运算。即将时域中的微分积分方程转换为复频域中的代数方程。这与初等数学中的对数变换有异曲同工之处。

（3）对指数函数、超越函数及有间断点的函数，经拉氏变换可转化为简单的初等函数，求解时就相对简单得多。

（4）拉氏变换将时域中两个函数的卷积运算转换为复频域中两个函数的乘积运算，在此基础上建立了系统函数的概念。为研究信号通过线性系统传输提供了有效的方法。

（5）利用系统函数的零、极点分布概念，简明、直观地表达出线性系统的许多性质和规律。

本章前三节主要讨论拉氏变换的基本定义、性质及拉氏反变换的求解方法。第四、五节主要应用拉氏变换进行线性动态电路的分析与计算。

由于在工程技术应用中主要用到的是单边拉氏变换，因此在本章中所进行的理论分析与电路计算也主要采用单边拉氏变换。

第二节　拉普拉斯变换的定义

拉氏变换与傅里叶变换均可用于求解常系数线性微分方程，因而都能用于分析线性电路的暂态过程。但拉氏变换比傅里叶变换有更广泛的适用性，所以在线性电路的暂态分析中主要应用拉氏变换；而傅里叶变换主要用于分析非周期信号的频谱及其通过线性电路后发生的变化。

一、拉氏变换定义　(definition of Laplace transform)

一个定义在 $[0，\infty)$ 区间的函数 $f(t)$，其拉氏变换式用 $F(s)$ 表示，定义为

$$F(s) = \int_{0_-}^{\infty} f(t) \mathrm{e}^{-st} \mathrm{d}t \qquad (10\text{-}1)$$

式（10-1）又称为单边拉氏变换。式中 $s = \sigma + \mathrm{j}\omega$ 为复数。其中积分下标取 0_- 而不是 0 或 0_+，是为了将冲激函数 $\delta(t)$ 及其导函数纳入拉氏变换的范围。

将 $f(t)$ 称为"原函数"，$F(s)$ 称为"象函数"。通常简记为

$$F(s) = \mathscr{L}[f(t)] \qquad (10\text{-}2)$$

拉氏变换把一个时域函数 $f(t)$，变换到以 s 为变量的复变函数 $F(s)$。对于函数 $f(t)$，如果存在正的有限常数 M 和 c，使得对所有 t 满足

$$|f(t)| \leqslant M\mathrm{e}^{ct} \qquad (10\text{-}3)$$

则 $f(t)$ 的拉氏变换 $F(s)$ 总存在。一般情况下线性电路中涉及的函数大都满足此条件，即拉氏变换存在，因此以后在进行拉氏变换时就不再讨论式（10-3）的条件。

由已知的象函数 $F(s)$ 求原函数 $f(t)$ 的公式为

$$f(t) = \frac{1}{2\pi\mathrm{j}} \int_{\sigma-\mathrm{j}\infty}^{\sigma+\mathrm{j}\infty} F(s) \mathrm{e}^{st} \mathrm{d}s \qquad (10\text{-}4)$$

式（10-4）称为由 $F(s)$ 到 $f(t)$ 的拉氏反变换，这属于复变函数积分，简记为

$$f(t) = \mathscr{L}^{-1}[F(s)] \qquad (10\text{-}5)$$

式（10-1）与式（10-4）是一对拉氏变换式（简称拉氏变换对）。

在以上讨论中，$\mathrm{e}^{-\sigma t}$ 表示衰减因子，它的引入是使 $f(t)$ 乘以 $\mathrm{e}^{-\sigma t}$，从而满足数学上的"绝对可积条件"；在物理概念上，复数 $s = \sigma + \mathrm{j}\omega$ 不仅能给出电路中的振荡频率，还能给出振荡幅值的增长或衰减速率。

此外，若定义拉氏变换为

$$F(s) = \int_{-\infty}^{\infty} f(t) \mathrm{e}^{-st} \mathrm{d}t \qquad (10\text{-}6)$$

称之为双边拉氏变换。本章中主要讨论单边拉氏变换。

二、拉氏变换的收敛域　(region of convergence)

对于函数 $f(t)\mathrm{e}^{-\sigma t}$ 而言，要使其满足绝对可积条件，其拉氏变换才存在。绝对可积条件是否满足，还要看 $f(t)$ 与 σ 值的相对关系而定。例如对函数 $f(t) = \mathrm{e}^{at}\varepsilon(t)$，并非所有的 σ 值都能使 $f(t)\mathrm{e}^{-\sigma t}$ 绝对可积，只有衰减因子 $\mathrm{e}^{-\sigma t}$ 的 σ 必须满足 $\sigma - \mathrm{Re}[a] > 0$，即 $\sigma > \mathrm{Re}[a]$ 时，$f(t) = \mathrm{e}^{at}\varepsilon(t)$ 的拉氏变换才存在。

函数 $f(t)$ 乘以衰减因子 $\mathrm{e}^{-\sigma t}$ 后，取 $t \to 0$ 的极限，若当 $\sigma - \sigma_0 > 0$ 时，该极限为

$$\lim_{t \to 0} f(t) \mathrm{e}^{-\sigma t} = 0 \quad (\sigma > \sigma_0) \qquad (10\text{-}7)$$

式（10-7）的极限存在，则 $f(t)$ 的拉氏变换存在。收敛域为 $\sigma > \sigma_0$。

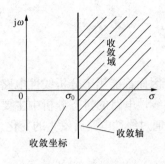

图 10-1 s 平面

把能使 $f(t)\mathrm{e}^{-\sigma t}$ 满足绝对可积条件的复频域取值范围称为函数 $f(t)$ 的拉氏变换的收敛域。

收敛域可以在 s 平面上表示出来，如图 10-1 所示，在 $\sigma > \sigma_0$ 的收敛域中，通过 σ_0 的垂直线为收敛域边界，称为收敛轴，σ_0 在 s 平面内称为收敛坐标。

三、一些常用函数的拉氏变换（Laplace transform of some important function）

下面按拉氏变换定义式（10-1）讨论几个常用函数的拉氏变换。

1. 单位阶跃函数 $\varepsilon(t)$ 的象函数

$$F(s) = \mathscr{L}\big[\varepsilon(t)\big] = \int_{0_-}^{\infty} \varepsilon(t)\mathrm{e}^{-st}\,\mathrm{d}t = \int_{0_-}^{\infty} \mathrm{e}^{-st}\,\mathrm{d}t = \frac{1}{-s}\mathrm{e}^{-st}\Big|_{0_-}^{\infty} = \frac{1}{s}$$

其收敛域 $\sigma > 0$，位于右半 s 平面。

2. 单位冲激函数 $\delta(t)$ 的象函数

$$F(s) = \mathscr{L}\big[\delta(t)\big] = \int_{0_-}^{\infty} \delta(t)\mathrm{e}^{-st}\,\mathrm{d}t = \mathrm{e}^{-s\cdot 0}\int_{0_-}^{\infty} \delta(t)\,\mathrm{d}t = 1$$

收敛域为整个 s 平面。

可以看到，单边拉氏变换定义将积分下标取 0_-，正是为了能对冲激函数 $\delta(t)$ 进行拉氏变换。

3. 单边指数函数 $f(t) = \mathrm{e}^{-at}\varepsilon(t)$ 的象函数

$$F(s) = \mathscr{L}\big[f(t)\big] = \int_{0_-}^{\infty} \mathrm{e}^{-at}\,\mathrm{e}^{-st}\,\mathrm{d}t = -\frac{\mathrm{e}^{-(s+a)t}}{s+a}\Big|_{0_-}^{\infty} = \frac{1}{s+a}$$

收敛域为 $\sigma > -a$。

4. 斜变函数 $f(t) = t\varepsilon(t)$ 的象函数

$$F(s) = \mathscr{L}\big[f(t)\big] = \int_{0_-}^{\infty} t\mathrm{e}^{-st}\,\mathrm{d}t$$

由分部积分法，得

$$\mathscr{L}\big[t\varepsilon(t)\big] = \int_{0_-}^{\infty} t\mathrm{e}^{-st}\,\mathrm{d}t = -\frac{t}{s}\mathrm{e}^{-st}\Big|_{0_-}^{\infty} + \frac{1}{s}\int_{0_-}^{\infty} \mathrm{e}^{-st}\,\mathrm{d}t$$

$$= -\frac{1}{s^2}\mathrm{e}^{-st}\Big|_{0_-}^{\infty} = \frac{1}{s^2}$$

收敛域为 $\sigma > 0$。

在后面的分析中一般不再讨论收敛域问题，除非问题中特别要求这样做。

常用函数的单边拉氏变换列于表 10-1 中，下节还会应用拉氏变换的性质推导其中一些函数的单边拉氏变换，此表在以后分析电路问题时会经常用到。

表 **10-1** 　　　　　　　　　常用函数的单边拉氏变换表

序号	象函数 $F(s)$	原函数 $f(t)$
1	1	$\delta(t)$
2	s	$\delta'(t)$
3	s^2	$\delta''(t)$

序号	象函数 $F(s)$	原函数 $f(t)$
4	s^n	$\delta^{(n)}(t)$（n 为正整数）
5	$\dfrac{1}{s}$	$\varepsilon(t)$
6	$\dfrac{1}{s^2}$	$t\varepsilon(t)$
7	$\dfrac{1}{s^n}$	$\dfrac{t^{n-1}}{(n-1)!}\varepsilon(t)$（$n$ 为正整数）
8	$\dfrac{1}{s+a}$	$\mathrm{e}^{-at}\varepsilon(t)$
9	$\dfrac{1}{s(s+a)}$	$\dfrac{1}{a}(1-\mathrm{e}^{-at})\varepsilon(t)$
10	$\dfrac{1}{(s+a)^2}$	$t\mathrm{e}^{-at}\varepsilon(t)$
11	$\dfrac{1}{(s+a)^n}$	$\dfrac{1}{(n-1)!}t^{n-1}\mathrm{e}^{-at}\varepsilon(t)$（$n$ 为正整数）
12	$\dfrac{s}{(s+a)^2}$	$(1-at)\mathrm{e}^{-at}\varepsilon(t)$
13	$\dfrac{1}{(s+a)(s+b)}$	$\dfrac{1}{b-a}(\mathrm{e}^{-at}-\mathrm{e}^{-bt})\varepsilon(t)$ （$a\neq b$）
14	$\dfrac{s}{(s+a)(s+b)}$	$\dfrac{1}{b-a}(b\mathrm{e}^{-bt}-a\mathrm{e}^{-at})\varepsilon(t)$ （$a\neq b$）
15	$\dfrac{\omega}{s^2+\omega^2}$	$\sin(\omega t)\cdot\varepsilon(t)$
16	$\dfrac{s}{s^2+\omega^2}$	$\cos(\omega t)\cdot\varepsilon(t)$
17	$\dfrac{\omega}{(s+a)^2+\omega^2}$	$\mathrm{e}^{-at}\sin(\omega t)\cdot\varepsilon(t)$
18	$\dfrac{s+a}{(s+a)^2+\omega^2}$	$\mathrm{e}^{-at}\cos(\omega t)\cdot\varepsilon(t)$
19	$\dfrac{as+b}{(s+a)^2+\omega^2}$	$\left(a\mathrm{e}^{-at}\cos\omega t+\dfrac{b-a^2}{\omega}\mathrm{e}^{-at}\sin\omega t\right)\varepsilon(t)$
20	$\dfrac{A}{s+a-\mathrm{j}\omega}+\dfrac{A^*}{s+a+\mathrm{j}\omega}$	$2\mid A\mid\mathrm{e}^{-at}\cos(\omega t+\theta_A)\varepsilon(t)(A=\mid A\mid\underline{/\theta_A})$

第三节　拉普拉斯变换的基本性质

虽然用拉氏变换定义可以求出时域函数的拉氏变换，但总是要进行积分运算，在实际应用中常常用拉氏变换的基本性质和定理来得到它们的拉氏变换表达式，并且十分方便。

一、线性性质（linearity）

设 $f_1(t)$ 和 $f_2(t)$ 为两个任意的时间函数，且象函数存在并用 $F_1(s)$、$F_2(s)$ 分别表示，K_1、K_2 是两个任意实常数，则有

$$\mathscr{L}[K_1f_1(t)\pm K_2f_2(t)]=\mathscr{L}[K_1f_1(t)]\pm\mathscr{L}[K_2f_2(t)]=K_1F_1(s)\pm K_2F_2(s) \quad (10\text{-}8)$$

根据拉氏变换的线性性质，求函数与常数相乘及几个函数代数和的象函数时，可以先求

各函数的象函数再进行代数和运算。

例 10-1　求 $\sin\omega t\varepsilon(t)$ 的象函数。

解　根据欧拉公式

$$\sin\omega t=\frac{\mathrm{e}^{\mathrm{j}\omega t}-\mathrm{e}^{-\mathrm{j}\omega t}}{2\mathrm{j}}$$

所以　$\mathscr{L}[\sin\omega t\varepsilon(t)]=\frac{1}{2\mathrm{j}}\mathscr{L}[(\mathrm{e}^{\mathrm{j}\omega t}-\mathrm{e}^{-\mathrm{j}\omega t})\varepsilon(t)]=\frac{1}{2\mathrm{j}}[\mathscr{L}(\mathrm{e}^{\mathrm{j}\omega t})-\mathscr{L}(\mathrm{e}^{-\mathrm{j}\omega t})]\varepsilon(t)$

$$=\frac{1}{2\mathrm{j}}\Big(\frac{1}{s-\mathrm{j}\omega}-\frac{1}{s+\mathrm{j}\omega}\Big)=\frac{1}{2\mathrm{j}}\frac{2\mathrm{j}\omega}{s^2+\omega^2}=\frac{\omega}{s^2+\omega^2}$$

同理可得 $\mathscr{L}[\cos\omega t\varepsilon(t)]=\dfrac{s}{s^2+\omega^2}$。

两个函数的拉氏变换收敛域均为 $\mathrm{Re}[s\pm\mathrm{j}\omega]>0$，即 $\sigma>0$。

二、微分性质（time differentiation）

设 $\mathscr{L}[f(t)]=F(s)$，且 $f(t)$ 初始值为 $f(0_-)$，则有

$$\mathscr{L}\Big[\frac{\mathrm{d}}{\mathrm{d}t}f(t)\Big]=s\mathscr{L}[f(t)]-f(0_-)=sF(s)-f(0_-) \tag{10-9}$$

证明：因为　$\mathscr{L}\Big[\dfrac{\mathrm{d}}{\mathrm{d}t}f(t)\Big]=\displaystyle\int_{0_-}^{\infty}\Big[\dfrac{\mathrm{d}}{\mathrm{d}t}f(t)\Big]\mathrm{e}^{-st}\,\mathrm{d}t\overset{\text{分部积分}}{=}\mathrm{e}^{-st}f(t)\Big|_{0_-}^{\infty}-\displaystyle\int_{0_-}^{\infty}f(t)\mathrm{d}\mathrm{e}^{-st}$

其中，$\mathrm{e}^{-st}f(t)\,|_{t=\infty}=\lim\limits_{t\to\infty}\mathrm{e}^{-st}f(t)=0$，这是可以进行拉氏变换的条件，即 $f(t)\mathrm{e}^{-st}$ 必衰减为零（$t\to\infty$）才能绝对可积。于是有

$$\mathscr{L}\Big[\frac{\mathrm{d}}{\mathrm{d}t}f(t)\Big]=-f(0_-)-(-s)\int_{0_-}^{\infty}f(t)\mathrm{e}^{-st}\,\mathrm{d}t$$

$$=sF(s)-f(0_-)$$

$f(t)$ 的二阶导数的象函数，可重复利用微分性质

$$\mathscr{L}\Big[\frac{\mathrm{d}^2}{\mathrm{d}t^2}f(t)\Big]=s\mathscr{L}\Big[\frac{\mathrm{d}}{\mathrm{d}t}f(t)\Big]-f'(0_-)=s^2F(s)-sf(0_-)-f'(0_-) \tag{10-10}$$

$f(t)$ 的 n 阶导数的象函数应为

$$\mathscr{L}\Big[\frac{\mathrm{d}^n}{\mathrm{d}t^n}f(t)\Big]=s^nF(s)-s^{n-1}f(0_-)-s^{n-2}f'(0_-)-\cdots-sf^{(n-2)}(0_-)-f^{(n-1)}(0_-)$$

$$\tag{10-11}$$

从 $f(0_-)$ 到 $f^{(n-1)}(0_-)$ 共 n 个初始值。

例 10-2　应用导数性质求下列函数的象函数。

(1) $f(t)=\cos\omega t\varepsilon(t)$；

(2) $f(t)=\delta(t)$。

解　(1) 因为　$\dfrac{\mathrm{d}\sin\omega t\varepsilon(t)}{\mathrm{d}t}=\omega\cos\omega t\varepsilon(t)+\sin\omega t\,|_{t=0}\delta(t)=\omega\cos\omega t\varepsilon(t)$

而 $\mathscr{L}[\sin\omega t\varepsilon(t)]=\dfrac{\omega}{s^2+\omega^2}$

所以　$\mathscr{L}[\cos\omega t\varepsilon(t)]=\mathscr{L}\Big[\dfrac{1}{\omega}\dfrac{\mathrm{d}\sin\omega t\varepsilon(t)}{\mathrm{d}t}\Big]=\dfrac{1}{\omega}\Big[s\dfrac{\omega}{s^2+\omega^2}-\sin(0_-)\Big]=\dfrac{s}{s^2+\omega^2}$

(2) 因为　$\dfrac{\mathrm{d}\varepsilon(t)}{\mathrm{d}t}=\delta(t)$

而 $\mathscr{L}[\varepsilon(t)]=\dfrac{1}{s}$

所以　$\mathscr{L}[\delta(t)]=\mathscr{L}\left[\dfrac{\mathrm{d}\varepsilon(t)}{\mathrm{d}t}\right]=s\,\dfrac{1}{s}-\varepsilon(0_-)=1$

三、积分性质（time integration）

设 $\mathscr{L}[f(t)]=F(s)$，则有

$$\mathscr{L}\left[\int_{0_-}^{t}f(\lambda)\mathrm{d}\lambda\right]=\dfrac{1}{s}\mathscr{L}[f(t)]=\dfrac{1}{s}F(s) \qquad (10\text{-}12)$$

证明：因为　$\dfrac{\mathrm{d}}{\mathrm{d}t}\displaystyle\int_{0_-}^{t}f(\lambda)\mathrm{d}\lambda=f(t)$

由 $\mathscr{L}[f(t)]=\mathscr{L}\left[\dfrac{\mathrm{d}}{\mathrm{d}t}\displaystyle\int_{0_-}^{t}f(\lambda)\mathrm{d}\lambda\right]$

$\qquad\qquad=s\mathscr{L}\left[\displaystyle\int_{0_-}^{t}f(\lambda)\mathrm{d}\lambda\right]-\left[\displaystyle\int_{0_-}^{t}f(\lambda)\mathrm{d}\lambda\right]_{t=0_-}$（积分上限也应为 0_-）

$\qquad\qquad=s\mathscr{L}\left[\displaystyle\int_{0_-}^{t}f(\lambda)\mathrm{d}\lambda\right]$

所以　$\mathscr{L}\left[\displaystyle\int_{0_-}^{t}f(\lambda)\mathrm{d}\lambda\right]=\dfrac{1}{s}F(s)$

例 10-3　根据单位阶跃函数的象函数确定 $\dfrac{1}{s^2}$，$\dfrac{1}{s^3}$，$\dfrac{1}{s^n}$ 的原函数。

解　$\varepsilon(t)$ 的象函数为 $\mathscr{L}[\varepsilon(t)]=\dfrac{1}{s}$，因为 $\varepsilon(t)$ 的积分为单边斜变函数，即

$$\int_{0}^{t}\varepsilon(\lambda)\mathrm{d}\lambda=t\varepsilon(t)$$

而　　　　$\mathscr{L}[t\varepsilon(t)]=\mathscr{L}\left[\displaystyle\int_{0_-}^{t}\varepsilon(\lambda)\mathrm{d}\lambda\right]=\dfrac{1}{s}\mathscr{L}[\varepsilon(t)]=\dfrac{1}{s}\dfrac{1}{s}=\dfrac{1}{s^2}$

同理有　　$\mathscr{L}\left[\dfrac{t^2}{2}\varepsilon(t)\right]=\mathscr{L}\left[\displaystyle\int_{0_-}^{t}t\varepsilon(t)\mathrm{d}t\right]=\dfrac{1}{s}\mathscr{L}[t\varepsilon(t)]=\dfrac{1}{s}\dfrac{1}{s^2}=\dfrac{1}{s^3}$

及　　　　$\mathscr{L}\left[\dfrac{t^3}{3!}\varepsilon(t)\right]=\mathscr{L}\left[\displaystyle\int_{0_-}^{t}\dfrac{\lambda^2}{2}\varepsilon(\lambda)\mathrm{d}\lambda\right]=\dfrac{1}{s}\dfrac{1}{s^3}=\dfrac{1}{s^4}$

以此类推　　　　$\mathscr{L}\left[\dfrac{t^{n-1}}{(n-1)!}\varepsilon(t)\right]=\dfrac{1}{s^n}$

反过来有　　　　$\mathscr{L}^{-1}\left[\dfrac{1}{s^n}\right]=\dfrac{t^{n-1}}{(n-1)!}\varepsilon(t)$

四、时域位移性质（time shift）

设 $\mathscr{L}[f(t)]=F(s)$，则延迟函数 $f(t-t_0)$ 的象函数为

$$\mathscr{L}[f(t-t_0)]=\mathrm{e}^{-st_0}F(s) \qquad (10\text{-}13)$$

此定理表明 $f(t)$ 推迟 t_0 出现，则象函数应乘以一个时延因子 e^{-st_0}。

其中，当 $t<t_0$ 时，$f(t-t_0)=0$。

证明：$\mathscr{L}[f(t-t_0)]=\displaystyle\int_{0_-}^{\infty}f(t-t_0)\mathrm{e}^{-st}\mathrm{d}t=\int_{-t_0}^{\infty}f(\tau)\mathrm{e}^{-s(\tau+t_0)}\mathrm{d}\tau$

$\qquad\qquad\qquad=\displaystyle\int_{-t_0}^{0_-}f(\tau)\mathrm{e}^{-s(\tau+t_0)}\mathrm{d}\tau+\mathrm{e}^{-st_0}\int_{0_-}^{\infty}f(\tau)\mathrm{e}^{-s\tau}\mathrm{d}\tau=\mathrm{e}^{-st_0}F(s)$

例 10-4　求图 10-2 所示矩形脉冲的象函数。

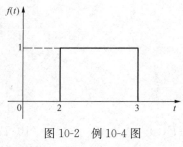

图 10-2　例 10-4 图

解　因为　$f(t)=\varepsilon(t-2)-\varepsilon(t-3)$

所以　$\mathscr{L}[f(t)]=\mathscr{L}[\varepsilon(t-2)-\varepsilon(t-3)]$

$$=e^{-2s}\frac{1}{s}-e^{-3s}\frac{1}{s}=\frac{1}{s}(e^{-2s}-e^{-3s})$$

五、频域位移性质（frequency shift）

设 $\mathscr{L}[f(t)]=F(s)$，则 $f(t)\,e^{-at}$ 的象函数为

$$\mathscr{L}[f(t)e^{-at}]=F(s+a) \tag{10-14}$$

证明

$$\mathscr{L}[f(t)e^{-at}]=\int_{0_-}^{\infty}f(t)e^{-at}e^{-st}dt$$

$$=\int_{0_-}^{\infty}f(t)e^{-(s+a)t}dt=F(s+a)$$

例 10-5　求 $f(t)=e^{-at}\sin\omega t\,\varepsilon(t)$ 的象函数。

解　因为　$\mathscr{L}[\sin\omega t\cdot\varepsilon(t)]=\dfrac{\omega}{s^2+\omega^2}$

所以　$\mathscr{L}[f(t)]=\mathscr{L}[e^{-at}\sin\omega t\cdot\varepsilon(t)]=\dfrac{\omega}{(s+a)^2+\omega^2}$

六、初值定理*（initial value theorem）

若函数 $f(t)$ 及其导数的拉氏变换存在，且 $\mathscr{L}[f(t)]=F(s)$，则有

$$\lim_{t\to 0_+}f(t)=\lim_{s\to\infty}sF(s)=f(0_+) \tag{10-15}$$

证明略。

七、终值定理*（final value theorem）

若函数 $f(t)$ 及其导数的拉氏变换存在，且 $\mathscr{L}[f(t)]=F(s)$，$\lim\limits_{t\to\infty}f(t)$ 存在，则有

$$\lim_{t\to\infty}f(t)=\lim_{s\to 0}sF(s)=f(\infty) \tag{10-16}$$

证明略。

初值定理表示知道象函数 $F(s)$，就可以直接求出 $f(0_+)$ 的值；而根据终值定理，可以从 $F(s)$ 求出 $f(\infty)$ 的值。

初值定理和终值定理的优点是只要知道象函数，不必求拉氏反变换就可以求出原函数的初值和终值。这对于复杂的动态电路及线性系统的分析十分有用。

例 10-6　已知 $F_1(s)=\dfrac{s+2}{(s+1)^2}$，$F_2(s)=\dfrac{3s^2+1}{s(s^2+s+1)}$，求 $f_1(0_+)$ 和 $f_2(\infty)$。

解　$f_1(0_+)=\lim\limits_{s\to\infty}sF_1(s)=\lim\limits_{s\to\infty}\dfrac{s+2}{(s+1)^2}=1$

$f_2(\infty)=\lim\limits_{s\to 0}sF_2(s)=\lim\limits_{s\to 0}\dfrac{3s^2+1}{s(s^2+s+1)}=1$

最后，表 10-2 中列出拉氏变换的一些主要性质和定理，供读者参考。

表 10-2　　　　　　　　　　　　　拉氏变换主要性质和定理

序号	表　述	结　论
1	线性性质	$\mathscr{L}[K_1f_1(t)\pm K_2f_2(t)]=K_1F_1(s)\pm K_2F_2(s)$

续表

序号	表 述	结 论
2	时域微分性质	$\mathscr{L}\left[\dfrac{\mathrm{d}}{\mathrm{d}t}f(t)\right]=sF(s)-f(0_-)$ $\mathscr{L}\left[\dfrac{\mathrm{d}^n}{\mathrm{d}t^n}f(t)\right]=s^nF(s)-\displaystyle\sum_{k=0}^{n-1}s^{n-k-1}f^{(k)}(0_-)$
3	时域积分性质	$\mathscr{L}\left[\displaystyle\int_{0_-}^{t}f(\lambda)\mathrm{d}\lambda\right]=\dfrac{1}{s}F(s)$
4	时域位移性质	$\mathscr{L}[f(t-t_0)]=\mathrm{e}^{-st_0}F(s)$
5	频域位移性质	$\mathscr{L}[f(t)\,\mathrm{e}^{-at}]=F(s+a)$
6	尺度变换性质	$\mathscr{L}[f(at)]=\dfrac{1}{a}F\left(\dfrac{s}{a}\right)$
7	初值定理	$\displaystyle\lim_{t\to0_+}f(t)=\lim_{s\to\infty}sF(s)=f(0_+)$
8	终值定理	$\displaystyle\lim_{t\to\infty}f(t)=\lim_{s\to0}sF(s)=f(\infty)$
9	时域卷积定理	$\mathscr{L}\left[\displaystyle\int_{0_-}^{\infty}f_1(\tau)f_2(t-\tau)\mathrm{d}\tau\right]=F_1(s)F_2(s)$
10	频域卷积定理	$\dfrac{1}{2\pi\mathrm{j}}\displaystyle\int_{\sigma-\mathrm{j}\infty}^{\sigma+\mathrm{j}\infty}F_1(\lambda)F_2(s-\lambda)\mathrm{d}\lambda=\mathscr{L}[f_1(t)f_2(t)]$
11	频域微分性质	$\mathscr{L}[-tf(t)]=\dfrac{\mathrm{d}F(s)}{\mathrm{d}s}$
12	频域积分性质	$\mathscr{L}\left[\dfrac{f(t)}{t}\right]=\displaystyle\int_{s}^{\infty}F(p)\mathrm{d}p$

第四节　拉普拉斯反变换

拉氏反变换可用式（10-4）的复变函数积分式（借助留数定理）求得，但计算比较复杂。实际上可以通过一些代数运算将 $F(s)$ 的表达式分解，分解后的各项 s 函数的拉氏反变换可以由表 10-1 查出，使求解过程大大简化，无需积分运算。这种方法称为部分分式展开法。本节主要讨论部分分式展开法求解拉氏反变换。

在电路理论中集中参数电路中的电压电流的象函数往往是 s 的有理函数，且一般为有理分式，表示为如下形式

$$F(s)=\frac{N(s)}{D(s)} \tag{10-17}$$

这类有理函数一般都可按部分分式展开后查表 10-1 求出时域函数，而不必按式 $f(t)=\dfrac{1}{2\pi\mathrm{j}}\displaystyle\int_{\sigma-\mathrm{j}\infty}^{\sigma+\mathrm{j}\infty}F(s)\mathrm{e}^{st}\mathrm{d}s$ 进行复变函数的积分。设

$$F(s)=\frac{N(s)}{D(s)}=\frac{b_ms^m+b_{m-1}s^{m-1}+\cdots+b_1s+b_0}{a_ns^n+a_{n-1}s^{n-1}+\cdots+a_1s+a_0} \tag{10-18}$$

式中：$N(s)$，$D(s)$ 为实系数多项式；系数 a_i，b_i 为实数；m，n 为正整数。

当 $n>m$ 时，$F(s)$ 为有理真分式；$n\leqslant m$ 时，$F(s)$ 为有理假分式。在分解 $F(s)$ 时，若 $F(s)$ 不是有理真分式，则需将其化为真分式后才能进行部分分式展开。例如，当 $n=m$ 时，则

$$F(s) = A + \frac{N_0(s)}{D(s)}$$

上式中，第一项 A 为常数，对应于式（10-18），$A = b_m/a_n$，其对应的原函数为 $A\delta(t)$；第二项为有理真分式，方可进行部分分式展开。

为便于分解，将分母 $D(s)$ 写成以下形式

$$D(s) = a_n(s - p_1)(s - p_2)\cdots(s - p_n) \tag{10-19}$$

其中，p_1，p_2，$\cdots$，p_n 为 $D(s) = 0$ 的根，当 s 等于任意根值时，$F(s)$ 等于无限大。p_1，p_2，$\cdots$，p_n 称为 $F(s)$ 的"极点"。

同理，$N(s)$ 也可写成

$$N(s) = b_m(s - z_1)(s - z_2)\cdots(s - z_m) \tag{10-20}$$

其中，z_1，z_2，$\cdots$，z_m 为 $N(s) = 0$ 的根，称为 $F(s)$ 的"零点"。

按照 $D(s) = 0$，其根有单根、共轭复根和重根几种情况，部分分式分解方法也分为以下几种。

1. 根为互不相等单根，且为实数根

设 p_1，p_2，$\cdots$，p_n 为 $D(s) = 0$ 的根，均为实数，且为互不相等的单根，则 $F(s)$ 可写为

$$F(s) = \frac{N(s)}{D(s)} = \frac{N(s)}{a_n(s - p_1)(s - p_2)\cdots(s - p_n)} \tag{10-21}$$

其中，p_1，p_2，$\cdots$，p_n 为分母多项式 $D(s)$ 的单根，又称为 $D(s)$ 的单极点。当 $n > m$ 时，$F(s)$ 可分解为下面的部分分式形式

$$F(s) = \frac{N(s)}{D(s)} = \frac{A_1}{s - p_1} + \frac{A_2}{s - p_2} + \cdots + \frac{A_n}{s - p_n} = \sum_{k=1}^{n} \frac{A_k}{s - p_k} \tag{10-22}$$

其中，A_1，A_2，$\cdots$，A_n 为待定系数，为此需要求出各个待定系数的值。比如求 A_k 时将式（10-22）两端同乘 $(s - p_k)$，则

$$(s - p_k)F(s) = \frac{A_1(s - p_k)}{s - p_1} + \cdots + \frac{A_k(s - p_k)}{s - p_k} + \cdots + \frac{A_n(s - p_k)}{s - p_n} \tag{10-23}$$

这个等式在 s 为任意数值时均成立，然后令 $s = p_k$，则

$$A_k = (s - p_k)F(s)\big|_{s = p_k} \qquad (k = 1, 2, \cdots, n) \tag{10-24}$$

从而确定所有的待定系数，通过查表 10-1 可得拉氏反变换为

$$f(t) = \mathscr{L}^{-1}[F(s)] = \mathscr{L}^{-1}\left[\sum_{k=1}^{n} \frac{A_k}{s - p_k}\right] = \sum_{k=1}^{n} A_k e^{p_k t}\varepsilon(t) \tag{10-25}$$

如果将 $F(s) = \frac{N(s)}{D(s)}$ 代入式（10-24），当 $s = p_i$ 时，该式为 $\frac{0}{0}$ 形式的不定式，可用求极限的方法确定 A_k 的值，即

$$A_k = \lim_{s \to p_k} \frac{(s - p_k)N(s)}{D(s)} = \lim_{s \to p_k} \frac{(s - p_k)N'(s) + N(s)}{D'(s)} = \frac{N(p_k)}{D'(p_k)}$$

简记为下面形式来求待定系数

$$A_k = \frac{N(s)}{D'(s)}\bigg|_{s = p_k} \qquad (k = 1, 2, \cdots, n) \tag{10-26}$$

若 $F(s)$ 不是有理真分式，则需将其化为真分式后才能进行部分分式展开。下面以具体例子加以阐述。

例 10-7　求 $F(s) = \dfrac{4s+5}{s^2+5s+6}$ 的原函数 $f(t)$。

解　因为 $F(s)$ 是有理真分式，且分母多项式 $D(s)=s^2+5s+6=(s+2)(s+3)$，令 $D(s)=0$，求得根为 $p_1=-2$，$p_2=-3$，将 $F(s)$ 展开为部分分式形式为

$$F(s) = \frac{A_1}{s+2} + \frac{A_2}{s+3}$$

由式（10-24）求出待定系数 A_1、A_2 为

$$A_1 = \left[(s+2)\frac{4s+5}{(s+2)(s+3)}\right]_{s=-2} = \frac{-8+5}{-2+3} = -3$$

$$A_2 = \left[(s+3)\frac{4s+5}{(s+2)(s+3)}\right]_{s=-3} = \frac{-12+5}{-3+2} = 7$$

$$F(s) = \frac{-3}{s+2} + \frac{7}{s+3}$$

所以
$$f(t) = \left[-3e^{-2t}+7e^{-3t}\right]\varepsilon(t)$$

例 10-8　求 $F(s)=\dfrac{s^2+9s+11}{s^2+5s+6}$ 的原函数 $f(t)$。

解　因 $F(s)$ 是有理假分式，应先化简，将分子除以分母得到

$$F(s) = 1 + \frac{4s+5}{s^2+5s+6}$$

上式中的第二项为有理真分式，可按前述方法进行部分分式展开得

$$F(s) = 1 + \frac{-3}{s+2} + \frac{7}{s+3}$$

所以　　$f(t) = \mathscr{L}^{-1}\left[1+\dfrac{4s+5}{s^2+5s+6}\right] = \delta(t) - 3e^{-2t}\varepsilon(t) + 7e^{-3t}\varepsilon(t)$

2. 根为互不相等单根，但含有共轭复数根

对于这种情况仍可采用上面部分分式分解的单根求待定系数的方法，只是计算要麻烦些，但根据共轭复数的特点及拉氏变换性质等，也可以利用一些技巧（如例 10-9 介绍的配平方法）进行求解。

设 $F(s)$ 有一对共轭复根 $p_1=\alpha+j\beta$，$p_2=\alpha-j\beta$，其待定系数为

$$A_1 = \left[(s-\alpha-j\beta)F(s)\right]\big|_{s=\alpha+j\beta} = \frac{N(s)}{D'(s)}\bigg|_{s=\alpha+j\beta} \tag{10-27}$$

$$A_2 = \left[(s-\alpha+j\beta)F(s)\right]\big|_{s=\alpha-j\beta} = \frac{N(s)}{D'(s)}\bigg|_{s=\alpha-j\beta} \tag{10-28}$$

由于 $F(s)$ 是关于 s 的实系数多项式之比，故 A_1 和 A_2 为共轭复数。设 $A_1=|A_1|e^{j\theta_1}$，则 $A_2=A_1^*=|A_1|e^{-j\theta_1}$，有

$$f(t) = A_1 e^{(\alpha+j\beta)t} + A_2 e^{(\alpha-j\beta)t} = |A_1|e^{j\theta_1}e^{(\alpha+j\beta)t} + |A_1|e^{-j\theta_1}e^{(\alpha-j\beta)t}$$
$$= |A_1|e^{\alpha t}\left[e^{j(\beta t+\theta_1)} + e^{-j(\beta t+\theta_1)}\right] = 2|A_1|e^{\alpha t}\cos(\beta t+\theta_1) \tag{10-29}$$

下面通过例题加以详细介绍。

例 10-9　求 $F(s)=\dfrac{N(s)}{D(s)}=\dfrac{0.268s+33}{s^2+50s+10^5}$ 的原函数 $f(t)$。

解　方法 1：令 $D(s)=0$，求得的根为 $p_{1,2}=\dfrac{-50\pm\sqrt{50^2-4\times10^5}}{2}=-25\pm j315$；即

$D(s) = (p+25-j315)(p+25+j315)$，则展开式为

$$F(s) = \frac{A_1}{s-p_1} + \frac{A_2}{s-p_2}$$

待定系数为

$$A_1 = \left[(s+25-j315) \frac{0.268s+33}{(s+25-j315)(s+25+j315)} \right] \Bigg|_{s=-25+j315}$$

$$= \frac{0.268(-25+j315)+33}{-25+j315+25+j315} = 0.14\underline{/-17.3°}$$

$$A_2 = A_1^* = \frac{0.268(-25-j315)+33}{-25-j315+25-j315} = 0.14\underline{/17.3°}$$

A_1 与 A_2 共轭，借助表 10-1 及欧拉公式得到原函数 $f(t)$ 为

$$f(t) = \mathscr{L}^{-1}\left[\frac{0.14e^{-j17.3°}}{s+(25-j315)} + \frac{0.14e^{j17.3°}}{s+(25+j315)} \right]$$

$$= \left[0.14e^{-j17.3°}e^{-(25-j315)t} + 0.14e^{j17.3°}e^{-(25+j315)t} \right]\varepsilon(t)$$

$$= 2\times0.14e^{-25t}\left(\frac{e^{j(315t-17.3°)} + e^{-j(315t-17.3°)}}{2} \right)\varepsilon(t)$$

$$= 0.28e^{-25t}\cos(315t-17.3°)\varepsilon(t)$$

其波形是欠阻尼衰减振荡的形式。

方法 2：若 $D(s)$ 的根为共轭复数，可将分母多项式配成完全平方形式，即

$$F(s) = \frac{0.268s+33}{(s+25)^2+315^2}$$

查表 10-1 得到反变换 $f(t)$ 为

$$f(t) = \mathscr{L}^{-1}[F(s)] = \left(0.268e^{-25t}\cos315t + \frac{33-25\times0.268}{315}e^{-25t}\sin315t \right)\varepsilon(t)$$

$$= e^{-25t}\varepsilon(t)(0.268\cos315t + 0.0835\sin315t)$$

$$= 0.28e^{-25t}\cos(315t-17.3°)\varepsilon(t)$$

显然这样求解更为简单。

3. 含有重根

若 $D(s)$ 的根含有 $(s-p_k)^q$ 的因式。表示在 $s=p_k$ 处有 q 重根（q 为大于 1 的整数），也即 q 阶极点。若设 $D(s)$ 的根在 $s=p_1$ 处有 q 重根，则可将 $F(s)$ 表达式写为

$$F(s) = \frac{N(s)}{D(s)} = \frac{N(s)}{a_n(s-p_1)^q D_1(s)}$$

$$= \frac{A_{11}}{(s-p_1)^q} + \frac{A_{12}}{(s-p_1)^{q-1}} + \cdots + \frac{A_{1q}}{s-p_1} + \frac{N_1(s)}{D_1(s)} \tag{10-30}$$

其中，$\dfrac{N_1(s)}{D_1(s)}$ 表示展开式中与 q 重根 p_1 无关的其余部分，其根仍为单根。首先要求出 A_{11}，将式（10-30）两端同乘 $(s-p_1)^q$，得

$$(s-p_1)^q F(s) = A_{11} + \frac{(s-p_1)^q A_{12}}{(s-p_1)^{q-1}} + \cdots + \frac{(s-p_1)^q A_{1q}}{(s-p_1)} + (s-p_1)^q\frac{N_1(s)}{D_1(s)} \tag{10-31}$$

令 $s=p_1$，则

$$A_{11} = (s-p_1)^q F(s)|_{s=p_1} \tag{10-32}$$

但是求 A_{12}，A_{13}，…，A_{1q}等系数，就不能采用上面的方法，因为这样做将导致分母中出现 0 值，而得不到结果，所以先引入符号

$$F_1(s) = (s - p_1)^q F(s) \tag{10-33}$$

然后对式（10-31）两边微分，则 A_{12}可确定为

$$A_{12} = \frac{\mathrm{d}}{\mathrm{d}s}\big[(s - p_1)^q F(s)\big]\Big|_{s=p_1} = \frac{\mathrm{d}}{\mathrm{d}s}F_1(s)\Big|_{s=p_1} \tag{10-34}$$

同样可得

$$A_{13} = \frac{1}{2!}\frac{\mathrm{d}^2}{\mathrm{d}s^2}F_1(s)\Big|_{s=p_1} \tag{10-35}$$

一般形式为

$$A_{1i} = \frac{1}{(i-1)!}\frac{\mathrm{d}^{i-1}}{\mathrm{d}s^{i-1}}F_1(s)\Big|_{s=p_1} \qquad (i=1,2,\cdots,q) \tag{10-36}$$

对 $\frac{N_1(s)}{D_1(s)}$ 进行部分分式分解与求单根时相同。最后得反变换为

$$f(t) = \mathscr{L}^{-1}\left[\frac{A_{11}}{(s-p_1)^q} + \frac{A_{12}}{(s-p_1)^{q-1}} + \cdots + \frac{A_{1q}}{(s-p_1)^q} + \frac{N_1(s)}{D_1(s)}\right]$$

$$= \left[A_{11} + A_{12}t + \frac{A_{13}}{2!}t^2 + \cdots + A_{1q}\frac{t^{(q-1)}}{(q-1)!}\right]\mathrm{e}^{p_1 t}\varepsilon(t) + \mathscr{L}^{-1}\left[\frac{N_1(s)}{D_1(s)}\right] \tag{10-37}$$

例 10-10　求 $F(s)=\dfrac{s+4}{s(s+1)^2}$的原函数 $f(t)$。

解　$D(s)=s(s+1)^2$ 有一个单根 $s=0$ 与一个二重根 $s=-1$。对 $F(s)$ 进行部分分式展开，得

$$F(s) = \frac{A_{11}}{s} + \frac{A_{21}}{(s+1)^2} + \frac{A_{22}}{(s+1)}$$

对单根 　　$A_{11}=sF(s)\big|_{s=0}=\dfrac{(s+4)}{(s+1)^2}\Big|_{s=0}=4$

对二重根 　　$A_{21}=(s+1)^2F(s)\big|_{s=-1}=\dfrac{s+4}{s}\Big|_{s=-1}=-3$

$$A_{22}=\frac{\mathrm{d}}{\mathrm{d}s}\big[(s+1)^2F(s)\big]\big|_{s=-1}=\frac{\mathrm{d}}{\mathrm{d}s}\left[\frac{s+4}{s}\right]_{s=-1}=-4$$

所以　　$F(s)=\dfrac{4}{s}+\dfrac{-3}{(s+1)^2}+\dfrac{-4}{s+1}$

对照表 10-1 得

$$f(t) = (4 - 3t\mathrm{e}^{-t} - 4\mathrm{e}^{-t})\varepsilon(t)$$

例 10-11　求 $F(s)=\dfrac{s^4+8s^3+27s^2+79s+90}{(s+3)^2\ (s^2+2s+10)}$的原函数 $f(t)$。

解　在此例题中采用通分及部分分式展开的方法求解，首先判断 $F(s)$ 是有理假分式，因此要将其转成有理真分式后再进行部分分式展开。则

$$F(s) = \frac{N(s)}{D(s)} = 1 + \frac{As+B}{(s+3)^2} + \frac{Cs+D}{s^2+2s+10}$$

通分

$$F(s) = \frac{(s^4 + 8s^3 + 31s^2 + 78s + 90) + (As + B)(s^2 + 2s + 10) + (Cs + D)(s + 3)^2}{(s + 3)^2 (s^2 + 2s + 10)}$$

将分子整理后与 $N(s)$ 比较系数可得

$$\left.\begin{array}{l} 8 + A + C = 8 \\ 31 + B + 2A + D + 6C = 27 \\ 78 + 2B + 10A + 6D + 9C = 79 \\ 90 + 10B + 9D = 90 \end{array}\right\}$$

解得 $A = 1$，$C = -1$，$B = 0$，$D = 0$

所以 $F(s) = 1 + \dfrac{s}{(s + 3)^2} + \dfrac{-s}{(s + 1)^2 + 3^2}$

$$= 1 + \frac{E}{s + 3} + \frac{F}{(s + 3)^2} - \frac{s + 1}{(s + 1)^2 + 3^2} + \frac{1}{3} \frac{3}{(s + 1)^2 + 3^2}$$

与确定 A，B，C，D 类似，可确定 E，F，则

$$F(s) = 1 + \frac{1}{s + 3} + \frac{-3}{(s + 3)^2} - \frac{s + 1}{(s + 1)^2 + 3^2} + \frac{1}{3} \frac{3}{(s + 1)^2 + 3^2}$$

对照表 10-1 得

所以 $f(t) = \delta(t) + (1 - 3t) e^{-3t} \varepsilon(t) - e^{-t} \cos 3t \varepsilon(t) + \dfrac{1}{3} e^{-t} \sin 3t \varepsilon(t)$

第五节　运　算　电　路　模　型

在第九章中分析和计算电路的过渡过程时，对只含有一个储能元件且只有一个回路的动态电路，采用列写微分方程的经典法并不复杂。但如果电路的独立回路较多，并有多个储能元件，则列写微分方程就要复杂得多，并且为高阶微分方程。同时用经典法求解时确定积分常数也要困难得多。而利用数学中的变换域方法，将求解微分方程转换为求解代数方程，则是一种比较简便的方法。拉氏变换正是变换域方法之一，将其用于解决线性动态电路中求解常微分方程的问题时，又被称为运算法。

运算法是通过积分变换，把已知的时域函数变换为复频域函数，从而把时域微分方程变换为易于求解的复频域函数代数方程。求出复频域函数后再反变换回时域，就可得出满足电路初始条件的原微分方程的解。应用此方法不需要确定积分常数，也不需要建立微分方程。这正是它的优点。

本节讨论应用拉氏变换建立运算电路模型的方法，为下节用拉氏变换求解线性动态电路（运算法）奠定基础。

一、电路定律的运算形式（circuit laws in the s-domain）

KCL 的时域表达式为 $\displaystyle\sum_{k=1}^{n} i_k(t) = 0$，表示在一个连接 n 条支路的结点上，在任何时间，与结点相连接的所有支路电流的代数和为 0。对此式两边进行拉氏变换，由线性性质得

$$\sum_{k=1}^{n} I_k(s) = 0 \tag{10-38}$$

式（10-38）表明在电路的任一结点上，所有支路电流的象函数代数和仍为 0，依然满足

KCL。

同理，KVL 的时域表达式为 $\sum_{k=1}^{m} u_k(t) = 0$，表示在一个由 m 条支路构成的闭合回路上，在任何时间，构成回路的所有支路电压的代数和为 0。对此式两边进行拉氏变换，由线性性质得

$$\sum_{k=1}^{m} U_k(s) = 0 \qquad (10\text{-}39)$$

式（10-39）表明在电路的任一回路上，所有支路电压的象函数代数和仍为 0，依然满足 KVL。

二、电路元件的运算形式（Voltage-current relationship in the s-domain）

1. 电阻元件的运算形式

如图 10-3（a）所示为电阻元件的时域模型，其电压电流关系由欧姆定律表述为

$$u(t) = Ri(t)$$

对上式两边进行拉氏变换得

$$U(s) = RI(s) \qquad (10\text{-}40)$$

或

$$I(s) = GU(s) \qquad (10\text{-}41)$$

式（10-40）和式（10-41）即为欧姆定律的拉氏变换形式，又称运算形式，$U(s)$ 称为运算电压，$I(s)$ 称为运算电流。根据式（10-40）和式（10-41）作出的电阻元件复频域电路模型，称为电阻元件运算模型，如图 10-3（b）所示。它与时域模型的区别只是电压、电流符号的改变。

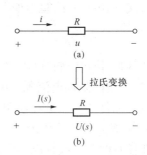

图 10-3　电阻元件的时域及频域模型
（a）时域模型；（b）频域模型

2. 电感元件的运算形式

在任意时刻，线性电感元件的电压与电流约束关系为

$$u_{\text{L}}(t) = L \frac{\mathrm{d}i_{\text{L}}(t)}{\mathrm{d}t} \qquad (10\text{-}42)$$

或

$$i_{\text{L}}(t) = i_{\text{L}}(0_-) + \frac{1}{L} \int_{0_-}^{t} u_{\text{L}}(\tau)\mathrm{d}\tau \qquad (10\text{-}43)$$

式（10-43）中 $i_{\text{L}}(0_-)$ 是电感电流在 $t = 0_-$ 时刻的初始值。其电压、电流参考方向如图 10-4（a）所示。对式（10-42）两边进行拉氏变换，并应用微分性质得

$$\mathscr{L}\left[u_{\text{L}}(t)\right] = \mathscr{L}\left[L \frac{\mathrm{d}i_{\text{L}}(t)}{\mathrm{d}t}\right] = L\left\{s\mathscr{L}\left[i_{\text{L}}(t)\right] - i_{\text{L}}(0_-)\right\}$$

即

$$U_{\text{L}}(s) = sLI_{\text{L}}(s) - Li_{\text{L}}(0_-) \qquad (10\text{-}44)$$

式（10-44）中将 sL 称为运算感抗，$Li_{\text{L}}(0_-)$ 项具有电压量纲，故称为附加电压源，它由初始电流 $i_{\text{L}}(0_-)$ 所产生，其值为 $Li_{\text{L}}(0_-)$，方向与电流参考方向相反。

根据式（10-44）作出的电感元件复频域电路模型，称为电感元件串联运算模型，由运算感抗 sL 和附加电压源 $Li_{\text{L}}(0_-)$ 串联的有源支路组成，如图 10-4（b）所示。

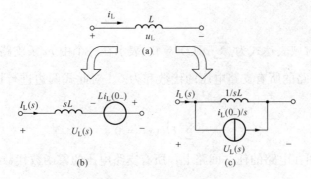

图 10-4　电感元件的时域和频域模型

(a) 拉氏变换；(b) 串联模型；(c) 并联模型

将式（10-44）改写为如下形式

$$I_L(s) = \frac{U_L(s)}{sL} + \frac{i_L(0_-)}{s} \tag{10-45}$$

式（10-45）中将 $1/sL$ 称为运算感纳，是运算感抗的倒数。$i_L(0_-)/s$ 项为初始电流 $i_L(0_-)$ 产生的附加电流源。由运算感纳 $1/sL$ 和附加电流源 $i_L(0_-)/s$ 组成并联的有源支路，构成电感元件的并联运算模型，如图 10-4（c）所示。

3. 电容元件的运算形式

在任意时刻，线性电容元件两端的电压与流过其中的电流之间的关系是

$$i_C(t) = C\frac{\mathrm{d}u_C(t)}{\mathrm{d}t} \tag{10-46}$$

或

$$u_C(t) = u_C(0_-) + \frac{1}{C}\int_{0_-}^{t} i_C(\tau)\mathrm{d}\tau \tag{10-47}$$

式（10-47）中，$u_C(0_-)$ 是电容电压的 $t = 0_-$ 时刻初始值。其电压、电流参考方向如图 10-5（a）所示。对式（10-47）两边进行拉氏变换，并应用积分性质得

$$\mathscr{L}\big[u_C(t)\big] = \frac{\mathscr{L}\big[i_C(t)\big]}{sC} + \frac{u_C(0_-)}{s}$$

即

$$U_C(s) = \frac{1}{sC}I_C(s) + \frac{u_C(0_-)}{s} \tag{10-48}$$

式（10-48）中将 $1/sC$ 称为运算容抗，$u_C(0_-)/s$ 项具有电压量纲，故称为附加电压源，它是由初始电压 $u_C(0_-)$ 所产生，其值为 $u_C(0_-)/s$，方向与电流参考方向相同。

根据式（10-48）作出的电容元件复频域电路模型，称为电容元件串联运算模型，是由运算容抗 $1/sC$ 和附加电压源 $u_C(0_-)/s$ 串联的有源支路组成，如图 10-5（b）所示。

将式（10-48）改写为如下形式

$$I_C(s) = sCU_C(s) - Cu_C(0_-) \tag{10-49}$$

式（10-49）中将 sC 称为运算容纳，是运算容抗的倒数。$Cu_C(0_-)$ 项为初始电压 $u_C(0_-)$ 产生的附加电流源。由运算容纳 sC 和附加电流源 $Cu_C(0_-)$ 组成并联的有源支路，构成电容元件的并联运算模型，如图 10-5（c）所示。

对于图 10-4 和图 10-5 中给出的两种元件的运算电源模型，可以看出串联模型和并联模

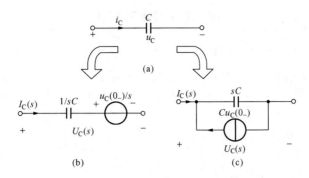

图 10-5 电容元件的时域和频域模型

(a) 拉氏变换；(b) 串联模型；(c) 并联模型

型之间就是实际电源模型的等效变换。这两种运算模型，在运用拉氏变换进行电路计算时可根据需要选择其中一种即可。

由上可见，通过拉氏变换，将电感元件的电压、电流微分关系转换为代数关系，并将 $t=0_-$ 时刻初始值反映在运算电路模型中，为分析线性电路暂态过程带来方便。在表 10-3 中，归纳出了 RLC 元件的运算模型。

4. 含有互感的运算形式

如图 10-6 (a) 所示的含有互感耦合情况的时域 VCR 为

$$u_1(t) = L_1 \frac{\mathrm{d}i_1(t)}{\mathrm{d}t} + M \frac{\mathrm{d}i_2(t)}{\mathrm{d}t} \tag{10-50}$$

$$u_2(t) = L_2 \frac{\mathrm{d}i_2(t)}{\mathrm{d}t} + M \frac{\mathrm{d}i_1(t)}{\mathrm{d}t} \tag{10-51}$$

式 (10-50) 与式 (10-51) 两边取拉氏变换得

$$U_1(s) = sL_1 I_1(s) - L_1 i_1(0_-) + sM I_2(s) - M i_2(0_-) \tag{10-52}$$

$$U_2(s) = sL_2 I_2(s) - L_2 i_2(0_-) + sM I_1(s) - M i_1(0_-) \tag{10-53}$$

附加电压源的极性与 i_1、i_2 的参考方向及同名端有关。

由公式导出的耦合电感运算电路如图 10-6 (b) 所示。

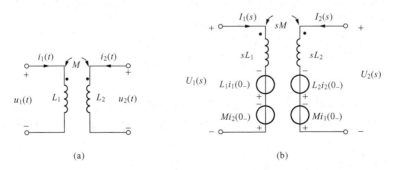

图 10-6 含有互感元件的时域和频域模型

(a) 时域模型；(b) 频域模型

5. 独立电源与受控源元件的运算形式

独立电源与受控源元件的运算形式可根据它们的时域特性方程经拉氏变换而得到，一般情况下要具体问题具体分析。

表 10-3   **RLC 元件的运算模型**

		电 阻	电 感	电 容
时域	基本关系	$u(t)=Ri(t)$ $i(t)=Gu(t)$	$u(t)=L\dfrac{di(t)}{dt}$ $i(t)=i(0_-)+\dfrac{1}{L}\int u(\tau)d\tau$	$u(t)=u(0_-)+\dfrac{1}{C}\int i(\tau)d\tau$ $i(t)=C\dfrac{du(t)}{dt}$
s 域模型	串联形式	$U(s)=RI(s)$	$U(s)=sLI(s)-Li(0_-)$	$U(s)=\dfrac{1}{sC}I(s)+\dfrac{u(0_-)}{s}$
	并联形式	$I(s)=GU(s)$	$I(s)=\dfrac{1}{sL}U(s)+\dfrac{i(0_-)}{s}$	$I(s)=sCU(s)-Cu(0_-)$

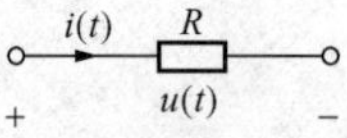

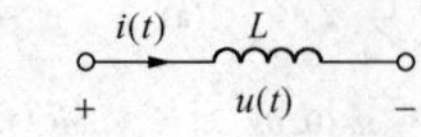

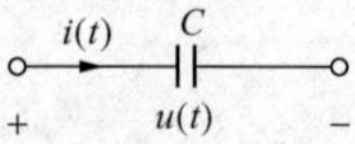

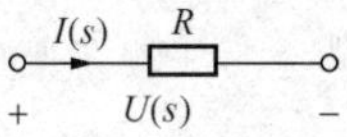

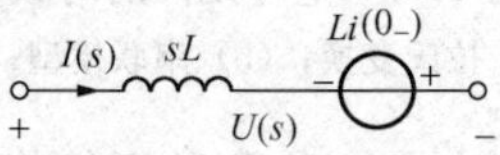

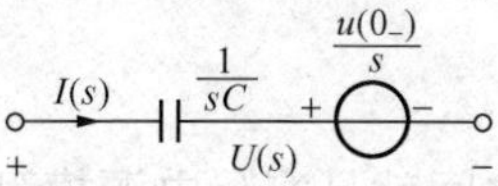

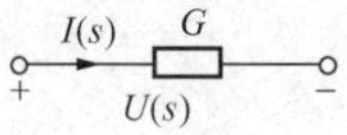

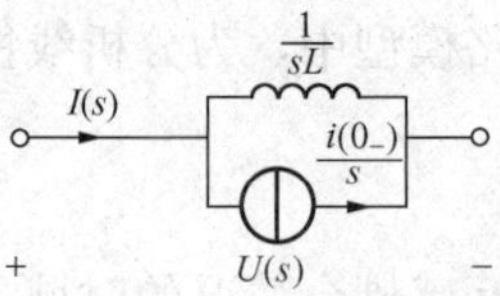

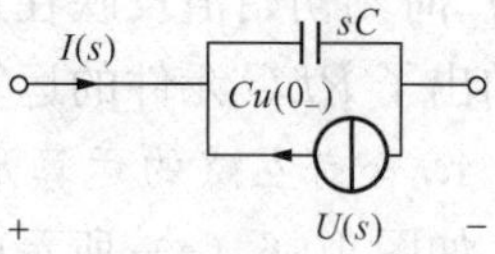

第六节　用拉氏变换求解线性动态电路——运算法

应用拉氏变换求解线性动态电路的计算步骤：

（1）求 0_- 时刻 $i_L(0_-)$、$u_C(0_-)$ 初始条件，跃变情况自动包含在响应中。

（2）画运算电路模型，注意运算阻抗的表达形式和附加电源的作用。

（3）应用电路分析方法及电路定理求解象函数。

（4）由拉氏反变换（主要应用部分分式展开法）求原函数。

例 10-12　应用运算法求图 10-7（a）所示动态电路的阶跃响应 $u_0(t)$。

解　本题是二阶动态电路求阶跃响应、即零状态响应的问题。作 s 域模型时，初始状态为零，电感元件和电容元件 s 域模型中没有附加电压源。s 域分析计算的步骤是首先作出时域电路的 s 域模型，然后应用回路电流法求解出待求量的象函数，并将其展开为部分分式，利用表 10-1 求拉氏反变换，得时域响应解。

（1）作出时域电路的 s 域模型如图 10-7（b）所示。

（2）用回路电流法求解，列出回路电流方程为

$$\left(1+\frac{3}{s}\right)I_1(s)-\frac{3}{s}I_2(s)=\frac{1}{s}$$

$$-\frac{3}{s}I_1(s)+\left(5+s+\frac{3}{s}\right)I_2(s)=0$$

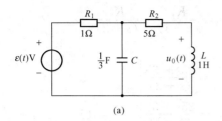 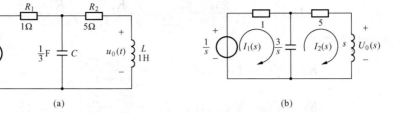

(a)　　　　　　　　　　　　(b)

图 10-7　例 10-12 图

（a）动态电路；（b）s 域模型

联立两式求解方程得

$$I_2(s) = \frac{3}{s^3 + 8s^2 + 18s}$$

$$U_0(s) = sI_2(s) = \frac{3}{s^2 + 8s + 18} = \frac{3}{\sqrt{2}} \left\{ \frac{\sqrt{2}}{\left[(s+4)^2 + (\sqrt{2})^2 \right]} \right\}$$

利用表 10-1 进行拉氏反变换得出

$$u_0(t) = \mathscr{L}^{-1}[U_0(s)] = \frac{3}{\sqrt{2}} e^{-4t} \sin(\sqrt{2}t)\varepsilon(t)(V)$$

绘出暂态过程曲线如图 10-8 所示。

例 10-13　如图 10-9（a）所示电路，电容的初始电压为 $u_C(0_-) = 5V$，求 $u_C(t)$。

解　本题是任意激励下的动态电路的分析。分析时关键在于作出 s 域模型，注意激励函数的象函数形式，同时要注意电容元件由于初始状态产生的附加电流源及参考方向。作出 s 域模型如图 10-9（b）所示，按 s 域分析方法的基本步骤进行分析计算得出结果。

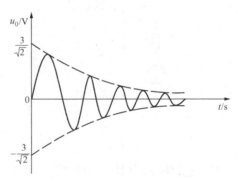

图 10-8　例 10-12 暂态波形图

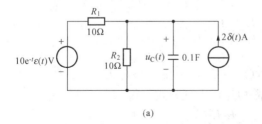 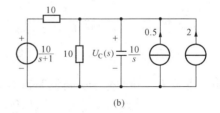

(a)　　　　　　　　　　　　(b)

图 10-9　例 10-13 图

（a）电路；（b）s 域模型

$$\mathscr{L}[10e^{-t}\varepsilon(t)] = \frac{10}{s+1}, \quad \mathscr{L}[2\delta(t)] = 2, Cu_C(0_-) = 0.5$$

列结点方程为

$$\left(\frac{1}{10} + \frac{1}{10} + \frac{s}{10} \right) U_C(s) = \frac{\dfrac{10}{s+1}}{10} + 0.5 + 2$$

$$U_C(s) = \frac{25s+35}{(s+1)(s+2)} = \frac{K_1}{(s+1)} + \frac{K_2}{(s+2)}$$

确定各项待定常数

$$K_1 = \left[(s+1)U_C(s)\right]|_{s=-1} = \left.\frac{25s+35}{(s+2)}\right|_{s=-1} = 10$$

$$K_2 = \left[(s+2)U_C(s)\right]|_{s=-2} = \left.\frac{25s+35}{(s+1)}\right|_{s=-2} = 15$$

$$U_C(s) = \frac{10}{(s+1)} + \frac{15}{(s+2)}$$

进行拉氏反变换得出

$$u_C(t) = \mathscr{L}^{-1}\left[U_C(s)\right] = (10e^{-t} + 15e^{-2t})\varepsilon(t)(\text{V})$$

例 10-14 如图 10-10（a）所示电路原已处于稳定状态。当 $t=0$ 时开关 S 打开，试用运算法求 $t \geqslant 0$ 时的 $i_{L1}(t)$，$u_{L1}(t)$ 和 $u_{L2}(t)$。

解 画出时域电路的运算电路模型如图 10-10（b）所示。在 $t=0_-$ 时，可求得 $i_{L2}(0_-)=0$，$i_{L1}(0_-)=U_0/R$。在开关 S 打开后的瞬间，即 $t=0_+$ 时，由于 KCL 的约束必有 $i_{L1}(0_+) = i_{L2}(0_+)$。显然电感电流在 $t=0$ 时发生了跳变，此时换路定律不成立。

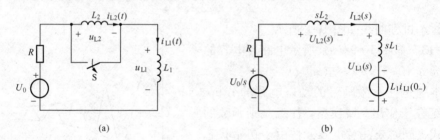

图 10-10 例 10-14 图

根据运算电路模型，应用 KVL 可得

$$I_{L1}(s) = I_{L2}(s) = \frac{U_0/s + L_1U_0/R}{R + s(L_1+L_2)} = \frac{U_0(R+sL_1)}{sR[R+s(L_1+L_2)]}$$

$$= \frac{U_0}{R(L_1+L_2)}\frac{R+sL_1}{s[s+R/(L_1+L_2)]}$$

$$U_{L1}(s) = sL_1I_{L1}(s) - L_1\frac{U_0}{R} = \frac{L_1U_0}{R(L_1+L_2)}\frac{R+sL_1}{s+R/(L_1+L_2)} - \frac{L_1U_0}{R}$$

由于上式第一项的分子分母同幂次，故需相除得出真分式，得

$$U_{L1}(s) = -\frac{L_1L_2U_0}{R(L_1+L_2)} + \frac{L_1L_2U_0}{(L_1+L_2)^2}\frac{1}{s+\dfrac{R}{(L_1+L_2)}}$$

同理得

$$U_{L2}(s) = sL_2I_{L2}(s) = \frac{L_1L_2U_0}{R(L_1+L_2)} + \frac{L_2^2U_0}{(L_1+L_2)^2}\frac{1}{s+\dfrac{R}{L_1+L_2}}$$

应用拉氏反变换求得

$$i_{L1}(t) = i_{L2}(t) = \frac{U_0}{R}\left(1 - \frac{L_2}{L_1+L_2}e^{-\frac{R}{L_1+L_2}t}\right)\varepsilon(t)(\text{A})$$

$$u_{L1}(t) = -\frac{L_1 L_2 U_0}{R(L_1+L_2)}\delta(t) + \frac{L_1 L_2 U_0}{(L_1+L_2)^2}e^{-\frac{R}{L_1+L_2}t}\varepsilon(t)(\mathrm{V})$$

$$u_{L2}(t) = \frac{L_1 L_2 U_0}{R(L_1+L_2)}\delta(t) + \frac{L_2^2 U_0}{(L_1+L_2)^2}e^{-\frac{R}{L_1+L_2}t}\varepsilon(t)(\mathrm{V})$$

暂态波形如图 10-11 所示。

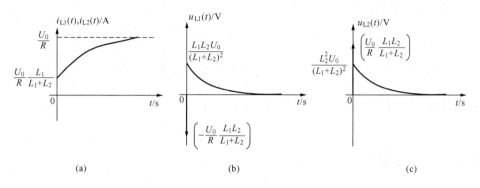

图 10-11　例 10-14 暂态波形图

(a) $i_{L1}(t)$、$i_{L2}(t)$ 波形；(b) $u_{L1}(t)$ 波形；(c) $u_{L2}(t)$ 波形

本例题中的 $i_{L1}(t)$，$i_{L2}(t)$ 在 $t=0$ 时有跳变，即 $i_{L1}(0_-)=U_0/R$，$i_{L2}(0_-)=0$，而

$$i_{L1}(0_+) = i_{L2}(0_+) = \frac{U_0}{R}\left(1 - \frac{L_2}{L_1+L_2}e^{-\frac{R}{L_1+L_2}t}\right)\bigg|_{t=0_+} = \frac{U_0}{R}\frac{L_1}{L_1+L_2}(\mathrm{A})$$

从而使得电感器电压 $u_{L1}(t)$ 和 $u_{L2}(t)$ 中都有冲激函数。但 $u_{L1}(t)+u_{L2}(t)$ 中无冲激函数，因为 $u_{L1}(t)$，$u_{L2}(t)$ 中的冲激函数大小相等，方向相反，在两者相加时互相抵消了。

由这个例题得出的结果说明：如果电路中存在由电容器和独立电压源组成的或由纯电容器组成的回路时，回路中各电容器上的电压会发生跳变；如果存在着连接电感器和独立电流源或连接两个以上纯电感器的结点时，结点所连接的各电感器上的电流会发生跳变；此时换路定律不成立。这是两个很重要的结论。

例 10-15　在图 10-12 (a) 所示的以 AB 为端口的二端网络中，$R_1=5\Omega$，$R_5=10\Omega$，$C=0.1\mathrm{F}$，$g_m=0.5\mathrm{S}$，$r_m=0.4\Omega$，$u_S(t)=4\varepsilon(t)\mathrm{V}$。在 $t=0$ 时网络处于零状态。试求该二端网络运算形式的戴维南等效电路。

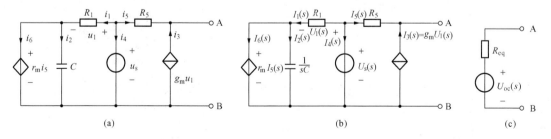

图 10-12　例 10-15 图

(a) 二端网络；(b) 运算形式的二端网络；(c) 戴维南等效电路

解　求端口 AB 的开路电压 $U_{oc}(s)$。在图 10-12 (b) 运算形式的二端网络中

$$I_3(s) = g_m U_1(s) = g_m[U_s(s) - r_m I_5(s)] = g_m[U_s(s) + r_m I_3(s)]$$

由此式可得

$$I_3(s) = \frac{g_{\mathrm{m}} U_{\mathrm{s}}(s)}{1 - g_{\mathrm{m}} r_{\mathrm{m}}}$$

端口 AB 的开路电压为

$$U_{\mathrm{oc}}(s) = U_{\mathrm{s}}(s) - R_5 I_5(s) = U_{\mathrm{s}}(s) + R_5 I_3(s) = \frac{1 + g_{\mathrm{m}}(R_5 - r_{\mathrm{m}})}{1 - g_{\mathrm{m}} r_{\mathrm{m}}} U_{\mathrm{s}}(s)$$

端口 AB 的短路电流为

$$U_1(s) = U_{\mathrm{s}}(s) - r_{\mathrm{m}} I_5(s) = U_{\mathrm{s}}(s) - \frac{r_{\mathrm{m}} U_5(s)}{R_5} = \frac{R_5 - r_{\mathrm{m}}}{R_5} U_{\mathrm{s}}(s)$$

$$I_{\mathrm{sc}}(s) = I_3(s) + I_5(s) = g_{\mathrm{m}} U_1(s) + \frac{U_5(s)}{R_5} = \frac{1 + g_{\mathrm{m}}(R_5 - r_{\mathrm{m}})}{R_5} U_{\mathrm{s}}(s)$$

求二端网络等效阻抗 $Z_{\mathrm{eq}}(s)$，则

$$R_{\mathrm{eq}} = \frac{U_{\mathrm{oc}}(s)}{I_{\mathrm{sc}}(s)} = \frac{R_5}{1 - g_{\mathrm{m}} r_{\mathrm{m}}}$$

画出二端网络的戴维南等效电路如图 10-12 （b）所示。

第七节　用 Multisim 仿真软件进行模拟验证

本节通过以下例题阐述应用 Multisim 电路仿真软件对二阶及以上的动态电路进行仿真。

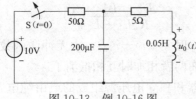

图 10-13　例 10-16 图

例 10-16　图 10-13 所示电路原处于稳态，开关 S 在 $t=0$ 时闭合，试用运算法计算 $u_0(t)$，并应用 Multisim 电路仿真软件进行仿真模拟。

解　当开关 S 未合上时，电路处于零状态，当 S 合上后，通过运算电路并求解可得

$$U_0(s) = \frac{10^3}{s^2 + 200s + 11 \times 10^4} = \sqrt{10} \times \frac{100\sqrt{10}}{(s+100)^2 + (100\sqrt{10})^2}$$

通过拉普拉斯反变换得

$$u_0(t) = \sqrt{10}\mathrm{e}^{-100t}\sin 100\sqrt{10}t = 3.16\mathrm{e}^{-100t}\sin 316.23t\,\mathrm{V}$$

应用 Multisim 建仿真模型如图 10-14 所示，得到 $u_0(t)$ 仿真曲线如图 10-15 所示。

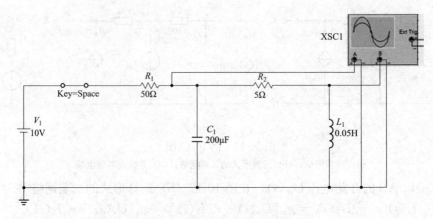

图 10-14　例 10-16 仿真电路图模型

通过仿真测试出角频率为

$$\omega = \frac{1}{T_2 - T_1} \times 2\pi = \frac{1}{19.860} \times 10^3 \times 2\pi = 316.37(\text{rad/s})$$

与计算的角频率一致。

当开关 S 合上 4ms 时，计算出

$$u_0(t)\big|_{t=4\text{ms}} = 3.16\text{e}^{-100 \times 0.004}\sin(316.23 \times 0.004 \times 180°/\pi) = 2.02(\text{V})$$

与图 10-16 测出的结果一致。

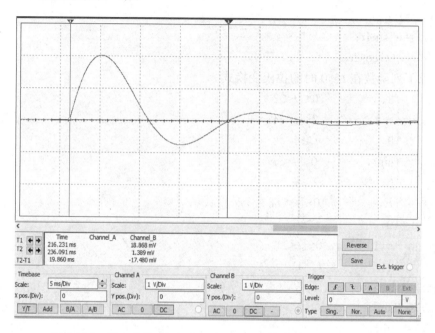

图 10-15　$T_2 - T_1 = 19.860\text{ms}$ 时，$u_0(t)$ 的角频率为 316.37rad/s

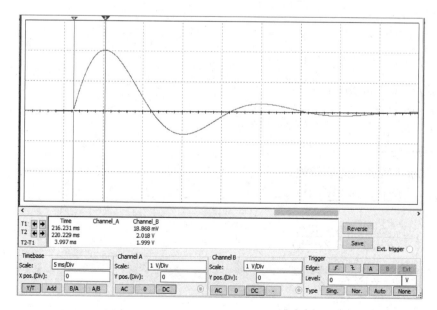

图 10-16　$t = 3.997\text{ms}$ 时，$u_0(t)$ 的幅值为 2V

习　　题

10-1　求下列函数在 $t \geqslant 0$ 的拉氏变换式，并用查表的方法验证结果。

(1) $f(t) = \sin \dfrac{t}{2}$；

(2) $f(t) = e^{-2t}$；

(3) $f(t) = t^2$；

(4) $f(t) = e^{3t} \sin 4t$；

(5) $f(t) = \delta(t) \cos 2t$。

10-2　求下列函数在 $t \geqslant 0$ 时的拉氏变换式。

(1) $f(t) = \begin{cases} 3, & 0 \leqslant t < 2 \\ -1, & 2 \leqslant t < 4 \\ 0, & t \geqslant 4 \end{cases}$；

(2) $f(t) = \begin{cases} \sin t, & 0 \leqslant t < \pi \\ 0, & t \geqslant \pi \end{cases}$；

(3) $f(t) = \begin{cases} E, & 0 \leqslant t < t_0 \\ 0, & t \geqslant t_0 \end{cases}$；

(4) $f(t) = \begin{cases} -1 & 0 \leqslant t < 4 \\ 1, & t \geqslant 4 \end{cases}$；

(5) $f(t) = \sin 2t \cos 2t$；

(6) $f(t) = 8 \sin^2 t$；

(7) $f(t) = \sin^3 t$；

(8) $f(t) = 1 + t e^t$；

(9) $f(t) = t^2 e^{-2t}$；

(10) $f(t) = t^n e^{at}$；

(11) $f(t) = e^{-4t} \cos\left(2t + \dfrac{\pi}{4}\right)$；

(12) $f(t) = e^{-4t} \sin 3t \cos 2t$；

(13) $f(t) = \varepsilon(2t - 1)$；

(14) $f(t) = \varepsilon(3t - 5)$；

(15) $f(t) = \cos^2 t$。

10-3　试求下列各式的原函数。

(1) $F(s) = \dfrac{s^3 + 5s^2 + 10s + 16}{s + 3}$；

(2) $F(s) = \dfrac{5s^2 + 24s + 43}{(s+3)(s^2 + 2s + 5)}$；

(3) $F(s) = \dfrac{3s + 2}{s(s+1)^2 (s+2)^3}$；

(4) $F(s) = \dfrac{256}{(s+2)(s^2 + 4s + 20)}$；

(5) $F(s) = \dfrac{2s+3}{s^2-2s+5}$;

(6) $F(s) = \dfrac{s(s+9)}{s^2+5s+6}$;

(7) $F(s) = \dfrac{s+3}{s^3+4s^2+4s}$;

(8) $F(s) = \dfrac{s^2}{(s+2)(s^2+2s+2)}$。

10-4　(1) 已知 $\mathscr{L}[f(t)] = F(s)$，试证明对于任一实数 a，有 $\mathscr{L}[f(at)] = \dfrac{1}{a}F\left(\dfrac{s}{a}\right)$。

(2) 若 $\mathscr{L}[f(t)] = F(s)$，且 $\lim\limits_{t\to 0_+}\dfrac{f(t)}{t}$ 存在，证明：$\mathscr{L}\left[\dfrac{f(t)}{t}\right] = \displaystyle\int_s^{+\infty}F(s)\mathrm{d}s$。

10-5　如图 10-17 所示电路，应用拉氏变换的方法，求 $t\geqslant 0$ 时电流 $i(t)$。

10-6　如图 10-18 所示电路，$i_{\mathrm{L}}(0_-)=0$，试利用拉氏变换方法求 $u(t)$。

10-7　如图 10-19 所示电路，已知 $u_{\mathrm{S}}(t)=\mathrm{e}^{-t}\cos 2t\varepsilon(t)\mathrm{V}$，$u(0_-)=10\mathrm{V}$，求 $t\geqslant 0$ 时$u(t)$ 为多少？

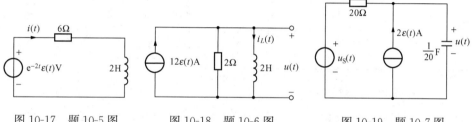

图 10-17　题 10-5 图　　　　图 10-18　题 10-6 图　　　　图 10-19　题 10-7 图

10-8　如图 10-20 所示电路，$t=0$ 时刻开关 S 打开，开关动作前电路处于稳态。试用运算法求 $t\geqslant 0$ 时 $i_{\mathrm{L}}(t)$。

10-9　如图 10-21 所示电路，已知 $U_\mathrm{S}=10\mathrm{V}$，$R=2\Omega$，$C_1=2\mathrm{F}$，$C_2=3\mathrm{F}$，开关 S 闭合前电路处于稳定状态，且 $u_{\mathrm{C}2}(0_-)=0\mathrm{V}$。当 $t=0$ 时开关 S 闭合，试用运算法求 $t\geqslant 0$ 时的 $u_{\mathrm{C}1}(t)$、$u_{\mathrm{C}2}(t)$、$i_{\mathrm{C}1}(t)$ 和 $i_{\mathrm{C}2}(t)$。

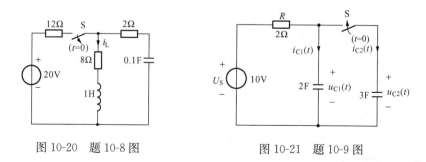

图 10-20　题 10-8 图　　　　　　图 10-21　题 10-9 图

10-10　如图 10-22 所示电路，$R_1=R_2=1\Omega$，$L=2\mathrm{H}$，$C=2\mathrm{F}$，$g=0.5\mathrm{S}$，$u_1(0_-)=-2\mathrm{V}$，$i(0_-)=1\mathrm{A}$，$u_\mathrm{S}(t)=\cos t\varepsilon(t)\mathrm{V}$。求响应 $u_2(t)$。

10-11　如图 10-23 所示电路，$i_1(t)=t\varepsilon(t)\mathrm{A}$，$i_2(t)=\mathrm{e}^{-2t}\varepsilon(t)\mathrm{A}$，$u_2(0_-)=0.25\mathrm{V}$，$i(0_-)=0\mathrm{A}$，$R=1\Omega$，$L=1\mathrm{H}$，$C=1\mathrm{F}$。求全响应 $u_2(t)$。

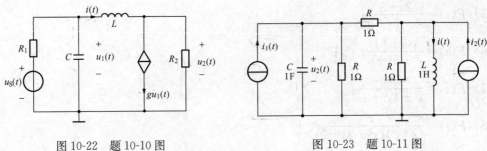

图 10-22　题 10-10 图　　　　　　　　　图 10-23　题 10-11 图

10-12　如图 10-24 所示电路，已知 $t<0$ 时 S 闭合，电路已工作于稳定状态。现于 $t=0$ 时刻打开 S，求 $t>0$ 时开关 S 两端的电压 $u(t)$。已知 $R_1=30\Omega$，$R_2=R_3=5\Omega$，$C=10^{-3}$F，$L=0.1$H，$U_S=140$V。

10-13　如图 10-25 所示电路，求零状态响应 $u_C(t)$。

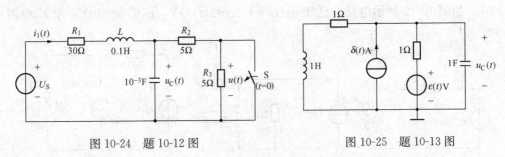

图 10-24　题 10-12 图　　　　　　　　　图 10-25　题 10-13 图

10-14　如图 10-26 所示电路，已知 $C_1=1$F，$C_2=2$F，$R=3\Omega$，$u_1(0_-)=10$V，$u_2(0_-)=0$。当 $t=0$ 时刻闭合开关 S。求 $t>0$ 时的响应 $i_1(t)$，$u_1(t)$，$u_2(t)$，$i_2(t)$，$i_R(t)$，并画出暂态波形曲线。

10-15　如图 10-27 所示电路，已知 S 打开时 $u_1(0_-)=U_m$，$u_2(0_-)=0$，$i(0_-)=0$，$C_1=C_2=C_0$，在 $t=0$ 时刻闭合 S。求 $t>0$ 时的响应 $u_1(t)$、$u_2(t)$，并画出暂态波形曲线。

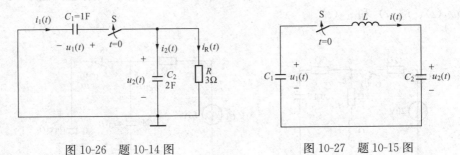

图 10-26　题 10-14 图　　　　　　　　　图 10-27　题 10-15 图

10-16　如图 10-28 所示电路，$u_C(t)$ 为响应。

（1）求单位冲激响应 $h(t)$；

（2）求电路的初始状态 $i(0_-)$、$u_C(0_-)$，以使电路的零输入响应 $u_C(t)=h(t)$；

（3）求电路的初始状态 $i(0_-)$、$u_C(0_-)$，以使电路对 $u_S(t)=\varepsilon(t)$V 的全响应 $u_C(t)$ 仍为 $\varepsilon(t)$V。

10-17　如图 10-29 所示电路，以 $i(t)$ 为响应。

（1）求单位冲激响应 $h(t)$；

（2）已知 $f(t)=\varepsilon(t)\mathrm{V}$，$u_1(0_-)=0$，$u_2(0_-)=2\mathrm{V}$，求全响应 $i(t)$ 并画出暂态波形曲线。

10-18　如图 10-30 所示电路，$u_S=e^{-t}\varepsilon(t)\mathrm{V}$，$R_L=1\Omega$，$L=1\mathrm{H}$，求零状态响应 $i(t)$。

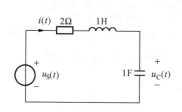 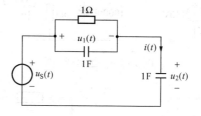

图 10-28　题 10-16 图　　　　　　图 10-29　题 10-17 图

10-19　如图 10-31 所示电路，已知 $u_S=10\delta(t)\mathrm{V}$，开关 S 在 $t=0$ 时闭合，试用运算法求 $t\geqslant0$ 时的 $u_R(t)$、$i(t)$、$u_L(t)$。

10-20　如图 10-32 所示电路，$t=0$ 时开关 S 从 a 合向 b，已知 $u_S=e^{-t}\varepsilon(t)\mathrm{V}$，试用运算法及戴维南定理求 $u_C(t)$。

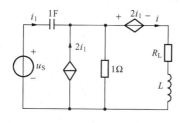 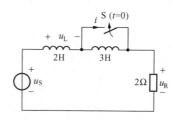

图 10-30　题 10-18 图　　　　　　图 10-31　题 10-19 图

10-21　如图 10-33 所示电路，试用运算法求下列各种情况时的响应 $u_1(t)$，$u_2(t)$。

（1）$u_{S1}(t)=u_{S2}(t)=0$，$u_1(0_-)=1\mathrm{V}$，$u_2(0_-)=2\mathrm{V}$ 的零输入响应。

（2）$u_{S1}(t)=\delta(t)\mathrm{V}$，$u_{S2}(t)=\varepsilon(t)\mathrm{V}$ 的零状态响应。

（3）$u_{S1}(t)=2\delta(t)\mathrm{V}$，$u_{S2}(t)=2\varepsilon(t)\mathrm{V}$，$u_1(0_-)=3\mathrm{V}$，$u_2(0_-)=6\mathrm{V}$ 的全响应。

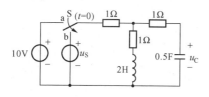 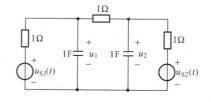

图 10-32　题 10-20 图　　　　　　图 10-33　题 10-21 图

10-22　图 10-34 所示电路原处于稳态，$t=0$ 时开关打开，试求开关打开后电压 $u(t)$，试画出其变化曲线，并用 Multisim 仿真软件验证。

10-23　图 10-35 所示电路，各元件参数标于图上，当 $u_S(t)=\varepsilon(t)\mathrm{V}$，试用运算法求 $i(t)$ 和 $u_0(t)$，画出其变化曲线，并用 Multisim 仿真软件验证。

10-24　图 10-36 所示电路，开关 S 在 1 处接 1V 直流电压源，电路处于稳态，$t=0$ 时开关 S 由 1 合向 2，接交流电源 $u_S(t)=6\sin100t\mathrm{V}$，试用运算法计算 $i(t)$，并应用 Multisim 电路仿真软件搭建仿真电路模拟。

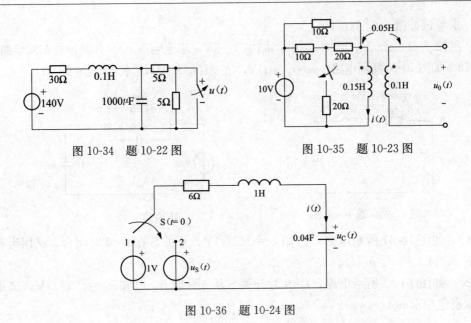

图 10-34　题 10-22 图

图 10-35　题 10-23 图

图 10-36　题 10-24 图

第十一章 网络函数

本章要求 熟练掌握网络函数的定义和极点、零点的概念，掌握网络函数的零点、极点与冲激响应关系的一般分析方法，了解网络函数的零点、极点与频率响应的关系，了解卷积概念。

本章重点 网络函数的定义及概念，网络函数零点、极点分布对线性系统性能的影响。

第一节 网络函数的定义

网络函数在信号处理、自动控制系统等方面的应用中受到极大的重视，它描述了激励信号通过一个电网络时会发生何种改变。网络函数主要有驱动点函数和传递函数两种表示形式。

一、网络函数的定义 (definition of network function)

如图 11-1 所示，线性无源网络 N 在单一激励下，其零状态响应 $r(t)$ 的象函数 $R(s)$ 与激励 $e(t)$ 的象函数 $E(s)$ 之比定义为该网络 N 的网络函数 $H(s)$，即

图 11-1 网络函数

$$H(s) \overset{\text{def}}{=} \frac{\mathscr{L}\left[r(t)\right]}{\mathscr{L}\left[e(t)\right]}\bigg|_{\text{零状态}} = \frac{R(s)}{E(s)}\bigg|_{\text{零状态}} \tag{11-1}$$

二、网络函数的类型 (types of network function)

如图 11-2 所示，设 $U_1(s)$ 为激励电压，$I_1(s)$ 为激励电流；$U_2(s)$ 为响应电压，$I_2(s)$ 为响应电流。因为激励可以是独立的电压源或独立的电流源，响应可以是电路中任意两点之间的电压或任意一支路的电流，故网络函数可以有以下几种类型。

图 11-2 二端口形式的网络函数

若激励和响应是同一端口，则网络函数称为"驱动点函数"（或"策动点函数"），若激励和响应不是同一端口，则称为"传递函数"（或"转移函数"）。显然驱动点函数只有阻抗或导纳，而传递函数可以是转移阻抗、导纳或电流比、电压比。将这些不同条件下的网络函数的特定名称列于表 11-1 中，在一般的线性系统分析中，对于这些名称不再具体区分，统称为系统函数或转移函数。

表 11-1 网 络 函 数

激励与响应的关系	激励	响应	属性	网络函数名称
在同一端口（驱动点函数）	电流	电压	阻抗	驱动点阻抗
	电压	电流	导纳	驱动点导纳
不在同一端口（转移函数）	电流	电压	阻抗	转移阻抗

续表

激励与响应的关系	激励	响应	属性	网络函数名称
不在同一端口（转移函数）	电压	电流	导纳	转移导纳
	电压	电压	电压比	电压转移函数
	电流	电流	电流比	电流转移函数

三、网络函数的特点（property of network function）

（1）根据网络函数的定义，若 $E(s)=1$，即 $e(t)=\delta(t)$，则 $R(s)=H(s)$，即网络函数就是该响应的象函数。所以，网络函数的原函数 $h(t)$ 为电路的单位冲激响应，因此如果已知电路某一处的单位冲激响应 $h(t)$，就可通过拉氏变换得到该响应的网络函数。反之冲激响应也可由网络函数求拉氏反变换得到。

（2）网络函数仅与网络的结构和电路参数有关，与激励函数的形式无关，因此如果已知某一响应的网络函数 $H(s)$，它在某一激励 $E(s)$ 下的响应 $R(s)$ 就可表示为 $R(s)=H(s)E(s)$。

（3）网络函数一定是 s 的实系数有理函数，其分子、分母多项式的根或为实数或为共轭复数，因线性非时变电路由线性电路元件 R、$L(M)$、C 及独立电源，线性受控源等元件组成，所以列出的方程为 s 的实系数代数方程。

（4）$H(s)$ 仅取决于网络的参数与结构，与输入 $E(s)$ 无关，因此网络函数反映了网络中响应的基本特性。

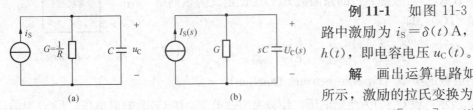

图 11-3 例 11-1 图
(a) 电路；(b) 运算电路

例 11-1 如图 11-3（a）所示电路中激励为 $i_S=\delta(t)\,\mathrm{A}$，求冲激响应 $h(t)$，即电容电压 $u_C(t)$。

解 画出运算电路如图 11-3（b）所示，激励的拉氏变换为

$$I_S(s)=\mathscr{L}[i_S(t)]=\mathscr{L}[\delta(t)]=1$$

因为 $H(s)=\dfrac{R(s)}{E(s)}=\dfrac{U_C(s)}{I_S(s)}$

所以 $Z(s)=\dfrac{U_C(s)}{I_S(s)}=\dfrac{U_C(s)}{1}=\dfrac{1}{sC+G}=\dfrac{1}{C}\dfrac{1}{s+\dfrac{1}{RC}}$

所以 $h(t)=u_C(t)=\mathscr{L}^{-1}[H(s)]=\dfrac{1}{C}\mathrm{e}^{-\frac{t}{RC}}\varepsilon(t)\,(\mathrm{V})$

例 11-2 如图 11-4（a）所示的是一无源低通滤波电路，已知元件参数分别为 $R=1\,\Omega$，$L_1=1.5\,\mathrm{H}$，$L_3=0.5\,\mathrm{H}$，$C_2=\dfrac{4}{3}\,\mathrm{F}$，激励为电压源 $u_1(t)$，试求电压转移函数 $H_1(s)=\dfrac{U_2(s)}{U_1(s)}$ 和

驱动点导纳函数 $H_2(s)=\dfrac{I_1(s)}{U_1(s)}$。

解 电路的运算图如图 11-4（b）所示，由回路电流方程得

$$\left.\begin{array}{l}\left(sL_1+\dfrac{1}{sC_2}\right)I_1(s)-\dfrac{1}{sC_2}I_2(s)=U_1(s)\\[3mm]-\dfrac{1}{sC_2}I_1(s)+\left(sL_3+\dfrac{1}{sC_2}+R\right)I_2(s)=0\end{array}\right\}$$

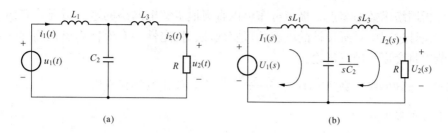

图 11-4 例 11-2 图

(a) 电路；(b) 运算电路

所以
$$I_1(s) = \frac{L_3 C_2 s^2 + R C_2 s + 1}{D(s)} U_1(s)$$

$$I_2(s) = \frac{U_1(s)}{D(s)}, \quad U_2(s) = R I_2(s)$$

其中
$$D(s) = L_1 L_3 C_2 s^3 + R L_1 C_2 s^2 + (L_1 + L_3)s + R$$
$$= s^3 + 2s^2 + 2s + 1 = (s+1)(s^2+s+1)$$

电压转移函数为
$$H_1(s) = \frac{U_2(s)}{U_1(s)} = \frac{1}{s^3 + 2s^2 + 2s + 1} = \frac{1}{(s+1)(s^2+s+1)}$$

驱动点导纳函数为
$$H_2(s) = \frac{I_1(s)}{U_1(s)} = \frac{2s^2 + 4s + 3}{s^3 + 2s^2 + 2s + 1} = \frac{2s^2 + 4s + 3}{(s+1)(s^2+s+1)}$$

第二节 网络函数的极点和零点

因为网络函数 $H(s)$ 的分母 $D(s)$ 和分子 $N(s)$ 都是 s 的多项式，故其一般形式的表达式为

$$\begin{aligned}
H(s) &= \frac{N(s)}{D(s)} = \frac{b_m s^m + b_{m-1} s^{m-1} + \cdots + b_0}{a_n s^n + a_{n-1} s^{n-1} + \cdots + a_0} \\
&= H_0 \frac{(s-z_1)(s-z_2)\cdots(s-z_i)\cdots(s-z_m)}{(s-p_1)(s-p_2)\cdots(s-p_j)\cdots(s-p_n)} \\
&= H_0 \frac{\displaystyle\prod_{i=1}^{m}(s-z_i)}{\displaystyle\prod_{j=1}^{n}(s-p_j)}
\end{aligned} \tag{11-2}$$

其中，H_0 是一个常数，$z_i(i=1, 2, \cdots, m)$ 是 $N(s)=0$ 的根，$p_j(j=1, 2, \cdots, n)$ 是 $D(s)=0$ 的根。

当 $s=z_i$ 时，$H(s)=0$，故 $z_i(i=1, 2, \cdots, m)$ 称为网络函数的零点。

当 $s=p_j$ 时，$H(s)=\infty$，故 $p_j(j=1, 2, \cdots, n)$ 称为网络函数的极点。

在复平面（也称为 s 平面）中，$H(s)$ 的零点用"○"表示，极点用"×"表示，构成网络函数的零点、极点分布示意图如图 11-5 所示。

通过分析网络函数的零点、极点分布可以直观地了解电网络的基本情况，有助于电气工程师在电气设计过程中对所设计的电路的可实现性、稳定性和有效性作出正确判断。这一点在后面几节中将会逐一进行讨论。

例 11-3 已知网络函数 $H(s)=\dfrac{2s^2-12s+16}{s^3+4s^2+6s+3}$，绘出其零极点图。

解 由分子多项式

$$N(s)=2(s^2-6s+8)=2(s-2)(s-4)$$

即 $H(s)$ 的两个零点为

$$z_1=2,\ z_2=4$$

$$D(s)=(s+1)(s^2+3s+3)$$

$$=(s+1)\Big(s+\frac{3}{2}+\mathrm{j}\frac{\sqrt{3}}{2}\Big)\Big(s+\frac{3}{2}-\mathrm{j}\frac{\sqrt{3}}{2}\Big)$$

即 $H(s)$ 的 3 个极点为

$$p_1=-1,\ p_2=-\frac{3}{2}-\mathrm{j}\frac{\sqrt{3}}{2},\ p_3=-\frac{3}{2}+\mathrm{j}\frac{\sqrt{3}}{2}$$

零极点图如图 11-6 所示。

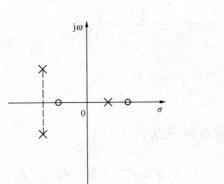
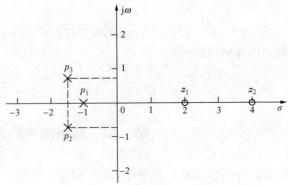

图 11-5　零点、极点分布示意图　　　　图 11-6　例 11-3 零极点分布图

第三节　零点、极点与冲激响应的关系

式（11-2）表示的网络函数 $H(s)$ 一般为有理分式，若其为真分式且分母 $D(s)$ 具有单根（单极点），则冲激响应的时域形式为

$$h(t)=\mathscr{L}^{-1}[H(s)]=\mathscr{L}^{-1}\Big[\sum_{i=1}^{n}\frac{k_i}{s-p_i}\Big]=\sum_{i=1}^{n}k_i\mathrm{e}^{p_it} \tag{11-3}$$

网络函数 $H(s)$ 的零点、极点分布与冲激响应之间具有以下特性：

（1）极点 p_i 为负实根，e^{p_it} 为指数衰减，$|p_i|$ 越大，衰减越快，有 $\lim\limits_{t\to\infty}h(t)=0$，电路处于稳定状态。

（2）极点 p_i 为正实根，e^{p_it} 为指数增长，$|p_i|$ 越大，增长越快，有 $\lim\limits_{t\to\infty}h(t)=\infty$，电路处于不稳定状态。

（3）极点 $p_i = \sigma_i \pm j\omega_i$ 为共轭复根，$h(t)$ 为以 $e^{\sigma_i t}$ 为包络线、以 ω 为频率的振荡型函数。

1）$\mathrm{Re}[p_i] = \sigma_i > 0$，极点位于 s 的右半平面，$e^{\sigma_i t}$ 随 t 增大，电路不稳定。

2）$\mathrm{Re}[p_i] = \sigma_i < 0$，极点位于 s 的左半平面，$e^{\sigma_i t}$ 随 t 衰减，电路稳定。

3）$\mathrm{Re}[p_i] = \sigma_i = 0$，极点位于虚轴，$h(t)$ 等幅振荡，$|\mathrm{Im}[p_i]| = \omega$ 越大，振荡频率越大。

4）不管极点是实数还是共轭复数，只要极点位于左半平面，$h(t)$ 必随 t 衰减，电路是稳定的。对于物理上可实现的线性电路，$H(s)$ 的极点一定位于左半平面。

（4）极点位置不同，冲激响应性质不同，极点反映其动态过程中自由分量的变化规律。

（5）零点位置只影响 k_i 的大小，因此不影响冲激响应的变化规律。

如图 11-7 所示，画出了网络函数的极点分别为负实数、正实数、虚数以及共轭复数时，对应的时域响应的波形。

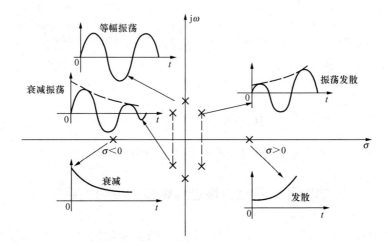

图 11-7　不同的极点对应的时域响应的波形

设零状态响应的象函数为

$$R(s) = H(s)E(s) \tag{11-4}$$

其中，$H(s) = \dfrac{N(s)}{D(s)}$ 为网络函数，$E(s) = \dfrac{P(s)}{Q(s)}$ 为激励的象函数，且 $D(s) = 0$ 有 p_i 个单根，$Q(s) = 0$ 有 p_j 个单根，以及 $H(s)$ 和 $E(s)$ 没有相同的极点，则

$$R(s) = \frac{N(s)}{D(s)} \cdot \frac{P(s)}{Q(s)} = \sum_{i=1}^{n} \frac{K_i}{s - p_i} + \sum_{j=1}^{m} \frac{K_j}{s - p_j} \tag{11-5}$$

零状态响应

$$r(t) = \sum_{i=1}^{n} K_i e^{p_i t} + \sum_{j=1}^{m} K_j e^{p_j t} \tag{11-6}$$

式（11-6）第一项表示由网络函数极点形成的自由分量，第二项表示由激励函数极点形成的强制分量。比较式（11-3）和式（11-6），可见冲激响应 $h(t)$ 的特性就是零状态响应 $r(t)$ 中自由分量的特性，而强制分量的特点仅决定于激励的变化规律，因此根据 $H(s)$ 的极点分布情况和激励的变化规律不难预见时域响应的全部特点。

因为 $H(s)$ 的极点 p_i 仅由网络的结构及元件参数值确定，因而也将 p_i 称为该网络变量的自然频率或固有频率。

　　从图 11-7 中又可以看出，当冲激响应在时间趋于无限大时衰减到零，这时电路是稳定的，此时极点都落在 s 的左半平面。如果在右半平面或虚轴上有极点存在，则电路是不稳定的。对由 R、$L(M)$、C 构成的无源电路，因电阻最终会消耗掉由冲激输入在储能元件中建立的能量，所以电路是稳定的；然而对于含有受控源的动态电路有可能是不稳定的。

　　例 11-4　已知网络函数有两个极点分别在 $s=0$ 和 $s=-1$ 处，一个单零点在 $s=1$ 处，且有 $\lim\limits_{t\to\infty}h(t)=10$，求 $H(s)$ 和 $h(t)$。

　　解　由已知的零点、极点可知

$$H(s)=\frac{k(s-1)}{s(s+1)}$$

所以

$$h(t)=\mathscr{L}^{-1}\big[H(s)\big]=\mathscr{L}^{-1}\Big[\frac{k(s-1)}{s(s+1)}\Big]=-k+2k\mathrm{e}^{-t}$$

由于 $\lim\limits_{t\to\infty}h(t)=10$，有 $k=-10$

所以

$$H(s)=\frac{-10(s-1)}{s(s+1)}$$

$$h(t)=(10-20\mathrm{e}^{-t})\varepsilon(t)$$

第四节　零点、极点与频率响应的关系

　　令网络函数 $H(s)$ 中复频率 $s=\mathrm{j}\omega$，分析 $H(\mathrm{j}\omega)$ 随 ω 变化的情况，就可预见相应的网络函数在正弦稳态激励情况下随 ω 变化的特性。

　　对于某个固定的角频率 ω，令式（11-2）中 $s=\mathrm{j}\omega$，所得到的 $H(\mathrm{j}\omega)$ 一般为一个复变函数，可表示为

$$H(\mathrm{j}\omega)=H_0\frac{\prod\limits_{i=1}^{m}(\mathrm{j}\omega-z_i)}{\prod\limits_{j=1}^{n}(\mathrm{j}\omega-p_j)}=\big|H(\mathrm{j}\omega)\big|\mathrm{e}^{\mathrm{j}\theta} \tag{11-7}$$

　　式（11-7）称为网络函数的频率响应。其中

$$\big|H(\mathrm{j}\omega)\big|=H_0\frac{\prod\limits_{i=1}^{m}\big|(\mathrm{j}\omega-z_i)\big|}{\prod\limits_{j=1}^{n}\big|(\mathrm{j}\omega-p_j)\big|} \tag{11-8}$$

　　式（11-8）表示 $\big|H(\mathrm{j}\omega)\big|$ 随频率 ω 变化的关系，称为幅频特性，是网络函数在频率 ω 处的幅值。

$$\theta=\arg[H(\mathrm{j}\omega)]=\sum_{i=1}^{m}\arg(\mathrm{j}\omega-z_i)-\sum_{j=1}^{n}\arg(\mathrm{j}\omega-p_j) \tag{11-9}$$

　　式（11-9）表示相位 θ 随频率 ω 变化的关系，称为相频特性，是网络函数在频率 ω 处的

相位。

若已知网络函数的极点和零点，则按式（11-7）便可计算对应的频率响应，同时还可通过 s 平面上零极点位置定性描绘出频率响应。

例 11-5　如图 11-8（a）为 RC 串联电路，试定性绘出以电压 u_2 为输出时该电路的频率响应。

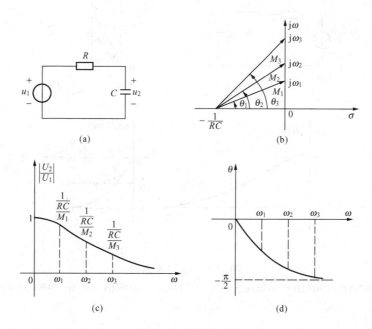

图 11-8　例 11-5 图
（a）RC 串联电路；（b）$H(s)$ 的极点分布；（c）幅频特性；（d）相频特性

解　由网络函数定义得

$$H(s) = \frac{U_2(s)}{U_1(s)} = \frac{\dfrac{1}{RC}}{s + \dfrac{1}{RC}}$$

极点为

$$p_1 = -\frac{1}{RC}$$

令 $s = j\omega$，则

$$H(j\omega) = \frac{\dfrac{1}{RC}}{j\omega + \dfrac{1}{RC}}$$

或写为：$H(s)$ 的极点分布如图 11-8（b）所示。由图 11-8（b）可得图 11-8（c）所示的幅频特性和图 11-8（d）所示的相频特性可以看出，该电路具有低通特性，当 $\omega = 0$ 时，$\dfrac{U_2(j\omega)}{U_1(j\omega)} = 1\underline{/0°}$，而当 $\omega = |p_1| = \dfrac{1}{RC}$ 时，$\dfrac{U_2(j\omega)}{U_1(j\omega)} = \dfrac{1}{1+j} = \dfrac{1}{\sqrt{2}}\underline{/-45°}$，即相当于 $\omega = 0$ 时模值的 0.707 倍。

例 11-6　如图 11-9（a）所示为 RLC 串联电路，设电容电压为输出电压 u_2，网络函数为 $H(s)=\dfrac{U_2(s)}{U_1(s)}$，试根据该网络函数的极点和零点，定性地绘出 $H(\mathrm{j}\omega)$ 频率特性曲线。

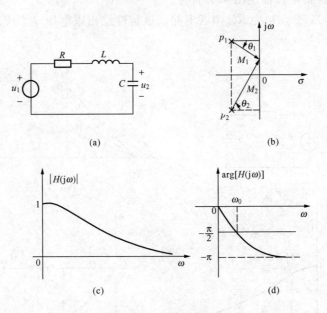

图 11-9　例 11-6 图

（a）RLC 电路；（b）$H(s)$ 的极点分布；（c）$|H(\mathrm{j}\omega)|$ 波形图；（d）arg $[H(\mathrm{j}\omega)]$ 波形图

解　由

$$H(s)=\frac{U_2(s)}{U_1(s)}=\frac{\dfrac{1}{sC}}{R+sL+\dfrac{1}{sC}}=\frac{1}{LC}\frac{1}{(s-p_1)(s-p_2)}=\frac{H_0}{(s-p_1)(s-p_2)}$$

令 $s=\mathrm{j}\omega$，得

$$H(\mathrm{j}\omega)=\frac{U_2(\mathrm{j}\omega)}{U_1(\mathrm{j}\omega)}=\frac{H_0}{(\mathrm{j}\omega-p_1)(\mathrm{j}\omega-p_2)}$$

设极点为一对共轭复数，即 $p_{1,2}=-\dfrac{R}{2L}\pm\mathrm{j}\sqrt{\dfrac{1}{LC}-\left(\dfrac{R}{2L}\right)^2}=-\delta\pm\mathrm{j}\omega$

其中　　　　　　　　$\omega=\sqrt{\omega_0^2-\delta^2}$，$\omega_0=\dfrac{1}{\sqrt{LC}}=\sqrt{\omega^2+\delta^2}$

得

$$\left.\begin{array}{l}|H(\mathrm{j}\omega_1)|=\dfrac{H_0}{|\mathrm{j}\omega_1-p_1|\,|\mathrm{j}\omega_1-p_2|}=\dfrac{H_0}{M_1M_2}\\[2mm]\arg[H(\mathrm{j}\omega)]=-(\theta_1+\theta_2)\end{array}\right\}$$

从上述分析中可以看出，当极点 p_1、p_2 位于如图 11-9（b）所示位置时，随 ω 的变化，M_1 和 M_2 变化几乎相等，可以看到没有一个极点对频率响应起主要作用。

如果极点 p_1 接近 $\mathrm{j}\omega$ 轴，则在 $\mathrm{j}\omega$ 与 p_1 之间的矢量 M_1 的长度和角度对 $|H(\mathrm{j}\omega)|$ 和 arg $[H(\mathrm{j}\omega)]$ 都产生较大的影响，而 M_2 却改变较少。当 $\omega\approx\omega_0$ 时，模 $|H(\mathrm{j}\omega)|$ 达到峰值，而

$\omega=\omega_0=\dfrac{1}{\sqrt{LC}}$ 为 RLC 串联电路的谐振角频

率，如图 11-10 所示。

当极点为共轭复数时，极点到坐标原点
的距离与极点的实部之比 $\dfrac{\omega_0}{\delta}$ 对网络的频率响
应影响很大，有时把此值的一半定义为极点
的品质因素 Q_p，表示为 $Q_p=\dfrac{\omega_0}{2\delta}=\dfrac{1}{R}\sqrt{\dfrac{L}{C}}$。

当 Q_p 增大时，出现峰值，且峰值随 Q_p 的增
大而增大，峰值对应的频率值 ω 随 Q_p 的增大而趋于 ω_0。

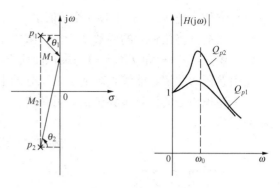

图 11-10　极点对 $|H(\text{j}\omega)|$ 的影响

*第五节　卷 积 积 分

卷积积分是一种数学方法，在电路、信号与系统的理论研究中占有重要的地位。特别是
进行信号的时间域与变换域分析时，它是沟通时域－频域的一个桥梁。

一、卷积积分的定义

设有两个时间函数 $f_1(t)$ 与 $f_2(t)$，它们的定义域为整个时间域。则 $f_1(t)$ 与 $f_2(t)$ 的
卷积积分的定义为

$$f(t) = f_1(t) * f_2(t) = \int_{-\infty}^{\infty} f_1(\tau)f_2(t-\tau)\mathrm{d}\tau \tag{11-10}$$

符号"$*$"用于表示卷积，当 $f_2(t)$ 为因果信号而 $f_1(t)$ 为无限信号时，卷积的上限可
变为 t；当 $f_2(t)$ 为无限信号而 $f_1(t)$ 为因果信号时，卷积的下限可变为 ∞；而当 $f_1(t)$ 与
$f_2(t)$ 均为因果信号时，卷积的上限、下限可变为 t 与 ∞。一般情况下，卷积积分的上限、
下限应借助于两个信号卷积波形曲线的边界来确定。

二、卷积概念的图形解释

前面讨论了一般形式的卷积积分，以及 $f_1(t)$ 和 $f_2(t)$ 在不同定义域时积分上下限的确
定，但实际上卷积积分限还要根据具体情况来确定，特别是当 $f_1(t)$ 和 $f_2(t)$ 两者或两者之
一是分段定义的函数时，卷积的图解能帮助正确地确定卷积积分的上下限。

卷积的图解能够直观地理解卷积积分的计算过程并加深对其物理意义的理解，使一些抽
象的关系形象化。

如果已知函数 $f_1(t)$ 和 $f_2(t)$，要进行卷积。由式（11-10）可知，要计算 $f(t)$，必
须要给出 $f_1(\tau)$ 与 $f_2(t-\tau)$。事实上，$f_1(\tau)$ 与 $f_2(\tau)$ 就是把自变量 t 换成 τ。而 $f_2(-\tau)$
则是 $f_2(\tau)$ 相对于纵轴的镜像，即 $f_2(\tau)$ 的反褶，或者说 $t=0$ 时的 $f_2(t-\tau)$ 所在的
位置。

对于 $t>0$，$f_2(t-\tau)$ 是波形 $f_2(-\tau)$ 沿 τ 轴方向平移一个 t 值，对于 $t<0$，$f_2(t-\tau)$ 则
是波形 $f_2(-\tau)$ 沿 τ 轴的反方向平移。

上述卷积的图解归纳起来有下列 5 个步骤。

（1）变量替换：将 $f_1(t)$ 和 $f_2(t)$ 中的变量 t 更换为变量 τ。

（2）反褶：作出 $f_2(\tau)$ 相对于纵轴的镜像 $f_2(-\tau)$。

（3）位移：把 $f_2(-\tau)$ 平移一个 t 值 $f_2(t-\tau)$。

（4）相乘：将位移后的函数 $f_2(t-\tau)$ 乘以 $f_1(\tau)$。

（5）积分：$f_1(\tau)$ 和 $f_2(t-\tau)$ 的乘积曲线下的面积即为 t 时刻的卷积值。

应用卷积的图解，能够直观地确定积分的上下限。

由于卷积积分的计算步骤包括变量替换、反褶、位移、相乘与积分，故卷积也称为褶积或卷乘积分等。

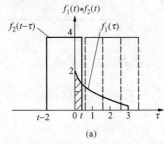

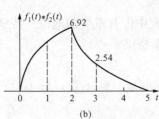

图 11-11 例 11-7 图
(a) 卷积过程；(b) 卷积波形

例 11-7 求下面两信号的卷积积分，并画出其卷积波形。
$$f_1(t) = 2e^{-t}[\varepsilon(t) - \varepsilon(t-3)]$$
$$f_2(t) = 4[\varepsilon(t) - \varepsilon(t-2)]。$$

解 卷积过程示意图如图 11-11 (a) 所示。将两信号分别写成分段函数形式为

$$f_1(t) = \begin{cases} 2e^{-t}, & 0 \leqslant t \leqslant 3 \\ 0, & \text{其余 } t \end{cases}, \quad f_2(t) = \begin{cases} 4, & 0 \leqslant t \leqslant 2 \\ 0, & \text{其余 } t \end{cases}$$

将信号 $f_2(t)$ 反褶，并按卷积定义计算

$$f(t) = f_1(t) * f_2(t) = \int_{-\infty}^{\infty} f_1(\tau) f_2(t-\tau) d\tau$$

$$= \begin{cases} \int_0^t 2e^{-\tau} 4 d\tau = 8(t - e^{-\tau}), & 0 \leqslant t < 2 \\ \int_{t-2}^t 2e^{-\tau} 4 d\tau = 8[e^{-(t-2)} - e^{-t}], & 2 \leqslant t < 3 \\ \int_{t-2}^3 2e^{-\tau} 4 d\tau = 8[e^{-(t-2)} - e^{-3}], & 3 \leqslant t \leqslant 5 \end{cases}$$

卷积波形如图 11-11 (b) 所示。

三、卷积定理

设 $$\mathscr{L}[f_1(t)] = F_1(s), \quad \mathscr{L}[f_2(t)] = F_2(s)$$

则有

$$\mathscr{L}[f_1(t) * f_2(t)] = F_1(s)F_2(s) \tag{11-11}$$

式（11-11）称为时域卷积定理。利用卷积定理可以使在时域中求解电路响应的问题转换到复频域中求解，从而将积分运算转换为复数运算来简化复杂的运算过程。卷积定理的证明此处略，有兴趣的读者请参考有关教材等。

四、零状态响应与冲激响应的关系

在线性时不变系统的时域分析中，系统输入、输出和系统特性之间的相互作用就体现为卷积积分的关系。对于线性系统而言，系统的输出 $r(t)$ 是任意输入 $e(t)$ 与系统为零状态时的单位冲激响应 $h(t)$ 的卷积，如图 11-12 所示。

零状态响应的时域表达式形式为

$$r(t) = h(t) * e(t) = \int_{-\infty}^{\infty} h(\tau)e(t-\tau) d\tau \tag{11-12}$$

由卷积定理，对式（11-2）两边进行拉氏变换得

$$R(s) = \mathscr{L}[r(t)] = \mathscr{L}[h(t) * e(t)] = H(s)E(s) \tag{11-13}$$

如果已知网络函数的单位冲激响应 $h(t)$，给定任意激励后，就可求出该网络的零状态响应。

例 11-8　如图 11-13 为一处于零状态下 RC 并联电路，已知其输出电压的单位冲激响应为 $h(t)=10^6\mathrm{e}^{-2t}\mathrm{V}$。当激励为 $i_S(t)=2\mathrm{e}^{-t}\mu\mathrm{A}$ 时，试用卷积定理求输出电压响应 $u_C(t)$。

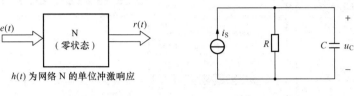

图 11-12　零状态响应与
冲激响应的关系图

图 11-13　例 11-8 图

解　首先求出单位冲激响应为 $h(t)=10^6\mathrm{e}^{-2t}\mathrm{V}$ 和激励 $i_S=2\mathrm{e}^{-t}\mu\mathrm{A}$ 的象函数，则

$$H(s)=\mathscr{L}\left[h(t)\right]=\frac{10^6}{s+2}$$

$$I_S(s)=\mathscr{L}\left[i_S(t)\right]=\frac{2\times10^{-6}}{s+1}$$

由卷积定理求响应象函数为

$$U_C(s)=H(s)I_S(s)=\frac{10^6}{s+2}\times\frac{2\times10^{-6}}{s+1}=\frac{2}{(s+1)(s+2)}=\frac{2}{s+1}+\frac{-2}{s+2}$$

对上式进行拉氏反变换得

$$u_C(t)=\mathscr{L}^{-1}\left[H(s)I_S(s)\right]=2(\mathrm{e}^{-t}-\mathrm{e}^{-2t})\varepsilon(t)(\mathrm{V})$$

该响应如果在时域求解，需要用卷积积分进行计算，一般情况下是比较复杂的。而利用卷积定理则相对要简单些。

第六节　用 Multisim 仿真模拟验证

应用 Multisim 进行网络传输特性分析，在 Multisim 中建立电路仿真模型后，主要是利用主菜单 Simulation 中 Analyses 子菜单的 Pole-zero 选项，在出现的 Pole-zero Analysis 对话框中选择 Impedance Analysis(Output voltage/Input current) 并运行得到所需结论。

例 11-9　如图 11-14 所示网络，已知 $i_1(t)=\sin314t\mathrm{A}$，求其网络传输特性（转移阻抗）$H(s)=\dfrac{U_2(s)}{I_1(s)}$，进行零点、极点及频率特性分析。再用 Multisim 仿真验证。

解　仿真电路图如图 11-15 所示。菜单操作设置零极点分析及设置输入/输出变量，转移阻抗参数如图 11-16、图 11-17 所示。零点、极点分析结果如图 11-18 所示。

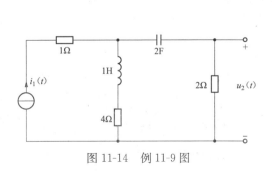

图 11-14　例 11-9 图

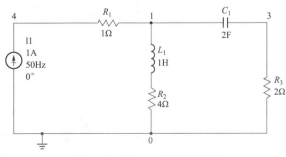

图 11-15　例 11-9 仿真电路图

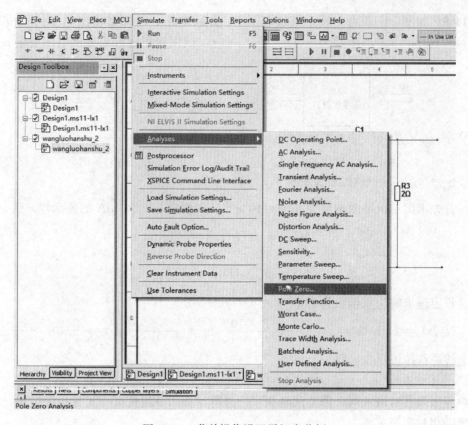

图 11-16　菜单操作设置零极点分析

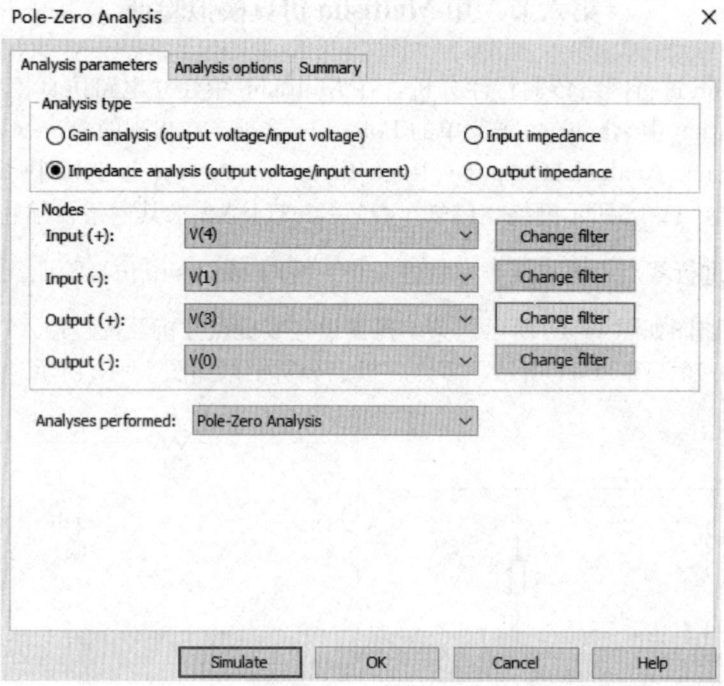

图 11-17　设置输入/输出变量，转移阻抗参数

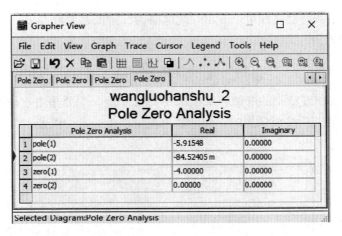

图 11-18　零点、极点分析结果

例 11-10　对图 11-19 所示网络，分析其网络函数 $H(s)=\dfrac{U_2(s)}{U_1(s)}$ 的频率特性，并应用 Multisim 仿真。

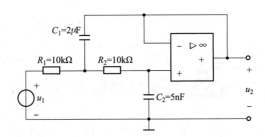

图 11-19　例 11-10 图

解　网络函数为

$$H(s)=\frac{U_2(s)}{U_1(s)}=\frac{1/R_1R_2C_1C_2}{s^2+s(R_1+R_2)/R_1R_2C_1+1/R_1R_2C_1C_2}=\frac{H_0\omega_p^2}{s^2+\dfrac{\omega_p}{Q_p}s+\omega_p^2}$$

式中：$H_0=1$，$\omega_p=10^3$，$Q_p=10$。

代入实际参数值得

$$H(s)=\frac{U_2(s)}{U_1(s)}=\frac{10^6}{s^2+100s+10^6}$$

其频率特性为

$$H(j\omega)=\frac{10^6}{(j\omega)^2+100j\omega+10^6}=\frac{10^6}{(j\omega+50+j998.749)(j\omega+50-j998.749)}$$

幅频特性为

$$|H(j\omega)|=\frac{10^6}{\sqrt{50^2+(\omega+998.749)^2}\ \sqrt{50^2+(\omega-998.749)^2}}$$

相频特性为

$$\arg|H(j\omega)|=-[\arctan(\omega+998.749)/50+\arctan(\omega-998.749)/50]$$

从图 11-20 的幅频特性曲线可以看出，此电路为二阶低通滤波器。

计算出峰值频率为

$$f_0 = \frac{\omega_p}{2\pi} \sqrt{1 - \frac{1}{2Q_p^2}} = 998.749/2\pi = 158.757 \text{Hz}$$

与图 11-20 仿真曲线测得的峰值频率 159.676Hz 相近，主要是由于仿真中的虚拟频谱仪指针不能达到微小调节所造成的影响，使计算与测量产生一定的误差。

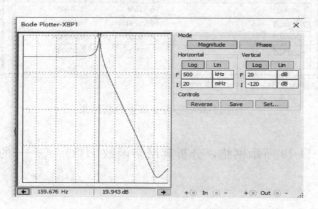

图 11-20　频率特性，峰值频率 159.676Hz

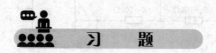

习　　题

11-1　RC 电路如图 11-21 所示。$R_1 = 8\Omega$，$R_2 = 4\Omega$，$L = 2\text{H}$，$C = \frac{1}{16}\text{F}$。

（1）试求网络函数 $H(s)$；

（2）求出其零点、极点并画出零点、极点图；

（3）试求单位冲激响应 $h(t)$。

11-2　电路如图 11-22 所示，试求网络函数 $H(s) = U_0(s)/U_i(s)$。

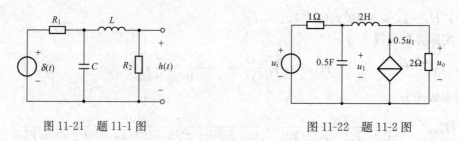

图 11-21　题 11-1 图　　　　　　　　　　　　图 11-22　题 11-2 图

11-3　求如图 11-23 所示电路的网络函数 $H(s) = U_0(s)/U_i(s)$ 及其单位冲激响应 $h(t)$。

11-4　如图 11-24 所示无源网络 N_0 在单位冲激电流作用下，另一端口响应为

$$u_0(t) = 4(\text{e}^{-2t} - \text{e}^{-4t}\cos 3t)\varepsilon(t)\text{V}$$

求该网络相应的转移函数 $H(s)$，并绘出零极点图。

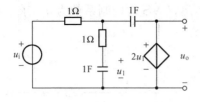
图 11-23 题 11-3 图

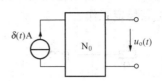
图 11-24 题 11-4 图

11-5 设网络的冲激响应为下述表达式：

(1) $h(t)=\delta(t)+0.6e^{-t}\varepsilon(t)$；

(2) $h(t)=e^{-\alpha t}\sin(\omega t+\varphi)\varepsilon(t)$；

(3) $h(t)=\left(\dfrac{3}{5}e^{-t}-\dfrac{7}{9}te^{-3t}+3\right)\varepsilon(t)$。

试求相应的网络函数的极点。

11-6 求如图 11-25 所示电路的网络函数 $H(s)=\dfrac{U_0(s)}{I_S(s)}$，并画出其零点、极点图。

11-7 如图 11-26 所示电路为一高通滤波器，当 $u_S(t)=t\varepsilon(t)$ V 时，$u_0(t)=\dfrac{1}{3}(e^{-3t}-e^{-6t})\varepsilon(t)$ V。求：

(1) L、C 的值；

(2) 绘出幅频特性 $|H(j\omega)|-\omega$ 的图形。

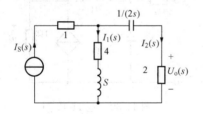
图 11-25 题 11-6 图

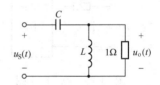
图 11-26 题 11-7 图

11-8 已知网络函数的表达式为：

(1) $H(s)=\dfrac{2}{s-0.5}$；

(2) $H(s)=\dfrac{s-2}{s^2-10s+125}$；

(3) $H(s)=\dfrac{4s+100}{4s^2+20s+100}$。

试判断相应的网络是否稳定并定性画出单位冲激响应波形。

11-9 电路如图 11-27 所示。求：

(1) 网络函数：$H(s)=\dfrac{U_o(s)}{U_i(s)}$；

(2) 单位冲激响应；

(3) $u_i(t)=\varepsilon(t)$ V 时的响应；

(4) $u_i(t)=8\cos(2t)$ V 时的响应。

11-10 如图 11-28 所示电路为一高通滤波器，VCVS 的控制系数为 a，求 a 在什么范围取值能使该电路稳定工作。

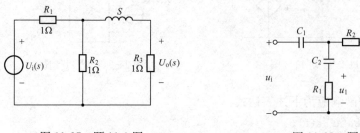

图 11-27 题 11-9 图   图 11-28 题 11-10 图

11-11 如图 11-29 所示 N_0 为无源网络，R 为可变电阻，激励为单位阶跃电压，已知 $R=1\Omega$ 时，$i(t)$ 的阶跃响应为 $i(t)=(e^{-t}-e^{-3t}+e^{-4t})\varepsilon(t)$A；为使 $R=R_1$ 时，$i(t)$ 的阶跃响应含有固有频率 -2，求 R_1 为多少？

11-12 如图 11-30 所示电路，求：

(1) $H(s)=\dfrac{U_o(s)}{U_i(s)}$；

(2) 绘出零点、极点图，并判断该电路是否稳定；

(3) $h(t)$ 为多少？

(4) 绘出 $H(s)$ 的幅频特性和相频特性。

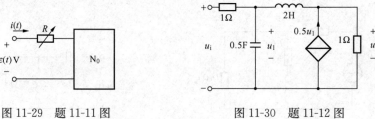

图 11-29 题 11-11 图   图 11-30 题 11-12 图

11-13 求如图 11-31 所示运算放大器电路的网络函数 $H(s)=\dfrac{U_o(s)}{U_i(s)}$，并定性画出幅频响应 $|H(j\omega)|\sim\omega$。

11-14 若网络函数 $H(s)=\dfrac{U_2(s)}{I(s)}=\dfrac{1}{s^2+3s+3}$，则当输入为 $i(t)=2\varepsilon(t)$A 时，$u_2(t)$ 的零状态响应为何值？

11-15 如图 11-32 所示为 RC 并联电路，其中 $R=500\text{k}\Omega$，$C=1\mu\text{F}$，电流源的电流为 $i_S=2e^{-t}\mu\text{A}$，设电容上原来没有初始电压。

(1) 试用卷积概念求 $u_C(t)$；

(2) 试用网络函数概念及卷积定理求 $u_C(t)$。

11-16 含理想运算放大器电路如图 11-33 所示，试求网络函数 $H(s)=\dfrac{U_o(s)}{U_i(s)}$。

11-17 含理想运算放大器电路如图 11-34 所示，试应用 Multisim 分析网络函数 $H(s)=\dfrac{U_o(s)}{U_i(s)}$ 的零点、极点及频率特性。

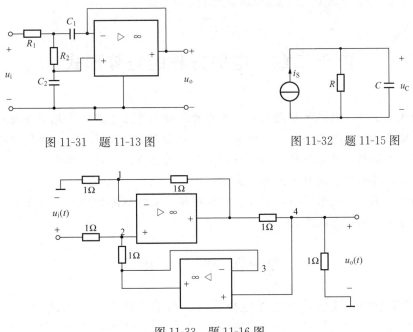

图 11-31　题 11-13 图　　　　　　　　　　图 11-32　题 11-15 图

图 11-33　题 11-16 图

11-18　如图 11-35 所示电网络，试应用 Multisim 分析该电网络的网络函数 $H(s) = \dfrac{I_2(s)}{U_i(s)}$ 的零点、极点及频率特性。

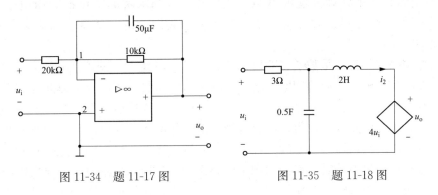

图 11-34　题 11-17 图　　　　　　　　　　图 11-35　题 11-18 图

第十二章 电路方程的矩阵形式

本章要求 首先在熟练掌握图的基本概念的基础上重点掌握以下几个重要的矩阵，即关联矩阵、回路矩阵和割集矩阵，并能导出用这些矩阵表示的 KCL、KVL 方程；掌握结点电压方程的矩阵形式及电路的状态方程的基本列写方法；了解回路电流（网孔电流）方程、割集电压方程和列表方程的矩阵形式。

本章重点 割集的概念，关联矩阵、回路矩阵、割集矩阵的概念，结点电压方程的矩阵形式，状态方程的概念及求法。

第一节 概　　述

在前面的章节中，我们学习过支路分析法、回路（网孔）分析法及结点分析法等，但这些都是凭观察来列出所需的独立方程组。在求解方程时可以用手算，也可以使用电子计算机。对于含元件较少的电路，这种做法是行得通的。但是现代的电子电路常常是包含数百甚至上千个元件，特别是集成电路技术的飞速发展，电路日益复杂。对于这类"大规模（Large Scale）电路"，如果再凭观察来列写方程是根本不可能的。因此需要寻找一种系统化的方法来处理大规模电路，使列写方程和求解的工作都能由电子计算机去完成。本章仅仅初步介绍这种分析方法。其中要用到图论的一些基本概念以及线性代数中的矩阵方法。

图论又称网络拓扑学，是数学家欧拉创始的。19～20 世纪，图论主要研究一些游戏问题和古老的难题，如哥尼斯堡七桥问题、哈密顿图及四色问题。1847 年，基尔霍夫首先用图论来分析电网络，但后来一直没有继续深入。自 20 世纪 50 年代后，随着计算机应用的快速发展，利用计算机辅助电路分析也得以广泛应用，由此图论逐渐在电路理论中得到重视；特别是大型复杂网络如何系统地列出它的方程以便于分析、计算，更是网络理论特别需要解决的问题。当电路结构比较简单时，直接利用 KCL、KVL 或网络的各种方法列出所需的求解方程并不十分困难，但当电路结构比较复杂时，这些方法就显得很不适应。尤其是如何在计算机上把输入的数据自动地转换为所需要的方程，更是需要利用网络拓扑和矩阵代数的概念去完成这一任务。

众所周知，任何一个电网络都是由电路元件，按照一定的方式连接起来的，每一种元件各自代表着不同的电特性。如果暂不管元件的性质差别，只注意电路结构的连接形式，就是网络拓扑概念。如果将任何一种元件都代之以一条线段，把线段称为支路，线段的端点称为结点，这些由线段和结点组成的线图称为拓扑图。对于所确定的拓扑图可以通过各种关联矩阵来描述。

网络图论与矩阵理论、计算方法等构成电路的计算机辅助分析的基础。其中网络图论主要讨论电路分析中的拓扑规律性，从而便于系统化地列写电路方程。

第二节　电网络的图

一、图的概念（graph）

KCL 和 KVL 是电路理论的基本定律，表明了电路中各支路电流和电压所必须遵循的约束关系，这种约束只取决于电路的结构，而与电路的元件性质与参数无关，故称为结构约束（或拓扑约束）关系。因此在应用 KCL 和 KVL 时，就可以将每条具体支路抽象成一条线段，但仍称其为支路，而各支路的连接点仍用结点表示。这样得到的图形称为原来电路的线图，简称为"图"，用 G(graph) 表示。显然对图 G 所列出的 KCL 和 KVL 方程组与原电网络完全相同，因为两者的互联性质的几何结构（即拓扑结构）是完全相同的。

电路的图 G 是用以表示电路几何结构的图形，图中的支路和结点与电路的支路和结点一一对应，如图 12-1 所示，所以电路的图是点线的集合。网络图论正是图论在电路理论中的应用，主要是用数学手段通过电路的结构及其连接性质，对电路进行分析计算。

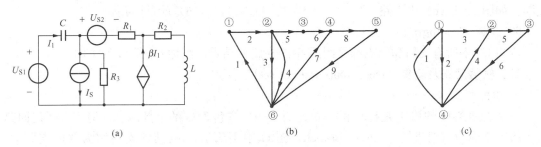

图 12-1　电路及其"图 G"

(a) 电路模型；(b) 一个元件一条支路；(c) 有源支路及串联支路为一条支路

如图 12-1（a）所示为由 9 个二端元件组成的电路。如果以每个二端元件作为电路的一条支路，则图 12-1（b）所示为该电路的图，它有 6 个结点和 9 条支路。而如果将电压源和电阻（电容）的串联组合或电流源与电阻的并联组合作为一条支路，这时电路的图如图 12-1（c）所示，它有 4 个结点和 6 条支路。所以用不同的支路定义得到的图 G 是不同的，但它们都能清楚地反映原电路的拓扑结构。

因此图 G 的精确定义是：图是一些支路和结点的集合，且每条支路的两端应终止于相应的结点上。

下面进一步解释图论的几个专业术语。

1. 支路——branch

每一个电路元件或多个电路元件的某种组合用一条线段代替，称为支路。

2. 结点——node

每一条支路的两个端点或多条支路相连接的点称为结点。在图论中，结点和支路各自是一个整体，一条支路必须终止于相应的结点上。移去一条支路，不意味着相连的结点也要移去，所以一个结点也可以单独存在，称为孤立结点。但若移去一个结点，则与该结点相连的所有支路要同时移去。

3. 有向图——oriented graph

若在图中的各个支路上指定参考方向，也只能用一个箭头表示方向，因此只有电流和电压取关联方向这种情况。所以将规定了支路参考方向的图称为有向图，否则称为无向图。

4. 路径——path

从图 G 的某一结点出发，沿着一些支路连续移动，从而达到一个指定的结点，这一系列支路构成图的一条路径。

5. 连通图——connected graph

当图 G 中的任意两个结点之间至少存在一条路径时，称为连通图，否则称为非连通图。

6. 回路——loop

如果一条路径的起点和终点重合，且经过的其他结点都不重复，这样所形成的闭合路径称为回路。如图 12-1 (c) 所示的图 G 中，支路 (1, 2)、(2, 3, 4)、(4, 5, 6)、(1, 3, 4)、(1, 3, 5, 6)、(2, 3, 5, 6) 都是回路，共有 6 个。

7. 网孔——mesh

所谓网孔，是指平面图中自然的"孔"，它是这样一种回路，在其所限定的区域中没有支路。如图 12-1 (c) 中支路 (1, 2)、(2, 3, 4)、(4, 5, 6) 就是网孔。

8. 子图——subgraph

若图 G_1 中所有支路和结点都是图 G 中的支路和结点，则称 G_1 是 G 的子图。

二、树、回路及割集（tree、loop and cut set）

1. 树的概念——tree

一个连通图 G 的树 T 是指 G 的一个连通子图，它包含 G 的全部结点，但不含任何回路。树中的支路称为"树支"——tree branch，图 G 中不属于 T 的其他支路称为"连支"——link，连支集合又称为"余树"。

一个连通图的树可能存在多种选择方法。

2. 基本回路——fundamental loop

只含一条连支的回路称为单连支回路，它们的总和为一组独立回路，称为"基本回路"。树一经选定，基本回路唯一地由连支数确定下来，基本回路数＝连支数。如图 12-2 所示为一组基本回路。

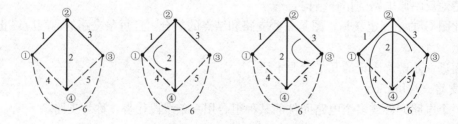

图 12-2　基本回路示意图

对于平面电路而言，其全部网孔就是一组独立回路。

3. 割集——cut set

一个连通图 G 的割集是指 G 的一个支路子集。

(1) 将该支路子集中的全部支路移去（保留结点）后，余下的图分为两个独立部分且各自连通。

（2）保留该支路子集中的任意一条支路时，图 G 仍然连通。

4.基本割集——fundamental cut set

满足割集定义且只含一条树支的割集称为单树支割集，它们的总和称为"基本割集"。树一经选定，基本割集唯一地由树支数确定下来，基本割集数＝树支数。如图 12-3 所示为根据选择的不同的树所确定的一组基本割集。

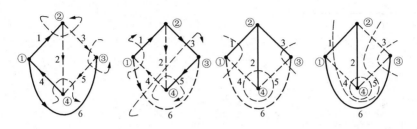

图 12-3　选择不同的树所确定的基本割集

三、关联矩阵 A_a 与降阶关联矩阵 A（incidence matrix）

给定一个有向图，各定向支路与各个结点之间的连接关系是十分清楚的，这种结构上的关系能否用代数的方法来表达呢？这对于用电子计算机来分析电路是一个很重要的问题，运用矩阵可以解决这个问题。

1.增广关联矩阵 A_a

关联矩阵是反映图 G 的结点与支路关联关系的二维表。用有向图 G 的各个结点组成矩阵的行，各有向支路组成矩阵的列，列表如下（其中 b_1，b_2，…等表示编号为 1，2，…的支路，n_1，n_2，…等表示编号为 1，2，…的结点）：以适当的数值填入空档中来表示结点与支路的连接情况。这些数值构成矩阵的元素，如图 12-4 所示。

	b_1	b_2	…	b_k	…
n_1					
n_2					
⋮					
n_i				a_{ik}	
⋮					

图 12-4　矩阵元素

由此定义增广关联矩阵（augmented incidence matrix）A_a，该矩阵的行对应图 G 的结点，列对应图 G 的各条支路。则

$$A_a = [a_{ik}] \tag{12-1}$$

其中

$$a_{ij} = \begin{cases} 1 & \text{——当结点 } i \text{ 与支路 } j \text{ 相关联，且支路电流的参考方向离开结点；} \\ -1 & \text{——当结点 } i \text{ 与支路 } j \text{ 相关联，且支路电流的参考方向指向结点；} \\ 0 & \text{——当结点 } i \text{ 与支路 } j \text{ 无关联。} \end{cases}$$

在一般情况下，对一个具有 b 条支路和 n 个结点的有向图来说，其增广关联矩阵为一个 n 行 b 列的矩阵。

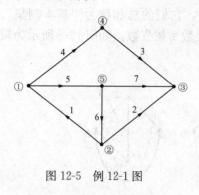

图 12-5 例 12-1 图

例 12-1 列出如图 12-5 所示的图 G 的增广关联矩阵。

解 按定义，图 G 的增广关联矩阵为

$$
\boldsymbol{A_a} = \begin{array}{c} ① \\ ② \\ ③ \\ ④ \\ ⑤ \end{array}
\begin{array}{ccccccc}
1 & 2 & 3 & 4 & 5 & 6 & 7 \\
\end{array}
\left[
\begin{array}{ccccccc}
-1 & 0 & 0 & 1 & 1 & 0 & 0 \\
1 & 1 & 0 & 0 & 0 & -1 & 0 \\
0 & -1 & -1 & 0 & 0 & 0 & -1 \\
0 & 0 & 1 & -1 & 0 & 0 & 0 \\
0 & 0 & 0 & 0 & -1 & 1 & 1
\end{array}
\right]
$$

2. $\boldsymbol{A_a}$ 的性质

由于每一支路都恰好与两个结点相关联，增广关联矩阵 $\boldsymbol{A_a}$ 中每一列都恰好有两个非零的元素，一个为 $+1$，另一个为 -1。

把一个矩阵中的两行相加，就是把同一列中的元素相加。以例 12-1 所示矩阵为例，若矩阵中的第一行和第二行分别记为 n_1 和 n_2，则

$$
\begin{aligned}
\boldsymbol{n_1} + \boldsymbol{n_2} &= \begin{bmatrix} -1+1 & 0+1 & 0+0 & 1+0 & 1+0 & 0-1 & 0+0 \end{bmatrix} \\
&= \begin{bmatrix} 0 & 1 & 0 & 1 & 1 & -1 & 0 \end{bmatrix}
\end{aligned} \tag{12-2}
$$

如果把式（12-2）表示的矩阵的各行相加，可得

$$
\boldsymbol{n_1} + \boldsymbol{n_2} + \boldsymbol{n_3} + \boldsymbol{n_4} + \boldsymbol{n_5} = 0
$$

由此可见，增广关联矩阵的各行线性相关，这就是说，该矩阵中的任一行是其余各行的线性组合。

3. 降阶关联矩阵 $\boldsymbol{A}$

由于增广关联矩阵的各行线性相关，即矩阵中的任一行是其余各行的线性组合。也就是说，总可以通过矩阵的代数变换，使得其中某一行全为零元素，因此，除去增广关联矩阵中的任一行，矩阵仍具有同样的信息，足以表征有向图中结点对支路的关系。把这种 $(n-1) \times b$ 矩阵称为降阶（reduced）关联矩阵，简称为关联矩阵，记为 $\boldsymbol{A}$。

在关联矩阵中有些列具有两个非零的元素（$+1$ 及 -1），有些列只有一个非零元素。仍以例 12-1 所示矩阵为例，若除去第二行，则

$$
\boldsymbol{A} = \begin{bmatrix}
-1 & 0 & 0 & 1 & 1 & 0 & 0 \\
0 & -1 & -1 & 0 & 0 & 0 & -1 \\
0 & 0 & 1 & -1 & 0 & 0 & 0 \\
0 & 0 & 0 & 0 & -1 & 1 & 1
\end{bmatrix}
$$

再如图 12-6 所示，其增广关联矩阵和去掉第二行的关联矩阵分别为

$$
\boldsymbol{A_a} = \begin{array}{c} ① \\ ② \\ ③ \\ ④ \end{array}
\begin{array}{cccccc}
1 & 2 & 3 & 4 & 5 & 6 \\
\end{array}
\left[
\begin{array}{cccccc}
-1 & -1 & 1 & 0 & 0 & 0 \\
0 & 0 & -1 & -1 & 0 & 1 \\
1 & 0 & 0 & 1 & 1 & 0 \\
0 & 1 & 0 & 0 & -1 & -1
\end{array}
\right],
$$

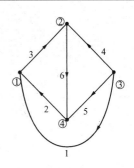

图 12-6　有向图 G

$$A = \begin{array}{c} ① \\ ③ \\ ④ \end{array} \begin{array}{cccccc} 1 & 2 & 3 & 4 & 5 & 6 \\ \left[\begin{array}{cccccc} -1 & -1 & 1 & 0 & 0 & 0 \\ 1 & 0 & 0 & 1 & 1 & 0 \\ 0 & 1 & 0 & 0 & -1 & -1 \end{array}\right] \end{array} \qquad (12\text{-}3)$$

反之，根据关联矩阵也能够得到唯一的图 G。

4. 矩阵 A 的作用与 KCL 定律及结点电压方程的矩阵表达式

（1）关联矩阵 A 与 KCL 矩阵方程。电路的独立 KCL 方程组可以用关联矩阵表示为矩阵方程。以图 12-6 为例（以下均用向量法分析），如果把结点④选为参考结点，则由其余的 3 个结点可得独立的 KCL 方程组为

结点 ①　　　　　$-\dot{I}_1 - \dot{I}_2 + \dot{I}_3 = 0$

结点 ②　　　　　$-\dot{I}_3 - \dot{I}_4 + \dot{I}_6 = 0$　　　　(12-4)

结点 ③　　　　　$\dot{I}_1 + \dot{I}_4 + \dot{I}_5 = 0$

或写为

$$\begin{bmatrix} -1 & -1 & 1 & 0 & 0 & 0 \\ 0 & 0 & -1 & -1 & 0 & 1 \\ 1 & 0 & 0 & 1 & 1 & 0 \end{bmatrix} \begin{bmatrix} \dot{I}_1 \\ \dot{I}_2 \\ \dot{I}_3 \\ \dot{I}_4 \\ \dot{I}_5 \\ \dot{I}_6 \end{bmatrix} = \begin{bmatrix} 0 \\ 0 \\ 0 \end{bmatrix} \qquad (12\text{-}5)$$

试把式（12-5）和式（12-3）加以比较，立即就可发现式（12-5）左端的系数矩阵与式（12-3)所示的矩阵 A 完全相同。如设

$$\dot{I} = \begin{bmatrix} \dot{I}_1 & \dot{I}_2 & \dot{I}_3 & \dot{I}_4 & \dot{I}_5 & \dot{I}_6 \end{bmatrix}^{\mathrm{T}}$$

并称 $\dot{I}_b$ 为支路电流向量，则式（12-6）可简记为

$$A\dot{I} = 0 \qquad (12\text{-}6)$$

虽然这一方程是由图 12-6 所示的有向图得出的，但可推广到任何有向图的情况。

（2）由关联矩阵确定 KVL 矩阵方程。如图 12-6 所示，设各个支路电压分别为 $\dot{U}_1$，$\dot{U}_2$，$\cdots$，$\dot{U}_6$，而以结点④为参考点的各个结点电压分别为 $\dot{U}_{n1}$，$\dot{U}_{n2}$，$\dot{U}_{n3}$，则

$$\dot{U}_1 = -\dot{U}_{n1} + \dot{U}_{n3}$$

$$\dot{U}_2 = -\dot{U}_{n1}$$

$$\dot{U}_3 = \dot{U}_{n1} - \dot{U}_{n2}$$

$$\dot{U}_4 = -\dot{U}_{n2} + \dot{U}_{n3}$$

$$\dot{U}_5 = \dot{U}_{n3}$$

$$\dot{U}_6 = \dot{U}_{n2}$$

$$
\begin{bmatrix} \dot{U}_1 \\ \dot{U}_2 \\ \dot{U}_3 \\ \dot{U}_4 \\ \dot{U}_5 \\ \dot{U}_6 \end{bmatrix} = \begin{bmatrix} -1 & 0 & 1 \\ -1 & 0 & 0 \\ 1 & -1 & 0 \\ 0 & -1 & 1 \\ 0 & 0 & 1 \\ 0 & 1 & 0 \end{bmatrix} \begin{bmatrix} \dot{U}_{n1} \\ \dot{U}_{n2} \\ \dot{U}_{n3} \end{bmatrix}
$$

推广之，设各个支路电压分别为 $\dot{U}_1$，$\dot{U}_2$，$\cdots$，$\dot{U}_b$，用支路电压列向量表示为

$$
\dot{U} = \begin{bmatrix} \dot{U}_1 & \dot{U}_2 & \cdots \dot{U}_b \end{bmatrix}^T
$$

而以结点 n 为参考点的各个结点电压分别为 $\dot{U}_{n1}$，$\dot{U}_{n2}$，$\cdots$，$\dot{U}_{n(n-1)}$，用结点电压列向量表示为

$$
\dot{U}_n = \begin{bmatrix} \dot{U}_{n1} \dot{U}_{n2} \cdots \dot{U}_{n(n-1)} \end{bmatrix}^T
$$

则

$$
\dot{U} = A^T \dot{U}_n \tag{12-7}
$$

四、基本回路矩阵及基本割集矩阵（fundamental loop matrix and cut set matrix）

1. 回路矩阵

（1）增广回路矩阵 B_a。该矩阵是反映图 G 中支路与回路之间的关系的矩阵。具体定义如下：设给定的有向图有 b 条支路，l_a 个回路。为每一回路规定一方向后，可以定义一个增广回路矩阵。它是一个 $l_a \times b$ 矩阵，记为 B_a

$$
B_a = \begin{bmatrix} b_{ij} \end{bmatrix} \tag{12-8}
$$

它的第 (i, j) 个元素确定为

$$
b_{ij} = \begin{cases} +1 & \text{——如果支路 } j \text{ 在回路 } i \text{ 内，且它们的参考方向相同；} \\ -1 & \text{——如果支路 } j \text{ 在回路 } i \text{ 内，且它们的参考方向相反；} \\ 0 & \text{——如果支路 } j \text{ 不在回路 } i \text{ 之内。} \end{cases}
$$

例 12-2　如图 12-7 所示有向图，其具有 6 条支路和 3 个回路，试列出其增广回路矩阵。

解　设 3 个回路的方向均为顺时针方向，则该有向图的增广回路矩阵为

$$
B_a = \begin{array}{c} l_1 \\ l_2 \\ l_3 \end{array} \begin{bmatrix} 1 & 0 & 0 & 0 & 1 & -1 \\ 0 & -1 & 1 & 1 & -1 & 1 \\ 1 & -1 & 1 & 1 & 0 & 0 \end{bmatrix}
$$

$$
\begin{array}{cccccc} 1 & 2 & 3 & 4 & 5 & 6 \end{array}
$$

将一、二行相加即为第三行。显然，此矩阵的各行线性相关。

（2）基本回路矩阵 B。为使所列出的回路矩阵是独立（线性无关）矩阵，首先应在图 G 中选择基本回路。由本节第二部分可知：基本回路数为 $b-(n-1)$ 个，因此在增广回路矩阵的 l_a 行中只有 $b-(n-1)$ 个是线性无关的。为了能直接获得独立的 KVL 方程组，根据本节第二部分所阐述的基本回路的概念，定义一个基本回路矩阵 B，它是一个 $(b-n+1) \times b$ 矩阵

$$\boldsymbol{B}=\begin{bmatrix} b_{ij} \end{bmatrix} \tag{12-9}$$

它的第 (i, j) 个元素的选择与 $\boldsymbol{B}_a$ 矩阵元素是一样的。基本回路的具体选择方式为：首先确定图 G 的一个树 T，然后每加上一个连支就会出现一个回路，当将所有连支加上后，所确定下来的所有回路就是基本回路，也就是独立回路。

例如，如图 12-3 所示的有向图，选树 T 为 2、3、5、6 支路，按连支确定基本回路，每一回路只有一条连支和若干树支，回路方向选定为连支方向。则对应于该树的基本回路矩阵为

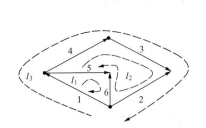

图 12-7　例 12-2 图

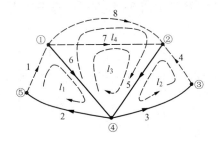

图 12-8　单连支回路

$$\boldsymbol{B}=\begin{array}{c} \\ l_1 \\ l_2 \\ l_3 \\ l_4 \end{array}\begin{array}{cccccccc} 1 & 2 & 3 & 4 & 5 & 6 & 7 & 8 \\ \left[\begin{array}{cccccccc} 1 & 1 & 0 & 0 & 0 & 1 & 0 & 0 \\ 0 & 0 & 1 & 1 & 1 & 0 & 0 & 0 \\ 0 & 0 & 0 & 0 & 1 & -1 & 1 & 0 \\ 0 & 0 & 0 & 0 & 1 & -1 & 0 & 1 \end{array}\right] \end{array} \tag{12-10}$$

该回路矩阵也称为单连支回路。

（3）用 $\boldsymbol{B}$ 表示的 KVL 方程矩阵表达式。电路的独立 KVL 方程组可以用基本回路矩阵表示为向量方程。仍以图 12-8 所示的有向图为例，根据选定的单连支基本回路，可得独立的 KVL 方程组为

$$
\begin{array}{ll}
\text{回路 } l_1 & \dot{U}_1+\dot{U}_6+\dot{U}_2=0 \\
\text{回路 } l_2 & \dot{U}_3+\dot{U}_4+\dot{U}_5=0 \\
\text{回路 } l_3 & \dot{U}_5-\dot{U}_6+\dot{U}_7=0 \\
\text{回路 } l_4 & \dot{U}_5-\dot{U}_6+\dot{U}_8=0
\end{array}\right\} \tag{12-11}
$$

或写为

$$\begin{bmatrix} 1 & 1 & 0 & 0 & 0 & 1 & 0 & 0 \\ 0 & 0 & 1 & 1 & 1 & 0 & 0 & 0 \\ 0 & 0 & 0 & 0 & 1 & -1 & 1 & 0 \\ 0 & 0 & 0 & 0 & 1 & -1 & 0 & 1 \end{bmatrix}\begin{bmatrix} \dot{U}_1 \\ \dot{U}_2 \\ \dot{U}_3 \\ \dot{U}_4 \\ \dot{U}_5 \\ \dot{U}_6 \\ \dot{U}_7 \\ \dot{U}_8 \end{bmatrix}=\begin{bmatrix} 0 \\ 0 \\ 0 \\ 0 \end{bmatrix} \tag{12-12}$$

式（12-12）简记为

$$\boldsymbol{B}\dot{\boldsymbol{U}}=0 \tag{12-13}$$

其中，$\dot{\boldsymbol{U}}=\begin{bmatrix} \dot{U}_1 & \dot{U}_2 & \dot{U}_3 & \dot{U}_4 & \dot{U}_5 & \dot{U}_6 & \dot{U}_7 & \dot{U}_8 \end{bmatrix}^{\mathrm{T}}$ 为支路电压列向量。

虽然该 KVL 矩阵方程是根据图 12-8 所示的有向图得出的，但对任何单连支有向图都可得出这一结果。

（4）用 $\boldsymbol{B}$ 表示的 KCL 方程矩阵表达式。设各个支路电流分别为 $\dot{I}_1$，$\dot{I}_2$，…，$\dot{I}_b$，用列向量表示为

$$\dot{\boldsymbol{I}}=\begin{bmatrix} \dot{I}_1 & \dot{I}_2 & \cdots \dot{I}_b \end{bmatrix}^{\mathrm{T}}$$

而各个回路电流（即连支电流）分别为 $\dot{I}_{l1}$，$\dot{I}_{l2}$，…，$\dot{I}_{lm}$，用列向量表示为

$$\dot{\boldsymbol{I}}_l=\begin{bmatrix} \dot{I}_{l1} & \dot{I}_{l2} & \cdots \dot{I}_{lm} \end{bmatrix}^{\mathrm{T}}$$

则

$$\dot{\boldsymbol{I}}=\boldsymbol{B}^{\mathrm{T}}\dot{\boldsymbol{I}}_l \tag{12-14}$$

关于基本回路矩阵的说明：

1）由于基本回路为单连支回路，其参考方向取与连支参考方向一致。

2）确定基本回路矩阵需要先选择一树 T。

3）将矩阵的列按树支与连支分开，以先树支后连支（或反之）方式排列。

若按先树支后连支排序后的基本回路矩阵又称为单连支回路，简记为 $\boldsymbol{B}_f$，矩阵形式为

$$\boldsymbol{B}_f=\begin{bmatrix} \boldsymbol{B}_t & \vdots & \boldsymbol{I}_l \end{bmatrix} \tag{12-15}$$

其中，下标 t 和 l 分别表示树支和连支部分。

例 12-3   如图 12-9 所示有向图，试列出其基本回路矩阵。

解   选择 1、2、3 支路为树支，按先树支后连支次序排列，列出的基本回路矩阵为

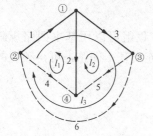

图 12-9   4、5、6 支路为连支的基本回路

$$\boldsymbol{B}_f=\begin{array}{c} \\ l_1 \\ l_2 \\ l_3 \end{array}\begin{array}{cccccc} 1 & 2 & 3 & 4 & 5 & 6 \end{array}\\ \begin{bmatrix} -1 & -1 & 0 & \vdots & 1 & 0 & 0 \\ 0 & -1 & 1 & \vdots & 0 & 1 & 0 \\ 1 & 0 & 1 & \vdots & 0 & 0 & 1 \end{bmatrix}=\begin{bmatrix} \boldsymbol{B}_t & \vdots & \boldsymbol{I}_l \end{bmatrix}$$

2. 基本割集矩阵 $\boldsymbol{Q}$

（1）$\boldsymbol{Q}$ 定义。设给定的有向图有 b 条支路，n_t 个树支。为每一树支规定参考方向后，则可以定义一个割集矩阵。它是一个 $n_t \times b$ 矩阵，记为 $\boldsymbol{Q}$

$$\boldsymbol{Q}=\begin{bmatrix} q_{ij} \end{bmatrix} \tag{12-16}$$

其中，$\boldsymbol{Q}$ 的行对应基本割集，列对应图 G 的各个支路，第 i 行、j 列中的元素确定如下：

$$q_{ij}=\begin{cases} 1 & \text{——支路 } j \text{ 与基本割集 } i \text{ 关联，参考方向一致；} \\ -1 & \text{——支路 } j \text{ 与基本割集 } i \text{ 关联，参考方向相反；} \\ 0 & \text{——支路 } j \text{ 与基本割集 } i \text{ 不关联。} \end{cases}$$

关于基本割集矩阵的说明：

1）由于基本割集为单树支回路，其参考方向取与树支参考方向一致。

2）确定基本割集矩阵需要先选择一棵树 T。

3）将矩阵的列按树支与连支分开，以先树支后连支（或反之）方式排列。

按先树支后连支排序后的基本割集矩阵又称为单树支割集，简记为 $\boldsymbol{Q}_f$，矩阵形式为

$$\boldsymbol{Q}_f = [\boldsymbol{I}_t \vdots \boldsymbol{Q}_l] \tag{12-17}$$

其中，下标 t 和 l 分别表示树支和连支部分。

例 12-4 如图 12-10 所示，选 1、2、3 支路为树支，试列出基本割集矩阵 $\boldsymbol{Q}$。

解 如图 12-10 所示，选 1、2、3 支路为树支，列出的基本割集矩阵（单树支割集）$\boldsymbol{Q}_f$ 为

$$
\boldsymbol{Q}_f = \begin{array}{c} q_1 \\ q_2 \\ q_3 \end{array}
\begin{array}{cccccc} 1 & 2 & 3 & 4 & 5 & 6 \end{array}
\left[\begin{array}{ccc:ccc}
1 & 0 & 0 & 1 & 0 & -1 \\
0 & 1 & 0 & 1 & 1 & 0 \\
0 & 0 & 1 & 0 & -1 & -1
\end{array}\right] = [\boldsymbol{I}_t \vdots \boldsymbol{Q}_l]
$$

如选 2、3、5 为树，有向图如图 12-11 所示，则列出的基本割集矩阵 $\boldsymbol{Q}$ 为

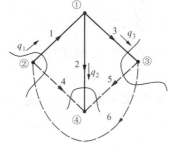

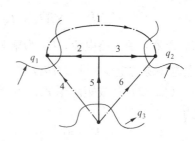

图 12-10　1、2、3 支路为树的基本割集　　　图 12-11　2、3、5 支路为树的基本割集

$$
\boldsymbol{Q} = \begin{array}{c} q_1 \\ q_2 \\ q_3 \end{array}
\begin{array}{cccccc} 1 & 2 & 3 & 4 & 5 & 6 \end{array}
\left[\begin{array}{cccccc}
-1 & 1 & 0 & 1 & 0 & 0 \\
1 & 0 & 1 & 0 & 0 & 1 \\
0 & 0 & 0 & 1 & 1 & 1
\end{array}\right]
$$

此时的割集矩阵中，树支和连支部分混合在一起，不像前面所列出的基本割集矩阵那样简明。

（2）用 $\boldsymbol{Q}$ 表示的 KCL 方程的矩阵形式。对于每一个基本割集都应用一次 KCL，就可得到联系着 b 个支路电流的 $(n-1)$ 个线性独立方程组。这组方程可表示为

$$\boldsymbol{Q}\dot{\boldsymbol{I}} = \boldsymbol{0} \tag{12-18}$$

是一组独立的 KCL 线性方程组。

（3）用 $\boldsymbol{Q}$ 表示的 KVL 方程的矩阵形式。对于每一个基本割集都应用一次 KCL，就可得到联系着 b 个支路电流的 $(n-1)$ 个线性独立方程组。这组方程可表示为

$$\dot{\boldsymbol{U}} = \boldsymbol{Q}^{\mathrm{T}}\dot{\boldsymbol{U}}_t \qquad \text{(KVL)} \tag{12-19}$$

五、独立的 KCL 方程和 KVL 方程（independent KCL and KVL）

一个含有 n 个结点、b 条支路的电路，其独立的 KCL（电流方程）方程数为 $(n-1)$ 个，与这些独立的 KCL 方程对应的结点称为独立结点；其独立的 KVL（电压方程）方程数为 $(b-n+1)$ 个。上述结论的具体说明与严格证明略去，有兴趣的读者可以在推荐的参考教材及有关的书籍中找到答案。一组独立回路就可对应一组独立的 KVL 方程，因此，可以

运用图论的一些基本概念来简化电路问题的求解。

第三节 支路方程的矩阵形式

在第二节第三部分中得到用关联矩阵 A 表示的 KCL 和 KVL 基本矩阵方程为

$$A\dot{I}=0 \qquad \text{(KCL)} \tag{12-20}$$

$$\dot{U}=A^T\dot{U}_n \qquad \text{(KVL)} \tag{12-21}$$

它们反映了电路的拓扑约束。要求必须掌握支路的约束关系，这样才能得到完整的网络描述。下面推导支路约束关系方程的矩阵形式。

设电路中的每条支路有一个导纳（阻抗），一个独立电压源和一个独立电流源，其一般形式如图 12-12 所示，称为标准支路或复合支路。如果支路中没有电源，则令电压源电压和电流源电流为零即可。由图 12-12 可得

$$\dot{I}_k = Y_k\dot{U}_k + \dot{I}_{Sk} - Y_k\dot{U}_{Sk} \qquad (k=1,2,\cdots,b) \tag{12-22}$$

式中：$\dot{I}_k$ 为第 k 条支路电流；$\dot{U}_k$ 为第 k 条支路电压；Y_k 为第 k 条支路导纳；$\dot{U}_{Sk}$ 为第 k 条支路的独立电压源的电压；$\dot{I}_{Sk}$ 为第 k 条支路的独立电流源的电流。

将式（12-22）写成矩阵形式便可得到整个电路的支路约束方程。为此，定义支路导纳矩阵 Y 为

$$Y = \begin{bmatrix} Y_1 & 0 & 0 & \cdots & 0 \\ 0 & Y_2 & 0 & \cdots & 0 \\ 0 & 0 & Y_3 & \cdots & 0 \\ \vdots & \vdots & \vdots & \ddots & \vdots \\ 0 & 0 & 0 & \cdots & Y_b \end{bmatrix} = \text{diag}[Y_1 \quad Y_2 \quad Y_3 \quad \cdots \quad Y_b] \tag{12-23}$$

它是一个 $b \times b$ 对角矩阵。

定义独立电压源向量 $\dot{U}_S$ 和独立电流源向量 $\dot{I}_S$ 为

$$\dot{U}_S = \begin{bmatrix} \dot{U}_{S1} & \dot{U}_{S2} & \cdots & \dot{U}_{Sb} \end{bmatrix}^T, \quad \dot{I}_S = \begin{bmatrix} \dot{I}_{S1} & \dot{I}_{S2} & \cdots & \dot{I}_{Sb} \end{bmatrix}^T$$

于是，式（12-22）可写成矩阵形式为

$$\dot{I} = Y\dot{U} - Y\dot{U}_S + \dot{I}_S \tag{12-24}$$

该方程总括了网络中全部支路的约束关系。式（12-24）

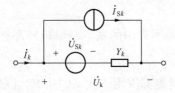

图 12-12 第 k 条（复合支路）
标准支路模型

的支路方程矩阵形式也可表示为

$$\dot{U} = Z\dot{I} - Z\dot{I}_S + \dot{U}_S \tag{12-25}$$

其中

$$Z = Y^{-1} = \begin{bmatrix} Z_1 & 0 & 0 & \cdots & 0 \\ 0 & Z_2 & 0 & \cdots & 0 \\ 0 & 0 & Z_3 & \cdots & 0 \\ \vdots & \vdots & \vdots & \ddots & \vdots \\ 0 & 0 & 0 & \cdots & Z_b \end{bmatrix} = \text{diag}[Z_1 \quad Z_2 \quad Z_3 \quad \cdots \quad Z_b] \tag{12-26}$$

式（12-26）称为支路阻抗矩阵，也是对角矩阵；且 $Z_k = \dfrac{1}{Y_k}(k=1,\ 2,\ \cdots,\ b)$。

根据式（12-20）、式（12-21）两个约束关系方程，给定 $\dot{U}_S$、$\dot{I}_S$、Y（或 Z）中的各元素值，就可求出电路中的各支路电流及支路电压。

第四节　结点分析法

一、不含受控源电路结点分析法（nodal analysis without dependent sources）

由第二章可知：在任何电路中必有一组电压是线性无关的，也必有一组电流是线性无关的。也就是说，电路中存在着一组独立电压变量，所有支路电压都可以表示为这组电压的线性组合；电路中存在着一组独立电流变量，所有支路电流都可以表示为这组电流的线性组合。

借助于 $(n-1)$ 个结点电压来表示 b 个支路电压，实际上是表达 KVL 加于支路电压约束的一种方法。式（12-21）（KVL）连同式（12-20）（KCL）构成结点分析的两个基本方程。将它们和反映网络支路的约束关系式（12-22）相结合，就可得到具有 $n-1$ 个未知量 $\dot{U}_{n1},\ \dot{U}_{n2},\ \cdots,\ \dot{U}_{n(n-1)}$ 的 $n-1$ 个方程。为此，要进行消去支路变量的工作，推导过程如下

KCL
$$A\dot{I}=0 \tag{12-27}$$

KVL
$$\dot{U}=A^{\mathrm{T}}\dot{U}_n \tag{12-28}$$

VCR
$$\dot{I}=Y(\dot{U}-\dot{U}_S)+\dot{I}_S \tag{12-29}$$

用矩阵 A 左乘方程式（12-29），用 $A^{\mathrm{T}}\dot{U}_n$ 代替 $\dot{U}$，并应用式（12-27），得

$$AYA^{\mathrm{T}}\dot{U}_n+A\dot{I}_S-AY\dot{U}_S=0 \tag{12-30}$$

或

$$AYA^{\mathrm{T}}\dot{U}_n=AY\dot{U}_S-A\dot{I}_S \tag{12-31}$$

式（12-31）中，AYA^{T} 是一个 $(n-1)\times(n-1)$ 方阵，而 $AY\dot{U}_S$ 和 $-A\dot{I}_S$ 都是 $(n-1)$ 维列向量。令

$$Y_n=AYA^{\mathrm{T}} \tag{12-32}$$

$$\dot{I}_n=AY\dot{U}_S-A\dot{I}_S \tag{12-33}$$

则式（12-31）可简记为

$$Y_n\dot{U}_n=\dot{I}_n \tag{12-34}$$

式（12-34）通常称为结点矩阵方程；Y_n 称为结点导纳矩阵；$\dot{I}_n$ 称为结点电流源列向量。

在这个结点矩阵方程中，Y_n 和 $\dot{I}_n$ 是可以根据给定的电路结构、元件的参数和电源的电压以及电流计算得出。按有向图 G 能确定关联矩阵 A，根据式（12-23）确定支路导纳矩阵 Y，因而结点导纳矩阵 Y_n 就可由式（12-32）确定。同理，由于电源向量 $\dot{U}_S$ 和 $\dot{I}_S$ 是已知的，所以结点电流源向量 $\dot{I}_n$ 可按式（12-33）确定。因此，矩阵方程式（12-34）把未知的 $(n-1)$ 维列向量 $\dot{U}_n$ 同已知的 $(n-1)\times(n-1)$ 矩阵 Y_n 和 $(n-1)$ 维列向量 $\dot{I}_n$ 相联系，由此可解得 $\dot{U}_n$。$\dot{U}_n$ 一旦求得，由式（12-28）可确定 b 个支路电压，再由式（12-29）可确定 b 个支路电流。

结点方程式（12-34）是 $(n-1)$ 个以结点电压作未知量的线性代数方程组，也是第二

章所阐述的结点方程的矩阵表示形式。过去是用观察法直接由电路列出这组方程。本节所述内容，为结点分析法提供了一个严格的系统步骤，在任何情况下都适用。这种系统的方法在运用计算机辅助分析电路问题而编制程序时是非常必要的。

例 12-5   一电阻电路如图 12-13（a）所示，试列出编写结点方程和解出各支路变量的详细步骤。

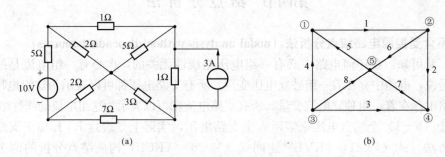

图 12-13   例 12-5 图

（a）电阻电路；（b）电路图

解   （1）作该电路的图如图 12-13（b）所示。任选一参考结点，如结点⑤，其余结点分别标以①、②、③、④。结点电压为 U_{n1}、U_{n2}、U_{n3}、U_{n4}。

（2）对支路 1、2、3、4、5、6、7、8 加以编号，并指定每一支路的参考方向。以变量 Y_i 表示第 i 支路的导纳。

（3）建立关联矩阵 A，则

$$A = \begin{bmatrix} 1 & 0 & 0 & -1 & -1 & 0 & 0 & 0 \\ -1 & 1 & 0 & 0 & 0 & 1 & 0 & 0 \\ 0 & 0 & 1 & 1 & 0 & 0 & 0 & 1 \\ 0 & -1 & -1 & 0 & 0 & 0 & -1 & 0 \end{bmatrix}$$

（4）建立支路电导（导纳）矩阵，由于电路具有 8 条支路，该矩阵为 8×8 阶，且为对角线矩阵，则

$$Y = G = \begin{bmatrix} 1 & 0 & 0 & 0 & 0 & 0 & 0 & 0 \\ 0 & 1 & 0 & 0 & 0 & 0 & 0 & 0 \\ 0 & 0 & \frac{1}{7} & 0 & 0 & 0 & 0 & 0 \\ 0 & 0 & 0 & \frac{1}{5} & 0 & 0 & 0 & 0 \\ 0 & 0 & 0 & 0 & \frac{1}{2} & 0 & 0 & 0 \\ 0 & 0 & 0 & 0 & 0 & \frac{1}{5} & 0 & 0 \\ 0 & 0 & 0 & 0 & 0 & 0 & \frac{1}{3} & 0 \\ 0 & 0 & 0 & 0 & 0 & 0 & 0 & \frac{1}{2} \end{bmatrix} \text{(S)}$$

(5) 根据 $\boldsymbol{G}_n=\boldsymbol{AGA}^{\mathrm{T}}$ 计算结点电导矩阵，则

$$\boldsymbol{Y}_n=\boldsymbol{G}_n=\boldsymbol{AGA}^{\mathrm{T}}=\begin{bmatrix} 1 & 0 & 0 & -\dfrac{1}{5} & -\dfrac{1}{2} & 0 & 0 & 0 \\ -1 & 1 & 0 & 0 & 0 & \dfrac{1}{5} & 0 & 0 \\ 0 & 0 & \dfrac{1}{7} & \dfrac{1}{5} & 0 & 0 & 0 & \dfrac{1}{2} \\ 0 & -1 & -\dfrac{1}{7} & 0 & 0 & 0 & -\dfrac{1}{3} & 0 \end{bmatrix}\begin{bmatrix} 1 & -1 & 0 & 0 \\ 0 & 1 & 0 & -1 \\ 0 & 0 & 1 & -1 \\ -1 & 0 & 1 & 0 \\ -1 & 0 & 0 & 0 \\ 0 & 1 & 0 & 0 \\ 0 & 0 & 0 & -1 \\ 0 & 0 & 1 & 0 \end{bmatrix}$$

故得

$$\boldsymbol{G}_n=\begin{bmatrix} \dfrac{17}{10} & -1 & -\dfrac{1}{5} & 0 \\ -1 & \dfrac{11}{5} & 0 & -1 \\ -\dfrac{1}{5} & 0 & \dfrac{59}{70} & -\dfrac{1}{7} \\ 0 & -1 & -\dfrac{1}{7} & \dfrac{31}{21} \end{bmatrix}(\mathrm{S})$$

(6) 确定独立电压源向量和独立电流源向量，有

$$\boldsymbol{U}_{\mathrm{S}}=\begin{bmatrix} 0 & 0 & 0 & -10 & 0 & 0 & 0 & 0 \end{bmatrix}^{\mathrm{T}}(\mathrm{V})$$
$$\boldsymbol{I}_{\mathrm{S}}=\begin{bmatrix} 0 & -3 & 0 & 0 & 0 & 0 & 0 & 0 \end{bmatrix}^{\mathrm{T}}(\mathrm{A})$$

(7) 根据 $\boldsymbol{I}_n=\boldsymbol{AGU}_{\mathrm{S}}-\boldsymbol{AI}_{\mathrm{S}}$ 确定结点电流源列向量，有

$$\boldsymbol{AGU}_{\mathrm{S}}=\begin{bmatrix} 1 & 0 & 0 & -\dfrac{1}{5} & -\dfrac{1}{2} & 0 & 0 & 0 \\ -1 & 1 & 0 & 0 & 0 & \dfrac{1}{5} & 0 & 0 \\ 0 & 0 & \dfrac{1}{7} & \dfrac{1}{5} & 0 & 0 & 0 & \dfrac{1}{2} \\ 0 & -1 & -\dfrac{1}{7} & 0 & 0 & 0 & -\dfrac{1}{3} & 0 \end{bmatrix}\begin{bmatrix} 0 \\ 0 \\ 0 \\ -10 \\ 0 \\ 0 \\ 0 \\ 0 \end{bmatrix}$$

计算得

$$\boldsymbol{I}_n=\boldsymbol{AGU}_{\mathrm{S}}-\boldsymbol{AI}_{\mathrm{S}}=\begin{bmatrix} 2 \\ 3 \\ -2 \\ -3 \end{bmatrix}(\mathrm{A})$$

(8) 得结点方程 $\boldsymbol{G}_n\boldsymbol{U}_n=\boldsymbol{I}_n$，即

$$\begin{bmatrix} \dfrac{17}{10} & -1 & -\dfrac{1}{5} & 0 \\ -1 & \dfrac{11}{5} & 0 & -1 \\ -\dfrac{1}{5} & 0 & \dfrac{59}{70} & -\dfrac{1}{7} \\ 0 & -1 & -\dfrac{1}{7} & \dfrac{31}{21} \end{bmatrix} \begin{bmatrix} U_{n1} \\ U_{n2} \\ U_{n3} \\ U_{n4} \end{bmatrix} = \begin{bmatrix} 2 \\ 3 \\ -2 \\ -3 \end{bmatrix}$$

（9）可以通过逆矩阵 $\boldsymbol{Y}_n^{-1}$ 来求解结点电压，则

$$\begin{bmatrix} U_{n1} \\ U_{n2} \\ U_{n3} \\ U_{n4} \end{bmatrix} = \begin{bmatrix} \dfrac{17}{10} & -1 & -\dfrac{1}{5} & 0 \\ -1 & \dfrac{11}{5} & 0 & -1 \\ -\dfrac{1}{5} & 0 & \dfrac{59}{70} & -\dfrac{1}{7} \\ 0 & -1 & -\dfrac{1}{7} & \dfrac{31}{21} \end{bmatrix}^{-1} \begin{bmatrix} 2 \\ 3 \\ -2 \\ -3 \end{bmatrix} = \begin{bmatrix} 1.043 & 0.706 & 0.334 & 0.511 \\ 0.706 & 1.14 & 0.303 & 0.802 \\ 0.334 & 0.303 & 1.322 & 0.334 \\ 0.511 & 0.802 & 0.344 & 1.253 \end{bmatrix} \begin{bmatrix} 2 \\ 3 \\ -2 \\ -3 \end{bmatrix}$$

解得

$$U_{n1} = 2.004(\text{V}), \quad U_{n2} = 1.821(\text{V})$$
$$U_{n3} = -2.067(\text{V}), \quad U_{n4} = -0.999(\text{V})$$

（10）求得各结点电压后，支路电压可由 $\boldsymbol{U} = \boldsymbol{A}^{\text{T}} \boldsymbol{U}_n$ 求得，则

$$\begin{bmatrix} U_1 \\ U_2 \\ U_3 \\ U_4 \\ U_5 \\ U_6 \\ U_7 \\ U_8 \end{bmatrix} = \begin{bmatrix} 1 & -1 & 0 & 0 \\ 0 & 1 & 0 & -1 \\ 0 & 0 & 1 & -1 \\ -1 & 0 & 1 & 0 \\ -1 & 0 & 0 & 0 \\ 0 & 1 & 0 & 0 \\ 0 & 0 & 0 & -1 \\ 0 & 0 & 1 & 0 \end{bmatrix} \begin{bmatrix} 2.004 \\ 1.821 \\ -2.067 \\ -0.999 \end{bmatrix}$$

解得

$$U_1 = 0.183(\text{V}), \quad U_2 = 2.820(\text{V})$$
$$U_3 = -1.068(\text{V}), \quad U_4 = -4.071(\text{V})$$
$$U_5 = -2.004(\text{V}), \quad U_6 = 1.821(\text{V})$$
$$U_7 = 0.999(\text{V}), \quad U_8 = -2.067(\text{V})$$

（11）由 $\boldsymbol{I} = \boldsymbol{G}\boldsymbol{U} + \boldsymbol{I}_\text{S} - \boldsymbol{G}\boldsymbol{U}_\text{S}$ 求各支路电流，得

$$I_1 = 0.183(\text{A}), \quad I_2 = -0.180(\text{A})$$
$$I_3 = -0.152(\text{A}), \quad I_4 = 1.186(\text{A})$$
$$I_5 = -1.002(\text{A}), \quad I_6 = 1.821(\text{A})$$
$$I_7 = 0.333(\text{A}), \quad I_8 = -1.067(\text{A})$$

例 12-5 的建立方程和求解的工作可以由计算机完成。为此，应把计算程序以及网

络的拓扑结构、元件的参数值输入计算机。计算结果由计算机的输出设备（如打印机）获得。

一种输入数据的方式是先输入结点数和支路数，以图 12-13 所示电路为例，输入数据的第一行为：5，8（表示有 5 个结点，8 条支路）；

输入数据的第二行为：1，1，2，1，0，0；

其中第一位为支路编号，第二位为该支路的起始结点编号，第三位为该支路的终止结点编号，第四位为电阻值，第五位为电压源值，第六位为电流源值。

因此，如图 12-13 所示电路的全部输入数据为

5，8

1，1，2，1，0，0

2，2，4，1，0，−3　　　(I_S 与支路方向不一致)

3，3，4，7，0，0

4，3，1，5，−10，0　　　(U_S 与支路方向不一致)

5，5，1，2，0，0

6，2，5，5，0，0

7，5，4，3，0，0

8，3，5，2，0，0

根据这些数据，计算机即可形成 $\boldsymbol{A}$、$\boldsymbol{Y}$、$\dot{\boldsymbol{U}}_\text{S}$ 及 $\dot{\boldsymbol{I}}_\text{S}$ 等矩阵。

计算机根据程序由 $\boldsymbol{A}$ 形成 $\boldsymbol{A}^\text{T}$，即可算出 $\boldsymbol{A}\boldsymbol{Y}\boldsymbol{A}^\text{T}$、$\boldsymbol{A}\boldsymbol{Y}\dot{\boldsymbol{U}}_\text{S}$ 及 $\boldsymbol{A}\dot{\boldsymbol{I}}_\text{S}$ 等矩阵。在算出 $\boldsymbol{Y}_n^{-1}$ 后，即可算出 $\dot{\boldsymbol{U}}_n$，进而算出 $\dot{\boldsymbol{U}}$、$\dot{\boldsymbol{I}}$，并把结果打印出来。

二、含受控源电路结点分析法（nodal analysis without dependent sources）

当电路中含有受控源时，如图 12-14 所示为某电路中的第 k 条复合支路，含有受控电流源是受到第 j 条支路电流 $\dot{I}_{ej}$ 或电压 $\dot{U}_{ej}$ 控制，则有 $\dot{I}_{dk}=\beta_{kj}\dot{I}_{ej}$ 或 $\dot{I}_{dk}=g_{kj}\dot{U}_{ej}$。

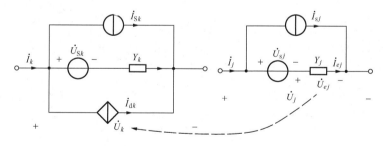

图 12-14　含受控源的标准支路

对第 k 条支路列写支路方程得

$$\dot{I}_k = Y_k(\dot{U}_k - \dot{U}_{sk}) + \dot{I}_{sk} + \dot{I}_{dk}(k=1,2,\cdots,b) \qquad (12\text{-}35)$$

其中

$$\dot{I}_{dk}=\begin{cases}\beta_{kj}Y_j(\dot{U}_j-\dot{U}_{sj}) & \text{(CCCS)}\\[2mm] g_{kj}(\dot{U}_j-\dot{U}_{sj}) & \text{(VCCS)}\end{cases}$$

则式（12-35）用矩阵具体表示形式为

$$
\begin{array}{c}
 1 \ \ 2 \ \cdots \ j \ \cdots \ k \ \cdots \ b \\
\begin{bmatrix} \dot{I}_1 \\ \dot{I}_2 \\ \vdots \\ \dot{I}_j \\ \vdots \\ \dot{I}_k \\ \vdots \\ \dot{I}_b \end{bmatrix} = \begin{array}{c} 1 \\ 2 \\ \vdots \\ j \\ \vdots \\ k \\ \vdots \\ b \end{array} \begin{bmatrix} Y_1 & & & & & & \\ 0 & Y_2 & & & & 0 & \\ \vdots & & \ddots & & & & \\ 0 & \cdots & 0 & Y_j & & & \\ \vdots & & & \ddots & \ddots & & \\ 0 & & 0 & Y_{kj} & & Y_k & \\ \vdots & & & 0 & \cdots & 0 & \ddots \\ 0 & \cdots & 0 & \cdots & 0 & \cdots & 0 & Y_b \end{bmatrix} \begin{bmatrix} \dot{U}_1 - \dot{U}_{S1} \\ \dot{U}_2 - \dot{U}_{S2} \\ \vdots \\ \dot{U}_j - \dot{U}_{Sj} \\ \vdots \\ \dot{U}_k - \dot{U}_{Sk} \\ \vdots \\ \dot{U}_b - \dot{U}_{Sb} \end{bmatrix} + \begin{bmatrix} \dot{I}_{S1} \\ \dot{I}_{S2} \\ \vdots \\ \dot{I}_{Sj} \\ \vdots \\ \dot{I}_{Sk} \\ \vdots \\ \dot{I}_{Sb} \end{bmatrix}
\end{array}
$$

上式中

$$
Y_{kj} = \begin{cases} \beta_{kj} Y_j & \text{(CCCS)} \\ g_{kj} & \text{(VCCS)} \end{cases}
$$

即

$$
\boldsymbol{\dot{I}} = \boldsymbol{Y}(\boldsymbol{\dot{U}} - \boldsymbol{\dot{U}}_S) + \boldsymbol{\dot{I}}_S \tag{12-36}
$$

比较式（12-36）和式（12-29），可见含有受控源的支路方程形式与不含受控源的形式相同。只是式（12-36）中的 $\boldsymbol{Y}$ 矩阵不是对角阵了。将式（12-36）与式（12-27）、式（12-28）联立得到的结点方程的矩阵形式仍为式（12-34）的形式。

三、含互感耦合电路的结点分析法（nodal analysis with magnetically coupled inductors）

现在讨论电路中含有互感耦合时结点方程的矩阵形式。为简单起见，不考虑受控源的影响。对于与其他支路有互感耦合的支路，不能直接写出式（12-29）的支路方程矩阵形式，而是先写出用支路电流表示支路电压的关系式。设第 1 支路至第 g 支路之间均有互感耦合，则有

$$
\begin{bmatrix} \dot{U}_1 \\ \dot{U}_2 \\ \vdots \\ \dot{U}_g \\ \dot{U}_h \\ \vdots \\ \dot{U}_b \end{bmatrix} = \begin{bmatrix} Z_1 & \pm j\omega M_{12} & \cdots & \pm j\omega M_{1g} & 0 & \cdots & 0 \\ \pm j\omega M_{21} & Z_2 & \cdots & \pm j\omega M_{2g} & 0 & \cdots & 0 \\ \vdots & \vdots & \ddots & \vdots & \vdots & & \vdots \\ \pm j\omega M_{g1} & \pm j\omega M_{g2} & \cdots & \pm Z_g & 0 & \cdots & 0 \\ 0 & 0 & \cdots & 0 & Z_h & \cdots & 0 \\ \vdots & \vdots & & \vdots & \vdots & \ddots & \vdots \\ 0 & 0 & \cdots & 0 & 0 & 0 & Z_b \end{bmatrix} \begin{bmatrix} \dot{I}_1 - \dot{I}_{S1} \\ \dot{I}_2 - \dot{I}_{S2} \\ \vdots \\ \dot{I}_g - \dot{I}_{Sg} \\ \dot{I}_h - \dot{I}_{Sh} \\ \vdots \\ \dot{I}_b - \dot{I}_{Sb} \end{bmatrix} + \begin{bmatrix} \dot{U}_{S1} \\ \dot{U}_{S2} \\ \vdots \\ \dot{U}_{Sg} \\ \dot{U}_{Sh} \\ \vdots \\ \dot{U}_{Sb} \end{bmatrix}
$$

简写为

$$
\boldsymbol{\dot{U}} = \boldsymbol{Z}(\boldsymbol{\dot{I}} - \boldsymbol{\dot{I}}_S) + \boldsymbol{\dot{U}}_S \tag{12-37}
$$

式（12-37）中，$\boldsymbol{Z}$ 为支路阻抗矩阵，其主对角线元素为各支路阻抗，非对角线的元素是响应支路之间的互感阻抗，因此 $\boldsymbol{Z}$ 不再是对角阵。如果求导纳矩阵 $\boldsymbol{Y}$，$\boldsymbol{Y} = \boldsymbol{Z}^{-1}$，则有 $\boldsymbol{\dot{I}} = \boldsymbol{Y}(\boldsymbol{\dot{U}} - \boldsymbol{\dot{U}}_S) + \boldsymbol{\dot{I}}_S$，这个方程形式与式（12-29）一样，唯一的区别是此时 $\boldsymbol{Y}$ 不再是对角阵了。

　　一般将具有耦合的电感支路连续编号，这样就可将 Z 矩阵中与这些支路有关的元素集中在一子矩阵中，只要对这个子矩阵求逆运算即可求出导纳矩阵 Y，减轻求逆矩阵的计算工作量。如第 j、k 支路，则在 Z 矩阵中的子矩阵（设两电流流进端为同名端）为

$$\begin{array}{cc} j & k \\ \vdots & \vdots \end{array}$$
$$\begin{array}{c} j\cdots \\ k\cdots \end{array}\begin{bmatrix} \mathrm{j}\omega L_j & \mathrm{j}\omega M_{jk} \\ \mathrm{j}\omega M_{kj} & \mathrm{j}\omega L_k \end{bmatrix}$$

则在 $Y=Z^{-1}$ 中对应子矩阵为

$$\begin{array}{cc} j & k \\ \vdots & \vdots \end{array}$$
$$\begin{array}{c} j\cdots \\ k\cdots \end{array}\begin{bmatrix} \dfrac{L_k}{\Delta} & -\dfrac{M_{jk}}{\Delta} \\ -\dfrac{M_{kj}}{\Delta} & \dfrac{L_j}{\Delta} \end{bmatrix}$$

其中，$M_{jk}=M_{kj}$，$\Delta=\mathrm{j}\omega\,(L_jL_k-M_{jk}^2)$。

　　注意：①在全耦合情况下，$L_jL_k=M_{jk}^2$，则 Y 不存在；②耦合支路的两电流流进端不为同名端时，Y 子矩阵中非对角线元素前的符号为正。

　　例 12-6　电路如图 12-15（a）所示，L_3，L_4，C_2 的初始条件为零，用运算形式写出结点电压方程的矩阵形式。

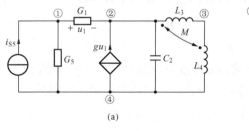

图 12-15　例 12-6 图

（a）电路；（b）图 G

　　解　画出图 G，如图 12-15（b）所示，以结点④为参考结点，写出关联矩阵 A 为

$$A=\begin{bmatrix} 1 & 0 & 0 & 0 & 1 \\ -1 & 1 & 1 & 0 & 0 \\ 0 & 0 & -1 & 1 & 0 \end{bmatrix}$$

支路电流源及电压源列向量为

$$I_S(s)=\begin{bmatrix} 0 & 0 & 0 & 0 & -I_{S5}(s) \end{bmatrix}^{\mathrm{T}}, \quad U_S(s)=\begin{bmatrix} 0 & 0 & 0 & 0 & 0 \end{bmatrix}^{\mathrm{T}}$$

支路运算阻抗矩阵中含有互感耦合子矩阵为

$$Z_i(s)=\begin{bmatrix} sL_3 & sM \\ sM & sL_4 \end{bmatrix}$$

受控源为 VCCS，与标准支路方向相反，则支路运算导纳矩阵为

$$Y(s) = \begin{bmatrix} G_1 & 0 & 0 & 0 & 0 \\ -g & sC_2 & 0 & 0 & 0 \\ 0 & 0 & \dfrac{L_4}{\Delta} & \dfrac{-M}{\Delta} & 0 \\ 0 & 0 & \dfrac{-M}{\Delta} & \dfrac{L_3}{\Delta} & 0 \\ 0 & 0 & 0 & 0 & G_5 \end{bmatrix}$$

其中 $\Delta = s(L_3 L_4 - M^2)$

将以上各矩阵代入式 $AYA^{\mathrm{T}}U_n(s) = AYU_S(s) - AI_S(s)$，即得结点电压方程的矩阵形式为

$$\begin{bmatrix} G_1 + G_5 & -G_1 & 0 \\ -(G_1 + g) & G_1 + g + sC_2 + \dfrac{L_4}{\Delta} & -\dfrac{L_4 + M}{\Delta} \\ 0 & -\dfrac{L_4 + M}{\Delta} & \dfrac{L_3 + L_4 + 2M}{\Delta} \end{bmatrix} \begin{bmatrix} U_{n1}(s) \\ U_{n2}(s) \\ U_{n3}(s) \end{bmatrix} = \begin{bmatrix} I_{S5}(s) \\ 0 \\ 0 \end{bmatrix}$$

第五节 回路分析法

在前面已指出：选定树后，电路中的基本回路电流是一组独立电流变量，其个数为 $l = b - n + 1$，所有支路电流都可以表示为这组电流的线性组合。设基本回路电流列向量为 $\dot{I}_l = \begin{bmatrix} \dot{I}_{l1} & \dot{I}_{l2} & \cdots & \dot{I}_{ll} \end{bmatrix}^{\mathrm{T}}$，其与支路电流列向量的关系可表示为

$$\dot{I} = B^{\mathrm{T}} \dot{I}_l$$

其中，B^{T} 为基本回路矩阵的转置。

借助于 $b - n + 1$ 个回路电流来表示 b 个支路电流，实际上是表达 KCL 加于支路电流约束的一种方法。式（12-14）（KCL）同式（12-13）（KVL）构成回路分析的两个基本方程。把它们和反映网络支路约束条件的式（12-25）相结合，就可得到具有 $b - n + 1$ 个未知量 $\dot{I}_{l1}$，$\dot{I}_{l2}$，…，$\dot{I}_{ll}$ 的 $b - n + 1$ 个方程。为此，要进行消去支路变量的工作，其过程为

$$B\dot{U}_b = 0 \qquad \text{(KVL)} \tag{12-38}$$

$$\dot{I} = B^{\mathrm{T}} \dot{I}_l \qquad \text{(KCL)} \tag{12-39}$$

$$\dot{U} = Z(\dot{I} - \dot{I}_S) + \dot{U}_S \qquad \text{(VCR)} \tag{12-40}$$

以矩阵 B 左乘式（12-40）两边，用 $B^{\mathrm{T}}\dot{I}_l$ 代替 $\dot{I}$，并考虑到式（12-38），可得

$$BZB^{\mathrm{T}} \dot{I}_l = B\dot{Z}I_S - B\dot{U}_S \tag{12-41}$$

在式（12-41）中，BZB^{T} 是一个 $(b-n+1) \times (b-n+1)$ 即 $l \times l$ 方阵，而 $B\dot{Z}I_S$ 和 $-B\dot{U}_S$ 都是 l 维向量。令 $Z_l = BZB^{\mathrm{T}}$、$\dot{U}_l = BZ\dot{I}_S - B\dot{U}_S$，则式（12-41）简记为

$$Z_l \dot{I}_l = \dot{U}_l \tag{12-42}$$

式（12-42）称为基本回路矩阵方程；Z_l 称为基本回路阻抗矩阵，$\dot{I}_l$ 称为连支电流列向量，$\dot{U}_l$ 称为基本回路电压源列向量。

　　上述推导为电路的回路分析提供一个严格的系统化步骤，因此适宜于编制计算机程序来分析求解电路问题。

　　例 12-7　如图 12-16（a）所示正弦稳态电路，试列出其基本回路矩阵方程。

　　解　作出电路的有向图如图 12-16（b）所示，选 1、2、5 为树，则基本回路为 l_1、l_2。得

$$\boldsymbol{B}=\begin{bmatrix} 0 & 1 & 1 & 0 & -1 \\ 1 & 0 & 0 & 1 & 1 \end{bmatrix}$$

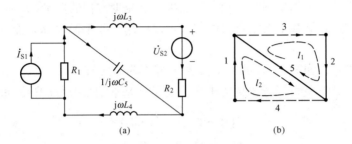

图 12-16　例 12-7 图
（a）正弦稳态电路；（b）有向图

阻抗对角阵为

$$\boldsymbol{Z}=\mathrm{diag}\begin{bmatrix} R_1 & R_2 & \mathrm{j}\omega L_3 & \mathrm{j}\omega L_4 & \dfrac{1}{\mathrm{j}\omega C_5} \end{bmatrix}$$

独立电压源、电流源列向量为

$$\dot{\boldsymbol{U}}_\mathrm{S}=\begin{bmatrix} 0 & \dot{U}_\mathrm{S2} & 0 & 0 & 0 \end{bmatrix}^\mathrm{T},\ \dot{\boldsymbol{I}}_\mathrm{S}=\begin{bmatrix} \dot{I}_\mathrm{S1} & 0 & 0 & 0 & 0 \end{bmatrix}^\mathrm{T}$$

代入式（12-41）$\boldsymbol{B Z B}^\mathrm{T}\dot{\boldsymbol{I}}_l=\boldsymbol{B Z}\dot{\boldsymbol{I}}_\mathrm{S}-\boldsymbol{B}\dot{\boldsymbol{U}}_\mathrm{S}$ 中，得

$$\begin{bmatrix} 0 & 1 & 1 & 0 & -1 \\ 1 & 0 & 0 & 1 & 1 \end{bmatrix}\begin{bmatrix} R_1 & & & & \\ & R_2 & & & 0 \\ & & \mathrm{j}\omega L_3 & & \\ & 0 & & \mathrm{j}\omega L_4 & \\ & & & & \dfrac{1}{\mathrm{j}\omega C_5} \end{bmatrix}\begin{bmatrix} 0 & 1 \\ 1 & 0 \\ 1 & 0 \\ 0 & 1 \\ -1 & 1 \end{bmatrix}\begin{bmatrix} \dot{I}_{l1} \\ \dot{I}_{l2} \end{bmatrix}$$

$$=\begin{bmatrix} 0 & 1 & 1 & 0 & -1 \\ 1 & 0 & 0 & 1 & 1 \end{bmatrix}\begin{bmatrix} R_1 & & & & \\ & R_2 & & & 0 \\ & & \mathrm{j}\omega L_3 & & \\ & 0 & & \mathrm{j}\omega L_4 & \\ & & & & \dfrac{1}{\mathrm{j}\omega C_5} \end{bmatrix}\begin{bmatrix} \dot{I}_\mathrm{S1} \\ 0 \\ 0 \\ 0 \\ 0 \end{bmatrix}-\begin{bmatrix} 0 & 1 & 1 & 0 & -1 \\ 1 & 0 & 0 & 1 & 1 \end{bmatrix}\begin{bmatrix} 0 \\ \dot{U}_\mathrm{S2} \\ 0 \\ 0 \\ 0 \end{bmatrix}$$

求得回路矩阵方程为

$$\begin{bmatrix} R_2+\mathrm{j}\omega_3 L_3+\dfrac{1}{\mathrm{j}\omega C_5} & -\dfrac{1}{\mathrm{j}\omega C_5} \\ -\dfrac{1}{\mathrm{j}\omega C_5} & R_1+\mathrm{j}\omega_4+\dfrac{1}{\mathrm{j}\omega C_5} \end{bmatrix}\begin{bmatrix} \dot{I}_{l1} \\ \dot{I}_{l2} \end{bmatrix}=\begin{bmatrix} -\dot{U}_\mathrm{S2} \\ R_1\dot{I}_\mathrm{S1} \end{bmatrix}$$

第六节　割 集 分 析 法

　　割集分析法是以树支电压为变量，对用树支所确定的基本割集来列写 KCL 方程，从而分析计算电路问题的方法。

　　在选择树时，应尽量将电压源或受控电压源所在的支路选为树支，这样可以避开对由纯电压源树支所确定的基本割集列写方程，从而进一步减少方程的数量。

　　解题方法和解题步骤基本与结点法相同，可以应用于非平面电路，而且在某些电路结构下可以简化计算。

　　设标准复合支路仍如图 12-12 所示，支路方程矩阵形式与式（12-24）相似。按基本割集 $\boldsymbol{Q}$ 表示的 KCL 和 KVL 就可以导出树支电压为变量的基本割集方程的矩阵形式

$$\boldsymbol{Q}\dot{\boldsymbol{i}} = \boldsymbol{0} \qquad \text{(KCL)} \qquad (12\text{-}43)$$

$$\dot{\boldsymbol{U}} = \boldsymbol{Q}^{\mathrm{T}}\dot{\boldsymbol{U}}_t \qquad \text{(KVL)} \qquad (12\text{-}44)$$

$$\dot{\boldsymbol{i}} = \boldsymbol{Y}(\dot{\boldsymbol{U}} - \dot{\boldsymbol{U}}_{\mathrm{S}}) + \dot{\boldsymbol{i}}_{\mathrm{S}} \qquad \text{(VCR)} \qquad (12\text{-}45)$$

　　将式（12-45）两边左乘 $\boldsymbol{Q}$，并根据式（12-43）、式（12-44）得

$$\boldsymbol{Q}\boldsymbol{Y}\boldsymbol{Q}^{\mathrm{T}}\dot{\boldsymbol{U}}_t = \boldsymbol{Q}\boldsymbol{Y}\dot{\boldsymbol{U}}_{\mathrm{S}} - \boldsymbol{Q}\dot{\boldsymbol{i}}_{\mathrm{S}} \qquad (12\text{-}46)$$

简记为

$$\boldsymbol{Y}_t\dot{\boldsymbol{U}}_t = \dot{\boldsymbol{i}}_t \qquad (12\text{-}47)$$

　　式（12-47）称为基本割集矩阵方程；$\boldsymbol{Y}_t$ 称为基本割集导纳矩阵，$\dot{\boldsymbol{U}}_t$ 称为树支电压列向量，$\dot{\boldsymbol{i}}_t$ 称为基本割集电流源列向量。

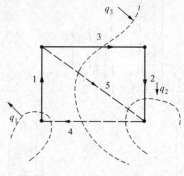

图 12-17　例 12-8 选择的基本割集

　　例 12-8　仍对如图 12-16（a）所示电路，试列出其基本割集矩阵方程。

　　解　作出电路的有向图如图 12-17 所示，选 1、2、3 为树，则基本割集为 q_1、q_2、q_3。得基本割集矩阵 $\boldsymbol{Q}_f$ 为

$$\boldsymbol{Q}_f = \begin{bmatrix} 1 & 0 & 0 & -1 & 0 \\ 0 & 1 & 0 & -1 & 1 \\ 0 & 0 & 1 & -1 & 1 \end{bmatrix}$$

支路导纳矩阵为

$$\boldsymbol{Y} = \mathrm{diag}\begin{bmatrix} G_1 & G_2 & \dfrac{1}{\mathrm{j}\omega L_3} & \dfrac{1}{\mathrm{j}\omega L_4} & \mathrm{j}\omega C_5 \end{bmatrix}$$

各支路上独立电压源、电流源列向量为

$$\dot{\boldsymbol{U}}_{\mathrm{S}} = \begin{bmatrix} 0 & \dot{U}_{\mathrm{S}2} & 0 & 0 & 0 \end{bmatrix}^{\mathrm{T}}, \ \dot{\boldsymbol{i}}_{\mathrm{S}} = \begin{bmatrix} \dot{I}_{\mathrm{S}1} & 0 & 0 & 0 & 0 \end{bmatrix}^{\mathrm{T}}$$

由式 $\boldsymbol{Q}_f\boldsymbol{Y}\boldsymbol{Q}_f^{\mathrm{T}}\dot{\boldsymbol{U}}_t = \boldsymbol{Q}_f\boldsymbol{Y}\dot{\boldsymbol{U}}_{\mathrm{S}} - \boldsymbol{Q}_f\dot{\boldsymbol{i}}_{\mathrm{S}}$，得

$$
\begin{bmatrix} 1 & 0 & 0 & -1 & 0 \\ 0 & 1 & 0 & -1 & 1 \\ 0 & 0 & 1 & -1 & 1 \end{bmatrix}
\begin{bmatrix} G_1 & & & & \\ & G_2 & & 0 & \\ & & \dfrac{1}{\mathrm{j}\omega L_3} & & \\ & 0 & & \dfrac{1}{\mathrm{j}\omega L_4} & \\ & & & & \mathrm{j}\omega C_5 \end{bmatrix}
\begin{bmatrix} 1 & 0 & 0 \\ 0 & 1 & 0 \\ 0 & 0 & 1 \\ -1 & -1 & -1 \\ 0 & 1 & 1 \end{bmatrix}
$$

$$
=\begin{bmatrix} 1 & 0 & 0 & -1 & 0 \\ 0 & 1 & 0 & -1 & 1 \\ 0 & 0 & 1 & -1 & 1 \end{bmatrix}
\begin{bmatrix} G_1 & & & & \\ & G_2 & & 0 & \\ & & \dfrac{1}{\mathrm{j}\omega L_3} & & \\ & 0 & & \dfrac{1}{\mathrm{j}\omega L_4} & \\ & & & & \mathrm{j}\omega C_5 \end{bmatrix}
\begin{bmatrix} 0 \\ \dot{U}_{S2} \\ 0 \\ 0 \\ 0 \end{bmatrix}
-\begin{bmatrix} 1 & 0 & 0 & -1 & 0 \\ 0 & 1 & 0 & -1 & 1 \\ 0 & 0 & 1 & -1 & 1 \end{bmatrix}
\begin{bmatrix} \dot{I}_{S1} \\ 0 \\ 0 \\ 0 \\ 0 \end{bmatrix}
$$

整理得

$$
\begin{bmatrix} G_1+\dfrac{1}{\mathrm{j}\omega L_4} & \dfrac{1}{\mathrm{j}\omega L_4} & \dfrac{1}{\mathrm{j}\omega L_4} \\[2mm] \dfrac{1}{\mathrm{j}\omega L_4} & G_2+\dfrac{1}{\mathrm{j}\omega L_4}+\mathrm{j}\omega C_5 & \dfrac{1}{\mathrm{j}\omega L_4}+\mathrm{j}\omega C_5 \\[2mm] \dfrac{1}{\mathrm{j}\omega L_4} & \dfrac{1}{\mathrm{j}\omega L_4}+\mathrm{j}\omega C_5 & \dfrac{1}{\mathrm{j}\omega L_3}+\dfrac{1}{\mathrm{j}\omega L_4}+\mathrm{j}\omega C_5 \end{bmatrix}
\begin{bmatrix} \dot{U}_{t1} \\ \dot{U}_{t2} \\ \dot{U}_{t3} \end{bmatrix}
=\begin{bmatrix} -\dot{I}_{S1} \\ G_2\dot{U}_{S2} \\ 0 \end{bmatrix}
$$

第七节　结点列表法

前面所述的标准支路方程都有各自的局限性，不能适应任意类型的支路形式，为此在列写结点、回路或割集矩阵方程时还要对一些特殊支路（比如无伴电源支路）进行处理才能列方程。为此提出了列表法，其原理就是前面介绍过的支路（2b）法。因其对支路类型无任何限制，便于列写方程，适应性强，就是列出的方程数量较多，计算工作量大。但正是计算机的应用，解决了大规模联立方程求解电路的问题，使这种方法重新焕发出强大的生命力。因此列表法特别适用于复杂电网络的计算机辅助分析。下面简要介绍结点列表法的矩阵形式。

将一个元件作为一条支路。用阻抗描述电阻和电感支路，用导纳描述电导和电容支路，对独立电源和受控源直接写出其伏安关系。可得到一种新形式的标准支路方程。

电阻和电感支路　　$\dot{U}_k=Z_k\dot{I}_k$，$Z_k=R_k$　或　$Z_k=\mathrm{j}\omega L_k$

电导和电容支路　　$\dot{I}_k=Y_k\dot{I}_k$，$Y_k=G_k$　或　$Y_k=\mathrm{j}\omega C_k$

电压源支路　　$\dot{U}_k=\dot{U}_{Sk}$

电流源支路　　$\dot{I}_k=\dot{I}_{Sk}$

VCVS 支路　　$\dot{U}_k=\mu_{kj}\dot{U}_j$

VCCS 支路　　$\dot{I}_k=g_{kj}\dot{U}_j$

CCVS 支路　　$\dot{U}_k=r_{kj}\dot{I}_j$

CCCS 支路 $\qquad \dot{I}_k = \beta_{kj} \dot{I}_j$

按上述条件列出的标准支路方程为

$$\boldsymbol{F} \dot{\boldsymbol{U}} + \boldsymbol{H} \dot{\boldsymbol{i}} = \dot{\boldsymbol{U}}_S + \dot{\boldsymbol{i}}_S \tag{12-48}$$

式（12-48）中 $\dot{\boldsymbol{U}} = [\dot{U}_1 \quad \dot{U}_2 \cdots \dot{U}_b]^T$、$\dot{\boldsymbol{i}} = [\dot{I}_1 \quad \dot{I}_2 \cdots \dot{I}_b]^T$ 分别为待求支路电压和电流列向量，$\boldsymbol{F}$ 和 $\boldsymbol{H}$ 均为 b 阶方阵，$\dot{\boldsymbol{i}}_S$ 和 $\dot{\boldsymbol{U}}_S$ 分别为 b 阶电流源列向量和电压源列向量。

式（12-48）各系数矩阵中的元素有以下特征。

（1）无受控源、电感间无耦合时，$\boldsymbol{F}$ 和 $\boldsymbol{H}$ 都是对角阵。对电导或电容支路：$F_{kk} = G_k$ 或 $F_{kk} = j\omega C_k$，$H_{kk} = -1$；对电阻或电感支路：$H_{kk} = R_k$ 或 $H_{kk} = j\omega L_k$，$F_{kk} = -1$。

（2）有 VCVS 和 VCCS 时，若电感间无互感耦合，$\boldsymbol{F}$ 将是非对角阵，$\boldsymbol{H}$ 仍为对角阵。若支路 k 为 $\dot{U}_j$ 控制的 VCVS：$F_{kk} = +1$，$F_{kj} = -\mu_{kj}$，$H_{kk} = 0$；若支路 k 为 $\dot{U}_j$ 控制的 VCCS：$F_{kk} = +0$，$F_{kj} = -g_{kj}$，$H_{kk} = 1$。

（3）有 CCVS 和 CCCS 时，若电感间无互感耦合，$\boldsymbol{F}$ 为对角阵，$\boldsymbol{H}$ 将是非对角阵。支路 k 为 $\dot{I}_j$ 控制的 CCVS：$F_{kk} = +1$，$H_{kj} = -r_{kj}$，$H_{kk} = 0$；支路 k 为 $\dot{I}_j$ 控制的 CCCS：$F_{kk} = 0$，$H_{kj} = -\beta_{kj}$，$H_{kk} = +1$。

（4）电感间有互感耦合时，设支路 k 和支路 j 之间有耦合；因

$$\dot{U}_k = j\omega L_k \dot{I}_k \pm j\omega M_{kj} \dot{I}_j, \quad \dot{U}_j = j\omega L_j \dot{I}_j \pm j\omega M_{jk} \dot{I}_k$$

所以有

$$F_{kk} = +1, \quad H_{kk} = -j\omega L_k, \quad H_{kj} = \mp j\omega M_{kj}$$
$$F_{kk} = +1, \quad H_{kk} = -j\omega L_k, \quad H_{kj} = \mp j\omega M_{kj}$$

（5）电路中含有理想变压器，当理想变压器一、二次侧关系式为

$$\dot{U}_k = n\dot{U}_j, \quad \dot{I}_j = -n\dot{I}_k$$

有

$$F_{kk} = +1, \quad F_{kj} = -n, \quad H_{kk} = 0$$
$$F_{jj} = 0, \quad H_{jj} = +1, \quad H_{jk} = n$$

在给定电路的有向图 G，确定关联矩阵 $\boldsymbol{A}$，得到 KCL 和 KVL 的矩阵形式后，将它们与式（12-48）联立，即

$$\boldsymbol{A}\dot{\boldsymbol{i}} = 0 \qquad \text{(KCL)}$$

$$\dot{\boldsymbol{U}} = \boldsymbol{A}^T \dot{\boldsymbol{U}}_n \qquad \text{(KVL)}$$

$$\boldsymbol{F}\dot{\boldsymbol{U}} + \boldsymbol{H}\dot{\boldsymbol{i}} = \dot{\boldsymbol{U}}_S + \dot{\boldsymbol{i}}_S \qquad \text{(VCR)}$$

将这 3 个方程合并在一个矩阵中，便得到结点列表方程的矩阵形式为

$$\begin{bmatrix} 0 & 0 & \boldsymbol{A} \\ -\boldsymbol{A}^T & 1 & 0 \\ 0 & \boldsymbol{F} & \boldsymbol{H} \end{bmatrix} \begin{bmatrix} \dot{\boldsymbol{U}}_n \\ \dot{\boldsymbol{U}} \\ \dot{\boldsymbol{i}} \end{bmatrix} = \begin{bmatrix} 0 \\ 0 \\ \dot{\boldsymbol{U}}_S + \dot{\boldsymbol{i}}_S \end{bmatrix} \tag{12-49}$$

例 12-9 如图 12-18（a）所示动态电路处于零状态条件下，试写出用运算法形式表示的结点列表矩阵方程。

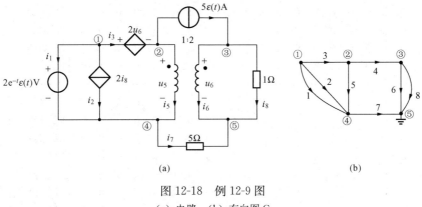

图 12-18 例 12-9 图

(a) 电路；(b) 有向图 G

解 画出有向图 G，如图 12-18（b），以结点⑤为参考结点列写 A 矩阵为

$$A = \begin{bmatrix} 1 & 1 & 1 & 0 & 0 & 0 & 0 & 0 \\ 0 & 0 & -1 & 1 & 1 & 0 & 0 & 0 \\ 0 & 0 & 0 & -1 & 0 & 1 & 0 & 1 \\ -1 & -1 & 0 & 0 & -1 & 0 & 1 & 0 \end{bmatrix}$$

各支路方程的运算形式为

$$U_1(s) = \frac{2}{s+1}, \ I_2(s) - 2I_8(s) = 0, \ U_3(s) - 2U_6(s) = 0, \ I_4(s) = \frac{5}{s}$$

$$I_5(s) + 2I_6(s) = 0, \ 2U_5(s) - U_6(s) = 0, \ U_7(s) - 5I_7(s) = 0, \ U_8(s) - I_8(s) = 0$$

运算形式的支路电压、电流列向量为

$$U(s) = \begin{bmatrix} U_1(s) & U_2(s) & U_3(s) & U_4(s) & U_5(s) & U_6(s) & U_7(s) & U_8(s) \end{bmatrix}^{\mathrm{T}}$$

$$I(s) = \begin{bmatrix} I_1(s) & I_2(s) & I_3(s) & I_4(s) & I_5(s) & I_6(s) & I_7(s) & I_8(s) \end{bmatrix}^{\mathrm{T}}$$

运算形式的结点电压列向量为

$$U_n(s) = \begin{bmatrix} U_{n1}(s) & U_{n2}(s) & U_{n3}(s) & U_{n4}(s) \end{bmatrix}^{\mathrm{T}}$$

KCL 和 KVL 的矩阵形式为

$$AI(s) = 0, \ U(s) = A^{\mathrm{T}}U_n(s)$$

标准支路方程为

$$F(s)U(s) + H(s)I(s) = U_S(s) + I_S(s)$$

将以上各矩阵方程列表得到运算形式表示的结点列表矩阵方程为

$$\begin{bmatrix} 0 & 0 & A \\ -A^{\mathrm{T}} & 1 & 0 \\ 0 & F & H \end{bmatrix} \begin{bmatrix} \dot{U}_n \\ \dot{U} \\ \dot{I} \end{bmatrix} = \begin{bmatrix} 0 \\ 0 \\ \dot{U}_S + \dot{I}_S \end{bmatrix}$$

$$
\begin{bmatrix}
0 & 0 & 0 & 0 & \vdots & 0 & 0 & 0 & 0 & 0 & 0 & 0 & 0 & \vdots & 1 & 1 & 1 & 0 & 0 & 0 & 0 & 0 \\
0 & 0 & 0 & 0 & \vdots & 0 & 0 & 0 & 0 & 0 & 0 & 0 & 0 & \vdots & 0 & 0 & -1 & 1 & 1 & 0 & 0 & 0 \\
0 & 0 & 0 & 0 & \vdots & 0 & 0 & 0 & 0 & 0 & 0 & 0 & 0 & \vdots & 0 & 0 & 0 & -1 & 0 & 1 & 0 & 1 \\
0 & 0 & 0 & 0 & \vdots & 0 & 0 & 0 & 0 & 0 & 0 & 0 & 0 & \vdots & -1 & -1 & 0 & 0 & -1 & 0 & 1 & 0 \\
\cdots & & & & & \cdots & & & & & & & & & & & & & & & & \\
-1 & 0 & 0 & 1 & \vdots & 1 & & & & & & & & \vdots & 0 & 0 & 0 & 0 & 0 & 0 & 0 & 0 \\
-1 & 0 & 0 & 1 & \vdots & & 1 & & & & & & & \vdots & 0 & 0 & 0 & 0 & 0 & 0 & 0 & 0 \\
-1 & 1 & 0 & 0 & \vdots & & & 1 & & 0 & & & & \vdots & 0 & 0 & 0 & 0 & 0 & 0 & 0 & 0 \\
0 & -1 & 1 & 0 & \vdots & & & & 1 & & & & & \vdots & 0 & 0 & 0 & 0 & 0 & 0 & 0 & 0 \\
0 & -1 & 0 & 1 & \vdots & & & & & 1 & & & & \vdots & 0 & 0 & 0 & 0 & 0 & 0 & 0 & 0 \\
0 & 0 & -1 & 0 & \vdots & & 0 & & & & 1 & & & \vdots & 0 & 0 & 0 & 0 & 0 & 0 & 0 & 0 \\
0 & 0 & 0 & -1 & \vdots & & & & & & & 1 & & \vdots & 0 & 0 & 0 & 0 & 0 & 0 & 0 & 0 \\
0 & 0 & -1 & 0 & \vdots & & & & & & & & 1 & \vdots & 0 & 0 & 0 & 0 & 0 & 0 & 0 & 0 \\
\cdots & & & & & \cdots & & & & & & & & & & & & & & & & \\
0 & 0 & 0 & 0 & \vdots & 1 & 0 & 0 & 0 & 0 & 0 & 0 & 0 & \vdots & 0 & 0 & 0 & 0 & 0 & 0 & 0 & 0 \\
0 & 0 & 0 & 0 & \vdots & 0 & 0 & 0 & 0 & 0 & 0 & 0 & 0 & \vdots & 0 & 1 & 0 & 0 & 0 & 0 & 0 & -2 \\
0 & 0 & 0 & 0 & \vdots & 0 & 0 & 1 & 0 & 0 & 0 & -2 & 0 & \vdots & 0 & 0 & 0 & 0 & 0 & 0 & 0 & 0 \\
0 & 0 & 0 & 0 & \vdots & 0 & 0 & 0 & 0 & 0 & 0 & 0 & 0 & \vdots & 0 & 0 & 0 & 1 & 0 & 0 & 0 & 0 \\
0 & 0 & 0 & 0 & \vdots & 0 & 0 & 0 & 0 & 0 & 0 & 0 & 0 & \vdots & 0 & 0 & 0 & 0 & 1 & 2 & 0 & 0 \\
0 & 0 & 0 & 0 & \vdots & 0 & 0 & 0 & 0 & 2 & -1 & 0 & 0 & \vdots & 0 & 0 & 0 & 0 & 0 & 0 & 0 & 0 \\
0 & 0 & 0 & 0 & \vdots & 0 & 0 & 0 & 0 & 0 & 0 & 0 & 0 & \vdots & 0 & 0 & 0 & 0 & 0 & 0 & -5 & 0 \\
0 & 0 & 0 & 0 & \vdots & 0 & 0 & 0 & 0 & 0 & 0 & 0 & 1 & \vdots & 0 & 0 & 0 & 0 & 0 & 0 & 0 & -1
\end{bmatrix}
\begin{bmatrix}
U_{n1}(s) \\ U_{n2}(s) \\ U_{n3}(s) \\ U_{n4}(s) \\ \cdots \\ U_1(s) \\ U_2(s) \\ U_3(s) \\ U_4(s) \\ U_5(s) \\ U_6(s) \\ U_7(s) \\ U_8(s) \\ \cdots \\ I_1(s) \\ I_2(s) \\ I_3(s) \\ I_4(s) \\ I_5(s) \\ I_6(s) \\ I_7(s) \\ I_8(s)
\end{bmatrix}
=
\begin{bmatrix}
0 \\ 0 \\ 0 \\ 0 \\ \cdots \\ 0 \\ 0 \\ 0 \\ 0 \\ 0 \\ 0 \\ 0 \\ 0 \\ \cdots \\ 2/(s+1) \\ 0 \\ 0 \\ 5/s \\ 0 \\ 0 \\ 0 \\ 0
\end{bmatrix}
$$

第八节　状态方程的矩阵形式

一、网络的状态与状态变量（state variable）

1. 网络状态

网络状态指能和激励一起唯一地确定网络现时和未来的行为的最少的一组信息量。它们与从该时刻开始的任意输入一起完全确定今后该电路在任何时刻的性状（响应）。

2. 状态变量

在分析网络（或系统）时在网络内部选一组最少数量的特定变量 x，$x=[x_1,\ x_2,\ \cdots,\ x_n]^{\mathrm{T}}$，只要知道这组变量在某一时刻值 $x(t_0)$ 及输入 $e(t)$ 就可以确定 t_0 及 t_0 以后任何时刻网络的性状（响应），称这一组最少数目的特定变量为状态变量。

网络中各独立的电容电压（或电荷），电感电流（或磁通链）在任意瞬间 t_0 时刻的值确定，就可完全确定 t_0 以后的完全响应。因此可以将它们选择为状态变量。

注意：这里讲的最少的网络变量是互相独立的。因此得出以下结论。

（1）当一个网络中存在纯电容回路，由 KVL 可知其中必有一个电容电压可由回路中其他的电容电压求出，此电容电压为非独立的电容电压。

（2）当网络中存在与独立电压源并联的电容元件，其电压 u_C 由 u_S 决定。

（3）当网络中存在纯电感割集，由 KCL 可知其中必有一个电感电流可由其他的电感电流求出，此电感电流为非独立的。

（4）当网络中存在与独立电流源串联的电感元件，其 i_L 由 i_S 决定。

因状态变量数等于 C、L 元件总数，而以上 4 种情况中 u_C 和 i_L 是非独立的，因此不能作为状态变量。含有以上 4 种情况的网络称为非常态网络。非常态网络的状态变量数小于网络中 C、L 元件总数。不含以上 4 种情况的网络称为常态网络。所谓常态网络，即不含有由纯电容与理想电压源构成的回路，也不含有由纯电感与理想电流源汇集成的结点。本节着重讨论常态网络。

二、状态方程（state equation）

求解状态变量的方程称为状态方程。每个状态方程中只含有一个状态变量的一阶导数。

状态方程的特点：

（1）联立的一阶微分方程组。

（2）左端为状态变量的一阶导数。

（3）右端含状态变量和输入量。

状态方程的标准形式为

$$\dot{x} = Ax + Bv \tag{12-50}$$

其中，x 称为状态向量，v 称为输入向量。在一般情况下，设电路具有 n 个状态变量，m 个独立源，式（12-50）中的 $\dot{x}$ 和 x 为 n 阶向量，A 为 $n \times n$ 阶方阵，B 为 $n \times m$ 阶矩阵。

三、状态方程的列写（list state equations）

1. 直观列写法

一般适用于较简单的动态电路。要列出包含 $\dfrac{du_C}{dt}$ 项的方程，必须对只接有一个电容的结点或割集写出 KCL 方程。要列出包含 $\dfrac{di_L}{dt}$ 项的方程，必须对只包含一个电感的回路列写 KVL 方程。当列出全部这样的 KCL 和 KVL 方程后，通常可以整理成标准形式的状态方程。

注意：对于上述 KCL 和 KVL 方程中出现的非状态变量，只有将它们表示为状态变量后，才能得到状态方程的标准形式。

直观列写法的缺点：

（1）编写方程不系统，不利于计算机编程计算。

（2）对复杂网络，进行非状态变量的消除比较麻烦。

2. 系统列写法

首先选择特有树，即将所有的电容支路与电压源支路取为树支，将所有的电感支路与电流源支路取为连支。

选一个特有树后，列写状态方程的步骤如下：

（1）对由电容树支构成的基本割集列 KCL 方程。

（2）对由电感连支构成的基本回路列 KVL 方程。

（3）对 KVL 方程中出现的电阻树支作对应的基本割集列 KCL 方程。

（4）对 KCL 方程中出现的电阻连支作对应的基本回路列 KVL 方程。

（5）消去中间变量，整理方程，写成标准形式。

四、输出方程（output equation）

实际应用中，如果需要以结点电压为输出，要求导出结点电压与状态变量之间的关系。结点电压可表示为状态变量和输入激励的线性组合。

将电路中某些感兴趣的量与状态变量和输入量之间的关系式称为输出方程。输出方程的

一般形式为

$$y = Cx + Dv \tag{12-51}$$

式中，y 为输出向量，x 为状态向量，v 为输入向量，C 和 D 为仅与电路结构和元件值有关的系数矩阵。

例 12-10 列写如图 12-19（a）所示电路的状态方程。

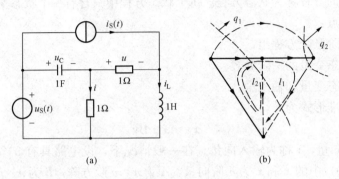

图 12-19　例 12-10 图
(a) 电路；(b) 有向图 G

解 画出电路的图 G 如图 12-19（b）所示，实线为选择的特有树，虚线为连支。按图示的割集和回路列出方程如下

$$
\begin{aligned}
q_1 & \quad 1 \times \frac{\mathrm{d}u_C}{\mathrm{d}t} + i_S - i_L - i = 0 \\
l_1 & \quad 1 \times \frac{\mathrm{d}i_L}{\mathrm{d}t} - u_S + u_C + u = 0 \\
q_2 & \quad \frac{u}{1} + i_S - i_L = 0 \\
l_2 & \quad 1 \times i - u_S + u_C = 0
\end{aligned}
\Rightarrow
\begin{cases}
\dfrac{\mathrm{d}u_C}{\mathrm{d}t} = -u_C + i_L + u_S - i_S \\[2mm]
\dfrac{\mathrm{d}i_L}{\mathrm{d}t} = -u_C - i_L + u_S + i_S
\end{cases}
$$

写为矩阵形式得

$$
\begin{bmatrix} \dfrac{\mathrm{d}u_C}{\mathrm{d}t} \\[3mm] \dfrac{\mathrm{d}i_L}{\mathrm{d}t} \end{bmatrix}
=
\begin{bmatrix} -1 & 1 \\ -1 & -1 \end{bmatrix}
\begin{bmatrix} u_C \\ i_L \end{bmatrix}
+
\begin{bmatrix} 1 & -1 \\ 1 & 1 \end{bmatrix}
\begin{bmatrix} u_S \\ i_S \end{bmatrix}
$$

例 12-11 列写如图 12-20（a）所示电路的状态方程和以 u_{n1}、u_{n2} 为变量的输出方程。

解 画出有向图 G，并选择特有树如图 12-20（b）中实线所示。取状态变量为

$$x = \begin{bmatrix} u_{C1} & u_{C2} & i_L \end{bmatrix}^{\mathrm{T}}$$

对含单一电容树支的割集列写 KCL 方程；对含单一电感连支的回路列写 KVL 方程，得

$$\frac{\mathrm{d}u_{C1}}{\mathrm{d}t} + i = i_L$$

$$-\frac{u}{1} + 2\frac{\mathrm{d}u_{C2}}{\mathrm{d}t} + 3i_L = i_L$$

$$\frac{\mathrm{d}i_L}{\mathrm{d}t} + u_{C1} + u_{C2} = 2u$$

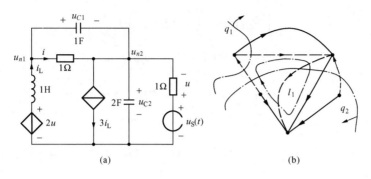

图 12-20 例 12-11 图

(a) 电路；(b) 有向图 G

又有

$$i = \frac{u_{C1}}{1}, \quad u = u_S - u_{C2}$$

整理并消取中间变量，得

$$\frac{\mathrm{d}u_{C1}}{\mathrm{d}t} = -u_{C1} + i_L$$

$$\frac{\mathrm{d}u_{C2}}{\mathrm{d}t} = -\frac{1}{2}u_{C2} - i_L + \frac{1}{2}u_S$$

$$\frac{\mathrm{d}i_L}{\mathrm{d}t} = -u_{C1} - 3u_{C2} + 2u_S$$

写成标准矩阵形式为

$$\begin{bmatrix} \dfrac{\mathrm{d}u_{C1}}{\mathrm{d}t} \\[2mm] \dfrac{\mathrm{d}u_{C2}}{\mathrm{d}t} \\[2mm] \dfrac{\mathrm{d}i_L}{\mathrm{d}t} \end{bmatrix} = \begin{bmatrix} -1 & 0 & 1 \\ 0 & -\dfrac{1}{2} & -1 \\ -1 & -3 & 0 \end{bmatrix} \begin{bmatrix} u_{C1} \\ u_{C2} \\ i_L \end{bmatrix} + \begin{bmatrix} 0 \\ \dfrac{1}{2} \\ 2 \end{bmatrix} u_S$$

取输出列向量 $\boldsymbol{y} = \begin{bmatrix} u_{n1} & u_{n2} \end{bmatrix}^{\mathrm{T}}$，$u_{n1} = u_{C1} + u_{C2}$，$u_{n2} = u_{C2}$

输出方程写成标准形式按 $\boldsymbol{y} = \boldsymbol{C}\boldsymbol{x} + \boldsymbol{D}\boldsymbol{v}$，得

$$\begin{bmatrix} u_{n1} \\ u_{n2} \end{bmatrix} = \begin{bmatrix} 1 & 1 & 0 \\ 0 & 1 & 0 \end{bmatrix} \begin{bmatrix} u_{C1} \\ u_{C2} \\ i_L \end{bmatrix} + \begin{bmatrix} 0 \\ 0 \end{bmatrix} u_S$$

五、状态方程的求解

由式（12-50）可知线性系统的状态方程为 $\dot{\boldsymbol{x}} = \boldsymbol{A}\boldsymbol{x} + \boldsymbol{B}\boldsymbol{v}$。对于状态方程的求解，是在给定的初始值 $x(0)$ 条件下，确定系统在输入 $v(t)$ 的作用下，在 t 时刻的响应 $\boldsymbol{x}(t)$。

1. 时域解法

设解为

$$x(t) = \mathrm{e}^{\boldsymbol{A}t} k(t)$$

则有

$$\dot{\boldsymbol{x}}(t) = \boldsymbol{A}\mathrm{e}^{\boldsymbol{A}t} k(t) + \mathrm{e}^{\boldsymbol{A}t} \dot{k}(t) = \boldsymbol{A}\mathrm{e}^{\boldsymbol{A}t} k(t) + \boldsymbol{B}v(t)$$

$$\dot{k}(t) = \mathrm{e}^{-\boldsymbol{A}t} \boldsymbol{B}v(t)$$

$$\int_0^t \dot{k}(t)\,\mathrm{d}t = \int_0^t \mathrm{e}^{-At}\boldsymbol{B}\boldsymbol{v}(t)\,\mathrm{d}t$$

$$k(t) - k(0) = \int_0^t \mathrm{e}^{-At}\boldsymbol{B}\boldsymbol{v}(t)\,\mathrm{d}t$$

$$\boldsymbol{k}(t) = \boldsymbol{k}(0) + \int_0^t \mathrm{e}^{-At}\boldsymbol{B}\boldsymbol{v}(t)\,\mathrm{d}t$$

所以

$$\boldsymbol{x}(t) = \mathrm{e}^{At}k(0) + \mathrm{e}^{At}\int_0^t \mathrm{e}^{-At}\boldsymbol{B}\boldsymbol{v}(t)\,\mathrm{d}t \tag{12-52}$$

2. 拉氏变换解法

对式（12-50）两边进行拉氏变换（其中的 $\boldsymbol{I}$ 矩阵是单位矩阵）得

$$\mathscr{L}[\dot{\boldsymbol{x}}] = \mathscr{L}[\boldsymbol{A}\boldsymbol{x} + \boldsymbol{B}\boldsymbol{v}]$$

$$s\boldsymbol{X}(s) - \boldsymbol{x}(0) = \boldsymbol{A}\boldsymbol{X}(s) + \boldsymbol{B}\boldsymbol{v}(s)$$

$$(s\boldsymbol{I} - \boldsymbol{A})\boldsymbol{X}(s) = \boldsymbol{x}(0) + \boldsymbol{B}\boldsymbol{v}(s)$$

$$\boldsymbol{X}(s) = (s\boldsymbol{I} - \boldsymbol{A})^{-1}\boldsymbol{x}(0) + (s\boldsymbol{I} - \boldsymbol{A})^{-1}\boldsymbol{B}\boldsymbol{v}(s)$$

对上式进行拉氏反变换得

$$\boldsymbol{x}(t) = \mathscr{L}^{-1}[\boldsymbol{X}(s)] \tag{12-53}$$

因为状态方程是由 n 个一阶微分方程组成的，其解法也与一阶微分方程的解法极其类似。下面以一个简单的例子来了解应用拉氏变换求解一阶微分方程组的过程。

例 12-12　如图 12-21 所示电路，已知：$i_{L1}(0)=0$，$i_{L2}(0)=0$，$u_S(t)=10\varepsilon(t)\,\mathrm{V}$。试求 i_{L1}、i_{L2}。

解　列写其状态方程（过程略）为

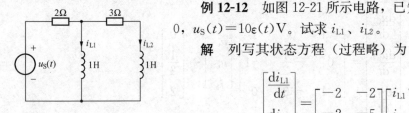

图 12-21　例 12-12 图

$$\begin{bmatrix}\dfrac{\mathrm{d}i_{L1}}{\mathrm{d}t}\\[2mm]\dfrac{\mathrm{d}i_{L2}}{\mathrm{d}t}\end{bmatrix}=\begin{bmatrix}-2 & -2\\ -2 & -5\end{bmatrix}\begin{bmatrix}i_{L1}\\ i_{L2}\end{bmatrix}+\begin{bmatrix}1\\ 1\end{bmatrix}u_S$$

用拉氏变换法解状态方程得

$$\boldsymbol{X}(s) = (s\boldsymbol{I} - \boldsymbol{A})^{-1}\boldsymbol{B}\boldsymbol{v}(s)$$

$$= \begin{bmatrix}s+2 & 2\\ 2 & s+5\end{bmatrix}^{-1}\begin{bmatrix}1\\ 1\end{bmatrix}\times\frac{10}{s} = \frac{1}{(s+2)(s+5)-4}\begin{bmatrix}s+5 & -2\\ -2 & s+2\end{bmatrix}\begin{bmatrix}1\\ 1\end{bmatrix}\times\frac{10}{s}$$

$$= \begin{bmatrix}\dfrac{5}{s}-\dfrac{4}{s+1}-\dfrac{1}{s+6}\\[3mm]\dfrac{2}{s+1}-\dfrac{2}{s+6}\end{bmatrix}$$

取反拉氏变换可得

$$\boldsymbol{x}(t) = \begin{bmatrix}i_{L1}(t)\\ i_{L2}(t)\end{bmatrix}=\begin{bmatrix}5-4\mathrm{e}^{-t}-\mathrm{e}^{-6t}\\ 2\mathrm{e}^{-t}-2\mathrm{e}^{-6t}\end{bmatrix}(\mathrm{A})$$

在以上各节分别介绍 4 种矩阵分析方法——结点法、回路法、割集法和列表法，同时讨论了利用特有树概念分析动态电路，列写状态方程的矩阵方法。从电路基本理论的角度上来看，这些方法无非还是根据基尔霍夫定律和元件约束关系方程的概念来处理问题，在引入图论的一些基本概念并应用了线性代数的矩阵分析方法后得出了普遍适用的系统化列写电路方程的步骤。但应看到在这一章节里只是对这种系统化分析电路的方法提供一个基本概要，目的是使读者初步了解应用计算机辅助分析电路问题的基本原理。

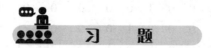

习　　题

12-1　如图 12-22 所示 G 中，对图 12-22（a）选择结点⑤为参考结点，图 12-22（b）选择结点⑥为参考结点，写出该电路的关联矩阵 A。

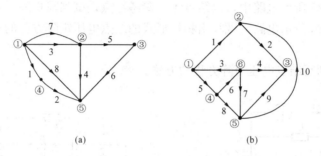

图 12-22　题 12-1 图

12-2　已知关联矩阵 A 如下，试画出它的有向图 G。

$$A = \begin{array}{c} ① \\ ② \\ ③ \\ ④ \end{array} \begin{bmatrix} 1 & 0 & 0 & 0 & 1 & 1 & 0 & 0 \\ 0 & 0 & 1 & 0 & 0 & -1 & -1 & 0 \\ 0 & 0 & 0 & -1 & -1 & 0 & 1 & -1 \\ 0 & -1 & 0 & 0 & 0 & 0 & 0 & 1 \end{bmatrix}$$

12-3　如图 12-23 所示的有向图，请自行选择树支、连支及参考结点，并写出对应的关联矩阵、基本割集矩阵和基本回路矩阵。

12-4　如图 12-24 所示的有向图，选择 1、2、3、5、8 为树支，其他为连支，试写出基本回路矩阵和基本割集矩阵。

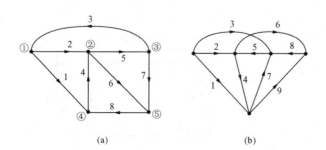

图 12-23　题 12-3 图

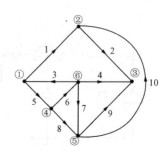

图 12-24　题 12-4 图

12-5　给定基本回路矩阵为

$$
\boldsymbol{B}_f=
\begin{array}{c}
\\
l_1 \\
l_2 \\
l_3 \\
l_4 \\
l_5 \\
l_6
\end{array}
\begin{array}{c}
1\;\;2\;\;3\;\;4\;\;5\;\;6\;\;7\;\;3\;\;9\;\;10\;\;11 \\
\begin{bmatrix}
1 & 0 & 0 & 0 & 0 & 0 & 1 & 1 & 0 & 0 & 0 \\
0 & 1 & 0 & 0 & 0 & 0 & 0 & 1 & -1 & 1 & 0 \\
0 & 0 & 1 & 0 & 0 & 0 & 1 & -1 & 1 & 0 \\
0 & 0 & 0 & 1 & 0 & 0 & 0 & 0 & 0 & 1 & 1 \\
0 & 0 & 0 & 0 & 1 & 0 & 0 & 0 & -1 & 0 & -1 \\
0 & 0 & 0 & 0 & 0 & 1 & -1 & 0 & -1 & 0 & 0
\end{bmatrix}
\end{array}
$$

（1）试写出对应的有向图 G。

（2）试作出与 $\boldsymbol{B}_f$ 相同树的基本割集矩阵 $\boldsymbol{Q}_f$。

12-6　如图 12-25 所示电路中，以结点④为参考结点，试列写矩阵形式的结点电压方程。

12-7　如图 12-26 所示电路，试写出相量形式的结点电压矩阵方程的表达式。

（1）用观察法；

（2）用系统化列写结点电压矩阵方程的方法。

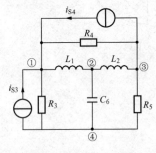

图 12-25　题 12-6 图

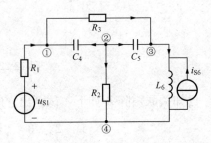

图 12-26　题 12-7 图

12-8　如图 12-27 所示正弦稳态电路，以④为参考结点，试写出其结点电压相量方程的矩阵形式。

12-9　以④为参考结点，试用相量形式写出如图 12-28 所示电路的结点方程的矩阵形式。

12-10　如图 12-29 所示为正弦交流稳态电路，试写出用相量形式表示的结点电压矩阵方程。

12-11　如图 12-30 所示电路，设 C_2、L_4、L_5 元件均有初始条件存在，以④为参考结点，试用运算法写出矩阵形式的结点方程。

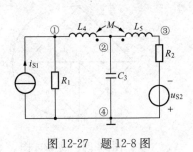

图 12-27　题 12-8 图

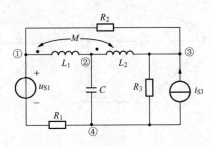

图 12-28　题 12-9 图

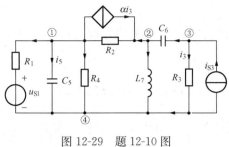

图 12-29 题 12-10 图

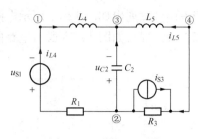

图 12-30 题 12-11 图

12-12 如图 12-31 给定的电路，选 1、2、5 支路为树，试列出矩阵形式的回路电流方程。

12-13 如图 12-32 所示电路中，若选择 3、4、5 为树支，1、2 为连支，试写出割集方程的矩阵形式。

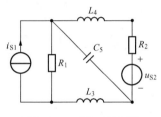

图 12-31 题 12-12 图

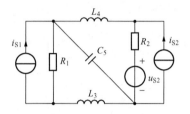

图 12-32 题 12-13 图

12-14 如图 12-33 所示电路，各元件参数均列于图中，试用列表法求 I_1。

12-15 如图 12-34 所示电路，试用列表法求 I_1。

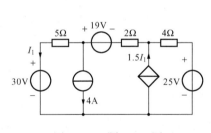

图 12-33 题 12-14 图

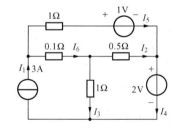

图 12-34 题 12-15 图

12-16 如图 12-35 所示电路，设电感、电容的初始条件为零。若以支路 1、2、3 为树支，试用运算形式写出该电路割集电压方程的矩阵形式。

12-17 求如图 12-36 所示电路的状态方程。

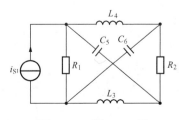

图 12-35 题 12-16 图

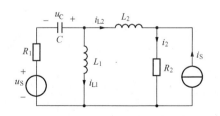

图 12-36 题 12-17 图

12-18　试列出如图 12-37 所示电路的状态方程。

12-19　列写如图 12-38 所示电路的状态方程及结点①、②的输出方程。

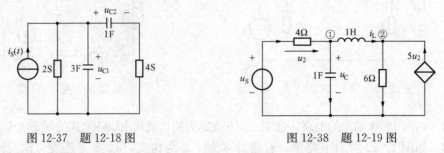

图 12-37　题 12-18 图　　　　　　　　　图 12-38　题 12-19 图

12-20　已知网络的状态方程为

$$\dot{x}(t) = Ax(t) + Bw(t), \quad x(0) = X_0$$

式中

$$A = \begin{bmatrix} -4 & -\dfrac{2}{3} \\ \dfrac{9}{2} & 0 \end{bmatrix}, \quad B = \begin{bmatrix} \dfrac{4}{3} & \dfrac{2}{3} \\ 0 & 0 \end{bmatrix}$$

$$x(t) = \begin{bmatrix} u_C(t) \\ i_L(t) \end{bmatrix}, \quad w(t) = \begin{bmatrix} \varepsilon(t) \\ \varepsilon(t) \end{bmatrix}, \quad X_0 = \begin{bmatrix} 2 \\ \dfrac{1}{2} \end{bmatrix}$$

试求此方程的解 $x(t)$。

第十三章 二端口网络

本章要求 掌握与每种参数相对应的二端口网络方程，理解这些方程各自对应的参数的物理意义及各个参数与端口物理量之间的关系。一般情况下，线性、无独立电源的二端口网络的独立参数有 4 个。但对互易的二端口网络，仅有 3 个独立参数，互易且对称的二端口网络，仅有两个独立参数。选用二端口网络何种参数要看实际需要。并非任何线性、无独立源二端口网络都能任选各种参数进行分析，如理想变压器就没有 Z 参数和 Y 参数。

本章重点 二端口的方程及参数的求解，二端口的等效电路，二端口的连接。

第一节 二端口网络的概念

前面已述，对于线性二端网络就其外部性能来说可以用戴维南或诺顿等效电路代替，这种二端网络又称为一端口网络。在工程实际中，研究信号及能量的传输和信号变换时，还经常碰到如图 13-1 所示的各种形式的四端网络，常常需要讨论两对端钮之间的电压、电流关系，如变压器、滤波器、放大器、传输线网络等，此类电路称为二端口网络。

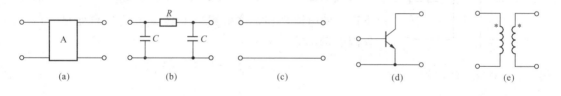

图 13-1 四端网络

（a）放大器；（b）滤波器；（c）传输线；（d）三极管；（e）变压器

具有两对引出端钮的网络如图 13-2 所示，其中一对用 1、$1'$ 表示，另一对用 2、$2'$ 表示，如果每一对端钮都满足从一端流入的电流与另一端流出的电流为同一电流的条件时，则将这样一对端钮称为端口，上述条件称为端口条件。只有满足端口条件的四端网络才可称为二端口网络或双口网络，否则只能称为四端网络。

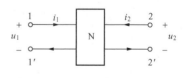

图 13-2 二端口网络

用二端口概念分析电路时，仅对二端口处的电流、电压之间的关系感兴趣，这种相互关系可以通过一些参数表示，而这些参数只取决于构成二端口本身的元件及它们的连接方式。一旦确定表征这个二端口的参数后，当一个端口的电流、电压发生变化，再求另外一个端口的电流、电压就比较容易了。

一个任意复杂的二端口网络，还可以看作若干个简单的二端口组成，如果已知这些简单二端口网络的参数，根据它们与复杂二端口的关系就可以直接求出复杂的二端口网络的参数。

对于二端口网络，主要分析端口的电压和电流，并通过端口电压电流关系来表征网络的电特性，而不涉及网络内部电路的工作状况。

例如，以 1、1′端口为输入端口，2、2′端口为输出端口。当在输入端口处加上激励时，则根据二端口网络的参数可求出输出端口处产生的响应。

对于线性无源的二端口网络，端口共有 4 个物理量，要研究端口的电压和电流之间的关系，任选其中两个为自变量，则另外两个为因变量，因为是线性网络，所以可按叠加原理得到

$$y_1 = A_1 x_1 + A_2 x_2$$
$$y_2 = B_1 x_1 + B_2 x_2$$

(13-1)

可见两个端口上的 4 个物理量需 4 个参数去联系。根据不同的组合方式，就有 6 种不同的二端口参数方程，这里只介绍常用的 Z、Y、T 及 H 四种参数。

本章只讨论线性无源的二端口网络，其内部不含任何独立电源，如果用于分析暂态电路时，应规定在零状态的条件下（即用运算法分析时不含附加电源）。

第二节　二端口网络方程和参数

如图 13-3 所示线性无源二端网络，以正弦稳态时的相量法进行分析，其端口上的电压、电流方向均按图中给出的参考方向设定。

一、Y 参数方程和短路导纳参数矩阵（admittance parameters）

假设两个端口的电压 $\dot{U}_1$、$\dot{U}_2$ 为已知，则利用替代定理将它们当作外施的独立电压源。利用叠加定理，$\dot{I}_1$、$\dot{I}_2$ 就分别等于每个独立电压源单独作用下产生的电流之和，这就相当于取 $\dot{U}_1$、$\dot{U}_2$ 作自变量，$\dot{I}_1$、$\dot{I}_2$ 作因变量，即

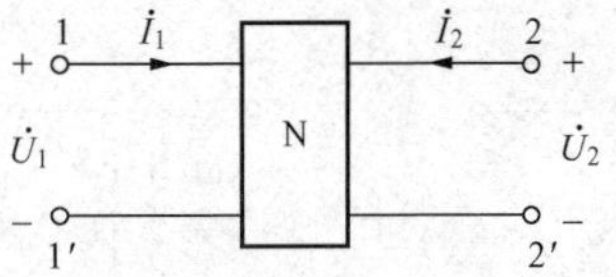

图 13-3　相量形式的二端口网络

$$\dot{I}_1 = Y_{11}\dot{U}_1 + Y_{12}\dot{U}_2$$
$$\dot{I}_2 = Y_{21}\dot{U}_1 + Y_{22}\dot{U}_2$$

(13-2)

写为矩阵形式

$$\begin{bmatrix} \dot{I}_1 \\ \dot{I}_2 \end{bmatrix} = \begin{bmatrix} Y_{11} & Y_{12} \\ Y_{21} & Y_{22} \end{bmatrix} \begin{bmatrix} \dot{U}_1 \\ \dot{U}_2 \end{bmatrix}$$

(13-3)

简记为

$$\boldsymbol{\dot{I}} = \boldsymbol{Y}\boldsymbol{\dot{U}}$$

其中，$\boldsymbol{Y} \overset{\text{def}}{=} \begin{bmatrix} Y_{11} & Y_{12} \\ Y_{21} & Y_{22} \end{bmatrix}$；称为二端口网络的 Y 参数矩阵，属于导纳性质。具体可按试验测量法求得，即在端口 $1-1'$ 外施电压 $\dot{U}_1$，将 $2-2'$ 端短路（$\dot{U}_2 = 0$），如图 13-4（a）所示，由式（13-2）可得

$$Y_{11} = \frac{\dot{I}_1}{\dot{U}_1}\bigg|_{\dot{U}_2=0}$$ ——为 $2-2'$ 端短路时，端口 $1-1'$ 处的输入导纳（驱动点导纳）；

$$Y_{21} = \frac{\dot{I}_2}{\dot{U}_1}\bigg|_{\dot{U}_2=0}$$ ——为 $2-2'$ 端短路时，端口 $2-2'$ 与 $1-1'$ 之间的转移导纳。

同理，在端口 $2-2'$ 外施电压 $\dot{U}_2$，将 $1-1'$ 端短路（$\dot{U}_1=0$），如图 13-4（b）所示，由式（13-2）可得

$$Y_{12}=\frac{\dot{I}_1}{\dot{U}_2}\bigg|_{\dot{U}_1=0} \text{——为 } 1-1' \text{ 端短路时，端口 } 1-1' \text{ 与 } 2-2' \text{ 之间的转移导纳；}$$

$$Y_{22}=\frac{\dot{I}_2}{\dot{U}_2}\bigg|_{\dot{U}_1=0} \text{——为 } 1-1' \text{ 端短路时，端口 } 2-2' \text{ 处的输入导纳（驱动点导纳）。}$$

因此又称 Y 参数为短路导纳参数，这也反映出 Y 参数的物理概念。

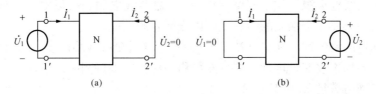

图 13-4 试验法求二端口网络的 Y 参数图

(a) 将 $2-2'$ 端短路；(b) 将 $1-1'$ 端短路

例 13-1 求如图 13-5 所示二端口的 Y 参数。

解 方法 1：按 Y 参数的定义计算。如图 13-6 可求得

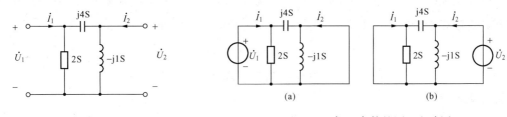

图 13-5 例 13-1 图

图 13-6 求 Y 参数的原理电路图

(a) $\dot{U}_1$ 作用；(b) $\dot{U}_2$ 作用

$$Y_{11}=\frac{\dot{I}_1}{\dot{U}_1}\bigg|_{\dot{U}_2=0}=(2+\mathrm{j}4)\mathrm{S}$$

$$Y_{21}=\frac{\dot{I}_2}{\dot{U}_1}\bigg|_{\dot{U}_2=0}=-\mathrm{j}4\mathrm{S}$$

$$Y_{12}=\frac{\dot{I}_1}{\dot{U}_2}\bigg|_{\dot{U}_1=0}=-\mathrm{j}4\mathrm{S}$$

$$Y_{22}=\frac{\dot{I}_2}{\dot{U}_2}\bigg|_{\dot{U}_1=0}=\mathrm{j}3\mathrm{S}$$

所以

$$Y=\begin{bmatrix}2+\mathrm{j}4 & -\mathrm{j}4 \\ -\mathrm{j}4 & \mathrm{j}3\end{bmatrix}\mathrm{S}$$

方法 2：此电路属于 Π 形网络。可直接列写端口 KCL 方程，得

$$\dot{I}_1=2\dot{U}_1+\mathrm{j}4(\dot{U}_1-\dot{U}_2)=(2+\mathrm{j}4)\dot{U}_1+(-\mathrm{j}4)\dot{U}_2$$

$$\dot{I}_2 = -j1\dot{U}_2 + j4(\dot{U}_2 - \dot{U}_1) = (-j4)\dot{U}_1 + j3\dot{U}_2$$

$$\dot{I}_1 = (2+j4)\dot{U}_1 - j4\dot{U}_2$$

$$\dot{I}_2 = -j4\dot{U}_1 + j3\dot{U}_2$$

则

$$Y = \begin{bmatrix} 2+j4 & -j4 \\ -j4 & j3 \end{bmatrix} S$$

从例 13-1 可见，$Y_{21} = Y_{12}$。虽然是从这个例题得出的，但应用互易定理可以证明，对于任何不含受控源的线性无源二端口网络，$Y_{21} = Y_{12}$ 总是成立的。所以对于任何一个满足互易性的二端口网络，只要 3 个独立的参数就可以表征它的性能。

如果将二端口网络的输入端口（端口 $1-1'$）与输出端口（端口 $2-2'$）对调后，其各端口电流、电压关系均不改变，这种二端口网络称为对称二端口网络。

对称二端口网络满足 $Y_{12} = Y_{21}$，$Y_{11} = Y_{22}$。

对称二端口网络有电气对称和结构对称两种，电气对称不一定结构对称，结构对称也是电气对称。对于对称的二端口网络其又一定满足互易性，则 Y 参数只有两个独立。

二、Z 参数方程和开路阻抗参数矩阵（impedance parameters）

设如图 13-3 所示的二端口网络 $\dot{I}_1$、$\dot{I}_2$ 是已知的，Z 参数也可利用替代定理将它们当作外施的独立电流源。根据叠加定理，$\dot{U}_1$、$\dot{U}_2$ 就分别等于每个独立电流源单独作用下产生的电压之和，这就相当于取 $\dot{I}_1$、$\dot{I}_2$ 作自变量，$\dot{U}_1$、$\dot{U}_2$ 作因变量，即

$$\dot{U}_1 = Z_{11}\dot{I}_1 + Z_{12}\dot{I}_2$$

$$\dot{U}_2 = Z_{21}\dot{I}_1 + Z_{22}\dot{I}_2$$

$$(13\text{-}4)$$

写为矩阵形式

$$\begin{bmatrix} \dot{U}_1 \\ \dot{U}_2 \end{bmatrix} = \begin{bmatrix} Z_{11} & Z_{12} \\ Z_{21} & Z_{22} \end{bmatrix} \begin{bmatrix} \dot{I}_1 \\ \dot{I}_2 \end{bmatrix}$$

$$(13\text{-}5)$$

简记为

$$\dot{U} = Z\dot{I}$$

其中，Z 为二端口网络的 Z 参数矩阵，属于阻抗性质，$Z = \begin{bmatrix} Z_{11} & Z_{12} \\ Z_{21} & Z_{22} \end{bmatrix}$。也可按试验测量法求得，即在端口 $1-1'$ 外施电流 $\dot{I}_1$，将 $2-2'$ 端开路（$\dot{I}_2 = 0$），如图 13-7（a）所示，由式（13-4）可得

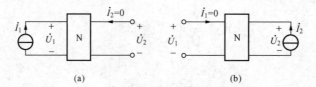

图 13-7 试验法求二端口网络的 Z 参数图

(a) $2-2'$ 端开路；(b) $1-1'$ 端开路

$$Z_{11} = \frac{\dot{U}_1}{\dot{I}_1}\bigg|_{i_2=0}$$ ——为 $2-2'$ 端开路时,端口 $1-1'$ 处的输入阻抗(驱动点阻抗);

$$Z_{21} = \frac{\dot{U}_2}{\dot{I}_1}\bigg|_{i_2=0}$$ ——为 $2-2'$ 端开路时,端口 $2-2'$ 与 $1-1'$ 之间的转移阻抗。

同理,在端口 $2-2'$ 外施电流 $\dot{I}_2$,将 $1-1'$ 端开路($\dot{I}_1=0$),如图 13-7(b)所示,由式(13-4)可得

$$Z_{12} = \frac{\dot{U}_1}{\dot{I}_2}\bigg|_{i_1=0}$$ ——为 $1-1'$ 端开路时,端口 $1-1'$ 与 $2-2'$ 之间的转移阻抗;

$$Z_{22} = \frac{\dot{U}_2}{\dot{I}_2}\bigg|_{i_1=0}$$ ——为 $1-1'$ 端开路时,端口 $2-2'$ 处的输入阻抗(驱动点阻抗)。

可见,Z 参数又称开路阻抗参数。同理,根据互易定理可以证明,对于任何不含受控源的线性无源二端口网络,$Z_{12}=Z_{21}$ 总是成立的。所以 Z 参数中只有 3 个独立。对于对称的二端口仍然满足 $Z_{12}=Z_{21}$,$Z_{11}=Z_{22}$,只有两个参数独立。

例 13-2 求如图 13-8(a)所示二端口网络的 Z 参数。

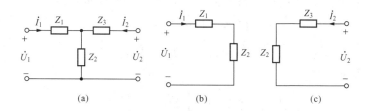

图 13-8 例 13-2 图

(a)二端口网络;(b)输出端开路时的等效电路;(c)输入端开路时的等效电路

解 输出端开路时的等效电路如图 13-8(b)所示,则

$$Z_{11} = \frac{\dot{U}_1}{\dot{I}_1}\bigg|_{i_2=0} = Z_1 + Z_2$$

$$Z_{21} = \frac{\dot{U}_2}{\dot{I}_1}\bigg|_{i_2=0} = Z_2$$

此二端口网络不含独立源和受控源,满足互易性,有

$$Z_{12} = Z_{21} = Z_2$$

输入端开路时的等效电路如图 13-8(c)所示,有

$$Z_{22} = \frac{\dot{U}_2}{\dot{I}_2}\bigg|_{i_1=0} = Z_2 + Z_3$$

则

$$\boldsymbol{Z} = \begin{bmatrix} Z_1+Z_2 & Z_2 \\ Z_2 & Z_2+Z_3 \end{bmatrix}$$

如果该二端口满足 $Z_1=Z_3$,则有 $Z_{11}=Z_{22}=Z_1+Z_2$,4 个参数两个独立。

例 13-3 求如图 13-9 所示二端口的 Z 参数。

解 此电路属于 T 形网络。可直接列写端口 KVL 方程及结点的 KCL 方程，得

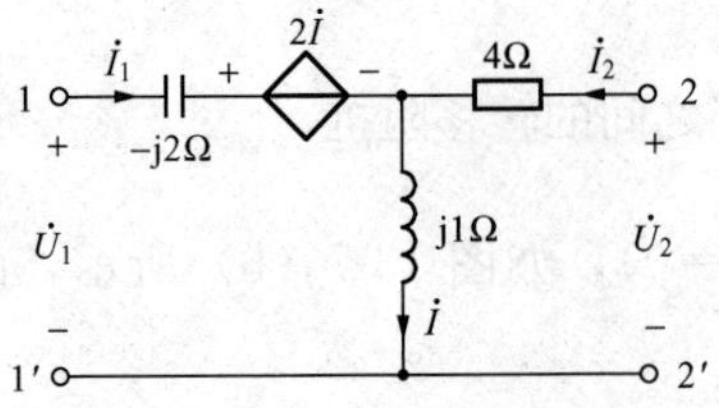

图 13-9 例 13-3 图

$$\left.\begin{aligned}\dot{U}_1&=-\mathrm{j}2\,\dot{I}_1+2\,\dot{I}+\mathrm{j}1\,\dot{I}\\\dot{U}_2&=4\,\dot{I}_2+\mathrm{j}1\,\dot{I}\\\dot{I}&=\dot{I}_1+\dot{I}_2\end{aligned}\right\}$$

$$\dot{U}_1=(2-\mathrm{j})\dot{I}_1+(2+\mathrm{j})\dot{I}_2$$

$$\dot{U}_2=\mathrm{j}1\,\dot{I}_1+(4+\mathrm{j})\dot{I}_2$$

$$\boldsymbol{Z}=\begin{bmatrix}2-\mathrm{j} & 2+\mathrm{j}\\ \mathrm{j}1 & 4+\mathrm{j}1\end{bmatrix}\Omega$$

对于给定的二端口网络，有的只有 Z 参数，没有 Y 参数。也有的二端口网络却相反，没有 Z 参数，只有 Y 参数。还有的二端口网络既没有 Z 参数，也没有 Y 参数。对于大多数二端口网络既可用 Z 参数表示，也可用 Y 参数表示。

$$\dot{\boldsymbol{U}}=\boldsymbol{Z}\dot{\boldsymbol{I}}\,,\ \dot{\boldsymbol{I}}=\boldsymbol{Y}\dot{\boldsymbol{U}},\ \boldsymbol{Y}=\boldsymbol{Z}^{-1},\ \boldsymbol{Z}=\boldsymbol{Y}^{-1}$$

三、*T* 参数方程和传输参数矩阵（transmission parameters）

在图 13-3 中，取 $\dot{U}_2$、$-\dot{I}_2$ 作为自变量，$\dot{U}_1$、$\dot{I}_1$ 作为因变量，得

$$\begin{aligned}\dot{U}_1&=A\dot{U}_2+B(-\dot{I}_2)\\\dot{I}_1&=C\dot{U}_2+D(-\dot{I}_2)\end{aligned}\tag{13-6}$$

写成矩阵形式为

$$\begin{bmatrix}\dot{U}_1\\\dot{I}_1\end{bmatrix}=\begin{bmatrix}A & B\\C & D\end{bmatrix}\begin{bmatrix}\dot{U}_2\\-\dot{I}_2\end{bmatrix}=\boldsymbol{T}\begin{bmatrix}\dot{U}_2\\-\dot{I}_2\end{bmatrix}\tag{13-7}$$

其中，$\boldsymbol{T}$ 为传输参数矩阵，$\boldsymbol{T}=\begin{bmatrix}A & B\\C & D\end{bmatrix}$；各个参数的具体含义分别解释如下：

$A=\left.\dfrac{\dot{U}_1}{\dot{U}_2}\right|_{(-\dot{I}_2)=0}$ ——为 2−2′端开路时，1−1′端与 2−2′端的传输电压比（无量纲）；

$C=\left.\dfrac{\dot{I}_1}{\dot{U}_2}\right|_{(-\dot{I}_2)=0}$ ——为 2−2′端开路时，端口 1−1′与 2−2′之间的开路转移导纳，S；

$B=\left.\dfrac{\dot{U}_1}{(-\dot{I}_2)}\right|_{\dot{U}_2=0}$ ——为 2−2′端短路时，端口 1−1′与 2−2′之间的短路转移阻抗，Ω；

$D=-\left.\dfrac{\dot{I}_1}{(-\dot{I}_2)}\right|_{\dot{U}_2=0}$ ——为 2−2′端短路时，1−1′端与 2−2′端的传输电流比（无量纲）。

当满足互易条件时：$AD-BC=1$，只有 3 个参数独立；如果同时又满足对称条件时：$AD-BC=1$，$A=D$ 只有两个参数独立。

如果线性无源二端口网络的 Y、Z、T 参数均存在，也可由 Y、Z 参数矩阵求出 T 参数矩阵，如表 13-1 所示。

例 13-4 求如图 13-10 所示二端口的 T 参数。

解 直接根据 KCL、KVL 关系式列写方程有

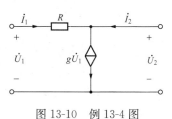

图 13-10　例 13-4 图

$$\dot{I}_1 = \frac{1}{R}(\dot{U}_1 - \dot{U}_2) = \frac{1}{R}\dot{U}_1 - \frac{1}{R}\dot{U}_2$$

$$\dot{I}_2 = g\dot{U}_1 - \frac{\dot{U}_2 - \dot{U}_1}{R} = \left(g - \frac{1}{R}\right)\dot{U}_1 + \frac{1}{R}\dot{U}_2$$

整理得

$$\left.\begin{aligned}\dot{U}_1 &= \frac{1}{1-Rg}\dot{U}_2 - \frac{R}{1-Rg}\dot{I}_2\\[1mm]\dot{I}_1 &= \frac{g}{1-Rg}\dot{U}_2 - \frac{1}{1-Rg}\dot{I}_2\end{aligned}\right\}$$

T 参数及其矩阵方程为

$$\boldsymbol{T} = \frac{1}{1-Rg}\begin{bmatrix} 1 & R \\ g & 1 \end{bmatrix}$$

四、H 参数方程和混合参数矩阵 （hybird parameters）

在图 13-3 中，取 $\dot{I}_1$、$\dot{U}_2$ 作为自变量，$\dot{U}_1$、$\dot{I}_2$ 作为因变量，得

$$\left.\begin{aligned}\dot{U}_1 &= H_{11}\dot{I}_1 + H_{12}\dot{U}_2\\\dot{I}_2 &= H_{21}\dot{I}_1 + H_{22}\dot{U}_2\end{aligned}\right\} \tag{13-8}$$

写成矩阵形式为

$$\begin{bmatrix}\dot{U}_1\\\dot{I}_2\end{bmatrix} = \begin{bmatrix} H_{11} & H_{12} \\ H_{21} & H_{22}\end{bmatrix}\begin{bmatrix}\dot{I}_1\\\dot{U}_2\end{bmatrix} = \boldsymbol{H}\begin{bmatrix}\dot{I}_1\\\dot{U}_2\end{bmatrix} \tag{13-9}$$

其中，$\boldsymbol{H}$ 为混合参数矩阵，$\boldsymbol{H} = \begin{bmatrix} H_{11} & H_{12} \\ H_{21} & H_{22}\end{bmatrix}$；将各个参数的具体含义解释如下：

$$H_{11} = \left.\frac{\dot{U}_1}{\dot{I}_1}\right|_{\dot{U}_2=0}\text{——}2-2'\text{端短路时，}1-1'\text{端的输入阻抗；}$$

$$H_{21} = \left.\frac{\dot{I}_2}{\dot{I}_1}\right|_{\dot{U}_2=0}\text{——}2-2'\text{端短路时，}2-2'\text{端与}1-1'\text{端的电流传输比；}$$

$$H_{12} = \left.\frac{\dot{U}_1}{\dot{U}_2}\right|_{\dot{I}_1=0}\text{——}1-1'\text{端开路时，}1-1'\text{端与}2-2'\text{端的电压传输比；}$$

$$H_{22} = \left.\frac{\dot{I}_2}{\dot{U}_2}\right|_{\dot{I}_1=0}\text{——}1-1'\text{端开路时，}2-2'\text{端的输入导纳。}$$

如果满足互易条件时 $H_{12} = -H_{21}$，4 个参数 3 个独立；当对称时：$H_{12} = -H_{21}$，H_{11} $H_{22} - H_{12}H_{21} = 1$，4 个参数两个独立。

例 13-5　求如图 13-11 所示的半导体三极管（BJT）小信号等效电路模型的 H 参数方程。

解　H_{11}、H_{22}、H_{12}、H_{21} 由前述方程可计算如下

$$H_{11} = \left.\frac{\dot{U}_1}{\dot{I}_1}\right|_{\dot{U}_2=0} = r_{\text{be}}$$

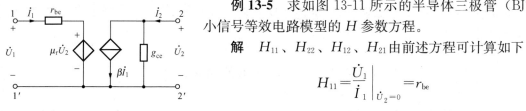

图 13-11　例 13-5 图

$$H_{21}=\frac{\dot{I}_2}{\dot{I}_1}\bigg|_{\dot{U}_2=0}=\beta$$

$$H_{12}=\frac{\dot{U}_1}{\dot{U}_2}\bigg|_{i_1=0}=\mu_{\mathrm{r}}$$

$$H_{22}=\frac{\dot{I}_2}{\dot{U}_2}\bigg|_{i_1=0}=g_{\mathrm{ce}}$$

所以　　　　　　　　　　　　　　$$\boldsymbol{H}=\begin{bmatrix} r_{\mathrm{be}} & \mu_{\mathrm{r}} \\ \beta & g_{\mathrm{ce}} \end{bmatrix}$$

该电路是非互易的。由此得到的包含 4 个 H 参数的半导体晶体管小信号模型，就是将非线性器件线性化的原理。在分析计算半导体晶体管构成的各种电路时，利用这个线性化模型，可以使复杂电路的计算变得简单，因此在电子电路分析中被广泛应用。

表 13-1　　　　　　　　　　　　　　二端口网络参数互换表

	Z 参数	Y 参数	T 参数	H 参数
Z 参数	$\begin{bmatrix} Z_{11} & Z_{12} \\ Z_{21} & Z_{22} \end{bmatrix}$	$\begin{bmatrix} \dfrac{Y_{22}}{\Delta_Y} & -\dfrac{Y_{12}}{\Delta_Y} \\ -\dfrac{Y_{21}}{\Delta_Y} & \dfrac{Y_{11}}{\Delta_Y} \end{bmatrix}$	$\begin{bmatrix} \dfrac{A}{C} & \dfrac{\Delta_T}{C} \\ \dfrac{1}{C} & \dfrac{D}{C} \end{bmatrix}$	$\begin{bmatrix} \dfrac{\Delta_H}{H_{12}} & \dfrac{H_{12}}{H_{22}} \\ -\dfrac{H_{21}}{H_{22}} & \dfrac{1}{H_{22}} \end{bmatrix}$
Y 参数	$\begin{bmatrix} \dfrac{Z_{22}}{\Delta_Z} & -\dfrac{Z_{12}}{\Delta_Z} \\ -\dfrac{Z_{21}}{\Delta_Z} & \dfrac{Z_{11}}{\Delta_Z} \end{bmatrix}$	$\begin{bmatrix} Y_{11} & Y_{12} \\ Y_{21} & Y_{22} \end{bmatrix}$	$\begin{bmatrix} \dfrac{D}{B} & -\dfrac{\Delta_T}{B} \\ -\dfrac{1}{B} & \dfrac{A}{B} \end{bmatrix}$	$\begin{bmatrix} \dfrac{1}{H_{11}} & -\dfrac{H_{12}}{H_{11}} \\ \dfrac{H_{21}}{H_{11}} & \dfrac{\Delta_H}{H_{11}} \end{bmatrix}$
T 参数	$\begin{bmatrix} \dfrac{Z_{11}}{Z_{21}} & \dfrac{\Delta_Z}{Z_{21}} \\ \dfrac{1}{Z_{21}} & \dfrac{Z_{22}}{Z_{21}} \end{bmatrix}$	$\begin{bmatrix} -\dfrac{Y_{22}}{Y_{21}} & -\dfrac{1}{Y_{21}} \\ -\dfrac{\Delta_Y}{Y_{21}} & -\dfrac{Y_{11}}{Y_{21}} \end{bmatrix}$	$\begin{bmatrix} A & B \\ C & D \end{bmatrix}$	$\begin{bmatrix} -\dfrac{\Delta_H}{H_{21}} & -\dfrac{H_{11}}{H_{21}} \\ \dfrac{H_{22}}{H_{21}} & -\dfrac{1}{H_{21}} \end{bmatrix}$
H 参数	$\begin{bmatrix} \dfrac{\Delta_Z}{Z_{22}} & \dfrac{Z_{12}}{Z_{22}} \\ -\dfrac{Z_{21}}{Z_{22}} & \dfrac{1}{Z_{22}} \end{bmatrix}$	$\begin{bmatrix} \dfrac{1}{Y_{11}} & -\dfrac{Y_{12}}{Y_{11}} \\ \dfrac{Y_{21}}{Y_{11}} & \dfrac{\Delta_Y}{Y_{11}} \end{bmatrix}$	$\begin{bmatrix} \dfrac{B}{D} & \dfrac{\Delta_T}{D} \\ -\dfrac{1}{D} & \dfrac{C}{D} \end{bmatrix}$	$\begin{bmatrix} H_{11} & H_{12} \\ H_{21} & H_{22} \end{bmatrix}$

其中，$\Delta_Z=\begin{bmatrix} Z_{11} & Z_{12} \\ Z_{21} & Z_{22} \end{bmatrix}$；$\Delta_Y=\begin{bmatrix} Y_{11} & Y_{12} \\ Y_{21} & Y_{22} \end{bmatrix}$；$\Delta_T=\begin{bmatrix} A & B \\ C & D \end{bmatrix}$；$\Delta_H=\begin{bmatrix} H_{11} & H_{12} \\ H_{21} & H_{22} \end{bmatrix}$。还有两组参数方程分别为 H'、T' 它们与 H 和 T 参数类似，此处不再详述，有兴趣的读者可查阅有关书籍资料。

第三节　二端口网络的等效电路

对于任何复杂的线性无源一端口网络，可以用一个驱动点阻抗来等效其外部特征。同样，对于线性无源且互易的二端口网络，其外部特性可以用 3 个参数确定，因此只要找到一个具有 3 个阻抗（或导纳）组成的简单的二端口使它与给定的线性无源且互易的二端口的参数分别相等，则这两个二端口的外部特性就完全相等，两者等效。如果是线性无源非互易的二端口网络，因其有 4 个参数独立，所得到的最简等效二端口需要有 4 个参数构成。但只要是线性无源的二端口网络，其等效的二端口一般也只有两种形式，即 T 形和 Ⅱ 形电路。下面分别讨论。

一、线性无源互易二端口网络（reciprocity two-part networks）

如果给定二端口的 Z 参数，则可用 T 形电路构成的二端口等效，如图 13-12（a）所示。写出 T 形电路的回路电流方程

$$\left.\begin{aligned}\dot{U}_1 &= Z_1\dot{I}_1 + Z_2(\dot{I}_1 + \dot{I}_2)\\ \dot{U}_2 &= Z_2(\dot{I}_1 + \dot{I}_2) + Z_3\dot{I}_2\end{aligned}\right\} \tag{13-10}$$

利用式（13-4）的 Z 参数方程及互易性 $Z_{12} = Z_{21}$ 的关系，可得

$$\left.\begin{aligned}\dot{U}_1 &= (Z_{11} - Z_{12})\dot{I}_1 + Z_{12}(\dot{I}_1 + \dot{I}_2)\\ \dot{U}_2 &= Z_{12}(\dot{I}_1 + \dot{I}_2) + (Z_{22} - Z_{12})\dot{I}_2\end{aligned}\right\} \tag{13-11}$$

比较式（13-10）和式（13-11）得 $Z_1 = Z_{11} - Z_{12}$，$Z_2 = Z_{12}$，$Z_3 = Z_{22} - Z_{12}$。

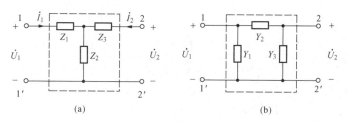

图 13-12 无源二端口等效网络

(a) T 形等效；(b) Ⅱ 形等效

如果给定二端口的 Y 参数，则可用 Ⅱ 形电路构成的二端口等效，如图 13-12（b）所示。写出 Ⅱ 形电路的结点电压方程，与 T 形等效类似，可得 $Y_1 = Y_{11} + Y_{12}$，$Y_2 = -Y_{12}$，$Y_3 = Y_{22} + Y_{12}$。

如果是其他形式参数方程，则可利用表 13-1，将它们换算成 Z 参数或 Y 参数，然后再进行 T 形和 Ⅱ 形等效。

二、线性无源非互易二端口网络（two-part networks without reciprocity）

如果是非互易二端口网络，4 个参数均独立，如已知 Z 参数方程，则式（13-4）可写成

$$\left.\begin{aligned}\dot{U}_1 &= Z_{11}\dot{I}_1 + Z_{12}\dot{I}_2 = (Z_{11} - Z_{12})\dot{I}_1 + Z_{12}(\dot{I}_1 + \dot{I}_2)\\ \dot{U}_2 &= Z_{21}\dot{I}_1 + Z_{22}\dot{I}_2 = Z_{12}(\dot{I}_1 + \dot{I}_2) + (Z_{22} - Z_{12})\dot{I}_2 + (Z_{21} - Z_{12})\dot{I}_1\end{aligned}\right\} \tag{13-12}$$

式（13-12）中的第二个方程中的最后一项可用一个 CCVS 代替，其 T 形等效电路如图 13-13（a）所示。

同理，用 Y 参数表示的非互易二端口网络可用图 13-13（b）所示的含 VCCS 的等效电路代替。

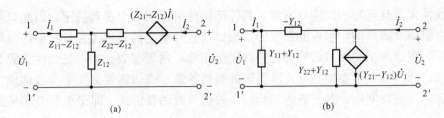

图 13-13　有源二端口等效网络
(a) T 形等效；(b) Π 形等效

第四节　二端口网络的转移函数

根据第十一章网络函数中对转移函数的定义，线性无源二端口网络端口的转移函数有转移阻抗、转移导纳、转移电压比、转移电流比，可用二端口网络的参数（Z、Y、H 或 T 参数）来表示。本节仍用相量法讨论，如果用运算法，则用拉氏变换形式表示的转移函数必须是二端口网络处于零状态下（无附加电源存在）。如图 13-14 所示，当二端口网络 $1-1'$ 端加无内阻抗的输入激励及 $2-2'$ 端无外接负载时，称为无端接二端口。无端接二端口的转移函数分别为

转移阻抗

$$Z_{12}=\frac{\dot{U}_1}{\dot{I}_2}\bigg|_{i_1=0},\quad Z_{21}=\frac{\dot{U}_2}{\dot{I}_1}\bigg|_{i_2=0},\quad B=\frac{\dot{U}_1}{(-\dot{I}_2)}\bigg|_{\dot{U}_2=0} \tag{13-13}$$

转移导纳

$$Y_{12}=\frac{\dot{I}_1}{\dot{U}_2}\bigg|_{\dot{U}_1=0},\quad Y_{21}=\frac{\dot{I}_2}{\dot{U}_1}\bigg|_{\dot{U}_2=0},\quad C=\frac{\dot{I}_1}{\dot{U}_2}\bigg|_{(-i_2)=0} \tag{13-14}$$

转移电压比

$$A=\frac{\dot{U}_1}{\dot{U}_2}\bigg|_{(-i_2)=0},\quad H_{12}=\frac{\dot{U}_1}{\dot{U}_2}\bigg|_{i_1=0},\quad -\frac{Y_{22}}{Y_{21}}=\frac{\dot{U}_1}{\dot{U}_2}\bigg|_{i_2=0} \tag{13-15}$$

转移电流比

$$D=\frac{\dot{I}_1}{(-\dot{I}_2)}\bigg|_{\dot{U}_2=0},\quad H_{21}=\frac{\dot{I}_2}{\dot{I}_1}\bigg|_{\dot{U}_2=0},\quad -\frac{Z_{21}}{Z_{22}}=\frac{\dot{I}_2}{\dot{I}_1}\bigg|_{\dot{U}_2=0} \tag{13-16}$$

在工程上大多数二端口网络如各种放大器、传输线、滤波器等都是在输出端口接负载阻抗，在输入端口接激励源，如图 13-15 所示，激励用电压源 $\dot{U}_S$ 与内阻抗 Z_S 的串联支路、负载阻抗用 Z_L 表示。

图 13-14　求无端接二端口转移函数图

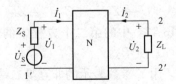

图 13-15　有端接的二端口网络

1. 转移电压比

(1) 当只考虑 Z_L 时的转移电压比

$$\frac{\dot{U}_2}{\dot{U}_1}=\frac{\dot{U}_2}{A(\dot{U}_2)+B(-\dot{I}_2)}$$

由于 $\dot{U}_2=-Z_L\dot{I}_2$，所以转移电压比为

$$\frac{\dot{U}_2}{\dot{U}_1}=\frac{\dot{U}_2}{A(\dot{U}_2)+B(-\dot{I}_2)}=\frac{Z_L(-\dot{I}_2)}{AZ_L(-\dot{I}_2)+B(-\dot{I}_2)}=\frac{Z_L}{AZ_L+B} \tag{13-17}$$

可见，当只考虑负载阻抗 Z_L 时的转移函数，不仅与其本身的参数有关，还与端接阻抗 Z_L 有关。

(2) 当同时考虑 Z_S 和 Z_L 时转移电压比

$$\frac{\dot{U}_2}{\dot{U}_S}=\frac{\dot{U}_2}{Z_S\dot{I}_1+\dot{U}_1}=\frac{\dot{U}_2}{A\dot{U}_2+B(-\dot{I}_2)+Z_S[C\dot{U}_2+D(-\dot{I}_2)]}$$

由于 $\dot{U}_2=Z_L(-\dot{I}_2)$，所以转移电压比为

$$\frac{\dot{U}_2}{\dot{U}_S}=\frac{Z_L(-\dot{I}_2)}{AZ_L(-\dot{I}_2)+B(-\dot{I}_2)+Z_S[CZ_L(-\dot{I}_2)+D(-\dot{I}_2)]}$$
$$=\frac{Z_L}{AZ_L+B+Z_S(CZ_L+D)} \tag{13-18}$$

2. 输入阻抗与输出阻抗

(1) 输入阻抗。由二端口网络的 $1-1'$ 端口向右看进去的阻抗 Z_i 称为输入阻抗或策动点阻抗，如图 13-16 所示。

由于

$$\dot{U}_1=A\dot{U}_2+B(-\dot{I}_2)$$

$$\dot{I}_1=C\dot{U}_2+D(-\dot{I}_2)$$

及

$$\dot{U}_2=Z_L(-\dot{I}_2)$$

则输入阻抗为

$$Z_i=\frac{\dot{U}_1}{\dot{I}_1}=\frac{AZ_L(-\dot{I}_2)+B(-\dot{I}_2)}{CZ_L(-\dot{I}_2)+D(-\dot{I}_2)}=\frac{AZ_L+B}{CZ_L+D} \tag{13-19}$$

式 (13-19) 表明输入阻抗不仅与二端口网络的参数有关，而且与负载阻抗有关。对于不同的二端口网络，接同一个 Z_L，Z_i 不同；对于同一个二端网络，接不同的负载 Z_L，Z_i 也不同，因此二端口网络具有变换阻抗的作用。

(2) 输出阻抗。将电压源 $\dot{U}_S$ 与负载 Z_L 都移去，但输入端口处仍然保留实际电压源的内阻抗 Z_S，如图 13-17 所示，这时 $2-2'$ 端口 $\dot{U}_2$ 和电流 $\dot{I}_2$ 之比称为二端口网络的输出阻抗 Z_o。

图 13-16　输入阻抗　　　　　　　　　　图 13-17　输出阻抗

由于

$$\dot{U}_1 = A\dot{U}_2 + B(-\dot{I}_2)$$

$$\dot{I}_1 = C\dot{U}_2 + D(-\dot{I}_2)$$

及

$$\dot{U}_1 = Z_S(-\dot{I}_1)$$

$$-Z_S = \frac{\dot{U}_1}{\dot{I}_1} = \frac{A\dot{U}_2 + B(-\dot{I}_2)}{C\dot{U}_2 + D(-\dot{I}_2)} = \frac{A(-Z_o) + B}{C(-Z_o) + D}$$

其中，$Z_o = \dfrac{\dot{U}_2}{\dot{I}_2}$，则有

$$-Z_S = \frac{A(-Z_o) + B}{C(-Z_o) + D}$$

故输出阻抗为

$$Z_o = \frac{DZ_S + B}{CZ_S + A} \tag{13-20}$$

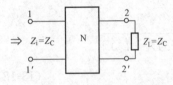

图 13-18 二端口的特性阻抗

（3）特性阻抗。在对称二端口网络中，若适当选择 Z_S 及 Z_L 的值，使它们满足 $Z_i = Z_S = Z_o = Z_L = Z_C$，则称这种对称二端口网络为完全匹配状态。并将 Z_C 称为对称二端口网络的特性阻抗，也称为重复阻抗，如图 13-18 所示。

当二端口网络对称时 $A = D$，则由

$$Z_C = \frac{AZ_C + B}{CZ_C + D}$$

计算出特性阻抗 Z_C 为

$$Z_C = \sqrt{\frac{B}{C}} \tag{13-21}$$

特性阻抗仅由二端口网络的本身参数来确定，与负载阻抗 Z_L 和电源内阻抗 Z_S 无关。对于对称的二端口网络的特性阻抗还可以运用实验方法获得。

当 $Z_L \to \infty$ 时，$Z_{i\infty} = \dfrac{A}{C}$，当 $Z_L \to 0$ 时，$Z_{i0} = \dfrac{B}{D}$，则特性阻抗为

$$Z_C = \sqrt{Z_{i\infty} Z_{i0}} = \sqrt{\frac{A}{C} \frac{B}{D}} = \sqrt{\frac{B}{C}} \tag{13-22}$$

例 13-6 求如图 13-19（a）所示正弦交流稳态电路中流过 j6Ω 阻抗的电流 $\dot{I}_2$。

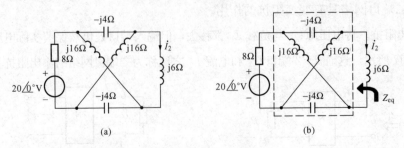

图 13-19 例 13-6 图

（a）正弦交流稳态电路；（b）二端口网络

解 例13-6可采用在第三章中介绍的戴维南定理求 $\dot{I}_2$。这里采用二端口网络概念求解。如图13-19（b）所示的虚线框部分可看成一个对称二端口网络，且

$$Z_{i\infty}=\frac{1}{2}(j16-j4)(\Omega)$$

$$Z_{i0}=2\times\frac{j16(-j4)}{j16-j4}$$

$$Z_C=\sqrt{Z_{i\infty}Z_{i0}}=\sqrt{64}=8(\Omega)$$

所以输入阻抗 $\quad\quad\quad\quad Z_{eq}=Z_C=Z_S=8(\Omega)$

开路电压 $\quad\quad\quad\quad \dot{U}_{oc}=20\underline{/53.13°}(V)$

求得 $\quad\quad\quad\quad \dot{I}_2=\frac{\dot{U}_{oc}}{Z_{eq}+j6}=\frac{20\underline{/53.13°}}{8+j6}=2\underline{/16.26°}(A)$

可见利用特性阻抗的概念，可便捷地求出该电路的戴维南等效阻抗，便可求出 $\dot{I}_2$。

第五节 二端口网络连接方式

二端口网络的基本连接方式主要有级联、串联、并联、并—串联、串—并联共5种，如图13-20所示展示出了这5种连接方式。

在分析一个复杂的二端口网络时，可看成是由以上5种连接中的几种按某种方式连接而成，也称为搭"积木"方式，从而使电路分析简化。一般说来，设计简单的局部电路，然后拼装成所需的复杂电路比直接设计更容易，因此讨论二端口网络的连接是很重要的。

本节主要介绍前3种连接方式，在二端口网络的连接问题上，我们感兴趣的是复合二端口的参数和各部分二端口参数之间的关系。

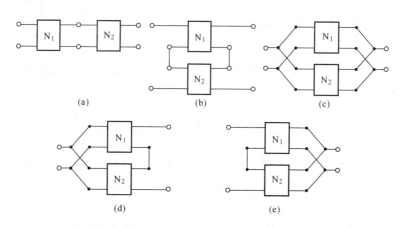

图13-20 二端口网络连接方式

（a）级联；（b）串联；（c）并联；（d）并—串联；（e）串—并联

一、二端口网络的级联（cascade connection of two-port networks）

如图13-21所示为两个无源二端口按级联方式连接，构成复合二端口，设二端口 N_1 和 N_2 的 T 参数矩阵分别为

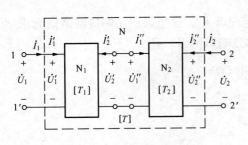

图 13-21　二端口级联方式

$$T_1 = \begin{bmatrix} A' & B' \\ C' & D' \end{bmatrix}, \quad T_2 = \begin{bmatrix} A'' & B'' \\ C'' & D'' \end{bmatrix}$$

则有

$$\begin{bmatrix} \dot{U}'_1 \\ \dot{I}'_1 \end{bmatrix} = T_1 \begin{bmatrix} \dot{U}'_2 \\ -\dot{I}'_2 \end{bmatrix}, \quad \begin{bmatrix} \dot{U}''_1 \\ \dot{I}''_1 \end{bmatrix} = T_2 \begin{bmatrix} \dot{U}''_2 \\ -\dot{I}''_2 \end{bmatrix}$$

因为 $\dot{U}_1 = \dot{U}'_1$，$\dot{U}'_2 = \dot{U}''_1$，$\dot{U}''_2 = \dot{U}_2$，$\dot{I}_1 = \dot{I}'_1$，$-\dot{I}'_2 = \dot{I}''_1$，$\dot{I}''_2 = \dot{I}_2$，所以有

$$\begin{bmatrix} \dot{U}_1 \\ \dot{I}_1 \end{bmatrix} = \begin{bmatrix} \dot{U}'_1 \\ \dot{I}'_1 \end{bmatrix} = T_1 \begin{bmatrix} \dot{U}'_2 \\ -\dot{I}'_2 \end{bmatrix} = T_1 \begin{bmatrix} \dot{U}''_1 \\ \dot{I}''_1 \end{bmatrix}$$

$$= T_1 T_2 \begin{bmatrix} \dot{U}''_2 \\ -\dot{I}''_2 \end{bmatrix} = T \begin{bmatrix} \dot{U}_2 \\ -\dot{I}_2 \end{bmatrix}$$

其中，T 为复合二端口的 T 参数矩阵，它与二端口 N_1 和 N_2 的 T 参数矩阵之间关系为

$$T = T_1 T_2 = \begin{bmatrix} A'A'' + B'C'' & A'B'' + B'D'' \\ C'A'' + D'C'' & C'B'' + D'D'' \end{bmatrix} \tag{13-23}$$

二、二端口网络的串联（series connection of two-port networks）

当两个无源二端口按串联方式连接，如图 13-22 所示，如果每个二端口的端口条件不因串联连接受到破坏，则复合二端口的总端口电压和电流的关系为

$$\dot{U}_1 = \dot{U}'_1 + \dot{U}''_2, \quad \dot{U}_2 = \dot{U}''_1 + \dot{U}''_2$$

$$\dot{I}_1 = \dot{I}'_1 = \dot{I}''_1, \quad \dot{I}_2 = \dot{I}'_2 = \dot{I}''_2$$

设二端口 N_1 和 N_2 的 Z 参数矩阵分别为

$$Z_1 = \begin{bmatrix} Z'_{11} & Z'_{12} \\ Z'_{21} & Z'_{22} \end{bmatrix}, \quad Z_2 = \begin{bmatrix} Z''_{11} & Z''_{12} \\ Z''_{21} & Z''_{22} \end{bmatrix}$$

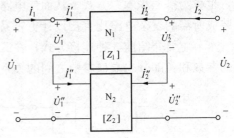

图 13-22　二端口串联方式

则有

$$\begin{bmatrix} \dot{U}_1 \\ \dot{U}_2 \end{bmatrix} = \begin{bmatrix} \dot{U}'_1 \\ \dot{U}'_2 \end{bmatrix} + \begin{bmatrix} \dot{U}''_1 \\ \dot{U}''_2 \end{bmatrix} = Z_1 \begin{bmatrix} \dot{I}'_1 \\ \dot{I}'_2 \end{bmatrix} + Z_2 \begin{bmatrix} \dot{I}''_1 \\ \dot{I}''_2 \end{bmatrix} = (Z_1 + Z_2) \begin{bmatrix} \dot{I}_1 \\ \dot{I}_2 \end{bmatrix} = Z \begin{bmatrix} \dot{I}_1 \\ \dot{I}_2 \end{bmatrix}$$

其中，Z 为复合二端口的 Z 参数矩阵，它与二端口 N_1 和 N_2 的 Z 参数矩阵之间关系为

$$Z = Z_1 + Z_2 = \begin{bmatrix} Z'_{11} + Z''_{11} & Z'_{12} + Z''_{12} \\ Z'_{21} + Z''_{21} & Z'_{22} + Z''_{22} \end{bmatrix} \tag{13-24}$$

三、二端口网络的并联（parallel connection of two-port networks）

如图 13-23 所示为两个无源二端口按并联方式连接，构成复合二端口。只要每个二端口满足端口条件，按照上面相同的推导方法，可以得到复合二端口的 Y 参数矩阵和 N_1、N_2 两个二端口的 Y 参数矩阵之间关系为

$$Y = Y_1 + Y_2 = \begin{bmatrix} Y'_{11} + Y''_{11} & Y'_{12} + Y''_{12} \\ Y'_{21} + Y''_{21} & Y'_{22} + Y''_{22} \end{bmatrix} \tag{13-25}$$

具体推导留给读者作为练习，不再详述。

例 13-7 如图 13-24（a）所示，已知无源二端口 N 的 T 参数矩阵为

$$\begin{bmatrix} A & B \\ C & D \end{bmatrix} = \begin{bmatrix} 0.5 & j25 \\ j0.02 & 1 \end{bmatrix}$$

试求当 Z_L 为多少时，其上可获得最大平均功率？并求此最大功率值 P_{max}。

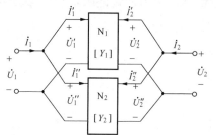

图 13-23 二端口并联方式

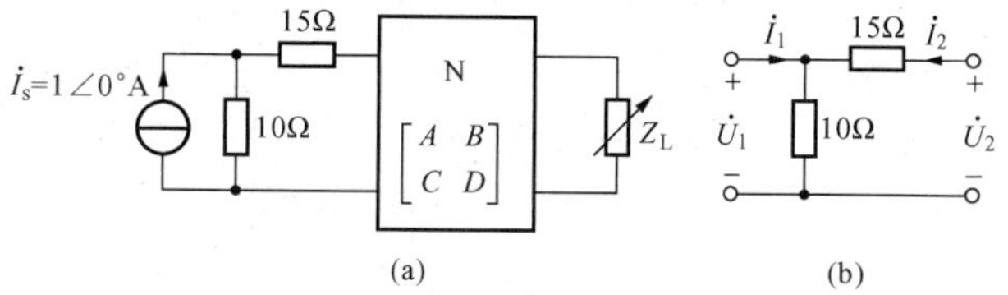

图 13-24 例 13-7 图
(a) 无源二端口；(b) 二端口

解 将电流源与 N 网络之间的部分看成一个二端口，如图 13-24（b）所示，则其 T 参数方程及 T 参数为

$$\dot{U}_1 = \dot{U}_2 + 15(-\dot{I}_2)$$

$$\dot{I}_1 = \frac{\dot{U}_1}{10} - \dot{I}_2 = 0.1\dot{U}_2 + 2.5(-\dot{I}_2)$$

$$\boldsymbol{T'} = \begin{bmatrix} 1 & 15 \\ 0.1 & 2.5 \end{bmatrix}$$

所以
$$\boldsymbol{T} = \boldsymbol{T'}\begin{bmatrix} A & B \\ C & D \end{bmatrix} = \begin{bmatrix} 0.5+j0.3 & 15+j25 \\ 0.05+j0.05 & 2.5+j2.5 \end{bmatrix} = \begin{bmatrix} A' & B' \\ C' & D' \end{bmatrix}$$

所以
$$\dot{U}_{oc} = \dot{U}_2 \big|_{\dot{I}_2=0} = \frac{1}{C'}\dot{I}_s = 10\sqrt{2}\underline{/-45°} \text{ (V)}$$

$$\dot{I}_{sc} = -\dot{I}_2 \big|_{\dot{U}_2=0} = \frac{1}{D'}\dot{I}_s$$

$$Z_{eq} = \frac{\dot{U}_{oc}}{\dot{I}_{sc}} = \frac{D'}{C'} = 50(\Omega)$$

当 $Z_L = 50\Omega$ 时可获得最大功率为

$$P_{max} = \frac{U_{oc}^2}{4R_{eq}} = \frac{200}{4\times50} = 1(\text{W})$$

第六节 理想回转器与负阻抗变换器

一、理想回转器（ideal gyrator）

理想回转器是一种线性的非互易二端口网络，如图 13-25 所示为回转器的电路模型。作为理想化的二端口网络，其端口电流、电压关系可表示为

$$i_1 = gu_2 \atop i_2 = -gu_1 \Bigg\} \qquad (13\text{-}26)$$

或写为

$$u_2 = ri_1 \atop u_1 = -ri_2 \Bigg\} \qquad (13\text{-}27)$$

其中，g 具有电导量纲，称为回转电导；r 具有电阻量纲，称为回转电阻，它们均为常数，也称为回转常数，且 $g = 1/r$。

用矩阵形式表示上面的方程，写为

$$\begin{bmatrix} i_1 \\ i_2 \end{bmatrix} = \begin{bmatrix} 0 & g \\ -g & 0 \end{bmatrix} \begin{bmatrix} u_1 \\ u_2 \end{bmatrix}$$

$$\begin{bmatrix} u_1 \\ u_2 \end{bmatrix} = \begin{bmatrix} 0 & -r \\ r & 0 \end{bmatrix} \begin{bmatrix} i_1 \\ i_2 \end{bmatrix}$$

因为 $Z_{12} \neq Z_{21}$、$Y_{12} \neq Y_{21}$，所以理想回转器是非互易的，不满足互易定理。

根据理想回转器的端口方程，可作出用受控源表示回转器的电路模型如图 13-26 所示。由式（13-26）计算理想回转器总功率为

$$p = u_1 i_1 + u_2 i_2 = u_1 (gu_2) + u_2 (-gu_1) = 0$$

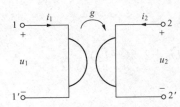

图 13-25　理想回转器电路模型

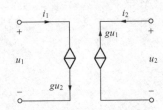

图 13-26　用受控源表示回转器的电路模型

上式说明，理想回转器既不消耗功率也不发出功率，因此它是一个无源线性元件。

从式（13-26）或式（13-27）又可看出，回转器有把一个端口的电压"回转"到另一个端口的电流或相反的过程这样一种性质。正是如此，可利用回转器将一个电容回转为一个电感，这为集成电路中对于电感元件难以集成的问题提供了一种解决的办法，即用便于集成的电容代替电感。

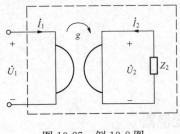

图 13-27　例 13-8 图

例 13-8　如图 13-27 所示的回转器电路在输出端接一负载阻抗 Z_2，试求输入端阻抗 Z_i。

解　由式（13-26）有 $\dot{I}_1 = g\dot{U}_2$，$\dot{I}_2 = -g\dot{U}_1$，则输入阻抗为

$$Z_i = \frac{\dot{U}_1}{\dot{I}_1} = \frac{-\frac{1}{g}\dot{I}_2}{g\dot{U}_2} = \frac{1}{g^2 \dfrac{\dot{U}_2}{(-\dot{I}_2)}} = \frac{1}{g^2 Z_2}$$

上式中，当 $Z_2 \to \infty$（端口 2 开路），$Z_i \to 0$（端口 1 短路）；当 $Z_2 \to 0$（端口 2 短路），$Z_i \to \infty$（端口 1 开路）。如故取 $Z_2 = \dfrac{1}{j\omega C}$，则 $Z_1 = j\omega \dfrac{C}{g^2} = j\omega L$，可见 $L = \dfrac{C}{g^2}$。称回转器的这种

性质为阻抗倒置性。

比如取 $C=1\mu F$，$g=10^{-3}S$，$L=1H$，用回转器构成电感可使电路便于集成化。

二、负阻抗变换器（negative impedance converter）

利用回转器还可以制造负阻抗变换器（NIC—Negative Impedance Converter），它也是一个二端口元件，如图 13-28 所示。NIC 的端口特性可以用 T 参数描述为

$$\begin{bmatrix} \dot{U}_1 \\ \dot{I}_1 \end{bmatrix} = \begin{bmatrix} 1 & 0 \\ 0 & -k \end{bmatrix} \begin{bmatrix} \dot{U}_2 \\ -\dot{I}_2 \end{bmatrix} \tag{13-28}$$

或

$$\begin{bmatrix} \dot{U}_1 \\ \dot{I}_1 \end{bmatrix} = \begin{bmatrix} -k & 0 \\ 0 & 1 \end{bmatrix} \begin{bmatrix} \dot{U}_2 \\ -\dot{I}_2 \end{bmatrix} \tag{13-29}$$

其中，k 为正实常数。

在式（13-28）中电流 $\dot{I}_1$ 经传输后变为 $-k\dot{I}_2$，电流经传输后改变方向，这种 NIC 称为电流反向型 NIC。同理，式（13-29）表示的是电压反向型 NIC。

目前还不能找到天然的负电阻材料，也无法制造负电阻，但利用回转器实现具有负电阻值的客观实体，是一种打破常规的研究思路，值得深入探讨。下面推导 NIC 将正阻抗转换为负阻抗的过程。

设 NIC 为电压反向型，如图 13-29 所示，在端口 $2-2'$ 端接阻抗 Z_2，从端口 $1-1'$ 端看入的输入阻抗 Z_1 计算为

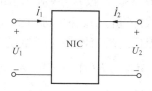

图 13-28 负阻抗变换器模型   图 13-29 电流反向型 NIC

因为 $$\dot{U}_2 = -Z_2 \dot{I}_2$$

所以 $$Z_1 = \frac{\dot{U}_1}{\dot{I}_1} = \frac{-k\dot{U}_2}{-\dot{I}_2} = \frac{k(-Z_2\dot{I}_2)}{\dot{I}_2} = -kZ_2$$

从上面的推导看出输入阻抗 Z_1 为负载阻抗 Z_2（乘以 k）的负值。所以这种二端口可以把一个正阻抗变换为负阻抗。当在 $2-2'$ 端接入 R、L、C 时，就会在端口 $1-1'$ 得到 $-kR$、$-kL$、$-kC$ 等，为电路设计中实现负电阻、负电感和负电容提供了可能。

例 13-9 如图 13-30 所示二端口网络中 $k>0$。

（1）试求其 T 参数矩阵，指出其特性；

（2）在 $2-2'$ 端接入 R_L 后，在 $1-1'$ 端的输入电阻为何值。

解 （1）根据 KVL 和 KCL 有

$$\left. \begin{array}{l} u_1 = u_2 \\ i_2 = \dfrac{u_2 - u_1}{R} + ki_1 \end{array} \right\}$$

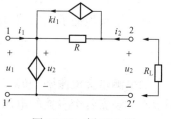

图 13-30 例 13-9 图

得

$$\left.\begin{array}{l}u_1 = u_2 \\ i_1 = \dfrac{1}{k} i_2\end{array}\right\} \Rightarrow \begin{bmatrix} u_1 \\ i_1 \end{bmatrix} = \begin{bmatrix} 1 & 0 \\ 0 & -\dfrac{1}{k} \end{bmatrix} \begin{bmatrix} u_2 \\ -i_2 \end{bmatrix}$$

所以

$$\boldsymbol{T} = \begin{bmatrix} 1 & 0 \\ 0 & -\dfrac{1}{k} \end{bmatrix}$$

由上面导出的 T 参数矩阵可见该二端口为负阻抗变换器，且为电流反向型 NIC。

（2）在 $2-2'$ 端接入 R 后，$1-1'$ 端的输入电阻为

$$R_i = \frac{u_1}{i_1} = \frac{u_2}{\dfrac{1}{k} i_2} = k(-R_L) = -kR_L$$

可见 R_i 为负值，说明从 $1-1'$ 端得到的输入电阻是一个负电阻。

第七节　用 Multisim 计算二端口参数

应用 Multisim 对二端口网络进行仿真，可采用在实验室所进行的测量二端口网络端口电压、电流的方法。下面的例子给出了一个具体二端口网络的仿真实现。

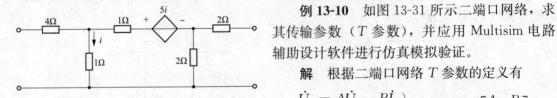

图 13-31　例 13-10 的二端口网络

例 13-10　如图 13-31 所示二端口网络，求其传输参数（T 参数），并应用 Multisim 电路辅助设计软件进行仿真模拟验证。

解　根据二端口网络 T 参数的定义有

$$\left.\begin{array}{l}\dot{U}_1 = A\dot{U}_2 - B\dot{I}_2 \\ \dot{I}_1 = C\dot{U}_2 - D\dot{I}_2\end{array}\right\} \qquad \boldsymbol{T} = \begin{bmatrix} A & B \\ C & D \end{bmatrix}$$

仿真模拟得到的结果如图 13-32 所示。

由图 13-32（a）测量结果，求得 A，C

$$A = \left.\frac{\dot{U}_1}{\dot{U}_2}\right|_{\dot{I}_2=0} = \frac{10}{80} = 0.125, \quad C = \left.\frac{\dot{I}_1}{\dot{U}_2}\right|_{\dot{I}_2=0} = \frac{10}{80} = 0.125s$$

由图 13-32（b）测量结果，求出 B，D

$$B = \left.\frac{\dot{U}_1}{-\dot{I}_2}\right|_{\dot{U}_2=0} = \frac{10}{3.333} = 3\Omega, \quad D = \left.\frac{\dot{I}_1}{-\dot{I}_2}\right|_{\dot{U}_2=0} = \frac{3.333}{3.333} = 1$$

计算结果验证了该二端口网络 T 参数的正确性。

$$\boldsymbol{T} = \begin{bmatrix} 0.125 & 3\Omega \\ 0.125s & 1 \end{bmatrix}$$

如果测量交流激励下的二端口网络参数，既要用虚拟电压表、电流表测得有效值，还须用示波器观察各个参数的电压、电流等正弦交流量相互之间相位差关系，方能得出所要得到的 Y、Z、T 等参数。

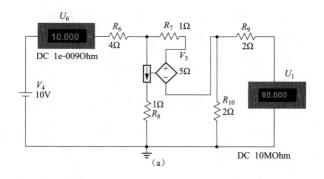

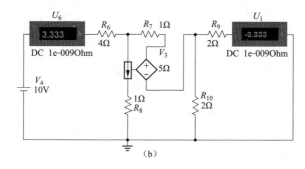

图 13-32 例 13-10 的二端口网络 Multisim 仿真模拟

（a）测量参数 A 和 C 的仿真模拟电路；（b）测量参数 B 和 D 的仿真模拟电路

13-1 求如图 13-33 所示各二端口网络的 Y 参数。

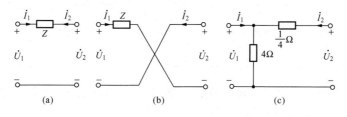

图 13-33 题 13-1 图

13-2 已知如图 13-34 所示二端口网络，其中图 13-34（b）中参数为 $Z_1=1\Omega$，$Z_2=3\Omega$，$Z_3=2\Omega$。试求图 13-34（a）、图 13-34（b）Z 和 T 参数矩阵，图 13-34（c）的 Y 和 T 参数矩阵。

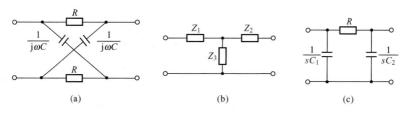

图 13-34 题 13-2 图

13-3　试求如图 13-35 所示二端口电路的 Z、Y 和 H 参数矩阵。

13-4　求如图 13-36 所示二端口的 Z、T 参数。

13-5　求如图 13-37 所示二端口网络的短路导纳矩阵。

13-6　求如图 13-38 所示二端口网络的 Y 参数方程。

13-7　试求如图 13-39 所示二端口网络的 Y 参数矩阵，图中所标示的参数均为已知。

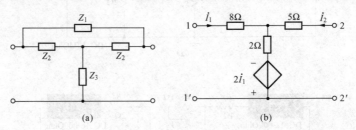

图 13-35　题 13-3 图

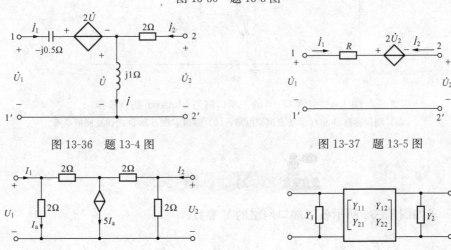

图 13-36　题 13-4 图　　　　　　　　图 13-37　题 13-5 图

图 13-38　题 13-6 图　　　　　　　　图 13-39　题 13-7 图

13-8　如图 13-40 所示二端口网络的 T 参数为 $A=\dfrac{5}{13}$，$B=-\dfrac{8}{3}\,\Omega$，$C=\dfrac{1}{26}\,\text{S}$，$D=\dfrac{7}{3}$，若端口 $1-1'$ 接 $U_{\text{S}}=6\text{V}$、$R_1=2\,\Omega$ 的串联支路，端口 $2-2'$ 接电阻 R_{L}，求 R_{L} 为多少时可使其上获得最大功率？并求此最大功率值。

13-9　已知图 13-41 中二端口网络 N 的 T 参数矩阵为 $\begin{bmatrix} A & B \\ C & D \end{bmatrix}=\begin{bmatrix} 0.5 & \text{j}25\,\Omega \\ \text{j}0.02\text{S} & 1 \end{bmatrix}$；求 Z_{L} 为多少时可获得最大平均功率？并求此 $P_{\max}$ 值。

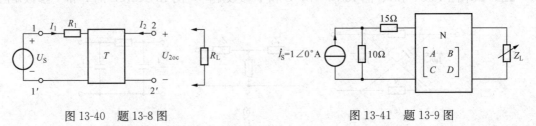

图 13-40　题 13-8 图　　　　　　　　图 13-41　题 13-9 图

13-10　如图 13-42 所示二端口的 T 参数矩阵为

$$T=\begin{bmatrix} 2 & 3 \\ 1 & 2 \end{bmatrix}$$

当外加激励电压为 $i_S=25A$ 时，试求 $2-2'$ 端电压 u_2。

13-11　求如图 13-43 所示二端口的 H 和 T 参数。

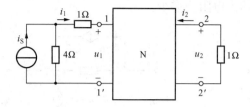

图 13-42　题 13-10 图　　　　图 13-43　题 13-11 图

13-12　如图 13-44 所示二端口网络，是由理想变压器与线性定常电阻 R 组成。若此二端口网络的 T 参数为 $A=4$，$B=0$，$C=0.5S$，$D=0.25$，求 n 与 R。

13-13　如图 13-45 所示二端口网络的 T 参数为 $A=5$，$B=\left(-\dfrac{2}{3}+j\dfrac{65}{3}\right)\Omega$，$C=-1S$，$D=\dfrac{1}{3}-j\dfrac{13}{3}$，若端口 $1-1'$ 接电压源 $u_S=6+10\sin t V$ 与电阻 $R_1=2\Omega$ 的串联支路，端口 $2-2'$ 接 $L=1H$ 与 $C=1F$ 的串联支路，求电容 C 上电压的有效值。

13-14　如图 13-46 所示 X 形相移网络。

（1）求特性阻抗；

（2）若网络工作在完全匹配状态时，求 $|\dot{U}_2/\dot{U}_S|$。

13-15　如图 13-47 所示，已知二端口网络 N 的 H 参数方程为

$$\left.\begin{array}{l} \dot{U}_1=h_{11}\dot{I}_1+h_{12}\dot{U}_2 \\ \dot{I}_2=h_{21}\dot{I}_1+h_{22}\dot{U}_2 \end{array}\right\}$$

（1）S 断开时，求输入阻抗 $Z_{11'}$；

（2）S 闭合时，求输入阻抗 Z_{ab}。

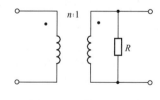

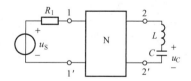

图 13-44　题 13-12 图　　　　　图 13-45　题 13-13 图

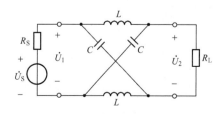

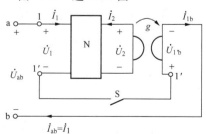

图 13-46　题 13-14 图　　　　　图 13-47　题 13-15 图

13-16　如图 13-48（a）所示为两个回转器与电容级联，其可等效为一个浮地电感，如图 13-48（b）所示，试求浮地电感 L_e。

13-17　求如图 13-49 所示二端口。

（1）试求其 T 参数矩阵，指出其特性；

（2）在 $2-2'$ 端接入 R_L 后，在 $1-1'$ 端的输入电阻为多少？

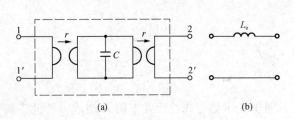

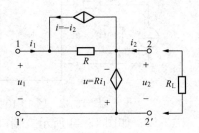

图 13-48　题 13-16 图
（a）二端口电路；（b）浮地电感

图 13-49　题 13-17 图

13-18　如图 13-50 所示二端口，设外加正弦交流电源的频率为 50Hz，试用 Multisim 对该二端口进行仿真，验证 Z 参数的正确性。

13-19　如图 13-51 所示二端口网络，设外加正弦交流电源的频率为 50Hz，试用 Multisim 对该二端口进行仿真，求出其 Y 参数。

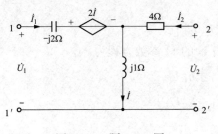

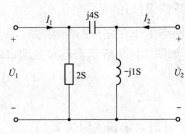

图 13-50　题 13-18 图

图 13-51　题 13-19 图

第十四章　非线性电路分析概论

本章要求　熟练掌握非线性电路的图解分析法，小信号分析法；掌握非线性电阻元件伏安特性；了解小信号分析法在工程实际中的应用。因为非线性电路也属于集总参数电路，因此 KCL、KVL 仍然适用。电路分析方法中的支路法完全适用于非线性电路。在一定的条件下，串联或并联、结点电压法、回路电流法也可用于非线性电路分析。

本章重点　非线性电阻元件的伏安特性，非线性电路的图解分析法、分段线性化方法、小信号分析法及非线性电阻电路方程的建立等。

在前面各章节中研究的都是线性电路问题，在线性电路中，线性元件的特点是其参数不随电压或电流而变化。如果电路元件的参数随着电压或电流而变化，即电路元件的参数与电压或电流有关，就称为非线性元件，含有非线性元件的电路称为非线性电路。

实际电路元件的参数总是或多或少地随着电压或电流而变化，可以说构成电路的元器件都是非线性的。在线性电路理论中，理想化的电路元件的建立是基于对各种实际电路元器件的分析和认识，为了进行理论分析，需要对实际的元器件进行科学的抽象；这种科学抽象过程本质上就是在一定条件下的科学近似过程。正是在这种科学近似过程基础上，建立起线性（理想化）元器件模型，并由此构成线性电路分析的理论基础。在工程计算中，可以把非线性程度比较弱的电路元件作为线性元件来处理，从而简化电路分析。但对许多本质因素具有非线性特性的元件，如果忽略其非线性特性就将导致计算结果与实际量值相差太大而无意义。因此分析研究非线性电路具有重要的工程物理意义。

随着电路的计算机辅助分析与辅助设计应用不断完善，对于非线性电路理论的研究也日趋深入，在分析方法和计算方法上也有很多新进展。在线性电路理论的基础上学习和了解一定的非线性电路理论知识，可以使所学的各种概念加以融会贯通，为今后的深入学习或工程实践打下良好基础。

第一节　非　线　性　电　阻

一、基本概念

线性电阻元件的参数 R 值不随其中的电压、电流而变化，其伏安关系遵循欧姆定律，其伏安特性为通过 $u-i$ 平面上坐标原点的直线，具有双向性。由线性电阻元件组成的电路，称为线性电阻电路。若电阻元件的伏安特性为非线性的，则称为非线性电阻元件，其电路符号如图 14-1 所示。含有非线性电阻元件的电路称为非线性电阻电路。

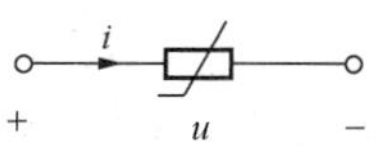

非线性电阻的伏安特性一般用函数式表示，即

$$u = f(i) \tag{14-1}$$

$$i = g(u) \tag{14-2}$$

图 14-1　非线性电阻电路符号

若一个二端元件的伏安关系由 $u-i$ 平面上一条非线性曲线表示时称为非线性电阻。

对于式（14-1）而言，电阻两端的电压 u 是其中电流 i 的单值函数，其典型伏安特性如图 14-2 所示。这种电阻称为电流控制型电阻，简称流控电阻。充气二极管即具有这样的伏安特性。但要注意，对于同一电压 u 值，电流 i 可能是多值的。例如当 $u=u_0$ 时，电流 i 就有 3 个不同的值 i_1、i_2、i_3，如图 14-2 中所示。

对于式（14-2）而言，电阻中的电流 i 是其两端电压 u 的单值函数，其典型伏安特性如图 14-3 所示。这种电阻称为电压控制型电阻，简称压控电阻。隧道二极管即具有这样的伏安特性。但要注意，对于同一电流 i 值，电压 u 可能是多值的。例如 $i=i_0$ 时，电压 u 就有 3 个不同的值 u_1、u_2、u_3，如图 14-3 中所示。

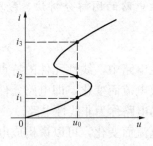

图 14-2　流控电阻

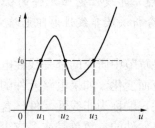

图 14-3　压控电阻

另有一类非线性电阻，它既是流控的，又是压控的，其典型伏安特性如图 14-4 所示。此类非线性电阻的伏安特性既可用 $u=f(i)$ 描述，也可用 $i=g(u)$ 描述，其中 f 为 g 的逆。从图中看出，曲线的斜率 $\mathrm{d}i/\mathrm{d}u$ 对所有的 u 值都是正值，即为单调增长型的。图 14-4（a）的伏安特性对坐标原点对称，具有双向性。图 14-4（b）的伏安特性对坐标原点不对称，具有单向性，当加在非线性电阻两端的电压方向不同时，流过其上的电流完全不同，因此特性曲线不对称于原点。这种性质可用于电信号的整流和检波。

典型具有单向性的非线性电阻元件是图 14-5（a）所示的 P—N 结半导体二极管，其伏安特性如图 14-5（b）所示。其数学描述为

$$i = I_\mathrm{S}(\mathrm{e}^{\frac{qu}{kT}} - 1) \tag{14-3}$$

式中：I_S 为常数，称为反向饱和电流；q 为电子电荷（1.6×10^{-19} C）；k 为玻尔兹曼常数（1.38×10^{-23} J/K）；T 为热力学温度（绝对温度）。

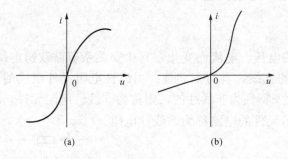

（a）　　　　　　　　　　（b）

图 14-4　单调增长的伏安特性
（a）对坐标原点对称；（b）对坐标原点不对称

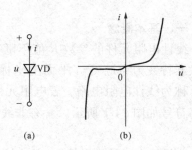

（a）　　　　　（b）

图 14-5　P—N 结半导体二极管
的符号及其伏安特性曲线
（a）符号；（b）伏安特性曲线

当 $T=300\mathrm{K}$（室温下）时

$$\frac{q}{kT} \approx 40\big[(\mathrm{J/C})^{-1}\big] = 40(\mathrm{V}^{-1})$$

因此

$$i = I_{\mathrm{S}}(\mathrm{e}^{40u} - 1)$$

从式（14-3）求出 u 得

$$u = \frac{kT}{q}\ln\Big(\frac{i}{I_{\mathrm{S}}} + 1\Big) \tag{14-4}$$

由式（14-3）或式（14-4）可见，电流是电压的单值函数，电压也是电流的单值函数。所以 P—N 结半导体二极管既是压控的又是流控的单向性非线性电阻。

二、静态电阻与动态电阻（static resistance and dynamic resistance）

为了计算与分析上的需要，引入静态电阻 R 与动态电阻 R_{d} 的概念，其定义分别如下。

Q 点的静态电阻

$$R = \frac{u}{i} \tag{14-5}$$

Q 点的动态电阻

$$R_{\mathrm{d}} = \frac{\mathrm{d}u}{\mathrm{d}i}\bigg|_{Q} \tag{14-6}$$

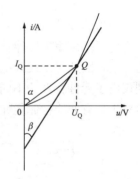

如图 14-6 所示，Q 点称为工作点。可见 R 和 R_{d} 的值都随工作点 Q 而变化，即都是 u 和 i 的函数，且 Q 点的 R 正比于 $\tan\alpha$，Q 点的 R_{d} 正比于 $\tan\beta$。

R_{d} 的倒数称为动态电导，即

$$G_{\mathrm{d}} = \frac{1}{R_{\mathrm{d}}} = \frac{\mathrm{d}i}{\mathrm{d}u}\bigg|_{Q} \tag{14-7}$$

当研究非线性电阻上的直流电压和直流电流的关系时，应采用静态电阻 R；当研究其上的变化电压与变化电流时应采用动态电阻 R_{d}。

图 14-6　静态电阻与
动态电阻的定义

三、非线性与线性的对立统一与转化

在实际中，一切电阻元件严格说都是非线性的。但在工程计算中，在一定条件下，对有些电阻元件可近似看作是线性的。例如一个金属丝电阻器，当环境温度变化不大时。即可近似看作是一个线性电阻元件；一个晶体三极管，若工作点选择适当，输入信号又比较小，它便在放大区域内工作，此时即可看作为一个线性电阻元件。但若不满足一定的条件，那就只能是非线性电阻元件了。若在此情况下还要按线性元件去处理，将不但在量的方面引起极大的误差，而且还将使许多物理现象得不到本质的解释。

例 14-1　一非线性电阻 $u=f(i)=100i+i^3$。

（1）分别求 $i_1=2\mathrm{A}$，$i_2=2\sin 314t\mathrm{A}$，$i_3=10\mathrm{A}$ 时，对应电压 u_1、u_2、u_3；

（2）设 $u_{12}=f(i_1+i_2)$，问是否有 $u_{12}=u_1+u_2$？

（3）若忽略高阶无穷小项，当 $i=10\mathrm{mA}$ 时，由此产生多大误差？

解　（1）分别求 $i_1=2\mathrm{A}$，$i_2=2\sin 314t\mathrm{A}$，$i_3=10\mathrm{A}$ 时，对应电压 u_1、u_2、u_3。

$$u_1 = 100i_1 + i_1^3 = 208(\mathrm{V})$$

$$u_2 = 100i_2 + i_2^3$$
$$= 200\sin314t + 8\sin^3 314t（因为 \sin3\theta = 3\sin\theta - 4\sin^3\theta）$$
$$= 200\sin314t + 6\sin314t - 2\sin942t$$
$$= 206\sin314t - 2\sin942t（\mathrm{V}）$$

u_2 中既有基次谐波还出现三次谐波，可见利用非线性电阻可以产生不同于输入频率的输出，在电子电路中称之为倍频作用。

$$u_3 = 100i_3 + i_3^3 = 2000（\mathrm{V}）$$

（2） $u_{12} = 100(i_1 + i_2) + (i_1 + i_2)^3 = 100i_1 + 100i_2 + i_1^3 + i_2^3 + 3i_1 i_2(i_1 + i_2)$

因为 $u_{12} \neq u_1 + u_2$，所以非线性电路不满足叠加性。

（3） $u = 100i + i^3 = 100 \times 0.01 + 0.01^3 = 1 + 10^{-6}（\mathrm{V}）$

忽略高阶无穷小项，得：$u' = 100 \times 0.01 = 1（\mathrm{V}）$，产生 $10^{-6}（\mathrm{V}）$ 的误差。所以在微小电流作用下，将该非线性电阻当作线性电阻处理所引起的误差是很小的。

第二节　非线性电阻电路方程

分析非线性电路的基本依据依然是 KCL、KVL 和元件的约束关系（VCR）。

由于基尔霍夫定律适用于集中参数电路，所反映的是结点与支路的连接方式对支路变量的约束，因此对于线性电路和非线性电路均适合，所以线性电路方程与非线性电路方程的差别仅由于元件特性的不同而引起。对于非线性电阻电路列出的方程是一组非线性代数方程。而对于含有非线性储能元件的电路列出的方程是一组非线性微分方程。

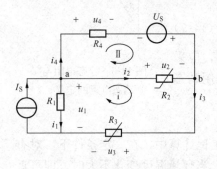

图 14-7　例 14-2 图

例 14-2　如图 14-7 所示电路，非线性电阻 R_2 为压控型，$i_2 = g_2(u_2)$，R_3 为流控型，$u_3 = f_3(i_3)$，试列出电路方程。

解　对结点 a 和 b 列出 KCL 方程为

$$i_1 + i_2 + i_4 = I_\mathrm{S}$$
$$i_3 - i_2 - i_4 = 0$$

对于回路 I 和 II，可列出回路（均按顺时针方向）KVL 方程

$$-u_1 + u_2 + u_3 = 0$$
$$-u_2 + u_4 = U_\mathrm{S}$$

它们都是线性代数方程。而表征元件特性的 VCR 方程，对于线性电阻而言是线性函数，对于非线性电阻来说则是非线性函数，有

$$u_1 = R_1 i_1, \quad u_4 = R_4 i_4$$
$$i_2 = g_2(u_2), \quad u_3 = f_3(i_3)$$

最后合并为

$$i_1 + i_3 = I_\mathrm{S} - R_1 i_1 + f_3(i_3) + R_4\{i_3 - g_2[R_1 i_1 - f_3(i_3)]\} = U_\mathrm{S}$$

电路中既有压控型又有流控型非线性电阻时，建立方程的过程比较复杂。

例 14-3　如图 14-8 所示电路，试写出非线性电阻伏安特性为 $i = 0.5u^3$ 的结点电压方程。

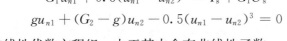

解　当 $i = 0.5u^3$ 时，方程变量除结点电压外，电流 i 也为变量，利用替代定理，将电流 i 作为电流源处理。列出的结点方程为

结点①　　　　　$G_1 u_{n1} = I_S + G_1 U_S - i$

结点②　　　　　$G_2 u_{n2} = i - gu$

补充方程　　　$u = u_{n1} - u_{n2}$，$i = 0.5u^3$

图 14-8　例 14-3 图

联立上述方程得

$$G_1 u_{n1} + 0.5(u_{n1} - u_{n2})^3 = I_s + G_1 U_s$$

$$gu_{n1} + (G_2 - g)u_{n2} - 0.5(u_{n1} - u_{n2})^3 = 0$$

以上方程构成非线性代数方程组。由于其中含有非线性函数，一般很难用解析的方法求解。只能用适当的解析步骤消去一些变量，减少方程数目，然后用非解析的方法，如图解法、分段线性化法及利用计算机应用数值法等求出其解。

第三节　非线性电阻电路的图解法分析

一、非线性电阻的串联与并联（series and parallel nonlinear resistor）

当多个非线性电阻元件串联时，只有所有电阻元件的控制类型相同时，才能求出其等效电阻的伏安特性解析表达式。如图 14-9（a）所示为两个电流控制型非线性电阻元件串联，设它们的伏安特性分别为 $u_1 = f(i_1)$，$u_2 = f(i_2)$，用 $u = f(i)$ 表示串联等效电阻的伏安特性。则根据 KCL 和 KVL 有

$$\left.\begin{array}{c} i = i_1 = i_2 \\ u = u_1 + u_2 \end{array}\right\} \tag{14-8}$$

求得

$$u = f_1(i_1) + f_2(i_2) = f(i) \tag{14-9}$$

在每一个 i 下，用图解法求 u，乃是将一系列 u、i 值连成曲线得串联等效电阻，即将在同一电流下的 u_1 和 u_2 相加即可得到 u。如取 $i' = i'_1 = i'_2$ 时，得到 $u' = u'_1 + u'_2$。从图 14-9（b）的伏安特性来看，其仍为非线性电阻。

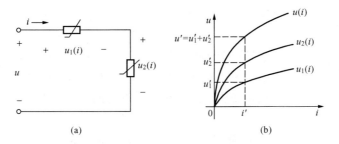

图 14-9　非线性电阻串联

（a）两个电流控制型非线性电阻元件串联；（b）伏安特性

　　如果这两个非线性电阻中有一个是电压控制型，在电流值的某范围内电压是多值的，写出等效的伏安特性十分困难，但是用上述图解的方法就比较方便。

　　当多个非线性电阻元件并联时，也是当所有电阻元件的控制类型相同时，才能求出其等效电阻的伏安特性解析表达式，如图 14-10 所示。此处不再详述，留给读者自行分析。

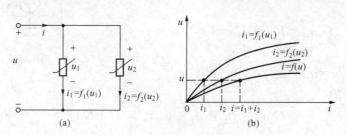

图 14-10　非线性电阻并联

（a）电路；（b）伏安特性

二、曲线相交法（intersecting curve method）

　　如图 14-11（a）所示为只含一个非线性电阻的电路，它可以看作是一个线性含源电阻单端口网络和一个非线性电阻的连接，如图 14-11（b）所示。图中所示非线性电阻可以是一个非线性电阻元件，也可以是一个含非线性电阻的单口网络的等效非线性电阻。这类电路的分析方法为：

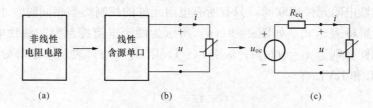

图 14-11　非线性电阻电路等效

（a）非线性电阻电路；（b）线性含源电阻单端口网络和非线性电阻的连接；（c）等效电路

　　（1）将线性含源电阻单口网络用戴维南等效电路代替。

　　（2）写出戴维南等效电路和非线性电阻的 VCR 方程。

$$\left.\begin{array}{c} u = u_{\mathrm{oc}} - R_{\mathrm{eq}}i \\ i = g(u) \end{array}\right\} \tag{14-10}$$

　　（3）联立上述两个方程求得

$$u = u_{\mathrm{oc}} - R_{\mathrm{eq}}g(u) \tag{14-11}$$

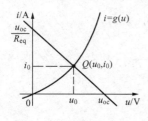

图 14-12　曲线相交法

这是一个非线性代数方程，若已知 $i = g(u)$ 的解析式，则可用解析法求解；若已知 $i = g(u)$ 的特性曲线，则可用如图 14-12 所示的曲线相交法求出非线性电阻上的电压和电流。

　　在 $u - i$ 平面上画出戴维南等效电路的 VCR 曲线。它是通过 $(u_{\mathrm{oc}}, 0)$ 和 $(0, u_{\mathrm{oc}}/R_{\mathrm{eq}})$ 两点的一条直线。该直线与非线性电阻特性曲线 $i = g(u)$ 的交点为 Q，对应的电压和电流是式（14-10）的解。图 14-12 中交点 $Q(u_0, i_0)$ 称为"静态工作点"。直线方程

$u = u_{oc} - R_{eq}i$ 称为"直流负载线"。

例 14-4　电路如图 14-13（a）所示。已知非线性电阻特性曲线如图 14-13（b）中折线所示。用曲线相交法求静态工作点上的电压 u 和电流 i。

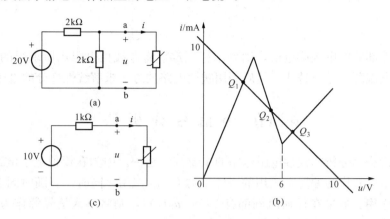

图 14-13　例 14-4 图

（a）电路；（b）非线性电阻特性曲线；（c）戴维南等效电路

解　首先求 a、b 左侧含源线性电阻单口网络的戴维南等效电路，得 $U_{oc} = 10\text{V}$，$R_{eq} = 1\text{k}\Omega$，如图 14-13（c）所示。

在图 14-13（b）的 $u-i$ 平面上，通过（10V，0）和（0，10mA）两点作直线，它与非线性特性曲线交于 Q_1、Q_2 和 Q_3 3 点。这 3 点相应的电压 u 和电流 i 分别为

$$Q_1: \quad U_{01} = 3\text{V}, \qquad I_{01} = 7\text{mA}$$
$$Q_2: \quad U_{02} = 5\text{V}, \qquad I_{02} = 5\text{mA}$$
$$Q_3: \quad U_{03} = 6.5\text{V}, \qquad I_{03} = 3.5\text{mA}$$

这 3 点均为所求的静态工作点。

例 14-5　电路如图 14-14（a）所示。已知非线性电阻的 VCR 方程为 $i_1 = u^2 - 3u + 1$，试求静态工作点的电压和电流。

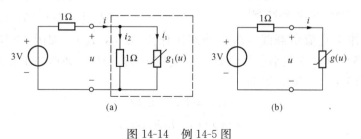

图 14-14　例 14-5 图

（a）电路；（b）等效电路

解　已知非线性电阻特性的解析表达式，可以用解析法求解。

由 KCL 求得 1Ω 电阻和非线性电阻并联单口的 VCR 方程为

$$i = i_1 + i_2 = u^2 - 2u + 1$$

写出 1Ω 电阻和 3V 电压源串联单口的 VCR 方程为

$$i = 3 - u$$

由以上两式求得

$$u^2 - u - 2 = 0$$

求解此二次方程，得到两组静态工作点的解

$$u_{01} = 2\text{V}, \ i_{01} = 1\text{A}$$
$$u_{02} = -1\text{V}, \ i_{02} = 4\text{A}$$

若要求线性部分的电压或电流，则可用替代定理将非线性电阻用所求得的电压（电流）作为电压源（电流源）进行替代，然后利用线性电路的方法求解线性部分的电压（电流）。

第四节　小信号分析法

小信号分析法是分析非线性电阻电路的主要方法之一。因为在模拟电子电路中所遇到的非线性电路，不仅有作为偏置电压用的直流电源 U_0 的作用，同时还有随时间变化的输入信号源 $u_S(t)$ 的作用。如果在任何时刻都有 $U_0 \gg |u_S(t)|$，则将输入信号源作为小信号处理。这类非线性电路分析可以采用小信号分析法。

具体来说，小信号法是在直流偏置电源产生的静态工作点附近建立一个局部线性的模型，求解非线性电路中的交流小信号激励下的响应，就可以运用线性电路的分析方法来进行分析计算。

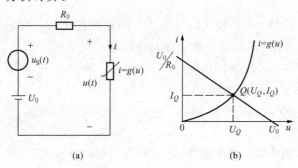

如图 14-15（a）所示的电路中，U_0 为直流电压源，$u_S(t)$ 为时变电压源，R_0 为线性电阻，非线性电阻为压控型，设其伏安特性曲线如图 14-15(b) 所示。

对此电路，按 KVL 及非线性电阻的 VCR 有

$$U_0 + u_S(t) - R_0 i(t) = u(t) \tag{14-12}$$

图 14-15　小信号分析法图示
(a) 电路；(b) 伏安特性曲线

$$i(t) = g[u(t)] \tag{14-13}$$

首先设 $u_S(t)=0$，即信号电压为零。

这时可用图解法作出直流负载线，求得静态工作点 (U_Q, I_Q)，如图 14-15（b）所示。在 $|u_S(t)| \ll U_0$ 的条件下，交流小信号激励下的响应 $u(t)$、$i(t)$ 必然在工作点 (U_Q, I_Q) 附近，可以近似地将 $u(t)$、$i(t)$ 写为

$$u(t) = U_Q + u_\delta(t) \tag{14-14}$$
$$i = (t) = I_Q + i_\delta(t) \tag{14-15}$$

式（14-14）和式（14-15）中的 $|u_\delta(t)| \ll U_Q$，$|i_\delta(t)| \ll I_Q$ 是交流小信号激励 $u_S(t)$ 引起的增量误差。考虑到非线性电阻的特性，将式（14-13）、式（14-14）代入式（14-12）得

$$I_Q + i_\delta(t) = g[U_Q + u_\delta(t)] \tag{14-16}$$

由于 $u_\delta(t)$ 足够小，将上式右端在 Q 点附近用泰勒级数展开，取其前两项作为近似值，略去一次项以上的高阶无穷小项，得

$$I_Q + i_\delta(t) \approx g(U_Q) + \frac{\mathrm{d}g}{\mathrm{d}u}\bigg|_{U_Q} u_\delta(t) \tag{14-17}$$

由于 $I_Q = g(U_Q)$，故得

$$i_\delta(t) \approx \frac{\mathrm{d}g}{\mathrm{d}u}\bigg|_{U_Q} u_\delta(t) \tag{14-18}$$

由于

$$\frac{\mathrm{d}g}{\mathrm{d}u}\bigg|_{U_Q} = \frac{\mathrm{d}i}{\mathrm{d}u}\bigg|_{U_Q} = G_\mathrm{d} = \frac{1}{R_\mathrm{d}}$$

是非线性电阻在工作点 (U_Q, I_Q) 处的动态电导，所以式（14-18）可写为

$$i_\delta(t) = G_\mathrm{d} u_\delta(t) \tag{14-19}$$
$$u_\delta(t) = R_\mathrm{d} i_\delta(t) \tag{14-20}$$

由于 G_d、R_d 是常数，所以式（14-19）与式（14-20）表明，由小信号 $u_\mathrm{s}(t)$ 引起的电压 $u_\delta(t)$ 与电流 $i_\delta(t)$ 之间是线性关系。式（14-12）为

$$U_0 + u_\mathrm{S}(t) - R_0[I_Q + i_\delta(t)] = U_Q + u_\delta(t)$$

考虑到 $U_0 = R_0 I_Q + U_Q$，可得

$$u_\mathrm{S}(t) = R_0 i_\delta(t) + u_\delta(t) \tag{14-21}$$

在工作点 (U_Q, I_Q) 处，又有 $u_\delta(t) = R_\mathrm{d} i_\delta(t)$，代入式（14-21），最后得

$$u_\mathrm{S}(t) = R_0 i_\delta(t) + R_\mathrm{d} i_\delta(t) \tag{14-22}$$

式（14-22）为线性代数方程，可以作出对应于工作点 (U_Q, I_Q) 处的小信号等效电路如图 14-16 所示。于是求得

$$i_\delta(t) = \frac{u_\mathrm{S}(t)}{R_0 + R_\mathrm{d}} \tag{14-23}$$

$$u_\delta(t) = \frac{R_\mathrm{d}}{R_0 + R_\mathrm{d}} u_\mathrm{S}(t) \tag{14-24}$$

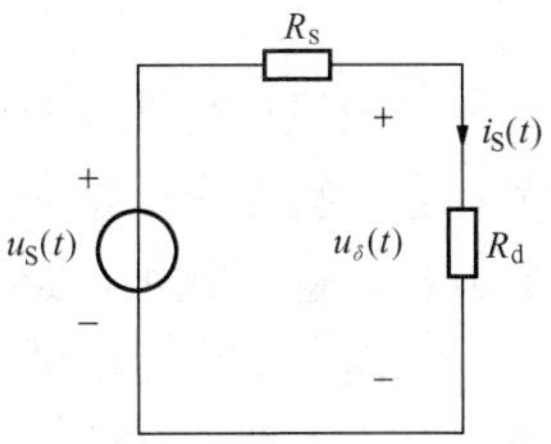

综上所述，应用小信号分析法求解步骤为：

（1）求解静态工作点 Q 处的 U_Q、I_Q。

（2）求解静态工作点 Q 处的动态电导（或电阻）G_d（或 R_d）。

图 14-16　小信号等效电路

（3）作出小信号等效电路，求 $i_\delta(t)$、$u_\delta(t)$。

（4）最后解出 $u(t) = U_Q + u_\delta(t)$，$i(t) = I_Q + i_\delta(t)$。

例 14-6　非线性电路如图 14-17（a）所示。已知非线性电阻的 VCR 方程为 $i = u^2 (u > 0)$，试求交流小信号激励 $i_\mathrm{S}(t) = 0.5\cos t\,\mathrm{mA}$ 下的响应 $u(t)$、$i(t)$。

解　（1）求直流工作点。

$$\left.\begin{array}{r} 3u + i = 10 \\ i = u^2 \end{array}\right\}$$

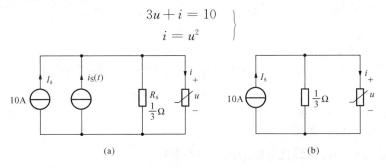

图 14-17　例 14-6 图
(a) 非线性电路；(b) 等效电路

因为 $\qquad\qquad\qquad\qquad\qquad u^2+3u-10=0$

所以 $\qquad\qquad\qquad\qquad\qquad u_1=2\mathrm{V}, \ u_2=-5\mathrm{V}(舍去)$

即 $U_Q=2\mathrm{V}, \ I_Q=4\mathrm{A}$

（2）求 R_d。

$$R_\mathrm{d}=\dfrac{1}{\dfrac{\mathrm{d}i}{\mathrm{d}u}\Big|_Q}=\dfrac{1}{4}(\Omega)$$

（3）求 $u_\delta(t)$，$i_\delta(t)$，画出小信号等效电路如图 14-18 所示。

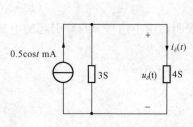

$$i_\delta(t)=\dfrac{4}{3+4}\times0.5\cos t=\dfrac{2}{7}\cos t(\mathrm{mA})$$

$$u_\delta(t)=\dfrac{1}{4}i_\delta(t)=\dfrac{1}{14}\cos t(\mathrm{mV})$$

（4）最后求得响应 $u(t)$、$i(t)$ 为

$$u(t)=2+\dfrac{1}{14}\times10^{-3}\cos t(\mathrm{V})$$

图 14-18　例 14-6 的小信号等效电路

$$i(t)=4+\dfrac{2}{7}\times10^{-3}\cos t(\mathrm{A})$$

第五节　分段线性化法

分段线性化法也称为折线法，它是将非线性元件的特性曲线用若干直线段来近似地表示，它的特点在于能把非线性的求解过程分成几个线性区段，这些线性区段都可写为线性代数方程，这样就可以逐段地应用线性电路计算方法对电路作定量计算。

如图 14-19 所示的虚线表示某非线性电阻的伏安特性，可将其分为 3 段，用 1、2、3 共 3 条直线段来代替。这样，在每一个区段，就可用一线性电路来等效。在第一区段（$0<u<u_1$），如果线段 1 的斜率为 G_1，则其方程可写为

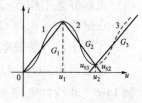

$$u=\dfrac{1}{G_1}i=R_1i, \ 0<u<u_1 \qquad (14\text{-}25)$$

即在 $0<u<u_1$ 区段，该非线性电阻可等效为线性电阻 R_1，如图 14-20（a）所示

图 14-19　分段线性化法图示

同理若线段 2 的斜率为 G_2（显然 $G_2<0$），设它在电压轴的截距为 U_{S2}，则其方程可写为

$$u=R_2i+U_{S2}, \ u_1<u<u_2 \qquad (14\text{-}26)$$

其等效电路如图 14-20（b）所示。

线段 3 的斜率为 G_3（$G_3>0$），它在电压轴的截距为 U_{S3}，则其方程为

$$u=R_3i+U_{S3}, \ u>u_2 \qquad (14\text{-}27)$$

其等效电路如图 14-20（c）所示。

分段线性化的求解步骤为：

（1）用折线近似替代非线性电阻的伏安特性曲线。

（2）确定非线性电阻的线性化模型。

（3）按区段列出线性电路方程，用线性电路的计算方法求解。

在分段线性化法中，常引用理想二极管模型，如图 14-21 （a）所示。其伏安特性是：在电压为正向时，二极管完全导通，相当于短路；在电压反向时，二极管完全截止，电流为零，相当于开路。其伏安特性曲线如图 14-21 （b）粗实线所示。（虚线表示实际 P－N 结二极管伏安特性曲线。）

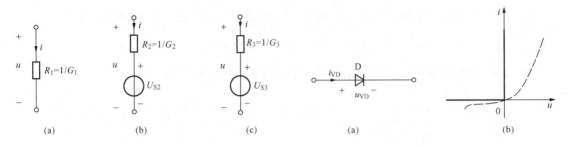

图 14-20　分段线性化等效电路

（a）$G_1>0$；（b）$G_2<0$；（c）$G_3>0$

图 14-21　理想二极管及其伏安特性曲线

（a）理想二极管模型；（b）伏安特性曲线

理想二极管与线性电阻串联可以组成实际二极管的模型，其伏安特性可以用如图 14-22 （c）所示的折线 $\overline{ABC}$ 表示，当这个二极管加正向电压时，它相当于一个线性电阻，其伏安特性用直线 $\overline{AB}$ 表示；当电压反向时，二极管完全不导通，其伏安特性用 $\overline{BC}$ 表示。

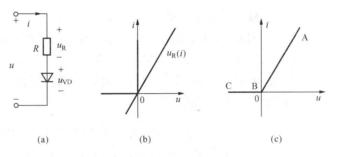

图 14-22　实际二极管模型及伏安特性曲线

（a）实际二极管模型；（b）电阻伏安特性曲线；（c）二极管伏安特性曲线

例 14-7　含有理想二极管的非线性电路如图 14-23 （a）所示，试求流过其中的电流 i。

解　首先分别计算 A、B 两点的电位。由图 14-23 （b）的等效电路计算出 A 点电位为

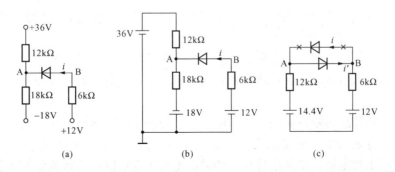

图 14-23　例 14-7 图

（a）理想二极管的非线性电路；（b）等效电路；（c）二极管反接

$$u_A = \frac{36+18}{12+18} \times 18 - 18 = 14.4(V)$$

而 B 点电位为 12V；可见理想二极管的阴极电位（A 点）高于阳极电位（B 点），故二极管截止，得

$$i = 0$$

若将二极管反接，如图 14-23（c）所示，则理想二极管导通，其中的电流为

$$i' = \frac{14.4-12}{13.2} = \frac{6}{33}(\text{nA})$$

例 14-8　试作出如图 14-24 所示的 A、B 端口上的伏安特性曲线。

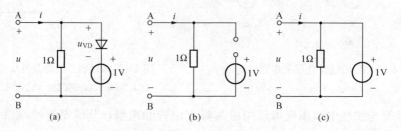

图 14-24　例 14-8 图

（a）电路；（b）二极管截止时等效电路；（c）二极管导通时等效电路

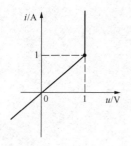

图 14-25　A、B 端口上的伏安特性曲线

解　由 KVL 得　　　　$u_{VD} = u - 1$

当 $u < 1$ 时，$u_{VD} < 0$，二极管截止，等效电路如图 14-24（b）所示，则 $i = u$；$u = 1V$，$i = 1A$；

$u_{VD} = 0$，即 $u > 1$ 时，二极管导通，等效电路如图 14-24（c）所示，i 由外电路决定。

$$i = i_R + i_{VD} = \frac{u}{1} + i_{VD} = u + i_{VD}$$

由以上分析，利用分段线性化，可画出端口上的伏安特性曲线如图 14-25 所示。

*第六节　数值求解方法

由于含有非线性电阻元件的电路方程是用非线性代数方程描述的，因此求解非线性电阻电路问题就是要求解非线性代数方程。

往往非线性代数解的情况非常复杂，用一般代数求解的方法比较麻烦，所以常常采用数值计算方法求解其近似解，尤其在计算机辅助分析中常常用到。其中牛顿—拉夫逊算法是其中较为常用的一种。

牛顿—拉夫逊算法的原理如图 14-26 所示，首先任意选择初始点 x_0，得到 $f(x)$ 在该初始点处的切线，将该切线与横轴的交点对应的函数值与一个指定的误差（接近于零）做比较，如果误差小于规定值，则停止计算；如果误差大于规定值，则将该处的 x 值作为下一次计算的"初始点"，再重复上面的过程。直到计算得到新的切线与横轴的交点处所对应的函数 $f(x)$ 的值近似为零，此时得到的 x 值即为电路方程的解。

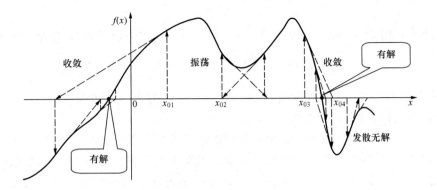

图 14-26　牛顿—拉夫逊算法的原理图

下面讨论具有一个未知量的非线性代数方程求解。

设方程 $f(x)=0$ 解为 x^*，x^* 为 $f(x)$ 与 x 轴交点，如图 14-27 所示。应用函数的泰勒级数展开式求 x^* 步骤如下。

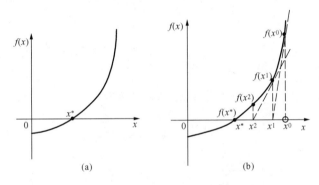

图 14-27　非线性代数方程求解

（a）$f(x)$；（b）应用泰勒级数展开

（1）选取一个合理值 x^0，称为 $f(x)=0$ 的初始估值。一般此时的 x^0 与 x^* 不相等，则

$$f(x^0) \neq 0$$

（2）取 $x^1 = x^0 + \Delta x^0$ 作为第一次修正值，Δx^0 充分小。将 $f(x^0 + \Delta x^0)$ 在 Δx^0 附近展开成泰勒级数

$$f(x^0 + \Delta x^0) = f(x^0) + \frac{\mathrm{d}f}{\mathrm{d}x}\big|_{x^0} \Delta x^0 + \frac{1}{2!}\frac{\mathrm{d}^2 f}{\mathrm{d}x^2}\big|_{x^0} (\Delta x^0)^2 + \cdots$$

取线性部分，将 $f(x)$ 在 x^0 处线性化，并使之为零，则

$$f(x^0) + \frac{\mathrm{d}f}{\mathrm{d}x}\big|_{x^0} \Delta x^0 = 0$$

得

$$\Delta x^0 = \frac{-1}{\frac{\mathrm{d}f}{\mathrm{d}x}\big|_{x^0}} f(x^0) = -\frac{f(x^0)}{f'(x^0)}$$

由上式即可确定 Δx^0 的取值，由此可得第一次修正值

$$x^1 = x^0 + \Delta x^0$$

将 x^1 代入方程 $f(x)=0$，若 $f(x^1)=0$，则 $x^*=x^1$。若 $f(x^1)\neq0$，作第二次修正，得

$$x^2 = x^1 + \Delta x^1, \Delta x^1 = -\frac{f(x^1)}{f'(x^1)}$$

（3）利用上述公式，一次次迭代下去，直至 $x^k \approx x^*$ 为止。通常满足 $|x^k - x^*| < \varepsilon$ 即可，ε 为所给的误差指标，如 $\varepsilon = 10^{-4}$ 等。

从图 14-26 能够看出，在该方法中，初值的选取非常重要，如果初值选取的不合适，就可能出现迭代过程振荡或者发散的问题，一般来说解决的方案是通过一定的迭代次数收敛情况进行判断是否需要终止迭代，如果振荡或者发散则再选取初值重新迭代。可见该算法中，存在初值选取不当影响计算过程的缺点。目前有许多改进的算法用以解决初值问题，在此不再详述。

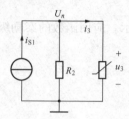

图 14-28 例 14-9 图

例 14-9 如图 14-28 所示非线性电阻电路，已知 $i_{s1}=2A$，$R_2=3\Omega$，$i_3=f(u_3)=u_3^2+2u_3$，试用牛顿—拉夫逊算法求结点电压 U_n。

解 列出结点方程及元件约束关系方程有

$$\left.\begin{array}{c} \dfrac{U_n}{R_2} + i_3 = i_{S1} \\[2mm] i_3 = U_n^2 + 2U_n \end{array}\right\}$$

联立求得

$$U_n^2 + \frac{7}{3}U_n - 2 = 0$$

令

$$f(U_n) = U_n^2 + \frac{7}{3}U_n - 2$$

$$f'(U_n^k) = \frac{\mathrm{d}f(U_n)}{\mathrm{d}U_n}\Big|_{U_n^k} = 2U_n^k + \frac{7}{3}$$

$$\Delta U_n^k = -\frac{f(U_n^k)}{f'(U_n^k)}$$

$$U_n^{k+1} = U_n^k + \Delta U_n^k = U_n^k - \frac{f(U_n^k)}{f'(U_n^k)}$$

$$= U_n^k - \frac{(U_n^k)^2 + \frac{7}{3}U_n^k - 2}{2U_n^k + \frac{7}{3}} = \frac{(U_n^k)^2 + 2}{2U_n^k + \frac{7}{3}}$$

取 $U_n^0 = 0$，迭代结果见表 14-1。

表 14-1   迭 代 结 果 表

k	0	1	2	3	4	5
U_n^k	0	0.85714	0.67563	0.66669	0.66667	…
$f(U_n^k)$	-2	0.73469	0.03295	0.00009	0.00001	…

经过 4 次迭代后得

$$U_n = 0.66667$$

$$\Delta U_n = -0.00002$$

$$f(U_n) = 0.00001 \approx 0$$

需要注意的是，利用牛顿—拉夫逊算法解题，一定要选择合适的初始估值。如果初值选择不好可能会产生振荡造成迭代不收敛。

第七节　非线性电容和非线性电感

一、非线性电容（nonlinear capacitor）

如果一个二端电容元件的库伏特性是一条通过原点的直线，则此电容元件为线性电容，否则为非线性电容。非线性电容的电路模型及库伏特性曲线如图 14-29 所示。

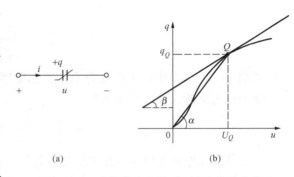

非线性电容库伏关系可表示为

$$\left. \begin{array}{l} q = f(u) \\ u = h(q) \end{array} \right\} \tag{14-28}$$

分别称为电压控制型电容和电荷控制型电容。同非线性电阻类似，可引入静态电容 C 和动态电容 C_d，分别定义如下

图 14-29　非线性电容模型和库伏特性曲线

（a）非线性电容模型；（b）库伏特性曲线

$$C = \frac{q}{u} \tag{14-29}$$

$$C_d = \left. \frac{\mathrm{d}q}{\mathrm{d}u} \right|_{u=U_Q} \tag{14-30}$$

在图 14-29（b）中，工作点 Q 点的静态电容正比于 $\tan\alpha$，动态电容正比于 $\tan\beta$。

非线性电容的元件约束关系为

$$i = \frac{\mathrm{d}q}{\mathrm{d}t} = \frac{\mathrm{d}q}{\mathrm{d}u} \cdot \frac{\mathrm{d}u}{\mathrm{d}t} = C_d \frac{\mathrm{d}u}{\mathrm{d}t} \tag{14-31}$$

不论是线性的还是非线性二端电容元件都是储能元件。

二、非线性电感（nonlinear inductor）

电感也是一个二端储能元件，其特征是用磁通链与电流之间的韦安特性表示。如果韦安特性不是一条通过原点的直线，则此电感元件为非线性电感。非线性电感的电路模型及韦安特性曲线如图 14-30 所示。

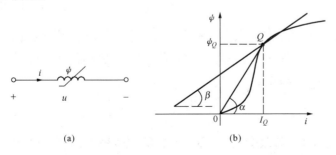

图 14-30　非线性电感模型和韦安特性曲线

（a）非线性电感模型；（b）韦安特性曲线

非线性电感韦安关系可表示为

$$\left.\begin{array}{l} i = h(\psi) \\ \psi = f(i) \end{array}\right\}$$ (14-32)

分别称为磁通控制型电感和电流控制型电感。同非线性电阻类似，可引入静态电感 L 和动态电感 L_d，分别定义为

$$L = \frac{\psi}{i}$$ (14-33)

$$L_d = \frac{\mathrm{d}\psi}{\mathrm{d}i}\bigg|_{i=I_Q}$$ (14-34)

在图 14-30 (b) 中，工作点 Q 点的静态电感正比于 $\tan\alpha$，动态电感正比于 $\tan\beta$。

非线性电感的元件约束关系为

$$u = \frac{\mathrm{d}\psi}{\mathrm{d}t} = \frac{\mathrm{d}\psi}{\mathrm{d}i} \cdot \frac{\mathrm{d}i}{\mathrm{d}t} = L_d \frac{\mathrm{d}i}{\mathrm{d}t}$$ (14-35)

实际非线性电感元件大多是由铁磁材料制成的芯子，由于铁磁材料的磁滞现象，它的韦安特性曲线一般具有闭合回线的形状，称为磁滞回线，如图 14-31 所示。不再是单调增加或单调下降的。

例 14-10 如图 14-32 (a) 所示为一非线性电容调谐电路，其中直流电压源是作控制（偏置）用的，电容的库伏特性为 $q = \frac{1}{2}ku^2$，曲线如图 14-32 (b) 所示，试分析此电路的工作原理。

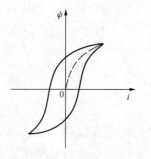

图 14-31 磁滞回线

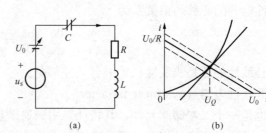

图 14-32 例 14-10 图
(a) 非线性电容调谐电路；(b) 库伏特性曲线

解 直流电压 U_0 作为直流偏置，改变 U_0 的大小，就改变了静态工作点 Q。如果交流激励信号电压 $|u_s| \ll U_0$；则在一定的电压 U_0 下，非线性电容可作为线性电容处理，其电容即为该点的动态电容 C_d。按题意

$$C_d = \frac{\mathrm{d}q}{\mathrm{d}u}\bigg|_{u=U_Q} = kU_Q$$

对不同的偏置电压 U_0 就改变 U_Q，$C_d = kU_Q$ 的值也就不同，所以调节直流电压 U_0 就可以改变电容的大小而达到调谐的目的，使电路对信号频率发生谐振。这样就代替了可变电容的作用，且减少了机械动作引起的噪声。

*第八节 非线性动态电路方程

前面在讨论线性电路时曾指出，凡是由线性电路元件和独立电源构成的电路，称为线性电路；否则是非线性电路。同时定义电阻性电路，是由电阻元件和独立电源构成的电路；排除在这一范围以外的电路称为动态电路。显然，只要电路中有一个以上的非线性元件，该电路就是非线性的；只要电路中有一个以上的储能元件，就是动态电路。

一个电路，既满足非线性电路条件，又满足动态电路条件，称为非线性动态电路。

描述电阻性电路的方程是代数方程。它在任一时刻的响应只与该时刻的激励有关，而与该时刻以前的激励无关。因而，电阻性电路是"无记忆"的。由于电容元件和电感元件的电压和电流关系都涉及对电流、电压的导数或积分，所以称为"有记忆"元件。含有这类元件的电路称为动态电路。描述动态电路的方程是常微分方程或积分——微分方程。动态电路在任一时刻的响应与电路过去的历史情况有关。如果电路中所有电容、电感和电阻都是线性元件，则电路方程可归结为线性常系数微分方程。如果电路中含有非线性元件，则动态电路方程将是非线性常微分方程。下面主要介绍分析非线性动态电路的分段线性化法。

如果非线性动态电路中的非线性元件能用分段线性的特性曲线表征，则在每一个特定点时刻，电路总是工作在特性曲线的某一特定点上，因此就可以用该特定点所在的一段线性特性来表示上述非线性元件的构造关系。这样一个非线性动态电路问题在每一个特定时刻总可以归结为一个线性动态电路问题。就电路运行的全部时间过程来看，从初始时刻至终了时刻，一般不会只局限在一段特性曲线上，而是经历几段特性曲线，在这种情况下，对于各段特性曲线（每一段对应一个时间区段），就可以用不同的线性段来表达上述非线性元件的构造关系。

我们考虑一个一阶非线性电路，设电路中的储能元件为线性的，电阻元件有非线性的。如图 14-33 所示为 RC 和 RL 电路，其中的非线性电阻网络用 N 表示。设非线性电阻网络 N 为电压控制型，如图 14-34 所示。依次用 3 个直线段代替原来的非线性曲线。假如在某一特定时刻电路工作在图 14-34 中的 P 点，则直线段$\overline{CD}$就是表达非线性元件在该段的构造关系，其延长线交 u 轴于 U_{S3} 点，此直线方程是如图 14-35 所示的理想电压源与线性电阻的组合。

用来描述图 14-31 动态电路的方程是一阶线性微分方程，以 RC 电路为例有

$$C \frac{du_C}{dt} + \frac{1}{R_3}(u_C - U_{S3}) = 0 \tag{14-36}$$

同理，对于直线段$\overline{AB}$、$\overline{BC}$也是采用同样的线性化处理，写出对应的一阶线性微分方程。在给定的初始条件下，分别求解各段线性方程，得到所有 $t \geqslant 0$ 的响应。

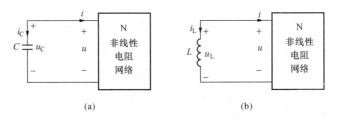

(a)   (b)

图 14-33 非线性动态电路

(a) RC 电路；(b) RL 电路

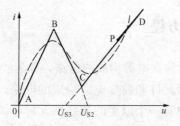

图 14-34　伏安特性曲线

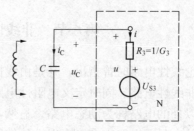

图 14-35　理想电压源与线性电阻的组合电路

例 14-11　如图 14-36（a）所示为一电容性动态电路，电阻性一端口为电压控制型非线性网络 N。其用分段线性化的 3 段直线逼近，如图 14-36（b）所示。已知电容初始电压为 $u_C(0_+)=U_0$，对应于图 14-36（b）中的 P_0 点，试求在 $t \geqslant 0$ 时的响应 $u_C(t)$、$i_C(t)$。

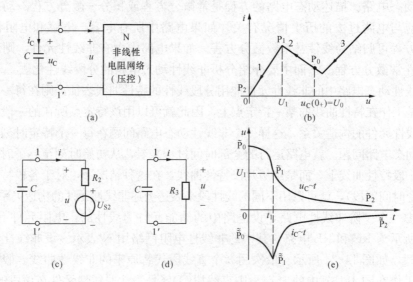

图 14-36　例 14-11 图

（a）电容性动态电路；（b）分段线性化逼近；（c）、（d）等效电路；（e）响应曲线

解　根据已知 $u_C(0_+)=U_0$ 为 $t=0$ 时的初始工作点，位于图 14-36（b）中的 P_0 点。由此确定 $t \geqslant 0$ 后的电路工作点运行路线和方向。在分段线性化情况下，工作点将沿着由各段直线所构成的折线运行，由于

$$\frac{\mathrm{d}u}{\mathrm{d}t} = -\frac{i}{C}$$

而特性曲线对于所有 $t \geqslant 0$ 时间，有 $i(t) > 0$；因此，对于所有 $t \geqslant 0$ 时间，$\dfrac{\mathrm{d}u}{\mathrm{d}t} < 0$。这就意味着从 P_0 点起，随着时间增加，$u(t)$ 将逐渐减小。按工作点运行趋势，工作点将沿 $P_0 \to P_1 \to P_2$ 运动，到达 P_2 时，有 $i(t)=0$，$u(t)=0$。按上述分析，可分别写出电路工作点运动路线经过的各有关直线段的线性微分方程，画出等效电路并求出解答。

对直线段 2，按图 14-36（c）等效电路有

$$C\frac{\mathrm{d}u}{\mathrm{d}t} + \frac{1}{R_2}(u - U_{S2}) = 0$$

因为 R_2 是负电阻，上式的解为

$$u_C = u = U_{S2} + [u(0_+) - U_{S2}]\mathrm{e}^{\frac{t}{|R_2|C}}, \quad 0 \leqslant t \leqslant t_1$$

$$i_C = -i = C\frac{\mathrm{d}u_C}{\mathrm{d}t} = \frac{1}{|R_2|}[u(0_+) - U_{S2}]\mathrm{e}^{\frac{t}{|R_2|C}}, \quad 0 \leqslant t \leqslant t_1$$

图 14-36（e）表示对上述非线性动态电路采用分段线性化分析得到的响应曲线。图中 $\tilde{\mathrm{P}}_0 \to \tilde{\mathrm{P}}_1$ 曲线表示直线段 2 上 $\mathrm{P}_0 \to \mathrm{P}_1$ 对应的 $u_C \sim t$、$i_C \sim t$ 的解。在 $\tilde{\mathrm{P}}_1$ 和 P_1 点对应电压为 U_1、时间为 t_1，是转折点。

对直线段 3，按图 14-36（d）等效电路有

$$C\frac{\mathrm{d}u}{\mathrm{d}t} + \frac{1}{R_3}u = 0$$

因该直线与坐标轴交于原点，所以不存在等效电压源，且 R_3 是正电阻。上式的解为

$$u_C = u = U_1\mathrm{e}^{-\frac{t-t_1}{R_3 C}}, \quad t \geqslant t_1$$

$$i_C = -i = C\frac{\mathrm{d}u_C}{\mathrm{d}t} = -\frac{U_1}{R_3}\mathrm{e}^{-\frac{t-t_1}{R_3 C}}, \quad t \geqslant t_1$$

这个结果对应的是图 14-36（e）中 $\tilde{\mathrm{P}}_1 \to \tilde{\mathrm{P}}_2$、$\tilde{\tilde{\mathrm{P}}}_1 \to \tilde{\tilde{\mathrm{P}}}_2$ 的响应曲线，对应于直线段 $\mathrm{P}_1 \to \mathrm{P}_2$ 这部分。至此画出的响应的完整波形曲线如图 14-36（e）所示。

非线性电路是电路理论中一个重要的研究领域。本章仅讨论了有关方面的一些基本概念和应用初步，有兴趣的读者可参阅书后所列出的相关参考资料进行深入学习。

第九节　用 Multisim 分析非线性电路

非线性电路的 Multisim 仿真，可结合模拟电子电路中的二极管整流电路和三极管放大电路的应用来进行。根据本节所讲述的静态（直流）工作点和交流小信号分析的原理，选择利用二极管、三极管构成的模拟电子电路进行仿真验证。下面举例分析。

例 14-12　应用 Multisim 仿真分析典型非线性元件伏安特性，即非线性电阻特性：

（1）研究稳压二极管的非线性低频伏安特性，观察稳压二极管的伏安特性曲线。

（2）研究在低频交流大信号激励下，二极管的非线性特性及仿真波形曲线。同时观察二极管两端输出电压信号的非线性失真（波形畸变）现象。

解　（1）在 Multisim 中选择 GLL4736 稳压二极管，做直流传输特性仿真，如图 14-38 所示。

（2）在 Multisim 中选择 1N4009 普通二极管，做直流传输特性仿真，如图 14-39 所示。

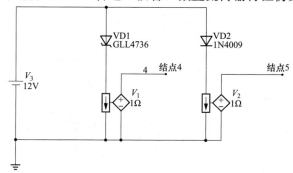

图 14-37　例 14-12 仿真实验电路

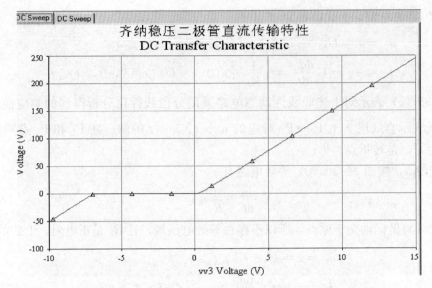

图 14-38　GLL4736 稳压二极管两端电压/电流关系（直流传输特性）

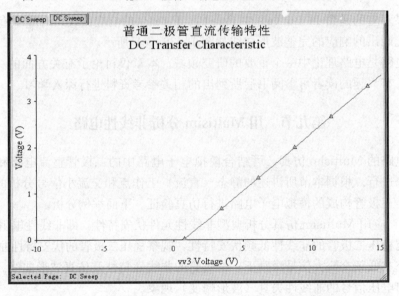

图 14-39　普通二极管两端电压/电流关系（直流传输特性）

（3）二极管加交流信号激励下的非线性分析

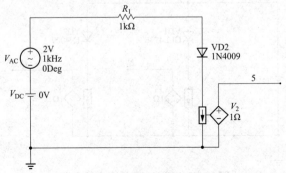

图 14-40　直流电压为 0V 时，加交流信号激励下的含二极管非线性电路

可以看到，当直流偏置为零时，即直流工作点为零，当激励为交流信号时，二极管输出电压和电流都产生失真。二极管电压正向导通，反向截止特性导致了二极管两端电压电流波形如图 14-41 和图 14-42 所示，与对二极管的理论分析得出的结论一致。

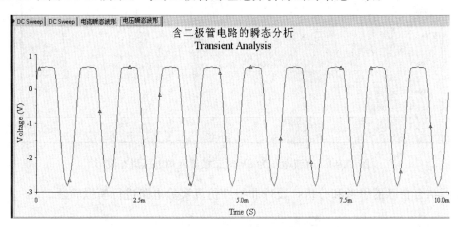

图 14-41　直流电压为 0 时，低频大信号激励下的二极管两端电压瞬态波形

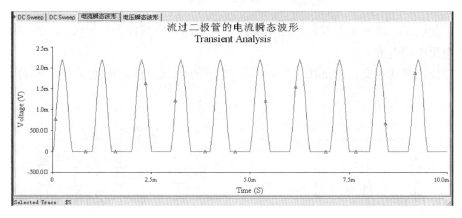

图 14-42　直流电压为 0 时，低频大信号激励下流过二极管电流瞬态波形

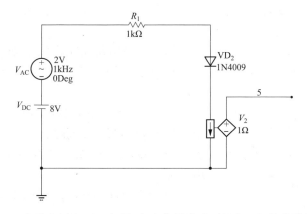

图 14-43　直流电压为 8V 时，加交流信号激励下的含二极管非线性电路

当加上直流偏置电压为 8V 时，直流工作点存在，加交流激励信号时，在二极管两端得到的仿真输出波形如图 14-44 所示，没有产生失真。

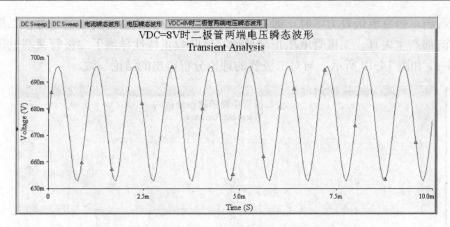

图 14-44　直流电压为 8V 时二极管两端电压瞬态波形

读者可结合自己的思考和分析，设计非线性仿真实验电路进行模拟验证。

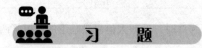

14-1　如图 14-45 所示非线性电路中非线性电阻的伏安特性为 $i_2 = 0.3u_2 + 0.04u_2^2$ A，试求非线性电阻中的电流 i_2。

14-2　试用曲线相交法求如图 14-46 所示电路的静态工作点电流 I 和 1.5kΩ 电阻中的电流 I_1。

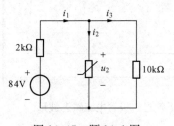

图 14-45　题 14-1 图

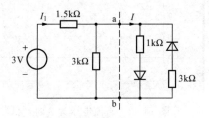

图 14-46　题 14-2 图

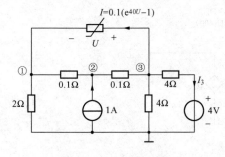

图 14-47　题 14-3 图

14-3　试用曲线相交法求如图 14-47 所示电路中非线性电阻两端静态工作点电压 U 和通过 4V 电压源的电流 I_3。

14-4　如图 14-48（a）所示电路，其中非线性电阻元件的 $i-u$ 特性如图 14-48（b）所示。直流电流源为 10A，交流电流源为 $i_S = \sin t$ A。试用小信号法求电压 u。

14-5　在如图 14-49 所示电路中，直流偏置电流源 $I_S = 1$A，小信号电流源为 $i_\delta = 0.1\sin\omega t$ A，线性电阻 $R_1 = 1$Ω，压控型非线性电阻的伏安特性 $i = 2u + 1$，试用小信号法求 i 和 u。

14-6　如图 14-50 所示含理想二极管电路，试作出端口上的伏安特性曲线。

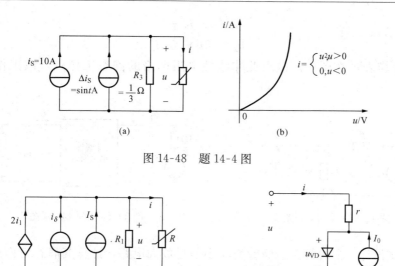

图 14-48 题 14-4 图

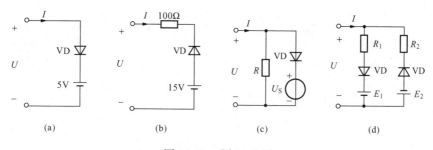

图 14-49 题 14-5 图 图 14-50 题 14-6 图

14-7 试绘出如图 14-51 所示各电路的 U-I 关系曲线（VD 为理想二极管）。

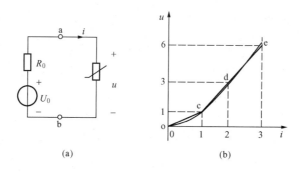

图 14-51 题 14-7 图

14-8 在如图 14-52（a）所示电路中，$U_0 = 3.5V$，$R_0 = 1\Omega$，非线性电阻的伏安特性曲线如图 14-52（b）所示，如将曲线分成 oc、cd 与 de3 段，试用分段线性化法计算 U、I 值。

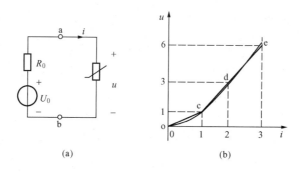

图 14-52 题 14-8 图

14-9 电路如图 14-53 所示，其中非线性电阻的伏安特性关系为 $u_3 = 20\sqrt{i_3}$，试列出电路的代数方程组（不必计算）。

14-10 如图 14-54 所示为含非线性电阻二端口网络，其伏安特性关系为

$$u_1 = -\,i_1 + i_1^3$$
$$u_2 = 2i_1 + 3i_1 i_2$$

其余参数均表示在图中。试求此非线性电阻网络的静态工作点，该工作点是否是唯一的？

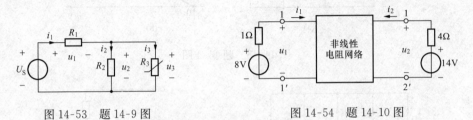

图 14-53　题 14-9 图　　　　　　　　　　　　图 14-54　题 14-10 图

14-11　试设计一个共射极三极管交流小信号放大电路，计算其静态工作点，闭环交流电压放大倍数。再应用 Multisim 进行仿真验证，给出分析和验证结论。

14-12　对习题 14-7 中的各种二极管构成的非线性电路，应用 Multisim 进行仿真模拟，并与理论分析结果比较给出结论。

附录一　电路计算机辅助分析简介

随着计算机技术和集成技术的高速发展，电子电路的分析与设计、相应专业课程的教学与实验等所采用的方式与方法都发生了重大变化。其中，特别是电子设计自动化（Electronic Design Automation，简称 EDA）系统中所包含的虚拟技术已成为现代教育技术的重要组成部分。因此，将 EDA 纳入高等学校相关专业的教学内容已成刻不容缓之事。在课堂教学改革中，应用虚拟技术完成各种电路的实际运行的演示；在实验教学中通过虚拟实验加深对实际实验的理解，弥补其不足。可见，掌握 EDA 对推动有关学科的现代教学模式改革的进程具有重要意义。

EDA 技术是近代电子信息领域发展起来的杰出成果。EDA 包括电子工程设计的全过程，如系统结构模拟、电路特性分析、绘制电路图和制作 PCB（印刷电路板），其中结构模拟、电路特性分析称为 EDA 仿真。目前著名的仿真软件 SPICE（Simulation Program With Integrated Circuit Emphasis）是由美国加州大学伯克利分校于 1972 年首先推出的，经过多年的完善，已发展成为国际公认的最成熟的电路仿真软件，当今流行的各种 EDA 软件，如 PSPICE、ORCAD、Electronics Workbench（EWB）、Multisim 等都是基于 SPICE 开发的。为适应电路课程的教学改革需要，这里着重介绍美国 NI 公司（National Instruments）具有代表性的 EDA 软件 Multisim 的特点、用户界面和使用方法。

附 1　EWB 与 Multisim

Electronics Workbench（简称 EWB）是加拿大 IIT 公司于 20 世纪 80 年代末推出的电子线路仿真软件。它可以对模拟、数字和模拟/数字混合电路进行仿真，克服了传统电子产品的设计受实验室客观条件限制的局限性，用虚拟的元件搭建各种电路，用虚拟的仪表进行各种参数和性能指标的测试。因此，在电子工程设计和高校电子类教学领域中得到广泛应用。与其他电路仿真软件相比，EWB 具有以下特点。

1. 系统集成度高，界面直观，操作方便

EWB 软件把电路图的创建、电路的测试分析和仿真结果等内容都集成到一个电路窗口中。整个操作界面就像一个实验平台。创建电路所需的元器件、仿真电路所需的测试仪器均可以直接从电路窗口中选取，并且虚拟的元器件、仪器与实物外形非常相似，仪器的操作开关、按键同实际仪器也极为相似。因此，该软件易学易用。

2. 具备模拟、数字及模拟/数字混合电路的仿真

在电路窗口中既可以对模拟或数字电路进行仿真，还可以对模拟/数字混合电路进行仿真。

3. 提供较为丰富的元器件库

EWB 的元器件库提供了数千种类型的元器件及各类元器件的理想参数。用户还可以根据需要修改元件参数或创建新元件。

4. 电路分析手段完备

EWB 除了用 7 种常用的测试仪表对仿真电路进行测试之外，还提供了电路的直流工作点分析、瞬态分析、傅里叶分析、噪声分析和失真分析等 14 种常用的分析方法。这些分析方法基本能满足一般电子电路的分析和设计要求。

5. 输出方式灵活

对电路进行仿真时，EWB 可以储存测试点的数据、测试仪器的工作状态、显示的波形以及电路元件的统计清单等内容。

6. 兼容性好

EWB 的元件库与 SPICE 的元件库完全兼容，电路文件可以直接输出到常见印刷电路板设计软件中，如 Protel、OrCAD 等。

随着技术的发展，EWB 软件也在进行不断升级，国内常见的升级版本有 EWB 4.0、EWB 5.0；发展到 5.x 版本以后，IIT 公司对 EWB 进行较大的变动，软件名称也变为 Multisim V6；到了 2001 年，该软件又升级为 Multisim 2001，允许用户自定义元器件的属性，可以把一个子电路当作一个元件使用，并且开设了 EdaPARTS.com 网站，为用户提供元器件模型的扩充和技术支持；2003 年后，NI 公司又对 Multisim 2001 进行了较大的改进，升级为 Multisim7 并逐年更新，增加了 3D 元件以及安捷伦的万用表、示波器、函数信号发生器等仿实物的虚拟仪表，使得虚拟电子工作平台更加接近实际的实验平台。具体来讲，Multisim 具有以下特点。

1. 用户界面直观

Multisim 沿袭了 EWB 界面的特点，提供了一个灵活的、直观的工作界面来创建和定位电路。Multisim（教育版）考虑到学生的特点，允许教师根据自身需要、课程内容和学生水平设置软件的用户界面，以创建具有个性化的菜单、工具栏和快捷键。还可以使用密码来控制学生所接触的功能、仪器和分析项目。

2. 种类繁多的元件和模型

Multisim 提供的元件库拥有 13000 个元件。尽管元件库很大，但由于元件被分为不同的"系列"，所以可以方便地找到所需要的元件。

Multisim 元件库含有所有的标准器件及当今最先进的数字集成电路。数据库中的每一个器件都有具体的符号、仿真模型和封装，用于电路图的建立、仿真和印刷电路板的制作。

Multisim 还含有大量的交互元件、指示元件、虚拟元件、额定元件和三维立体元件。交互元件可以在仿真过程中改变元器件的参数，避免为改变元器件参数而停止仿真，节省了时间，也使仿真的结果能直观反映元件参数的变化；指示元件可以通过改变外观来表示电平大小，给用户一个实时视觉反馈；虚拟元件的数值可以任意改变，有利于说明某一概念或理论观点；额定元件通过"熔断"来加强用户对所设计的参数超出标准的理解；3D 元件的外观与实际元件非常相似，有助于理解电路原理图与实际电路之间的关系。

除了 Multisim 软件自带的主元件库外，用户还可以建立"公司元件库"，有助于一个团队的使用，简化仿真实验室的练习和工程设计。Multisim 与其他软件相比，能提供更多方法向元件库中添加个人建立的元件模型。

3. 元件放置迅速和连线简捷方便

在虚拟电子工作平台上建立电路的仿真，相对比较费时的步骤是放置元件和连线，Multisim 可以使学生几乎不需要指导就可以轻易地完成元件的放置。元件的连接也非常简单，只需单击源引脚和目的引脚就可以完成元件的连接。当元件移动和旋转时，Multisim 仍可以保持它们的连接。连线可以任意拖动和微调。

4. 进行 SPICE 仿真

对电子电路进行 SPICE（Simulation Program with Integrated Circuit Emphasis）仿真可以快速了解电路的功能和性能。Multisim 为模拟、数字以及模拟/数字混合电路提供了快速并且精确的仿真。Multisim 的核心是基于使用带 XSPICE 扩展的伯克利 SPICE 的强大的工业标准 SPICE 引擎来加强数字仿真的。Multisim 的界面对最为陌生的用户来说都是非常直观的。这使用户运用 SPICE 的功能而不必担心 SPICE 复杂的句法。

5. 虚拟仪器

Multisim 提供了逻辑分析仪、安捷伦仪器、波特图仪、失真分析仪、频率计数器、函数信号发生器、数字万用表、网络分析仪、频谱分析仪、功率表和字信号发生器等 18 种虚拟仪器，其功能与实际仪表相同。特别是安捷伦的 54622D 示波器、34401A 数字万用表和 33120A 信号发生器，它们的面板与实际仪表完全相同，各旋钮和按键的功能也与实际一样。通过这些虚拟器件，免去昂贵的仪表费用，用户可以毫无风险地接触所有仪器，掌握常用仪表的使用。

6. 强大的电路分析功能

为了更好地掌握电路的性能，Multisim 除了提供虚拟仪表，还提供了直流工作点分析、交流分析、敏感度分析、3dB 点分析、批处理分析、直流扫描分析、失真分析、傅里叶分析、模型参数扫描分析、蒙特卡罗分析、噪声分析、噪声系数分析、温度扫描分析、传输函数分析、用户自定义分析和最坏情况分析等 19 种分析，这些分析在现实中有可能是无法实现的。

7. 强大的作图功能

Multisim 提供了强大的作图功能，可将仿真分析结果进行显示、调节、储存、打印和输出。使用作图器还可以对仿真结果进行测量、设置标记、重建坐标系以及添加网格。所有显示的图形都可以被微软 Excel、Mathsoft Mathcad 以及 LABVIEW 等软件调用。

8. 后处理器

利用后处理器，可以对仿真结果和波形进行传统的数学和工程运算。如算术运算、三角运算、代数运算、布尔代数运算、矢量运算和复杂的数学函数运算。

9. RF 电路的仿真

大多数 SPICE 模型在进行高频仿真时，SPICE 仿真的结果与实际电路测试结果相差较大，因此对射频电路的仿真是不准确的。Multisim 提供了专门用于射频电路仿真的元件模型库和仪表，以此搭建射频电路并进行实验，提高了射频电路仿真的准确性。

10. HDL 仿真

利用 MultiHDL 模块（需另外单独安装），Multisim 还可以进行 HDL（Hardware Description Language，硬件描述语言）仿真。在 MultiHDL 环境下，可以编写与 IEEE 标准兼容的 VHDL 或 Verilog HDL 程序，该软件环境具有完整的设计入口、高度自动化的项目管理、强大的仿真功能、高级的波形显示和综合调试功能。

针对不同用户的需要，Multisim 发行了增强专业版（Power Professional）、专业版

（Professional）、个人版（Personal）、教育版（Education）、学生版（Student）和演示版（Demo）。各版本的功能和价格也有明显的不同，本书以 Multisim 10 教育版为主，系统地介绍 Multisim 的主要功能以及在电路分析、模拟电子线路、脉冲与数字电路、高频电子线路等电子技术课程中的应用。

附 2　Multisim 用户界面

本节系统介绍 Multisim 用户界面的基本操作和命令。单击 Windows "开始" 菜单中 "程序" 下的 Multisim，弹出如附图 2-1 所示的 Multisim 用户界面。

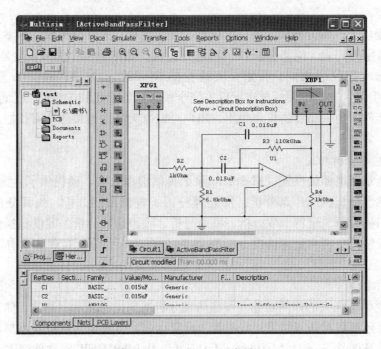

附图 2-1　Multisim 用户界面

Multisim 用户界面主要由菜单栏（Menu Bar）、标准工具栏（Standard toolbar）、仿真开关（Simulation Switch）、图形注释工具栏（Graphic Annotation Toolbar）、项目栏（Project Bar）、元件工具栏（Component Toolbar）、虚拟工具栏（Virtual Toolbar）、电路窗口（Circuit Windows）、仪表工具栏（Instruments Toolbar）、电路标签（Circuit Tab）、状态栏（Status Bar）、电路元件属性视窗（Spreadsheet View）、使用的元件列表（In Use list）等组成。下面分别对上述各部分内容进行介绍。

附 2.1　菜单栏

与其他 Windows 应用程序相似，Multisim 软件的菜单栏提供了绝大多数的功能命令。菜单栏从左向右依次是文件菜单（File）、编辑菜单（Edit）、窗口显示菜单（View）、放置菜单（Place）、仿真菜单（Simulate）、文件输出菜单（Transfer）、工具菜单（Tools）、报告菜单（Reports）、选项菜单（Options）、窗口菜单（Window）和帮助菜单（Help）共 11 个主菜单。

（1）File 菜单用于 Multisim 所创建电路文件的管理，其命令与 Windows 下的其他应用软件基本相同，在此不再赘述。

（2）Edit 菜单主要对电路窗口中的电路或元件进行删除、复制或选择等操作。其中 Undo、Redo、Cut、Copy、Paste、Delete、Find 和 Select All 等命令与其他应用软件基本相同，在此不再赘述。其余命令的主要功能如下。

1）Paste Special…：该命令不同于 Paste 命令，可以将所复制的电路或元件进行有选择地粘贴，如仅粘贴元件、粘贴元件或连线等。

2）Delete Multi－Page：删除多页面电路文件中的某一页电路文件。

3）Flip Horizontal：水平翻转所选择的元件。

4）Flip Vertical：垂直翻转所选择的元件。

5）90 Clockwise：顺时针旋转所选择的元件。

6）90 CounterCW：逆时针旋转所选择的元件。

7）Properties…：打开所选择元件的属性对话框。

（3）View 菜单用于显示或隐藏电路窗口中的某些内容（如工具栏、栅格、纸张边界等）。其菜单下各命令的功能如下。

1）Toolbars：显示或隐藏标准工具栏、元件工具栏、图形注释工具栏、仪表工具栏、仿真开关、项目栏、电路元件属性视窗和用户自定义栏等工具。

2）Show Grid：显示栅格，有助于把元件放在正确的位置。

3）Show Page Bound：显示纸张边界。

4）Show Title Block：显示标题栏。

5）Show Border：显示电路的边界。

6）Show Ruler Bars：显示标尺。

7）Zoom In：放大电路窗口。

8）Zoom Out：缩小电路窗口。

9）Zoom Area：以 100％的比率来显示电路窗口（该命令仅在电路窗口比率小于 100％时才有效）。

10）Zoom Full：全屏显示电路窗口。

11）Grapher：显示或隐藏仿真结果的图表。

12）Hierarchy：显示或隐藏电路的分层电路图。

13）Circuit Description Box：显示或隐藏电路窗口的描述窗，利用该窗口可以添加电路的某些信息（如电路的功能描述等）。

（4）Place 菜单用于在电路窗口中放置元件、节点、总线、文本或图形等，其菜单下各命令的功能如下。

1）Component…：在电路窗口中放置元件。

2）Junction：放置一个节点。

3）Bus：放置创建的总线。

4）Bus Vector Connect：放置总线矢量连接。

5）HB/SB Connector：给子电路或分层模块内部电路添加一个电路连接器。

6）Hierarchical Block：将一个已建立的 ＊.Ms7 文件作为一个分层模块放入当前电路窗

口中。

7）Creat New Hierarchical Block：建立一个新的分层模块（该模块是只含有输入、输出节点的空白电路）。

8）Subcircuit：放置一个子电路。

9）Replace by Subcircuit：用一个子电路替代所选择的电路。

10）Text：放置文本。

11）Graphics：放置线、折线、长方形、椭圆、圆弧、多变形等图形。

12）Title：放置一个标题块。

（5）Simulate 菜单主要用于仿真的设置与操作，其菜单下各命令的功能如下。

1）Run：启动当前电路的仿真。

2）Pause：暂停当前电路的仿真。

3）Instruments：在当前电路窗口中放置万用表、函数发生器、功率表、双踪示波器、失真度分析仪等 17 种仪表。

4）Default Instrument Settings…：对与瞬态分析相关的仪表（如示波器、频谱分析仪和逻辑分析仪等）进行默认设置。

5）Digital Simulation Settings…：对含数字元件的电路仿真时的精确度和速度之间的选择。

6）Analyses：对当前电路进行直流工作点分析、交流分析、瞬态分析、傅里叶分析、噪声分析、噪声系数分析、失真分析、直流扫描分析、灵敏度分析、参数扫描分析、温度扫描分析、极点-零点分析、传输函数分析、最坏情况分析、蒙特卡罗分析、线宽分析、用户自定义分析、批处理分析、射频分析这 19 种分析的选择。

7）Postprocessor：对电路分析进行后处理。

8）Simulation Error Log/Audit Trail：仿真错误记录/审计追踪。

9）Xspice Command Line Interface：显示 Xspice 命令行窗口。

10）VHDL Simulation：运行 VHDL 仿真软件。

11）Verilog HDL Simulation：运行 Verilog HDL 仿真软件。

12）Auto Fault Option…：用于选择电路元件发生故障的数目和类型。

13）Global Component Tolerance：设置全局元件的容差。

（6）Transfer 菜单用于将 Multisim 的电路文件或仿真结果输出到其他应用软件，其菜单下各命令的功能如下。

1）Transfer to Ultiboard V7：传送给应用软件 Ultiboard V7。

2）Transfer to Ultiboard 2001：传送给应用软件 Ultiboard 2001。

3）Transfer to other PCB Layout：传送给其他印刷电路板设计软件。

4）Forward Annotate to Ultiboard V7：将 Mutisim 7 中电路元件注释的变动传送到 Ultiboard V7 的电路文件中，使 Ultiboard V7 电路元件注释也作相应的变化。

5）Backannotate from Ultiboard V7：将 Ultiboard V7 中电路元件注释的变动传送到 Mutisim 的电路文件中，使 Mutisim 电路元件注释也作相应的变化。

6）Highlight Selection in Ultiboard V7：对 Ultiboard V7 电路中所选择的元件以高亮度显示。

7) Export Simulation Results to MathCAD：将仿真结果文件变换为应用软件 MathCAD 可读的文件格式。

8) Export SimulationResults to Excel：将仿真结果文件变换为应用软件 Excel 可读的文件格式。

（7）Tools 菜单用于编辑或管理元件库或元件，其菜单下各命令的功能如下。

1) Database Management…：打开"元件库管理"对话框。

2) Symbol Editor…：符号编辑器。

3) Component Wizard：元件创建向导。

4) 555 Timer Wizard：555 定时器创建向导。

5) Filter Wizard：滤波器创建向导。

6) Electrical Rulers Check：电气特性规则检查。

7) Renumber Component：元件重新编号。

8) Replace Component：元件替换。

9) Update HB/SB Symbol：在含有子电路的电路中，随着子电路的变化改变 HB/SB 连接器的标号。

10) Modify Title Block Data…：修改标题块内容。

11) Title Block Editor…：标题块编辑器。

12) Internet Design Sharing：利用网络或因特网来共享电路设计。

13) Go to Education Webpage：登录 Electronics Workbench 的教育网站。

14) EDApart. com：登录 Electronics Workbench EDApart 网站。

（8）Reports 菜单产生当前电路的各种报告，其菜单下各命令的功能如下。

1) Bill of Materials：产生当前电路文件的元件清单文件。

2) Component Detail Report：产生特定元件存储在数据库中的所有信息。

3) Netlist Report：产生含有元件连接信息的网表文件。

4) Schematic Report：产生电路图的统计信息。

5) Spare Gates Report：产生电路图中未使用门的报告。

6) Cross Reference Report：当前电路窗口中所有元件的详细参数报告。

（9）Options 菜单用于定制电路的界面和某些功能的设置，其菜单下各命令的功能如下。

1) Preferences…：打开参数对话框，设定电路或子电路的有关参数。

2) Customize：对 Multisim 用户界面进行个性化设计。

3) Global Restrictions…：利用口令，对其他用户设置 Multisim 某些功能的全局限制。

4) Circuit Restrictions…：利用口令，对其他用户设置特定电路功能的全局限制。

5) Simplified Version：在标准工具栏中隐藏一些复杂的命令、工具和分析来简化 Multisim 的用户界面。所简化的用户界面选项能够通过使用全局限制来控制其使用与否。简化的用户使用界面中不能使用的复杂命令、工具和分析在菜单中呈灰色。

（10）Window 菜单用于控制 Mulitisim 窗口显示的命令，并列出所有被打开的文件，其菜单下各命令的功能如下。

1) Cascade：电路窗口层叠。

2) Tile：调整电路窗口尺寸以使它们全部显示在屏幕上。

3）Arrange Icons：电路窗口重排。

（11）Help 菜单为用户提供在线技术帮助和使用指导。其菜单下各命令的功能如下。

1）Multisim Help：帮助主题目录。

2）Multisim 7 Reference：帮助主题索引。

3）Release Notes：版本注释。

4）About Multisim 7…：有关 Multisim 7 的说明。

附 2.2　标准工具栏

标准工具栏如附图 2-2 所示。

附图 2-2　标准工具栏

该工具栏包含有关电路窗口基本操作的按钮，从左向右依次是新建、打开、保存、剪切、复制、粘贴、打印、放大、缩小、100％放大、全屏显示、项目栏、电路元件属性视窗、数据库管理、创建元件、仿真启动、图表、分析、后处理、使用元件列表和帮助按钮。

附 2.3　仿真开关

仿真开关如附图 2-3 所示，主要用于仿真过程的控制。

附 2.4　图形注释工具栏

图形注释工具栏如附图 2-4 所示。

该工具栏主要用于在电路窗口中放置各种图形，从左向右依次是文本、直线、折线、矩形、椭圆、圆弧、多边形和图片。

附 2.5　项目栏

项目栏如附图 2-5 所示。利用项目栏可以把有关电路设计的原理图、PCB 版图、相关文件、电路的各种统计报告分类管理，还可以观察分层电路的层次结构。

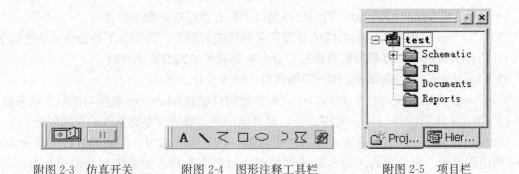

附图 2-3　仿真开关　　　　附图 2-4　图形注释工具栏　　　　附图 2-5　项目栏

附 2.6　元件工具栏

Multisim 7 把所有的元件分成 13 类库，再加上放置分层模块、总线、登录网站共同组成元件工具栏，如附图 2-6 所示。

元件工具栏从左向右依次是电源库（Source）、基本元件库（Basic）、二极管库（Diode）、

附图 2-6　元件工具栏

晶体管库（Transistor）、模拟元件库（Analog）、TTL 元件库（TTL）、CMOS 元件库（CMOS）、数字元件库（Miscellaneous Digital）、混合元件库（Mixed）、指示元件库（Indicator）、其他元件库（Miscellaneous）、射频元件库（RF）、机电类元件库（Electromechanical）、放置分层模块、放置总线、登录 WWW. ElectronicsWorkbench. com 和 www. EDApart. com 网站。

附 2.7　虚拟工具栏

虚拟工具栏由 10 个按钮组成，如附图 2-7 所示。单击每个按钮可以打开相应的工具栏，利用工具栏可以放置各种虚拟元件。

虚拟工具栏的按钮从左向右依次是电源元件工具栏（Power Source Components Bar）、信号源元件工具栏（Signal Source Components Bar）、基本元件工具栏（Basic Components Bar）、二极管元件工具

附图 2-7　虚拟工具栏

栏（Diodes Components Bar）、晶体管元件工具栏（Transistors Components Bar）、模拟元件工具栏（Analog Components Bar）、其他元件工具栏（Miscellaneous Components Bar）、额定元件工具栏（Rated Components Bar）、3D 元件工具栏（3D Components Bar）和测量元件工具栏（Measurement Components Bar）。

附 2.8　电路窗口

电路窗口（Workspace）是创建、编辑电路图，仿真分析，波形显示的地方。

附 2.9　仪表工具栏

Multisim 7 提供了 18 种仪表，仪表工具栏通常位于电路窗口的右边，也可以用鼠标将其拖至菜单的下方，呈水平状，如附图 2-8 所示。

附图 2-8　仪表工具栏

仪表工具栏从左向右依次是数字万用表（Multimeter）、函数信号发生器（Function Generation）、功率表（Wattmeter）、双踪示波器（Oscilloscope）、4 通道示波器（4 Channel Oscilloscope）、波特图仪（Bode Plotter）、频率计数器（Frequency Counter）、字信号发生器（Word Generator）、逻辑分析仪（Logic Analyzer）、逻辑转换器（Logic Converter）、IV 分析仪（IV－Analysis）、失真分析仪（Distortion Analyzer）、频谱分析仪（Spectrum Analyzer）、网络分析仪（Network Analyzer）、安捷伦函数信号发生器（Agilent Function Generation）、安捷伦数字万用表（Agilent Multimeter）、安捷伦示波器（Agilent Oscilloscope）和动态测量探针（Dynamic Measurement Probe）。

附 2.10　电路标签

Multisim 可以调用多个电路文件，每个电路文件在电路窗口的下方都有一个电路标签，用鼠标单击哪个标签，哪个电路文件就被激活。Multisim 用户界面的菜单命令和快捷键仅对

被激活的文件窗口有效，也就是说要编辑、仿真的电路必须被激活。

附 2.11 状态栏

在电路窗口中电路标签的下方就是状态栏，状态栏主要用于显示当前的操作及鼠标所指条目的有关信息。

附 2.12 电路元件属性视窗

电路元件属性视窗如附图 2-9 所示。该视窗是当前电路文件中所有元件属性的统计窗口，可通过该视窗改变部分或全部元件的某一属性。

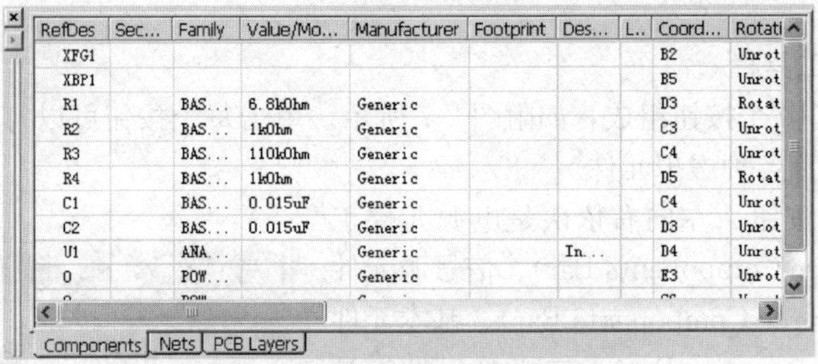

RefDes	Sec...	Family	Value/Mo...	Manufacturer	Footprint	Des...	L...	Coord...	Rotati
XFG1								B2	Unrot
XBP1								B5	Unrot
R1		BAS...	6.8kOhm	Generic				D3	Rotat
R2		BAS...	1kOhm	Generic				C3	Unrot
R3		BAS...	110kOhm	Generic				C4	Unrot
R4		BAS...	1kOhm	Generic				D5	Rotat
C1		BAS...	0.015uF	Generic				C4	Unrot
C2		BAS...	0.015uF	Generic				D3	Unrot
U1		ANA...		Generic		In...		D4	Unrot
0		POW...		Generic				E3	Unrot

Components | Nets | PCB Layers

附图 2-9　电路元件属性视窗

附 3　应用 Multisim 进行电路仿真实例

前面介绍了 Multisim 的特点、安装和用户界面，为了使读者对 Multisim 的使用有一个初步认识，下面以一个正弦交流稳态电路分析及仿真为例，简要介绍利用 Multisim 来创建电路图和仿真的过程。正弦稳态电路如附图 3-1 所示。

该电路是由 2 个电阻、1 个电感、1 个正弦交流电流源组成，已知 $i_S=\sqrt{2}\cos100\pi t$A。利用 Multisim 软件建立的电子工作平台，可以方便地创建该电路，并分析电路的 a、b 端口的等效性能（即戴维南等效）。

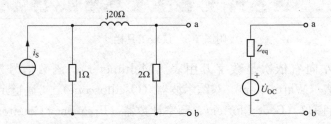

附图 3-1　正弦交流稳态电路的戴维南等效分析

附 3.1 创建电路图

1. 启动软件 Multisim 软件

单击 Windows "开始" 菜单下 "程序" 中的 Multisim，就会打开 Multisim 的用户界面，并在电路窗口中自动建立一个文件名为 "Circuit1" 的电路文件。

2. 放置元件

Multisim 将若干元件模型分门别类地存放在元件工具栏中，元件模型是电路仿真的基础。所需的元件可以从元件工具栏（Component Toolbar）或虚拟元件工具栏（Virtual Toolbar）中提取，两者不同的是，从元件工具栏中提取的元件都与具体型号的元件相对应，在"元件属性"对话框中不能更改元件的参数（制造元件的性能参数，如电阻、电容、电感的大小，三极管的 IS、NF、BF、VAF、ISE 等参数），只能用另一型号的元件来代替。从虚拟元件工具栏中提取的元件的大多数参数都是该种/类元件的典型值，部分参数可由用户根据需要自行确定，且虚拟元件没有元件封装，故制作印刷电路板时，虚拟元件将不会出现在 PCB 文件中。下面以放置现实元件为例来说明放置元件的过程。

（1）放置电阻。用鼠标单击 Multisim 用户界面的元件工具栏的 Basic 元件库按钮，弹出 Select a Component 对话框，再单击该对话框左侧 Family 滚动窗口中的 RESISTOR，Select a Component 对话框变成如附图 3-2 所示的界面。

该对话框中显示了元件的许多信息，在 Component 滚动窗口中，列出了许多现实的电阻元件。拖动滚动条，找到 1.0kΩ（注意，软件界面中欧姆符号 Ω 显示为 Ohm）电阻，单击 OK 按钮或双击所选中的电阻，就会选中找到的电阻。选中的电阻会随着鼠标的移动在电路窗口中移动，移到合适的位置后，单击左键就可将 1.0kΩ 电阻放到指定的位置。同理，可将另外 3 个 1.0kΩ、1 个 24kΩ 和 1 个 8.2kΩ 电阻放到电路窗口适当的位置上。由于这几个电阻均是垂直放置，可依次选中，再单击 Edit 菜单中的"90 Clockwise"或"90 CounterCW"命令，将它们垂直放置。

（2）放置电感。放置电容与放置电阻过程基本相似，只需要在弹出的 Select a Component 对话框左侧 Family 滚动窗口中单击 CAPACITOR，Select a Component 对话框就变成如附图 3-3 所示的界面。在 Component 滚动窗口中，找到一个合适的电感，选中并将它放到电路窗口中合适的位置。

附图 3-2　提取电阻

附图 3-3　提取电感

（3）放置正弦交流电流源。单击 Multisim 用户使用界面的元件工具栏的 Source 元件库按钮，弹出 Select a Component 对话框，再单击该对话框左侧 Family 滚动窗口中的 POWER＿SOURCES，Select a Component 对话框变成如附图 3-4 所示的界面。

在 Component 滚动窗口中，找到 AC＿POWER，选中并将它放到电路窗口合适的位置。此外，利用此对话框还可以将电路图中的接地端（GROUND）放到电路窗口中。同理，可以放置交流信号源 AC＿CURRENT，并双击所选中的电流源，设置交流电流源参数，如附图 3-5 所示。

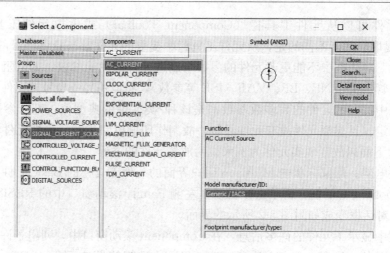

附图 3-4　提取交流电流源

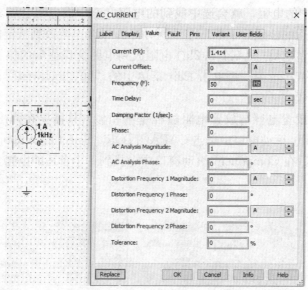

附图 3-5　设置交流电流源参数

（4）放置测试虚拟仪器。单击 Multisim 用户使用界面的工具栏中 Place Indicator 出现如附图 3-6 所示对话框，在其中提取电压表或电流表。双击将直流 DC 改为交流 AC，如附图 3-7 所示。

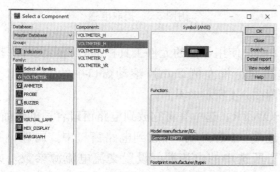

附图 3-6　放置测量电压表或电流表

附图 3-7　测量交流电压要改为 AC

用虚拟示波器观察交流电压、电流波形，单击 Multisim 用户使用界面的工具栏中 Oscil-loscope，出现虚拟示波器，如附图 3-8 所示。将虚拟示波器拖至所需连接的位置双击示波器出现如附图 3-9 所示显示测量波形的示波器面板。测量时要根据需要灵活调节正弦交流电压波形的幅值和时宽。附图 3-9 所显示的是双通道示波器，可以观察两路波形。Channel A、Channel B 用于调节幅值，Timebase 用于调节时间宽度。

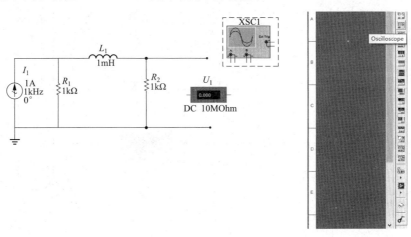

附图 3-8　放置虚拟示波器

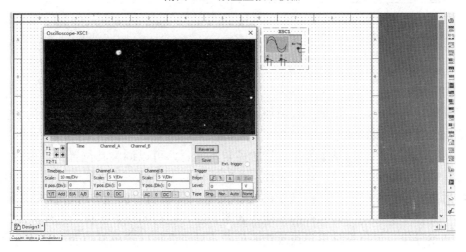

附图 3-9　虚拟示波器面板

3. 连接电路

在 Multisim 的电路窗口中连接元件非常简捷方便，通常有以下两种类型：

（1）元件与元件的连接。将鼠标指针移动到所要连接元件的引脚上，鼠标指针就会变成中间有黑点的十字，单击鼠标并移动，就会拖出一条实线，移动到所要连接元件的引脚时，再次单击鼠标，就会将两个元件的引脚连接起来。

（2）元件与连线的连接。从元件引脚开始，将鼠标指针移动到所要连接元件的引脚上，单击鼠标并移动，移动到所要连接的连线时，再次单击鼠标，就会将元件与连线连接起来，同时在连线的交叉点上，自动放置一个节点，按该方法连接放置的元件，连接完成后的电路图如附图 3-10 所示。

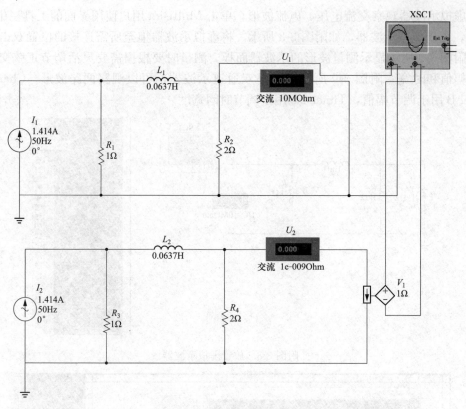

附图 3-10　各个元件之间的连接

4. 编辑元件

为了使创建完成的电路符合工程习惯，便于仿真分析，可以对创建完成后的电路图作进一步的编辑。常用的编辑如下。

（1）调整元件。如果对某个元件放置的位置不满意，可以调整其位置。具体方法是：首先用鼠标指向所要移动的元件，选中元件，此时元件的上出现一个虚线小方块，如附图 3-11 所示；然后按住鼠标左键不放，将选中的元件拖至所要移动的位置即可。若选中多个元件，则可将多个元件一起移动。若元件的标注位置不合适，也可用该方法移动元件标注。

（2）调整导线。如果对某条导线放置的位置不满意，可以调整其位置。具体方法是：首先单击所要移动的导线，选中导线，此时导线两端和拐角处出现黑色小方块。若将鼠标放在选中的导线中间，鼠标会变成一个双向箭头，如附图 3-12 所示，按住鼠标左键，拖动导线至

附图 3-11　鼠标放在选中的导线中间

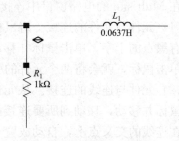

附图 3-12　被选中的导线

理想的位置松开鼠标左键即可；若鼠标放在选中导线拐角处的小方块上，按住鼠标左键，就可改变导线拐角的形状。

（3）修改元件的参考序号（Reference ID）。元件的参考序号是从元件库中提取时自动产生的，但有时与我们的工程习惯不相符，例如本例中的 R_2 习惯上应表示为 R_{b1}。可以双击该元件，在弹出的属性对话框中修改元件的参考序号。例如双击 R_2，弹出如图 3-13 所示的属性对话框，将 Label 标签上的 Reference ID 文本框内的 R_2 改为 R_{b1}。

（4）修改虚拟元件的数值。电路窗口中的虚拟元件，其数值大小都为默认值，可通过其属性对话框修改数值大小。双击交流电流源弹出其属性对话框，如附图 3-14 所示。这里，交流电流源的默认频率为 60Hz、改为 50Hz。振幅是最大值设置，改为 1.414A。

附图 3-13 电阻的属性对话框

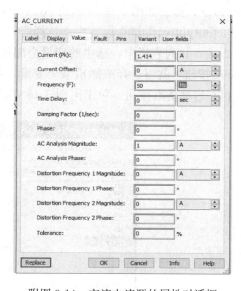
附图 3-14 交流电流源的属性对话框

（5）显示电路节点号。电路元件连接后，为了区分电路不同节点的波形或电压，通常给每个电路节点起一个序号。初次使用 Multisim 仿真软件，所建立的电路不会自动显示节点序号，可单击 Multisim 的 Options 菜单中的 Sheet properties 命令，弹出 Sheet properties 对话框，如附图 3-15 所示。

在 Circuit 标签中，选中 Show 框中的 Show node names 选项。选择完毕后单击 OK 按钮，就会返回 Multisim 用户界面，电路图中的节点全部显示出来。至此，就完成了附图 3-10 所示电路的创建。

（6）保存电路文件。编辑完电路图之后，就可以将电路文件存盘。存盘方法与多数 Windows 应用程序相同，第一次保存新创建的电路文件时，弹出"另存为"对话框，更改文件名和存放路径。

附3.2 电路的仿真分析

Multisim 为电路分析提供了强大的工具，一是利

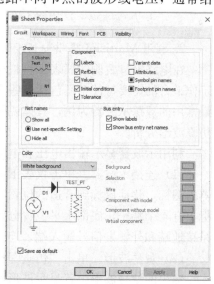
附图 3-15 Preferences 对话框

用 Multisim 提供的分析功能，仿真电路的各种性能；二是利用 Multisim 提供的仪表，建立
虚拟电子工作平台。下面以附图 3-10 所示的交流电路的戴维南分析仿真为例，说明 Multi-
sim 的仿真过程。

1. 利用 Multisim 提供的分析功能

在 Multisim 用户界面中，打开 Simulate 主菜单中的 Analysis 子菜单，就会发现 Multi-
sim 提供的各种分析，下面以交流电路分析为例来说明仿真的过程。具体步骤如下所述：

（1）创建电路原理图。

（2）显示电路的节点序号。

（3）设置显示电压的节点。单击 Simulate 菜单中 Analysis 子菜单下的 AC Operating
Point 命令，弹出如图 3-16 所示的 AC Operating Point Analysis 对话框。

在 Output variables 标签中，选择需要仿真的变量。可供选择的变量全部罗列在 Varia-
bles in circuit 列表栏中，选中的变量全部列在 Selected variables for 列表栏中，单击 Add 和
Remove 按钮，就可选择或撤销某个变量。在该例中，选中所有的变量。

（4）启动仿真按钮。单击附图 3-16 中的 Simulate 按钮，仿真的结果如附图 3-18 所示。

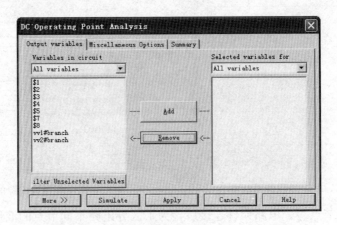

附图 3-16　AC Operating Point Analysis 对话框

2. 利用 Multisim 提供的仪表进行仿真分析

在电路窗口右侧的仪表工具栏中，Multisim 提供了 18 种仪表，基本上能满足虚拟电子
工作平台的需要，甚至还包括一些贵重仪表，如逻辑分析仪、网络分析仪等。下面以实验室
最常用的双踪示波器为例，具体说明如何利用虚拟仪表进行电路中电压和电流的模拟及得到
仿真波形分析。

利用示波器显示输出电压和电流波形步骤如下：

（1）连接示波器。单击仪表工具栏中的 Oscilloscope 按钮，鼠标指针处就出现一个示波
器的图标，移动鼠标到合适的位置，再次单击，就可将示波器放到指定的位置。示波器的图
标上有 4 个端子，底部水平位置分别是 A、B 通道信号输入端，右侧垂直方向由上往下分别
是接地端和外触发信号输入端。连接后的电路图如附图 3-17 所示。

（2）观察波形。单击"仿真"按钮，双击示波器图标，就会在示波器的显示屏上显示输
入、输出的信号波形。若显示波形不理想，可分别调整时间刻度、A/B 通道的幅度刻度和垂
直偏差，就会显示清晰可辨的波形。调整后的波形如附图 3-18 所示。

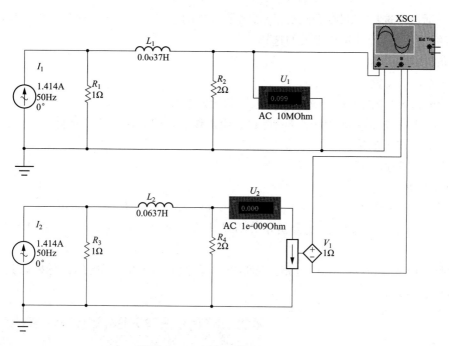

附图 3-17　连接示波器后的电路图

附图 3-17 表示对一正弦交流稳态电路进行戴维南等效的仿真模拟验证分析。示波器测 2Ω 电阻向外引出两端的开路电压和短路电流。虚拟电压表和电流表设在交流挡，测出开路电压和短路电流有效值。

附图 3-18 显示测得的该交流电路的开路电压和短路电流波形（注意示波器只能测电压波形，测电流波形可借助电流控制电压源得到），并且能测出幅值和相位关系（读数时要注意 A、B 两通道的 Y 轴刻度单位不同）。具体结果读者可自行仿真并进行分析。

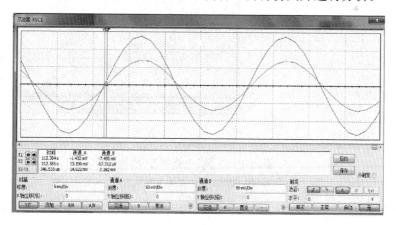

附图 3-18　示波器显示的波形

附图 3-19 所示的是直流电压作用下的 RC 电路暂态过程仿真试验。用 Multisim 搭建仿真电路附图 3-19（a）所示。

RC 电路的暂态过程分析是用设置分析菜单中的 Transient（暂态分析）选项来进行的。对输入的原理电路，选择菜单命令 Analysis（分析菜单）中的 Transient（暂态分析）选项，在弹出的对话框中选择 Nodes for Analysis（要分析的结点），并设置暂态分析参数，这包括初始条件的选择、分析时间与步长的选择。

初始条件的选择有：

Set to Zero（设置为零）。

User-defined（采用用户定义的结点电压的初始值）。

Calculate DC Operating Point（先计算直流工作点，取其作为初始条件）。

分析时间与步长的选择有：

TSTART（起点时间）。

TSTOP（终点时间）。

步长通常可以选择 Generate time steps automatically（自动步长）。

然后单击 Simulate 按钮开始分析，分析结果显示在 Analysis Graphs 窗口的 Transient 栏中。

对附图 3-19（a）所示的 RC 电路，选结点③作分析，即选电容电压作分析，其暂态分析结果如图 3-19（b）所示。

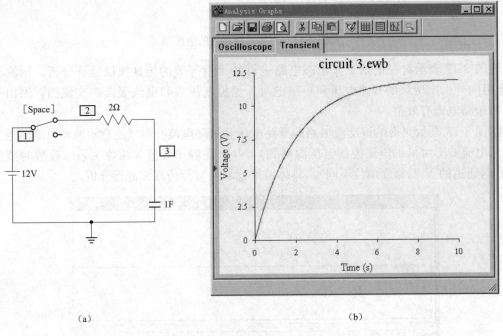

（a）   （b）

附图 3-19 RC 电路暂态分析

（a）RC 电路；（b）暂态分析结果

在电路理论学习中，应用 Multisim 仿真软件可以很好帮助学习者实现对所学电路理论知识的分析和仿真验证，是一个很好的辅助分析软件。更为有效的建立了理论与实际电路之间的联系。

附录二　电路理论专业词汇汉英对照

一　画

一致的参考方向 associated reference directions

一阶电路 first-order circuit

一次谐波 first harmonic

一端口 one-port

二　画

入射波 incidence wave

二端元件 two-terminal element

二端网络 two-terminal network

二端口元件 two-port element

二端口耦合电感元件 two-port coupled inductors

二阶电路 second-order circuit

二瓦特计法

n 阶电路 n-order circuit

n 端网络 n-terminal network

n 端口网络 n-port network

T 形网络 T-connected network

PN 结二极管 P-N junction diode

三　画

广义结点 supernode

三角形电阻网络 delta-connected resistance network

千赫 kilohertz

三相电路 three-phase circuit

三相制 three-phase system

三相四线制 three-phase four-wire system

三相三线制 three-phase three-wire system

小信号分析法 small-signal-analysis method

工作点 operating point

小信号电阻 small-signal resistance

小信号分析法 small-signal analysis method

小信号等效电路 small-signal equivalent circuit

子图 subgraph

四　画

瓦特 watt

瓦特计 watt'meter

瓦时 watthour（watt-hr）

支路 branch

支路分析法 branch-analysis method

支路电流法 branch-current method

支路电压法 branch-voltage method

互易定理 reciprocity theorem

互易网络 reciprocity network

互易条件 reciprocity condition

互易二端口网络 reciprocal two-port network

互感 mutual inductance

互感电抗 mutual inductive reactance

互电导 mutual conductance

互电阻 mutual resistance

无记忆元件 memoryless element

无功功率 reactive power（wattless power）

无功分量 reactive component（wattless component）

无功伏安（乏）reactive volt-ampere（var）

无损耗线 lossless line

无反射线 reflectionless line

反相 opposite phase

反接（反向串联）inversed connection，connection in opposition

反射阻抗 reflected impedance

反向行波 return wave

反射波 reflected wave

反射系数 reflection coefficient

中性线 neutral wire

中性点（中点）neutral point

双向元件 bilateral element
双向性 bilateral
支路电流向量 branch current vector
支路电压向量 branch voltage vector
支路阻抗矩阵 branch impedance matrix
支路电阻矩阵 branch resistance matrix
支路导纳矩阵 branch admittance matrix
支路电导矩阵 branch conductance matrix
开环电压增益 open-loop voltage gain
开路 open-circuit
开路输入阻抗 open-circuit input impedance
开路输出阻抗 open-circuit output impedance

开路阻抗参数 open-circuit impedance parameters
开路阻抗矩阵 open-circuit impedance matrix
分段线性处理法 piecewise-linear technique
分布参数电路 distributed circuit
分段线性近似法 piecewise linear approximation method
比例器 scaler
不对称三相电路 unsymmetrical three-phase circuit
韦伯 weber
匹配 matching
欠阻尼情况 underdamped case

五　　画

电路 circuit
电源 source
电路元件 circuit element
电阻 resistance
电路参数 circuit parameter
电压 voltage
电场 electric field
电流 current
电容 capacitance
电感 inductance
电磁波 electromagnetic wave
电位降 potential drop
电位升 potential rise
电位 potential
电位参考点 potential reference point
电位差 potential difference
电阻元件 resistor
电导 conductance
电容元件 capacitor
电感元件 inductor
电荷 charge
电场能量 electric field energy
电压源 voltage source
电流源 current source
电压源向量 voltage source vector
电流源向量 current source vector
电流控电阻元件 current-controlled resistor
电压控电阻元件 voltage-controlled resistor
电压控电压源 voltage-controlled voltage source

电压控电流源 voltage-controlled current source
电流控电流源 current-controlled current source
电流控电压源 current-controlled voltage source
电压放大系数 voltage amplification factor
电流放大系数 current amplification factor
电压跟随器 voltage follower
电压电流关系（元件约束关系）voltage current relation（VCR）
电流倒置型负阻抗变换器 current-inversion negative-impedance convertor
电压倒置型负阻抗变换器 voltage-inversion negative-impedance convertor
电路元件方程的相量形式 phasor relations for circuit elements
电桥电路 bridge circuit
平面电路 planar circuit
平面图 planar graph
平衡状态 equilibrium state
加法器 adder
可加性 additivity property
对称三端电阻网络 symmetrical three-terminal resistance network
记忆元件 memory element
右螺旋定则 right-handed screw rule
正弦函数 sinusoidal function
正弦稳态 sinusoidal steady state
正弦稳态响应 sinusoidal steady-state response
正相序（正序）positive sequence
正向行波 direct wave

平均功率 average power

功率因素 power factor

功率因素角 power factor angle

功率三角形 power triangle

功率损耗 wattage dissipation（watt loss）

对称三相电压 symmetrical three-phase voltages

对称三相电路 symmetrical three-phase circuit

半波对称函数 half-wave symmetrical function

凹电阻元件 concave resistor

凸电阻元件 convex resistor

外网孔 outer mesh

对偶性 duality

对偶网络 dual network

对偶元件 dual element

对偶参数 dual parameter

对偶图 dual graph

对称二端口网络 symmetrical two-port network

六　　画

负载 load

网络 network

网络变量 network variable

网络函数 network function

交变电磁场 alternating electromagnetic field

伏特 volt

伏安特性 u-i characteristic

安培 ampere

西门子 siemens

共轭匹配 conjugate matching

齐次性 homogeneity property

似功率 quasi-power

回路 loop

回路分析法 loop-analysis method

回路电流 loop current

回路电压源向量 loop voltage source vector

回路阻抗矩阵 loop impedance matrix

回路电阻矩阵 loop resistance matrix

回转器 gyrator

回转电导 gyration conductance

回转电阻 gyration resistance

回转方向 direction of gyration

网孔电流 mesh current

网孔分析法 mesh-analysis method

自电阻 self resistance

自电导 self conductance

自感 self inductance

自由分量 free component

自然响应 natural response

自然功率 natural power

动态元件 dynamic element

动态电阻 dynamic resistance

动态电容 dynamic capacitance

动态电感 dynamic inductance

动态电路 dynamic circuit

全响应 complete response

阶跃响应 step response

阶跃函数 step function

冲激响应 impulse response

冲激函数 impulse function

同相 in phase

同名端 dotted terminals

有向图 oriented graph，digraph

有效值 effective value

有效值相量 effective value phasor

有源低通网络 active low-pass network

有载二端口网络 loaded two-port network

有功的 wattful

有功分量 active component（watt-component）

有功功率 active power

有功电流 watt current

有源二端网络 active two-terminal network

有伴电压源 accompanied voltage source

有伴电流源 accompanied current source

导纳 admittance

导纳三角形 admittance triangle

并联谐振 parallel resonance

次级电路（二次）secondary circuit

负相序（负序）negative sequence

因果函数 causal function

收敛域 region of convergence

收敛轴 axis of convergence

收敛横坐标 abscissa of convergence

充气二极管 gas diode

线性电阻元件 linear resistor

线性电容元件 linear capacitor

线性电感元件 linear inductor

线性耦合电感元件 linear coupled inductors

线性组合定理 linear combination theorem

转移电压比 transfer voltage ratio

转移电导 transfer conductance

转移电流比 transfer current ratio

转移电阻 transfer resistance

转移函数 transfer function

转移阻抗 transfer impedance

转移导纳 transfer admittance

转移电流比 transfer current ratio

转移电压比 transfer voltage ratio

欧姆 ohm

欧姆定律 Ohm's law

同向输入端 non-inverting input terminal

法拉 farad

法拉第电磁感应定律 Farady's law of electromagnetic induction

奇异函数 singular function

单位阶跃函数 unit-step function

单位冲激函数 unit-impulse function

单向性 unilateral

单输入-单输出电路 single-input single-output circuit

固有频率（自然频率）natural frequency

卷积积分 convolution integral

实部 real part

参考相量 reference phasor

视在功率 apparent power

空芯变压器 air-core transformer

采样性质 sampling property

变比 transformation ratio

奇函数 odd function

奇谐波函数 odd harmonic function

拉普拉斯变换 Laplace transform

拉普拉斯反变换 inverse Laplace transform

图（线形图）graph（linear graph）

转移函数矩阵 transfer function matrix

范式 normal form

波阻抗 wave impedance

波数 wave number

驻波 standing wave

波腹 wave loop

波节 wave node

波速 wave velocity

波前 wave front

九　　　画

结点 node

结点分析法 node-analysis method

结点电压 node voltage

结点电压向量 node voltage vector

结点电流源向量 node current source vector

结点导纳矩阵 node admittance matrix

结点电导矩阵 node conductance matrix

皮法 picofarad

结点一支路关联矩阵 node-to-branch incidence matrix

信号 signal

响应 response

独立源 independent source

星形电阻网络 star-connected resistance network

矩形脉冲 rectangular pulse

临界阻尼情形 critically damped case

相角 phase angle

相角差 phase difference

复指数函数 complex exponential function

相量图 phasor diagram

复功率 complex power

品质因数 quality factor

相频特性 phase-frequency characteristic

选择性 selectivity

选频特性 frequency-selection characteristic

顺接（正向串联）connection in aiding

相电流 phase current

相电压 phase voltage

脉冲幅值（脉冲高度）pulse amplitude（pulse altitude）

脉冲持续时间（脉冲宽度）pulse duration（pulse width）

相角频谱 phase spectrum

复频率 complex frequency

复频域阻抗 complex frequency-domain impedance

复频域导纳 complex frequency-domain admittance
标称值 nominal value
树 tree
树余 cotree
树支 tree branch

树支电压向量 tree branch voltage vector
逆混合参数矩阵 inverse hybrid parameter matrix
逆传输矩阵 inverse transmission matrix
相速 phase velocity
相移常数 phase constant

十　画

部件 component
倒向输入端 inverting input terminal
差动输入电压 differential input voltage
倒向放大器 inverting amplifier
诺顿定理 Norton's theorem
诺顿等效电路 Norton's equivalent circuit
特勒根定理 Tellegen's theorem
特勒根功率定理 Tellegen's power theorem
特勒根拟功率定理 Tellegen's quasi-power theor-em
换路 switching
原始状态 original state
特性方程 characteristic equation
特征根 characteristic root

特解 particular solution
振荡情况 oscillatory case
容抗 capacitive reactance
容纳 capacitive susceptance
效率 efficiency
特性阻抗 characteristic impedance
通频带宽度 pass-band width
高次谐波 higher order harmonic
积分定理 integration theorem
部分分式展开法 partial-fraction-expansion method
预解矩阵 resolvent matrix
特性阻抗 characteristic impedance
衰减常数 attenuation constant

十　一　画

基尔霍夫定律 Kirchhoff's law
基尔霍夫电流定律 Kirchhoff's current law
基尔霍夫电压定律 Kirchhoff's voltage law
基本回路 fundamental loop
基本割集 fundamental cut set
基本割集矩阵 fundamental cut set matrix
基本子阵 fundamental submatrix
基本回路矩阵 fundamental loop matrix
基本割集电压向量 vector of fundamental cut set volt-age
基本回路电流向量 vector of fundamental loop current
基波 fundamental wave
虚短路 virtual short circuit

虚部 imaginary part
旋转相量 rotating phasor
谐振电路 resonant circuit
谐波分析 harmonic analysis
谐波失真 harmonic distortion
偶函数 even function
理想二极管 ideal diode
理想变量器 ideal transformer
毫亨 millihenry
常态网络 proper network
常态树 proper tree
混合参数矩阵 hybrid parameter matrix

十　二　画

集中参数元件 lumped element
集中参数电路 lumped circuit
短路 short circuit
缓冲放大器 buffer amplifier
隔离放大器 isolation amplifier
替代定理 substitution theorem

强制分量 forced component
强迫响应 forced response
暂态分量 transient component
暂态响应 transient response
暂态（瞬变状态） transient state
等幅振荡（无阻尼振荡） unattenuated oscillation（un-

damped oscillation)

幅值 amplitude

超前 lead

滞后 lag

幅值相量 amplitude phasor

等效阻抗 equivalent impedance

等效导纳 equivalent admittance

等效电抗 equivalent reactance

等效电导 equivalent conductance

等效电纳 equivalent susceptance

幅频特性 amplitude-frequency characteristic

幅值频谱 amplitude spectrum

策动点函数 driving point function

策动点阻抗 driving point impedance

策动点导纳 driving point admittance

割集 cut set

割集分析法 cut set analysis method

割集电流源向量 cut set current source vector

割集导纳矩阵 cut set admittance matrix

割集电导矩阵 cut set conductance matrix

短路输入导纳 short-circuit input admittance

短路输出导纳 short-circuit output admittance

短路导纳矩阵 short-circuit admittance matrix

短路导纳参数 short-circuit admittance parameters

十 三 画

频率 frequency

叠加定理 superposition theorem

微法 microfarad

微分定理 differentiation theorem

楞次定律 Lenz's law

微亨 microhenry

输入 input

输入端口 input port

输入阻抗 input impedance

输入—输出方程 input-output equation

输入—输出法 input-output method

输出 output

输出方程 output equation

输出端口 output port

输出阻抗 output impedance

零状态 zero state

零输入响应 zero-input response

零状态响应 zero-state response

零电位点 zero potential point

感抗 inductive reactance

频域 frequency domain

感纳 inductive susceptance

频率响应 frequency response

频谱 frequency spectrum

路径 path

十 四 画

模型 model

磁场 magnetic field

端电压 terminal voltage

端电流 terminal current

端口 port terminal

磁通 magnetic flux

磁通链（全磁通）magnetic flux linkage（total magnetic flux）

磁场能量 magnetic field energy

稳态分量 steady-state component

稳态响应 steady-state response

稳定状态（稳态）steady state

赫兹（赫）hertz（Hz）

端线 terminal wire

谱线 spectrum line

隧道二极管 tunnel diode

静态电阻 static resistance

静态电容 static capacitance

静态电感 static inductance

十 五 画

耦合系数 coupling coefficient

耦合电感元件 coupled inductors

额定电压 rated voltage

额定电流 rated current

额定功率 rated power（wattage rating）　　　　　额定容量 rated capacity

<h2 style="text-align:center">十　六　画</h2>

激励 excitation

<h2 style="text-align:center">十　七　画</h2>

瞬时功率 instantaneous power　　　　　　　　　戴维南等效电路 Thevenin's equivalent circuit
戴维南定理 Thevenin's theorem

习 题 参 考 答 案

第 一 章

1-1　(a) 0.01W（吸收）；(b) 15W（发出）；(c) 8W（吸收）。

1-2　略

1-3　(a) 80W，100W，20W；(b) 20W，4W，24W。

1-4　(a) −8V，−2A；(b) 1A，2A。

1-5　−6V，3A。

1-6　(a) 12V，2A；(b) −6V，3A。

1-7　2V，24V。

1-8　0。

1-9　(a) 5W；(b) 168W。

1-10　14W，4.5W。

1-11　6V，−2A。

1-12　−3A。

1-13　$i(t)=\begin{cases} 0, & t\leqslant 0 \\ t, & 0\leqslant t\leqslant 1\text{s} \\ -t+2, & 1\text{s}\leqslant t\leqslant 2\text{s} \\ 0, & t\geqslant 2\text{s} \end{cases}$；　$u(t)=L\dfrac{\mathrm{d}i}{\mathrm{d}t}=\begin{cases} 0, & t\leqslant 0 \\ 2, & 0\leqslant t\leqslant 1\text{s} \\ -2, & 1\text{s}\leqslant t\leqslant 2\text{s} \\ 0, & t\geqslant 2\text{s} \end{cases}$；

$p(t)=\begin{cases} 0, & t\leqslant 0 \\ 2t, & 0\leqslant t\leqslant 1\text{s} \\ 2(t-2), & 1\text{s}\leqslant t\leqslant 2\text{s} \\ 0, & t\geqslant 2\text{s} \end{cases}$；　$W(t)=\dfrac{1}{2}Li^2=\begin{cases} 0, & t\leqslant 0 \\ t^2, & 0\leqslant t\leqslant 1\text{s} \\ (t-2)^2, & 1\text{s}\leqslant t\leqslant 2\text{s} \\ 0, & t\geqslant 2\text{s} \end{cases}$。

1-14　$u(t)=\begin{cases} 0, & t\leqslant 0 \\ t^2, & 0\leqslant t\leqslant 1\text{s} \\ -t^2+4t-2, & 1\text{s}\leqslant t\leqslant 2\text{s} \\ 2, & t\geqslant 2\text{s} \end{cases}$。

第 二 章

2-1　(1) 6V；(2) 1.5A。

2-2　2V。

2-3　3V。

2-4　4.5A。

2-5　10A。

2-6　1.269Ω。

2-7　(a) 1.5Ω；(b) $\frac{5}{6}$Ω。

2-8　$\frac{2}{3}$Ω, 1Ω。

2-9　1A。

2-10　1V。

2-11　1A。

2-12　0.4A, 0.8A。

2-13　$\frac{24}{7}$V。

2-14　3V。

2-15　36W。

2-16　25W, 100W。

2-17　75W, 412.5W。

2-18　4V, 3.5A, 2.5A。

2-19　1A。

2-20　2A。

2-21　2.5W。

2-22　$u_a=\frac{16}{3}$V, $u_b=\frac{20}{3}$V, $u_c=\frac{4}{3}$V。

2-23　$i_1=3.5$A, $i_2=-0.5$A, $i_3=2.5$A。

2-24　$u_a=116$V, $u_b=-\frac{16}{3}$V, $u_c=36$V。

第 三 章

3-1　1.5V。

3-2　25V。

3-3　(a) 1.4A；(b) 4A。

3-4　2V。

3-5　18A。

3-6　17V, $\frac{10}{3}$Ω, 5.1A。

3-7　(a) 4V, $\frac{28}{15}$Ω；(b) 3V, 6Ω。

3-8　1A。

3-9　3V。

3-10　3Ω, 12W。

3-11　(a) 2Ω, 4.5W；(b) 5Ω, 1.25W。

3-12　8V, 4Ω。

3-13 11V。

3-14 5Ω。

3-15 $-\dfrac{40}{3}$V。

3-16 1.6V。

3-17 12V。

3-18 2A。

3-19 $U_{\mathrm{OC}}=20$V，$R_{\mathrm{eq}}=6$Ω，$I_{\mathrm{SC}}=3.333$A。

3-20 $U_{\mathrm{OC}}=1.444$V，$R_{\mathrm{eq}}=0.944$Ω，$I_{\mathrm{SC}}=1.529$A。

3-21 $U_{\mathrm{OC}}=-200$V，$R_{\mathrm{eq}}=1.154$Ω，$P_{\mathrm{max}}=8665.51$W。

第 四 章

4-1 $u_{\mathrm{o}}=\dfrac{R_4(R_1+R_2)}{R_1(R_3+R_4)}u_2-\dfrac{R_2}{R_1}u_1$，此电路为减法器。

4-2 $\dfrac{2R_2}{R_1+R_2}u_1$。

4-3 $-\dfrac{R_{\mathrm{F}}}{3R}u_{\mathrm{S}}$。

4-4 4V。

4-5 $u_{\mathrm{o}}=\dfrac{R_2}{R_1}u_1+u_2$。

4-6 $u_{\mathrm{o}}=-(u_1+2u_2)$。

4-7 $-\dfrac{R_2R_3}{R_1}\left(\dfrac{1}{R_2}+\dfrac{1}{R_3}+\dfrac{1}{R_4}\right)$。

4-8 $\dfrac{R_2R_4}{R_1R_3}u_1$。

4-9 $4(u_2-u_1)$。

4-10 $R_1-\dfrac{R_2R_3}{R_4}$。

4-11 $R_1+\dfrac{R_1R_3}{R_2}$。

4-12 -0.2。

4-13 $R>400$Ω，如取 $R=500$Ω，则 $R_1=2R=1000$Ω，$R_2=R=500$Ω。

4-14 $u_{\mathrm{o}}=\dfrac{R_4}{R_3}\left(1+\dfrac{2R_2}{R_1}\right)(u_2-u_1)$。

4-15 $u_{\mathrm{o}}=-2.5$V。

4-16 $i_{\mathrm{o}}=-3.9$mA。

第 五 章

5-1 $U=220$V，$U_{\mathrm{m}}=311$V，$f=50$Hz，$T=0.02$s，$\psi_u=30°$。

5-2 略。

5-3 (1) $u_1 = 20\cos(\omega t + 60°)$ V；

     (2) $i_1 = 10\cos(\omega t - 126.87°)$ A；

     (3) $u_2 = 10\sqrt{2}\cos(\omega t + 143.13°)$ V；

     (4) $i_2 = 10\sqrt{2}\cos(\omega t - 90°)$ A。

5-4 (1) $-60°$；(2) $5\underline{/-60°}\,\Omega$。

5-5 10V，感性。

5-6 6Ω，20.5mH。

5-7 995Hz，$\sqrt{2}$V。

5-8 (1) $\dfrac{1}{3}\Omega$，0.4F；(2) $u = 1.385\cos(5t - 33.7°)$V。

5-9 11A。

5-10 1.21H。

5-11 86.6Ω，159.24mH，31.85μF。

5-12 0.6。

5-13 5μF。

5-14 1Ω，20.67H。

5-15 19.32Ω，0.0193F。

5-16 200Ω，0.02H，50μF。

5-17 1375Ω，10.25H。

5-18 100Ω，50Ω，100V。

5-19 640Ω，52.8μF。

5-20 $Z = 3.5 \pm \text{j}15\,\Omega$。

5-21 87.9A，0.807。

5-22 (1) 87.72A；(2) 58.5A，0.9。

5-23 $20\sqrt{2}$V。

5-24 1Ω，100W。

5-25 $(250 + \text{j}1250)$VA，$-\text{j}1300$VA。

5-26 1W。

5-27 $Z_{\text{eq}} = \dfrac{G_2 + \text{j}\omega(C_1 + C_2)}{\text{j}\omega C_1(g_{\text{m}} + G_2 + \text{j}\omega C_2)}$。

5-28 (a) $\dot{U}_{\text{oc}} = \dfrac{R_3 \dot{U}_{\text{S}}}{(R_1 + R_2 + R_3) + \text{j}\omega C R_3 (R_1 + R_2)}$，

       $Z_{\text{eq}} = \dfrac{R_3[R_1 + (1 - \beta)R_2]}{(R_1 + R_2 + R_3) + \text{j}\omega C R_3 (R_1 + R_2)}$；

     (b) $\dot{U}_{\text{oc}} = 3\underline{/0°}$V，$Z_{\text{eq}} = 3\Omega$。

5-29 1000pF。

5-30 $17.07\underline{/-19.6°}$A。

5-31 略。

5-32 1Ω，20mH，50。

5-33 (a) $\dfrac{1}{\sqrt{L_1C}}$（串联谐振），$\dfrac{1}{\sqrt{C(L_1+L_2)}}$（并联谐振）;

(b) $\dfrac{1}{\sqrt{L(C_1+C_2)}}$（串联谐振），$\dfrac{1}{\sqrt{LC_2}}$（并联谐振）;

(c) $\dfrac{1}{\sqrt{3LC}}$。

5-34 串联谐振，10A，$5\sqrt{2}$V。

5-35 25μF，180V。

5-36 (1) 70mH，145μF；(2) $330\underline{/-159^\circ}$V。

5-37 $u=56.235\sqrt{2}\cos(100t-33.64^\circ)$V。

5-38 $i_\circ=1.538\cos(3000t+54.69^\circ)$A。

5-39 $\dot{U}_{am}=2.708\underline{/-56.73^\circ}$V，$\dot{U}_{bm}=4.468\underline{/-102.6^\circ}$V。

第 六 章

6-1 0.3H，0.937。

6-2 0.01H。

6-3 1000rad/s，8.24V，12.6V；2236rad/s，2V，9.81V。

6-4 $I=15\sqrt{2}$A，$I_1=I_2=15$A，$P=1800$W。

6-5 $100\underline{/0^\circ}$V，$152.3\underline{/13.7^\circ}$V，$63.3\underline{/-34.7^\circ}$V。

6-6 $1.63\underline{/-60.6^\circ}$A，$17.6\underline{/7.5^\circ}$V。

6-7 $\dfrac{j\omega(L_3+M_{12}-M_{23}-M_{31})}{R_1+j\omega(L_1+L_3-2M_{31})}\dot{U}_s$。

6-8 40V，66.6V。

6-9 0.77A，0.69A，39.2W，$(66+j112)$Ω。

6-10 (1) 31.6V，99.8W；(2) 1.86A，138.3W。

6-11 8.16×10^4rad/s。

6-12 (1) $i_1(t)=5\cos(10t-45^\circ)$A，$i_2(t)=2.5\sqrt{2}\cos10t$A；(2) 10W；(3) $(0.8-j0.8)$Ω，12.5W。

6-13 20。

6-14 $\sqrt{2}\underline{/45^\circ}$A。

6-15 0.5 或 0.25。

6-16 4.8Ω。

第 七 章

7-1 1.174A，376.5V。

7-2 30.08A，17.37A。

7-3　82.5A，47.6A。

7-4　13.9A，22A，7.6A。

7-5　8.52A，213V，368.92V。

7-6　(1) 190V，19A，0；(2) 380V，38A，65.8A。

7-7　(1) 13.18A，22.83A；(2) 19.77A，13.18A，6.59A。

7-8　(1) 11.93A，10.1A，10.1A；(2) 2.2A。

7-9　84.35V。

7-10　198V，221V，242V。

7-11　(1) 6.08A；(2) $36.18\underline{/53.13°}\,\Omega$；(3) $108.54\underline{/53.13°}\,\Omega$。

7-12　8712W，25992W。

7-13　394.96V。

7-14　393.5V。

7-15　(1) $5.6\underline{/-31.12°}$A，$5.6\underline{/-178.9°}$A，$3.11\underline{/75°}$A；(2) 2128W，40.85W。

7-16　$Z=10\underline{/60°}\,\Omega$。

7-17　1308W，692W。

7-18　17.32A，−300.76W，520.92var。

7-19　(1) 2787W，−387W；(2) 并联一组对称三相电容 $Q_C=3699$var，1720W，680W。

第 八 章

8-1　$a_0=0,a_k=0,b_k=\dfrac{2E_m}{k^2\alpha(\pi-\alpha)}\sin k\alpha,(k=1,2,3\cdots)$。

8-2　略。

8-3　716W。

8-4　$U=12.25$V，$I=7.2$A，$P=30.35$W。

8-5　$u=1.5$V，$i_R=1.5$mA，$i_C=\cos 6280t$mA。R 与 C 并联，当 $X_C\ll R$ 时，C 对交流有旁路作用。

8-6　$U_1=77.14$V，$U_3=63.64$V。

8-7　$i(t)=0.833+1.403\cos(314t-70.69°)-0.941\cos(628t+54.55°)+$
　　　　$0.487\cos(942t-18.81°)$A。
　　　　$P_S=120.308$W，$U_S=91.378$V，$I=1.497$A。

8-8　$u_o(t)=5.7\cos(\omega t+87.3°)+60\cos 3\omega t$V。

8-9　$u_R(t)=0.5+\sqrt{2}\cos(2t-53.13°)+\sqrt{2}\cos(1.5t-45°)$V，$P_{S1}=3.75$W。

8-10　$i=2\cos(314t-79.5°)$A。

8-11　$I_N=21$A。

8-12　(1) 184.4V，311.8V，18.1A，4.86A；
　　　　(2) 180V，311.8V，18A，40V。

8-13　1.54。

8-14　$I=2.94$A，$U=61.7$V，$P=86.6$W。

8-15　$P_{i_S}=12.5\text{W}$，$P_{u_S}=50\text{W}$。

第　九　章

9-1　$\dfrac{5}{3}\text{A}$，$\dfrac{2}{3}\text{A}$，1A。

9-2　0.1A，0.1A，2V，6V。

9-3　0.22A，0.22A，0，5.94V。

9-4　4A/s，0。

9-5　$126\text{e}^{-3.33t}\text{V}$。

9-6　$4\text{e}^{-2t}\text{V}$，$4\times10^{-5}\text{e}^{-2t}\text{A}$。

9-7　$2\text{e}^{-10^4t}\text{A}$，$-40\text{e}^{-10^4t}\text{V}$。

9-8　$0.24(\text{e}^{-500t}-\text{e}^{-1000t})\text{A}$，$0.4+0.24(\text{e}^{-500t}-\text{e}^{-1000t})\text{A}$。

9-9　$5\text{e}^{-\frac{10^6}{3}t}\text{mA}$，$-2.5\text{e}^{-\frac{10^3}{12}t}\text{mA}$，$5-5\text{e}^{-\frac{10^6}{3}t}+2.5\text{e}^{-\frac{10^3}{12}t}\text{mA}$。

9-10　$0.5\text{e}^{-10t}\text{A}$，$-0.5\text{e}^{-10t}\text{A}$，$\text{e}^{-10t}\text{A}$。

9-11　9.82V，6.32V。

9-12　$6\text{e}^{-\frac{10}{3}t}\text{V}$，$2\text{A}$，$1.8\text{J}$。

9-13　1.024kV，$52.658\text{M}\Omega$，76.474min，50kA，50MW，7.5s，0.1A，100W。

9-14　$4(1-\text{e}^{-\frac{t}{0.3}})\text{A}$。

9-15　$14\text{e}^{-50t}\text{V}$，$-6-14\text{e}^{-50t}\text{W}$。

9-16　$RC\ln\dfrac{I_S R}{I_S R-U_0}$。

9-17　$27.9\text{k}\Omega$。

9-18　5Ω。

9-19　$4(1-\text{e}^{-7t})\text{A}$。

9-20　$14.46\cos(314t+21.7°)+2.13\text{e}^{-125t}\text{A}$，$115.03\cos(314t-68.3°)-42.55\text{e}^{-125t}\text{V}$。

9-21　$2.7\sqrt{2}\cos(314t-21.5°)-3.6\text{e}^{-250t}\text{A}$。

9-22　$15-10\text{e}^{-500t}\text{mA}$。

9-23　$-5+15\text{e}^{-10t}\text{V}$，$0.11\text{s}$。

9-24　0。

9-25　$35.7(1-\text{e}^{-1.1667t})\varepsilon(t)\text{mA}$。

9-26　$(1-\text{e}^{-\frac{6}{5}t})[\varepsilon(t)-\varepsilon(t-1)]+0.699\text{e}^{-\frac{6}{5}(t-1)}\varepsilon(t-1)\text{A}$。

　　或$(1-\text{e}^{-\frac{6}{5}t})\varepsilon(t)-(1-\text{e}^{-\frac{6}{5}(t-1)})\varepsilon(t-1)\text{A}$。

9-27　略。

9-28　略。

9-29　$10\text{e}^{-5t}\varepsilon(t)\text{V}$。

9-30　$\delta(t)-\text{e}^{-t}\varepsilon(t)\text{V}$。

9-31　$89.3\text{e}^{-10t}-3.57\text{e}^{-50t}\text{V}$。

9-32　$11.18\text{e}^{-200t}\sin(400t+63.44°)\text{V}$，$-11.18\text{e}^{-200t}\sin(400t-63.44°)\text{V}$；

$10\mathrm{e}^{-200t}\sin400t\mathrm{mA}$，5.142mA；2236Ω。

9-33 $\left(1-\dfrac{4}{3}\mathrm{e}^{-t}+\dfrac{1}{3}\mathrm{e}^{-4t}\right)\varepsilon(t)\mathrm{A}$，$\left(-\dfrac{1}{3}\mathrm{e}^{-t}+\dfrac{4}{3}\mathrm{e}^{-4t}\right)\varepsilon(t)\mathrm{V}$。

9-34 $10-\dfrac{20}{\sqrt{3}}\mathrm{e}^{-\frac{t}{2}}\sin\left(\dfrac{\sqrt{3}}{2}t+60°\right)\mathrm{V}$，$\dfrac{20}{\sqrt{3}}\mathrm{e}^{-\frac{t}{2}}\sin\dfrac{\sqrt{3}}{2}t\mathrm{V}$。

第　十　章

10-1   (1) $F(s)=\dfrac{1}{2}\dfrac{1}{s^2+0.25}$；

(2) $F(s)=\dfrac{1}{s+2}$；

(3) $F(s)=\dfrac{2!}{s^3}$；

(4) $F(s)=\dfrac{4}{(s-3)^2+16}$；

(5) $F(s)=1$（注意：利用冲激函数性质）。

10-2   (1) $F(s)=\dfrac{1}{s}(3-4\mathrm{e}^{-2s}+\mathrm{e}^{-4s})$；

(2) $F(s)=\dfrac{1-\mathrm{e}^{-s\pi}}{s^2+1}$；

(3) $F(s)=\dfrac{E}{s}(1-\mathrm{e}^{-st_0})$；

(4) $F(s)=\dfrac{1}{s}(2\mathrm{e}^{-4s}-1)$；

(5) $F(s)=\dfrac{1}{2}\dfrac{4}{s^2+16}$；

(6) $F(s)=4\left(\dfrac{1}{s}-\dfrac{s}{s^2+4}\right)$；

(7) $F(s)=\dfrac{3}{4}\dfrac{1}{s^2+1}-\dfrac{1}{4}\dfrac{3}{s^2+9}$；

(8) $F(s)=\dfrac{1}{s}+\dfrac{1}{(s-1)^2}$；

(9) 利用位移性：$L[t^2\mathrm{e}^{at}]=\dfrac{2!}{(s-a)^3}$；$a=-2$；

(10) 同 (9) $L[t^n\mathrm{e}^{at}]=\dfrac{n!}{(s-a)^{n+1}}$；

(11) $F(s)=\dfrac{\sqrt{2}}{2}\dfrac{s+2}{(s+4)^2+4}$；

(12) $F(s)=\dfrac{1}{2}\left[\dfrac{5}{(s+4)^2+25}+\dfrac{1}{(s+4)^2+1}\right]$；

(13) $F(s)=\dfrac{1}{s}\mathrm{e}^{-\frac{s}{2}}$；

(14) $F(s)=\dfrac{1}{s}\mathrm{e}^{-\frac{5s}{3}}$；

(15) $F(s) = \frac{1}{2} \left(\frac{1}{s} + \frac{s}{s^2+4} \right) = \frac{s^2+2}{s(s^2+4)}$。

10-3　(1) $f(t) = \delta^2(t) + 2\delta^1(t) + 4\delta(t) + 4e^{-3t}$　$(t \geqslant 0)$；

　　　(2) $f(t) = 2e^{-3t} + e^{-t}(3\cos 2t + 4\sin 2t) = 2e^{-3t} + 5e^{-t}\cos(2t - 53.18°)(t \geqslant 0)$；

　　　(3) $f(t) = \frac{1}{4} + (t-5)e^{-t} + (t^2 + 3.5t + 4.75)e^{-2t}$　$(t \geqslant 0)$；

　　　(4) $f(t) = 16e^{-2t}(1 - \cos 4t)(t \geqslant 0)$；

　　　(5) $f(t) = e^t \left(2\cos 2t + \frac{5}{2}\sin 2t \right)\varepsilon(t)$；

　　　(6) $f(t) = \delta(t) + (18e^{-3t} - 14e^{-2t})\varepsilon(t)$；

　　　(7) $f(t) = \left[\frac{3}{4} - \frac{3}{4}e^{-2t} - \frac{1}{2}te^{-2t} \right]\varepsilon(t)$；

　　　(8) $f(t) = [2e^{-2t} - e^{-t}(\cos t + \sin t)]\varepsilon(t) = [2e^{-2t} - \sqrt{2}e^{-t}\cos(t - 45°)]\varepsilon(t)$。

10-4　证略。

10-5　$i(t) = \frac{1}{2}(e^{-2t} - e^{-3t})\varepsilon(t)$。

10-6　$u(t) = 24e^{-t}\varepsilon(t)\text{V}$。

10-7　$u(t) = \left[40 - e^{-t}\left(30 - \frac{1}{2}\sin 2t \right) \right]\varepsilon(t)\text{V}$。

10-8　$i_L(t) = (0.113e^{-8.87t} + 0.887e^{-1.13t})\varepsilon(t)\text{A}$。

10-9　$u_{C1}(t) = u_{C2}(t) = 10 - 6e^{-\frac{t}{10}}\text{V}$　$(t \geqslant 0)$；

　　　$i_{C1}(t) = \frac{6}{5}e^{-\frac{t}{10}} - 12\delta(t)\text{A}$　$(t \geqslant 0)$；　$i_{C2}(t) = \frac{9}{5}e^{-\frac{t}{10}} + 12\delta(t)\text{A}$　$(t \geqslant 0)$。

10-10　$u_2(t) = \left(2e^{-\frac{t}{2}}\cos\sqrt{\frac{3}{8}}t - \frac{5}{4}\sqrt{\frac{8}{3}}e^{-\frac{t}{2}}\sin\sqrt{\frac{3}{8}}t \right)\text{V}$　$(t \geqslant 0)$。

10-11　$u_2(t) = \left(\frac{1}{2}t + \frac{5}{4}e^{-t} - \frac{9}{8}te^{-t} - e^{-2t} \right)\varepsilon(t)\text{V}$。

10-12　$u(t) = (17.5 - 500te^{-200t} - 7.5e^{-200t})\varepsilon(t)\text{V}$。

10-13　$u_C(t) = \frac{1}{2}(1 + \sqrt{2}e^{-t}\cos(t - 45°))\varepsilon(t)\text{V}$。

10-14　$u_1(t) = u_2(t) = \frac{10}{3}e^{-\frac{1}{9}t}\text{V}$　$(t > 0)$；

　　　$i_1(t) = -C_1\frac{du_1(t)}{dt} = \left[\frac{20}{3}\delta(t) + \frac{10}{27}e^{-\frac{1}{9}t} \right]\text{A}$　$(t > 0)$；

　　　$i_2(t) = -C_2\frac{du_2(t)}{dt} = \left[\frac{20}{3}\delta(t) - \frac{10}{27}e^{-\frac{1}{9}t} \right]\text{A}$　$(t > 0)$；

　　　$i_R(t) = \frac{1}{R}u_2(t) = \frac{10}{9}e^{-\frac{1}{9}t}\text{A}$　$(t > 0)$　暂态波形曲线略。

10-15　$u_1(t) = \frac{U_m}{2}[1 + \cos(\omega_0 t)]\varepsilon(t)\text{V}$；　$u_2(t) = \frac{U_m}{2}[1 - \cos(\omega_0 t)]\varepsilon(t)\text{V}$。

　　　$\omega_0 = \sqrt{\frac{2}{LC_0}}$，暂态波形曲线略。

10-16 (1) $h(t)=te^{-t}\varepsilon(t)\text{V}$; (2) $u_{\text{C}}(0_-)=0$、$i(0_-)=1\text{A}$; (3) $u_{\text{C}}(0_-)=1\text{V}$、$i(0_-)=0$。

10-17 (1) $h(t)=\dfrac{1}{2}\delta^{(1)}(t)+\dfrac{1}{4}\delta(t)-\dfrac{1}{8}e^{-\frac{t}{2}}\text{A}$; (2) $i(t)=-\dfrac{1}{2}\delta(t)-\dfrac{1}{4}e^{-\frac{t}{2}}\varepsilon(t)\text{A}$。

10-18 $i(t)=(e^{-t}-0.218e^{-0.432t}-0.796e^{-1.577t})\varepsilon(t)\text{A}$。

10-19 $i(t)=5e^{-t}\varepsilon(t)\text{A}$; $u_R(t)=10e^{-t}\varepsilon(t)\text{V}$; $u_L(t)=10\delta(t)-10e^{-t}\varepsilon(t)\text{V}$。

10-20 $u_{\text{C}}(t)=\left[-2e^{-t}+7e^{-\frac{7}{8}t}\cos\dfrac{\sqrt{15}}{8}t-\dfrac{39}{\sqrt{15}}e^{-\frac{7}{8}t}\sin\dfrac{\sqrt{15}}{8}t\right]\varepsilon(t)\text{A}$。

10-21 (1) $u_1(t)=\left(-\dfrac{1}{2}e^{-3t}+\dfrac{3}{2}e^{-t}\right)\varepsilon(t)\text{V}$; $u_2(t)=\left(\dfrac{1}{2}e^{-3t}+\dfrac{3}{2}e^{-t}\right)\varepsilon(t)\text{V}$;

(2) $u_1(t)=\left(\dfrac{1}{3}+\dfrac{2}{3}e^{-3t}\right)\varepsilon(t)\text{V}$; $u_2(t)=\dfrac{2}{3}(1-e^{-3t})\varepsilon(t)\text{V}$。

(3) 提示：可用叠加性质求。答案略。

10-22 $u(t)=\dfrac{1}{2}(35-15e^{-200t}-1000te^{-200t})\varepsilon(t)\text{V}$。

10-23 $i(t)=(1.25+0.085e^{-48.485t})\varepsilon(t)\text{A}$; $u_0(t)=-0.202e^{-48.485t}\varepsilon(t)\text{V}$。

10-24 $i(t)=[-63\sin(100t+75.87°)+200e^{-3t}\sin(4t+17.83°)]\varepsilon(t)\text{mA}$。

第 十 一 章

11-1 (1) $H(s)=\dfrac{4}{s^2+4s+12}$;

(2) 只有极点为：$p_{1,2}=-2\pm\text{j}2\sqrt{2}$，零、极点图略；

(3) $h(t)=(\sqrt{2}e^{-2t}\sin2\sqrt{2}t)\varepsilon(t)\text{V}$。

11-2 $H(s)=\dfrac{U_0(s)}{U_\text{i}(s)}=\dfrac{2}{s+2}$。

11-3 $H(s)=\dfrac{2}{s^2+s+1}$; $h(t)=\dfrac{4}{\sqrt{3}}e^{-\frac{t}{2}}\sin\dfrac{\sqrt{3}}{2}t\text{V}$。

11-4 $H(s)=\mathscr{L}[h(t)]=\dfrac{4}{s+2}-\dfrac{4(s+4)}{(s+4)^2+9}=\dfrac{8s+68}{(s+2)[(s+4)^2+9]}$

极点为：$p_1=-2$，$p_2=-4+\text{j}3$，$p_3=-4-\text{j}3$；零点为：$z_1=-\dfrac{68}{8}=8.5$；极零点图略。

11-5 (1) $p=-1$; (2) $p_{1,2}=-\alpha\pm\text{j}\omega$; (3) $p_1=0$，$p_2=-1$，$p_{3,4}=-3$。

11-6 $H(s)=\dfrac{U_\text{o}(s)}{I_\text{S}(s)}=\dfrac{2s(s+4)}{s^2+6s+\dfrac{1}{2}}$; 零、极点图略。

11-7 (1) $L=0.5\text{H}$、$C=0.111\text{F}$; (2) 图略。

11-8 (1) 稳定; (2) 不稳定; (3) 稳定，各单位冲激响应波形图略。

11-9 (1) $H(s)=\dfrac{U_\text{o}(s)}{U_\text{i}(s)}=\dfrac{1}{2s+3}$;

(2) $h(t)=\text{L}^{-1}[H(s)]=\dfrac{1}{2}e^{-1.5t}\varepsilon(t)\text{V}$;

(3) $u_o(t) = \dfrac{1}{3}(1 - e^{-1.5t})\varepsilon(t)$ V；

(4) $u_o(t) = [-0.96e^{-1.5t} + 1.6\cos(2t - 53.13°)]\varepsilon(t)$ V。

11-10　$a < 1 + \dfrac{R_2(C_1 + C_2)}{R_1 C_2}$。

11-11　$R_1 = 0.8\,\Omega$。

11-12　$H(s) = \dfrac{2}{2s + 3}$；　$h(t) = e^{-1.5t}\varepsilon(t)$；极点落在左半平面，电路是稳定的；零、极点图和幅频特性及相频特性图略。

11-13　(1) $H(s) = \dfrac{U_o(s)}{U_i(s)} = \dfrac{G_1}{(G_1 + G_2 + sC_1)(1 + sC_2 R_2) - (G_2 + sC_1)}$；

　　　　(2) 幅频响应曲线图略。

11-14　$u_2(t) = \dfrac{2}{3}\left[1 - e^{-\frac{3}{2}t}\cos\left(\dfrac{\sqrt{3}}{2}t\right) - \sqrt{3}e^{-\frac{3}{2}t}\sin\left(\dfrac{\sqrt{3}}{2}t\right)\right]\varepsilon(t)$ V。

11-15　$u_C(t) = 2(e^{-t} - e^{-2t})\varepsilon(t)$ V。

11-16　$H(s) = \dfrac{U_o(s)}{U_i(s)} = 1$。

第 十 二 章

12-1　(a) 选择结点⑤为参考结点

$$\boldsymbol{A} = \begin{bmatrix} 1 & 0 & 1 & 0 & 0 & 0 & 1 & 1 \\ 0 & 0 & -1 & 1 & 1 & 0 & -1 & 0 \\ 0 & 0 & 0 & 0 & -1 & 1 & 0 & 0 \\ -1 & 1 & 0 & 0 & 0 & 0 & 0 & 0 \end{bmatrix}$$

(b) 略。

12-2　略。

12-3　(a) 如选结点⑤为参考结点，对应关联矩阵为：

$$\boldsymbol{A} = \begin{bmatrix} 1 & 1 & -1 & 0 & 0 & 0 & 0 & 0 \\ 0 & -1 & 0 & -1 & 1 & 1 & 0 & 0 \\ 0 & 0 & 1 & 0 & -1 & 0 & 1 & 0 \\ -1 & 0 & 0 & 1 & 0 & 0 & 0 & -1 \end{bmatrix}$$

选（2，4，5，8）为树，按先树支后连支重新排序，列出基本割集矩阵和基本回路矩阵为：

$$\boldsymbol{Q}_f = \begin{bmatrix} 1 & 0 & 0 & 0 & 1 & 0 & 0 & 1 \\ 0 & 1 & 0 & 0 & 0 & 0 & -1 & 1 \\ 0 & 0 & 1 & 0 & 1 & 1 & 1 & 0 \\ 0 & 0 & 0 & 1 & 0 & -1 & -1 & 0 \end{bmatrix};$$

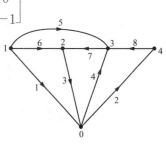

习题 12-2 图

$$\boldsymbol{B}_f = \begin{bmatrix} -1 & 0 & 1 & 0 & 1 & 0 & 0 & 0 \\ 0 & 0 & 1 & 1 & 0 & 1 & 0 & 0 \\ 0 & 1 & 1 & 1 & 0 & 0 & 1 & 0 \\ -1 & -1 & 0 & 0 & 0 & 0 & 0 & 1 \end{bmatrix}$$

（b）略。

12-4 按先树支后连支重新排序：

$$\boldsymbol{Q}_f = \begin{bmatrix} 1 & 0 & 0 & 0 & 0 & 0 & 0 & 1 & 1 & 1 \\ 0 & 1 & 0 & 0 & 0 & 0 & 0 & 1 & 1 & 0 \\ 0 & 0 & 1 & 0 & 0 & 1 & -1 & -1 & 0 & 0 \\ 0 & 0 & 0 & 1 & 0 & -1 & 1 & 0 & -1 & -1 \\ 0 & 0 & 0 & 0 & 1 & 0 & 1 & 0 & -1 & -1 \end{bmatrix};$$

$$\boldsymbol{B}_f = \begin{bmatrix} 0 & 0 & -1 & 1 & 0 & 1 & 0 & 0 & 0 & 0 \\ 0 & 0 & 1 & -1 & -1 & 0 & 1 & 0 & 0 & 0 \\ -1 & -1 & 1 & 0 & 0 & 0 & 0 & 1 & 0 & 0 \\ -1 & -1 & 0 & 1 & 1 & 0 & 0 & 0 & 1 & 0 \\ -1 & 0 & 0 & 1 & 1 & 0 & 0 & 0 & 0 & 1 \end{bmatrix}$$

12-5 （1）有向图 G 为

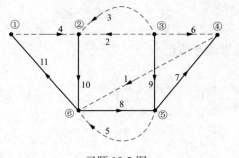

习题 12-5 图

（2）

$$\boldsymbol{Q}_f = \begin{bmatrix} -1 & 0 & 0 & 0 & 0 & 0 & 1 & 0 & 0 & 0 & 0 \\ -1 & -1 & -1 & 0 & -1 & 0 & 0 & 1 & 0 & 0 & 0 \\ 0 & 1 & 1 & 0 & 0 & 1 & 0 & 0 & 1 & 0 & 0 \\ 0 & -1 & -1 & -1 & 0 & 0 & 0 & 0 & 0 & 1 & 0 \\ 0 & 0 & 0 & -1 & 0 & 0 & 0 & 0 & 0 & 0 & 1 \end{bmatrix}$$

12-6

$$\begin{bmatrix} \dfrac{1}{R_3}+\dfrac{1}{R_4}+\dfrac{1}{j\omega L_1} & -\dfrac{1}{j\omega L_1} & -\dfrac{1}{R_4} \\ -\dfrac{1}{j\omega L_1} & \dfrac{1}{j\omega L_1}+\dfrac{1}{j\omega L_2}+j\omega C_6 & -\dfrac{1}{j\omega L_2} \\ -\dfrac{1}{R_4} & -\dfrac{1}{j\omega L_2} & \dfrac{1}{R_4}+\dfrac{1}{R_5}+\dfrac{1}{j\omega L_2} \end{bmatrix} \begin{bmatrix} \dot{U}_{n1} \\ \dot{U}_{n2} \\ \dot{U}_{n3} \end{bmatrix} = \begin{bmatrix} \dot{I}_{S3}+\dot{I}_{S4} \\ 0 \\ -\dot{I}_{S4} \end{bmatrix}$$

12-7

$$\begin{bmatrix} G_1+G_3+j\omega C_4 & -j\omega C_4 & -G_3 \\ -j\omega C_4 & G_2+j\omega C_4+j\omega C_5 & -j\omega C_5 \\ -G_3 & -j\omega C_5 & G_3+j\omega C_5+\dfrac{1}{j\omega L_6} \end{bmatrix} \cdot \begin{bmatrix} \dot{U}_{n1} \\ \dot{U}_{n2} \\ \dot{U}_{n3} \end{bmatrix} = \begin{bmatrix} G_1\dot{U}_{S1} \\ 0 \\ \dot{I}_{S6} \end{bmatrix}$$

12-8 $A = \begin{bmatrix} -1 & 0 & 0 & 1 & 0 \\ 0 & 0 & 1 & -1 & 1 \\ 0 & 1 & 0 & 0 & -1 \end{bmatrix}$

$$\begin{bmatrix} G_5+\dfrac{L_4}{\Delta} & -\dfrac{L_4}{\Delta}-\dfrac{M}{\Delta} & \dfrac{M}{\Delta} \\ -\dfrac{L_4}{\Delta}-\dfrac{M}{\Delta} & j\omega C_3+\dfrac{L_4}{\Delta}+\dfrac{L_5}{\Delta}+\dfrac{2M}{\Delta} & -\dfrac{L_5}{\Delta}-\dfrac{M}{\Delta} \\ \dfrac{M}{\Delta} & -\dfrac{L_5}{\Delta}-\dfrac{M}{\Delta} & G_2+\dfrac{L_5}{\Delta} \end{bmatrix} \cdot \begin{bmatrix} \dot{U}_{n1} \\ \dot{U}_{n2} \\ \dot{U}_{n3} \end{bmatrix} = \begin{bmatrix} \dot{I}_{S1} \\ 0 \\ -G_2\dot{U}_{S2} \end{bmatrix}$$

其中 $\Delta=\dfrac{1}{j\omega}\begin{bmatrix} j\omega L_4 & j\omega M \\ j\omega M & j\omega L_5 \end{bmatrix}=j\omega(L_4L_5-M^2)$

12-9

$$\begin{bmatrix} \dfrac{1}{R_1}+\dfrac{1}{R_2}+\dfrac{L_2}{\Delta} & -\dfrac{L_2+M}{\Delta} & -\dfrac{1}{R_2}+\dfrac{M}{\Delta} \\ -\dfrac{L_2+M}{\Delta} & j\omega C+\dfrac{L_1+L_2+2M}{\Delta} & -\dfrac{L_1+M}{\Delta} \\ -\dfrac{1}{R_2}+\dfrac{M}{\Delta} & -\dfrac{L_1+M}{\Delta} & \dfrac{1}{R_2}+\dfrac{1}{R_3}+\dfrac{L_1}{\Delta} \end{bmatrix} \begin{bmatrix} \dot{U}_{n1} \\ \dot{U}_{n2} \\ \dot{U}_{n3} \end{bmatrix} = \begin{bmatrix} \dfrac{\dot{U}_{S1}}{R_1} \\ 0 \\ \dot{I}_{S3} \end{bmatrix}$$

其中 $\Delta=\dfrac{1}{j\omega}\begin{vmatrix} j\omega L_1 & j\omega M \\ j\omega M & j\omega L_2 \end{vmatrix}=j\omega(L_1L_2-M^2)$

12-10

$$\begin{bmatrix} G_1+G_2+G_4+j\omega C_3 & -G_2 & \alpha G_3 \\ -G_2 & G_2+j\omega C_6+\dfrac{1}{j\omega L_7} & -\alpha G_3-j\omega C_6 \\ 0 & -j\omega C_6 & G_3+j\omega C_6 \end{bmatrix} \cdot \begin{bmatrix} \dot{U}_{n1} \\ \dot{U}_{n2} \\ \dot{U}_{n3} \end{bmatrix} = \begin{bmatrix} G_1\dot{U}_{S1} \\ 0 \\ \dot{I}_{S3} \end{bmatrix}$$

12-11

$$\begin{bmatrix} \left(G_1+\dfrac{1}{sL_4}\right) & -G_1 & -\dfrac{1}{sL_4} \\ -G_1 & (G_1+G_2+sC_2) & -sC_2 \\ -\dfrac{1}{sL_4} & -sC_2 & \left(sC_2+\dfrac{1}{sL_4}+\dfrac{1}{sL_5}\right) \end{bmatrix} \begin{bmatrix} U_{n1}(s) \\ U_{n2}(s) \\ U_{n3}(s) \end{bmatrix}$$

$$= \begin{bmatrix} -G_1U_{S1}(s)-\dfrac{1}{s}i_{L4}(0_-) \\ G_1U_{S1}(s)+C_2u_{C2}(0_-)-I_{S3}(s) \\ -C_2u_{C2}(0_-)+\dfrac{1}{s}i_{L4}(0_-)+\dfrac{1}{s}i_{L5}(0_-) \end{bmatrix}$$

12-12

$$\begin{bmatrix} R_1+j\omega L_3+\dfrac{1}{j\omega C_5} & -\dfrac{1}{j\omega C_5} \\[3mm] -\dfrac{1}{j\omega C_5} & R_2+j\omega L_4+\dfrac{1}{j\omega C_5} \end{bmatrix}\begin{bmatrix} \dot{I}_{L1} \\[2mm] \dot{I}_{L2} \end{bmatrix}=\begin{bmatrix} R_1\dot{I}_{S1} \\[2mm] -\dot{U}_{S3} \end{bmatrix}$$

12-13

$$\begin{bmatrix} \dfrac{1}{R_1}+\dfrac{1}{j\omega L_3} & 0 & -\dfrac{1}{R_1} \\[4mm] 0 & \dfrac{1}{R_2}+\dfrac{1}{j\omega L_4} & -\dfrac{1}{R_2} \\[4mm] -\dfrac{1}{R_1} & -\dfrac{1}{R_2} & \dfrac{1}{R_1}+\dfrac{1}{R_2}+j\omega C_5 \end{bmatrix}\begin{bmatrix} \dot{U}_{t3} \\[2mm] \dot{U}_{t4} \\[2mm] \dot{U}_{t5} \end{bmatrix}$$

$$=\begin{bmatrix} -\dot{I}_{S1} \\[4mm] -\dot{I}_{S2}-\dfrac{\dot{U}_{S2}}{R_2} \\[4mm] \dot{I}_{S1}+\dot{I}_{S2}+\dfrac{\dot{U}_{S2}}{R_2} \end{bmatrix}$$

12-14　$I_1=2$A。

12-15　$I_1=-12$A。

12-16

$$\begin{bmatrix} \dfrac{1}{R_1}+\dfrac{1}{sL_4}+sC_5 & -\dfrac{1}{sL_4} & \dfrac{1}{sL_4}+sC_5 \\[4mm] -\dfrac{1}{sL_4} & \dfrac{1}{R_2}+\dfrac{1}{sL_4}+sC_6 & -\dfrac{1}{sL_4}-sC_6 \\[4mm] \dfrac{1}{sL_4}+sC_5 & -\dfrac{1}{sL_4}-sC_6 & \dfrac{1}{sL_3}+\dfrac{1}{sL_4}+sC_5+sC_6 \end{bmatrix}\begin{bmatrix} U_{t2}(s) \\[2mm] U_{t2}(s) \\[2mm] U_{t3}(s) \end{bmatrix}=\begin{bmatrix} I_{S1}(s) \\[2mm] 0 \\[2mm] 0 \end{bmatrix}$$

12-17　按 $\dot{x}=Ax+Bv$，矩阵形式的状态方程为

$$\begin{bmatrix} \dfrac{du_C}{dt} \\[3mm] \dfrac{di_{L1}}{dt} \\[3mm] \dfrac{di_{L2}}{dt} \end{bmatrix}=\begin{bmatrix} 0 & -\dfrac{1}{C} & -\dfrac{1}{C} \\[3mm] \dfrac{1}{L_1} & -\dfrac{R_1}{L_1} & -\dfrac{R_1}{L_1} \\[3mm] \dfrac{1}{L_2} & -\dfrac{R_1}{L_2} & -\dfrac{R_1+R_2}{L_2} \end{bmatrix}\begin{bmatrix} u_C \\[2mm] i_{L1} \\[2mm] i_{L2} \end{bmatrix}+\begin{bmatrix} 0 & 0 \\[3mm] \dfrac{1}{L_1} & 0 \\[3mm] \dfrac{1}{L_2} & -\dfrac{R_2}{L_2} \end{bmatrix}\begin{bmatrix} u_S \\[2mm] i_S \end{bmatrix}$$

12-18

$$\begin{bmatrix} \dfrac{du_{C1}}{dt} \\[3mm] \dfrac{du_{C2}}{dt} \end{bmatrix}=\begin{bmatrix} -2 & \dfrac{4}{3} \\[3mm] 4 & -4 \end{bmatrix}\begin{bmatrix} u_{C1} \\[2mm] u_{C2} \end{bmatrix}+\begin{bmatrix} \dfrac{1}{3} \\[3mm] 0 \end{bmatrix}i_S$$

12-19　（1）状态方程为

$$\begin{bmatrix} \dfrac{\mathrm{d}u_C}{\mathrm{d}t} \\[3mm] \dfrac{\mathrm{d}i_L}{\mathrm{d}t} \end{bmatrix} = \begin{bmatrix} -\dfrac{1}{4} & -1 \\[3mm] 31 & -6 \end{bmatrix} \begin{bmatrix} u_C \\[2mm] i_L \end{bmatrix} + \begin{bmatrix} \dfrac{1}{4} \\[3mm] -30 \end{bmatrix} u_S$$

（2）输出方程为

$$\begin{bmatrix} u_{n1} \\ u_{n2} \end{bmatrix} = \begin{bmatrix} 1 & 0 \\ -30 & 6 \end{bmatrix} \begin{bmatrix} u_C \\ i_L \end{bmatrix} + \begin{bmatrix} 0 \\ 30 \end{bmatrix} u_S$$

12-20

$$x(t) = \begin{pmatrix} u_C \\ i_L \end{pmatrix} = \begin{pmatrix} -\dfrac{7}{6}\mathrm{e}^{-t} + \dfrac{19}{6}\mathrm{e}^{-3t} \\[3mm] \dfrac{21}{4}\mathrm{e}^{-t} - \dfrac{19}{4}\mathrm{e}^{-3t} \end{pmatrix} + \begin{pmatrix} \mathrm{e}^{-t} - \mathrm{e}^{-3t} \\[3mm] 3 - \dfrac{9}{2}\mathrm{e}^{-t} + \dfrac{2}{2}\mathrm{e}^{-3t} \end{pmatrix} = \begin{pmatrix} -\dfrac{1}{6}\mathrm{e}^{-t} + \dfrac{13}{6}\mathrm{e}^{-3t} \\[3mm] 3 + \dfrac{3}{4}\mathrm{e}^{-t} - \dfrac{13}{4}\mathrm{e}^{-3t} \end{pmatrix}$$

第 十 三 章

13-1

(a) $Y = \begin{bmatrix} \dfrac{1}{Z} & -\dfrac{1}{Z} \\[3mm] -\dfrac{1}{Z} & \dfrac{1}{Z} \end{bmatrix}$; (b) $Y = \begin{bmatrix} \dfrac{1}{Z} & \dfrac{1}{Z} \\[3mm] \dfrac{1}{Z} & \dfrac{1}{Z} \end{bmatrix}$; (c) $Y = \begin{bmatrix} 4.25 & -4 \\ -4 & 4 \end{bmatrix} \mathrm{S}_\circ$

13-2

(a) $Z = \dfrac{1}{2} \begin{bmatrix} R + \dfrac{1}{\mathrm{j}\omega C} & -R + \dfrac{1}{\mathrm{j}\omega C} \\[3mm] -R + \dfrac{1}{\mathrm{j}\omega C} & R + \dfrac{1}{\mathrm{j}\omega C} \end{bmatrix}$; T 参数略。

(b) $Z = \begin{bmatrix} 3 & 2 \\ 2 & 5 \end{bmatrix} \Omega$; $T = \begin{bmatrix} 1.5 & 5.5 \\ 0.5 & 2.5 \end{bmatrix}$;

(c) $Y = \begin{bmatrix} \dfrac{1}{R} + sC_1 & -\dfrac{1}{R} \\[3mm] -\dfrac{1}{R} & \dfrac{1}{R} + sC_2 \end{bmatrix}$; $T = \begin{bmatrix} 1 + sRC_2 & R \\ sC_1 + sC_2 + s^2 C_1 C_2 R^2 & 1 + sRC_1 \end{bmatrix}_\circ$

13-3

(a) $Z = \begin{bmatrix} Z_2 + Z_3 - \dfrac{Z_2^2}{Z_1 + 2Z_2} & Z_3 - \dfrac{Z_2^2}{Z_1 + 2Z_2} \\[3mm] Z_3 - \dfrac{Z_2^2}{Z_1 + 2Z_2} & Z_2 + Z_3 - \dfrac{Z_2^2}{Z_1 + 2Z_2} \end{bmatrix}$ ，Y 和 H 参数矩阵略；

(b) $Z = \begin{bmatrix} 8 & 2 \\ 0 & 7 \end{bmatrix} \Omega$ ，Y 和 H 参数矩阵略。

13-4 $Z = \begin{bmatrix} 2.5\mathrm{j} & 3\mathrm{j} \\ \mathrm{j} & 2 + \mathrm{j} \end{bmatrix} \Omega$ ；T 参数略。

13-5 $Y = \begin{bmatrix} \dfrac{1}{R} & -\dfrac{3}{R} \\ -\dfrac{1}{R} & \dfrac{3}{R} \end{bmatrix}$。

13-6 $Y = \begin{bmatrix} 2 & -0.25 \\ 1 & 0.75 \end{bmatrix}$S。

13-7 $Y = \begin{bmatrix} Y_{11}+Y_1 & Y_{12} \\ Y_{21} & Y_{22}+Y_2 \end{bmatrix}$S。

13-8 $R_{eq} = \dfrac{U_{2oc}}{-I_{2oc}} = \dfrac{13}{3}\Omega$；$P_{max} = \dfrac{U_{2oc}^2}{4R_L} = 9.75$W。

13-9   当 $Z_L = 50\Omega$ 时可获得最大功率为：$P_{max} = \dfrac{200}{4\times 50} = 1$W。

13-10 $u_2 = 5$V。

13-11 $H = \begin{bmatrix} 0 & 2 \\ -2 & \dfrac{2}{5} \end{bmatrix}$；$T = \begin{bmatrix} 2 & 0 \\ \dfrac{1}{5} & \dfrac{1}{2} \end{bmatrix}$。

13-12   （提示：含理想变压器的二端口网络为互易的）$n = 4$；$R = 5$。

13-13   （提示：应用非正弦周期电路的概念）$U_C = \sqrt{2^2 + 0.544^2} = 2.07$A。

13-14   (1) $Z_C = \sqrt{\dfrac{L}{C}}$；(2) $\dfrac{\dot{U}_2}{\dot{U}_S} = \dfrac{1+\omega^2 LC}{2(1-\omega^2 LC + j2R_S\omega C)}$，$\left|\dfrac{\dot{U}_2}{\dot{U}_S}\right| = \dfrac{1}{2}$。

13-15   (1) $Z_{11'} = \dfrac{\dot{U}_1}{\dot{I}_1} = \dfrac{h_{11}\dot{I}_1}{\dot{I}_1} = h_{11}$；(2) $Z_{ab} = h_{11} + \dfrac{1}{g}(h_{12}+h_{21}) + \dfrac{h_{22}}{g^2}$。

13-16 $T' = \begin{bmatrix} 1 & j\omega L_e \\ 0 & 0 \end{bmatrix}$；若 T' 与 T 等效，则 $L_e = r^2 C$。

13-17

(1) $T = \begin{bmatrix} 0 & R \\ -\dfrac{1}{R} & 0 \end{bmatrix}$，为负阻抗变换器特性；(2) $R_i = \dfrac{u_1}{i_1} = -\dfrac{R^2}{R_L}$。

13-18 $Z = \begin{bmatrix} 2-j & 2+j \\ j1 & 4+j1 \end{bmatrix}\Omega$。

13-19 $Y = \begin{bmatrix} 2+j4 & -j4 \\ -j4 & j3 \end{bmatrix}$S。

第 十 四 章

14-1 $i_2 = 0.042$A 或 $i_2 = 0.047$A。

14-2 $I = I_Q = 1$mA；$I_1 = \dfrac{3\text{V}-U_Q}{1.5\text{k}\Omega} = \dfrac{2\text{V}}{1.5\text{k}\Omega} = 1.33$mA。

14-3 $U = 0.0355$V；$I_3 = -0.496$A。

14-4　$u=u_Q+u_\delta=\left(2+\dfrac{1}{7}\sin t\right)$V。

14-5　$u=U_Q+u_\delta=0.667+0.1\sin\omega t$V；$i=I_Q+i_\delta=2.33+0.2\sin\omega t$A。

14-6　$u_{\text{VD}}=u-ri$。

当 $u_{\text{VD}}<0$ 即 $u<ri$ 时，VD 截止，则 $i=-I_0$。

$u_{\text{VD}}=0$ 导通 $u=ri$ 当 $i=-I_0$ 时，$u=-rI_0$。

由以上分析可画出端口上的伏安特性曲线如下。

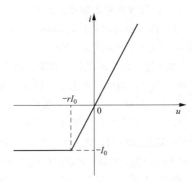

14-7

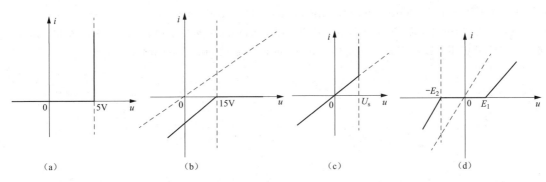

(a)　　　　　　(b)　　　　　　(c)　　　　　　(d)

14-8　$I=\dfrac{U_0-U_{S2}}{R_0+R_2}=\dfrac{3.5-(-1)}{1+2}=1.5$A；$U=2\times1.5-1=2$V；$U$、$I$ 位于 cd 之间。

14-9　$(R_1+R_2)i_1-R_2i_3=U_s$；$R_2i_1-R_2i_3-20\sqrt{i_3}=0$。

14-10　$u_1=6$V；$i_1=2$A；$u_2=10$V；$i_2=1$A。有唯一工作点。

参　考　文　献

[1]　邱关源. 电路. 5 版. 北京：高等教育出版社，2011.

[2]　陆文雄. 电路原理. 上海：同济大学出版社，2003.

[3]　杨尔滨，陆文雄，杨欢红，刘蓉晖. 电路学习方法及解题指导. 上海：同济大学出版社，2005.

[4]　李瀚荪. 电路分析基础. 4 版. 北京：高等教育出版社，2006.

[5]　林争辉. 电路理论：第一卷. 北京：高等教育出版社，1988.

[6]　王蔼. 基本电路理论. 上海：上海交通大学出版社，1986.

[7]　C. A. 狄苏尔，葛守仁. 电路基本理论. 林争辉主译. 北京：高等教育出版社，1979.

[8]　范世贵，等. 电路全析精解. 2 版. 西安：西北工业大学出版社，2007.

[9]　张佑生. 计算机辅助电路分析与设计. 北京：兵器工业出版社，1992.

[10]　周昌. 计算机辅助电路分析与设计. 北京：科学出版社，1988.

[11]　汪惠，王志华. 电子电路的计算机辅助分析与设计方法. 北京：清华大学出版社，1996.

[12]　王延才，赵德申. 电工电子技术 EDA 仿真实验. 北京：机械工业出版社，2003.

[13]　J. 瓦拉赫，K. 辛格尔. 电路分析和设计的计算机方法. 汪惠，李普成，等译. 北京：科学出版社，1992.

[14]　Paynter，Robert T. Introductory Electric Circuits. New York：Prentice Hall，1999.

[15]　Alexander，Charles K. Fundamentals of Electric Circuits. Berkeley：Osborne McGraw-Hill，2000.

[16]　J. David Irwin. Basic Engineering Circuit Analysis. New York：John Wiley，2002.